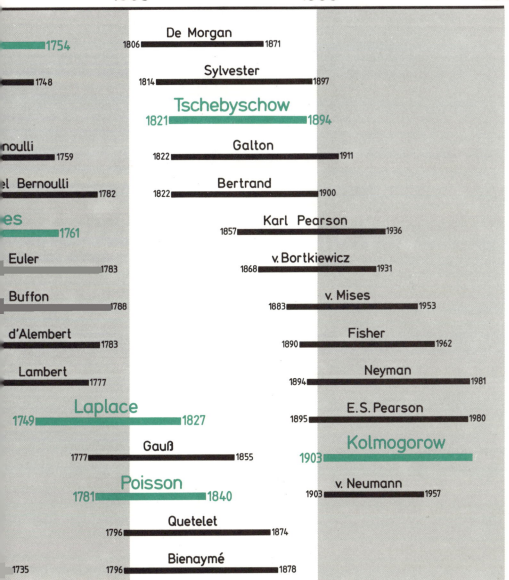

Stochastik
Leistungskurs

Friedrich Barth · Rudolf Haller

Ehrenwirth

Facile videbis hunc calculum esse saepe non minus nodosum quam iucundum.

Unschwer wirst Du sehen, daß dieser Zweig der Mathematik oft nicht weniger verzwickt als ergötzlich ist.   DANIEL BERNOULLI

Bestell-Nr. 02511-0

Neues mathematisches Unterrichtswerk
des Ehrenwirth Verlages

Stochastik
Leistungskurs der Kollegstufe

Kennzeichnung der Aufgaben

Rote Zahlen bezeichnen Aufgaben, die auf alle Fälle bearbeitet werden sollen. ● bzw. ⁂ bezeichnen Aufgaben, die etwas mehr Ausdauer erfordern, weil sie entweder schwieriger oder zeitraubender oder beides sind.
Zitiert werden die Aufgaben unter Angabe der Seite und der Nummer. So bedeutet 18/**10** die Aufgabe **10** auf Seite 18.

Numerierung von Definitionen, Sätzen, Abbildungen und Tabellen

Die Zahl vor dem Punkt gibt die Seite an, die Zahl nach dem Punkt numeriert auf jeder Seite. Fig. 14.3 bedeutet beispielsweise die 3. Figur auf Seite 14.

Umschlag: **Würfelspieler** aus den *Carmina Burana* – Erstes Drittel des 13. Jahrhunderts – Bayerische Staatsbibliothek

Für den Schulgebrauch lernmittelfrei genehmigt

Bestell-Nr. 02511-0

ISBN 3-431-02511-0
Alle Rechte bei Franz Ehrenwirth Verlag GmbH & Co KG, München
Satz: Tutte Druckerei GmbH, Salzweg-Passau
Druck: Pera-Druck Gräfelfing
Zeichnungen: Gert Krumbacher
Umschlag: Walter Rupprecht
Printed in Germany 1983

Inhalt

Vorwort		7
1.	**Zufallsexperimente**	9
Aufgaben		12
2.	**Ergebnisräume**	13
2.1.	Grundbegriffe	14
2.2.	Mehrstufige Zufallsexperimente	15
2.2.1.	Ziehen ohne Zurücklegen	15
2.2.2.	Ziehen mit Zurücklegen	16
2.2.3.	n-Tupel als Ergebnisse	17
Aufgaben		17
3.	**Ereignisräume**	20
3.1.	Definition	21
3.2.	Ereignisalgebra	22
Aufgaben		25
4.	**Relative Häufigkeiten**	29
4.1.	Einführung	30
4.2.	Eigenschaften der relativen Häufigkeit	34
Aufgaben		38
5.	**Wahrscheinlichkeitsverteilungen**	40
5.1.	Definition der Wahrscheinlichkeit eines Ereignisses	41
5.2.	Interpretationsregel für Wahrscheinlichkeiten	43
5.3.	Eigenschaften der Wahrscheinlichkeitsverteilung	44
5.4.	Beispiele für Wahrscheinlichkeitsverteilungen	45
5.5.	Wahrscheinlichkeitsverteilungen bei mehrstufigen Zufallsexperimenten	54
Aufgaben		57
6.	**Additionssätze für Wahrscheinlichkeiten**	63
Aufgaben		66
7.	**Die Entwicklung des Wahrscheinlichkeitsbegriffs**	69
7.1.	Der Begriff der statistischen Wahrscheinlichkeit	70
7.2.	Entwicklung des klassischen Wahrscheinlichkeitsbegriffs	71
7.3.	Die Definition der klassischen Wahrscheinlichkeit durch *Laplace*	75
7.4.	Der klassische Wahrscheinlichkeitsbegriff vor *Laplace*	77
7.5.	Axiomatische Definition der Wahrscheinlichkeit durch *Kolmogorow*	79
Aufgaben		82

8.	**Laplace-Experimente**	83
8.1.	Definition und einfache Beispiele	84
8.2.	Kombinatorische Hilfsmittel	87
8.3.	Berechnung von Laplace-Wahrscheinlichkeiten	96
8.4.	Das Urnenmodell	104
8.4.1.	Problemstellung	104
8.4.2.	Die Wahrscheinlichkeit für genau s schwarze Kugeln beim Ziehen ohne Zurücklegen	105
8.4.3.	Die Wahrscheinlichkeit für genau s schwarze Kugeln beim Ziehen mit Zurücklegen	106
8.5.	Laplace-Paradoxa oder »Was ist gleichwahrscheinlich?«	108
Aufgaben		111
9.	**Bedingte Wahrscheinlichkeiten**	127
9.1.	Einführung	128
9.2.	Die Wahrscheinlichkeit von *Und*-Ereignissen und die 1. Pfadregel	131
9.3.	Die totale Wahrscheinlichkeit und die 2. Pfadregel	133
9.4.	Die *Bayes*-Formel	135
Aufgaben		138
10.	**Unabhängigkeit**	147
10.1.	Unabhängigkeit bei zwei Ereignissen	148
10.2.	Unabhängigkeit bei mehr als zwei Ereignissen	152
Aufgaben		156
11.	**Zufallsgrößen**	164
11.1.	Zufallsgrößen und ihr Erwartungswert	165
11.1.1.	Einführendes Beispiel	165
11.1.2.	Definitionen und grundlegende Eigenschaften	168
11.2.	Die kumulative Verteilungsfunktion einer Zufallsgröße	174
11.3.	Funktionen einer Zufallsgröße	177
11.4.	Die Varianz einer Zufallsgröße	179
11.5.	Die Ungleichung von *Bienaymé-Tschebyschow*	183
Aufgaben		185
12.	**Mehrere Zufallsgrößen über demselben Wahrscheinlichkeitsraum**	197
12.1.	Die gemeinsame Wahrscheinlichkeitsverteilung	198
12.2.	Stochastische Unabhängigkeit von Zufallsgrößen	200
12.3.	Verknüpfung von Zufallsgrößen	202
12.4.	Sätze über Maßzahlen	203
12.4.1.	Sätze über die Erwartung	203
12.4.2.	Sätze über die Varianz	206
12.4.3.	Zusammenfassung	211
12.5.	Das arithmetische Mittel von Zufallsgrößen	211
Aufgaben		213

13.	**Die Bernoulli-Kette**	218
Aufgaben		223

14.	**Die Binomialverteilung**	228
14.1.	Einführung	229
14.2.	Ziehen mit bzw. ohne Zurücklegen	232
14.3.	Tabellen der Binomialverteilung	234
14.4.	Veranschaulichung von Binomialverteilungen durch Experimente	237
14.5.	Erwartungswert und Varianz einer binomial verteilten Zufallsgröße	240
14.6.	Eigenschaften der Binomialverteilung	241
14.7.	Die Ungleichung von *Bienaymé-Tschebyschow* für binomial verteilte Zufallsgrößen und das Gesetz der großen Zahlen	247
14.8.	Anwendungen der Ungleichung von *Bienaymé-Tschebyschow*	252
Aufgaben		261

15.	**Die Normalverteilung**	276
15.1.	Problemstellung	277
15.2.	Standardisierte Zufallsgrößen	278
15.3.	Der lokale Grenzwertsatz von *de Moivre* und *Laplace*	284
15.4.	Der Integralgrenzwertsatz von *de Moivre* und *Laplace*	293
15.5.	Die Funktionen $\varphi_{\mu\sigma}$ und $\Phi_{\mu\sigma}$	299
15.6.	Der zentrale Grenzwertsatz und die Normalverteilung	301
Aufgaben		312

16.	**Die Poisson-Näherung für die Binomialverteilung**	318
Aufgaben		326

17.	**Das Testen von Hypothesen**	330
17.1.	Zur Geschichte und Aufgabe der Statistik	331
17.2.	Stichproben	334
17.3.	Test bei zwei einfachen Hypothesen	336
17.4.	Signifikanztest	345
17.4.1.	Zusammengesetzte Hypothesen beim zweiseitigen Test	346
17.4.2.	Zusammengesetzte Hypothesen beim einseitigen Test	350
17.4.3.	Die Operationscharakteristik eines Tests	352
17.5.	Überblick über die behandelten Testtypen	357
17.6.	Verfälschte Tests	357
17.7.	Signifikanztests bei normalverteilten Zufallsgrößen	361
Aufgaben		364

18.	**Parameterschätzung**	375
18.1.	Problemstellung	376
18.2.	Das Maximum-Likelihood-Prinzip	377
18.3.	Beurteilungskriterien für Schätzfunktionen	378
18.4.	Die relative Häufigkeit H_n als Schätzgröße	379
18.5.	Das Stichprobenmittel	380
18.6.	Die Stichprobenvarianz	381
Aufgaben		384

Anhang I:	Experimentelle Bestimmung der Zahl π nach *Buffon* (1707–1788)	386
Anhang II:	Paradoxa der Wahrscheinlichkeitsrechnung	388
Anhang III:	Biographische Notizen	394

Personen- und Sachregister · 428

Vorwort

Die früheste uns überkommene Belegstelle des Wortes *Stochastik* findet sich in *Platon*s Werk *Philebos*. Dort läßt er an der Stelle 55e *Sokrates* sprechen:

»Wenn jemand von allen Fertigkeiten und Künsten die Rechenkunst, die Meßkunst und die Kunst des Wägens wegnimmt, so bleibt, um es offen zu sagen, nur etwas übrig, was fast minderwertig ist [...]. Es bleibt nichts anderes übrig als ein Erraten, ein Schließen durch Vergleichen und ein Schärfen der Sinneswahrnehmung durch Erfahrung und durch eine gewisse Übung, wobei man die – von vielen als Künste titulierten – Fähigkeiten des geschickten Vermutens (στοχαστική sc. τέχνη) benützt, die durch stete Handhabung und mühevolle Arbeit herangebildet werden.«

Die damals als minderwertig empfundene Technik des geschickten Vermutens hat sich jedoch in einem weiten Bereich in den letzten 300 Jahren zu einer wissenschaftlichen Methode gewandelt, die heute den Namen Stochastik trägt. In ihr sind die Wahrscheinlichkeitstheorie und die Statistik zusammengefaßt.
Jakob Bernoulli erkannte, daß sich die Fähigkeiten des Vermutens mit der Rechenkunst und der Meßkunst verbinden müssen, d. h., daß das Vermuten mathematisiert werden muß. Er definierte

»die Vermutkunst – *ars conjectandi sive stochastice* – als die Kunst, so genau wie möglich die Wahrscheinlichkeit der Dinge zu messen«.

Dabei ist für ihn
»Wahrscheinlichkeit ein Grad der Gewißheit«.

Die Wahrscheinlichkeitstheorie stellt also der Vermutkunst die allgemeinen Denk- und Arbeitsmethoden zur Verfügung und liefert ein Maß für den Gewißheitsgrad einer Vermutung. Vermuten bleibt es jedoch insofern, als man aus gewissen – oft mühevoll – empirisch gewonnenen Daten Rückschlüsse auf das Verhalten einer der Untersuchung unzugänglichen Gesamtheit zieht. Die Methoden, die diese Rückschlüsse ermöglichen, bilden die Statistik.
Wozu treibt man nun diese stochastische Kunst? Auch hierauf gab *Jakob Bernoulli* bereits die Antwort. Die Stochastik soll uns in die Lage versetzen,

»bei unseren Urteilen und Handlungen stets das auswählen und befolgen zu können, was uns besser, trefflicher, sicherer oder ratsamer erscheint«.

Wie hoch er diese stochastische Kunst einschätzte, offenbart sich darin, daß er fortfährt, daß

»darin allein die ganze Weisheit des Philosophen und die ganze Klugheit des Staatsmannes besteht.«

Stochastik ist also die Wissenschaft, die uns in den Stand versetzt, vernünftige Entscheidungen trotz einer bestimmten Ungewißheit fällen zu können. *Platon*s Feststellung, daß nur stete Handhabung und mühevolle Arbeit zur Beherrschung ihrer Möglichkeiten führen, gilt auch heute noch für die Stochastik – so wie eigentlich für jede Wissenschaft.
Eine Hilfe auf dem Weg dazu soll das vorliegende Buch sein.

Die Verfasser

1. Zufallsexperimente

»Iacta est alea – Gefallen ist der Würfel«
Ulrich von Huttens (1488–1523) Wahlspruch enthält keine Spur des Zufalls; denn das Ergebnis liegt ja auf dem Tisch. Er geht zurück auf *Sueton* (70–140), der *Caesar* (100/102–44 v. Chr.) anläßlich der Überschreitung des Rubikon (49 v. Chr.) sagen läßt »iacta alea est« (*Caes.* 32). Der Ausgang dieses Unternehmens war völlig offen, das Ergebnis also nicht bekannt, aber es gab auch kein Zurück. Wir dürfen daher *Plutarch* (um 46–um 125) glauben, der in *Pompeius* (60) berichtet, *Caesar* habe damals den sprichwörtlich gewordenen Vers des Komödiendichters *Menander* (342–291) auf griechisch zitiert

»Ἀνερρίφθω κύβος – Hochgeworfen ist der Würfel«

1. Zufallsexperimente

In den Naturwissenschaften werden Erkenntnisse durch Experimente gewonnen und daraus gezogene Schlußfolgerungen durch Experimente überprüft. Dieses Verfahren ist kennzeichnend für das empirische Vorgehen, das auch in anderen Wissenschaften wie etwa der Medizin, der Psychologie, der Soziologie und den Wirtschaftswissenschaften verwendet wird.

Vernünftige Experimente sind dadurch gekennzeichnet, daß man präzise die Bedingungen festlegt, unter denen das Experiment durchgeführt werden soll. Bei einem echten Experiment steht das Ergebnis nicht schon vorher fest. Trotzdem muß man sich vor der Durchführung einen Überblick über die möglichen Ergeb-

	5				10				15				20				25				30
	4	5	2	6	1	6	5	5	5	5	1	1	6	6	1	3	6	2	3	5	2	2	5	1	5	2	2	1	3	3
	5	5	3	1	2	4	6	1	1	4	1	6	5	4	6	2	6	6	5	3	6	5	2	5	6	2	2	5	5	3
	3	5	2	6	2	4	6	1	3	2	5	2	3	3	1	6	5	6	3	2	4	3	6	2	2	6	5	5	2	4
	2	1	3	2	5	3	5	5	5	3	1	2	2	3	6	5	2	5	1	5	6	4	3	4	3	5	4	4	5	2
5	3	1	5	3	1	1	6	1	1	3	3	1	2	5	6	4	1	1	6	1	2	5	3	1	1	4	4	3	5	4
	6	6	5	3	5	2	4	5	1	2	5	2	4	2	4	3	6	5	3	5	5	2	1	4	6	4	3	6	2	6
	2	5	2	4	1	3	2	4	4	1	5	5	6	1	6	5	3	6	2	3	6	5	5	4	5	4	6	3	1	1
	6	2	2	5	6	3	1	3	1	1	4	4	3	2	3	5	2	6	3	2	2	3	2	2	3	2	6	3	4	4
	4	3	1	6	2	2	5	2	4	6	2	2	3	5	6	5	1	6	3	5	3	6	3	2	2	5	2	5	2	2
10	1	1	1	5	3	2	1	2	6	2	3	2	3	6	6	6	5	2	2	6	1	6	4	2	5	1	5	1	5	2
	6	1	2	6	3	3	3	6	6	6	4	1	2	4	6	1	2	3	3	1	2	2	4	5	6	6	3	5	3	1
	2	6	5	6	3	5	3	3	1	6	3	6	1	3	6	3	4	4	6	5	6	3	3	3	3	2	3	3	3	5
	3	6	2	4	2	3	4	2	5	6	2	1	3	1	4	2	3	6	6	3	2	2	1	5	5	4	4	5	2	5
	4	5	6	3	3	5	1	3	4	4	2	2	6	4	6	1	5	2	1	3	4	4	5	1	6	4	1	5	1	3
15	3	4	1	3	6	1	3	6	4	5	4	2	2	5	2	4	1	6	2	1	3	5	5	3	6	4	2	6	2	4
	4	4	1	6	2	5	4	5	5	5	1	3	6	1	5	5	1	6	4	4	5	3	2	2	6	2	5	5	1	3
	5	3	5	5	5	2	3	2	3	6	1	1	2	5	4	6	5	1	4	2	1	5	5	4	2	5	6	3	1	3
	3	4	2	1	2	5	4	6	6	5	2	1	3	4	3	1	1	5	3	3	6	4	3	4	1	6	2	2	2	2
	4	5	4	4	2	1	6	2	1	4	1	6	2	2	3	1	6	2	2	3	6	4	3	2	2	6	1	3	1	3
20	1	3	1	2	1	1	5	2	2	2	2	2	6	5	2	1	3	4	5	5	6	2	2	4	2	3	3	3	2	3
	5	1	6	3	3	6	5	2	1	6	1	1	1	6	2	5	4	5	1	5	1	1	1	2	4	6	1	2	1	5
	2	2	2	4	1	4	6	6	5	3	4	5	1	2	6	6	2	4	1	5	1	1	3	1	3	4	1	6	2	4
	2	2	2	5	6	5	6	6	6	1	2	4	3	6	1	2	4	6	3	2	6	5	6	1	3	2	4	6	5	2
	4	5	1	6	2	6	5	5	5	5	1	6	5	2	1	3	4	6	6	5	2	6	2	1	5	2	1	5	2	6
25	6	6	4	4	4	5	3	6	6	2	2	4	6	4	6	6	3	5	2	1	5	5	4	1	2	2	5	6	3	1
	3	1	1	3	2	1	5	6	5	2	6	2	6	2	3	1	1	1	2	2	4	1	6	5	3	6	3	2	1	1
	1	1	3	3	5	4	3	5	5	4	3	2	6	1	5	3	2	1	5	2	4	3	2	3	3	2	4	2	2	4
	5	2	1	1	5	2	1	5	2	5	1	6	1	3	6	5	1	5	2	2	2	6	2	3	2	4	1	5	1	3
	6	1	1	2	6	6	2	5	5	4	6	4	2	6	2	6	5	3	5	3	1	6	6	5	5	2	5	1	5	4
30	1	2	2	4	1	4	5	1	5	2	6	4	4	1	6	1	3	2	6	6	2	2	5	6	5	2	1	3	4	4
	4	4	5	6	4	5	6	3	4	4	3	6	3	2	2	3	1	1	2	3	3	1	3	2	3	6	1	6	3	3
	5	2	2	6	4	4	1	3	1	6	3	2	3	6	2	5	5	4	3	1	1	1	5	6	4	5	4	3	5	3
	3	6	3	3	3	2	2	6	4	5	4	3	3	1	5	1	6	1	2	1	3	6	2	1	3	4	4	6	5	6
	3	2	4	2	4	2	3	5	1	3	2	3	5	1	3	4	3	2	4	6	3	3	5	2	4	6	5	1	2	2
35	4	6	4	6	3	2	6	3	3	6	6	4	5	3	6	1	2	1	6	5	2	5	2	5	6	5	1	5	2	2
	3	4	5	2	2	2	2	1	4	4	6	4	2	1	3	4	6	2	5	5	6	5	5	3	5	5	2	6	4	5
	5	4	2	6	4	3	4	3	6	1	2	2	5	4	1	3	3	2	3	5	1	2	6	5	3	2	2	2	5	5
	2	5	6	1	4	4	4	6	4	6	2	6	3	3	3	1	5	6	3	2	1	2	1	3	2	2	2	2	2	5
	3	1	1	2	5	1	3	6	3	2	6	2	5	5	2	3	5	4	3	1	6	5	6	4	6	6	1	3	3	5
40	4	5	5	6	4	3	5	4	5	6	2	4	1	2	2	6	6	3	2	5	2	5	3	4	4	4	2	1	2	2

Tab. 10.1 1200 Würfelwürfe

nisse verschafft haben. Nur so kann ein Experiment gezielt eingesetzt werden. Man kann sich in einer derartigen Situation auf den Standpunkt stellen, daß das auftretende Ergebnis vom »Zufall« ausgewählt wird. Dabei wollen wir die Frage nicht diskutieren, ob es wirklichen Zufall gibt (was das auch immer sein soll), oder ob der Zufall nur deshalb als Lückenbüßer eintreten muß, weil wir die Situation nicht völlig durchschauen. In diesem Sinne nennen wir Experimente auch **Zufallsexperimente.**

Besonders deutlich tritt der Zufallscharakter eines Experiments bei den sogenannten Glücksspielen hervor. Bekannte Beispiele dafür sind:

1. Der Würfelwurf. Üblicherweise läßt man als Ergebnisse nur die Augenzahlen 1, 2, 3, 4, 5 und 6 zu und verzichtet darauf, Situationen wie »Der Würfel steht auf einer Kante« oder »Der Würfel steht auf einer Ecke« als Ergebnisse zu berücksichtigen. Führt man das Experiment mehrfach nacheinander durch, so sieht man das Wirken des Zufalls besonders eindrucksvoll. In Tabelle 10.1 sind die Ergebnisse von 1200 Würfelwürfen aufgezeichnet.
2. Der Münzenwurf. Hier betrachtet man meist nur zwei Ergebnisse, nämlich Adler und Zahl bzw. Kopf und Wappen je nach der Gestaltung der Münze. Neutral kann man die Ergebnisse z.B. auch durch 0 und 1 kennzeichnen.

In Tabelle 11.1 sind die Ergebnisse von 800 Münzenwürfen aufgezeichnet.

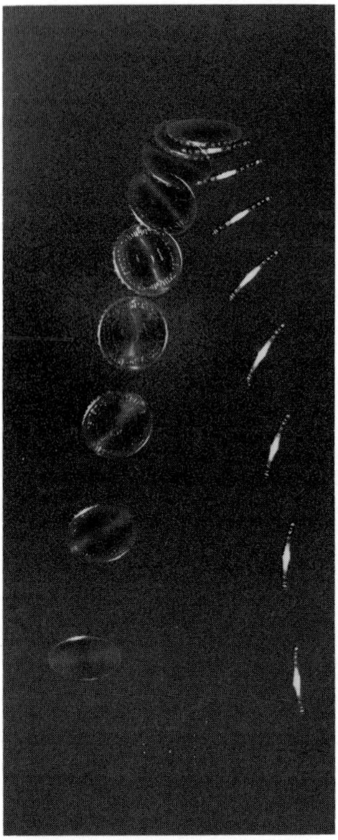

1 0 0 0 1	1 0 0 1 0	0 1 0 0 0	0 1 0 1 1	0 1 1 1 0
0 1 0 0 0	1 0 0 1 0	1 1 0 0 1	1 0 0 1 1	1 0 1 0 0
1 0 0 1 1	0 1 1 1 1	1 0 1 0 0	0 1 0 0 0	1 1 1 0 1
0 1 0 0 0	0 1 0 0 0	0 0 1 0 0	1 0 1 1 1	1 1 1 0 0
0 0 1 1 0	0 0 0 1 0	0 1 0 1 1	0 0 0 1 0	1 0 1 0 0
1 1 1 0 0	1 0 0 0 1	1 0 0 1 1	1 1 1 1 0	1 1 0 0 0
1 0 1 0 0	1 0 1 1 1	1 1 0 1 0	0 0 0 1 1	1 1 1 1 1
1 1 0 1 1	0 1 1 1 1	0 1 0 1 0	0 0 1 0 1	0 0 1 0 0
0 1 0 0 0	1 0 0 0 0	0 0 1 1 0	0 1 1 1 1	1 1 0 1 0
1 1 0 0 0	0 1 1 1 0	0 0 1 1 0	1 0 1 1 0	0 0 0 0 0
0 1 0 1 1	0 1 0 1 1	0 1 1 1 0	0 0 1 0 0	1 0 0 1 1
0 1 0 1 0	0 0 1 1 1	0 0 1 0 1	1 1 1 1 0	1 1 1 1 0
1 1 1 1 1	1 1 0 0 1	1 0 1 1 0	0 0 1 1 1	1 0 1 0 0
0 1 1 0 1	0 1 0 1 1	0 0 0 0 1	1 1 1 0 1	0 1 1 1 1
0 1 1 0 0	0 1 1 1 1	0 1 0 0 0	0 0 0 0 1	0 0 1 0 1
0 1 0 1 1	1 1 1 1 1	0 0 1 1 0	0 1 1 0 0	1 1 1 0 1
0 0 1 0 0	0 1 0 0 0	1 0 1 1 0	1 0 0 0 1	1 0 1 0 0
1 1 1 1 0	0 0 1 1 0	0 0 0 0 0	1 0 0 1 1	1 0 0 1 1
1 0 1 1 0	0 1 1 1 0	0 0 1 1 1	0 1 1 0 0	1 1 0 1 0
1 0 1 1 0	1 0 0 0 0	0 0 0 1 1	0 0 0 0 0	1 0 1 1 0
1 1 1 1 1	1 1 1 0 0	0 1 0 0 0	0 1 1 0 0	0 0 1 0 0
0 0 1 0 0	1 1 0 1 1	1 0 1 1 0	1 1 1 1 0	0 1 1 1 1
1 1 0 1 1	1 0 0 1 0	1 0 1 1 0	0 1 0 1 1	0 0 0 1 1
1 0 1 0 0	0 1 0 0 0	1 0 1 0 0	1 1 0 1 1	0 1 0 1 0
1 1 1 1 1	0 0 0 0 0	0 0 1 0 1	1 1 1 1 0	0 1 0 0 1
0 0 1 0 1	0 1 1 1 1	1 1 1 1 1	0 0 1 1 1	1 1 0 1 0
1 0 0 0 0	0 0 1 1 0	0 0 1 0 1	1 1 1 0 0	0 0 1 1 0
0 0 0 1 0	0 1 1 1 0	0 0 1 1 0	0 1 1 0 0	0 0 0 1 1
0 0 1 1 1	0 0 0 1 0	1 1 0 0 1	1 1 0 0 1	1 0 0 0 0
0 0 0 0 0	0 0 0 1 0	0 1 0 1 1	0 1 0 1 0	0 1 1 0 0
1 0 0 1 1	0 1 1 1 1	0 1 0 0 1	0 1 0 0 0	1 0 0 1 0
1 0 1 1 0	0 1 1 1 0	0 1 0 1 1	1 0 1 1 1	1 0 0 0 1

Bild 11.1 Zufallsexperiment: Werfen einer Münze

Tab. 11.1 800 Münzenwürfe

3. **Das Ziehen aus einer Urne.** Eine Urne enthalte rote und schwarze Kugeln, von denen eine gezogen wird. Als Ergebnisse kommen dann in Frage »rot« und »schwarz«. Urnen sind besonders beim Losziehen beliebt.

4. **Das Drehen eines Glücksrads.** Auf einem Glücksrad sind Sektoren etwa durch Zahlen gekennzeichnet. Ergebnisse sind dann diese Zahlen, in unserem Beispiel der Figur 12.1 die Zahlen 1, 2 und 3.

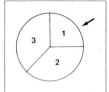

Das Roulett verwendet eine Art Glücksrad mit den Zahlen 0, 1, 2, ..., 36, für die je gleich große Sektoren vorgesehen sind.

Der Einfluß des Zufalls ist aber nicht nur bei Glücksspielen, sondern auch bei »ernsthaften« Experimenten spürbar:

Fig. 12.1 Glücksrad

1. Bestimmung der Fallbeschleunigung. Die möglichen Ergebnisse sind (benannte) Dezimalzahlen, deren Stellenzahl von der Meßgenauigkeit abhängt.
2. Bestimmung der Anzahl der Atome eines radioaktiven Präparats, die in einer Sekunde zerfallen. Die möglichen Ergebnisse sind die ganzen Zahlen von 0 bis zur Anzahl N der Atome des Präparats.
3. Umfrage zum Bekanntheitsgrad eines Politikers. Fragt man 1000 Personen, so sind die möglichen Ergebnisse für den in Prozenten angegebenen Bekanntheitsgrad 0%, 0,1%, 0,2%, ..., 99,9%, 100%.
4. Qualitätskontrolle der Industrie. Die möglichen Ergebnisse einer Einzelprüfung sind z. B. »brauchbar« oder »unbrauchbar«. Man kann aber auch die gesamte Prüfung von z. B. 1000 Stück als Experiment auffassen; mögliche Ergebnisse für den Anteil der unbrauchbaren Stücke sind 0, $\frac{1}{1000}$, $\frac{2}{1000}$, ..., 1.

Aufgaben

1. *Leibniz* (1646–1716)* dachte, daß sich beim Werfen mit 2 Würfeln genausooft die Augensumme 11 wie die Augensumme 12 ergibt. Führe folgendes Experiment durch: Wirf 2 Würfel 100mal und notiere eine 0, wenn die Augensumme 2 bis 10 ist, eine 1, wenn sie 11 ist, und eine 2, wenn sie 12 ist.

2. *Galilei* (1564–1642)* wurde das Problem vorgelegt**, wieso beim Werfen mit 3 Würfeln die Augensumme 10 leichter zu erreichen sei als die Augensumme 9. Führe dazu folgendes Experiment durch: Wirf mit 3 Würfeln 100mal und notiere eine 0, wenn die Augensumme nicht 10 oder 9 ist, eine 1 bei Augensumme 10 und eine 2 bei Augensumme 9.

●3. Bis ins 17. Jh. glaubten Glücksspieler, es sei ebenso leicht, bei 4maligem Werfen eines Würfels mindestens einmal eine Sechs zu erhalten wie bei 24maligem Werfen von 2 Würfeln einen Sechser-Pasch (d. h. eine Doppelsechs). Untersuche das Problem anhand von Tabelle 10.1 folgendermaßen:

   a) Teile die ersten 100 angegebenen Augenzahlen in Vierergruppen ein. Notiere eine 0, wenn die Viererguppe keine Sechs enthält, andernfalls eine 1.

   b) Fasse zwei untereinanderstehende Zahlen der Zeilen 1 und 2, 3 und 4 usw. als Ergebnis eines Doppelwurfs auf. Teile diese Doppelwürfe in 24er-Gruppen ein; es ergeben sich 25 Gruppen. Notiere eine 0, wenn eine solche Gruppe keinen Sechser-Pasch enthält, andernfalls eine 1.

   Beachte, daß die Ergebnisse nur für den Würfel gelten, mit dem Tabelle 10.1 erstellt wurde!

* Siehe Seite 394 ff.
** Vermutlich von *Cosimo II. de' Medici* (1590–1621), dem Großherzog von Toskana (1609–1621)

2. Ergebnisräume

2. Ergebnisräume

2.1. Grundbegriffe

Um Vorgänge und Situationen der wirklichen Welt mathematisch beschreiben zu können, muß man durch Abstraktion mathematische Modelle konstruieren, die die wesentlichen Eigenschaften der Wirklichkeit wiedergeben. Es ist dabei durchaus möglich, zu ein und derselben Realität verschiedene mathematische Modelle zu konstruieren. So können z. B. mechanische Vorgänge durch die klassische Mechanik *Newton*s oder durch die Relativitätstheorie *Einstein*s beschrieben werden. Je nach Fragestellung ist das eine oder das andere Modell zweckmäßig. Die Bewegung eines Kraftfahrzeugs wird man mit Hilfe der *Newton*-Mechanik beschreiben, während man die Bewegung eines Elektrons mit Hilfe der Relativitätstheorie untersuchen wird.

Das Zufallsgeschehen wird durch das mathematische Modell der Wahrscheinlichkeitsrechnung und Statistik, kurz der Stochastik, beschrieben. Dazu müssen zunächst Modelle für das jeweilige reale Zufallsexperiment entwickelt werden. Ein erster Schritt bei der Modellbildung besteht darin, die zu betrachtenden Ergebnisse eines Zufallsexperiments zu einer mathematischen Menge zusammenzufassen. Es ist üblich, diese Menge als »Ergebnisraum« zu bezeichnen und durch Ω zu symbolisieren.

Beim Werfen mit einem Würfel können wir beispielsweise folgende Ergebnisräume betrachten:

$\Omega_1 := \{1, 2, 3, 4, 5, 6, \text{Kante}, \text{Ecke}\}$

$\Omega_2 := \{1, 2, 3, 4, 5, 6\}$

$\Omega_3 := \{6, \text{keine } 6\}$

$\Omega_4 := \{\text{gerade Augenzahl}, \text{ungerade Augenzahl}\} =: \{g, u\}$

$\Omega_5 := \{1, 2, 3, 4, 5\}$

Auch Ω_5 kann als Ergebnisraum verwendet werden; man interessiert sich hier eben für die 6 genauso wenig wie bei Ω_2 für die Fälle »Kante« und »Ecke« aus Ω_1. Andererseits kann auch $\Omega_6 := \{1, 2, 3, 4, 5, 6, 7\}$ durchaus als Ergebnisraum verwendet werden, obwohl die Augenzahl 7 bei handelsüblichen Würfeln nie auftreten wird.

Man wird natürlich bei der Konstruktion eines Ergebnisraums darauf achten, daß er keine unnötigen Elemente enthält, das Zufallsexperiment der Fragestellung entsprechend aber hinreichend beschreibt. So kann man beispielsweise Ω_4 nicht verwenden, wenn es darauf ankommt, ob eine 6 gefallen ist oder nicht.

Eine Bedingung wird man an den Ergebnisraum aber auf alle Fälle stellen müssen: Jedem Ausgang des Zufallsexperiments darf nicht mehr als ein Element von Ω zugeordnet werden. So ist z. B. die Menge {gerade Augenzahl, Prim-Augenzahl} kein Ergebnisraum, da dem Versuchsausgang »2« beide Elemente dieser Menge zugeordnet wären.

Bei manchen Experimenten ist es naheliegend, Ergebnisräume mit unendlich vielen Elementen zu betrachten. Eine exakte Behandlung solcher Ergebnisräume ist mathematisch aufwendig. Wir verzichten daher im folgenden auf sie und beschränken uns auf Ergebnisräume mit endlich vielen Elementen.

> **Definition 15.1:** Eine Menge $\Omega := \{\omega_1, \omega_2, \ldots, \omega_n\}$ heißt **Ergebnisraum** eines Zufallsexperiments, wenn jedem Versuchsausgang höchstens ein Element ω_i aus Ω zugeordnet ist. Die ω_i heißen dann die **Ergebnisse** des Zufallsexperiments.

Wir haben gesehen, daß zu einem realen Zufallsexperiment verschiedene Ergebnisräume konstruiert werden können. Gewisse dieser Ergebnisräume hängen dabei auf einfache Weise voneinander ab. So sind z. B. die Ergebnisse von Ω_2 denen von Ω_4 auf folgende Art zugeordnet:

$\Omega_2 = \{\ 1\ ,\ 2\ ,\ 3\ ,\ 4\ ,\ 5\ ,\ 6\ \}$

$\Omega_4 = \{\ g\ ,\ u\ \}$

Ω_4 nennt man eine **Vergröberung** von Ω_2 und umgekehrt Ω_2 eine **Verfeinerung** von Ω_4. Offensichtlich bedeutet eine Vergröberung einen Verlust an Information. Das Ergebnis »gerade« läßt nicht mehr erkennen, welche der Augenzahlen 2, 4 oder 6 gefallen ist. Diesen Informationsverlust nimmt man jedoch oft bewußt in Kauf, wenn die Fragestellung dies gestattet.

Da jeder Ergebnisraum durch einen Abstraktionsprozeß aus dem realen Zufallsexperiment gewonnen wird, ist es verständlich, daß umgekehrt zu einem mathematischen Ergebnisraum Ω durchaus verschiedene reale Zufallsexperimente gehören können. So kann $\Omega = \{0; 1\}$ aufgefaßt werden als Ergebnisraum folgender realer Zufallsexperimente:

a) Münzenwurf mit den Ergebnissen $0 := $»Wappen« und $1 := $»Zahl«

b) Würfelwurf mit den Ergebnissen $0 := $»gerade Augenzahl«, $1 := $»ungerade Augenzahl«

c) Ziehen aus einer Urne mit roten und schwarzen Kugeln mit den Ergebnissen $0 := $»rot« und $1 := $»schwarz«

d) Qualitätskontrolle mit den Ergebnissen $0 := $»unbrauchbar« und $1 := $»brauchbar«

e) Ziehen eines Loses mit den Ergebnissen $0 := $»Niete« und $1 := $»Treffer«

2.2. Mehrstufige Zufallsexperimente

2.2.1. Ziehen ohne Zurücklegen

Wir denken uns eine Urne mit 8 Kugeln, von denen 4 rot, 3 schwarz und 1 grün sind (Figur 15.1). Wir entnehmen der Urne eine Kugel und notieren ihre Farbe. Dann entnehmen wir eine weitere Kugel und notieren ebenfalls ihre Farbe. Da die jeweils entnommene Kugel nicht in die Urne zurückgelegt wurde, nennt

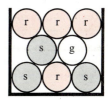

Fig. 15.1 Urne

man diesen Vorgang **Ziehen ohne Zurücklegen**. In einem **Baumdiagramm** können wir die Ergebnisse dieses zweistufigen Experiments ablesen und zugleich sehen, wie sie zustande kommen können. Zum Zeichnen des Baumdiagramms (Figur 16.1) zerlegt man das Zufallsexperiment in seine Stufen und notiert die möglichen Teilergebnisse jeder Stufe. Dabei ist zu beachten, daß die Teilergebnisse einer Stufe vom Teilergebnis der vorhergehenden Stufe abhängig sind. So kann z. B. beim 2. Zug keine grüne Kugel mehr gezogen werden, wenn beim 1. Zug bereits die grüne Kugel gezogen wurde. Als zusätzliche Information kann man jeweils den Urneninhalt, hier als Zahlentripel, angeben.

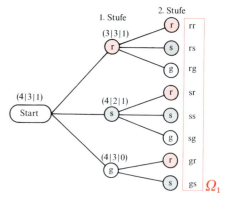

Fig. 16.1 Baumdiagramm für das 2malige Ziehen ohne Zurücklegen aus der Urne von Figur 15.1

Eine andere Möglichkeit, einen Ergebnisraum für dieses Zufallsexperiment zu gewinnen, ist die **Mehrfeldertafel** (Figur 16.2). Ω_2 enthält aufgrund seiner systematischen Konstruktion auch das Ergebnis gg, das jedoch ebenso wie die 7 beim Würfeln nicht auftreten kann. Dennoch ist Ω_2 ein zulässiger Ergebnisraum.

		2. Zug		
		r	s	g
1. Zug	r	rr	rs	rg
	s	sr	ss	sg
	g	gr	gs	gg

Fig. 16.2 Mehrfeldertafel für das 2malige Ziehen ohne Zurücklegen aus der Urne von Figur 15.1

2.2.2. Ziehen mit Zurücklegen

Aus der Urne von Figur 15.1 sollen wieder 2 Kugeln entnommen werden. Diesmal jedoch wird nach jedem Zug die Kugel wieder in die Urne zurückgelegt, der Urneninhalt gut durchgemischt und anschließend eine Kugel entnommen. Ein solches Vorgehen nennt man **Ziehen mit Zurücklegen**. Figur 16.3 zeigt ein zu diesem Versuch passendes Baumdiagramm. Der Vergleich mit Fig. 16.1 zeigt, daß jetzt die Teilergebnisse einer Stufe nicht mehr vom Teilergebnis der vorhergehenden Stufe

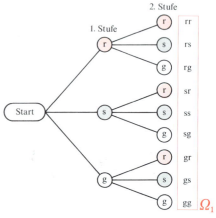

Fig. 16.3 Baumdiagramm für das 2malige Ziehen mit Zurücklegen aus der Urne von Figur 15.1

abhängen. Die Angabe des Urneninhalts erübrigt sich in diesem Baumdiagramm, da er sich ja während des Experiments nicht ändert.
Die Konstruktion einer Mehrfeldertafel für diesen Versuch führt wiederum zu Figur 16.2, wobei jetzt das Feld gg einem möglichen Ergebnis entspricht.

2.2.3. n-Tupel als Ergebnisse

Manche Zufallsexperimente sind aus einfacheren Zufallsexperimenten zusammengesetzt, die in einer bestimmten Reihenfolge ablaufen. Solche Zufallsexperimente heißen **mehrstufig**. Unsere obigen Beispiele zeigten 2stufige Zufallsexperimente.
Andererseits lassen sich oft komplizierte Zufallsexperimente dadurch übersichtlicher darstellen, daß man sie durch ein mehrstufiges Zufallsexperiment ersetzt. Zieht man etwa aus der Urne von Figur 15.1 die beiden Kugeln nicht nacheinander, sondern gleichzeitig, so ist das ein anderes reales Zufallsexperiment. Dieses läßt sich jedoch durch das Hintereinanderziehen ohne Zurücklegen ersetzen.*
Wir wollen diesen Ersetzungsvorgang am Experiment »Gleichzeitiges Werfen von 2 Würfeln« nochmals verdeutlichen. Man findet nämlich einen Ergebnisraum für dieses Experiment leicht dadurch, daß man es durch das 2stufige Experiment »Werfen des 1. Würfels, anschließend Werfen des 2. Würfels« ersetzt. Alle Ergebnisse notiert man als Paare $(a|b)$, kurz auch ab, wobei a die Augenzahl des 1. Würfels und b die Augenzahl des 2. Würfels ist. Allgemein können wir folgende Regel formulieren:

> **Regel:**
> Die Ergebnisse eines n-stufigen Experiments sind n-Tupel $(a_1|a_2|\ldots|a_n)$, kurz auch $a_1 a_2 \ldots a_n$, wobei a_i irgendein Ergebnis des i-ten Teilexperiments ist. Ω ist dann die Menge aller dieser n-Tupel. Jedes der n-Tupel stellt genau einen **Pfad** durch den Baum vom Start bis zu einem Endpunkt dar.

Aufgaben

Zu 2.1.

1. In einer Klinik wird eine Statistik über das Geschlecht von Neugeborenen geführt. Wie heißt ein Ergebnisraum bei
   a) Einzelkindern;
   b) Zwillingen (eineiig);
   c) Zwillingen (zweieiig), wenn das erstgeborene Kind zuerst notiert wird;
   d) Drillingen?
   Gib jeweils die Mächtigkeit des Ergebnisraums an.
2. Münze und Würfel werden gleichzeitig geworfen. Wie lautet ein Ergebnisraum? Wie viele Elemente enthält er?

---
* Eine solche Ersetzung ist zwar plausibel, aber nicht selbstverständlich. Wir werden später auf Seite 106 noch darauf zurückkommen.

3. Der Gewinner bei einer Lotterie darf aus 5 Schallplatten (p, q, r, s, t) 3 auswählen. Gib einen Ergebnisraum und seine Mächtigkeit an, wenn
   a) beliebig ausgewählt werden darf;
   b) grundsätzlich s gewählt werden muß;
   c) bei Wahl von p stets auch q gewählt werden muß.
4. In einer Urne liegen vier mit 1 bis 4 numerierte Kugeln. Man zieht zwei Kugeln auf einmal. Gib einen Ergebnisraum an.
5. Wie lautet beim Zahlenlotto »6 aus 49« ein Ergebnisraum zum Zufallsexperiment
   a) Ziehen der 6 Lottozahlen,
   b) Ziehen der 6 Lottozahlen mit Zusatzzahl?
   Die Urne enthält hier 49 Kugeln, die von 1 bis 49 numeriert sind.
6. Beim Werfen zweier Würfel bietet jemand folgende Mengen als Ergebnisräume an, wobei A die Augensumme der beiden Würfel bedeutet. Entscheide jeweils, ob wirklich ein Ergebnisraum vorliegt, und gib seine Mächtigkeit an.
   a) $\Omega = \{(1|1); (1|2); (1|3); \ldots; (6|5); (6|6)\} = \{(a|b) | 1 \leq a, b \leq 6\}$
   b) $\Omega = \{(1|1); (1|2); (1|3); \ldots; (5|6); (6|6)\} = \{(a|b) | 1 \leq a \leq b \leq 6\}$
   c) $\Omega = \{A \text{ ist prim}; A = 9; A \text{ ist gerade, aber nicht } 2\}$
   d) $\Omega = \{A \text{ ist prim}; A \text{ ist durch 3 teilbar}\}$
   e) $\Omega = \{A \text{ ist durch 2 teilbar}; A \text{ ist durch 3 teilbar}; A \text{ ist durch 5 teilbar}\}$
   f) $\Omega = \{A \text{ ist kleiner als 7}; A \text{ ist größer als 7}\}$

Zu 2.2.

7. In einer Urne befinden sich 1 goldene, 2 rote und 3 schwarze Kugeln. Man zieht nacheinander 2 Kugeln
   a) ohne Zurücklegen,   b) mit Zurücklegen der Kugel nach jedem Zug.
   Zeichne jeweils ein Baumdiagramm, gib einen Ergebnisraum und seine Mächtigkeit an.
8. Eine Münze (A = Adler; Z = Zahl) wird dreimal geworfen. Zeichne ein Baumdiagramm.
9. 3 Münzen werden gleichzeitig geworfen. Wie kann dieses Experiment als mehrstufiges Experiment gedeutet werden? (Vgl. Aufgabe **8**)
●10. Der italienische Mathematiker *Luca Pacioli* (1445–1514)* behandelte 1494 in seiner *Summa de Arithmetica Geometria Proportioni et Proportionalita* (folio 197r) die Aufgabe, den Einsatz bei vorzeitigem Spielabbruch »gerecht« aufzuteilen, die unter den Namen *problème des partis* oder auch *problem of points* berühmt wurde**:

   »Eine Brigade spielt Ball. Eine Partie ist 10 Punkte wert; Sieger ist diejenige Mannschaft, die zuerst 60 Punkte erreicht. Jede Mannschaft setzt 10 Dukaten ein. Durch unvorhergesehene Umstände kann das Spiel nicht zu Ende gebracht werden. Die eine Seite hat 50 Punkte, die andere 20 erzielt. Man möchte wissen, welcher Teil des Einsatzes jeder Seite zufällt.«

   Sei nun A bzw. B der Anteil des gesamten Einsatzes, der Mannschaft A bzw. B zugesprochen werden soll. Beide Seiten – so wird stillschweigend angenommen – seien gleich geschickt.
   a) *Pacioli* sagt, er habe viele falsche Meinungen gefunden. Nach langer Rechnung behauptet er, die richtige Lösung sei, den Einsatz im Verhältnis des Spielstandes bei Abbruch aufzuteilen, also $A : B = 5 : 2$.
   b) *Gerolamo Cardano* (1501–1576) bemerkte 1539, daß, wie selbst ein Knabe leicht einsehen könne, nicht der Spielstand bei Abbruch entscheidend sei für die gerechte Verteilung, sondern daß es auf die Anzahlen a bzw. b der den Seiten A bzw. B noch

---

* Siehe Seite 394ff.
** Das Problem findet sich bereits in italienischen mathematischen Manuskripten, das älteste aus dem Jahre 1380, und ist vermutlich arabischen Ursprungs.

Aufgaben

fehlende Siege bis zum Erreichen der n Siege ankomme*. Dann überlegt er, daß eine zweite Partie nur gewonnen werden kann, wenn die vorausgehende erste gewonnen wurde, eine 3. Partie nur, wenn die vorausgehende 1. und 2. Partie gewonnen wurden. Also ist zum Gewinn der a-ten Partie nötig, die $1., 2., \ldots, (a-1)$-te und schließlich die a-te Partie zu gewinnen. Der Einsatz ist somit im Verhältnis

$$A:B = (1+2+\ldots+b):(1+2+\ldots+a)$$

aufzuteilen. Welche Aufteilung ergibt sich damit für die Aufgabe von *Pacioli*?

c) *Niccolò Tartaglia* (1499–1557) kritisierte 1556** die Lösung von *Pacioli*: Hätte Mannschaft B nämlich noch keine Partie gewonnen, so würde sie gar nichts erhalten,

»was zutiefst ungerecht sei. Deshalb sage ich, daß es sich eher um ein juristisches als um ein mathematisches Problem handelt. [...] Am wenigsten wird es Streit geben, so scheint mir,«

wenn man den Einsatz im Verhältnis $A:B = (n+b-a):(n+a-b)$

aufteilt. Sei nämlich $a \leq b$. Dann liegt A um $b-a$ vor B. Der Seite A gebührt also $\dfrac{b-a}{n}$ des Einsatzes von B und $\dfrac{n}{n}$ des eigenen Einsatzes, d.h. $\dfrac{n+b-a}{n}$ des gesamten Einsatzes. B hingegen verbleibt $\dfrac{n-(b-a)}{n}$ des eigenen Einsatzes.

Welches Verhältnis schlägt *Tartaglia* also für *Pacioli*s Problem vor?

d) Zeichne ein Baumdiagramm, das die noch fehlenden möglichen Partien darstellt. Wie würdest du das Geld aufteilen?

e) Dem französischen Mathematiker *Pierre de Fermat* (1601–1665) gelang 1654 die Lösung des Problems sinngemäß durch Betrachten eines Baums, der alle denkbaren Verläufe bei weiteren 4 Partien darstellt. Warum nahm er gerade 4 Partien? Welchen Vorschlag zur Aufteilung des Geldes hat *Fermat* wohl gemacht?

Auf ganz andere Art gelangte *Blaise Pascal* (1623–1662) im selben Jahre zur gleichen Lösung. (Siehe Aufgabe 269/66).

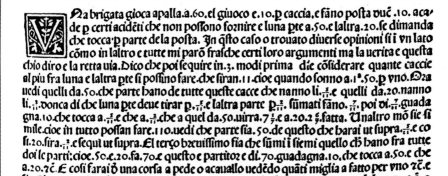

Bild 19.1 Ausschnitt aus folio 197ʳ der *Summa de Arithmetica Geometria Proportioni et Proportionalita* des *Luca Pacioli* mit dem problème des partis

---
* *Practica Arithmeticae generalis omnium copiosissima et utilissima*, Cap. LXI, 13, 14 und Cap. ult., 5.
** *General Trattato di numeri et misure*, I, folio 265 r.

3. Ereignisräume

3. Ereignisräume

3.1. Definition

Vielfach interessiert man sich bei Zufallsexperimenten nur für eine gewisse Fragestellung. Es genügt dann, einen Ergebnisraum zu betrachten, der auf diese Fragestellung zugeschnitten ist. Beim »Mensch-ärgere-dich-nicht«-Spiel z. B. interessiert bei Spielbeginn nur der Ergebnisraum $\Omega_1 = \{\text{Sechs, Nicht-Sechs}\}$, später vielleicht $\Omega_2 = \{\text{Vier, Nicht-Vier}\}$, wenn man eine bestimmte Figur eines Gegners schlagen will. Möchte man aber mehrere Fragestellungen mit demselben Ergebnisraum behandeln, so muß man ihn fein genug konstruieren. Beim »Mensch-ärgere-dich-nicht«-Spiel wählt man $\Omega = \{1, 2, 3, 4, 5, 6\}$; damit können alle Situationen dieses Spiels beschrieben werden. Das Ergebnis »Nicht-Sechs« aus Ω_1 stellt sich jetzt allerdings als die Teilmenge $\{1, 2, 3, 4, 5\}$ von Ω dar, ebenso das Ergebnis »Nicht-Vier« aus Ω_2 als eine andere Teilmenge von Ω, nämlich $\{1, 2, 3, 5, 6\}$. Um diese Teilmengen von Ω von den Elementen von Ω, den Ergebnissen, abzuheben, führt man für sie eine eigene Bezeichnung ein. Man nennt sie **Ereignisse**. Ereignisse sind also Mengen, die als Elemente gerade die Ergebnisse enthalten, bei deren Erscheinen das Ereignis eintritt. So tritt z. B. das Ereignis »Nicht-Sechs« ein, wenn als Ergebnis die Augenzahl 1 erscheint. Dasselbe gilt für die Augenzahlen 2, 3, 4 oder 5. Wir formulieren nun allgemein:

> **Definition 21.1:**
> 1. Jede Teilmenge A des endlichen Ergebnisraums Ω heißt **Ereignis**.
> 2. A **tritt** genau dann **ein**, wenn sich ein Versuchsergebnis ω einstellt, das in A enthalten ist.
> 3. Die Menge aller Ereignisse heißt **Ereignisraum**.

Durch diese Definition wurde der umgangssprachliche Begriff »Ereignis« mathematisch präzisiert. Damit können wir unser mathematisches Modell des Zufallsgeschehens weiter entwickeln. Der mathematische Begriff *Ereignis* umfaßt auch Sonderfälle, an die man vielleicht zunächst nicht gedacht hat. Besonders ausgezeichnete Teilmengen sind bekanntlich die leere Menge $\emptyset$ und die ganze Menge Ω. Da die leere Menge $\emptyset$ kein Element enthält, kann das Ereignis $\emptyset$ nicht eintreten; man nennt $\emptyset$ daher **unmögliches Ereignis**. Im Gegensatz dazu enthält Ω alle Versuchsergebnisse, tritt also immer ein. Man nennt Ω daher auch **sicheres Ereignis**. Eine Sonderstellung nehmen bei den von uns betrachteten endlichen Ergebnisräumen die einelementigen Ereignisse ein. Ein solches $E = \{\omega\}$ tritt genau dann ein, wenn das betreffende Versuchsergebnis ω erscheint. Wir nennen solche einelementigen Ereignisse auch **Elementarereignisse**. Dieser Name wird verständlich, wenn man bedenkt, daß jedes Ereignis $A \neq \emptyset$ eines endlichen Ergebnisraums Ω eindeutig als Vereinigung von Elementarereignissen darstellbar ist, d. h.

$$A = \bigcup_{\omega \in A} \{\omega\}$$

Beispiel: $A = \{2, 4, 6\} = \{2\} \cup \{4\} \cup \{6\}$.

Man beachte im übrigen, daß man zwischen dem Ergebnis ω und dem Elementarereignis $\{\omega\}$ unterscheidet.
Da bei endlichen Ergebnisräumen Ω jede Teilmenge von Ω ein Ereignis ist, gilt dort auch, daß der Ereignisraum die Potenzmenge $\mathfrak{P}(\Omega)$ des Ergebnisraums Ω ist. (Bei unendlichen Ergebnisräumen ist es leider viel komplizierter.)
Eine aus n Elementen bestehende Menge hat 2^n Teilmengen. Aus $|\Omega| = n$ ergibt sich damit für die Mächtigkeit des Ereignisraums der Wert $|\mathfrak{P}(\Omega)| = 2^{|\Omega|} = 2^n$.
Ein Beweis der oben aufgeführten Behauptung kann folgendermaßen geführt werden. Es sei $\Omega = \{a_1, a_2, ..., a_n\}$. Jede Teilmenge A von Ω läßt sich eineindeutig durch eine n-stellige Dualzahl beschreiben. Dabei bedeute 1 an der i-ten Stelle, daß das Element a_i in der Teilmenge A enthalten ist; 0 an der i-ten Stelle heißt dann natürlich, daß $a_i \notin A$ ist. So wird z.B. die Teilmenge $\{a_2, a_3, a_5\}$ durch die Dualzahl 011010...0 beschrieben.
Diese Dualzahlen sind die ganzen Zahlen von 0 bis zu einer größten Zahl N, die als Dualzahl an jeder der n Stellen eine 1 stehen hat, also $N = 111...1$. Da sich die natürlichen Zahlen selber abzählen, sind dies $N+1$ Zahlen. $N+1$ schreibt sich als Dualzahl als 1, gefolgt von n Nullen, also $N+1 = 1000...0$. Das ist aber die natürliche Zahl 2^n. Somit gibt es 2^n Teilmengen von Ω, was zu zeigen war.

3.2. Ereignisalgebra

Ein Ereignis kommt selten allein! Umgangssprachlich werden Ereignisse durch die Wörter »und« und »oder« zu neuen Ereignissen zusammengesetzt. So lassen sich die Ereignisse »Es schneit« bzw. »Es stürmt« zum Ereignis »Schneesturm«, d.h. zu »Es schneit und es stürmt« zusammensetzen. Wie wirkt sich eine solche Zusammensetzung von Ereignissen im mathematischen Modell aus?
Zur Beantwortung dieser Frage betrachten wir das in den Spielkasinos verbreitete Glücksspiel Roulett.* Eine Kugel fällt in eines der Fächer einer drehbaren Scheibe, die von 0 bis 36 numeriert sind; 18 der Zahlen von 1 bis 36 sind rot, die anderen 18 schwarz, die 0 ist andersfarbig (siehe Figur 22.1). Man setzt auf dem Spielbrett (= tableau) Chips bestimmten Werts auf eine Zahl oder eine Zahlenkombination,

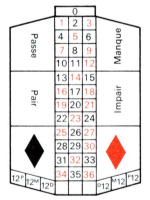

Fig. 22.1 Rad und Spielbrett des Rouletts

---

* Das Roulett ist wohl chinesischen Ursprungs. Die Idee, in eine sich drehende Zahlenscheibe eine Kugel zu werfen, scheint Anfang des 18. Jahrhunderts aufgekommen zu sein. 1734 veröffentlichte *M. Giradier* 6 neu erfundene Spiele, die alle auf diesem Prinzip beruhten. Zu Beginn des 19. Jahrhunderts entstand in Paris die noch heute gültige Form des Roulettspiels.

3.2. Ereignisalgebra

d. h. in unserer Sprechweise auf das Eintreten eines Ereignisses. Um alle wichtigen Ereignisse dieses Spiels beschreiben zu können, wählen wir als Ergebnisraum Ω die Menge $\{0, 1, 2, \ldots, 36\}$. Wie bei jedem Glücksspiel unterscheidet man zwischen Auszahlung und Gewinn. Auszahlung ist der Betrag, den der Spieler nach gewonnenem Spiel erhält, und es gilt:

> Gewinn = Auszahlung minus Einsatz

Einen Überblick über die möglichen Ereignisse beim Roulettspiel gibt die folgende Aufstellung. Dabei ist noch zu beachten: Fällt die Kugel auf die 0, so wird die 0 bei plein, carré und à cheval wie eine normale Zahl behandelt; alle anderen Einsätze verfallen der Bank, in manchen Spielkasinos jedoch nur zur Hälfte.

Setzmöglichkeiten		Teilmenge von Ω	Auszahlung	Gewinn
Name	Beschreibung		als Vielfaches des Einsatzes	
plein	eine Zahl	z. B. $\{7\}$	36	35
à cheval	2 angrenzende Zahlen	z. B. $\{13, 16\}$	18	17
transversale pleine	Querreihe von 3 Zahlen	z. B. $\{25, 26, 27\}$	12	11
transversale simple	2 benachbarte Querreihen	z. B. $\{4, 5, 6, 7, 8, 9\}$	6	5
carré	4 Zahlen, deren Felder in einem Punkt zusammenstoßen, bzw. die ersten 4 Zahlen	z. B. $\{14, 15, 17, 18\}$ bzw. $\{0, 1, 2, 3\}$	9	8
colonne	Längsreihe von 12 Zahlen	z. B. $\{1, 4, 7, \ldots, 34\}$	3	2
douze premier	das erste Dutzend	$\{1, 2, \ldots, 12\}$	3	2
douze milieu	das mittlere Dutzend	$\{13, 14, \ldots, 24\}$	3	2
douze dernier	das letzte Dutzend	$\{25, 26, \ldots, 36\}$	3	2
pair	alle geraden Zahlen außer 0	$\{2, 4, \ldots, 36\}$	2	1
impair	alle ungeraden Zahlen	$\{1, 3, \ldots, 35\}$	2	1
rouge	alle roten Zahlen	$\{1, 3, \ldots, 36\}$	2	1
noir	alle schwarzen Zahlen	$\{2, 4, \ldots, 35\}$	2	1
manque	die 1. Hälfte	$\{1, 2, \ldots, 18\}$	2	1
passe	die 2. Hälfte	$\{19, 20, \ldots, 36\}$	2	1

Für einen Spieler, der 2 Chips verschieden gesetzt hat, sind zwei Ereignisse interessant. Nehmen wir an, er setzt auf die carrés $\{4, 5, 7, 8\}$ und $\{5, 6, 8, 9\}$. Dann können für ihn folgende Möglichkeiten eintreten:

a) Er gewinnt mit beiden Chips. Das zugehörige Ereignis ist die Teilmenge $\{5, 8\}$, die man offenbar als Schnittmenge der beiden carré-Mengen erhält. (Sein Gewinn ist der 8fache Einsatz.)

b) Er gewinnt überhaupt etwas, d. h., Chip 1 oder Chip 2 gewinnt. Das zugehörige Ereignis ist die Teilmenge $\{4, 5, 6, 7, 8, 9\}$, die man offenbar als Vereinigungsmenge der beiden carré-Mengen erhält. (Sein Gewinn ist der 3,5fache Einsatz, wenn genau einer der Chips gewinnt, oder 8fache Einsatz, wenn beide Chips gewinnen.)

c) Er gewinnt nicht. Das zugehörige Ereignis ist die Teilmenge {0, 1, 2, 3, 10, 11, ..., 36}, die man offenbar als Komplementmenge zur Menge {4, 5, 6, 7, 8, 9} erhält. (Sein Gewinn ist der [−1]fache Einsatz. Negativer Gewinn = Verlust!)

Unser Beispiel zeigt, daß sich umgangssprachliche Verknüpfungen von Ereignissen im mathematischen Modell ebenfalls ausdrücken lassen.
Die folgende Übersicht gibt uns für zwei Ereignisse A und B einige solche Möglichkeiten zusammenfassend an.

Sprechweisen	Term im mathematischen Modell	Veranschaulichung
Gegenereignis zu A; Nicht das Ereignis A	$\bar{A}$	
Ereignis A und Ereignis B; Beide Ereignisse; Sowohl A als auch B	$A \cap B$	
Ereignis A oder Ereignis B; Mindestens eines der Ereignisse	$A \cup B$	
Keines der Ereignisse; Weder A noch B	$\bar{A} \cap \bar{B} = \overline{A \cup B}$	
Höchstens eines der Ereignisse; Nicht beide Ereignisse	$\overline{A \cap B} = \bar{A} \cup \bar{B}$	
Genau eines der Ereignisse; Entweder A oder B	$(\bar{A} \cap B) \cup (A \cap \bar{B})$	

Durch die Mengenoperationen *Schnitt* ($\cap$), *Vereinigung* ($\cup$) und *Komplement* ($^-$) lassen sich alle aufgeführten Verknüpfungen von Ereignissen darstellen. Jede solche Verknüpfung liefert wieder eine Teilmenge von Ω, also ein Ereignis. Man sagt deshalb auch, der Ereignisraum $\mathfrak{P}(\Omega)$ ist bezüglich der Operationen $\cap$, $\cup$ und $^-$ abgeschlossen.
Da die Ereignisse im mathematischen Modell Mengen sind, gehorchen sie auch den Gesetzen der Mengenalgebra, die man in diesem Zusammenhang auch **Ereignisalgebra** nennt.
Wir erinnern in der folgenden Übersicht an einige wichtige Gesetze der Mengenalgebra.

Für alle $A, B, C \in \mathfrak{P}(\Omega)$ gilt:

Kommutativgesetze	$A \cap B = B \cap A$	$A \cup B = B \cup A$
Assoziativgesetze	$(A \cap B) \cap C = A \cap (B \cap C) =: A \cap B \cap C$	$(A \cup B) \cup C = A \cup (B \cup C) =: A \cup B \cup C$
Distributivgesetze	$A \cap (B \cup C) = (A \cap B) \cup (A \cap C)$	$A \cup (B \cap C) = (A \cup B) \cap (A \cup C)$
Idempotenzgesetze	$A \cap A = A$	$A \cup A = A$
Absorptionsgesetze	$A \cap (A \cup B) = A$	$A \cup (A \cap B) = A$
Gesetze von *De Morgan**	$\overline{A \cap B} = \bar{A} \cup \bar{B}$	$\overline{A \cup B} = \bar{A} \cap \bar{B}$
Neutrale Elemente	$A \cap \Omega = A$	$A \cup \emptyset = A$
Dominante Elemente	$A \cap \emptyset = \emptyset$	$A \cup \Omega = \Omega$
Komplement	$A \cap \bar{A} = \emptyset$	$A \cup \bar{A} = \Omega \qquad \bar{\bar{A}} = A$

A und $\bar{A}$ können nicht gleichzeitig eintreten, weil $A \cap \bar{A} = \emptyset$, also das unmögliche Ereignis ist. Es gibt aber neben $\bar{A}$ auch noch weitere Ereignisse (nämlich alle Teilmengen von $\bar{A}$), die nicht gleichzeitig mit A eintreten können. Man sagt allgemein:

Definition 25.1:
a) Die Ereignisse A und B heißen **unvereinbar** oder **disjunkt** genau dann, wenn $A \cap B = \emptyset$.
b) Die Ereignisse $A_1, A_2, \ldots, A_n$ heißen **unvereinbar** oder **disjunkt**, wenn ihr Durchschnitt leer ist, d. h., wenn $A_1 \cap A_2 \cap \ldots \cap A_n = \emptyset$ gilt. Sie heißen **paarweise unvereinbar** oder **paarweise disjunkt**, wenn die Schnittmenge aus je zwei von ihnen leer ist, d. h., wenn für alle $i \neq j$ gilt: $A_i \cap A_j = \emptyset$.

Die Ereignisse A und $\bar{A}$ zerlegen gewissermaßen Ω in 2 disjunkte Mengen. Diese Vorstellung läßt sich verallgemeinern zu

Definition 25.2: Eine Menge von Ereignissen $A_1, A_2, \ldots, A_n$ heißt **Zerlegung** des Ergebnisraums Ω, wenn die Ereignisse A_i paarweise unvereinbar sind und wenn ihre Vereinigung Ω ergibt, d. h.
$A_i \cap A_j = \emptyset$ für $i \neq j$ und $A_1 \cup A_2 \cup \ldots \cup A_n = \Omega$.

Aufgaben

Zu 3.2.

1. Jemand hat drei Lose gekauft. Wir unterscheiden Niete (0) und Treffer (1).
   a) Wie heißt ein Ergebnisraum Ω_1, wenn die Lose unterschieden (z. B. numeriert) werden?
   b) Wie heißt ein Ergebnisraum Ω_2, wenn die Lose nicht unterschieden werden?

* Siehe Seite 403.

c) Gib für die Ereignisse A, B, C, D und E die Ergebnismengen aus Ω_1 bzw. Ω_2 an
   A := »Mindestens ein Los ist ein Treffer«,
   B := »Höchstens ein Los ist ein Treffer«,
   C := »Jedes Los ist ein Treffer«,
   D := »Das 1. und das 3. Los sind Treffer«,
   E := »Das 1. und das 3. Los sind Treffer, und das 2. Los ist eine Niete«.
d) Beschreibe umgangssprachlich in jedem der beiden Fälle, soweit möglich, das Gegenereignis zu den Ereignissen aus c) und gib die Ergebnismengen an.

2. Eine Münze wird dreimal geworfen. Man unterscheidet Wappen (w) und Zahl (z). Wir betrachten folgende Ereignisse:
   A := »Beim ersten Wurf erscheint Wappen«
   B := »Beim dritten Wurf erscheint Zahl«
   a) Gib die Ergebnismengen zu A und B an.
   b) Beschreibe folgende Ereignisse in Worten und gib die zugehörigen Ergebnismengen an:
      $A \cap B$; $A \cup B$; $\bar{A}$; $A \cap \bar{B}$; $\bar{A} \cap \bar{B}$.
   c) Welcher Zusammenhang besteht zwischen $A \cup B$ und $\bar{A} \cap \bar{B}$?
   d) Gib das Gegenereignis zu {www} in Worten und als Ergebnismenge an.

3. Bei einem Wurf mit zwei Würfeln werde die Augensumme als Ergebnis notiert.
   a) Gib einen Ergebnisraum Ω und seine Mächtigkeit an.
   b) Beschreibe die folgenden Ereignisse durch Teilmengen von Ω:
      A := »Die Augensumme ist prim.«
      B := »Die Augensumme ist 1.«
      C := »Die Augensumme ist gerade.«
      D := »Die Augensumme ist nicht 6.«
      E := »Die Augensumme ist 7.«
      F := »Die Augensumme liegt zwischen 0 und 7.«

Bild 26.1 Ergebnisse beim 3fachen Münzenwurf

Bild 26.2 Augensummen zweier Würfel

4. Aus einer Lieferung werden 4 Stücke zur Prüfung entnommen. Sie werden auf brauchbar (1) bzw. unbrauchbar (0) hin untersucht.
  a) Gib einen Ergebnisraum und seine Mächtigkeit an.
  b) Beschreibe folgende Ereignisse durch Ergebnismengen:
  $A :=$ »Das dritte Stück ist unbrauchbar.«
  $B :=$ »Genau das dritte Stück ist unbrauchbar.«
  $C :=$ »Mindestens zwei Stücke sind brauchbar.«
  $D :=$ »Genau drei Stücke sind brauchbar.«
  $E :=$ »Kein Stück ist brauchbar.«

5. Zu einer Party erwartet Susanne 2 Mädchen und 3 Jungen. Die 5 Gäste treffen nacheinander ein. Beschreibe folgende Ereignisse durch Ergebnismengen:
  $A :=$ »Der erste Gast ist ein Mädchen.«
  $B :=$ »Unter den ersten drei Gästen sind die zwei Mädchen.«
  $C :=$ »Der letzte Gast ist kein Junge.«

6. A, B, C seien drei beliebige Ereignisse. Beschreibe durch Terme der Ereignisalgebra
  a) A und B, aber nicht C **b)** Alle drei   **c)** Nur A
  •**d)** Höchstens eines   **e)** Mindestens eines   **f)** Höchstens zwei
  g) Mindestens zwei   **h)** Genau eines   **i)** Genau zwei
  j) Keines   **k)** Nur A und B **l)** Nur C nicht

7. Für eine Lieferung von 4 Motoren definiert man folgende Ereignisse:
  $A :=$ »Mindestens ein Motor ist defekt« $B :=$ »Höchstens ein Motor ist defekt«
  a) Interpretiere folgende Ereignisse:
  1) $\bar{A}$ **2)** $\bar{B}$ **3)** $A \cap B$ **4)** $A \cup B$ **5)** $A \setminus B$ **6)** $B \setminus A$ **7)** $A \cup \bar{B}$
  8) $\bar{A} \cup B$ **9)** $\bar{A} \cap \bar{B}$ **10)** $\bar{A} \cup \bar{B}$
  b) Zeichne ein Mengendiagramm und verwende dabei als Elemente von Ω Quadrupel aus 0 und 1, wobei 0 bedeute, daß der entsprechende Motor defekt ist. 1011 heißt dann etwa »Der zweite Motor ist defekt; die anderen sind in Ordnung«.
  c) Stelle die Mengen aus **a)** durch die Elemente von Ω nach **b)** dar.

8. Die Herren Huber (H), Meier (M) und Schmid (S) kandidieren für den Posten des Betriebsratsvorsitzenden. Die Ereignisse A, B, C werden definiert gemäß
  $A :=$ »Herr Huber wird Erster«,
  $B :=$ »Herr Meier wird nicht Letzter« und
  $C :=$ »Herr Schmid wird Letzter«.
  a) Zeichne ein Diagramm von Ω. Stelle dabei die Wahlergebnisse als Tripel aus H, M und S dar.
  b) Stelle A, B und C in einer Mehrfeldertafel dar und trage alle Tripel aus Ω ein.
  c) Interpretiere die folgenden Ereignisse:
  1) $A \cap B \cap C$;   **2)** $\overline{A \cup B \cup C}$;   **3)** $A \cup (B \cap \bar{C})$;   **4)** $(A \cup B) \cap \bar{C}$.

9. Drei Briefe werden in drei Umschläge gesteckt. A_i sei das Ereignis »Brief i steckt im Umschlag i«.
  Interpretiere folgende Ereignisse
  a) $A_1 \cap A_2 \cap A_3$ **b)** $A_1 \cup A_2 \cup A_3$ **c)** $\bar{A}_1 \cap \bar{A}_2 \cap \bar{A}_3$ **d)** $\bar{A}_1 \cup \bar{A}_2 \cup \bar{A}_3$
  e) $(A_1 \cap \bar{A}_2 \cap \bar{A}_3) \cup (\bar{A}_1 \cap A_2 \cap \bar{A}_3) \cup (\bar{A}_1 \cap \bar{A}_2 \cap A_3)$

10. Untersuche auf Unvereinbarkeit alle Paare von Ereignissen aus
    a) Aufgabe **1. c)**, **b)** Aufgabe **3. b)**, **c)** Aufgabe **4. b)**.

11. Untersuche, ob folgende Ereignisse unvereinbar sind:
    a) A und $\overline{A \cup B}$; **b)** A und $\overline{A \cap B}$; **c)** A und $\bar{A} \cap B$; **d)** $\overline{A \cup B}$ und $\bar{A} \cap B$.

12. Prüfe die Gültigkeit folgender Behauptungen:
    a) A, B unvereinbar $\Rightarrow \bar{A}, \bar{B}$ unvereinbar
    b) A, B unvereinbar $\Rightarrow \bar{A}, B$ unvereinbar
    c) A, B unvereinbar $\Rightarrow \bar{A}, \bar{B}$ nicht unvereinbar
    d) A, B unvereinbar $\Rightarrow \bar{A}, B$ nicht unvereinbar.
    Gib gegebenenfalls Gegenbeispiele an.

●13. **a)** Zeige: Die Ereignisse $A, \overline{A \cup B}, \bar{A} \cap B$ bilden eine Zerlegung von Ω. Fertige dazu eine Skizze an.
    b) Die Fußballmannschaften I und II spielen gegeneinander. A bedeute »I siegt«; B bedeute »II siegt«. Interpretiere die Ereignisse aus **a)**.

14. An einem Wettbewerb nehmen n Sportler teil. A_i sei das Ereignis »Der Sportler mit der Startnummer i erreicht den i-ten Platz«.
    Interpretiere folgende Ereignisse:

    a) $\bigcap\limits_{i=1}^{n} A_i := A_1 \cap A_2 \cap \ldots \cap A_n$

    b) $\bigcup\limits_{i=1}^{n} A_i := A_1 \cup A_2 \cup \ldots \cup A_n$

    c) $\bigcap\limits_{i=1}^{n} \bar{A}_i$ **d)** $\bigcup\limits_{i=1}^{n} \bar{A}_i$ **e)** $\bigcup\limits_{i=1}^{n} (A_i \cap \bigcap\limits_{k \neq i} \bar{A}_k)$.

Bild 28.1 Antike Spielmarke (= Chip) mit den Inschriften **Casus Sortis** = *Wechselfälle des Glücks* und *Wer spielt möge genügend einsetzen*. Außerdem zeigt die Spielmarke die 4 astragali des Venuswurfes.

4. Relative Häufigkeiten

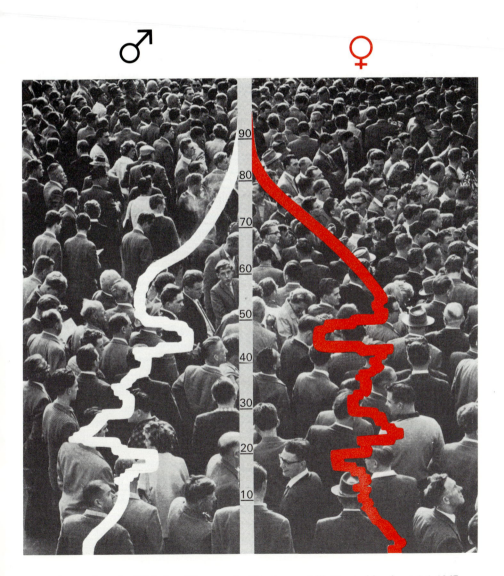

Altersaufbau der Wohnbevölkerung der Bundesrepublik Deutschland am 1.1.1967

4. Relative Häufigkeiten

4.1. Einführung

Gewinnt jemand beim Roulett mit einer transversale pleine, so erhält er mehr ausbezahlt als ein anderer, der bei gleichem Einsatz mit einem carré gewonnen hat. Die Spielbanken geben als Grund dafür an, daß ein carré »häufiger« auftritt als eine transversale pleine. Um diese Behauptung überprüfen zu können, braucht man ein Maß für die Häufigkeit eines Ereignisses. Dazu beobachtet man über einen längeren Zeitraum hinweg viele Wiederholungen desselben Zufallsexperiments und zählt, wie oft das interessierende Ereignis dabei eingetreten ist. Diese Zahl, die man **absolute Häufigkeit** des Ereignisses bei der betrachteten Versuchsfolge nennt, wird im allgemeinen mit der Anzahl der Versuche steigen. Die absolute Häufigkeit ist daher als Maß nicht geeignet. Ein brauchbares Maß ergibt sich jedoch, wenn man die absolute Häufigkeit relativiert, d.h., sie auf die Anzahl der Versuche bezieht. Dies geschieht, indem man die absolute Häufigkeit durch die Versuchsanzahl dividiert.

> **Definition 30.1:** Tritt ein Ereignis A bei n Versuchen k-mal ein, so heißt $h_n(A) := \dfrac{k}{n}$ die **relative Häufigkeit** des Ereignisses A in dieser Versuchsfolge.

Relative Häufigkeiten werden üblicherweise in Prozenten angegeben. Wer die Behauptung der Spielbanken nun mit Hilfe dieser Definition überprüfen möchte, kann sich z.B. anhand der von den Spielbanken veröffentlichten Ergebnislisten, den sog. Authentischen Roulette-Permanenzen, die relativen Häufigkeiten für ein carré und eine transversale pleine berechnen. So ergaben sich am Sonntag, dem 4. November 1962, am Tisch Nr. 1 des Spielcasinos Baden-Baden bei 346 Spielen 31mal die transversale pleine $\{16, 17, 18\}$ und 37mal das carré $\{4, 5, 7, 8\}$. Die relative Häufigkeit der besagten transversale pleine war also an diesem Tage $\frac{31}{346} = 8{,}96\%$, die relative Häufigkeit des besagten carrés jedoch $\frac{37}{346} = 10{,}69\%$.

Zur weiteren Veranschaulichung des Begriffs der relativen Häufigkeit greifen wir auf die Tabellen 10.1 und 11.1 zurück. So sind gemäß Tabelle 11.1 die relative Häufigkeit h_{25} (»Adler«) $= \frac{11}{25} = 44\%$, h_{50} (»Adler«) $= \frac{22}{50} = 44\%$ und h_{75} (»Adler«) $= \frac{36}{75} = 48\%$ usw. Einen Überblick über die Abhängigkeit der relativen Häufigkeit h_n (»Adler«) von n bei dieser Versuchsfolge zeigt Figur 31.1. Dabei wurden nur die Werte der relativen Häufigkeit für Vielfache von 25 eingezeichnet und durch einen Streckenzug verbunden. Dieser Streckenzug soll lediglich die Entwicklung veranschaulichen, hat aber selbst keine Bedeutung für das Zufallsexperiment.

Obwohl in Tabelle 11.1 die Aufeinanderfolge von »Adler« und »Zahl« regellos ist, erwartet man naiverweise aus Symmetriegründen, daß Zahl und Adler etwa gleich häufig auftreten, die relative Häufigkeit von »Adler« also etwa 50% sein müßte.

Figur 31.1 zeigt, daß die relative Häufigkeit für »Adler« tatsächlich um den Wert

4.1. Einführung

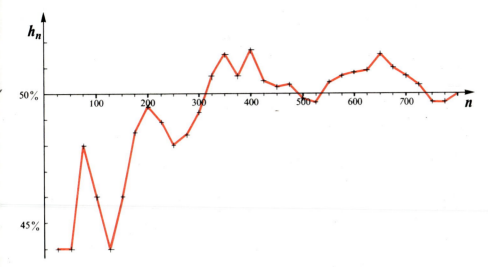

Fig. 31.1 Relative Häufigkeit h_n (»Adler«) bei den 800 Münzenwürfen aus Tabelle 11.1

50% schwankt. Mit zunehmendem n scheinen die Schwankungen kleiner zu werden, wenngleich immer wieder »Ausbrecher« auftreten. Trotzdem glaubt man daran, daß bei einer symmetrischen Münze die relative Häufigkeit für »Adler« sich immer weniger von dem Idealwert 50% unterscheidet, je größer die Anzahl der Versuche ist. So erhielt *Buffon** (1707–1788) für h_{4040} (»Adler«) den Wert 50,69%, *K. Pearson*** (1857–1936) erzielte mit viel Geduld h_{12000} (»Adler«) = 50,16% und h_{24000} (»Adler«) = 50,05%.

Für dieses Verhalten der relativen Häufigkeit sagt man auch:

»Die relative Häufigkeit eines Ereignisses stabilisiert sich mit zunehmender Versuchsanzahl um einen festen Wert.«

Man kann vermuten, daß sich die relative Häufigkeit $h_n(A)$ eines bestimmten Ereignisses A bei einem beliebig wiederholbaren Versuch mit zunehmender Versuchsanzahl n *immer* um einen festen Wert stabilisiert. Im Laufe der Jahrhunderte haben die Erfahrungen gezeigt, daß diese Vermutung nicht zu Unrecht besteht. Sie ist also eine Erfahrungstatsache, die manchmal auch **Das empirische Gesetz der großen Zahlen** genannt wird. Die an sich überraschende Tatsache, daß auch das Zufallsgeschehen erkennbaren Gesetzen gehörcht***, ist die Grundlage der Stochastik, die diese Gesetzmäßigkeiten systematisch erforscht.

Ein weiteres Beispiel für die Stabilisierung der relativen Häufigkeiten liefert uns die Serie von Würfelwürfen aus Tabelle 10.1. Wir berechnen dazu die absoluten und relativen Häufigkeiten der Augenzahlen nach 30, 60, ..., 1200 Würfen und geben sie in Tabelle 32.1 an; die relativen Häufigkeiten der Augenzahlen werden durch Figur 33.1 veranschaulicht. Auch hier stellen wie in Figur 31.1 die Streckenzüge nur eine grobe Veranschaulichung der Entwicklung der relativen Häufigkeiten dar.

---

* Genaueres in Aufgabe 226/**22** und Aufgabe 369/**30**. – Siehe auch Seite 401.
** gesprochen: piəsn. Siehe Seite 420.
*** »Le hazard a des regles qui peuvent être connues«, schreibt *Montmort* (1678–1719) im Vorwort zu seinem *Essay d'Analyse sur les Jeux de Hazard* (1708).

	absolute Häufigkeiten					relative Häufigkeiten in %				
⚀	⚁	⚂	⚃	⚄	⚅	⚀	⚁	⚂	⚃	⚄	⚅
6	6	4	1	8	5	20,0	20,0	13,3	3,3	26,7	16,7
10	11	7	4	16	12	16,7	18,3	11,7	6,7	26,8	20,0
12	19	13	7	21	18	13,3	21,1	14,5	7,8	23,3	20,0
15	25	19	11	30	20	12,5	20,8	15,8	9,2	25,0	16,7
26	27	25	15	34	23	17,3	18,0	16,7	10,0	22,7	15,3
28	33	29	20	41	29	15,6	18,3	16,1	11,1	22,8	16,1
33	37	33	25	48	34	15,7	17,6	15,7	11,9	22,8	16,2
36	46	41	29	50	38	15,0	19,2	17,1	12,1	20,8	15,8
38	56	46	31	56	43	14,1	20,8	17,0	11,5	20,8	15,9
45	64	49	32	61	49	15,0	21,3	16,3	10,7	20,3	16,3
50	69	56	35	63	57	15,2	20,9	16,9	10,6	19,1	17,3
52	71	69	37	67	64	14,5	19,7	18,9	10,3	18,6	17,8
55	79	74	42	72	68	14,1	20,2	19,0	10,8	18,5	17,4
61	82	79	49	77	72	14,5	19,5	18,8	11,7	18,3	17,1
65	88	84	55	81	77	14,4	19,6	18,7	12,2	18,0	17,1
70	92	87	60	90	81	14,6	19,2	18,1	12,5	18,7	16,9
75	97	92	63	99	84	14,7	19,0	18,0	12,3	19,4	16,5
80	104	98	68	102	88	14,8	19,3	18,1	12,4	18,9	16,3
87	110	103	74	103	93	15,0	19,3	18,1	13,0	18,1	16,3
92	121	109	76	107	95	15,3	20,2	18,2	12,7	17,8	15,8
103	125	111	78	113	100	16,3	19,9	17,6	12,4	17,9	15,9
110	131	114	84	116	105	16,7	19,9	17,3	12,7	17,6	15,9
113	139	117	87	120	114	16,4	20,1	17,0	12,6	17,4	16,5
118	145	118	89	129	121	16,4	20,1	16,4	12,4	17,9	16,8
121	150	121	95	134	129	16,1	20,0	16,1	12,7	17,9	17,2
130	157	126	96	137	134	16,7	20,1	16,2	12,3	17,6	17,2
134	162	136	100	142	136	16,6	20,0	16,8	12,3	17,5	16,8
142	170	139	101	149	139	16,9	20,2	16,6	12,0	17,7	16,6
146	175	141	104	157	147	16,8	20,1	16,2	11,9	18,1	16,9
152	182	143	110	161	152	16,9	20,2	15,9	12,2	17,9	16,9
156	186	153	115	163	157	16,8	20,0	16,5	12,4	17,5	16,9
161	190	159	120	169	161	16,8	19,8	16,6	12,5	17,6	16,8
166	194	167	124	172	167	16,8	19,6	16,9	12,5	17,4	16,9
168	203	176	129	175	169	16,5	19,9	17,3	12,6	17,2	16,6
171	208	180	132	181	178	16,3	19,8	17,1	12,6	17,2	16,9
173	215	183	138	189	182	16,0	19,9	16,9	12,8	17,5	16,8
176	223	189	142	195	185	15,9	20,1	17,0	12,8	17,6	16,7
180	232	194	146	198	190	15,8	20,3	17,0	12,8	17,4	16,7
185	236	201	148	204	196	15,8	20,2	17,3	12,6	17,4	16,7
187	244	204	155	210	200	15,6	20,3	17,0	12,9	17,5	16,7

Tab. 32.1 Auswertung von Tabelle 10.1

Die Schreibweise $h_n(A)$ legt die falsche Vermutung nahe, daß der Wert $h_n(A)$ nur von der Versuchsanzahl n abhängt, sonst aber für das Ereignis A kennzeichnend ist. In Wirklichkeit hängt diese Zahl $h_n(A)$ auch noch von der konkret durchgeführten Versuchsfolge ab. So kann z. B. der Wert h_{10} (»Adler«) je nach Versuchsfolge jeden der 11 Werte $0, \frac{1}{10}, \frac{2}{10}, \ldots, 1$ annehmen. Zur Veranschaulichung dieses Sachverhalts fassen wir die 800 Münzenwürfe aus Tabelle 11.1 als 8 Versuchsfolgen zu je 100 Würfen auf. Im Bild ergeben sich damit 8 Streckenzüge für die relative Häufigkeit h_n (»Adler«). Vergröbert sind sie in Figur 34.1 dargestellt, wo jeweils nur die Werte für die Vielfachen von 5 eingezeichnet sind, die in Tabelle 33.1 zusammengestellt wurden.

4.1. Einführung

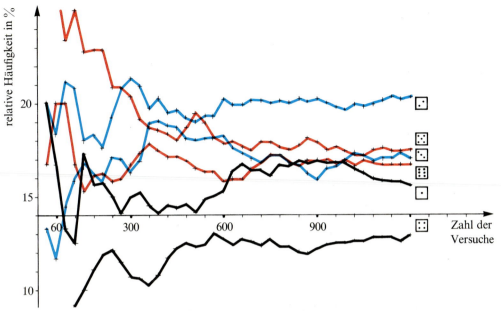

Fig. 33.1 Relative Häufigkeiten der Augenzahlen bei den 1200 Würfelwürfen von Tabelle 10.1

Anzahl der Versuche in der Serie	Nummer der Versuchsserie							
	1	2	3	4	5	6	7	8
5	40,0	40,0	20,0	100,0	20,0	100,0	100,0	60,0
10	40,0	30,0	20,0	80,0	20,0	80,0	50,0	40,0
15	33,3	40,0	26,7	80,0	33,3	60,0	46,7	46,7
20	40,0	35,0	40,0	75,0	35,0	55,0	55,0	50,0
25	44,0	36,0	44,0	68,0	36,0	48,0	52,0	44,0
30	40,0	40,0	43,3	66,7	43,3	43,3	50,0	36,7
35	40,0	40,0	45,7	65,7	40,0	48,6	54,3	34,3
40	42,5	42,5	45,0	60,0	35,0	50,0	60,0	37,5
45	44,4	46,7	46,7	62,2	37,8	53,3	60,0	37,8
50	44,0	46,0	42,0	64,0	40,0	56,0	60,0	38,0
55	45,5	45,5	43,6	61,8	41,8	58,2	56,4	40,0
60	48,3	48,3	45,0	63,3	43,3	56,7	55,0	43,3
65	47,7	49,2	46,2	60,0	44,6	56,9	53,8	43,1
70	45,7	48,6	44,3	57,1	44,3	57,1	54,3	41,4
75	48,0	52,0	45,3	56,0	45,3	56,0	53,3	41,3
80	46,3	53,8	45,0	56,3	46,3	55,0	51,3	42,5
85	44,7	55,3	45,9	58,8	44,7	54,1	51,8	43,5
90	43,3	55,5	45,6	57,8	44,4	53,3	51,1	44,4
95	45,3	54,8	47,4	56,8	42,1	54,8	50,5	46,3
100	46,0	53,0	49,0	58,0	43,0	55,0	50,0	46,0

Tab. 33.1 Entwicklung der relativen Häufigkeiten (in %) bei je 100 Münzenwürfen in 8 Versuchsfolgen

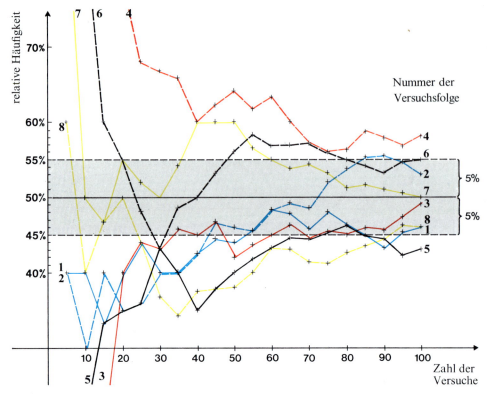

Fig. 34.1 Relative Häufigkeit von »Adler« bei je 100 Münzenwürfen in Abhängigkeit von der Versuchsfolge

4.2. Eigenschaften der relativen Häufigkeit

Wir betrachten die erste Zeile von Tabelle 10.1. Sie stellt die Ergebnisse einer Folge von 30 Versuchen (Würfelwurf) dar. Die relativen Häufigkeiten der Ereignisse $\{1\}, \{2\}, \{3\}, \{4\}, \{5\}$ und $\{6\}$ sind in folgender Tabelle zusammengestellt:

Ereignis	$\{1\}$	$\{2\}$	$\{3\}$	$\{4\}$	$\{5\}$	$\{6\}$
relative Häufigkeit	$\frac{6}{30}$	$\frac{6}{30}$	$\frac{4}{30}$	$\frac{1}{30}$	$\frac{8}{30}$	$\frac{5}{30}$

Diese relativen Häufigkeiten sind positive rationale Zahlen unter 1.
Allgemein kann man sagen: Tritt das Ereignis A bei n Versuchen k-mal ein, so gilt offenbar $0 \leq k \leq n$ und damit $0 \leq \frac{k}{n} \leq 1$. Also:

Die relative Häufigkeit eines Ereignisses A in einer Versuchsfolge der Länge n ist eine rationale Zahl aus dem Intervall $[0; 1]$, d. h.

(1) $\quad \boxed{0 \leq h_n(A) \leq 1}$

4.2. Eigenschaften der relativen Häufigkeit

Daß die Grenzfälle 0 und 1 auch wirklich auftreten, erkennt man sofort, wenn man den trivialen Fall $n = 1$ betrachtet. Der erste Wurf hatte das Ergebnis 4, die relative Häufigkeit $h_1(\{4\})$ hat somit den Wert 1, die relative Häufigkeit aller anderen Ereignisse jedoch den Wert 0. Die ersten 3 Versuche aus Zeile 10 zeigen, daß diese Werte auch für $n > 1$ auftreten können.

Wir wollen uns nun überlegen, wie man die relative Häufigkeit eines Ereignisses A berechnen kann, wenn man die relativen Häufigkeiten der Elementarereignisse bei dieser Versuchsfolge kennt. Dazu betrachten wir als Beispiel das Ereignis $A :=$ »Augenzahl ist gerade« bei der oben betrachteten Versuchsfolge der Länge 30. Wir müssen in der ersten Zeile von Tabelle 10.1 zählen, wie oft eines der Ergebnisse 2, 4 oder 6 sich eingestellt hat. Wir erhalten $h_{30}(A) = \frac{12}{30} = 40\%$. Diese Zahl hätten wir aber auch aus der obigen Aufstellung der relativen Häufigkeiten der Elementarereignisse erhalten können. Wir müssen nämlich nur die relativen Häufigkeiten derjenigen Elementarereignisse addieren, deren Vereinigung das Ereignis A ergibt, also $h_{30}(A) = h_{30}(\{2\}) + h_{30}(\{4\}) + h_{30}(\{6\}) = \frac{6}{30} + \frac{1}{30} + \frac{5}{30} = \frac{12}{30} = 40\%$.

Die eben durchgeführten Überlegungen lassen sich leicht verallgemeinern. Man erhält dann in endlichen Ergebnisräumen für relative Häufigkeiten bei einer festen Versuchsfolge von n Versuchen:

Die relative Häufigkeit eines Ereignisses $A (\neq \emptyset)$ ist gleich der Summe der relativen Häufigkeiten derjenigen Elementarereignisse, deren Vereinigung A ist; in Zeichen

(2) $$\boxed{h_n(A) = \sum_{\omega \in A} h_n(\{\omega\})}$$

Wir wenden uns nun den Ereignissen $\emptyset$ und Ω zu.
Das unmögliche Ereignis $\emptyset$ tritt nie ein; in Definition 30.1 ist also $k = 0$, woraus folgt

(3) $$\boxed{h_n(\emptyset) = 0}$$

Für das sichere Ereignis Ω gilt andererseits $k = n$, weil es bei jedem Versuch eintritt. Somit gilt

(4) $$\boxed{h_n(\Omega) = 1}$$

A und B seien nun 2 Ereignisse bei derselben Versuchsfolge, deren relative Häufigkeiten $h_n(A)$ und $h_n(B)$ bekannt sind. Kann man damit die relative Häufigkeit des Ereignisses »A oder B« $= A \cup B$ bei dieser Versuchsfolge berechnen? Zur Beantwortung dieser Frage betrachten wir bei den obigen 30 Würfelwürfen die Ereignisse $A :=$ »Augenzahl ist gerade« und $B :=$ »Augenzahl ist von 1 und 6 verschieden«. $h_{30}(A)$ war 40%. Aufgrund von Eigenschaft (2) errechnen wir für

$h_{30}(B) = h_{30}(\{2\}) + h_{30}(\{3\}) + h_{30}(\{4\}) + h_{30}(\{5\}) =$
$= \frac{6}{30} + \frac{4}{30} + \frac{1}{30} + \frac{8}{30} =$
$= \frac{19}{30} = 63\frac{1}{3}\%.$

Der naive Vorschlag, die relative Häufigkeit von $A \cup B$ als Summe der relativen Häufigkeiten von A bzw. B zu berechnen, schlägt fehl, da sich hier für die Summe der Wert $\frac{31}{30} = 103\frac{1}{3}\%$ ergibt. Man sieht aber auch sofort, woran das liegt: Die Ergebnisse 2 und 4 treten sowohl in A als auch in B auf, die relativen Häufigkeiten der zugehörigen Elementarereignisse $\{2\}$ bzw. $\{4\}$ wurden also bei der Summenbildung doppelt gezählt. Um diesen Fehler zu korrigieren, müssen wir diese relativen Häufigkeiten vom Summenwert $\frac{31}{30}$ subtrahieren; wir erhalten also $h_{30}(A \cup B) = \frac{31}{30} - (\frac{6}{30} + \frac{1}{30}) = \frac{24}{30} = 80\%$. Dieser Wert ist richtig, wie wir durch direkte Berechnung von $h_{30}(A \cup B)$ überprüfen können:

$h_{30}(A \cup B) = h_{30}(\{2, 3, 4, 5, 6\}) = \frac{6}{30} + \frac{4}{30} + \frac{1}{30} + \frac{8}{30} + \frac{5}{30} = \frac{24}{30} = 80\%$.

Was wir am Beispiel gesehen haben, gilt aber sogar allgemein:
In einer festen Versuchsfolge ist die relative Häufigkeit des Ereignisses »A oder B« gleich der Summe der relativen Häufigkeiten der beiden Ereignisse abzüglich der relativen Häufigkeit des Ereignisses »A und B«, kurz

(5) $\boxed{h_n(A \cup B) = h_n(A) + h_n(B) - h_n(A \cap B)}$

Beweis: Bezeichnen wir mit $k(A \cup B)$ die absolute Häufigkeit des Ereignisses $A \cup B$ in der Serie von n Versuchen, so erkennt man an Hand von Figur 36.1 leicht, daß für die absoluten Häufigkeiten $k(A \cup B), k(A), k(B)$ und $k(A \cap B)$ gilt:

$k(A \cup B) = k(A) + k(B) - k(A \cap B)$

Dividiert man diese Gleichung durch n, so erhält man die Behauptung.

	B	$\bar{B}$	
A	$k(A \cap B)$	$k(A \cap \bar{B})$	$k(A)$
$\bar{A}$	$k(\bar{A} \cap B)$	$k(\bar{A} \cap \bar{B})$	$k(\bar{A})$
	$k(B)$	$k(\bar{B})$	

Fig. 36.1 Mehrfeldertafel der absoluten Häufigkeiten. $k(M)$ bedeutet die absolute Häufigkeit des Ereignisses M in der Versuchsserie.

Sind A und B unvereinbare Ereignisse, d.h., ist $A \cap B = \emptyset$, so wird aus (5)

(6) $\boxed{A \cap B = \emptyset \Rightarrow h_n(A \cup B) = h_n(A) + h_n(B)}$

Ist im besonderen $B = \bar{A}$, B also das Gegenereignis zu A, so ergibt (6) wegen $A \cap \bar{A} = \emptyset$:

$h_n(A \cup \bar{A}) = h_n(A) + h_n(\bar{A})$. Andererseits ist nach (4)
$h_n(A \cup \bar{A}) = h_n(\Omega) = 1$. Somit gilt

(7) $\boxed{h_n(\bar{A}) = 1 - h_n(A)}$

Die relative Häufigkeit eines Ereignisses und die seines Gegenereignisses ergeben in einer festen Versuchsfolge stets 100%.
An einem **Beispiel** wollen wir zeigen, wie man mit Hilfe der Eigenschaften der relativen Häufigkeiten eine Mehrfeldertafel erstellen und damit zusammenhängende Aufgaben lösen kann.

Am 31.12.1973 hatte die Bundesrepublik Deutschland $n = 62\,101\,400$ Einwohner. Davon waren 29 713 800 männlich und davon wieder 20 002 000 volljährig. Insgesamt waren 43 151 600 Einwohner volljährig.
Aus diesen Daten können wir die relativen Häufigkeiten für die Ereignisse
♂ := »Ein beliebig herausgegriffener Einwohner ist männlich« und
V := »Ein beliebig herausgegriffener Einwohner ist volljährig« berechnen:

$$h_n(\male) = \tfrac{29\,713\,800}{62\,101\,400} = 47{,}8\%, \qquad h_n(V) = \tfrac{43\,151\,600}{62\,101\,400} = 69{,}5\%.$$

Für das Ereignis, daß ein beliebig herausgegriffener Einwohner männlich und volljährig ist, erhalten wir $h_n(\male \cap V) = \tfrac{20\,002\,000}{62\,101\,400} = 32{,}2\%$.

Diese gegebenen Zahlen sind in der Mehrfeldertafel (Figur 37.1) schwarz eingetragen. Die restlichen Zahlen berechnen wir unter Verwendung der Eigenschaften der relativen Häufigkeit.

$h_n(\bar{V}) = 1 - h_n(V) =$
$= 1 - 0{,}695 = 30{,}5\%$

$h_n(\female) = 1 - h_n(\male) =$
$= 1 - 0{,}478 = 52{,}2\%$

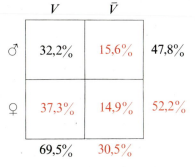

Fig. 37.1   Mehrfeldertafel der relativen Häufigkeiten

Weil V die Vereinigung der unvereinbaren Ereignisse $V \cap \male$ und $V \cap \female$ ist, gilt nach (6):

$h_n(V) = h_n(V \cap \male) + h_n(V \cap \female)$; also ist
$h_n(V \cap \female) = h_n(V) - h_n(V \cap \male) = 69{,}5\% - 32{,}2\% = 37{,}3\%$.

Analog erhalten wir

$h_n(\bar{V} \cap \male) = h_n(\male) - h_n(V \cap \male) = 47{,}8\% - 32{,}2\% = 15{,}6\%$

und

$h_n(\bar{V} \cap \female) = h_n(\female) - h_n(V \cap \female) = 52{,}2\% - 37{,}3\% = 14{,}9\%$.

Damit ist die Vierfeldertafel gefüllt.
Jede weitere einschlägige Fragestellung läßt sich nun direkt aus der Vierfeldertafel beantworten; zum Beispiel:

$h_n(V \cup \female) = h_n(V) + h_n(\bar{V} \cap \female) = 69{,}5\% + 14{,}9\% = 84{,}4\%$

oder auch

$h_n(V \cup \female) = h_n(\female) + h_n(V \cap \male) = 52{,}2\% + 32{,}2\% = 84{,}4\%$

oder umständlicher mit Eigenschaft (5)

$h_n(V \cup \female) = h_n(V) + h_n(\female) - h_n(V \cap \female) = 69{,}5\% + 52{,}2\% - 37{,}3\% = 84{,}4\%$.

Aufgaben

Zu 4.1.

1. Bei einer Mathematikschulaufgabe ergab sich für die Noten folgende Verteilung:

Note	1	2	3	4	5	6
Anzahl	2	4	5	8	7	1

   Berechne die relative Häufigkeit der einzelnen Noten.

2. Im amtlichen Fernsprechbuch 25 (Ausgabe 1971/72) findet man auf S. 776 in der 3. Spalte bei den Telefonnummern folgende Ziffernverteilung:

0	1	2	3	4	5	6	7	8	9
25	32	25	34	35	24	35	36	35	16

   Berechne die relative Häufigkeit der einzelnen Ziffern.

3. Berechne die relative Häufigkeit der Substantive unter den Wörtern der folgenden Gedichte:
   »An den Mond« von *J. W. v. Goethe*; »Der Herbst des Einsamen« von *G. Trakl.*

4. Bestimme die relative Häufigkeit der Primzahlen
   a) zwischen 1 und 100, 101 und 200, ..., 901 und 1000,
   b) zwischen 1 und 100, 1 und 200, ..., 1 und 1000.

5. Würfle 100mal mit einem Würfel und bestimme die relative Häufigkeit der Augenzahl 6
   a) für die ersten 20 Würfe; für die zweiten 20 Würfe; ...; für die fünften 20 Würfe.
   b) für die ersten 20 Würfe; für die ersten 40 Würfe; ...; für die 100 Würfe.

6. Werte Tabelle 10.1 folgendermaßen aus: Bestimme die relative Häufigkeit der Augenzahl 6
   a) für die ersten 150 Würfe; für die zweiten 150 Würfe; ...; für die achten 150 Würfe.
   b) für die ersten 150 Würfe; für die ersten 300 Würfe; ...; für die 1200 Würfe.

7. Im Zahlenlotto* »6 aus 49« ergab sich nach 1225 Veranstaltungen nebenstehende Tabelle der absoluten Häufigkeiten der gezogenen Zahlen ohne Berücksichtigung der Zusatzzahl.

   a) Berechne die relativen Häufigkeiten von 13, 29 und 49 nach der Tabelle.
   b) Nimm an, jede der Zahlen 1 bis 49 sei gleich oft gezogen worden. Berechne dann die relative Häufigkeit für jede Zahl.

1	2	3	4	5	6	7
151	158	158	142	140	151	139
8 143	**9** 165	**10** 137	**11** 139	**12** 144	**13** 121	**14** 145
15 136	**16** 144	**17** 154	**18** 147	**19** 155	**20** 145	**21** 164
22 155	**23** 150	**24** 141	**25** 160	**26** 164	**27** 144	**28** 131
29 150	**30** 146	**31** 163	**32** 175	**33** 153	**34** 139	**35** 147
36 163	**37** 139	**38** 163	**39** 163	**40** 159	**41** 147	**42** 146
43 153	**44** 145	**45** 152	**46** 155	**47** 139	**48** 159	**49** 171

---

* Lotto ist die italienische Bezeichnung für Zahlenlotterie (= Genueser Lotterie) und hängt mit dem germanischen Wort lot = Los zusammen. Bei einer Lotterie im modernen Sinne wird eine bestimmte Geldsumme unter einer bestimmten Anzahl von Anteilscheinen verlost, wobei die zu verlosende Summe erst durch den Verkauf dieser Anteilscheine (= Lose) eingeht.
Die frühesten bekannten Lotterien in diesem Sinne wurden 1521 vom Magistrat der Stadt Osnabrück und 1530 von

8. In den Aufgaben zum 1. Kapitel hast du selbst Zufallsexperimente durchgeführt. Bestimme nun die relativen Häufigkeiten der dort angesprochenen Ereignisse
a) bei Aufgabe 1: h_{100} (»Augensumme 2 bis 10«)
h_{100} (»Augensumme 11«)
h_{100} (»Augensumme 12«)
b) bei Aufgabe 2: h_{100} (»Augensumme nicht [9 oder 10]«)
h_{100} (»Augensumme 9«)
h_{100} (»Augensumme 10«)
c) bei Aufgabe 3: h_{25} (»Mindestens eine 6«)
h_{25} (»Mindestens ein Sechser-Pasch«)

Zu 4.2.

9. In einem Studentenheim wohnen 200 Studenten. 165 von ihnen sprechen Englisch, 73 Französisch, 49 sprechen beide Sprachen.
a) Wie groß ist die relative Häufigkeit der Studenten, die mindestens eine der beiden Sprachen sprechen?
b) Wie groß ist die relative Häufigkeit der Studenten, die keine der beiden Sprachen sprechen?

10. Bestimme die relative Häufigkeit der natürlichen Zahlen von 1 bis 100, die
a) durch 2,   b) durch 3,   c) durch 2 und 3,   d) durch 2 oder 3 teilbar sind.

11. 52% aller Deutschen sind Frauen. 67% aller deutschen Männer schnarchen.* Wie groß ist die relative Häufigkeit der schnarchenden Männer unter den Deutschen?

•12. In 38% aller deutschen Haushalte leben Kinder. 13% aller deutschen Haushalte haben einen Kanarienvogel.* Zwischen welchen Grenzen liegt die relative Häufigkeit der Haushalte, die weder Kinder noch einen Kanarienvogel haben?

13. Bei einer Großuntersuchung an 27392 Personen ergab sich folgende Verteilung der Blutgruppenzugehörigkeit:
Träger des Antigens A: 13915   Träger des Antigens B: 2849
Personen ohne Antigen A oder B: 11724 (Blutgruppe 0).
Mit A bzw. B bezeichnen wir das Ereignis »Die untersuchte Person ist Träger des Antigens A (bzw. B)«. O bedeute das Ereignis, daß die Person weder Träger des Antigens A noch Träger des Antigens B ist.
a) Zeichne eine Mehrfeldertafel für die relativen Häufigkeiten bei der Großuntersuchung.
b) Bestimme die relativen Häufigkeiten der Ereignisse
1) A, B und O 2) $A \cap B$ und $A \cup B$ 3) $A \cup O$
4) $\overline{A}$ 5) $\overline{A \cap B}$ 6) $\overline{A} \cap \overline{B}$

der Republik Florenz veranstaltet, und zwar ausschließlich zu dem Zweck, den Geldmangel der Obrigkeit zu lindern. Als Erfinder des Lottos gilt der Genueser Ratsherr *Benedetto Gentile*; früheste Nachrichten darüber stammen aus Genua aus dem Jahre 1519 und aus Venedig aus dem Jahre 1521. So wie in Genua 5 Würdenträger aus 90 Senatoren ausgelost wurden, worauf man Wetten abschloß, so hatten die Spieler 5 Zahlen aus den Zahlen 1 bis 90 auszuwählen. 1735 gelangte dieses Lottospiel nach Bayern, 1763 nach Preußen, wo es bereits 1810 wieder verboten wurde. Mit seinem Ende in Bayern 1861 war es dann aus Deutschland gänzlich verschwunden. 1953 führte man in Berlin ein Lotto »5 aus 90« ein, 1955 hingegen das Spiel »6 aus 49« in den Bundesländern Nordrhein-Westfalen, Bayern, Schleswig-Holstein und Hamburg. Seit 1959 sind alle Bundesländer und Berlin im Deutschen Lottoblock »6 aus 49« zusammengeschlossen. Am 28. April 1982 wurde das Spiel »7 aus 38« eingeführt.

* Deutschland in Zahlen 1972/73, heyne-Kompaktwissen 10.

5. Wahrscheinlichkeitsverteilungen

Zwei Astragali aus der etruskischen Nekropole von Vulci und tesserae unbekannter Herkunft
– Staatliche Antikensammlungen und Glyptothek, München

5. Wahrscheinlichkeitsverteilungen

5.1. Definition der Wahrscheinlichkeit eines Ereignisses

Bei zufallsbedingten Ereignissen hat man normalerweise ein subjektives Empfinden dafür, mit welchem Grad von Sicherheit, d.h. mit welcher »Wahrscheinlichkeit«, ein solches Ereignis eintreten wird. Als Beispiel für eine derartige subjektive Wahrscheinlichkeit diene der Satz »Morgen wird es wahrscheinlich regnen«.
Den Grad der Sicherheit entnimmt man der eigenen oder fremden Erfahrung. Dabei meint man, sich seines Urteils um so sicherer zu sein, je öfter man Erfahrungen in dieser Hinsicht gemacht hat. Dieser umgangssprachliche Wahrscheinlichkeitsbegriff beruht also auf Beobachtungen, wie oft ein Ereignis unter bestimmten Bedingungen eingetreten ist, d.h. also auf Beobachtungen der relativen Häufigkeit des Ereignisses. *Jakob Bernoulli* (1655–1705) schreibt im 4. Kapitel des 4. Teils seiner *Ars conjectandi*, einem der grundlegenden Werke der Wahrscheinlichkeitstheorie:

»Auch leuchtet es jedem Menschen ein, daß es nicht genügt, nur ein oder zwei Versuche angestellt zu haben, um auf diese Weise irgendein Ereignis beurteilen zu können, sondern daß dazu eine große Anzahl von Versuchen nötig ist; weiß doch selbst der beschränkteste Mensch aus irgendeinem natürlichen Instinkt heraus von selbst und ohne jede vorherige Belehrung (was fürwahr erstaunlich ist), daß um so geringer die Gefahr ist, vom wahren Sachverhalt abzuweichen, je mehr diesbezügliche Beobachtungen gemacht worden sind.«*

In einem mathematischen Modell des Zufallsgeschehens muß man den Ereignissen Wahrscheinlichkeiten zuordnen. Man ist auf Grund der obigen Überlegungen geneigt, die relative Häufigkeit eines Ereignisses als Wahrscheinlichkeit dieses Ereignisses in die Theorie einzuführen. Wir haben aber in **4.1.** gesehen, daß die relative Häufigkeit eines Ereignisses zunächst von der Anzahl der Versuche abhängt; bei gleicher Versuchsanzahl hängt der Wert der relativen Häufigkeit dann noch von der konkreten Versuchsfolge ab. Die Entscheidung, welchen der durch Versuche erhaltenen oder welchen der grundsätzlich möglichen Werte der relativen Häufigkeit eines Ereignisses man nun als Wahrscheinlichkeit dieses Ereignisses nehmen soll, nimmt uns niemand ab. Die Mathematiker durchschlagen diesen gordischen Knoten dadurch, daß sie als Wahrscheinlichkeit eines Ereignisses alles akzeptieren, was nur bestimmten Bedingungen genügt. Selbstverständlich wird man sich bei der Aufstellung dieser Bedingungen leiten lassen von den Eigenschaften, die die relative Häufigkeit besitzt.

Zunächst erinnern wir an Eigenschaft (2) von Seite 35. Sie besagt, daß die relative Häufigkeit eines Ereignisses A die Summe der relativen Häufigkeiten derjenigen Elementarereignisse ist, deren Vereinigung das Ereignis A ergibt. Es genügt demnach, Wahrscheinlichkeitswerte für alle Elementarereignisse festzulegen. Dies kann aber wiederum nicht ganz willkürlich geschehen. Wegen Eigenschaft (1) müssen diese Wahrscheinlichkeitswerte Zahlen aus dem Intervall $[0; 1]$ sein, deren Summe wegen (4) den Wert 1 ergeben muß. Schließlich wollen wir

---
* Deinde nec illud quenquam latere potest, quod ad judicandum hoc modo de quopiam eventu non sufficiat sumsisse unum alterumque experimentum, sed quod magna experimentorum requiratur copia; quando et stupidissimus quisque nescio quo naturae instinctu per se et nulla praevia institutione (quod sane mirabile est) compertum habet, quo plures ejusmodi captae fuerint observationes, eo minus a scopo aberrandi periculum fore.

dem unmöglichen Ereignis wegen (3) die Wahrscheinlichkeit 0 zuschreiben. Zusammenfassend können wir sagen: Wir verteilen die Wahrscheinlichkeit 1 auf die Elementarereignisse; dadurch ist aber wegen (2) automatisch allen Ereignissen des Ereignisraums eine Wahrscheinlichkeit zugeordnet.

Im mathematischen Modell des Zufallsgeschehens definiert man also die Wahrscheinlichkeit eines Ereignisses als den Wert einer reellwertigen Funktion P, die **Wahrscheinlichkeitsverteilung*** heißt und die durch folgende Eigenschaften axiomatisch festgelegt wird.

Definition 42.1: Eine auf dem Ereignisraum $\mathfrak{P}(\Omega)$ definierte Funktion
$$P : A \mapsto P(A), \; D_P = \mathfrak{P}(\Omega)$$
heißt **Wahrscheinlichkeitsverteilung über dem Ergebnisraum** Ω, wenn sie folgende Eigenschaften hat:
1. Die Wahrscheinlichkeit jedes Elementarereignisses ist eine Zahl aus dem Intervall $[0; 1]$, d.h., für alle $\omega \in \Omega$ gilt: $0 \leq P(\{\omega\}) \leq 1$.
2. Die Summe der Wahrscheinlichkeiten aller Elementarereignisse ist 1, d.h.,
$$\sum_{\omega \in \Omega} P(\{\omega\}) = 1.$$
3. Die Wahrscheinlichkeit des unmöglichen Ereignisses ist 0, d.h., $P(\emptyset) := 0$.
4. Die Wahrscheinlichkeit eines möglichen Ereignisses A ist die Summe der Wahrscheinlichkeiten seiner Elementarereignisse, d.h., $P(A) := \sum_{\omega \in A} P(\{\omega\})$.

Beispiel: Für den Würfel von Tabelle 10.1 bietet sich auf Grund der letzten Zeile von Tabelle 32.1 folgende Wahrscheinlichkeitsverteilung an, wenn man als Ergebnisraum Ω die Menge der Augenzahlen 1, 2, 3, 4, 5 und 6 nimmt:

ω	1	2	3	4	5	6
$P(\{\omega\})$	0,156	0,203	0,170	0,129	0,175	0,167

1 und 2 von Definition 42.1 sind offensichtlich erfüllt. Mit 3 und 4 liegen dann für alle 2^6 Ereignisse des Ereignisraums $\mathfrak{P}(\Omega)$ die Wahrscheinlichkeiten fest. So hat z.B. das Ereignis »gerade Augenzahl« die Wahrscheinlichkeit

$P(\{2, 4, 6\}) = P(\{2\}) + P(\{4\}) + P(\{6\}) =$
$= 0,203 + 0,129 + 0,167 =$
$= 0,499.$

Die Festlegung der Funktionswerte $P(\{\omega\})$, d.h. der Wahrscheinlichkeiten der Elementarereignisse, ist im Rahmen dieser Definition willkürlich. Man wird jedoch die Werte so festlegen, daß sie den jeweiligen Verhältnissen angepaßt sind.

---

* Das Funktionssymbol P kommt von *probabilitas*, dem lateinischen Wort für Wahrscheinlichkeit, aus dem das französische *probabilité* und das englische *probability* wurde. Es ist zum ersten Mal bei *Cicero* (106–43) belegt. Mit dem älteren Adjektiv *probabilis* bezeichnete man etwas, was Beifall und Anerkennung gefunden hatte, was sich als tüchtig herausgestellt hatte, und schließlich, was durch gute Gründe glaubhaft zu sein schien. – Das deutsche Wort *Wahrscheinlichkeit* (= es scheint wahr zu sein) entspricht jedoch genau dem lateinischen Begriff *verisimilitudo*, der zum ersten Mal bei *Godescalc Saxo* (= *Gottschalk dem Sachsen*) (um 803–866/69) nachzuweisen ist.

So wird man bei einem idealen Würfel auf Grund der Symmetrie für jede Augenzahl die Wahrscheinlichkeit $\frac{1}{6}$ festlegen. Bei einem realen Würfel hingegen empfiehlt es sich, wie im obigen Beispiel durchgeführt, die relativen Häufigkeiten der Augenzahlen in einer möglichst langen Versuchsserie zu bestimmen und diese relativen Häufigkeiten als Wahrscheinlichkeiten der Augenzahlen zu verwenden. Mit der axiomatischen Festlegung der Wahrscheinlichkeit durch Definition 42.1 sind nun alle Begriffe vorhanden, die zur Konstruktion eines mathematischen Modells für ein reales Zufallsexperiment benötigt werden. Dieses stochastische Modell besteht aus der Menge Ω aller betrachteten Ergebnisse ω und aus der auf dem Ereignisraum $\mathfrak{P}(\Omega)$ definierten Wahrscheinlichkeitsverteilung P. Aus diesem Grunde nennen wir das Paar (Ω, P) **Wahrscheinlichkeitsraum** des Zufallsexperiments.

5.2. Interpretationsregel für Wahrscheinlichkeiten

In den vorangegangenen Abschnitten haben wir gelernt, wie man, von einem realen Zufallsexperiment ausgehend, ein stochastisches Modell für dieses Experiment konstruieren kann. Die Brauchbarkeit eines solchen Modells zeigt sich erst dann, wenn im Modell erarbeitete Erkenntnisse Erklärungen für eine reale Situation bieten oder Vorhersagen für reale Geschehnisse gestatten. Diesen Zusammenhang zwischen Realität und Modell wollen wir kurz nochmals zusammenfassen.

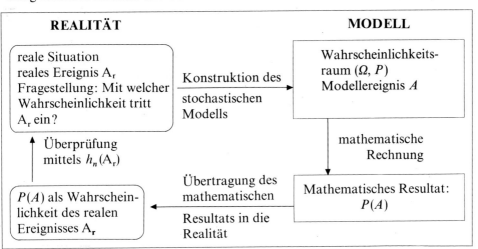

1) Fragestellung: Man möchte wissen, mit welcher Wahrscheinlichkeit ein reales Ereignis A_r in einer realen Situation eintritt.
2) Man konstruiert zu dieser realen Situation ein stochastisches Modell, d. h. einen Wahrscheinlichkeitsraum, indem man einen passenden Ergebnisraum Ω und eine Wahrscheinlichkeitsverteilung P angibt. Dem realen Ereignis A_r entspricht ein Modellereignis A, das eine Teilmenge von Ω ist.
3) Man berechnet im Modell die Wahrscheinlichkeit $P(A)$ des Modellereignisses.
4) Man nimmt nun diese Wahrscheinlichkeit $P(A)$ als »Wahrscheinlichkeit des realen Ereignisses A_r«.

5) Die Brauchbarkeit des stochastischen Modells überprüft man, indem man in einer möglichst langen Versuchsreihe die relative Häufigkeit des realen Ereignisses A_r bestimmt; dabei sollte sich diese relative Häufigkeit nicht allzusehr von der berechneten Wahrscheinlichkeit $P(A)$ unterscheiden. Ist man mit der Übereinstimmung unzufrieden, so wird man das stochastische Modell verändern und den Zyklus erneut durchlaufen.

Den Zusammenhang zwischen stochastischem Modell und Realität, der auf Seite 43 schematisch dargestellt ist, formulieren wir in der

---

Interpretationsregel für Wahrscheinlichkeiten:
Die Aussage »Das Ereignis A hat die Wahrscheinlichkeit $P(A)$« bedeutet: Wiederholt man das gleiche Zufallsexperiment sehr oft (n-mal), so tritt das reale Ereignis A_r ungefähr mit der relativen Häufigkeit $P(A)$ ein, in Zeichen $h_n(A_r) \approx P(A)$, wobei das »Ungefähr« von der Länge n der Versuchsserie abhängt.

Die Präzisierung dieses »Ungefähr« ist eine der Aufgaben der Beurteilenden Statistik.

5.3. Eigenschaften der Wahrscheinlichkeitsverteilung

Durch die Definition 42.1 wird die Wahrscheinlichkeitsverteilung P axiomatisch über 4 Bedingungen festgelegt. Daraus lassen sich nun unmittelbar einige einfache Schlüsse ziehen, die uns beim Rechnen mit Wahrscheinlichkeiten von Nutzen sein werden.
Zunächst stellen wir drei grundlegende Eigenschaften jeder Wahrscheinlichkeitsverteilung heraus:

Satz 44.1: Nichtnegativität.
Die Funktion P ist nicht negativ, d.h.: Für alle Ereignisse A gilt $P(A) \geq 0$.

Satz 44.2: Normiertheit.
Die Wahrscheinlichkeit des sicheren Ereignisses ist 1, d.h. $P(\Omega) = 1$.

Satz 44.3: Additivität.
Sind A und B unvereinbare Ereignisse, so ist die Wahrscheinlichkeit von »A oder B« gleich der Summe aus der Wahrscheinlichkeit von A und der Wahrscheinlichkeit von B, d.h., es gilt folgende Summenformel:
$$A \cap B = \emptyset \;\Rightarrow\; P(A \cup B) = P(A) + P(B).$$

Beweise:
1. Da die Wahrscheinlichkeiten von Elementarereignissen nicht-negative Zahlen sind, ist auch jede aus ihnen gebildete Summe nicht negativ.
2. Da Ω die Vereinigung aller Elementarereignisse ist und deren Wahrscheinlichkeiten zusammen 1 ergeben, ist $P(\Omega) = 1$.
3. Da die Ereignisse A und B unvereinbar sind, gehört jedes Ergebnis aus $A \cup B$ entweder zu A oder zu B. Nach Eigenschaft **4** der Definition 42.1 erhält man die Wahrscheinlichkeit von $A \cup B$ als Summe der Wahrscheinlichkeiten seiner Elementarereignisse. Diese Summe läßt sich aber in zwei Teilsummen zerlegen, von denen die erste die Wahrscheinlichkeit von A und die zweite die Wahrscheinlichkeit von B liefern.

Formal sieht das so aus:

$$P(A \cup B) = \sum_{\omega \in A \cup B} P(\{\omega\}) = \sum_{\omega \in A} P(\{\omega\}) + \sum_{\omega \in B} P(\{\omega\}) = P(A) + P(B).$$

Ist mindestens eines der Ereignisse A, B das unmögliche Ereignis $\emptyset$, so ist die Behauptung auf Grund von Eigenschaft **3** der Definition 42.1 trivialerweise richtig. Der formale Nachweis gelingt folgendermaßen:

$A = \emptyset \wedge B \neq \emptyset:\quad P(A \cup B) = P(\emptyset \cup B) = P(B) = 0 + P(B) = P(\emptyset) + P(B) =$
$\quad\quad\quad\quad\quad\quad\quad\quad = P(A) + P(B).$

$A = \emptyset \wedge B = \emptyset:\quad P(A \cup B) = P(\emptyset \cup \emptyset) = P(\emptyset) = 0 = 0 + 0 = P(\emptyset) + P(\emptyset) =$
$\quad\quad\quad\quad\quad\quad\quad\quad = P(A) + P(B).$

Bei der Berechnung von Wahrscheinlichkeiten ist es oft zweckmäßig, anstelle eines Ereignisses A das Gegenereignis $\bar{A}$ zu betrachten. Zwischen den Wahrscheinlichkeiten dieser beiden Ereignisse besteht ein enger Zusammenhang, der es gestattet, die Wahrscheinlichkeit des einen zu berechnen, wenn man die Wahrscheinlichkeit des anderen kennt. Es gilt nämlich

> **Satz 45.1:** $P(\bar{A}) = 1 - P(A)$

Beweis: Da die Summe der Wahrscheinlichkeiten aller Elementarereignisse 1 ist und andererseits jedes Ergebnis ω entweder zu A oder zu $\bar{A}$ gehört, muß die Summe der Wahrscheinlichkeiten $P(A) + P(\bar{A})$ gleich 1 sein.

5.4. Beispiele für Wahrscheinlichkeitsverteilungen

Von alters her benützen die Menschen einfache Geräte, um Zufall zu erzeugen, der sowohl magischen Zwecken wie auch dem Spieltrieb dient. Solche Zufallsgeräte fand man in Form von kleinen Pyramiden, von abgeflachten Kugeln, als Pentaeder, Oktaeder und Ikosaeder, aber auch in menschlicher Gestalt. Wir wollen im Folgenden einige wichtige Beispiele solcher Zufallsgeräte vorstellen.

Bild 46.1 Ikosaeder
20

Bild 46.2 Zwei Würfel aus Silber in Gestalt von hokkenden Frauen (14 × 11 × 11 mm), Deutschland, 17. Jh. – Bayerisches Nationalmuseum. – Das Britische Museum besitzt ein winziges Silbermenschenpaar aus der römischen Antike mit derselben Augenverteilung: 1 auf dem Kopf, 2 am Gesäß, 3 und 4 auf den Schenkeln, 5 auf der Brust und 6 auf dem Rücken. Siehe Bild 227.1.

a) Der Astragalus*. Sprungbeine von Paarhufern wie Schaf und Ziege findet man schon in Gräbern aus prähistorischer Zeit (30000–20000 v. Chr.) und dann ab dem 3. Jahrtausend v. Chr. sehr verbreitet in Gräbern verschiedener Kulturen Mittel- und Südosteuropas, Vorderasiens und Chinas.

Die Beliebtheit dieses Spielgeräts bezeugen viele antike Quellen** und Kunstwerke, aber noch mehr die mitunter sehr hohe Anzahl von Astragali als Grabbeigaben; so fand man in Süditalien oft über 1000 Stück, teils echt von Schaf und Ziege, teils nachgebildet in Ton oder auch in Edelmetall. Spielregeln sind erst aus Großgriechenland bekannt; die Überlieferung ist leider sehr lückenhaft. Die Kenntnis der Regeln geht mit der Christianisierung verloren. Astragali waren mehr ein Spielgerät der Griechen als der Römer. In China sind Astragali seit alters her in Gebrauch. Bis in die Anfänge unseres Jahrhunderts waren sie in vielen Gegenden Europas, u. a. auch in Deutschland, ein beliebtes Spielgerät für Kinder. Heutzutage gibt es sogar schon Astragali aus Plastik!

Da ein Astragalus an 2 Seiten rund ist, kann er nach dem Wurf nur auf einer von 4 Seiten zu liegen kommen. In manchen Spielen wurde die oben liegende Seite – wohl in Anlehnung an den Würfel – wie folgt bewertet: Konvexe Breitseite (»Bauch«) = 4, konkave Breitseite (»Rükken«) = 3, volle Schmalseite = 1, eingedrückte Schmalseite = 6. (Vgl. Bild 60.1)

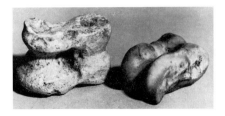

Bild 46.3 Astragali aus dem etruskischen Vulci – Staatliche Antikensammlungen und Glyptothek, München

---

* Betonung auf der drittletzten Silbe; ὁ ἀστράγαλος = das Sprungbein. Es handelt sich um den kleinen, zwischen den Knöcheln des Schien- und Wadenbeins eingeklemmten, die Verbindung mit dem Fuße herstellenden Knochen. Die Römer nannten ihn *talus*.

** So erzählt z. B. *Patroklos* in der *Ilias* (23, 88), daß er als Junge aus Zorn jemanden beim Spiel mit den Knöcheln getötet hat. – Die Kaiser *Augustus* und *Claudius* würfelten gerne; letzterer schrieb sogar ein Buch über die Kunst des Würfelspiels (Sueton: *Caesarenleben*, Aug. 71 und Cl. 33). – Ein Epigramm des *Asklepiades* (3. Jh. v. Chr.) ist dem Schüler *Konnaros* gewidmet, der 80 Astragali als Preis in einem Schönschreibwettbewerb errang.

5.4. Beispiele für Wahrscheinlichkeitsverteilungen

Über die relativen Häufigkeiten kann man angenähert die Wahrscheinlichkeitsverteilung für einen Astragalus-Wurf erhalten:

ω	1	3	4	6
$P(\{\omega\})$	0,1	0,35	0,48	0,07

Dabei ist natürlich zu beachten, daß jeder Astragalus eine etwas andere Wahrscheinlichkeitsverteilung besitzt. Diese Verschiedenheit mag vielleicht den Reiz des Spiels ausgemacht haben. Sicherlich aber kam sie der Magie sehr zunutze, so z. B. im berühmten Astragalorakel des Aphrodite-Heiligtums von Paphos auf Zypern.* Negerstämme in Südafrika verwenden Astragali heute noch zur Zukunftsdeutung.

b) Der Würfel. Verwendete man als Zufallsgerät einen Halswirbelknochen**, so hatte man 6 mögliche Ergebnisse, da er auf alle 6 Seiten fallen konnte. Aus ihm hat sich unser heute gebräuchlicher Spielwürfel entwickelt.

In Tepe Gawra (Irak) und Mohenjo Daro (Pakistan) fand man Tonwürfel aus dem Anfang des 3. Jahrtausends v. Chr. (Figur 47.1 und Figur 47.2). Würfel aus ägyptischen Gräbern sind etwa 4000 Jahre alt.
In China sind Würfel aus der Zeit um 600 v. Chr. erhalten. *Sophokles* (496–406) zufolge hat *Palamédes*, der große Erfindergenius der Griechen, die Würfel bei der Belagerung von Troja erfunden, um die dort hungernden Helden abzulenken***, wohingegen *Herodot* (490–430) meint, die Lyder hätten um 1500 v. Chr. die Würfel (und auch die Astragali) erfunden, um das hungernde Volk jeden zweiten Tag 18 Jahre lang über den Hunger hinwegzutrösten (I. 94). *Platon* (428–384) hingegen läßt *Sokrates* in *Phaidros* (274c) sagen, der ibisköpfige Gott *Thot* der Ägypter habe zuerst die Zahlen und dann das Würfelspiel erfunden. – Von der Leidenschaft der Germanen beim Würfelspiel berichtet *Tacitus* (um 55 – nach 115) in seiner *Germania* (24).

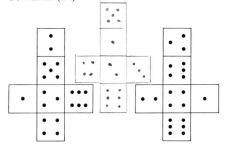 

Fig. 47.1 Der Würfel von Tepe Gawra (Nord-Irak)

Fig. 47.2 Der Würfel von Mohendscho Daro (Pakistan)

Bild 47.3 tesserae, Herkunft unbekannt – Staatliche Antikensammlungen und Glyptothek, München

---

* Über ein Astragalorakel berichtet *Sueton* (70–140) in *De vita Caesarum* (Tib. 14): *Tiberius* befragte auf dem Weg nach Illyrien das Orakel des dreiköpfigen Gottes Geryoneus bei Padua. Er mußte 4 goldene Astragali in die Aponusquelle, eine heiße Schwefelquelle (heute Bad Abano), werfen; sie zeigten den höchsten Wert. – *Tiberius* zog 11 v. Chr. und 6 n. Chr. nach Illyrien und errang dort Siege. Oder bezieht sich das Orakel auf das Jahr 14 n. Chr., als *Tiberius* auf dem Weg nach Illyrien von Boten nach Nola zurückgeholt wurde, damit er zur Stelle sei, wenn *Augustus* stürbe? Das von den Astragali vorausgesagte Glück ist auf alle Fälle eingetroffen.

** ὁ κύβος (kybos). Bei den Römern hieß der sechsseitig beschriftete Würfel *tessera* (griechisches Fremdwort, abgeleitet von τέσσαρες = vier), wohl weil jede Seite viereckig ist.

*** frag. 438 N. – *Pausanias* (110–180) berichtet in seinem *Führer durch Griechenland* (II 20, 3), daß *Palamedes* die Würfel im Heiligtum der *Tyche* zu Argos weihte.

Ein idealer Würfel hat für alle Elementarereignisse die Wahrscheinlichkeit $\frac{1}{6}$. Für seine Wahrscheinlichkeitsverteilung gilt also die nebenstehende Tabelle.

ω	1	2	3	4	5	6
$P(\{\omega\})$	$\frac{1}{6}$	$\frac{1}{6}$	$\frac{1}{6}$	$\frac{1}{6}$	$\frac{1}{6}$	$\frac{1}{6}$

Da hier die Elementarereignisse gleichwahrscheinlich sind, und da sich der bedeutende französische Mathematiker *Pierre Simon de Laplace* (1749–1827)* vor allem mit solchen Zufallsexperimenten befaßte, wollen wir künftig einen idealen Würfel auch **Laplace-Würfel** (oder **L-Würfel**) nennen.

c) Die Münze. Das einfachste und wohl älteste Zufallsgerät ist die Münze, die vor allem bei Entscheidungen zwischen 2 Alternativen verwendet wird, z. B. bei der Seitenwahl im Fußballspiel. Solche scheibenförmigen Körper waren die Würfel der Indianer. Die beiden Seiten einer Münze haben unterschiedliche Namen wie Adler, Wappen, Kopf, Bild, Zahl usw.** Wir wollen sie durch die Symbole 0 und 1 unterscheiden. Für eine ideale Münze, die wir auch **Laplace-Münze** (oder **L-Münze**) nennen wollen, gilt folgende Wahrscheinlichkeitsverteilung:

ω	0	1
$P(\{\omega\})$	$\frac{1}{2}$	$\frac{1}{2}$

Bild 48.1
Bayerischer Guldentaler, geprägt 1560 unter Herzog *Albrecht V.* in München – Nachprägung der Städtischen Sparkasse München, 1980

Wirft man die Münze mehrmals, so liegt ein mehrstufiges Zufallsexperiment vor. Bei n-fachem Wurf besteht der Ergebnisraum dann aus den 2^n n-Tupeln, die man aus den Zahlen 0 und 1 bilden kann. Bei einer Laplace-Münze nehmen wir an, daß diese 2^n Elementarereignisse gleichwahrscheinlich sind. Damit hat jedes dieser Elementarereignisse die Wahrscheinlichkeit $\dfrac{1}{2^n}$. Für den Fall $n = 3$ ergibt sich damit, wie Bild 26.1 veranschaulicht, die folgende Wahrscheinlichkeitsverteilung:

ω	000	001	010	011	100	101	110	111
$P(\{\omega\})$	$\frac{1}{8}$	$\frac{1}{8}$	$\frac{1}{8}$	$\frac{1}{8}$	$\frac{1}{8}$	$\frac{1}{8}$	$\frac{1}{8}$	$\frac{1}{8}$

d) Das Glücksrad. Schon die griechische Glücksgöttin *Tyche* hatte ebenso wie die römische *Fortuna* ein Glücksrad als Attribut. Auf Jahrmärkten wurde einst genauso

---
* Siehe Seite 411.
** Die Griechen riefen »Nacht oder Tag« *(νὺξ ἢ ἡμέρα)*, da sie eine schwarz-weiße Muschel verwendeten. Die Römer sagten »capita aut navia« (Kopf oder Schiff), weil der As auf der einen Seite einen doppelköpfigen Janus, auf der anderen einen Schiffsbug (oder -heck) zeigte. Die Franzosen rufen »pile ou face«.

wie heute bei Fernsehspielen das Glücksrad als Mittel zur Erzeugung zufälliger Ereignisse verwendet. Die einfachste Form ist eine in Sektoren eingeteilte Scheibe, über der sich ein Zeiger dreht oder die vor einem Zeiger gedreht wird (Figur 49.2). Soll ein Ergebnis a die Wahrscheinlichkeit p haben, so teilt man ihm einen Kreissektor zu, dessen Winkel $p \cdot 360°$ beträgt. Ein Beispiel zeigt Figur 49.3. Die zugehörige Wahrscheinlichkeitsverteilung lautet:

Bild 49.1 Glücksrad eines Spieltisches, Südwestdeutschland, 1780–1790. – Bayerisches Nationalmuseum

ω	a	b	c	d
$P(\{\omega\})$	$\frac{1}{4}$	$\frac{1}{6}$	$\frac{1}{4}$	$\frac{1}{3}$

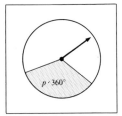  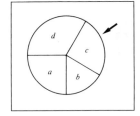

Fig. 49.2 Glücksräder   Fig. 49.3 Glücksrad mit 4 Ergebnissen

e) Das Roulett. Eine besondere Form des Glücksrades liegt beim Roulett vor. Die Kreisscheibe ist in 37 gleiche Sektoren aufgeteilt, der Zeiger durch eine rollende Kugel ersetzt.* Die Spielkasinos legen großen Wert darauf, daß die Elementarereignisse gleichwahrscheinlich sind, weil andernfalls routinierte Spieler aus den relativen Häufigkeiten die Wahrscheinlichkeitsverteilung näherungsweise ermitteln und damit die Bank sprengen könnten. Ein ideales Roulett hat also folgende Wahrscheinlichkeitsverteilung:

ω	0	1	2	....	35	36
$P(\{\omega\})$	$\frac{1}{37}$	$\frac{1}{37}$	$\frac{1}{37}$	...	$\frac{1}{37}$	$\frac{1}{37}$

Aus dieser Verteilung lassen sich die Wahrscheinlichkeiten der Setzmöglichkeiten berechnen (vgl. dazu Seite 23). Im besonderen ergibt sich für die transversale pleine $\{16, 17, 18\}$ die Wahrscheinlichkeit $\frac{3}{37} \approx 8{,}11\%$ und für die carré $\{4, 5, 7, 8\}$ die Wahrscheinlichkeit $\frac{4}{37} \approx 10{,}81\%$, was mit den auf Seite 30 angegebenen relativen Häufigkeiten von $8{,}96\%$ bzw. $10{,}69\%$ recht gut übereinstimmt.

* Siehe Fußnote auf Seite 22.

Auf Grund der obigen Wahrscheinlichkeitsverteilung könnte man annehmen, daß man das 37fache seines Einsatzes von der Bank ausbezahlt bekommt, wenn die Zahl erscheint, auf die man gesetzt hat. In Wirklichkeit zahlt die Bank jedoch nur das 36fache des Einsatzes aus. In der Differenz liegt der Gewinn der Bank. Beim carré würde man eine Auszahlung von $\frac{37}{4}$ des Einsatzes erwarten; tatsächlich erhält man jedoch nur das $9(=\frac{36}{4})$fache des Einsatzes.

f) Die Urne*. In ein Gefäß, Urne genannt, wird eine Anzahl von Kugeln gegeben, die man durch Numerierung, Farbgebung oder andere Kennzeichen unterscheidet. Durch gründliches Mischen erreicht man, daß jede Kugel die gleiche Chance hat, gezogen zu werden. Man unterscheidet 2 Fälle. Beim *Ziehen mit Zurücklegen* wird jeweils eine bestimmte Anzahl von Kugeln gezogen und nach Feststellung ihrer Merkmale in die Urne zurückgegeben; der Urneninhalt bleibt also stets gleich. Beim *Ziehen ohne Zurücklegen* werden gewisse Anzahlen von Kugeln nacheinander gezogen und die gezogenen Kugeln nicht mehr zurückgelegt. Der Urneninhalt ändert sich nach jedem Zug. Das Ziehen ohne Zurücklegen kann auch durch gleichzeitige Entnahme mehrerer Kugeln ersetzt werden. Das bekannteste Beispiel für ein Urnenexperiment ist das Ziehen der Lottozahlen.** Die Urne enthält 49 Kugeln, die von 1 bis 49 numeriert sind. Es wird (wegen der Zusatzzahl) 7mal je 1 Kugel ohne Zurücklegen gezogen. Da der Ergebnisraum für dieses Experiment sehr kompliziert ist, betrachten wir ein anderes, einfacheres Beispiel: Die Urne von Figur 15.1 enthält 4 rote, 3 schwarze und 1 grüne Kugel. Wir denken sie uns numeriert, so daß der Urneninhalt $\Omega = \{r1, r2, r3, r4, s1, s2, s3, g\}$ ist. Da man gut gemischt hat, ist es vernünftig, für das Ziehen einer Kugel folgende Wahrscheinlichkeitsverteilung anzunehmen:

ω	r1	r2	r3	r4	s1	s2	s3	g
$P(\{\omega\})$	$\frac{1}{8}$	$\frac{1}{8}$	$\frac{1}{8}$	$\frac{1}{8}$	$\frac{1}{8}$	$\frac{1}{8}$	$\frac{1}{8}$	$\frac{1}{8}$

Das Ereignis $R :=$ »Die gezogene Kugel ist rot« hat dann die Wahrscheinlichkeit

$P(R) = P(\{r1, r2, r3, r4\}) =$
$= P(\{r1\}) + P(\{r2\}) + P(\{r3\}) + P(\{r4\}) =$
$= \frac{1}{8} + \frac{1}{8} + \frac{1}{8} + \frac{1}{8} =$
$= \frac{1}{2}$.

Ebenso erhält man $P(S) = \frac{3}{8}$ und $P(G) = \frac{1}{8}$.
Interessiert man sich nur für die Farbe der gezogenen Kugel, so wird man als gröberen Ergebnisraum $\Omega_1 = \{r, s, g\}$ wählen. Auf ihm wird man dann folgende Wahrscheinlichkeitsverteilung P_1 festlegen:

ω	r	s	g
$P_1(\{\omega\})$	$\frac{1}{2}$	$\frac{3}{8}$	$\frac{1}{8}$

---

* Siehe Fußnote zu Aufgabe 124/**99**.
** Siehe Fußnote auf Seite 38.

5.4. Beispiele für Wahrscheinlichkeitsverteilungen

g) Zufallszahlen. Die praktische Durchführung von umfangreichen Zufallsexperimenten ist zeitraubend und mühsam. Es liegt daher nahe, Maschinen heranzuziehen und durch sie Zufallsexperimente simulieren zu lassen. Da Maschinen aber (zumindest in erster Näherung) deterministisch arbeiten, muß man durch geeignete Manipulationen den Zufall auf den Maschinenablauf einwirken lassen. Dazu bedient man sich vielfach der sogenannten Zufallszahlen.

Die häufigste Form der Angabe von Zufallszahlen ist eine »zufällige« Folge der Ziffern 0, 1, 2, ..., 9. Eine solche Folge kann auf sehr unterschiedliche Art und Weise erzeugt werden:

1) Durch Werfen eines regulären Ikosaeders, bei dem je zwei der 20 kongruenten Dreiecksflächen dieselbe Ziffer tragen.(Bild 46.1.)
2) Durch Werfen von Laplace-Münzen, wobei man sich die Zahlen im Dualsystem dargestellt denkt. Zur Beschreibung der Ziffern 0, 1, ..., 9 braucht man dann vier Münzwürfe. Man ignoriert dabei Ergebnisse, die größere Zahlen als 9 liefern.

Die Serie	1000	1100	1001	0000	1011	0111	...
liefert	8	(12)	9	0	(11)	7	...

Die eingeklammerten Zahlen werden ausgelassen.

3) Durch Beobachtung geeigneter physikalischer Vorgänge, wie etwa des radioaktiven Zerfalls oder des Rauschens bei Elektronenröhren.
4) Durch kompliziertere Rechenvorschriften, die von Computern durchgeführt werden. Die so erzeugten Zufallszahlen heißen auch *Pseudozufallszahlen*.

»Gute« Zufallszifferntabellen müssen gewissen grundlegenden Bedingungen genügen. Wir nennen hier nur:

a) Die relativen Häufigkeiten der einzelnen Ziffern sollten annähernd gleich sein:
$h_n(0) \approx h_n(1) \approx ... \approx h_n(9) \approx \frac{1}{10}$.

29303	50239	68113	06637	71477	53278	77616	78451	36230	08744
41536	20293	43993	65405	59697	33598	24243	54559	12612	45753
82392	99099	10365	69655	89773	55477	72304	68448	06254	93337
08339	19494	25980	28251	38233	43304	27868	85128	39112	79556
96616	04710	08373	88895	22074	32739	62542	77638	74854	29157
94358	68251	17913	16911	76603	11509	11501	27659	03121	13064
32013	17227	12066	05395	50865	53147	27300	02028	74064	70668
73332	97384	33745	11844	30993	13119	45290	04112	85476	96622
76446	62235	67418	38514	98829	15874	18410	90854	14657	35810
36438	38361	52379	13231	69369	23736	38928	54449	14827	35610
90804	09516	95366	95990	73656	51203	38918	69360	83992	68072
93812	86496	98411	85676	90780	24777	14610	10809	54656	79718
67922	02797	50691	72101	81509	58443	45210	83448	27833	54959
37555	49436	56320	91738	79168	47158	43944	63568	74675	49168
71046	90952	24520	46458	01978	68264	07513	89062	35562	17492
20206	47370	24497	94609	66786	04155	56445	32039	64655	97006
68525	39210	97365	52549	48768	67711	03802	49752	26902	10164
81104	15393	99291	14929	28517	11783	14455	75261	23717	30689
58469	01278	56257	27139	77202	60639	94702	21812	49608	41814
54892	57401	19047	45895	14792	86442	68468	75763	60953	41059

Tab. 51.1 Zufallsziffern

b) Die relativen Häufigkeiten von Ziffernpaaren sollten annähernd gleich sein: $h_n(00) \approx h_n(01) \approx \ldots \approx h_n(99) \approx \frac{1}{100}$.

c) Analoge Bedingungen müssen für die Zifferntripel, Ziffernquadrupel, ... erfüllt sein.

Die Ziffernfolge 0123456789012345678901234567... erfüllt zwar die Bedingung **a)** sehr gut, nicht jedoch **b)**. Es handelt sich also um eine schlechte Zufallsziffernfolge. Die erste Tafel mit Zufallsziffern wurde 1927 von *L. H. C. Tippett** herausgegeben. Tabelle 51.1 stellt eine Zufallsziffertabelle dar. Wir benützen sie zur Simulation des Zufallsexperiments »Ziehen von n Kugeln mit Zurücklegen« aus der in Abschnitt **f)** betrachteten Urne. Die Ziffern 0, 1, 2, 3 sollen den Zug einer roten Kugel bedeuten; die Ziffern 4, 5, 6 den einer schwarzen Kugel und schließlich die Ziffer 7 den Zug der grünen Kugel. Die Ziffern 8 und 9 werden ignoriert.

Unsere Tafel beginnt mit 2930350239...

Dadurch werden folgende Züge simuliert: r, –, r, r, r, s, r, r, r, –, ... Wertet man die ersten 100 brauchbaren Ziffern aus, dann erhält man folgende Häufigkeitsverteilung:

ω	r	s	g
$h_{100}(\{\omega\})$	0,49	0,39	0,12

Dies ist eine sehr gute Annäherung an die Wahrscheinlichkeitsverteilung P_1 von Abschnitt **f)**:

ω	r	s	g
$P_1(\{\omega\})$	0,50	0,375	0,125

Mit Hilfe von Zufallsziffern lassen sich auch allgemeinere numerische Probleme der Mathematik lösen, indem man eine geeignete Simulation durchführt. Erst nachdem es mit Hilfe elektronischer Datenverarbeitungsanlagen möglich wurde, große Zahlenmengen zu verarbeiten, gewannen solche Verfahren Bedeutung. Seit 1949 bezeichnet man sie auch als *Monte-Carlo-Methode*, als deren eigentliche Begründer der ungarische Mathematiker *John v. Neumann* (1903–1957)** und der polnische Mathematiker *Stanisław Marcin Ulam* (1909–   )* gelten. Ein Vorläufer dieser Methode ist das Verfahren zur Bestimmung der Zahl π nach *Buffon* (1707–1788)***, das wir im Anhang I darstellen (siehe Seite 386).

Eine wichtige Anwendung der Monte-Carlo-Methode ist heute die näherungsweise Berechnung bestimmter Integrale, die als Flächen- oder Rauminhalt gedeutet werden können.

Als einfaches Beispiel betrachten wir den Viertelkreis um 0 mit dem Radius $r = 1$. Die Anzahl N der Gitterpunkte im Viertelkreis wird geschätzt durch die Anzahl $\hat{N}$ der Punkte $(x|y)$ mit $x^2 + y^2 < 1$, wobei x und y aus der Zufallsziffertabelle genommen werden.

---
* Siehe Seite 395.
** Siehe Seite 416.
*** Siehe Seite 401.

5.4. Beispiele für Wahrscheinlichkeitsverteilungen

Geht man ganz grob vor, so kann man etwa $x = 0, i$ und $y = 0, j$ setzen; i und j sind dabei jeweils aufeinanderfolgende Ziffern aus der Zufallsziffertabelle von Tabelle 51.1.

Die ersten 50 Zufallsziffern ergeben die folgenden 25 Zufallspunkte, die in der nachstehenden Tabelle und in Figur 53.1 dargestellt sind.

x	y	$x^2 + y^2$	im Viertelkreis?
0,2	0,9	0,85	ja
0,3	0,0	0,09	ja
0,3	0,5	0,34	ja
0,0	0,2	0,04	ja
0,3	0,9	0,90	ja
0,6	0,8	1,00	nein
0,1	0,1	0,02	ja
0,3	0,0	0,09	ja
0,6	0,6	0,72	ja
0,3	0,7	0,58	ja
0,7	0,1	0,50	ja
0,4	0,7	0,65	ja
0,7	0,5	0,84	ja
0,3	0,2	0,13	ja
0,7	0,8	1,20	nein
0,7	0,7	0,98	ja
0,6	0,1	0,37	ja
0,6	0,7	0,85	ja
0,8	0,4	0,80	ja
0,5	0,1	0,26	ja
0,3	0,6	0,45	ja
0,2	0,3	0,13	ja
0,0	0,0	0,00	ja
0,8	0,7	1,20	nein
0,4	0,4	0,32	ja

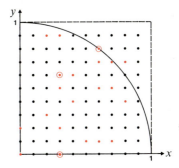

Fig. 53.1 Lage der 25 Zufallspunkte

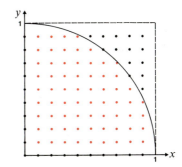

Fig. 53.2 Zehntelgitterpunkte im Viertelkreis

Das ergibt als Schätzung $\hat{N} = \frac{22}{25} \cdot 100 = 88$. Der wirkliche Wert läßt sich hier noch leicht mit Hilfe von Figur 53.2 abzählen zu 86.

Eine grobe Schätzung des Inhalts des Viertelkreises erhält man durch das Verhältnis der Anzahl N der Gitterpunkte im Viertelkreis zur Anzahl aller solcher Gitterpunkte im Einheitsquadrat (hier 100).

$A_{\text{Viertelkreis}} \approx \frac{N}{100} \approx \frac{\hat{N}}{100} = 0{,}88.$

Die Schätzung von N läßt sich verbessern, wenn man die Anzahl der Zufallspunkte vermehrt, d.h. in der Zufallsziffertabelle weitergeht. Die Schätzung der Fläche des Viertelkreises kann man dadurch verbessern, daß man ein feineres Gitternetz zugrunde legt, indem man etwa 2 oder mehr Dezimalstellen für die Koordinaten der Gitterpunkte verwendet. Das Verfahren kann dann auch als ein Schätzverfahren für π verwendet werden.

Unsere sehr grobe Schätzung liefert $\frac{r^2 \pi}{4} = \frac{1^2 \cdot \pi}{4} \approx 0{,}88$ und damit $\pi \approx 3{,}52$.

Moderne Computer besitzen Zufallszifferngeneratoren. *Helmut Wunderling* erzeugte auf APPLE II damit 1000 Zufallspunkte im Einheitsquadrat: 787 davon fielen in das Kreisinnere (siehe Bild 54.1). Somit erhält man
$(\frac{1}{2})^2 \cdot \pi \approx \frac{787}{1000} \Leftrightarrow \pi \approx 3{,}148$.

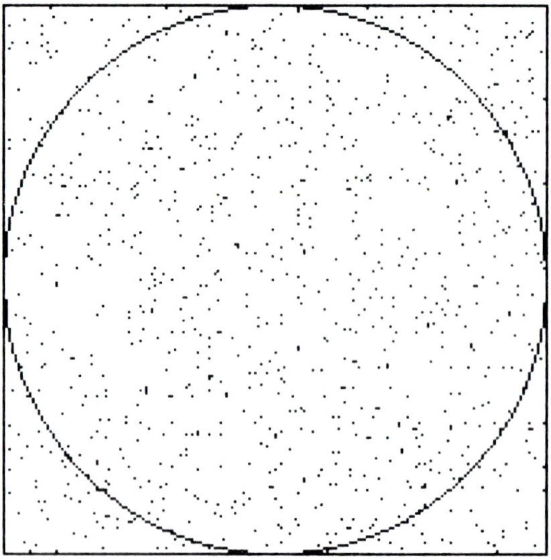

Bild 54.1
Computer-Grafik
»Zufallsregen auf das Einheitsquadrat« zur angenäherten π-Bestimmung.*

5.5. Wahrscheinlichkeitsverteilungen bei mehrstufigen Zufallsexperimenten

Oft kennt man bei mehrstufigen Zufallsexperimenten die Wahrscheinlichkeitsverteilungen in jeder Stufe, aber nicht die Wahrscheinlichkeitsverteilung für den Ergebnisraum des zusammengesetzten Experiments. Man kann jedoch durch eine einfache Überlegung aus den gegebenen Verteilungen in den einzelnen Stufen die gesuchte Gesamtverteilung berechnen. Als Beispiel hierfür betrachten wir eine Urne mit 4 roten, 3 schwarzen und 1 grünen Kugel (Figur 15.1) und das Experiment »Zweimaliges Ziehen einer Kugel ohne Zurücklegen«. Wir schreiben im Baumdiagramm von Figur 16.3 die Wahrscheinlichkeiten jeder Stufe auf die Äste und erhalten so Figur 54.2.

Für die 1. Stufe lautet die Wahrscheinlichkeitsverteilung P_1:

ω	r	s	g
$P_1(\{\omega\})$	$\frac{1}{2}$	$\frac{3}{8}$	$\frac{1}{8}$

Für die 2. Stufe erhalten wir in Abhängigkeit vom Ergebnis des 1. Zuges, also der 1. Stufe des Experiments, 3 verschiedene Verteilungen:

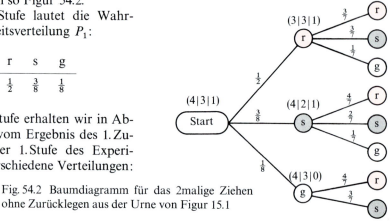

Fig. 54.2 Baumdiagramm für das 2malige Ziehen ohne Zurücklegen aus der Urne von Figur 15.1

* Das von *H. Wunderling* in PASCAL geschriebene Programm ist beim Klett-Verlag auf Disk erhältlich.

5.5. Wahrscheinlichkeitsverteilungen bei mehrstufigen Zufallsexperimenten

ω	r	s	g
$P_r(\{\omega\})$	$\frac{3}{7}$	$\frac{3}{7}$	$\frac{1}{7}$

ω	r	s	g
$P_s(\{\omega\})$	$\frac{4}{7}$	$\frac{2}{7}$	$\frac{1}{7}$

ω	r	s
$P_g(\{\omega\})$	$\frac{4}{7}$	$\frac{3}{7}$

Man erkennt:

> Die Summe der Wahrscheinlichkeiten auf den Ästen, die von einem Verzweigungspunkt ausgehen, ist stets 1.

Der Ergebnisraum des zusammengesetzten Experiments ist $\Omega = \{rr, rs, rg, sr, ss, sg, gr, gs\}$. Wir suchen nun die Wahrscheinlichkeitsverteilung P für diesen Ergebnisraum Ω. Interpretieren wir die Wahrscheinlichkeiten als relative Häufigkeiten bei einer großen Anzahl N von Versuchen, so erwarten wir, daß beim 1. Zug in $\frac{1}{2} N$ Fällen eine rote Kugel gezogen wird. Der darauf folgende 2. Zug wird in $\frac{3}{7}$ aller dieser Fälle, also in $\frac{3}{7} \cdot \frac{1}{2} N$ Fällen, wieder eine rote Kugel liefern. Es ist also vernünftig, das Produkt $\frac{1}{2} \cdot \frac{3}{7}$ als Wahrscheinlichkeit des Ereignisses $\{rr\}$ anzunehmen. Diese Überlegung* führt uns zur

> **1. Pfadregel:** Die Wahrscheinlichkeit eines Elementarereignisses in einem mehrstufigen Zufallsexperiment ist gleich dem Produkt der Wahrscheinlichkeiten auf dem Pfad, der zu diesem Elementarereignis führt.

Mit dieser 1. Pfadregel gewinnen wir für die gesuchte Wahrscheinlichkeitsverteilung P folgende Werte:

ω	rr	rs	rg	sr	ss	sg	gr	gs
$P(\{\omega\})$	$\frac{3}{14}$	$\frac{3}{14}$	$\frac{1}{14}$	$\frac{3}{14}$	$\frac{3}{28}$	$\frac{3}{56}$	$\frac{1}{14}$	$\frac{3}{56}$

Da alle $P(\{\omega\}) \in [0;1]$ sind und die Summe all dieser Wahrscheinlichkeiten 1 ergibt, sind Forderung **1** und **2** von Definition 42.1 erfüllt. Legt man noch zusätzlich $P(\emptyset) := 0$ und $P(A) := \sum_{\omega \in A} P(\{\omega\})$ für alle $A \in \mathfrak{P}(\Omega)$, die von $\emptyset$ verschieden sind, fest, dann erfüllt P auch die restlichen Forderungen **3** und **4** von Definition 42.1, also ist P eine Wahrscheinlichkeitsverteilung auf $\mathfrak{P}(\Omega)$.

Hat ein Experiment mehrere Stufen, so wuchert der Baum in beängstigender Weise. Will man jedoch nur die Wahrscheinlichkeit eines bestimmten Elementarereignisses kennen, so genügt es, den dorthin führenden Pfad zu zeichnen. Ziehen wir z.B. aus der oben genannten Urne 4mal eine Kugel ohne Zurücklegen, so hat die Wahrscheinlichkeit für den Zug rgsr den Wert $P(\{rgsr\}) = \frac{1}{2} \cdot \frac{1}{7} \cdot \frac{1}{2} \cdot \frac{3}{5} = \frac{3}{140}$, wie Figur 56.1 zeigt.

Auf Grund der Eigenschaft **4** von Definition 42.1 können wir nun die Wahrscheinlichkeit eines beliebigen Ereignisses in einem mehrstufigen Zufallsexperiment berechnen. Dazu betrachten wir das folgende

---

* Einen Beweis ohne Rückgriff auf die Interpretationsregel bringen wir in **9.2**.

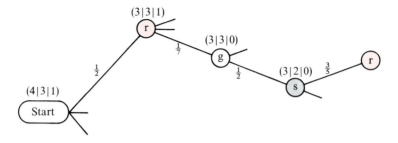

Fig. 56.1 Ausschnitt aus dem Baumdiagramm zum Experiment »4maliges Ziehen einer Kugel aus der Urne von Figur 15.1 ohne Zurücklegen«

Beispiel 1: Eine Urne enthalte 3 rote, 2 schwarze und 1 grüne Kugel. Wir ziehen 3 Kugeln ohne Zurücklegen. Mit welcher Wahrscheinlichkeit ist die dritte gezogene Kugel rot? Anhand eines Baumdiagramms stellen wir die Wahrscheinlichkeitsverteilung fest (Figur 56.2).

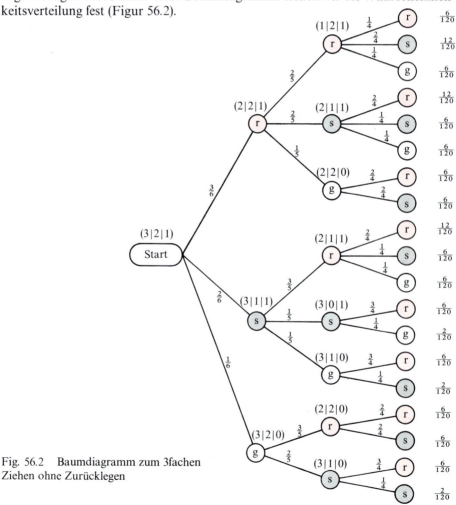

Fig. 56.2 Baumdiagramm zum 3fachen Ziehen ohne Zurücklegen

Die gesuchte Wahrscheinlichkeit errechnet sich nun unter Verwendung von **4** aus Definition 42.1 zu
$P(\text{»3. gezogene Kugel ist rot«}) =$

$= P(\{\text{rrr, rsr, rgr, srr, ssr, sgr, grr, gsr}\}) =$
$= P(\{\text{rrr}\}) + P(\{\text{rsr}\}) + P(\{\text{rgr}\}) + P(\{\text{srr}\}) + P(\{\text{ssr}\}) + P(\{\text{sgr}\}) +$
$+ P(\{\text{grr}\}) + P(\{\text{gsr}\}) =$
$= \frac{6}{120} + \frac{12}{120} + \frac{6}{120} + \frac{12}{120} + \frac{6}{120} + \frac{6}{120} + \frac{6}{120} + \frac{6}{120} =$
$= \frac{1}{2}.$

Die Wahrscheinlichkeit dafür, daß die dritte gezogene Kugel rot ist, ist gleich der Wahrscheinlichkeit, daß die erste gezogene Kugel rot ist. Das ist zunächst verwunderlich. Man bedenke aber, daß man alle Möglichkeiten für die ersten beiden Züge berücksichtigen muß, die ja ganz beliebig ausfallen können!

Zusammenfassend halten wir fest, wie man Wahrscheinlichkeiten von Ereignissen mit Hilfe eines Baumdiagramms berechnen kann. Jeder Pfad in einem Baum ist bekanntlich ein Elementarereignis des mehrstufigen Zufallsexperiments. Jedes Ereignis ist eine Vereinigungsmenge von Elementarereignissen, also eine Menge von Pfaden. Somit berechnet sich die Wahrscheinlichkeit eines Ereignisses mit Hilfe der

> **2. Pfadregel:** Die Wahrscheinlichkeit eines Ereignisses ist gleich der Summe der Wahrscheinlichkeiten der Pfade, die dieses Ereignis bilden.

Dafür nochmals ein Beispiel.

Beispiel 2: Für $V := \text{»Die 3 gezogenen Kugeln sind verschiedenfarbig«}$ erhalten wir
$P(V) = P(\{\text{rsg, rgs, srg, sgr, grs, gsr}\}) =$
$= \frac{6}{120} + \frac{6}{120} + \frac{6}{120} + \frac{6}{120} + \frac{6}{120} + \frac{6}{120} =$
$= \frac{3}{10}.$

Aufgaben

Zu 5.1.

1. Was bedeutet
   a) $P(E_1 \cup E_2)$ • b) $P(\bigcup_{i=1}^{n} E_i)$ • c) $P(\bigcap_{i=1}^{n} E_i)$?

2. $\Omega = \{\omega_1, \omega_2, \omega_3\}$; $P(\{\omega_1\}) = 0{,}2$; $P(\{\omega_2\}) = 0{,}7$.
   Lege $P(\{\omega_3\})$ so fest, daß P eine Wahrscheinlichkeitsverteilung auf $\mathfrak{P}(\Omega)$ wird. Gib dann die Wahrscheinlichkeit für jedes Ereignis aus $\mathfrak{P}(\Omega)$ an.

3. $\Omega = \{\omega_1, \omega_2, \omega_3, \omega_4\}$; $E_1 := \{\omega_1, \omega_2\}$; $E_2 := \{\omega_3\}$; $E_3 := \{\omega_4\}$;
   $P(E_1) = 0{,}2$; $P(E_2) = 0{,}5$; $P(E_3) = 0{,}5$.

a) Begründe, daß die Wahrscheinlichkeitsverteilung nicht zulässig ist.
b) Ändere $P(E_3)$ so ab, daß die Wahrscheinlichkeitsverteilung zulässig ist.
c) Berechne $P(\{\omega_1\})$ unter der Voraussetzung, daß ω_1 mit einer dreimal so großen Wahrscheinlichkeit auftritt wie ω_2.

4. $\Omega = \{\omega_1, \omega_2, \omega_3, \omega_4\}$; $P(\{\omega_1\}) = 0{,}2$; $P(\{\omega_2\}) : P(\{\omega_3\}) : P(\{\omega_4\}) = 1 : 2 : 7$;
$E_1 := \{\omega_1, \omega_2, \omega_4\}$; $E_2 := \{\omega_1, \omega_3\}$.
a) Berechne $P(\{\omega_i\})$; $i = 2, 3, 4$. b) Berechne $P(E_1)$ und $P(E_2)$.
c) Berechne $P(E_1 \cup E_2)$. d) Berechne $P(E_1 \cap E_2)$. e) Berechne $P(\bar{E}_2)$.

Zu 5.2.

5. a) Berechne aus den ersten 100 Würfen von Tabelle 10.1 die relativen Häufigkeiten $h_{100}(\{1\}), h_{100}(\{2\}), \ldots, h_{100}(\{6\})$.
b) Nimm diese errechneten relativen Häufigkeiten als Wahrscheinlichkeiten eines stochastischen Modells für den einfachen Wurf mit dem für Tabelle 10.1 verwendeten Würfel. Damit ist eine Wahrscheinlichkeitsverteilung festgelegt. Berechne in diesem Modell die Wahrscheinlichkeit für die Ereignisse
$A := $»Die Augenzahl ist gerade«,
$B := $»Die Augenzahl ist prim« und
$C := $»Die Augenzahl ist mindestens 3«.
c) Überprüfe die erhaltenen Wahrscheinlichkeiten durch Berechnung der relativen Häufigkeiten $h_{100}(A), h_{100}(B)$ und $h_{100}(C)$, die sich bei den nächsten 100 Würfen aus Tabelle 10.1 ergeben. Ist das Modell deiner Meinung nach brauchbar?

6. Interpretiere folgende Formulierungen durch Wahrscheinlichkeiten (im Modell) bzw. durch relative Häufigkeiten (in der Realität).
a) Bei einem bestimmten Würfel ist die Chance, eine gerade Augenzahl zu werfen, genauso groß wie die einer Primzahl.
b) Es ist wahrscheinlicher, daß A eintritt als daß $\bar{A}$ eintritt.
c) Wirbelwind ist der Favorit bei einem Rennen, bei dem 23 Pferde starten.
Zusatz: Wie groß ist mindestens die Wahrscheinlichkeit für das Ereignis »Wirbelwind gewinnt«?

Zu 5.3.

7. Für die Wahrscheinlichkeitsverteilung P bei einem einfachen Würfelwurf gelte die im Beispiel auf Seite 42 angegebene Wertetabelle.
a) Berechne die Wahrscheinlichkeiten folgender Ereignisse:
$A := $»Die Augenzahl ist nicht prim«,
$B := $»Die Augenzahl ist kleiner als 4«,
$C := $»Die Augenzahl ist nicht 6«,
$D := $»Die Augenzahl ist ungerade«,
$E := $»Die Augenzahl ist sowohl prim als auch gerade«,
$F := $»Die Augenzahl ist gerade oder prim«,
$G := $»Die Augenzahl ist entweder gerade oder prim«.
b) Gib alle Ereignisse an, deren Wahrscheinlichkeit kleiner als 35,0% ist.

8. Bei einem einfachen Würfelwurf mit $\Omega = \{1, 2, 3, 4, 5, 6\}$ ist bekannt, daß $P(»$Augenzahl ist prim«$) = 55\%$ und $P(\{1,6\}) = 30\%$ sind.
a) Berechne $P(\{4\})$. Erstelle auch eine Vierfeldertafel.
b) Für welche weiteren Elementarereignisse lassen sich die Wahrscheinlichkeiten noch berechnen, wenn man zusätzlich weiß, daß $P(»$Augenzahl ist ungerade«$) = 25\%$ und $P(»$Augenzahl ist nicht 6«$) = 80\%$ sind? Erstelle auch hierzu eine Mehrfeldertafel.

9. Ein Verein hat gegen einen gleichwertigen Verein ein Pokalspiel auszutragen. Sieg oder Niederlage können daher als gleichwahrscheinlich angesehen werden. Ein Unentschieden führt zu einer Verlängerung, die vielfach eine Entscheidung bringt. Wir nehmen daher an, daß ein Unentschieden trotz Verlängerung nur in $\frac{1}{10}$ aller Pokalspiele auftritt.
   a) Wie heißt ein Ergebnisraum Ω?
   b) Wie groß ist die Wahrscheinlichkeit für ein Unentschieden?
   c) Wie groß ist die Wahrscheinlichkeit dafür, daß der Verein A gewinnt?
   d) Wie groß ist die Wahrscheinlichkeit dafür, daß der Verein A nicht verliert?
10. Hans hat drei Freunde, Anton, Benno und Christian. Anton besucht Hans doppelt so oft wie Benno. Christian dagegen besucht ihn nur halb so oft wie Benno. Hans hört das unter ihnen vereinbarte Klingelzeichen an der Türe. Mit welcher Wahrscheinlichkeit ist es
   a) Benno, b) Anton, c) Christian, d) Anton oder Benno,
   wenn Hans weiß, daß 2 Freunde nie gleichzeitig kommen?
11. Zu einer Wahl stellen sich die drei Kandidaten Huber, Müller und Schmid. Die Wahrscheinlichkeiten für einen Sieg sind beziehungsweise $\frac{2}{3}$, $\frac{2}{15}$ und $\frac{1}{5}$.
    a) Gib einen brauchbaren Ergebnisraum an.
    b) Gib die Wahrscheinlichkeit aller möglichen Ereignisse an.
12. Eine **Wette** heiße **fair**, wenn die Einsätze sich wie die Gewinn-Wahrscheinlichkeiten verhalten. Ein Mann stellt fest, daß in 80% aller Fälle, in denen er eine bestimmte Kreuzung erreicht, die Ampel auf Rot steht. Er wettet mit seinem Beifahrer, daß sie diese Kreuzung wieder bei Rot erreichen werden. Wie sind die Einsätze für eine faire Wette?
13. A behauptet, morgen wird es regnen. Er bietet B eine Wette mit 7:5 an. Wie groß muß die Wahrscheinlichkeit sein, daß es morgen regnen wird, wenn die Wette fair sein soll?
14. Herr Huber wettet mit Herrn Meier bei einem Pferderennen auf den Sieg von Alpha 2:3 (3:2) und auf den Sieg von Beta 4:3 (3:4). Wie müßte eine faire Wette auf den Sieg von Alpha oder Beta aussehen, wenn man annimmt, daß die beiden angebotenen Wetten fair sind? (Die Wahrscheinlichkeit für ein totes Rennen sei 0).

Zu 5.4.
Um den Arbeitsaufwand erträglicher zu machen, empfiehlt sich Gruppenarbeit.

●15. Teste Tabelle 51.1. *(Sehr mühsam!)*
    a) Bestimme die relativen Häufigkeiten jeder Ziffer.
    b) Die 1000 Zufallsziffern kann man zu 500 Paaren zusammenfassen. Bestimme die relative Häufigkeit für jedes der 100 möglichen Paare 00, 01, ..., 98, 99.
16. Bestimme zur Figur 53.1 zusätzlich zu den 25 bereits aufgeführten Zufallspunkten die 75 folgenden an Hand von Tabelle 51.1. Berechne damit den Schätzwert $\hat{N}$ sowie Schätzwerte für die Fläche des Viertelkreises und für die Zahl π.
●17. Schätze den Flächeninhalt des Viertelkreises und den Wert der Zahl π mit Hilfe von 100 Zufallspunkten des Hundertstelgitternetzes. Fasse dazu jeweils 4 aufeinanderfolgende Ziffern der Tabelle 51.1 zu $a_1 a_2 b_1 b_2$ zusammen. Der Gitterpunkt hat dann die Koordinaten $x = 0, a_1 a_2$ und $y = 0, b_1 b_2$.
18. Schätze durch 100 Zufallspunkte des Zehntelgitternetzes die Fläche von $\triangle ABC$ mit $A(0|0)$, $B(1|0)$ und $C(1|1)$.
19. Simuliere den Münzenwurf mit Hilfe der Zufallszahlentabelle (Tabelle 51.1) in folgender Weise: ungerade Ziffer $\triangleq$ Adler, gerade Ziffer $\triangleq$ Zahl. Bestimme die relativen Häufigkeiten nach 100 Würfen.
20. Simuliere den Würfelwurf mit Hilfe der Zufallszahlentabelle nach Tabelle 51.1. Die Ziffern 1, 2, 3, 4, 5 und 6 entsprechen den Augenzahlen, die Ziffern 7, 8, 9 und 0 werden ignoriert. Berechne die relativen Häufigkeiten der Augenzahlen nach 100 Würfen.

Zu 5.5.

21. Bestimme mit Hilfe eines Baumdiagramms und der 1. Pfadregel die Wahrscheinlichkeitsverteilung bezüglich der Urne von Figur 15.1 für das Zufallsexperiment
    a) zweimaliges Ziehen mit Zurücklegen, •**b)** dreimaliges Ziehen ohne Zurücklegen.

22. Berechne wie in Figur 56.1 die Wahrscheinlichkeit für die Zugfolgen rrrr, rsss, rsgr, grsr, grrs und grsg beim Ziehen ohne Zurücklegen aus der Urne von Figur 15.1.

23. Zeichne den Baum für den 3fachen Münzenwurf und bestimme damit die Wahrscheinlichkeitsverteilung.

24. Wurde in Rom mit 3 tesserae (= sechsseitig beschrifteten Würfeln) gespielt, so galt 666 als bester Wurf, der »iactus Veneris« = »Venuswurf« hieß. Schlechtester Wurf war 111 = canis = Hund*. Zeichne die zugehörigen Pfade und bestimme die Wahrscheinlichkeiten für diese Ereignisse unter der Annahme, daß die verwendeten tesserae Laplace-Würfel sind.

25. Beim Würfeln mit 4 Astragali war der schlechteste Wurf »Hund« (κύων, canis)* das Ergebnis 1111. Der beste Wurf »Aphrodite« (Ἀφροδίτης βόλος, iactus Veneris) war das Auftreten aller 4 möglichen Seiten, z. B. das Ergebnis 6314. Am seltensten trat 6666 auf, dessen Namen wir nicht kennen. Ein Wurf, bei dem die Augensumme den Wert 8 ergab, war nach dem griechischen Dichter *Stesichoros* (630–555) benannt, weil sein Grabmal in Himera achteckig war.

    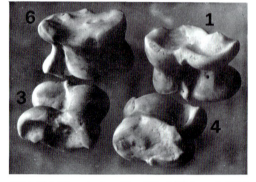
    Bild 60.1 Ein »Aphrodite«-Wurf (Vgl. auch Bild 28.1.) Angegeben sind die Werte der *oben* liegenden Flächen.

    a) Zeichne die zu »Hund« und 6666 führenden Pfade und berechne $P(\text{»Hund«})$ und $P(\{6666\})$ für 4 Astragali mit gleicher Wahrscheinlichkeitsverteilung.
    b) Zeichne einen Pfad, der zum Aphrodite-Wurf 6314 führt und berechne $P(\{6314\})$.
    •**c)** Aus welchen Ergebnissen besteht das Ereignis »Aphrodite«? Warum sind die Wahrscheinlichkeiten der Elementarereignisse, deren Vereinigung »Aphrodite« ergibt, selbst für jeweils 4 fest gewählte Astragali meist nicht gleich? Wie groß ist $P(\text{»Aphrodite«})$ aber in dem Fall, daß alle 4 Astragali die gleiche Wahrscheinlichkeitsverteilung besitzen?
    •**d)** Berechne $P(\text{»Stesichoros«})$ für Astragali mit gleicher Wahrscheinlichkeitsverteilung.

26. Florian geht aufs Oktoberfest. Er möchte sich dort am Schießstand eine Rose erschießen. Nüchtern hat er eine Treffsicherheit von 80%. Nach jeder Maß Bier sinkt seine Treffsicherheit um die Hälfte.
    a) Mit welcher Wahrscheinlichkeit wird er mindestens einmal treffen,
    1) wenn er dreimal schießt, und zwar einmal nüchtern, einmal nach der 1. und einmal nach der 2. Maß,
    2) wenn er sechsmal schießt, und zwar einmal nüchtern, zweimal nach der 1. Maß und dreimal nach der 2. Maß?

---

* Davon soll unsere Redewendung »Auf den Hund kommen« herrühren.

b) Wie oft muß er mindestens schießen, um mit mindestens 99% Sicherheit mindestens einmal zu treffen,
  1) wenn er noch nüchtern ist,
  2) wenn er eine Maß getrunken hat,
  3) wenn er zwei Maß getrunken hat?

27. Ein Affe sitzt vor einer Schreibmaschine, deren Tastatur lediglich die 26 Buchstaben des lateinischen Alphabets enthält. Er schlägt wahllos 10mal auf eine Taste. Mit welcher Wahrscheinlichkeit tippt er das Wort *STOCHASTIK*?

28. Urne 1 enthält 4 Kugeln, die die Nummern 1, 2, 6 und 9 tragen. Urne 2 enthält diese Kugeln doppelt, Urne n enthält sie n-fach. Theodor zieht nacheinander 4 Kugeln ohne Zurücklegen aus jeder dieser Urnen.
  a) Mit welcher Wahrscheinlichkeit stellt das gezogene Quadrupel
    1) das Geburtsjahr von *Christiaan Huygens*,
    2) das Todesjahr von *Blaise Pascal* dar?
  •**b)** Welche Wahrscheinlichkeiten ergeben sich, wenn die 4 Kugeln nach Beendigung des Ziehens noch umgeordnet werden dürfen?
  c) Welche Wahrscheinlichkeiten ergeben sich bei **a)** und **b)** für $n \to \infty$?

29. Berechne im Beispiel 1 aus **5.5.** (Seite 56) die Wahrscheinlichkeit dafür,
  a) daß die zweite gezogene Kugel rot ist,
  b) daß die ersten beiden gezogenen Kugeln verschiedenfarbig sind,
  c) daß die erste und dritte gezogene Kugel gleichfarbig sind,
  d) daß die erste oder dritte gezogene Kugel grün ist,
  e) daß die zweite Kugel grün oder die dritte Kugel rot ist.

30. Aus der Urne im Beispiel 1 (Seite 56) zieht man 3 Kugeln mit Zurücklegen.
  a) Zeichne ein Baumdiagramm.
  b) Berechne die Wahrscheinlichkeit folgender Ereignisse:
    $A :=$ »Die dritte gezogene Kugel ist rot«,
    $B :=$ »Die 3 gezogenen Kugeln sind verschiedenfarbig«,
    $C :=$ »Die zweite gezogene Kugel ist rot«,
    $D :=$ »Die ersten beiden gezogenen Kugeln sind verschiedenfarbig«,
    $E :=$ »Die erste und dritte gezogene Kugel sind gleichfarbig«,
    $F :=$ »Die erste oder dritte gezogene Kugel ist grün«,
    $G :=$ »Die zweite Kugel ist grün, oder die dritte Kugel ist rot«.

31. Eine 1-DM-Münze, von der wir annehmen wollen, daß es sich um eine L-Münze handelt, werde 3mal geworfen. Liegt die Eins oben, so werten wir den Wurf als 1, andernfalls als 0.
  a) Zeichne einen Baum.
  b) Ein mögliches Ergebnis ist 101; ihm ordnen wir die Summe $1 + 0 + 1 = 2$ zu. Welche möglichen Summen treten auf? Berechne die Wahrscheinlichkeit jeder Summe.

•**32.** Löse Aufgabe 31 für den 4fachen Münzenwurf.

33. Auf einer Weihnachtsfeier eines Vereins wird eine Tombola veranstaltet. Im Glückshafen liegen 4 Gewinnlose und 16 Nieten.
  a) Theodor zieht 2 Lose. Wie groß ist die Wahrscheinlichkeit, mindestens ein Gewinnlos zu ziehen?
  b) Wie viele Lose muß Theodor mindestens ziehen, um mit einer Wahrscheinlichkeit von mindestens 50% (100%) mindestens ein Gewinnlos zu ziehen?

34. Für eine Faschingseinladung hat Dorothea 18 Krapfen gebacken. 6 davon sind mit Senf statt mit Marmelade gefüllt.
  a) Mit welcher Wahrscheinlichkeit ist ein beliebig herausgegriffener Krapfen ein Senfkrapfen?

b) Dorothea arrangiert die Krapfen auf 3 Tellern zu sechst so, daß auf dem ersten Teller ein Senfkrapfen, auf dem zweiten zwei und auf dem dritten die restlichen liegen. Theodor wählt einen Teller und dann einen der darauf liegenden Krapfen. Mit welcher Wahrscheinlichkeit beißt er in einen Senfkrapfen?

c) Wie muß Dorothea die 18 Krapfen auf die 3 Teller verteilen, damit die Wahrscheinlichkeit dafür, daß Theodor in einen Senfkrapfen beißt, möglichst groß wird, falls Theodor seine Auswahl wie in **b)** trifft?

35. In einer Wurfbude stehen in einer Reihe abwechselnd große und kleine Eimer. Man darf 3 Bälle auf 3 verschiedene Eimer werfen, wobei man abwechselnd auf groß und klein zielen muß, und erhält einen Preis, wenn man in
a) zwei benachbarte, **b)** drei benachbarte Eimer trifft.
Theodor trifft einen großen Eimer mit der Wahrscheinlichkeit a, einen kleinen mit der Wahrscheinlichkeit b; dabei ist $b < a$. Soll er zuerst auf einen großen oder auf einen kleinen Eimer werfen?

36. In einem Bus sitzt eine Reisegruppe von 20 Personen. Zwei Personen haben Schmuggelware bei sich, einer dieser Schmuggler ist Herr Anton. Ein Zollbeamter ruft der Reihe nach 3 Personen zur Kontrolle aus dem Bus heraus. Wie groß ist die Wahrscheinlichkeit dafür, daß er
a) Herrn Anton, **b)** mindestens einen der Schmuggler, **c)** beide Schmuggler bei dieser Kontrolle entdeckt?
Zeichne dazu ein Baumdiagramm mit den Wahrscheinlichkeiten auf den Pfaden.

37. In einer Gruppe sind 5 Franzosen, 10 Briten und 6 Deutsche. Zwei Personen werden ausgelost. Wie groß ist die Wahrscheinlichkeit dafür, daß genau ein Brite ausgelost wird?

38. Aus der Gruppe von Aufgabe **37** werde zunächst eine Person ausgelost. Die zweite Person wird dann aus den Personen anderer Nationalität ausgelost. Wie wahrscheinlich ist unter den Ausgelosten ein Brite?

39. Ein Glücksrad besteht aus 3 verschiedenfarbigen Sektoren, von denen mindestens zwei gleich groß sind (Figur 62.1). Wie müssen die Winkel gewählt werden, damit die Wahrscheinlichkeit dafür, daß man bei zweimaligem Drehen beide Male dieselbe Farbe erhält, gerade 50% ist?

Figur 62.1

40. Theodor wirft 4 Würfel und wettet gegen Dorothea, daß mindestens zwei der Würfel gleiche Augenzahl zeigen. Wie müssen sich die Einsätze verhalten, damit die Wette fair ist?

41. Dorothea und Theodor vereinbaren folgendes Spiel. Dorothea wählt die Ziffernkombination 110, Theodor hingegen 101. Dann wird eine Laplace-Münze mit den Seiten 0 und 1
a) 3mal **b)** 4mal geworfen. Gewonnen hat derjenige, dessen Kombination zuerst auftritt. Tritt keine der gewählten Kombinationen auf, so ist das Spiel unentschieden. Mit welcher Wahrscheinlichkeit gewinnt Dorothea, mit welcher Wahrscheinlichkeit Theodor? Wie groß ist die Wahrscheinlichkeit für ein Unentschieden?

6. Additionssätze für Wahrscheinlichkeiten

Fortuna (Plakettenmodell, 4,5 × 6,9 cm), *Joachim Forster* (um 1500–1579) zugeschrieben, Augsburg (?), um 1530–1540. – Museum für Kunst und Gewerbe Hamburg

6. Additionssätze für Wahrscheinlichkeiten

Für die Wahrscheinlichkeit der Vereinigung zweier unvereinbarer Ereignisse A und B, d.h. $A \cap B = \emptyset$, gilt die Summenformel

$$P(A \cup B) = P(A) + P(B).$$

Für mehr als 2 paarweise unvereinbare Ereignisse $A_1, A_2, \ldots, A_n$ gilt eine analoge Summenformel.

> **Satz 64.1:** Sind je 2 der Ereignisse $A_1, \ldots, A_n$ unvereinbar, so gilt
> $$P(A_1 \cup A_2 \cup \ldots \cup A_n) = P(A_1) + P(A_2) + \ldots + P(A_n),$$
> kurz:
> $$A_i \cap A_j = \emptyset \quad \text{für} \quad i \neq j \;\Rightarrow\; P\left(\bigcup_{i=1}^{n} A_i\right) = \sum_{i=1}^{n} P(A_i)$$

Beweis: Mit $A := A_1 \cup A_2 \cup \ldots \cup A_n$ (siehe Figur 64.1) gilt auf Grund von Definition 42.1

$$P(A) = \sum_{\omega \in A} P(\{\omega\}) =$$

$$= \sum_{\omega \in A_1} P(\{\omega\}) + \sum_{\omega \in A_2} P(\{\omega\}) + \ldots +$$

$$+ \sum_{\omega \in A_n} P(\{\omega\}) =$$

$$= P(A_1) + P(A_2) + \ldots + P(A_n).$$

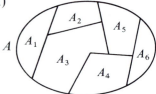

Fig. 64.1 A als Oder-Ereignis paarweise unvereinbarer Ereignisse A_i

Wie berechnet sich nun aber die Wahrscheinlichkeit des Ereignisses »A oder B«, wenn A und B nicht unvereinbar sind, d.h. $A \cap B \neq \emptyset$? Für die relativen Häufigkeiten haben wir das Problem bereits gelöst. Eigenschaft (5) auf Seite 36 besagt:

$$h_n(A \cup B) = h_n(A) + h_n(B) - h_n(A \cap B).$$

Auf Grund der Interpretationsregel (vgl. Seite 44) erwarten wir eine analoge Formel für die Wahrscheinlichkeiten. Tatsächlich gilt

> **Satz 64.2:** $P(A \cup B) = P(A) + P(B) - P(A \cap B)$

Beweis: Aus Figur 64.2 erhält man mit Satz 44.3

$P(A) = P(A \cap B) + P(A \cap \bar{B})$ und
$P(B) = P(A \cap B) + P(\bar{A} \cap B)$

Durch Addition der beiden Gleichungen erhalten wir:

	B	$\bar{B}$	
A	$P(A \cap B)$	$P(A \cap \bar{B})$	$P(A)$
$\bar{A}$	$P(\bar{A} \cap B)$	$P(\bar{A} \cap \bar{B})$	$P(\bar{A})$
	$P(B)$	$P(\bar{B})$	

Fig. 64.2 Mehrfeldertafel der Wahrscheinlichkeiten

$$P(A) + P(B) = P(A \cap B) + \underbrace{P(A \cap \bar{B}) + P(A \cap B) + P(\bar{A} \cap B)}_{P(A \cup B)}$$

Komplizierter wird es, wenn man die Wahrscheinlichkeit der Vereinigung von mehr als zwei Ereignissen berechnen will, die nicht paarweise unvereinbar sind. Eine Formel für $P(A_1 \cup A_2 \cup \ldots \cup A_n)$ hat der englische Mathematiker *J. J. Sylvester* (1814–1897) entwickelt.*

Satz 65.1: Formel von *Sylvester* für $n = 3$.
$$P(A \cup B \cup C) = P(A) + P(B) + P(C) - P(A \cap B) - P(A \cap C) - P(B \cap C) +$$
$$+ P(A \cap B \cap C)$$

Beweis: Mit den Bezeichnungen von Figur 65.1 gilt einerseits

$$P(A \cup B \cup C) = p_1 + p_2 + p_3 + p_4 + p_5 + p_6 + p_7.$$

Andererseits gilt auch

$$P(A) + P(B) + P(C) - P(A \cap B) - P(A \cap C) - P(B \cap C) + P(A \cap B \cap C) =$$
$$= (p_1 + p_2 + p_3 + p_4) + (p_1 + p_3 + p_5 + p_7) + (p_3 + p_4 + p_5 + p_6) -$$
$$- (p_1 + p_3) - (p_3 + p_4) - (p_3 + p_5) + p_3 =$$
$$= p_1 + p_2 + p_3 + p_4 + p_5 + p_6 + p_7.$$

	A	A	$\bar{A}$	$\bar{A}$
B	$p_1 = P(A \cap B \cap C)$	$p_3 = P(A \cap B \cap \bar{C})$	$p_5 = P(\bar{A} \cap B \cap C)$	$p_7 = P(\bar{A} \cap B \cap \bar{C})$
$\bar{B}$	$p_2 = P(A \cap \bar{B} \cap C)$	$p_4 = P(A \cap \bar{B} \cap \bar{C})$	$p_6 = P(\bar{A} \cap \bar{B} \cap C)$	
	$\bar{C}$	C	C	$\bar{C}$

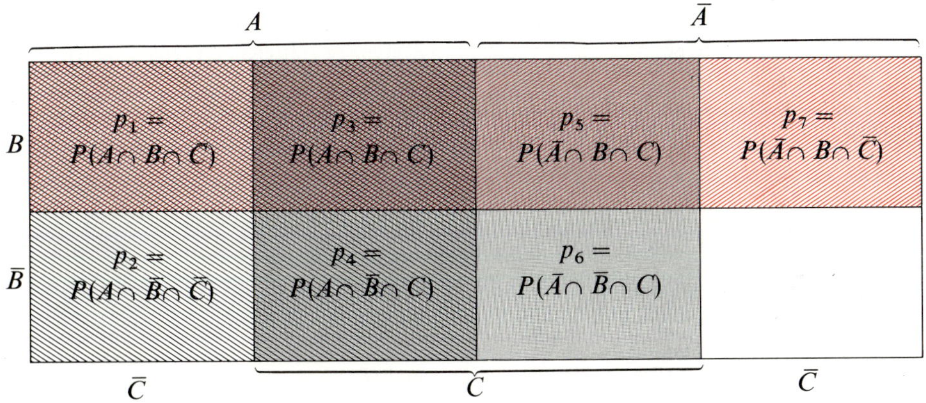

Fig. 65.1 Mehrfeldertafel für 3 Ereignisse

---

* Die Formel von *Sylvester* heißt manchmal auch *Siebformel* oder *Ein- und Ausschaltformel*. Siehe auch Seite 424.

Allgemein gilt

Satz 66.1: Formel von *Sylvester*.

$$P\left(\bigcup_{i=1}^{n} A_i\right) = \sum_{i=1}^{n} P(A_i) - \sum_{\substack{i,j=1 \\ i<j}}^{n} P(A_i \cap A_j) + \sum_{\substack{i,j,k=1 \\ i<j<k}}^{n} P(A_i \cap A_j \cap A_k) + \ldots +$$

$$+ (-1)^{n-1} P(A_1 \cap A_2 \cap \ldots \cap A_n)$$

Beweis: Wir zeigen zunächst, wie man unter Verwendung der Gesetze der Mengenalgebra aus der Formel von *Sylvester* für 3 Ereignisse (Satz **65.1**) die Formel für 4 Ereignisse gewinnt.

$P(A \cup B \cup C \cup D) = P([A \cup B \cup C] \cup D) =$
$= P(A \cup B \cup C) + P(D) - P([A \cup B \cup C] \cap D) =$
$= P(A) + P(B) + P(C) - P(A \cap B) - P(A \cap C) - P(B \cap C) + P(D) -$
$- P((A \cap D) \cup (B \cap D) \cup (C \cap D)) =$
$= P(A) + P(B) + P(C) + P(D) - P(A \cap B) - P(A \cap C) - P(B \cap C) - \{P(A \cap D) +$
$+ P(B \cap D) + P(C \cap D) - P((A \cap D) \cap (B \cap D)) - P((A \cap D) \cap (C \cap D)) -$
$- P((B \cap D) \cap (C \cap D)) + P((A \cap D) \cap (B \cap D) \cap (C \cap D))\} =$
$= P(A) + P(B) + P(C) + P(D) - P(A \cap B) - P(A \cap C) - P(B \cap C) - P(A \cap D) -$
$- P(B \cap D) - P(C \cap D) + P(A \cap B \cap D) + P(A \cap C \cap D) + P(B \cap C \cap D) -$
$- P(A \cap B \cap C \cap D) =$
$= P(A) + P(B) + P(C) + P(D) - P(A \cap B) - P(A \cap C) - P(A \cap D) - P(B \cap C) -$
$- P(B \cap D) - P(C \cap D) + P(A \cap B \cap C) + P(A \cap B \cap D) + P(A \cap C \cap D) +$
$+ P(B \cap C \cap D) - P(A \cap B \cap C \cap D).$

Man erkennt bei der Durchführung des Beweises, daß die Formel für 4 Ereignisse zunächst alle Glieder enthält, die schon in der Formel für 3 Ereignisse auftreten. Die zusätzlichen Glieder ergeben sich durch die Umformung des Ausdrucks $P(D) - P([A \cup B \cup C] \cap D)$. Man kann nun so schrittweise weitermachen, bis man schließlich zur Formel für n Ereignisse kommt.

Aufgaben

1. Gegeben: $P(E_1) = 0{,}4$; $P(E_2) = 0{,}7$; $P(E_1 \cap E_2) = 0{,}3$.
   Berechne: **a)** $P(\bar{E}_1)$; $P(\bar{E}_2)$, **b)** $P(E_1 \cup E_2)$, **c)** $P(E_1 \cap \bar{E}_2)$, **d)** $P(E_1 \cup \bar{E}_2)$.
2. Drücke die Wahrscheinlichkeit für das Ereignis $E :=$ »Entweder A oder B« durch die Wahrscheinlichkeiten der Ereignisse A, B und $A \cap B$ aus.
3. Beim Werfen von zwei Würfeln werden folgende Ereignisse definiert:
   $A :=$ »Die Augensumme ist gerade«,
   $B :=$ »Der erste Würfel zeigt eine gerade Augenzahl«.
   Für die Wahrscheinlichkeiten gilt: $P(A) = P(B) = 0{,}5$; $P(A \cap B) = 0{,}25$. Berechne die Wahrscheinlichkeiten von »A oder B« und »Entweder A oder B«.
4. Gegeben $P(A) = \frac{1}{3}$; $P(B) = \frac{2}{3}$; $P(A \cup B) = \frac{4}{5}$.
   Berechne: **a)** $P(A \cap B)$ **b)** $P($»Entweder A oder B«$)$.

5. Von zwei Ereignissen A und B ist bekannt, daß $P(A) = \frac{2}{3}$ und $P(A \cup B) = 0{,}75$ ist.
   a) Welcher Spielraum ergibt sich für den Wert der Wahrscheinlichkeit des Ereignisses B?
   b) Welche Werte kann die Wahrscheinlichkeit des Ereignisses »A und B« annehmen?
6. Ein öffentlicher Münzfernsprecher ist defekt. Jemand wirft 20 Pf ein. Die Wahrscheinlichkeit dafür, daß er eine Verbindung erhält, ist 0,5. Die Wahrscheinlichkeit dafür, daß der Apparat beim Auflegen 20 Pf auswirft, ist $\frac{1}{3}$. Die Wahrscheinlichkeit dafür, daß das Gespräch nicht zustande kommt und das Geld zurückkommt, ist $\frac{1}{6}$.
   a) Gib einen Ergebnisraum an.
   b) Wie groß ist die Wahrscheinlichkeit, daß man ein bezahltes Gespräch führen kann?
   c) Wie groß ist die Wahrscheinlichkeit dafür, daß man weder telefonieren kann noch sein Geld zurückbekommt?
   d) Wie groß ist die Wahrscheinlichkeit dafür, daß man telefoniert und trotzdem sein Geld zurückbekommt?
   e) Wie groß ist die Wahrscheinlichkeit dafür, daß man entweder telefonieren kann oder sein Geld zurückbekommt?
7. Für die Ereignisse A und B gilt: $P(A) + P(B) > 1$.
   Zeige, daß A und B nicht unvereinbar sind.
8. Gegeben: $P(A) = \frac{1}{5}$; $P(\bar{B}) = \frac{1}{3}$; $P(A \cap B) = \frac{1}{6}$.
   Berechne: a) $P(A \cup B)$ b) $P(\bar{A} \cap \bar{B})$ c) $P(\bar{A} \cup B)$.
9. In einem fernen Lande werden in den Schulen die 3 Fremdsprachen Deutsch, Englisch und Französisch angeboten. 40% der Schüler lernen Deutsch, 60% Englisch und 55% Französisch. Manche der Schüler lernen 2 Fremdsprachen, und zwar 30% Englisch und Deutsch, 20% Französisch und Deutsch und 35% Französisch und Englisch. 20% der Schüler wollen später Karriere machen und lernen daher 3 Fremdsprachen. Ein Tourist, der diese 3 Fremdsprachen beherrscht, trifft auf einen Einheimischen. Mit welcher Wahrscheinlichkeit kann er sich mit diesem verständigen? Löse die Aufgabe
   a) mit der Formel von *Sylvester*,   b) mit Hilfe einer Mehrfeldertafel.
10. Eine Urne enthält 3 rote, 2 schwarze und 1 grüne Kugel. Anton, Berta und Cäsar ziehen in dieser Reihenfolge je eine Kugel ohne Zurücklegen so lange, bis einer eine schwarze Kugel zieht. Dieser ist dann Sieger. Berechne die Wahrscheinlichkeit dafür, daß
    a) Berta siegt,   b) Cäsar nicht siegt,   c) Berta siegt oder Cäsar nicht siegt,
    d) Berta nicht siegt oder Cäsar siegt,   e) Berta nicht siegt oder Cäsar nicht siegt.
11. Das Spiel aus Aufgabe **10** werde folgendermaßen abgeändert: Wer eine schwarze Kugel zieht, scheidet aus. Mit welcher Wahrscheinlichkeit
    a) bleibt Berta übrig,   b) scheidet Cäsar aus,   c) scheiden Cäsar und Berta aus,
    d) scheiden Cäsar oder Berta aus?
12. a) Dorothea und Theodor haben je einen Wurfpfeil, mit dem sie einmal auf eine Scheibe zielen. Gewonnen hat derjenige, der zuerst trifft. Wer das Spiel eröffnen darf, wird durch eine L-Münze entschieden. Zeigt sie Adler, so darf Dorothea beginnen. Bestimme einen brauchbaren Ergebnisraum. Berechne die Wahrscheinlichkeit dafür, daß Dorothea gewinnt, wenn ihre Treffsicherheit 0,6 und die von Theodor 0,7 ist.
    b) Mit welcher Wahrscheinlichkeit endet das Spiel unentschieden?
    c) Nun werde gestattet, daß beliebig oft auf die Scheibe geworfen werden darf. Mit welcher Wahrscheinlichkeit gewinnt nun Dorothea, und wie groß ist die Wahrscheinlichkeit für ein Unentschieden? [Geometrische Reihe!]
13. Ein progressiver Lehrer verzichtet aufs Korrigieren und ermittelt die Noten wie folgt.*
    Er wirft 3 L-Würfel und nimmt die kleinste auftretende Augenzahl als Note. Bestimme die Wahrscheinlichkeitsverteilung für die 6 Noten 1 bis 6.

* Der Lehrer wurde zu diesem Vorgehen angeregt durch den Richter *Bridoye* von Myrelingues des *François Rabelais* (um 1494–1553), der seine Urteile durch Würfeln ermittelt, da er der Meinung ist, daß die Zeit die Mutter der Wahrheit ist und sich eines Tages alles offenbaren werde, also auch die Begabung der Schüler.

14. Langjährige Beobachtungen an einem Ferienort haben ergeben, daß auf einen Tag mit gutem Wetter mit der Wahrscheinlichkeit $\frac{3}{4}$ wieder ein Tag mit gutem Wetter folgt, während auf einen Tag mit schlechtem Wetter mit der Wahrscheinlichkeit $\frac{1}{5}$ ein Gutwettertag folgt. Herr Meier freut sich über das gute Wetter an seinem ersten Urlaubstag, einem Donnerstag, und plant für das Wochenende einen Ausflug. Mit welcher Wahrscheinlichkeit herrscht
a) am Samstag schlechtes Wetter,
b) am Samstag und Sonntag gutes Wetter,
c) am Freitag oder Samstag gutes Wetter,
d) am Freitag oder Samstag oder Sonntag gutes Wetter?

❗15. Im Wilden Westen haben sich Bob, Dick und Ted so beleidigt, daß sie glauben, ihre Ehre nur durch ein Triell wiederherstellen zu können. Sie wollen so lange aufeinander schießen, bis nur mehr einer am Leben ist. Die Reihenfolge, in der sie jeweils einen Schuß abgeben dürfen, wird durch Los entschieden. Dann stellen sie sich auf die Eckpunkte eines gleichseitigen Dreiecks. Die Treffsicherheiten betragen beziehungsweise 100%, 80% und 50%.
a) Welche Strategie ist für jeden einzelnen optimal, d.h., wie wird sich jeder verhalten, wenn die Reihe an ihm ist zu schießen?
b) Nun wende jeder Schütze seine optimale Strategie an. Wie groß sind dann
α) die Überlebenswahrscheinlichkeiten für jeden der drei [Geometrische Reihe!],
β) die Sterbewahrscheinlichkeiten für jeden der drei?
c) Warum ist die Summe der Überlebenswahrscheinlichkeiten gleich 1, die der Sterbewahrscheinlichkeiten aber größer als 1?

●16. *Bernoulli-Eulersches Problem der vertauschten Briefe** für $n = 3$. Unbesehen werden 3 Briefe in die 3 vorbereiteten Umschläge gesteckt, d.h., die Briefe gelangen mit jeweils gleicher Wahrscheinlichkeit in die Umschläge.
a) Berechne mit Hilfe eines Baumdiagramms die Wahrscheinlichkeit dafür, daß kein Brief im richtigen Umschlag steckt.
b) Löse **a)** mit Hilfe der Formel von *Sylvester.*
c) Simuliere die Aufgabe durch eine geeignete Urne.

---

* Das Problem geht auf die Untersuchung des Treize-Spiels durch *Montmort* (1678–1719) aus dem Jahre 1708 zurück: 13 Karten werden gut gemischt und eine Karte nach der anderen abgehoben. Wenn kein Kartenwert mit der Ziehungsnummer übereinstimmt, gewinnt der Spieler, andernfalls der Bankhalter. – Verallgemeinerungen dieses Spiels wurden 1710 bis 1713 in einem regen Briefwechsel zwischen *Montmort* einerseits und *Johann I. Bernoulli* (1667–1748) und *Nikolaus I. Bernoulli* (1687–1759) andererseits behandelt.
Das Problem heißt auch Rencontre-Problem nach *Leonhard Eulers* (1707–1783) Arbeit *Calcul de la probabilité dans le jeu de rencontre* von 1751.
Die Idee, n Dingen jeweils einen bestimmten Platz zuzuordnen, stammt von *Johann Heinrich Lambert* (1728–1777), als er 1771 in *Examen d'une espece de Superstition ramenée au calcul des probabilités* modellmäßig nachwies, daß es ein dummer Aberglaube sei, aus Almanachen Wettervorhersagen entnehmen zu können. Wer als erster daraus die schöne Einkleidung der vertauschten Briefe machte, konnten wir nicht eruieren. – Biographische Einzelheiten findet man auf den Seiten 394 ff.

7. Die Entwicklung des Wahrscheinlichkeitsbegriffs

JACOBI BERNOULLI,
Profeff. Bafil. & utriufque Societ. Reg. Scientiar.
Gall. & Pruff. Sodal.
MATHEMATICI CELEBERRIMI,

ARS CONJECTANDI,

OPUS POSTHUMUM.

Accedit

TRACTATUS
DE SERIEBUS INFINITIS,

Et EPISTOLA Gallicè fcripta

DE LUDO PILÆ
RETICULARIS.

BASILEÆ,
Impenfis THURNISIORUM, Fratrum.
cIɔ Iɔcc xiii.

THÉORIE

ANALYTIQUE

DES PROBABILITES;

PAR M. LE COMTE LAPLACE,

Chancelier du Sénat-Conservateur, Grand-Officier de la Légion d'Honneur; Membre de l'Institut impérial et du Bureau des Longitudes de France; des Sociétés royales de Londres et de Gottingue; des Académies des Sciences de Russie, de Danemarck, de Suède, de Prusse, de Hollande, d'Italie, etc.

PARIS,
M.ᵐᵉ Vᵉ COURCIER, Imprimeur-Libraire pour les Mathématiques,
quai des Augustins, n° 57.

1812.

Grundlagen der Wahrscheinlichkeitsrechnung.
Von
R. v. Mises in Dresden.

Übersicht.

Einleitung.
§ 1. Grundbegriffe (Satz 1—7).
§ 2. Die Beziehungen zur Erfahrungswelt.
§ 3. Die Verteilungen (Satz 8—14).
§ 4. Die einfachen Operationen (Satz 15—22).
§ 5. Zusammengesetzte Operationen (Satz 23—27).
§ 6. Die Gesetze der großen Zahl (Satz 28—30).

Im folgenden lege ich die zusammenfassende Darstellung der Grundlagen der Wahrscheinlichkeitsrechnung vor, die ich in meiner Arbeit über die „Fundamentalsätze der Wahrscheinlichkeitsrechnung" angekündigt habe¹). In einem dritten, abschließenden Aufsatz über die „Hauptsächlichsten Problemgruppen der Wahrscheinlichkeitsrechnung" soll dann gezeigt werden, wie sich auf diesen Grundlagen, teilweise unter Heranziehung der Fundamentalsätze, die Theorie der Glücksspiele, der statistischen und der physikalischen Anwendungen aufbauen läßt.

Dem Bedürfnis nach einer exakten Grundlegung der Wahrscheinlichkeitsrechnung wird sich kein Mathematiker verschließen, der eines der bestehenden Lehrbücher zur Hand nimmt: in der Tat kann man den gegenwärtigen Zustand kaum anders als dahin kennzeichnen, daß die Wahrscheinlichkeitsrechnung heute *eine mathematische Disziplin nicht ist*. Kein Autor erhebt sich wesentlich über die Auffassung der von Laplace herrührenden „*Definition*", die Wahrscheinlichkeit eines Ereignisses sei der Quotient aus der Anzahl der „dem Ereignis günstigen Fälle" durch

¹) Diese Zeitschrift 4 (1919), S. 1—97. Hinfort zitiert als „Fundamentalsätze".

ERGEBNISSE DER MATHEMATIK
UND IHRER GRENZGEBIETE
HERAUSGEGEBEN VON DER SCHRIFTLEITUNG
DES
„ZENTRALBLATT FÜR MATHEMATIK"
ZWEITER BAND
———— 3 ————

GRUNDBEGRIFFE DER WAHRSCHEINLICHKEITS-RECHNUNG

VON

A. KOLMOGOROFF

BERLIN
VERLAG VON JULIUS SPRINGER
1933

7. Die Entwicklung des Wahrscheinlichkeitsbegriffs

7.1. Der Begriff der statistischen Wahrscheinlichkeit

Wie wir in **4.1.** gesehen haben, scheint sich die relative Häufigkeit bestimmter Ereignisse bei einer großen Anzahl von Versuchen um einen festen Wert zu stabilisieren. Es liegt also nahe, diesen Wert als Wahrscheinlichkeit eines solchen Ereignisses zu nehmen. Damit kann Wahrscheinlichkeit nur für Ereignisse aus Zufallsexperimenten definiert werden, die beliebig oft unter gleichen Bedingungen wiederholt werden können. Subjektive Wahrscheinlichkeiten wie z. B. die in **5.1.** erwähnte können damit jedoch nicht erfaßt werden. Die Wahrscheinlichkeit eines Ereignisses erscheint bei diesem Vorgehen als eine physikalische Maßzahl, die über die relative Häufigkeit gemessen werden kann. Überlegungen dieser Art liegen der Definition der Wahrscheinlichkeit durch *Richard von Mises* (1883–1953)* zugrunde.

In *Grundlagen der Wahrscheinlichkeitsrechnung* definierte *von Mises* 1919 für die Wahrscheinlichkeit $P(A)$ des Ereignisses A:

$$P(A) := \lim_{n \to +\infty} h_n(A),$$

wobei $h_n(A)$ die relative Häufigkeit des Eintretens von A nach n Versuchen ist. Die so festgelegte Zahl heißt auch **statistische Wahrscheinlichkeit** des Ereignisses A.

Die Definition der Wahrscheinlichkeit *a posteriori* (nämlich *nach* dem Ausführen einer langen Reihe von Versuchen) als Grenzwert stieß auf theoretische Schwierigkeiten, da der Limesbegriff sich nicht auf eine vom Zufall beherrschte Folge anwenden ließ. Es ist zum Beispiel nicht möglich, zu einem vorgegebenen ε ein $n_0 \in \mathbb{N}$ anzugeben, so daß $|h_n(A) - P(A)| < \varepsilon$ für *alle* $n > n_0$ ist. Es ist nämlich nicht auszuschließen, daß auch für sehr großes n die relative Häufigkeit $h_n(A)$ sich immer wieder einmal um mehr als ε von dem »Grenzwert« $P(A)$ unterscheidet. Wählt man z. B. für den 800fachen Münzwurf nach Tabelle 11.1 für $\varepsilon = 1\%$, dann könnte man nach etwa $n_0 = 500$ Würfen zu der Meinung kommen, daß die relativen Häufigkeiten den ε-Streifen um den »Grenzwert« 50% nicht mehr verlassen werden. Für $n = 650$ erhält man jedoch $h_{650}(\text{»Adler«}) = 51{,}4\%$, weil zwischen 525 und 650 Würfen »Adler« sehr viel häufiger eintrat als »Zahl«. (Vergleiche dazu Figur 71.1.) Es gilt ja auch für jedes noch so große n, daß die relative Häufigkeit $h_n(A)$ eines Ereignisses A jeden der $n+1$ Werte $0, \frac{1}{n}, \frac{2}{n}, \ldots, 1$ annehmen kann, wenn auch Figur 34.1 zeigt, daß eine gewisse »Konzentration« der relativen Häufigkeiten mit wachsendem n zu beobachten ist.

Ein ganz anderer Weg zur Definition der Wahrscheinlichkeit $P(A)$ eines Ereignisses A entsprang aus Überlegungen zu Glücksspielen.

---

* Biographische Einzelheiten über die in diesem Abschnitt erwähnten Mathematiker findet man auf Seite 394 ff.

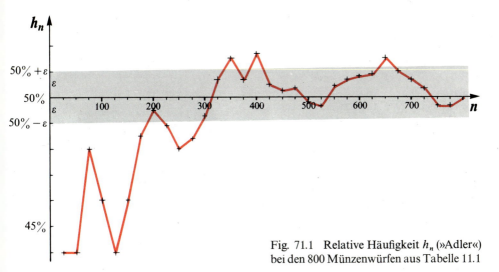

Fig. 71.1 Relative Häufigkeit h_n (»Adler«) bei den 800 Münzenwürfen aus Tabelle 11.1

7.2. Entwicklung des klassischen Wahrscheinlichkeitsbegriffs

Der berühmte Arzt *Geronimo Cardano* (1501–1576) notierte als leidenschaftlicher Spieler seine Erfahrungen und faßte sie wohl um 1563 in seinem *Liber de ludo aleae** – »Über das Glücksspiel« – zusammen, dem ältesten Buch, das der Wahrscheinlichkeitsrechnung gewidmet ist. Gedruckt wurde es aber erst 1663, als es längst überholt war. In Kapitel IX behauptet er, daß man darauf setzen könne, daß nach spätestens 3 Würfen mit einem Würfel die Sechs erscheine. Seine Argumentation lautet, in unsere Termini übersetzt: Die Wahrscheinlichkeit für eine Sechs ist $\frac{1}{6}$, also könne man nach 3 Würfen mit Wahrscheinlichkeit $\frac{1}{2}$ erwarten, daß die Sechs auftrete. Ebenso schließt er in Kapitel XI, daß mit Wahrscheinlichkeit $\frac{1}{2}$ beim Werfen zweier Würfel die Doppelsechs nach 18 Würfen mindestens einmal auftrete. Da sich nun 3 zu 18 wie 6 zu 36 verhält, schloß man wohl später daraus auf einen allgemeinen *Lehrsatz*, daß sich die kritischen Wurfzahlen, ab denen es günstig ist, darauf zu wetten, daß ein Elementarereignis eintritt, sich wie die Mächtigkeiten der zugehörigen Ergebnisräume verhalten.
Den Ergebnisraum für 3 Würfel zu finden, war schon früh gelungen. *Richard de Fournival* (1201–1260), dem Kanzler der Kathedrale von Amiens, wird das Gedicht *De Vetula* zugeschrieben, in dem die 216 möglichen Ergebnisse richtig hergeleitet werden. (Vgl. Bild 72.1 mit seiner schönen Darstellung von Ω.)
Cardano bemerkt in Kapitel XIV seinen Fehler: Da 125 der möglichen 216 Ergebnisse keine Sechs und nur die restlichen 91 mindestens eine Sechs enthalten, ist es noch nicht günstig, bei 3 Würfen auf das Erscheinen einer Sechs zu setzen.
1559 behandelt der Mönch *Jean Buteo* (1492–1572) in seiner *Logistica* (ed. 1560) Kombinationsschlösser und zeigt,

»was bisher noch niemand angepackt hat«,

daß sich die Zahlen von 1 bis 6 auf genau $6 \cdot 6 \cdot 6 \cdot 6 = 1296$ Arten kombinieren lassen, die

---

* *alea* bezeichnet zunächst den Würfel als Spielgerät, unabhängig von seiner Gestalt, ist also gewissermaßen ein Oberbegriff zu *astragalus* und *tessera* (siehe Seite 46). Es bedeutet aber auch das Glücksspiel und schließlich allgemein den blinden Zufall.

er auch alle in einer Tabelle angibt! 625 davon enthalten keine Sechs, also 671 mindestens eine Sechs. Daraus erkannten Spieler, daß es erst bei 4 Würfen günstig ist, auf das Erscheinen einer Sechs zu setzen.

Die kritische Zahl für das Erscheinen einer Doppelsechs beim Wurf mit 2 Würfeln konnten um 1650 mehrere mathematisch Interessierte ermitteln. Darunter war auch *Antoine Gombaud Chevalier de Méré, Sieur des Baussay* (1607–1684), wie der berühmte Mathematiker *Blaise Pascal* (1623 bis 1662) am Mittwoch, dem 29. Juli 1654 nach Toulouse an den Juristen *Pierre de Fermat* (1601–1665) schrieb, der zu den führenden mathematischen Köpfen des damaligen Frankreich gehört. Gerade wegen seiner Erkenntnis war *de Méré* aber mehr als unzufrieden mit der Mathematik! Lesen wir *Pascals* Brief:

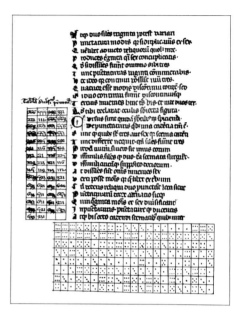

Bild 72.1 Ergebnisraum und Kombinationen beim Wurf dreier Würfel aus dem Gedicht *De Vetula* des *Richard de Fournival* (?) (1201 bis 1260). In den beiden letzten Zeilen steht *ducentis atque bis octo*. – Handschrift des 14. Jh.s. (Harleian Ms. 5263 – British Museum)

»Er sage mir nämlich, daß er aus folgendem Grund einen Fehler in den Zahlen gefunden habe:
Will man eine Sechs mit einem Würfel erzielen, so ist es vorteilhaft, 4 Würfe zu tun, wegen des Verhältnisses 671 zu 625.
Will man eine Doppelsechs mit 2 Würfeln erzielen, so ist es nachteilig, 24 Würfe zu tun.
Und nichtsdestotrotz verhält sich 24 zu 36 (was die Anzahl der Ergebnisse bei 2 Würfeln ist) wie 4 zu 6 (was die Anzahl der Ergebnisse eines Würfels ist).
Hier haben Sie sein großes Ärgernis, das ihn ausrufen ließ, daß die Lehrsätze nicht sicher seien, und –

que l'Arithmetique se dementoit

– daß die Arithmetik sich widerspreche. Aber Sie werden mit Leichtigkeit mittels Ihrer Verfahren die Ursache dieses Widerspruchs erkennen.«

Im selben Brief beschäftigt sich aber *Pascal* noch mit einer weiteren, weitaus bedeutenderen Aufgabe, die ihm *de Méré* bereits früher vorgelegt hatte und die dieser nicht lösen konnte. Es handelt sich um die gerechte Verteilung des Einsatzes bei vorzeitig abgebrochenem Spiel, dem problème des partis, also um die alte Aufgabe von *Luca Pacioli* (siehe Aufgabe 18/10). Hierüber entwickelte sich ein reger Briefwechsel zwischen *Pascal* und *Fermat*, in dem beide das problème des partis lösen. *Fermats* Lösungsweg, basierend auf kombinatorischen Überlegungen – ähnlich unseren Baumdiagrammen –, kann auf den Fall mehrerer Spieler verallgemeinert werden. Im selben Jahre kündigte *Pascal* in einer lateinisch geschriebenen Adresse der damals privaten Pariser Akademie der Wissenschaften seine Pläne an, darunter

»eine völlig neue Abhandlung über ein bis heute absolut unerforschtes Gebiet, nämlich die Aufteilung der Chancen in Spielen, die dem Zerfall unterworfen sind. [...] Und gerade hier muß man um so mehr durch Rechnung untersuchen, je weniger man Aufschluß durch Ex-

7.2. Entwicklung des klassischen Wahrscheinlichkeitsbegriffs

perimente erhält. Billigerweise sind nämlich die Ergebnisse eines ungewissen Geschehens mehr dem Eintreten durch Zufall als einer naturgegebenen Notwendigkeit zuzuschreiben. Deswegen irrte bis heute dieses Gebiet unentschieden umher; jetzt aber konnte es, das der Erfahrung gegenüber so widerspenstig war, dem Reich des klaren Denkens und Rechnens nicht mehr entfliehen. Wir haben es mit solcher Sicherheit mittels der Mathematik zu einer exakten Wissenschaft gemacht, daß diese, teilhabend an der Genauigkeit jener, schon kühne Fortschritte macht; sie verbindet die Strenge der mathematischen Beweisführung mit der Ungewißheit des Zufalls, wodurch sie scheinbar Gegensätzliches vereinigt, und wird so sich, nach beiden nennend, mit Recht einen verblüffenden Namen verschaffen: *aleae Geometria* – Mathematik des Zufalls.«

Bei der angekündigten Abhandlung handelt es sich um den *Traité du triangle arithmétique*, für dessen Übersendung sich *Fermat* am 29. 8. 1654 bedankt. Aber in der Nacht vom 23. auf den 24. 11. 1654 erlebte *Pascal* eine mystische Erweckung; er läßt den bereits gedruckten *Traité* nicht mehr ausliefern und zieht sich von der Mathematik und auch zeitweise von der Welt zurück.*

Christiaan Huygens (1629–1695) hört daher während seines Pariser Studienaufenthalts (Mitte Juli bis Ende November 1655) nur vom Briefwechsel zwischen *Pascal* und *Fermat*.

»Diese hielten jede ihrer Methoden so sehr geheim, daß ich die gesamte Materie von den Anfangsgründen an selbst entwickeln mußte.«

So steht es im Brief vom 27. 4. 1657 an seinen Lehrer *Frans van Schooten* (um 1615–1660), der als Einleitung zu seinem *Tractaet handelende van Reeckening in Speelen van Geluck* dient. *Huygens* geht dabei über *Pascal* und *Fermat* hinaus; denn mit dem von ihm geschaffenen Begriff der »mathematischen Erwartung« legt er den Grundstein für eine allgemeine Behandlung wahrscheinlichkeitstheoretischer Aufgaben**. Er beweist einige einfache Sätze über die Erwartung und löst mit ihrer Hilfe das problème des partis für einige einfache Sonderfälle – bliebt also hinter *Pascal*s allgemeiner Lösung aus dem *Traité du triangle arithmétique* zurück – und andere Aufgaben über teilweise recht komplizierte Spiele.

Van Schooten übersetzte diesen Traktat ins Lateinische und fügte ihn 1657 unter dem Titel *Tractatus de Ratiociniis in Aleae Ludo* seinem eigenen Werk *Exercitationum Mathematicarum Libri Quinque* an, das 1660 auch auf holländisch erschien. Welche Bedeutung *Huygens* diesem neuen mathematischen Gebiet zumißt, geht aus seinem Einleitungsbrief hervor:

»Ich zweifle auf keinen Fall, daß derjenige, der tiefer das von uns Dargebotene zu untersuchen beginnt, sofort entdecken wird, daß es hier nicht, wie es scheint, um Spiel und Kurzweil geht, sondern daß die Grundlagen für eine schöne und überaus tiefe Theorie entwickelt werden«.***

Für ein halbes Jahrhundert blieb *Huygens*' Abhandlung *das* Lehrbuch der Wahrscheinlichkeitsrechnung. *Huygens* beschloß seine Arbeit mit 5 Problemen – zwei davon stammten von *Fermat*, eines von *Pascal* –, ohne die Lösungen mitzuteilen,

»weil diese viel zuviel Arbeit erfordert hätten, wenn ich sie gründlich ausgeführt hätte, aber auch, damit diese unseren Lesern, so es welche geben wird, als Übung und [so fügt er im Holländischen hinzu] als Zeitvertreib dienen mögen.«

Die einzige Teillösung, die 1687 veröffentlicht wurde, stammt höchstwahrscheinlich von dem Philosophen *Baruch Spinoza* (1632–1677). Die Wahrscheinlichkeitsrechnung schien zu stag-

---
* Der *Traité du triangle arithmétique* erschien erst posthum 1665.
** »Erwartung« klingt bereits bei *Cardano* an und ist ein zentraler Begriff in *Pascals Infini-rien* (siehe Seite 343).
*** Quanquam, si quis penitius ea quae tradimus examinare caeperit, non dubito quin continuo reperturus sit, rem non, ut videtur, ludicram agi, sed pulchrae subtilissimaeque contemplationis fundamenta explicari.

```
FRANCISCI à SCHOOTEN
EXERCITATIONVM
MATHEMATICARUM
LIBRI QUINQUE.

I. PROPOSITIONUM ARITHMETICARUM ET GEOME-
   TRICARUM CENTURIA.
II. CONSTRUCTIO PROBLEMATUM SIMPLICIUM GEO-
    METRICORUM.
III. APOLLONII PERGÆI LOCA PLANA RESTITUTA.
IV. ORGANICA CONICARUM SECTIONUM IN PLANO
    DESCRIPTIO.
V. SECTIONES MISCELLANEÆ TRIGINTA.

Quibus accedit CHRISTIANI HUGENII-Tractatus,
de Ratiociniis in Aleæ Ludo.
```

```
FRANCISCI van SCHOOTEN
MATHEMATISCHE
OEFFENINGEN,
Begrepen in vijf Boecken.

I.   Verhandeling van vijftig Arithmetische en vijftig Geometrische
     Voorstellen.
II.  Ontbinding der Simpele Meet-konstige Werck-stucken.
III. APOLLONII PERGÆI herstelde Vlacke Plaetsen.
IV.  Tuych-werckelijcke beschrijving der Kegel-sneden op een
     vlack.
V.   Dertich Af-deelingen van gemengde stoffe.

Waer by gevoegt is een Tractaet/ handelende van Reeckening
in Speelen van Geluck/
Door d'Heer
CHRISTIANUS HUGENIUS.

Desen Druck vermeerdert met een korte verhandeling van
de Fondamenten
der
PERSPECTIVE.
```

Bild 74.1 Titelblatt der lateinischen bzw. der holländischen Ausgabe der *Mathematischen Übungen* des *Frans van Schooten*, denen *Huygens'* berühmter Traktat über Berechnungen bei Glücksspielen angefügt wurde.

nieren. Auch *Jakob Bernoulli* (1655–1705), der sich ab 1684 mit *Huygens'* Arbeit beschäftigte, erhielt auf seine im *Journal des Sçavans* am 26.8.1685 gestellte Aufgabe keine Lösung zugesandt.* *Bernoulli* übernimmt *Huygens'* Abhandlung als 1. Teil seiner *Ars conjectandi*, versieht sie mit Kommentaren, entwickelt neue Methoden und löst damit u.a. die 5 Probleme. Aber der Titel *Ars conjectandi*, zu deutsch *Mutmaßungskunst*, zeigt den neuen Standpunkt. Es geht nicht mehr nur um Spiele. Spiele kann man lassen, aber Mutmaßen ist eine unentbehrliche Tätigkeit; denn alle Entscheidungen und alle Strategien gründen sich auf Mutmaßungen. *Jakob Bernoulli* hat die Wahrscheinlichkeitsrechnung vom Odium befreit, nur eine Lehre von den Chancen im Glücksspiel zu sein. Ehe er jedoch den entscheidenden 4. Teil, die *»Anwendung* [der Wahrscheinlichkeitslehre] *auf bürgerliche, sittliche und wirtschaftliche Verhältnisse«* ausbauen konnte, ereilte ihn 1705 der Tod. Die erfolgreichen neuen Lösungen *Bernoullis* wurden in den Nachrufen gerühmt. Dies gab *Pierre Rémond de Montmort* (1678–1719) den Mut, Probleme über Glücksspiele anzugehen. 1708 veröffentlichte er anonym den *Essay d'Analyse sur les Jeux de Hazard*. Gründliche Literaturkenntnis und eigene Forschungen stecken in diesem Werk. Gegenüber *Huygens*, der sämtliche seiner Aufgaben nur mit *einer* Methode löste, stellt der *Essay* eine bedeutende Erweiterung des lösbaren Aufgabenbereichs dar. Die weitere Entwicklung der Wahrscheinlichkeitsrechnung verlief dann fast wettbewerbsartig zwischen *Abraham de Moivre* (1667–1754) mit seiner *De Mensura Sortis, seu, De Probabilitate Eventuum in Ludis a Casu Fortuito Pendentibus* von 1711**, *de Montmort* mit der wesentlich verbesserten 2. Auflage des *Essay* (1713) und *Nikolaus I. Bernoulli* (1687–1759), der endlich 1713 die *Ars Conjectandi* seines Onkels herausgab. 1718 publizierte *de Moivre* dann *The Doctrine of Chances: Or, A Method of Calculating the Probability of Events in Play*, eine erweiterte englische Fassung von *De Mensura Sortis*.
Wir überspringen den Ausbau der Wahrscheinlichkeitsrechnung im 18. Jahrhundert.

---

* »A und B spielen mit einem Würfel unter der Bedingung, daß derjenige gewonnen habe, der als erster ein As wirft. Zuerst wirft A, dann B; darauf wirft A zweimal, dann B zweimal [...] usw. Oder: A wirft einmal, dann B zweimal, dann A dreimal, dann B viermal, bis schließlich einer gewinnt. Gefragt wird nach dem Verhältnis ihrer Chancen.« *Bernoulli* veröffentlicht 1690 eine Lösung ohne Beweis; dabei wird zum ersten Mal in der Wahrscheinlichkeitsrechnung eine unendliche Reihe benützt. Wenig später veröffentlicht *Leibniz* dasselbe Resultat, ebenso ohne Beweis.
** *De Moivre* bewies darin u.a., daß der »Proportionalitätssatz« für die kritischen Wurfzahlen asymptotisch gilt. Ist nämlich $|\Omega|$ groß, so gilt für die kritische Wurfzahl: $n \geq (|\Omega| - 1) \ln 2$, was zu $|\Omega| \cdot \ln 2$ vergröbert werden kann.

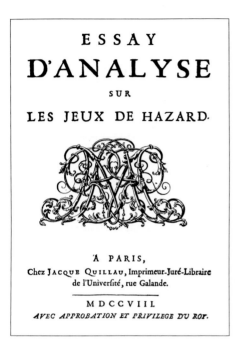

Bild 75.1 Titelblatt des 1708 anonym erschienen *Essay* des *Pierre Rémond de Montmort* (1678–1719) und erste Seite der *Philosophical Transactions* für die Monate Januar, Februar und März des Jahres 1711 mit der *De mensura sortis* des *Abraham de Moivre* (1667–1754), R. S. S. = Regiae Societatis Socio

7.3. Die Definition der klassischen Wahrscheinlichkeit durch *Laplace*

Pierre Simon Marquis de Laplace (1749–1827) brachte im Jahre 1812 mit seiner *Théorie Analytique des Probabilités* die Wahrscheinlichkeitsrechnung zu einem vorläufigen Abschluß.

»La théorie des probabilités consiste à réduire tous les événemens qui peuvent avoir lieu dans une circonstance donnée, à un certain nombre de cas également possibles, c'est-à-dire tels que nous soyons également indécis sur leur existence, et à déterminer parmi ces cas, le nombre de ceux qui sont favorables à l'événement dont on cherche la probabilité. Le rapport de ce nombre à celui de tous les cas possibles, est la mesure de cette probabilité qui n'est donc qu'une fraction dont le numérateur est le nombre des cas favorables, et dont le dénominateur est celui de tous les cas possibles.«

Übersetzen wir dies in unsere moderne Sprechweise, so besteht also die ganze Theorie der Wahrscheinlichkeiten darin, einen Ergebnisraum Ω zu bestimmen, dessen Elemente alle gleich möglich sind. *Günstig* für ein Ereignis A heißen all die Ergebnisse ω, deren Auftreten A zur Folge hat, für die also $\omega \in A$ gilt. Damit definierte *Laplace* als Wahrscheinlichkeit $P(A)$ des Ereignisses A den Quotienten

$$P(A) := \frac{\text{Anzahl der für } A \text{ günstigen Ergebnisse}}{\text{Anzahl aller möglichen Ergebnisse, sofern sie gleich möglich sind}}.$$

Die so festgelegte Zahl heißt auch **klassische Wahrscheinlichkeit** des Ereignisses A. Im Gegensatz zur statistischen Definition der Wahrscheinlichkeit nach *v. Mises*, die a posteriori aus der Erfahrung gewonnen wird, ist die klassische Wahrscheinlichkeit eine *Wahrscheinlichkeit a priori*. Sie wird nämlich unabhängig von der Erfahrung allein durch logische Schlüsse (z. B. durch Symmetrieüberlegungen) gewonnen.

Bei der von *Laplace* gebotenen Definition der Wahrscheinlichkeit wird der Begriff der *Gleichmöglichkeit*, die wir als *Gleichwahrscheinlichkeit* der Elementarereignisse interpretieren, undefiniert vorausgesetzt. Um diese Definition anwenden zu können, müßte man daher wissen, daß alle Ergebnisse des Experiments tatsächlich »gleich möglich« sind. Das ist für *Laplace* dann der Fall,

»wenn wir hinsichtlich ihrer Existenz gleich unentschieden sind«.

Noch deutlicher drückt es *Laplace* dann 1814 in der 2. Auflage der *Théorie Analytique des Probabilités* aus:

»sofern uns nichts veranlaßt zu glauben, daß einer der Fälle leichter eintreten muß als die anderen, was sie für uns gleich möglich macht.«

Laplace ist sich aber bewußt, daß dies gerade der springende Punkt ist; denn er fährt fort:

»Die richtige Einschätzung dieser verschiedenen Fälle ist einer der heikelsten Punkte in der Analyse des Zufallsgeschehens.«*

Für *Laplace* war Wahrscheinlichkeit nur ein Notbehelf des Menschen in unübersichtlichen Situationen und nicht – wie heute allgemein angenommen – eine objektive Eigenschaft des Naturgeschehens.

Wie schwierig das Erkennen der Gleichwahrscheinlichkeit ist, zeigt folgendes Problem. Glücksspieler beobachteten, daß die Augensumme 10 beim gleichzeitigen Wurf dreier Würfel häufiger auftrat als die Augensamme 9, obwohl ihrer Ansicht nach diese Augensummen gleichwertig sein sollten, da es für 10 die 6 Zerlegungen 1|3|6, 1|4|5, 2|2|6, 2|3|5, 2|4|4 und 3|3|4 und für 9 ebenfalls 6 Zerlegungen, nämlich 1|2|6, 1|3|5, 1|4|4, 2|2|5, 2|3|4 und 3|3|3 gibt. *Galileo Galilei* (1564–1642) klärte in seiner *Considerazione sopra il Giuoco dei Dadi* (erschienen 1718) den Fehlschluß auf, indem er zeigte, daß Zerlegungen nicht als gleich mögliche Ergebnisse genommen werden können, da z. B. 2|3|4 sechsmal so häufig wie 3|3|3 ist.

Aber nicht nur Glücksspieler irrten sich. Schrieb doch selbst *Gottfried Wilhelm Leibniz* (1646–1716) am 22. 3. 1714 an *Louis Bourguet*,

»daß es ebenso leicht sei, mit 2 Würfeln die Augensumme 12 wie die Augensumme 11 zu erreichen, weil beide nur auf eine Art zustande kämen, daß die 7 hingegen 3mal leichter zu erhalten sei.«**

---

* … »la probabilité d'un événement, est le rapport du nombre des cas qui lui sont favorables, au nombre de tous les cas possibles; lorsque rien ne porte à croire que l'un de ces cas doit arriver plutôt que les autres, ce qui les rend pour nous, également possibles. La juste appréciation de ces cas divers, est un des points les plus délicats de l'analyse des hasards.«

** Häufigkeiten von Augensummen stellten wohl schon immer ein Problem dar. Überraschenderweise berechnet

*Laplace*ns Einfluß auf seine Mit- und Nachwelt war so groß, daß ihm allgemein das Verdienst zugeschrieben wird, als erster Wahrscheinlichkeit genau explizit definiert zu haben. Daß dem nicht so ist, wollen wir für den geschichtlich Interessierten im nächsten Abschnitt darlegen.

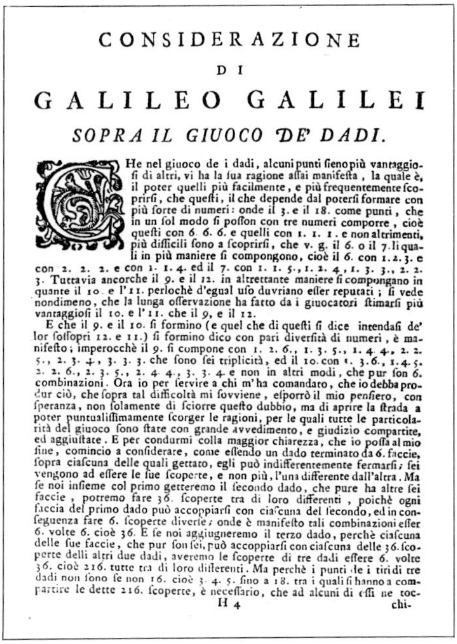

CONSIDERAZIONE

DI

GALILEO GALILEI

SOPRA IL GIUOCO DE' DADI.

CHe nel giuoco de i dadi, alcuni punti ſieno più vantaggioſi di altri, vi ha la ſua ragione aſſai manifeſta, la quale è, il poter quelli più facilmente, e più frequentemente ſcoprirſi, che queſti, il che depende dal poterſi formare con più ſorte di numeri: onde il 3. e il 18. come punti, che in un ſol modo ſi poſſon con tre numeri comporre, cioè queſti con 6. 6. 6. e quelli con 1. 1. 1. e non altrimenti, più difficili ſono a ſcoprirſi, che v. g. il 6. o il 7. li quali in più maniere ſi compongono, cioè il 6. con 1. 2. 3. e con 2. 2. 2. e con 1. 1. 4. ed il 7. con 1. 1. 5., 1. 2. 4, 1. 3. 3., 2. 2. 3. Tuttavia ancorche il 9. e il 12. in altrettante maniere ſi compongano in quante il 10. e l'11. perlochè d'egual uſo duvriano eſſer reputati; ſi vede nondimeno, che la lunga oſſervazione ha fatto da i giuocatori ſtimarſi più vantaggioſi il 10. e l'11. che il 9, e il 12.

E che il 9. e il 10. ſi formino (e quel che di queſti ſi dice intendaſi de' lor ſoſſopri 12. e 11.) ſi formino dico con pari diverſità di numeri, è manifeſto; imperocchè il 9. ſi compone con 1. 2. 6., 1. 3. 5., 1. 4. 4., 2. 2. 5., 2. 3. 4., 3. 3. 3. che ſono ſei triplicità, ed il 10. con 1. 3. 6., 1. 4. 5. 2. 2. 6., 2. 3. 5., 2. 4. 4., 3. 3. 4. e non in altri modi, che pur ſon 6. combinazioni. Ora io per ſervire a chi m'ha comandato, che io debba produr ciò, che ſopra tal difficoltà mi ſovviene, eſporrò il mio penſiero, con ſperanza, non ſolamente di ſciorre queſto dubbio, ma di aprire la ſtrada a poter puntualiſſimamente ſcorger le ragioni, per le quali tutte le particolarità del giuoco ſono ſtate con grande avvedimento, e giudizio compartite, ed aggiuſtate. E per condurmi colla maggior chiarezza, che io poſſa al mio fine, comincio a conſiderare, come eſſendo un dado terminato da 6. faccie, ſopra ciaſcuna delle quali gettato, egli può indifferentemente fermarſi; ſei vengono ad eſſere le ſue ſcoperte, e non più, l'una differente dall'altra. Ma ſe noi inſieme col primo getteremo il ſecondo dado, che pure ha altre ſei faccie, potremo fare 36. ſcoperte tra di loro differenti, poichè ogni faccia del primo dado può accoppiarſi con ciaſcuna del ſecondo, ed in conſeguenza fare 6. ſcoperte diverſe; onde è manifeſto tali combinazioni eſſer 6. volte 6. cioè 36. E ſe noi aggiugneremo il terzo dado, perchè ciaſcuna delle ſue faccie, che pur ſon ſei, può accoppiarſi con ciaſcuna delle 36. ſcoperte delli altri due dadi, averemo le ſcoperte di tre dadi eſſere 6. volte 36. cioè 216. tutte tra di loro differenti. Ma perchè i punti de i tiri di tre dadi non ſono ſe non 16. cioè 3. 4. 5. ſino a 18. tra i quali ſi hanno a compartire le dette 216. ſcoperte, è neceſſario, che ad alcuni di eſſi ne toc-

H 4 chi-

Bild 77.1 Erste Seite der *Considerazione sopra il Giuco dei Dadi* des *Galileo Galilei* (1564 bis 1642), erschienen in Florenz 1718.
Die Arbeit entstand zwischen 1613 und 1623. *Galilei* selbst gab ihr den Titel *Sopra le scoperte de i Dadi*.

7.4. Der klassische Wahrscheinlichkeitsbegriff vor *Laplace*

Unausgesprochen taucht der klassische Wahrscheinlichkeitsbegriff schon bei *Geronimo Cardano* (1501–1576) in Cap. XIV seines *Liber de ludo aleae* (um 1563) auf, wenn er die Regel aufstellt, daß die Einsätze im Verhältnis der Zahl der Fälle, bei denen ein Ereignis eintreten kann, zur Zahl der restlichen Fälle geleistet werden sollen, damit man unter gleicher Bedingung kämpfen könne. Die Gleichmöglichkeit dieser Fälle spricht er an, wenn er in Cap. IX bereits sagt, daß eine solche Regel nur gelte,

»si alea sit iusta« – »wenn der Würfel in Ordnung ist«.

Die Gleichwahrscheinlichkeit der einzelnen Fälle spricht *Galilei* bei der Lösung des oben zitierten Problems deutlich an; legt er doch seinen Überlegungen zugrunde (siehe Bild 77.1, Zeile 14 v. u.)

»un dado terminato da 6 faccie, sopra ciascuna delle quali gettato, egli può indifferentemente fermarsi«
– »einen 6seitigen Würfel, der, einmal geworfen, auf jeder seiner Flächen unterschiedslos zu liegen kommen kann«.

Auch *Pascal* und *Fermat* arbeiten mit dem klassischen Wahrscheinlichkeitsbegriff, ohne ihn explizite zu definieren. *Pascal* hält am 24. 8. 1654 in einem Brief an *Fermat* fest, daß die Aufteilung des Einsatzes

Richard de Fournival (?) (1201–1260) die Häufigkeiten der Augensummen für 3 Würfel richtig in seinem Epos *De Vetula.* Dagegen behauptet *Benvenuto d'Imola* in seinem 1477 in Venedig gedruckten Kommentar zu *Dante*s *Divina Commedia*, daß die Augensummen 3, 4, 17 und 18 mit 3 Würfeln nur auf eine Art zu erzeugen seien. Solche Würfe hießen *azari*, was vom arabischen *asar* = schwierig abstammt. Daraus könnte *hasard*, das französische Wort für Glücksspiel, abgeleitet sein, das andere von *az-zahr*, dem arabischen Wort für Würfelspiel, herleiten.

»suivant la multitude des assiettes favorables à chacun« – »gemäß der Menge der für jeden günstigen Spielfolgen« –

zu erfolgen habe. *Fermat* antwortete am 25. 9. 1654 und erklärt,

»cette fiction d'étendre le jeu à un certain nombre de parties ne sert qu'à [...] rendre tous les hasards égaux« – »die fiktive Ausdehnung des Spiels bis zu einer gewissen Anzahl von Partien dient nur dazu, [...] alle Ausgänge gleich zu machen«.

Christiaan Huygens formuliert gleich zu Beginn seines Traktats in Satz 3

»sumendo omnes casus aeque in proclivi esse« – »unter der Annahme, daß alle Fälle gleich leicht eintreten«.

Nicht unterschätzen sollte man den Einfluß, den *Leibniz* durch seine umfangreiche Korrespondenz auf seine Zeitgenossen ausübte.* Leider wurde seine Abhandlung *De incerti aestimatione* – »Über die Schätzung des Nicht-Sicheren« – von 1678 erst 1957 veröffentlicht. Sie enthält, sogar mit einer Formel, die Definition der klassischen Wahrscheinlichkeit:

»Si plures sunt eventus aeque faciles [...] spei aestimatio erit portio rei quae ita sit ad rem totam, ut numerus eventuum qui favere possunt ad numerum omnium eventuum. Nempe S aequ. $\frac{F}{n} R$.«

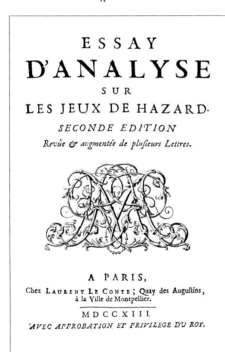

Bild 78.1 Titelblatt der 1713 erschienen 2. Auflage des *Essay* des *Pierre Rémond de Montmort* (1678–1719) und Titelblatt der 1. Auflage von 1718 von *The Doctrine of Chances* des *Abraham de Moivre* (1667–1754)

---

* Sein »Probabilitas est gradus possibilitatis« liest man bei *Jakob Bernoulli* als »Probabilitas enim est gradus certitudinis«.

Auch *Abraham de Moivre* setzt die Gleichleichtigkeit aller Fälle ausdrücklich voraus, als er 1711 seine Abhandlung *De Mensura Sortis*, ganz im Stile seiner Zeit und aller seiner Vorgänger, mit der Definition des Verhältnisses der Wahrscheinlichkeiten für Eintreten und Nicht-Eintreten eines Ereignisses beginnt, da Spieler nur dieses Verhältnis interessierte*.

»Si p sit numerus casuum quibus eventus aliquis contingere possit, et q numerus casuum quibus possit non-contingere; tam contingentia quam non-contingentia eventus suum habent probabilitatis gradum: Quod si casus omnes quibus eventus contingere vel non-contingere potest, sint aeque faciles; probabilitas contingentiae, erit ad probabilitatem non-contingentiae ut p ad q.«

1718 formuliert aber *de Moivre* in *The Doctrine of Chances* bereits

»The Probability of an Event is greater, or less, according to the number of Chances by which it may Happen, compar'd with the number of all the Chances, by which it may either Happen or Fail.«

Daraus wird dann 1738 in der 2. Auflage eine explizite Definition der Wahrscheinlichkeit:

»Wherefore, if we constitute a Fraction whereof the Numerator be the number of Chances whereby an Event may happen, and the Denominator the number of all the Chances whereby it may either happen or fail, that Fraction will be a proper designation of the Probability of happening.«

Und eine Seite weiter lautet es noch präziser

»[…] that it is the comparative magnitude of the number of Chances to happen, in respect to the whole number of Chances either to happen or to fail, which is the true measure of Probability.«

Also wörtlich die von *Laplace* gegebene Definition! Zwar fehlt hier die Einschränkung, daß alle Fälle gleich möglich sein müssen – damals stillschweigend meist vorausgesetzt – aber in einem anschließenden Beispiel weist *de Moivre* wieder ausdrücklich darauf hin.

7.5. Axiomatische Definition der Wahrscheinlichkeit durch *Kolmogorow*

Als *Jakob Bernoulli* (1655–1705) im 1. Teil seiner *Ars conjectandi Huygens'* Abhandlung kommentiert, spürt er, daß ein Maß für die Wahrscheinlichkeit fehlt**. Er ergänzt den oben zitierten Satz 3 durch Bildung des Quotienten $\frac{p}{p+q}$, wobei p die Anzahl der Fälle angibt, in denen man etwas gewinnen kann, und q die Anzahl der Fälle, in denen man nichts gewinnt, und verwendet diesen Quotienten als Maß für die Wahrscheinlichkeit, ohne ihn jedoch so zu benennen. Erst im 4. Kapitel des 4. Teils kommt er auf diese Quotientenbildung nochmals zurück und schreibt:

»Und hier scheint uns gerade die Schwierigkeit zu liegen, da nur für die wenigsten Erschei-

---

* Die erste Aufgabe, bei der nach der Wahrscheinlichkeit in unserem Sinne gefragt wird, fanden wir in der 2. Auflage des *Essay* von *Montmort*. Dort ist ein Brief von *Nikolaus Bernoulli* an *Montmort* vom 30. 12. 1712 abgedruckt. *Nikolaus* stellt das »Problème I: Plusieurs Joueurs dont le nombre est $n+1$ jouent une poulle, on demande quelle est la probabilité que chacun a gagner la poulle.«

** Wahrscheinlichkeit als meßbarer Begriff erscheint zum ersten Mal in *La Logique ou l'art de penser* 1662, die Logik von Port Royal, die sicherlich von *Pascal* inspiriert wurde. Nach deren lateinischem Titel *Logica sive Ars cogitandi* ist vermutlich *Bernoullis Ars conjectandi* geprägt.

nungen und fast nirgends anders als in Glücksspielen dies möglich ist; die Glücksspiele wurden aber [...] so eingerichtet, daß die Zahlen der Fälle, in welchen sich Gewinn oder Verlust ergeben muß, im voraus bestimmt und bekannt sind, und daß alle Fälle mit gleicher Leichtigkeit eintreten können. Bei den weitaus meisten anderen Erscheinungen aber, welche von dem Walten der Natur oder von der Willkür der Menschen abhängen, ist dies keineswegs der Fall.«

Der klassische Wahrscheinlichkeitsbegriff bewährt sich also sehr bei der Analyse von Glücksspielen, ist aber kaum tragfähig für Probleme aus Technik und Wirtschaft, bei denen es praktisch unmöglich ist, die Ergebnisse so festzulegen, daß sie uns als »gleich wahrscheinlich« erscheinen. Auch bei der bereits von *Jakob Bernoulli* vorgenommenen Anwendung der Wahrscheinlichkeitsrechnung auf Krankheiten und Todesfälle lassen sich »gleich mögliche« Fälle nicht auszählen.

Die Schwierigkeiten bei der statistischen und auch der klassischen Definition der Wahrscheinlichkeit rühren davon her, daß sie »Wahrscheinlichkeit« durch eine explizite Definition inhaltlich erfassen wollten. In der modernen Mathematik geht man solchen Schwierigkeiten dadurch aus dem Weg, daß man die Theorie axiomatisch begründet und die Begriffe darin implizit definiert. So treibt man Geometrie mit Punkten und Geraden, ohne explizit definiert zu haben, was Punkte und Gerade sind. Wichtig sind ihre Eigenschaften, die in den Axiomen der Geometrie festgelegt sind. Für die Wahrscheinlichkeitstheorie wurde ein solcher axiomatischer Aufbau von *Andrei Nikolajewitsch Kolmogorow*[*] (geb. 1903) in seiner 1933 in Berlin erschienenen Arbeit *Grundbegriffe der Wahrscheinlichkeitsrechnung* vorgeschlagen. Die mathematische Festlegung des Wahrscheinlichkeitsbegriffs orientiert sich dabei auch an der experimentell zugänglichen relativen Häufigkeit, aber sie ist allgemein genug, um auch eine Grundlage für den subjektiven Wahrscheinlichkeitsbegriff abzugeben. *Kolmogorow* hat gezeigt, daß 3 geeignet ausgewählte Eigenschaften der relativen Häufigkeit genügen, um »Wahrscheinlichkeit« so zu definieren, daß damit eine tragfähige Grundlage für eine in der Praxis brauchbare Theorie aufgebaut werden kann. Nach *Kolmogorow* wird auf der Ereignisalgebra die Wahrscheinlichkeit $P(A)$ eines Ereignisses A als Funktionswert einer reellwertigen Funktion P definiert. Ist der Ergebnisraum Ω endlich, so lassen sich die Forderungen von *Kolmogorow* wie folgt formulieren:

> Eine Funktion $P: A \mapsto P(A)$ mit $A \in \mathfrak{P}(\Omega)$ und $P(A) \in \mathbb{R}$ heißt *Wahrscheinlichkeitsverteilung*, wenn sie folgenden Bedingungen genügt:
>
> **Axiom I:** $P(A) \geq 0$ (Nichtnegativität)
> **Axiom II:** $P(\Omega) = 1$ (Normierung)
> **Axiom III:** $A \cap B = \emptyset \Rightarrow P(A \cup B) = P(A) + P(B)$ (Additivität)

Nichtnegativität und Normierung entsprechen den Eigenschaften (1) und (4) für relative Häufigkeiten aus **4.2**. Dem Additionsaxiom für unvereinbare Ereignisse liegt die entsprechende Eigenschaft (6) für relative Häufigkeiten zugrunde.
Man könnte auf die Idee kommen, an Stelle von Eigenschaft (6) die Eigenschaft (5)

---

[*] Колмогоров (sprich: kɐlmɐgórɐf)

7.5. Axiomatische Definition der Wahrscheinlichkeit durch Kolmogorow

dem dritten Axiom zugrunde zu legen, da sie keine Voraussetzungen für die Ereignisse A und B fordert. Das ergäbe ein

$$\text{Axiom III': } P(A \cup B) = P(A) + P(B) - P(A \cap B).$$

Leider geht das aber schief, weil die Axiome I, II und III' auch unerwünschte Wahrscheinlichkeitsverteilungen zulassen. So würde z. B. die Festsetzung $P(E) := 1$ für *alle* Ereignisse E des Ereignisraums die Axiome I, II und III' erfüllen:

I: $P(A) = 1 \geq 0$
II: $P(\Omega) = 1$
III': $1 = P(A \cup B) = P(A) + P(B) - P(A \cap B) = 1 + 1 - 1 = 1.$

Bei dieser Wahrscheinlichkeitsverteilung hätte die leere Menge und damit das unmögliche Ereignis die Wahrscheinlichkeit 1. Also kann man aus I, II und III' bestimmt nicht mehr folgern, daß $P(\emptyset) = 0$, was aber für eine sinnvolle Anwendung wünschenswert ist, weil die Interpretationsregel $P(\emptyset) = 0$ nahelegt. Nach (3) gilt nämlich $h_n(\emptyset) = 0$.

Wir haben in Definition 42.1 die Wahrscheinlichkeit ebenfalls axiomatisch definiert. Die daraus gefolgerten Sätze 44.1, 44.2 und 44.3 sind gerade die drei Axiome von *Kolmogorow*. Umgekehrt läßt sich aus den drei *Kolmogorow*-Axiomen unsere Definition 42.1 herleiten. Es gilt nämlich

> **Satz 81.1:** Ist P eine Wahrscheinlichkeitsverteilung über einem endlichen Ergebnisraum Ω, die den Axiomen von *Kolmogorow* genügt, dann gilt:
> 1) Für alle $\omega \in \Omega$ gilt $0 \leq P(\{\omega\}) \leq 1$.
> 2) Die Summe der Wahrscheinlichkeiten aller Elementarereignisse ist 1; kurz $\sum_{\omega \in \Omega} P(\{\omega\}) = 1$.
> 3) Die Wahrscheinlichkeit des unmöglichen Ereignisses ist 0; kurz $P(\emptyset) = 0$.
> 4) Ist A nicht das unmögliche Ereignis, so ist die Wahrscheinlichkeit $P(A)$ gleich der Summe der Wahrscheinlichkeiten derjenigen Elementarereignisse, deren Vereinigung das Ereignis A ergibt; kurz
> $A \neq \emptyset \Rightarrow P(A) = \sum_{\omega \in A} P(\{\omega\}).$

Beweis:

4) Ist $A = \{a_1, a_2, \ldots, a_k\}$, so erhalten wir durch wiederholte Anwendung des 3. *Kolmogorow*-Axioms

$$P(A) = P(\{a_1, a_2, \ldots, a_k\}) =$$
$$= P(\{a_1\} \cup \{a_2, \ldots, a_k\}) =$$
$$= P(\{a_1\}) + P(\{a_2, \ldots, a_k\}) =$$
$$= P(\{a_1\}) + P(\{a_2\} \cup \{a_3, \ldots, a_k\}) =$$
$$= P(\{a_1\}) + P(\{a_2\}) + P(\{a_3, \ldots, a_k\}) =$$
$$= \ldots\ldots\ldots\ldots\ldots\ldots =$$
$$= P(\{a_1\}) + P(\{a_2\}) + \ldots + P(\{a_k\}).$$

3) Ist $A = \emptyset$, so ist $A \cap B = \emptyset \cap B = \emptyset$. Somit ist für $A \cap B$ die Voraussetzung des 3. Axioms von *Kolmogorow* erfüllt, und wir erhalten einerseits $P(A \cup B) = P(\emptyset \cup B) = P(B)$, andererseits $P(A \cup B) = P(A) + P(B) = P(\emptyset) + P(B)$. Der Vergleich der beiden rechten Seiten ergibt $P(\emptyset) = 0$.

2) Nach dem soeben bewiesenen Teil 4 dieses Satzes ist $P(\Omega) = \sum_{\omega \in \Omega} P(\{\omega\})$. Axiom II besagt aber, daß $P(\Omega) = 1$ ist, woraus die Behauptung folgt.

1) Wegen Axiom I ist $P(\{\omega\}) \geq 0$ für jedes $\omega \in \Omega$. Unter Verwendung des soeben bewiesenen Teils 2 erhalten wir noch $P(\{\omega\}) \leq \sum_{\omega \in \Omega} P(\{\omega\}) = 1$.

Für endliche Ergebnisräume sind die beiden Definitionen demnach äquivalent. Wir haben Definition 42.1 gewählt, weil das Belegen der Elementarereignisse mit Wahrscheinlichkeiten ein sehr anschaulicher Vorgang ist, ebenso wie das Zusammensetzen der Wahrscheinlichkeit eines Ereignisses aus den Wahrscheinlichkeiten seiner Elementarereignisse. Die Definition von *Kolmogorow* hat den Vorteil, daß sie sich so verallgemeinern läßt, daß sie auch für unendliche Ergebnisräume brauchbar wird. Das haben wir in diesem Buch aber nicht vor.
Die Festlegung der Funktionswerte $P(A)$, d.h. der Wahrscheinlichkeiten der Ereignisse, ist im Rahmen dieser Axiome völlig willkürlich. Man wird jedoch die Werte so festlegen, daß sie den jeweiligen Verhältnissen angepaßt sind. So wird man bei einem idealen Würfel auf Grund der Symmetrie für jede Augenzahl die Wahrscheinlichkeit $\frac{1}{6}$ a priori festlegen. Bei einem realen Würfel hingegen empfiehlt es sich, wie im Beispiel auf Seite 42 durchgeführt, die relativen Häufigkeiten der Augenzahlen in einer möglichst langen Versuchsserie zu bestimmen und diese relativen Häufigkeiten als Wahrscheinlichkeiten der Augenzahlen a posteriori zu verwenden. Dann ist nämlich die Interpretationsregel für Wahrscheinlichkeiten (Seite 44) anwendbar, wie *Jakob Bernoulli* im Hauptsatz seiner *Ars conjectandi*, dem »Gesetz der großen Zahlen«, gezeigt hat.

Aufgaben

Die Behauptungen der Aufgaben 1.–6. sollen rein formal aus den Axiomen von *Kolmogorow* hergeleitet werden.

1. Für alle Ereignisse A gilt: $P(\bar{A}) = 1 - P(A)$.
2. $P(\emptyset) = 0$.
3. Für alle Ereignisse A gilt: $P(A) \leq 1$.
4. Für alle Ereignisse A, B gilt:
$P(A \cup B) = P(A) + P(B) - P(A \cap B)$.
5. Für paarweise unvereinbare Ereignisse A_i $(i = 1, 2, \ldots, n)$ gilt die folgende Verallgemeinerung des Axioms III:
$$P\left(\bigcup_{i=1}^{n} A_i\right) = \sum_{i=1}^{n} P(A_i).$$
6. Es gilt das Monotoniegesetz für Wahrscheinlichkeiten: $A \subset B \Rightarrow P(A) \leq P(B)$.
•7. a) Ein Axiomensystem heißt **widerspruchsfrei**, wenn es ein Modell gibt, das sämtliche Axiome erfüllt. Zeige, daß das Axiomensystem von *Kolmogorow* widerspruchsfrei ist anhand nebenstehenden Modells:

$\Omega := \{\omega\}$ und

A	$\emptyset$	Ω
$P(A)$	0	1

b) Ein Axiomensystem heißt **unvollständig**, wenn es mehrere, nicht isomorphe Modelle gibt. Begründe, daß das Axiomensystem von *Kolmogorow* unvollständig ist.

8. Laplace-Experimente

Das preußische General-Ober-Finanz-Krieges- und Domainen-Directorium hat 1757 die Einrichtung einer Lotterie abgelehnt, »da die jetzigen Zeitläufte nicht so beschaffen, daß denen Königlichen Unterthanen noch mehrere Gelegenheit zu geben, sich vom Gelde zu entblößen«.

8. Laplace-Experimente

8.1. Definition und einfache Beispiele

Es gibt reale Experimente, bei denen man geneigt ist anzunehmen, daß die Ergebnisse gleich häufig auftreten. So erwartet man bei einem symmetrischen Würfel, daß die Augenzahlen 1, 2, 3, 4, 5 und 6 etwa gleich häufig auftreten.
Im zugehörigen stochastischen Modell ist es dann sinnvoll, den Ergebnisraum Ω und die Wahrscheinlichkeitsverteilung P so zu wählen, daß die Elementarereignisse $\{\omega_i\}$ gleiche Wahrscheinlichkeit p haben.

> **Definition 84.1:** Eine Wahrscheinlichkeitsverteilung heißt **gleichmäßig**, wenn alle Elementarereignisse gleiche Wahrscheinlichkeit haben.

Laplace hat bei seinen Überlegungen zur Wahrscheinlichkeitstheorie vor allem mit solchen gleichmäßigen Wahrscheinlichkeitsverteilungen gearbeitet. Wir legen daher fest:

> **Definition 84.2:** Ein stochastisches Experiment heißt **Laplace-Experiment**, wenn die zugehörige Wahrscheinlichkeitsverteilung gleichmäßig ist.

In der Praxis wird man so vorgehen, daß man zunächst diese Laplace-Annahme macht und sie dann in Versuchen überprüft. Stimmen die so erhaltenen Resultate nicht mit den unter der Laplace-Annahme berechneten überein, dann wird man das stochastische Modell abändern. Entweder wählt man eine andere, nicht gleichmäßige Wahrscheinlichkeitsverteilung P^* auf Ω, oder man nimmt einen anderen Ergebnisraum Ω', für den man wieder die Laplace-Annahme macht. Dazu betrachten wir folgendes
Beispiel: In einer Urne liegen eine rote und eine schwarze Kugel. Wir ziehen zweimal eine Kugel mit Zurücklegen.
Zu diesem realen Experiment lassen sich verschiedene stochastische Modelle konstruieren.

1. Stochastisches Modell:

$\Omega := \{\omega_1, \omega_2, \omega_3\}$ mit $\omega_1 :=$ »Beide Kugeln sind rot«
$\omega_2 :=$ »Beide Kugeln sind schwarz«
$\omega_3 :=$ »Die Kugeln sind verschiedenfarbig«

Die Laplace-Annahme führt zu folgender Wahrscheinlichkeitsverteilung:

ω	ω_1	ω_2	ω_3
$P(\{\omega\})$	$\frac{1}{3}$	$\frac{1}{3}$	$\frac{1}{3}$

Dieses stochastische Modell bewährt sich in der Praxis nicht. ω_3 tritt nämlich etwa doppelt so häufig auf wie ω_1 bzw. ω_2. Der Grund dafür ist leicht einzusehen. Bei den zwei Zügen kann die Verschiedenfarbigkeit auf zwei Arten entstehen:

Zuerst »rot« und dann »schwarz« oder umgekehrt. Für »rot-rot« bzw. »schwarz-schwarz« gibt es jedoch nur je eine Möglichkeit.

Um das stochastische Modell der Realität anzupassen, können wir entweder eine nicht gleichmäßige Wahrscheinlichkeitsverteilung P^* wählen oder einen anderen Ergebnisraum Ω' konstruieren, auf dem eine gleichmäßige Wahrscheinlichkeitsverteilung zu realistischen Werten führt.

2. Stochastisches Modell:

Man behält den Ergebnisraum Ω bei und wählt als neue Wahrscheinlichkeitsverteilung P^*:

ω	ω_1	ω_2	ω_3
$P^*(\{\omega\})$	$\frac{1}{4}$	$\frac{1}{4}$	$\frac{1}{2}$

3. Stochastisches Modell:

Man wählt einen Ergebnisraum Ω', der die Reihenfolge der Kugeln berücksichtigt:

$\Omega' := \{\omega'_1, \omega'_2, \omega'_3, \omega'_4\}$ mit $\omega'_1 := $ »rot-rot«
$\omega'_2 := $ »rot-schwarz«
$\omega'_3 := $ »schwarz-rot«
$\omega'_4 := $ »schwarz-schwarz«.

Auf Ω' legt man die gleichmäßige Wahrscheinlichkeitsverteilung P' fest:

ω'	ω'_1	ω'_2	ω'_3	ω'_4
$P'(\{\omega'\})$	$\frac{1}{4}$	$\frac{1}{4}$	$\frac{1}{4}$	$\frac{1}{4}$

Das 2. und das 3. stochastische Modell geben das reale Experiment zufriedenstellend wieder. Das 1. und das 3. stochastische Modell sind Laplace-Experimente, nicht jedoch das 2. stochastische Modell.

Laplace-Experimente haben den Vorteil, daß für die Berechnung der Wahrscheinlichkeiten von Ereignissen eine besonders einfache Formel gilt. Zu ihrer Herleitung berechnen wir zunächst die Wahrscheinlichkeit p eines Elementarereignisses $\{\omega_i\}$.
Nach Definition 42.1, **2** gilt mit $\Omega = \{\omega_1, \omega_2, ..., \omega_n\}$:

$$1 = \sum_{i=1}^{n} P(\{\omega_i\}) = n \cdot p, \quad \text{also} \quad p = \frac{1}{n} = \frac{1}{|\Omega|}.$$

Für ein beliebiges Ereignis A, das aus k Ergebnissen besteht, ergibt sich damit

$$P(A) = \sum_{\omega_i \in A} P(\{\omega_i\}) = \underbrace{\frac{1}{n} + \frac{1}{n} + ... + \frac{1}{n}}_{k\text{-mal}} = \frac{k}{n} = \frac{|A|}{|\Omega|}.$$

Also gilt $P(A) = \dfrac{|A|}{|\Omega|}$.

Die so berechneten Wahrscheinlichkeiten nennt man auch **Laplace-Wahrscheinlichkeiten.**

Da A genau dann eintritt, wenn sich ein Ergebnis ω mit $\omega \in A$ einstellt, nennt man diese ω die für A günstigen Ergebnisse. Man kann daher die letzte Formel folgendermaßen in Worte fassen:

Satz 86.1:

Wahrscheinlichkeit $P(A)$ des Ereignisses A bei einem Laplace-Experiment =

$= \dfrac{\text{Anzahl der für } A \text{ günstigen Ergebnisse}}{\text{Anzahl der möglichen gleichwahrscheinlichen Ergebnisse}} = \dfrac{|A|}{|\Omega|}$

Man sieht leicht ein, daß durch die Laplace-Annahme eine zulässige Wahrscheinlichkeitsverteilung definiert wird. (Siehe Aufgabe 111/**1**.) An drei Beispielen wollen wir die Berechnung von Laplace-Wahrscheinlichkeiten vorführen.

Beispiel 1: Würfelwurf mit einem Würfel

$\Omega := \{1, 2, 3, 4, 5, 6\}$, $\quad A := $ »Augenzahl ist prim«, $\quad P(A) = \dfrac{|\{2, 3, 5\}|}{|\Omega|} = \dfrac{3}{6} = \dfrac{1}{2}$.

Beispiel 2: Würfelwurf mit zwei Würfeln

$\Omega := \{(1|1), (1|2), \ldots, (2|1), \ldots, (6|6)\}$, $\quad A := $ »Augensumme ist mindestens 10«,

$P(A) = \dfrac{|\{(6|6), (6|5), (6|4), (5|6), (5|5), (4|6)\}|}{|\Omega|} = \dfrac{6}{36} = \dfrac{1}{6}$.

Beispiel 3: Ziehen einer Karte aus einem Bridgespiel* (Bild 87.1)

$\Omega := \{\text{Kreuz-As, Kreuz-2}, \ldots, \text{Pik-König}\}$

$A := $ »Die gezogene Karte ist eine Dame«

$P(A) = \dfrac{|\{\text{Kreuz-Dame, Pik-Dame, Herz-Dame, Karo-Dame}\}|}{|\Omega|} = \dfrac{4}{52} = \dfrac{1}{13}$.

---
* Bridge ist um 1896 aus dem über 300 Jahre alten englischen Whist hervorgegangen, wenngleich in Griechenland und auch in Konstantinopel schon vor 1870 ein ähnliches Kartenspiel unter dem Namen Khedive oder auch Biritch gespielt wurde. Das Bridge ist ein 4-Personen-Spiel von 52 Blatt. Verwendet werden die sog. französischen Karten. Je 13 Karten in der aufsteigenden Reihenfolge 2, 3, 4, 5, 6, 7, 8, 9, 10, Bube, Dame, König, As bilden eine der 4 »Farben«, deren Symbole und Namen nachstehend in aufsteigender Wertfolge wiedergegeben sind.

französisch:	trèfle	carreau	cœur	pique
deutsch:	Kreuz; Treff	Karo	Herz	Pik

Die Eins im Kartenspiel (und auch im Würfelspiel) heißt As. Im Lateinischen bedeutet as »Das Ganze als Einheit«; dementsprechend wurde mit as die Einheit des Längen-, des Flächen- und auch des Gewichtsmaßes bezeichnet. Seit etwa 289 v. Chr. wurde as in Rom auch als Münzeinheit verwendet.

Bis heute ist unbekannt, wann und wo die Spielkarten entstanden sind. Weder *Dante* (1265–1321) noch *Boccaccio* (1313–1375) und auch nicht *Chaucer* (1340–1400) erwähnen Spielkarten. Aber wir wissen, wann sie zum ersten Mal verboten wurden: Am 23. März 1377 in Florenz. Und dann 1378 in Paris und Regensburg, 1380 in Barcelona und Nürnberg, usw.

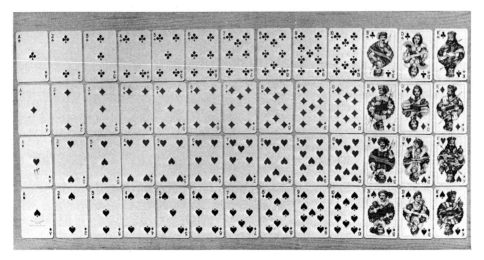

Bild 87.1 Die 52 französischen Karten des Bridgespiels

Das Problem bei der Berechnung von Laplace-Wahrscheinlichkeiten besteht darin, die Anzahlen $|A|$ und $|\Omega|$ zu bestimmen. Dies ist bei großen Anzahlen nicht immer durch Abzählen in vernünftiger Zeit möglich. Wir wollen daher im nächsten Abschnitt Hilfsmittel entwickeln, durch die dieses mühsame Abzählen erleichtert wird.

8.2. Kombinatorische Hilfsmittel

Wie schwer das Abzählen der Mengen A und Ω ist, zeigte sich uns ja schon bei den wiederholt aufgeworfenen Problemen der Augensummen von 2 bzw. 3 Würfeln. Die Schwierigkeit liegt, allgemein gesprochen, darin, den Abzählvorgang so zu systematisieren, daß kein Element vergessen und andererseits keines mehrfach gezählt wird. Dem Zweig der Mathematik, der sich mit solchen Vorgängen befaßt, gab 1666 *Gottfried Wilhelm Leibniz* (1646–1716) durch seine *Dissertatio de Arte Combinatoria* den Namen »Kombinatorik«. Welchen Rahmen sich dabei der 20jährige *Leibniz* steckte, zeigt das Titelblatt seiner Arbeit (Bild 88.1). *Leibniz* war nämlich überzeugt, daß

»per Artem Combinatoriam alle Notiones Compositae der ganzen Welt in wenig Simplices als deren Alphabet reducirt, und aus solches alphabets Combination wiederumb alle Dinge, samt ihren theorematibus, und was nur von ihnen zu inventiren müglich, ordinata methodo mit der Zeit zu finden, ein weg gebahnet wird.«*

Für ihn ist die kombinatorische Kunst die Grundlage einer universalen Wissenschaft aller Dinge. So weit wollen wir es aber nicht treiben! Unser bescheidenes Ziel ist es, in einigen einfachen Fällen Abzählvorgänge zu beherrschen.
Die wichtigste Art, Anzahlen abzuzählen, lernen wir kennen in folgender

---

* Brief *Leibniz*ens an Herzog *Johann Friedrich* von Hannover, September 1671.

Aufgabe: Berechne die Wahrscheinlichkeit dafür, daß eine willkürlich aus dem Intervall [100; 999] herausgegriffene natürliche Zahl lauter verschiedene Ziffern hat.

Es liegt ein Laplace-Experiment vor. Zur Berechnung der Wahrscheinlichkeit des Ereignisses A müssen wir also die Anzahl der Elemente von $\Omega = \{100, 101, \ldots, 998, 999\}$ und von $A = \{102, 103, \ldots, 986, 987\}$ bestimmen. Die Elemente von Ω und A sind 3-Tupel, auch Tripel genannt. Für das Abzählen von Tupeln eignet sich das folgende Zählverfahren.

Wir zählen zunächst Ω ab:

Für die 1. Stelle des Tupels gibt es 9 Möglichkeiten, nämlich 1, 2, ..., 9.

Für die 2. Stelle des Tupels gibt es 10 Möglichkeiten, nämlich 0, 1, 2, ..., 9.

Für die 3. Stelle des Tupels gibt es 10 Möglichkeiten, nämlich 0, 1, 2, ..., 9.

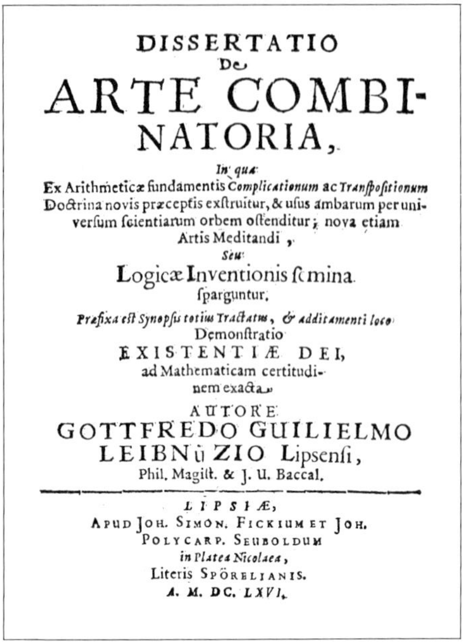
DISSERTATIO
De
ARTE COMBINATORIA,
In qua
Ex Arithmeticæ fundamentis Complicationum ac Transpositionum Doctrina novis præceptis exstruitur, & usus ambarum per universum scientiarum orbem ostenditur; nova etiam Artis Meditandi,
Seu
Logicæ Inventionis semina sparguntur.
Præfixa est Synopsis totius Tractatus, & additamenti loco Demonstratio
EXISTENTIÆ DEI,
ad Mathematicam certitudinem exacta.
AUTORE
GOTTFREDO GUILIELMO LEIBNÜZIO Lipsensi,
Phil. Magist. & J. U. Baccal.
LIPSIÆ,
APUD JOH. SIMON. FICKIUM ET JOH. POLYCARP. SEUBOLDUM
in Platea Nicolaea,
Literis SPÖRELIANIS.
A. M. DC. LXVI.

Bild 88.1 Das Titelblatt der *Dissertatio de Arte Combinatoria* von *Gottfried Wilhelm Leibniz* (1646–1716)

Zu jeder der 9 Möglichkeiten für die 1. Stelle gibt es 10 Möglichkeiten an der 2. Stelle. Das ergibt $9 \cdot 10$ Fälle. Zu jedem dieser $9 \cdot 10$ Fälle gibt es wieder 10 Möglichkeiten, die 3. Stelle zu besetzen. Das ergibt insgesamt $9 \cdot 10 \cdot 10 = 900$ Möglichkeiten. Wir erhalten somit $|\Omega| = 900$.

Die Mächtigkeit von Ω hätten wir in diesem Beispiel natürlich durch die Subtraktion $999 - 99 = 900$ erhalten können! Auf eine so einfache Methode können wir aber zur Berechnung von $|A|$ nicht zurückgreifen. Dagegen hilft unser oben verwendetes Abzählverfahren auch hier.

Wir zählen nun A ab:

Für die 1. Stelle des Tupels gibt es 9 Möglichkeiten, nämlich 1, 2, ..., 9. Für die 2. Stelle des Tupels gibt es 9 Möglichkeiten, nämlich die Ziffern 0, 1, 2, ..., 9 außer der Ziffer an der 1. Stelle. Für die 3. Stelle des Tupels gibt es 8 Möglichkeiten, nämlich die Ziffern 0, 1, 2, ..., 9 außer den Ziffern an der 1. und 2. Stelle. Das ergibt insgesamt $9 \cdot 9 \cdot 8 = 648$ Elemente von A. Somit ist die gesuchte Wahrscheinlichkeit $P(A) = \frac{|A|}{|\Omega|} = \frac{648}{900} = 72\%$.

Das vorgeführte Verfahren ist zum Abzählen von Tupeln oft hilfreich. Es ist unter den Namen **Produktregel** und **Zählprinzip** bekannt. Ein k-Tupel ist bekanntlich eine Anordnung $(a_1 | a_2 | \ldots | a_k)$ oder kurz $a_1 a_2 \ldots a_k$; dabei sind zwei k-Tupel genau dann gleich, wenn sie an jeder Stelle übereinstimmen. Die Anzahl der Elemente einer Menge von k-Tupeln bestimmt man mit Hilfe der

8.2. Kombinatorische Hilfsmittel

Produktregel:
Für die Besetzung der 1. Stelle a_1 des k-Tupels gebe es n_1 Möglichkeiten; für die Besetzung der 2. Stelle a_2 des k-Tupels gebe es, gegebenenfalls unter Berücksichtigung der Wahl von a_1, dann n_2 Möglichkeiten; für die Besetzung der 3. Stelle a_3 des k-Tupels gebe es, gegebenenfalls unter Berücksichtigung der Wahl von a_1 und a_2, dann n_3 Möglichkeiten;
....;
für die Besetzung der k-ten Stelle a_k des k-Tupels gebe es, gegebenenfalls unter Berücksichtigung der ersten $(k-1)$ Belegungen, dahn n_k Möglichkeiten. Dann enthält die Menge $n_1 \cdot n_2 \cdot \ldots \cdot n_k$ k-Tupel.

Einige weitere Beispiele sollen die Tragfähigkeit der Produktregel aufzeigen.

Beispiel 1: In einer Schule gibt es 17 Unterstufenklassen, 13 Mittelstufenklassen und 9 Oberstufenklassen. Zu einer Sitzung soll aus jeder Stufe ein Klassensprecher erscheinen.
Nach der Produktregel gibt es $17 \cdot 13 \cdot 9 = 1989$ Möglichkeiten für die Zusammenstellung eines solchen 3-Tupels oder Tripels.

Beispiel 2: Beim Würfeln mit 4 Würfeln gibt es $6 \cdot 6 \cdot 6 \cdot 6 = 6^4 = 1296$ Quadrupel als Ergebnisse. (4-Tupel heißen auch Quadrupel.)

Beispiel 3: In der Elferwette beim Fußballtoto* gibt es $3 \cdot 3 \cdot \ldots \cdot 3 = 3^{11} = 177\,147$ Möglichkeiten für eine Tippreihe (siehe Bild 90.1).

Beispiel 4: An einem Pferderennen nehmen 20 Pferde teil. Bei einem Wettabschluß sollen die ersten drei Plätze richtig angegeben werden (Dreierwette). Wie viele Möglichkeiten gibt es für die Besetzung der ersten drei Plätze?
Nach der Produktregel erhalten wir $20 \cdot 19 \cdot 18 = 6840$ Möglichkeiten.
Wenn alle Pferde ans Ziel kommen, ist das Ergebnis des Rennens ein 20-Tupel. Dafür gibt es nach der Produktregel $20 \cdot 19 \cdot 18 \cdot \ldots \cdot 2 \cdot 1 = 2\,432\,902\,008\,176\,640\,000$ Möglichkeiten.

Die 20-Tupel des letzten Beispiels entstanden dadurch, daß man alle Reihenfolgen konstruierte, die aus den 20 verschiedenen Startnummern gebildet werden können. Allgemein gesprochen handelt es sich also darum, die Anzahl der n-Tupel zu bestimmen, die man aus n verschiedenen Elementen so bilden kann, daß jedes Element genau einmal auftritt. Da alle diese n-Tupel aus einem ersten dadurch entstehen, daß man die n Elemente miteinander beliebig vertauscht, nannte *Jakob Bernoulli* (1655–1705) jedes solche n-Tupel eine **Permutation**** der gegebenen n Elemente. Mit der Produktregel ergeben sich $n \cdot (n-1) \cdot (n-2) \cdot \ldots \cdot 2 \cdot 1$ Möglichkeiten, solche n-Tupel zu bilden.

---
* Toto ist eine Abkürzung für Totalisator, womit der amtliche Wettbetrieb im Pferdesport erstmals 1871 in Frankreich bezeichnet wurde. 1921 wurde ein Fußballtoto in England eingeführt; seit 1948 gibt es in den Ländern der Bundesrepublik Deutschland auch ein Fußballtoto.

** *Ars Conjectandi*, II. Cap. 1 – Überhaupt ist Teil II der *Ars Conjectandi* ein hervorragendes Lehrbuch der Kombinatorik, die in Teil III ihre Anwendung findet.

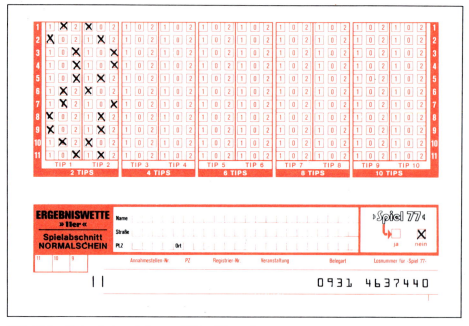

Bild 90.1   Totoschein mit 2 ausgefüllten Tippreihen.

Das hier auftretende Produkt der ersten n natürlichen Zahlen spielt in der Mathematik öfters eine Rolle. 1808 hat der Mathematiker *Christian Kramp* (1761–1826) vorgeschlagen, dieses Produkt mit $n!$, gesprochen n Fakultät, abzukürzen*. $1!$ und $0!$ sind dadurch noch nicht definiert. Für $n \geq 3$ gilt die Rekursionsformel $n! = (n-1)! \cdot n$. Setzt man hier $n = 2$ bzw. $n = 1$, so erhält man formal $2! = 1! \cdot 2$ bzw. $1! = 0! \cdot 1$, was die Festlegungen $1! = 1$ und $0! = 1$ nahelegt. Wir fassen die Überlegungen zusammen in

---
Definition 90.1: $0! := 1$
$1! := 1$
$n! := 1 \cdot 2 \cdot \ldots \cdot n$ für alle natürlichen Zahlen > 1

Damit gilt

Satz 90.1: Zu jeder Menge von n Elementen gibt es $n!$ Permutationen.

Zur Menge $\{a, b, c\}$ gibt es also $3! = 6$ Permutationen, nämlich abc, acb, bac, bca, cab und cba.

Als Anwendung von Satz 90.1 betrachten wir folgendes Problem. Bei Schwimmwettkämpfen sind die Bahnen nicht ganz gleichwertig. Außerdem spielt es eine

---
* Das Wort *Fakultät* hat *Christian Kramp* zur Bezeichnung von Produkten der Form $y(y+1)(y+2) \cdot \ldots \cdot (y+(n-1))$ im Brief vom 30.5.1796 an *Carl Friedrich Hindenburg* (1741–1808) eingeführt, der ihn im *Archiv der reinen und angewandten Mathematik*, Heft 5 (1796), abdruckte. Das Ausrufezeichen als Kennzeichen der speziellen Fakultät $1 \cdot 2 \cdot \ldots \cdot n$ führte *Kramp* 1808 in seinen *Élémens d'Arithmétique universelle* ein.

Rolle, wer in den benachbarten Bahnen schwimmt. Um diese Ungerechtigkeit zu beseitigen, müßte man eigentlich die 8 Teilnehmer so oft schwimmen lassen, bis alle möglichen Bahnbesetzungen aufgetreten sind. Das ergäbe allerdings an Stelle *eines* Wettkampfes 8! = 40320 Wettkämpfe! Um einen 1500-m-Kraulwettkampf entscheiden zu können, müßte man dann über 1 Jahr Tag und Nacht schwimmen. Das dürfte der Grund sein, warum der Weltschwimmverband diese Art der Entscheidung noch nicht eingeführt hat.

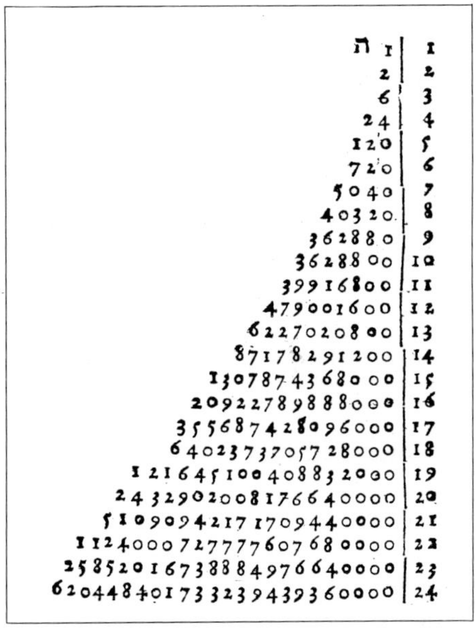

Das schnelle Anwachsen der Fakultäten – daher wohl auch ihr Name – zeigen überdies die Fakultätentabelle von Bild 91.1 und zwei schöne Aufgaben aus dem *Treatise of Algebra* von 1685 des *John Wallis* (1616–1703). (Siehe Aufgabe 113/26.)

ה	1	1
	2	2
	6	3
	24	4
	120	5
	720	6
	5040	7
	40320	8
	362880	9
	3628800	10
	39916800	11
	479001600	12
	6227020800	13
	87178291200	14
	1307674368000	15
	20922789888000	16
	355687428096000	17
	6402373705728000	18
	121645100408832000	19
	2432902008176640000	20
	51090942171709440000	21
	1124000727777607680000	22
	25852016738884976640000	23
	620448401733239439360000	24

Bild 91.1 Tabelle der Fakultäten aus *Leibniz*ens *Dissertatio de Arte Combinatoria* (1666), die übrigens zu seinem Ärger 1690 ohne sein Wissen nachgedruckt wurde.

Kombinatorische Fragestellungen sind sehr vielfältig und oft nur trickreich zu bewältigen. Wir wollen uns hier nur mit den einfachsten Fällen beschäftigen. Dazu betrachten wir eine Menge von *n* unterscheidbaren Elementen, kurz *n*-Menge genannt. Aus ihr wollen wir *k* Elemente auswählen. Auf wie viele Arten kann eine solche Auswahl getroffen werden?

Zur Beantwortung dieser Frage müssen wir zwei Vorfragen klären.

1) Spielt die Reihenfolge eine Rolle, in welcher die *k* Elemente ausgewählt werden?

Kommt es auf die Reihenfolge an, dann ist das Ergebnis der Auswahl ein *k*-**Tupel***; spielt hingegen die Reihenfolge keine Rolle, so ist das Ergebnis der Auswahl eine *k*-**Kombination****.

---

* Früher nannte man die *k*-Tupel auch *Variationen zur k-ten Klasse* bzw. *Variationen der Länge k*.
** Früher sagte man dafür auch *Kombination zur k-ten Klasse* oder *Kombination der Länge k*.
Combinatio bedeutete bei den Römern eine Zusammenfassung von je 2 Elementen (bini = je 2). Bei *Gaius Iulius Hyginus* (ca. 60 v. Chr. – 10 n. Chr.), Grammatiker, Polyhistor und Bibliothekar von Kaiser *Augustus*, findet man für eine Zusammenfassung von je 3 Elementen das Wort *conternatio* (terni = je 3). Diese Bezeichnungen übernimmt der jugendliche *Leibniz* und schreibt dafür sogar Com2natio, Com3natio etc., obwohl *combinatio* schon damals im heutigen Sinne verwendet wurde. *Leibniz* bezeichnete eine Zusammenfassung von Dingen als *Komplexion*, was in Deutschland erst *Carl Friedrich Hindenburg* (1741–1808) durch das heute übliche *Kombination* verdrängte. Leider konnte sich das von *Frans van Schooten* (um 1615–1660) eingeführte *electio* nicht durchsetzen.

Beispiel 5: Bei der Ziehung der 6 Lottozahlen entsteht ein 6-Tupel (= Sextupel), etwa (34|13|40|27|42|14). Da es beim Lotto aber nicht auf die Reihenfolge der gezogenen 6 Zahlen ankommt, wird das Ergebnis als 6-Kombination $\{13, 14, 27, 34, 40, 42\}$ veröffentlicht.

2) Kann jedes Element nur einmal bei der Auswahl auftreten, oder kann es auch beliebig oft ausgewählt werden?
Im ersten Fall spricht man von *Auswahl ohne Wiederholung*, im zweiten Fall von *Auswahl mit Wiederholung*. Man erkennt sofort, daß k-Kombinationen ohne Wiederholung nichts anderes als k-Mengen sind. Wir werden im folgenden für diesen Fall die Bezeichnung **k-Menge** der Bezeichnung k-*Kombination ohne Wiederholung* vorziehen, weil sie suggestiver ist. Bei k-Tupel ist Auswahl mit Wiederholung zugelassen. Ist jedoch bei der Auswahl der Elemente keine Wiederholung von Elementen zugelassen, so wollen wir

Bild 92.1 Ziehung beim Lotto »6 aus 49«
oben: 6-Menge, natürlich geordnet
unten: ursprünglich gezogenes 6-Tupel

die entstehenden k-*Tupel ohne Wiederholung* kürzer als **k-Permutationen** bezeichnen. Ist dabei überdies $k = n$, so spricht man üblicherweise nicht von einer n-Permutation, sondern nur von einer Permutation (der n gegebenen Elemente), wie wir es bereits auf Seite 89 eingeführt hatten.

Beispiel 6: Das Ziehen der 6 Lottozahlen liefert zunächst ein Sextupel ohne Wiederholung, also eine 6-Permutation, die als 6-Menge veröffentlicht wird. Beim Fußballtoto hingegen ist eine Tippreihe ein 11-Tupel (mit Wiederholung), das aus der 3-Menge $\{0, 1, 2\}$ ausgewählt wird.

Für den noch fehlenden Fall einer k-Kombination mit Wiederholung betrachten wir
Beispiel 7: Eine Gruppe von 6 Personen möchte ins Theater gehen und läßt sich 6 Karten der teuersten Preisklasse schicken. Die Plätze dieser Preisklasse liegen in den ersten 3 Reihen. Eine Möglichkeit der Auswahl besteht dann aus 6 Karten, von denen jede entweder für die erste, die zweite oder die dritte Reihe gilt.

In einer Übersicht stellen wir die vier genannten Fälle noch einmal zusammen.

8.2. Kombinatorische Hilfsmittel

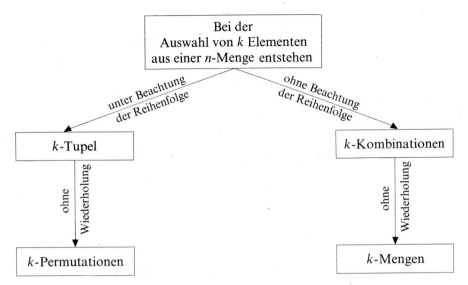

Zur Illustration dieser Übersicht betrachten wir die Auswahl von 2 Elementen aus einer Menge von 3 Elementen.

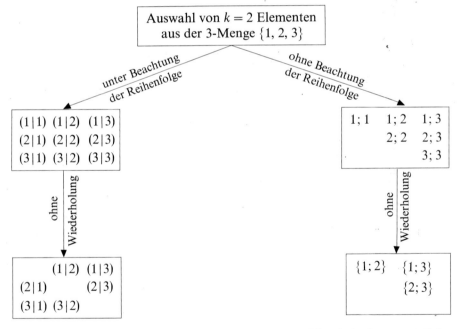

Gibt es für die Elemente der Menge, aus der ausgewählt wird, eine »natürliche« Anordnung, so schreibt man die Kombinationen bzw. Mengen in dieser natürlichen Anordnung, um die Darstellung übersichtlicher zu machen.
Im Folgenden wollen wir Formeln für die Anzahl der jeweils möglichen Auswahlen entwickeln.

A. Anzahl der k-Permutationen aus einer n-Menge ($k \leq n$)

Mit Hilfe des Zählprinzips überlegen wir uns: Für die 1. Stelle der k-Permutation gibt es n Möglichkeiten, für die 2. Stelle nur mehr $(n-1)$ Möglichkeiten, ..., für die k-te Stelle schließlich nur mehr $[n-(k-1)]$ Möglichkeiten. Also kann man auf $n(n-1) \cdot \ldots \cdot (n-k+1)$ Arten k-Permutationen aus einer n-Menge auswählen. Diese Anzahl läßt sich auch schreiben als $\dfrac{n!}{(n-k)!}$. Es gibt demnach $\dfrac{49!}{(49-6)!} =$
$= 1\,006\,834\,752$ 6-Permutationen aus den 49 Lottozahlen.

B. Anzahl der k-Mengen aus einer n-Menge ($k \leq n$)

Jeweils $k!$ der in **A.** erzeugten k-Permutationen unterscheiden sich nur durch die Reihenfolge ihrer Elemente. Da wir beim jetzigen Auswahlverfahren aber von der Reihenfolge absehen wollen, liefern alle diese $k!$ k-Permutationen dieselbe k-Menge. Man erhält also die Anzahl der k-Mengen, indem man die Anzahl der k-Permutationen durch $k!$ dividiert. Das ergibt $\dfrac{n!}{k!(n-k)!}$ verschiedene k-Mengen aus einer n-Menge. Beim Lotto »6 aus 49« gibt es somit $\dfrac{49!}{6!(49-6)!} = 13\,983\,816$ verschiedene Ergebnisse.

Die Anzahl der k-Mengen aus einer n-Menge drückt man durch das Symbol $\binom{n}{k}$ aus, das wir »k aus n« lesen. Da diese Anzahlen $\binom{n}{k}$ bei der Berechnung von $(a+b)^n$, d. h. der n-ten Potenz des Binoms $(a+b)$, als Koeffizienten auftreten, heißen sie **Binomialkoeffizienten***. Zweckmäßigerweise definiert man allgemein:

Definition 94.1: $\binom{n}{k} := \begin{cases} \dfrac{n!}{k!(n-k)!}, & \text{falls } 0 \leq k \leq n \\ 0, & \text{falls } k > n \end{cases}$

Merkregel von *Hérigone* für die Berechnung von $\binom{n}{k}$:

Aus $\binom{n}{k} = \dfrac{n!}{k!(n-k)!} = \dfrac{n \cdot (n-1) \cdot \ldots \cdot (n-(k-1))}{1 \cdot 2 \cdot \ldots \cdot k}$ erkennt man:

Zähler und Nenner enthalten je k Faktoren; der Zähler von n an abwärts und der Nenner von 1 an aufwärts.**

---

* Erfunden hat die Binomialkoeffizienten in Europa *Michael Stifel* (1487?–1567) bei der Lösung der Aufgabe, die n-te Wurzel aus einer beliebigen Zahl zu ziehen. Veröffentlicht hat er seine Erfindung, auf die er stolz war, 1544 in seiner *Arithmetica integra*. Namen gab er diesen Zahlen jedoch nicht. *Girolamo Cardano* (1501–76) nannte sie 1570 einfach *multiplicandi*. *Blaise Pascal* (1623–62) nannte sie *Zahlen n-ter Ordnung*, *Pierre de Fermat* (1601–1665) und *Jakob Bernoulli* (1655–1705) nannten sie *figurierte Zahlen*, ein Begriff, den die *Pythagoreer* (5. Jh. v. Chr.) einführten, weil sich die auftretenden Zahlenfolgen in Figuren anordnen lassen. So bilden z. B. die Zahlen 1, 3, 6, 10 ... der 2. Spalte

in der Anordnung von *Stifel* (siehe Bild 116.1) Dreiecke: • •.• •.•.• •.•.•.•

William Oughtred (1574–1660) nannte sie 1631 *unciae*, eine Bezeichnung, die auch *Leonhard Euler* (1707–1783) noch verwendet. Die früheste Belegstelle für den Namen »Binomialkoeffizient«, die wir entdecken konnten, sind die *Anfangsgründe der Mathematik*, III, 1, Seite 414, von *Abraham Gotthelf Kästner* (1719–1800) aus dem Jahre 1759. *Leonhard Euler* verwendete für die Binomialkoeffizienten 1778 das Symbol $\left(\frac{n}{k}\right)$, 1781 dann $\left[\frac{n}{k}\right]$. Das heute übliche $\binom{n}{k}$ führte 1826 *Andreas von Ettinghausen* (1796–1878) in *Die combinatorische Analysis* ein.

** In dieser Form gab *Pierre Hérigone* († ca. 1643) als erster in seinem *Cursus mathematicus nova, brevi, et clara methodo demonstratus* (1634) die allgemeine Formel zur Bestimmung der Anzahl der k-Mengen aus einer n-Menge an.

C. Anzahl der k-Tupel aus einer n-Menge

Für jede der k Stellen des k-Tupels stehen alle n Elemente der n-Menge zur Verfügung. Das ergibt nach der Produktregel n^k Möglichkeiten der Auswahl.
Im Fußballtoto gibt es also $3^{11} = 177147$ Möglichkeiten für eine Tippreihe.

D. Anzahl der k-Kombinationen aus einer n-Menge

Für diese Anzahl ergibt sich der Wert $\binom{n+k-1}{k}$.

Unsere Theaterfreunde haben somit $\binom{3+6-1}{6} = 28$ Möglichkeiten für die Verteilung der 6 Karten auf die 3 Reihen.

Der **Beweis** der oben angegebenen Formel ist leider komplizierter als in den drei anderen Fällen. Für den interessierten Leser werde er im Folgenden entwickelt.
Durch $n-1$ Trennstriche erzeugen wir zunächst für jedes der n Elemente der n-Menge $\{a_1, a_2, ..., a_n\}$ ein Feld.

| a_1 | a_2 | ... | a_i | ... | a_{n-1} | a_n |

Ziehen wir beim Auswahlverfahren das Element a_i, so schreiben wir in das Feld a_i ein Kreuz $+$. Es entsteht dadurch eine Folge von $n+k-1$ Zeichen, nämlich von $n-1$ Strichen und k Kreuzen. Hat man z.B. aus der 4-Menge $\{a_1, a_2, a_3, a_4\}$ das Element a_1 dreimal, das Element a_3 einmal und das Element a_4 zweimal gezogen, so entsteht die Folge $+++\|+\|++$.
Man erhält alle Möglichkeiten für solche Folgen, wenn man sich überlegt, auf wie viele Arten man die k Kreuze auf die $n+k-1$ Zeichenstellen verteilen kann. (Die restlichen $n-1$ Stellen werden durch die $n-1$ Striche belegt.) Das geht aber nach **B.** auf $\binom{n+k-1}{k}$ Arten.

Wir fassen unsere Ergebnisse übersichtlich zusammen in

Satz 95.1: Für die Auswahl von k Elementen aus einer n-Menge ergeben sich, abhängig vom Auswahlverfahren, folgende Anzahlen:

	mit Beachtung der Reihenfolge	ohne Beachtung der Reihenfolge
mit Wiederholung ($k \in \mathbb{N}_0$)	n^k	$\binom{n+k-1}{k}$
ohne Wiederholung ($k \leq n$)	$\dfrac{n!}{(n-k)!}$	$\binom{n}{k}$

Bemerkung:
Für diese Anzahlen gibt es verschiedene Bezeichnungsweisen. Einige geläufige geben wir hier an:

Anzahl der k-Tupel ($= k$-Variationen) mit Wiederholung aus einer n-Menge $=$
$= V_{mW}(n; k) = {}^W V_n^k$.

Anzahl der k-Tupel ($= k$-Variationen) ohne Wiederholung aus einer n-Menge $=$
$= V_{oW}(n; k) = V_n^k$.

Anzahl der k-Kombinationen mit Wiederholung aus einer n-Menge $=$
$= K_{mW}(n; k) = {}^W C_n^k$.

Anzahl der k-Mengen ($= k$-Kombinationen ohne Wiederholung) aus einer n-Menge $= K_{oW}(n; k) = C_n^k$.

Zusammenfassend illustrieren wir die vier unterschiedlichen Abzählprobleme.

Beispiel 8: Einer Gruppe von 15 Schülern werden 3 Theaterkarten angeboten. Auf wie viele Arten können die Karten verteilt werden, wenn sie
a) 3 numerierte Sitzplätze sind,
b) 3 unnumerierte Stehplätze sind?
Dabei müssen wir noch jeweils unterscheiden, ob ein Schüler
α) genau eine Karte oder
β) mehrere Karten nehmen kann.

Lösung:
a α) Jede Verteilung der 3 unterschiedlichen Karten auf die 15 Schüler stellt eine 3-Permutation aus den 15 Schülern dar. Es gibt also $\dfrac{15!}{(15-3)!} = 15 \cdot 14 \cdot 13 =$
$= 2730$ Möglichkeiten.

a β) Jede Verteilung der 3 unterschiedlichen Karten auf die 15 Schüler stellt ein Schülertripel dar. Es gibt also $15^3 = 3375$ Möglichkeiten.

b α) Jede Verteilung der 3 gleichwertigen Karten auf die 15 Schüler stellt eine Menge von 3 Schülern ($=$ 3-Kombination ohne Wiederholung) dar. Es gibt also $\binom{15}{3} = \dfrac{15!}{3! \, 12!} = \dfrac{15 \cdot 14 \cdot 13}{1 \cdot 2 \cdot 3} = 455$ Möglichkeiten.

b β) Jede Verteilung der 3 gleichwertigen Karten auf die 15 Schüler stellt eine Kombination von 3 Schülern (mit Wiederholung) dar. Es gibt also
$\binom{15 + 3 - 1}{3} = \binom{17}{3} = 680$ Möglichkeiten.

8.3. Berechnung von Laplace-Wahrscheinlichkeiten

Mit den in **8.2.** erarbeiteten kombinatorischen Hilfsmitteln können wir jetzt Laplace-Wahrscheinlichkeiten auch in komplizierteren Fällen berechnen.

8.3. Berechnung von Laplace-Wahrscheinlichkeiten

Beispiel 1: In einem Studentenheim ist es Brauch, daß jeder an seinem Geburtstag alle Mitbewohner zu einer Geburtstagsfeier einlädt.
Wie groß ist die Wahrscheinlichkeit dafür, daß an einem Tag mehr als eine Feier stattfindet, wenn im Heim
a) 10 Studenten, **b)** n Studenten wohnen?

Lösung: Zur Vereinfachung wollen wir annehmen, daß unser Kalender keine Schalttage kennt und daß die Geburten gleichmäßig übers Jahr verteilt sind, d. h., daß jeder Tag mit gleicher Wahrscheinlichkeit $\frac{1}{365}$ als Geburtstag für eine bestimmte Person in Frage kommt.
a) Ein möglicher Ergebnisraum Ω ist die Menge aller 10-Tupel aus den 365 Tagen des Jahres. Also gilt $|\Omega| =$ Anzahl der 10-Tupel aus einer 365-Menge $= 365^{10}$. Das Ereignis $A :=$ »Mindestens zwei Feiern finden am gleichen Tag statt« besteht aus allen 10-Tupeln, in denen mindestens zwei gleiche Elemente sind. Dieses Ereignis läßt sich nur schwer abzählen. Sehr viel einfacher bestimmt man dagegen die Mächtigkeit des Gegenereignisses $\bar{A} =$ »Alle Feste finden an verschiedenen Tagen statt«. $\bar{A}$ besteht aus allen 10-Tupeln, in denen alle 10 Elemente verschieden sind. $|\bar{A}|$ ist also die Anzahl der 10-Permutationen aus einer 365-Menge $=$
$$= \frac{365!}{(365-10)!} = 365 \cdot 364 \cdot \ldots \cdot 356.$$
Damit ergibt sich $P(A) = 1 - P(\bar{A}) = 1 - \frac{|\bar{A}|}{|\Omega|} = 1 - \frac{365 \cdot 364 \cdot \ldots \cdot 356}{365^{10}} = 11{,}7\%$.
b) Im allgemeinen Fall haben wir anstelle der 10-Tupel jeweils die n-Tupel zu nehmen.
Wir erhalten $P(A) = 1 - \frac{365!}{(365-n)! \, 365^n}$, falls $0 \leq n \leq 365$.
Für $n > 365$ gilt selbstverständlich $P(A) = 1$.
Tabelle 98.1 und Figur 98.1 zeigen den Verlauf dieser Wahrscheinlichkeit in Abhängigkeit von n.
Erstaunlicherweise ist $P(A) > \frac{1}{2}$ bereits für $n = 23$.
In einer Klasse mit 30 Schülern kann man schon mit einer Wahrscheinlichkeit von 71% damit rechnen, daß mindestens zwei Schüler am selben Tag Geburtstag haben.

Beispiel 2: Wie groß ist die Wahrscheinlichkeit, beim Lotto »6 aus 49« mit einer Tippreihe
a) genau 4 Richtige,
b) mindestens 4 Richtige zu haben?

Lösung: Ein möglicher Ergebnisraum Ω ist die Menge aller 6-Mengen aus der 49-Menge $\{1, 2, \ldots, 48, 49\}$. $|\Omega|$ ist also die Anzahl der 6-Mengen, die man aus der 49-Menge bilden kann, also $|\Omega| = \binom{49}{6} = 13\,983\,816$. Da keine Veranlassung besteht anzunehmen, daß eine dieser 6-Mengen vor irgendeiner anderen ausgezeichnet ist, nehmen wir auf Ω eine gleichmäßige Wahrscheinlichkeitsverteilung an.

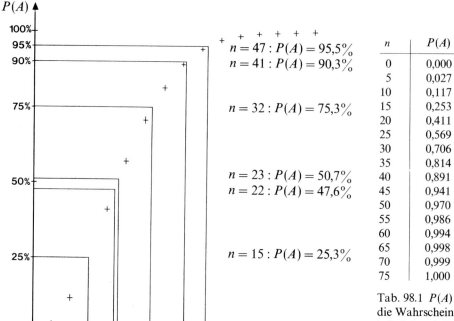

Fig. 98.1 Abhängigkeit der Wahrscheinlichkeit für das Zusammenfallen mindestens zweier Geburtstage von der Anzahl n der Personen

Tab. 98.1 $P(A)$ ist die Wahrscheinlichkeit dafür, daß unter n Personen mindestens 2 am gleichen Tag Geburtstag haben.

a) Das betrachtete Ereignis $A :=$ »Genau 4 Richtige« besteht aus den Ziehungen von 6 Kugeln, bei denen genau 4 Kugelnummern mit 4 von den 6 auf dem Tippschein angekreuzten Zahlen übereinstimmen (siehe Bild 99.1). Zur Berechnung der Anzahl dieser günstigen Ergebnisse verwenden wir das Zählprinzip. Zunächst gibt es $\binom{6}{4}$ Möglichkeiten, die 4 Treffer auf die 6 angekreuzten Zahlen zu verteilen. Dann aber gibt es noch $\binom{43}{2}$ Möglichkeiten, die beiden weiteren gezogenen Kugelnummern auf die 43 nicht angekreuzten Zahlen zu verteilen. Man erhält somit

$$|A| = \binom{6}{4} \cdot \binom{43}{2} = 13\,545 \text{ und damit für}$$

$$P(A) = \frac{|A|}{|\Omega|} = \frac{13\,545}{13\,983\,816} = 0{,}000\,968\,6 \approx 0{,}097\% \approx 1\,^0\!/_{00}.$$

b) Hier sind auch noch die Ergebnisse günstig, die genau 5 bzw. 6 Treffer enthalten. Da die Ereignisse A, $B :=$ »Genau 5 Richtige« und $C :=$ »Genau 6 Richtige« unvereinbar sind, gilt auf Grund von Satz 64.1:

$$P(\text{»Mindestens 4 Richtige«}) = P(A \cup B \cup C) = P(A) + P(B) + P(C) =$$

$$= \frac{\binom{6}{4}\binom{43}{2}}{\binom{49}{6}} + \frac{\binom{6}{5}\binom{43}{1}}{\binom{49}{6}} + \frac{\binom{6}{6}\binom{43}{0}}{\binom{49}{6}} =$$

8.3. Berechnung von Laplace-Wahrscheinlichkeiten

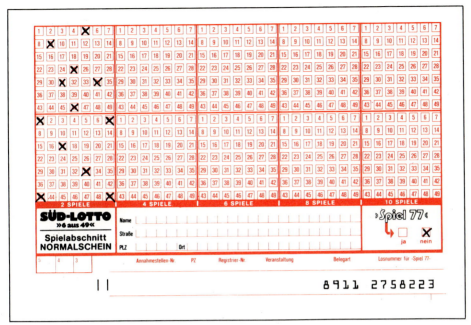

Bild 99.1   Lottoschein mit 2 ausgefüllten Spielfeldern

$$= \frac{13\,545 + 258 + 1}{13\,983\,816} = 0{,}000\,987\,1 \approx 0{,}099\% \approx 1^0/_{00}.$$

Füllt man also sehr oft Tippzettel aus, so kann man in etwa 1 von 1000 Fällen damit rechnen, mindestens 4 Richtige getippt zu haben. Bei 2 Tippreihen pro Woche kann man also etwa alle 10 Jahre einmal ein solches Erfolgserlebnis haben!

Beispiel 3: Wegen katastrophaler Wetterverhältnisse mußten an einem Spieltag sämtliche Spiele der Bundesliga ausfallen. Für die Totospieler wurden die 11 Spiele daher ausgelost. Wie groß ist die Wahrscheinlichkeit, an diesem Spieltag mit einer Tippreihe (siehe Bild 90.1) genau 9 Richtige getippt zu haben?

Lösung: Ein möglicher Ergebnisraum Ω ist die Menge aller 11-Tupel, die man aus der 3-Menge $\{0, 1, 2\}$ bilden kann. Also gilt $|\Omega|$ = Anzahl der 11-Tupel aus einer 3-Menge = $3^{11} = 177\,147$. Das Ereignis $A :=$ »Genau 9 Richtige« besteht aus denjenigen 11-Tupeln, die an genau 9 Stellen dieselben Zahlen aufweisen wie unsere Tippreihe. Diese 9 Richtigen lassen sich auf $\binom{11}{9}$ Arten aus den 11 getippten Zahlen auswählen. Für die restlichen 2 falschen Tips gibt es jeweils 2 Möglichkeiten. Der Produktsatz liefert also $|A| = \binom{11}{9} \cdot 2^2$. Damit erhält man

$$P(A) = \frac{|A|}{|\Omega|} = \frac{\binom{11}{9} \cdot 2^2}{3^{11}} = \frac{220}{177\,147} \approx 0{,}001\,242 \approx 1^0/_{00}.$$

Für einen normalen Spieltag ist diese Überlegung natürlich falsch, da die Erfahrung zeigt, daß die Zahl 1 im 11-Tupel erheblich öfter auftritt als die Zahl 0, und diese wiederum häufiger als die Zahl 2, weil die Heimmannschaft gegenüber der Gastmannschaft im Vorteil ist. Die 3^{11} 11-Tupel sind also nicht gleichwahrscheinlich; es liegt somit kein Laplace-Experiment vor.

Beispiel 4: Ein Bridge-Kartenspiel besteht aus 52 Karten; 4 davon sind Asse. Es wird gut gemischt und dann eine Karte nach der anderen aufgedeckt. Wie groß ist die Wahrscheinlichkeit dafür, daß beim k-ten Aufdecken zum erstenmal ein As erscheint?

Wir wollen an diesem Beispiel zeigen, wie man durch die Wahl des Ergebnisraums zu verschiedenen Lösungswegen, aber dennoch zum gleichen Ergebnis kommen kann.

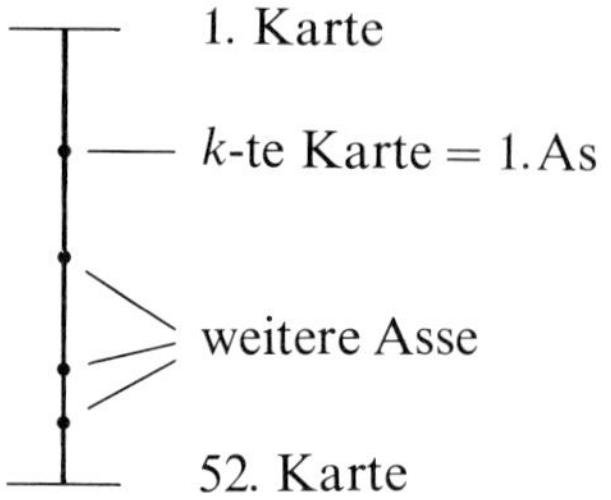

Lösung 1: Ein möglicher Ergebnisraum Ω_1 ist die Menge aller 52-Permutationen, die man mit den 52 Bridgekarten erzeugen kann. Somit ist $|\Omega_1| = 52!$. Für das Ereignis $A :=$ »Das 1. As kommt an k-ter Stelle« sind diejenigen Permutationen günstig, die an k-ter Stelle ein As und an den davor liegenden $k-1$ Stellen kein As haben. Die Anzahl $|A|$ dieser günstigen Ergebnisse bestimmen wir mit Hilfe des Produktsatzes: Die ersten $k-1$ Stellen werden gebildet von den $(k-1)$-Permutationen aus der 48-Menge der 48 Nicht-Asse; das ergibt $\frac{48!}{(48-(k-1))!}$ Möglichkeiten. Für die k-te Stelle steht eines der 4 Asse zur Verfügung; das ergibt 4 Möglichkeiten. Die restlichen $52-k$ Stellen werden durch die Permutationen der noch verbliebenen $52-k$ Karten belegt; das ergibt $(52-k)!$ Möglichkeiten. Nach dem Produktsatz ist also $|A| = \frac{48!}{(49-k)!} \cdot 4 \cdot (52-k)!$. Für die gesuchte Wahrscheinlichkeit erhalten wir somit

Fig. 100.1 Die 4 Asse im Bridgekartenstapel

$$P(A) = \frac{48! \cdot 4 \cdot (52-k)!}{(49-k)! \cdot 52!} = \frac{1}{51 \cdot 50 \cdot 49 \cdot 13} \cdot \frac{(52-k)!}{(49-k)!} = \frac{(52-k)(51-k)(50-k)}{51 \cdot 50 \cdot 49 \cdot 13}.$$

Lösung 2: Wir denken uns die Stellen, an denen die Karten im Stapel liegen, von 1 bis 52 durchnumeriert. Die Nummern der Stellen, an denen die 4 Asse liegen, bilden eine 4-Menge. Ein möglicher Ergebnisraum Ω_2 ist dann die Menge aller 4-Mengen, die man aus der 52-Menge der Nummern von 1 bis 52 bilden kann. Das ergibt $|\Omega_2| = \binom{52}{4}$. Die für das Ereignis A günstigen Ergebnisse bestehen jetzt aus den 4-Mengen, die als kleinstes Element die Zahl k enthalten. Die übrigen 3 Zahlen einer solchen Menge müssen aus den nach k kommenden Nummern $k+1$, $k+2, \ldots, 52$ ausgewählt werden. Dafür gibt $\binom{52-k}{3}$ Möglichkeiten. Für die Wahrscheinlichkeit $P(A)$ erhalten wir damit auf diesem Weg den Ausdruck

$P(A) = \dfrac{\binom{52-k}{3}}{\binom{52}{4}}$, der völlig anders aussieht als der in Lösung 1 errechnete. Durch eine einfache Umformung kann die Gleichheit aber leicht gezeigt werden.

Da $\binom{52-k}{3}$ mit wachsendem k monoton fällt, nimmt die Wahrscheinlichkeit für A monoton mit wachsender Platznummer k ab. Die wahrscheinlichste Stelle für das 1. As ist also die oberste Karte im Stapel. Man bedenke jedoch, daß diese Aussage auch für den 1. König, die 1. Dame usw. gilt! Die wahrscheinlichste Stelle für das letzte As ist natürlich die letzte Karte, was man leicht einsieht, wenn man in Gedanken den Stapel umkehrt.

Beispiel 5: Die 52 Karten eines Bridgespiels werden auf 4 Spieler verteilt.
a) Theodor sagt, er habe ein As. Wie groß ist dann die Wahrscheinlichkeit dafür, daß er mindestens ein weiteres As besitzt?
b) Theodor sagt, er habe das Pik-As. Wie groß ist nun die Wahrscheinlichkeit dafür, daß er mindestens ein weiteres As besitzt?

Lösung für a):
Berechnung von $|\Omega|$: Theodor könnte auf $\binom{52}{13}$ Arten Karten erhalten. Da er mindestens ein As erhalten hat, sind die $\binom{48}{13}$ Möglichkeiten, einen Satz ohne As zu erhalten, abzuziehen. Also ist $|\Omega| = \binom{52}{13} - \binom{48}{13} = 442\,085\,310\,304$.
Berechnung von $|A|$: Subtrahiert man von $|\Omega|$ die Anzahl der Möglichkeiten, im Satz genau 1 As zu haben, so erhält man $|A|$. Also
$|A| = |\Omega| - \binom{4}{1}\binom{48}{12} = 163\,411\,172\,432$.
Damit ergibt sich nach leichter Umformung

$$P(A) = \frac{|A|}{|\Omega|} = 1 - \frac{52 \cdot 37 \cdot 38 \cdot 39}{49 \cdot 50 \cdot 51 \cdot 52 - 36 \cdot 37 \cdot 38 \cdot 39} = 1 - \frac{9139}{14498} = 0{,}3696 \approx 37\%.$$

Lösung für b):
Theodor hat das Pik-As erhalten. Für seine weiteren 12 Karten gibt es noch $\binom{51}{12}$ Möglichkeiten; also ist $|\Omega| = \binom{51}{12}$. Davon sind wieder $\binom{48}{12}$ Möglichkeiten ohne As. Daher ist
$|A| = |\Omega| - \binom{48}{12}$. Somit ergibt sich

$$P(A) = \frac{|A|}{|\Omega|} = 1 - \frac{\binom{48}{12}}{\binom{51}{12}} = 1 - \frac{9139}{20825} = \frac{11686}{20825} = 0{,}5612 \approx 56\%.$$

Es ist zunächst erstaunlich, daß die beiden Wahrscheinlichkeiten so verschieden sind. Man muß dabei jedoch bedenken, daß den beiden Aufgaben verschiedene Wahrscheinlichkeitsräume zugrunde liegen. Im Fall **a)** besteht Ω aus all den Spielen, in denen Theodor mindestens ein As erhalten hat, im Fall **b)** hingegen aus all den Spielen, bei denen Theodor das Pik-As erhalten hat. Man erkennt also, daß die zusätzliche Information, welches As Theodor hat, erheblichen Einfluß auf das Ergebnis hat.
Ähnlich, aber leichter durchschaubar ist

Beispiel 6: Ein Vater von zwei Kindern sagt:
a) »Eines meiner zwei Kinder ist ein Junge.«
b) »Das ältere meiner zwei Kinder ist ein Junge.«
Wie groß ist in jedem Fall die Wahrscheinlichkeit dafür, daß auch das zweite Kind ein Junge ist, falls Knaben- und Mädchengeburt als gleichwahrscheinlich angenommen werden.

Lösung: Ordnet man die Paare dem Alter nach, so erhält man mit $J := $ Junge, $M := $ Mädchen:

Fall **a)**: \hspace{4cm} Fall **b)**:

$\Omega = \{(J,J), (J,M), (M,J)\}$ \hspace{1cm} $\Omega = \{(J,J), (J,M)\}$

$A = \{(J,J)\}$ \hspace{3cm} $A = \{J,J)\}$

$P(A) = \frac{1}{3}$ \hspace{3.5cm} $P(A) = \frac{1}{2}$

Die hier berechneten Wahrscheinlichkeiten sind folgendermaßen zu verstehen: Untersucht man sehr viele Familien mit zwei Kindern unter den angegebenen Bedingungen, so wird die Wahrscheinlichkeit dafür, daß beide Kinder Jungen sind, in der Nähe der angegebenen Werte liegen. Dieser Sachverhalt läßt sich gut anhand von Tabelle 11.1 veranschaulichen. Interpretiert man 1 als Junge und 0 als Mädchen, und faßt man zwei aufeinanderfolgende Würfe jeweils als die beiden Kinder einer zufällig herausgegriffenen Familie zusammen, so erhält man

108 Familien mit zwei Mädchen (00),
 82 Familien mit der Reihenfolge Mädchen/Junge (01),
102 Familien mit der Reihenfolge Junge/Mädchen (10),
108 Familien mit zwei Jungen (11).

Im Fall **a)** ergibt sich als relative Häufigkeit $h_{292} = \frac{108}{82+102+108} = \frac{108}{292} = 0{,}37$.

Im Fall **b)** ergibt sich als relative Häufigkeit $h_{210} = \frac{108}{102+108} = \frac{108}{210} = 0{,}51$.

Das in Aufgabe 68/**16** für $n = 3$ gestellte Problem der vertauschten Briefe läßt sich nun mit Hilfe der Formel von *Sylvester* (Satz 66.1) allgemein lösen:

Beispiel 7: *Bernoulli-Euler*sches Problem der vertauschten Briefe.

Unbesehen werden n Briefe in n vorbereitete Umschläge gesteckt. Wie groß ist die Wahrscheinlichkeit dafür, daß kein Brief im richtigen Umschlag steckt?

Lösung: Es gibt insgesamt $n!$ Möglichkeiten, die n Briefe auf die n Umschläge zu verteilen; also gilt $|\Omega| = n!$.

Bezeichnen wir nun die Briefe und die zugehörigen Umschläge mit der gleichen Nummer i ($1 \leq i \leq n$), so bedeute E_i das Ereignis »Der Brief i liegt im Umschlag i«. Dafür gibt es $|E_i| = 1 \cdot [(n-1)!]$ Möglichkeiten. Es gilt also

$$P(E_i) = \frac{(n-1)!}{n!} = \frac{1}{n}.$$

Das uns interessierende Ereignis $E := $ »Kein Brief liegt in seinem Umschlag« läßt sich durch die E_i folgendermaßen ausdrücken:

$E = \bar{E}_1 \cap \bar{E}_2 \cap \bar{E}_3 \cap \ldots \cap \bar{E}_n = \overline{E_1 \cup E_2 \cup \ldots \cup E_n}$

Damit erhalten wir

$P(E) = P(\overline{E_1 \cup E_2 \cup \ldots \cup E_n}) = 1 - P(E_1 \cup E_2 \cup \ldots \cup E_n)$

Zur Berechnung des Subtrahenden benötigen wir die Formel von *Sylvester* (Satz 66.1). Für die darin auftretenden Wahrscheinlichkeiten gilt:

$$P(E_i \cap E_j) = \frac{(n-2)!}{n!} = \frac{1}{n(n-1)}, \quad i<j;$$

$$P(E_i \cap E_j \cap E_k) = \frac{(n-3)!}{n!} = \frac{1}{n(n-1)(n-2)}, \quad i<j<k;$$

$$\dots\dots\dots\dots\dots\dots\dots\dots\dots\dots\dots\dots\dots\dots\dots\dots\dots\dots\dots\dots\dots$$

$$P(E_1 \cap E_2 \cap \dots \cap E_n) = \frac{(n-n)!}{n!} = \frac{1}{n!}.$$

Damit gilt:

$$P(E) = 1 - \left(\sum_{i=1}^{n} P(E_i) - \sum_{i<j}^{n} P(E_i \cap E_j) + \sum_{i<j<k}^{n} P(E_i \cap E_j \cap E_k) - + \dots\right) =$$

$$= 1 - \left(\binom{n}{1}\frac{1}{n} - \binom{n}{2}\frac{1}{n(n-1)} + \binom{n}{3}\frac{1}{n(n-1)(n-2)} - + \dots + (-1)^{n-1}\binom{n}{n}\frac{1}{n!}\right) =$$

$$= 1 - \left(\frac{1}{1!} - \frac{1}{2!} + \frac{1}{3!} - + \dots + (-1)^{n-1}\frac{1}{n!}\right) =$$

$$= 1 - \frac{1}{1!} + \frac{1}{2!} - \frac{1}{3!} + \dots + (-1)^n \frac{1}{n!} =$$

$$= \sum_{k=0}^{n} \frac{(-1)^k}{k!},$$

wie 1708 *Montmort* (1678–1719) in seinem *Essay d'Analyse sur les Jeux de Hazard* zeigte. – Figur 103.1 gibt die Abhängigkeit dieser Wahrscheinlichkeit $P(E)$ von der Anzahl n der Briefe wieder. Erstaunlicherweise ändert sich $P(E)$ praktisch nicht mehr ab $n = 7$. Das heißt, daß die Wahrscheinlichkeit $1 - P(E)$ dafür,

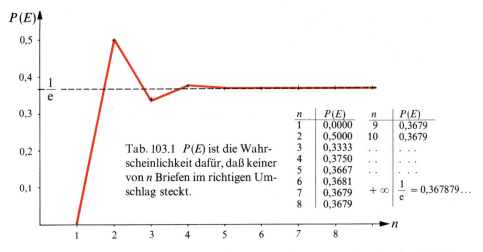

Fig. 103.1 Abhängigkeit der Wahrscheinlichkeit von n beim *Bernoulli-Euler*schen Problem der vertauschten Briefe.

daß mindestens ein Brief richtig ankommt, ab $n = 7$ praktisch unabhängig von der Anzahl der Briefe durch $1 - \sum_{k=0}^{\infty} \frac{(-1)^k}{k!} = 1 - e^{-1} \approx 0{,}63212$ gut approximiert wird, wie 1751 *Leonhard Euler* (1707–1783) als erster erkannte. (Siehe auch die Fußnote auf Seite 68.)

8.4. Das Urnenmodell*

8.4.1. Problemstellung

Viele Zufallsexperimente lassen sich durch ein Urnenexperiment simulieren. Dabei ist das Urnenexperiment oft übersichtlicher, weil man sich hier auf das Wesentliche des Zufallsgeschehens beschränken kann. So läßt sich das Laplace-Zufallsexperiment »Werfen eines Laplace-Würfels« durch das Ziehen aus einer Urne mit 6 unterscheidbaren Kugeln simulieren. Aber auch Nicht-Laplace-Experimente lassen sich durch ein Urnenexperiment simulieren. So weiß man z. B., daß die Wahrscheinlichkeit für eine Knabengeburt weltweit ziemlich genau den Wert 0,514 hat. Das Zufallsexperiment »Geburt eines Kindes« kann also durch das Ziehen aus einer Urne simuliert werden, die 514 Kugeln einer Farbe und 486 andere Kugeln enthält.

Bei einem Urnenexperiment verwendet man eine Urne, die gleichartige, je nach Problemstellung mit verschiedenen Merkmalen (z. B. Farbe, Nummer) versehene Kugeln enthält. Das Experiment besteht nun darin, daß man der Reihe nach je eine Kugel bis zu einer festgelegten Anzahl zieht und deren Merkmale notiert. Dabei gibt es zwei grundsätzlich verschiedene Verfahrensweisen:

a) »Ziehen ohne Zurücklegen«
Die jeweils gezogene Kugel wird beiseite gelegt, d. h., die Zusammensetzung der Urne ändert sich bei jedem Zug.

b) »Ziehen mit Zurücklegen«
Die gezogene Kugel wird vor dem nächsten Zug in die Urne zurückgelegt; d. h., die Zusammensetzung des Urneninhalts ist vor jedem Zug die gleiche.**

Für das Folgende geben wir uns eine Urne mit N Kugeln vor; S dieser N Kugeln sind schwarz. Wir ziehen n Kugeln aus dieser Urne. Nun könnte man nach den Wahrscheinlichkeiten vieler Ereignisse fragen, wie z. B. »Die 3. gezogene Kugel ist schwarz«, »Die 3. gezogene Kugel ist schwarz, aber die 4. gezogene Kugel ist nicht schwarz«, »Unter den ersten 5 gezogenen Kugeln befinden sich mindestens 2 schwarze«. Ein besonders wichtiger Typ von Ereignissen wird uns in der Folgezeit immer wieder beschäftigen, nämlich »Unter den n gezogenen Kugeln befinden sich genau s schwarze Kugeln«. Da wir dieses Ereignis sehr häufig ansprechen werden, lohnt es sich, eine kurze Schreibweise dafür einzuführen. Wir

---

* Zur Einführung der Urne in die Wahrscheinlichkeitsrechnung lese man die Fußnote zu Aufgabe 124/**99**.
** Bei komplizierteren Urnenexperimenten zieht man jeweils statt *einer* Kugel einen Satz von m Kugeln mit oder ohne Zurücklegen.

bezeichnen mit Z die Anzahl der gezogenen schwarzen Kugeln. Das Ereignis »Es werden genau s schwarze Kugeln gezogen« schreibt sich damit kurz »$Z = s$«. Zur Berechnung der Wahrscheinlichkeit $P(Z = s)$ müssen wir nun unterscheiden, ob das Ziehen ohne oder mit Zurücklegen erfolgen soll.

8.4.2. Die Wahrscheinlichkeit für genau s schwarze Kugeln beim Ziehen ohne Zurücklegen

Beispiel: Eine Urne enthalte 9 Kugeln, darunter 5 schwarze. Es werden 4 Kugeln ohne Zurücklegen gezogen. Mit welcher Wahrscheinlichkeit sind genau 2 der gezogenen Kugeln schwarz?

Zur Lösung zeichnen wir zunächst ein Baumdiagramm. Den jeweiligen Urneninhalt geben wir durch ein Zahlenpaar wieder; die erste Zahl bedeute die Anzahl der jeweils noch vorhandenen schwarzen Kugeln, die zweite die Anzahl der anderen Kugeln (Figur 105.1).

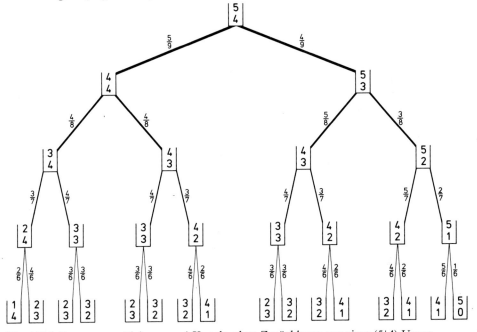

Fig. 105.1 Baum zum »Ziehen von 4 Kugeln ohne Zurücklegen aus einer (5|4)-Urne«

Das Ereignis »$Z = 2$« ist genau dann eingetreten, wenn eine Urne der Form (3|2) entstanden ist. Eine solche Urne kann auf 6 verschiedenen Wegen erhalten werden. Die Wahrscheinlichkeiten für jeden Weg ergeben sich mit Hilfe der 1. Pfadregel (Seite 55), die Gesamtwahrscheinlichkeit für die Urne (3|2) erhalten wir mit Hilfe der 2. Pfadregel (Seite 57). Somit gewinnen wir

$$P((3|2)) = P(Z = 2) = \tfrac{5}{9} \cdot \tfrac{4}{8} \cdot \tfrac{4}{7} \cdot \tfrac{3}{6} + \tfrac{5}{9} \cdot \tfrac{4}{8} \cdot \tfrac{4}{7} \cdot \tfrac{3}{6} + \tfrac{5}{9} \cdot \tfrac{4}{8} \cdot \tfrac{3}{7} \cdot \tfrac{4}{6} + \tfrac{4}{9} \cdot \tfrac{5}{8} \cdot \tfrac{4}{7} \cdot \tfrac{3}{6} +$$
$$+ \tfrac{4}{9} \cdot \tfrac{5}{8} \cdot \tfrac{3}{7} \cdot \tfrac{4}{6} + \tfrac{4}{9} \cdot \tfrac{3}{8} \cdot \tfrac{5}{7} \cdot \tfrac{4}{6} = \tfrac{10}{21} = \approx 47{,}6\%.$$

In der vorstehenden Überlegung haben wir so gerechnet, als ob die Kugeln nacheinander gezogen würden. In **2.2.3.** (Seite 17) hatten wir behauptet, daß das viermalige Ziehen von je einer Kugel ohne Zurücklegen mathematisch gleichwertig ist einer gleichzeitigen Entnahme von 4 Kugeln. Dies können wir durch Anwendung unserer kombinatorischen Hilfsmittel zeigen, indem wir die gesuchte Wahrscheinlichkeit als Laplace-Wahrscheinlichkeit berechnen.

Denken wir uns dazu die 9 Kugeln unterscheidbar, etwa numeriert von 1 bis 9, wobei die schwarzen Kugeln die Nummern 1 bis 5 tragen sollen. Als Ergebnisraum Ω wählen wir die Menge aller 4-Mengen von Kugeln, die man aus der Urne ziehen kann. Da keine Kugel bevorzugt ist, sind alle diese Mengen gleichwahrscheinlich. In einer 9-Menge gibt es $\binom{9}{4}$ 4-Teilmengen; also ist $|\Omega| = \binom{9}{4}$. Für die Anzahl der günstigen Ergebnisse überlegen wir: Die 2 schwarzen Kugeln kann man auf $\binom{5}{2}$ Arten aus den 5 schwarzen Kugeln der Urne ziehen. Für die restlichen 2 Kugeln gibt es $\binom{4}{2}$ Möglichkeiten, aus den 4 anderen Kugeln gezogen zu werden. Mit Hilfe des Produktsatzes ergibt sich dann nach *Laplace*

$$P(Z=2) = \frac{\binom{5}{2} \cdot \binom{4}{2}}{\binom{9}{4}} = \frac{10 \cdot 6}{126} = \frac{10}{21}.$$

Der 2. Lösungsweg läßt sich direkt auf den allgemeinen Fall übertragen.

Satz 106.1: Zieht man aus einer Urne mit N Kugeln, wovon S schwarz sind, n Kugeln ohne Zurücklegen, so gilt für die Anzahl Z der gezogenen schwarzen Kugeln

$$P(Z=s) = \frac{\binom{S}{s} \cdot \binom{N-S}{n-s}}{\binom{N}{n}}.$$

8.4.3. Die Wahrscheinlichkeit für genau s schwarze Kugeln beim Ziehen mit Zurücklegen

Beispiel: Eine Urne enthalte 9 Kugeln, darunter 5 schwarze. Es werden 4 Kugeln mit Zurücklegen gezogen. Mit welcher Wahrscheinlichkeit sind genau 2 der gezogenen Kugeln schwarz?

Zur Lösung zeichnen wir wieder ein Baumdiagramm. Es bezeichne ● den Zug einer schwarzen Kugel, ○ den Zug einer anderen Kugel (Figur 107.1).
Jeder Pfad, der genau 2mal nach links verläuft, führt zu genau 2 gezogenen schwarzen Kugeln. Jeder dieser Pfade hat auf Grund der 1. Pfadregel dieselbe Wahrscheinlichkeit, nämlich $(\frac{5}{9})^2 \cdot (\frac{4}{9})^2$. Da es genau 6 solcher Pfade gibt, erhalten wir mit Hilfe der 2. Pfadregel

$$P(Z=2) = 6 \cdot (\tfrac{5}{9})^2 \cdot (\tfrac{4}{9})^2 = \tfrac{2400}{6561} \approx 36{,}6\%.$$

Auch im allgemeinen Fall hilft uns das Baumdiagramm (Figur 107.2) beim Auffinden der gesuchten Wahrscheinlichkeit. Da beim Ziehen mit Zurücklegen die

8.4. Das Urnenmodell

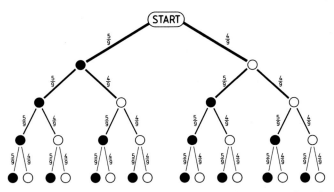

Fig. 107.1 Baum zum »Ziehen von 4 Kugeln mit Zurücklegen aus einer (5|4)-Urne«

Wahrscheinlichkeit für das Ziehen einer schwarzen Kugel bei jedem Zug den Wert $\frac{S}{N}$ hat, bezeichnen wir diese Wahrscheinlichkeit mit p. Die Wahrscheinlichkeit, eine andere als eine schwarze Kugel zu ziehen, ist dann $q := 1 - p$. Für das Ereignis »$Z = s$« sind all die Pfade günstig, die unter ihren n Schritten genau s Schritte nach links haben. Die Wahrscheinlichkeit eines solchen Pfades ist nach der 1. Pfadregel ein Produkt aus s Faktoren p und $n - s$ Faktoren q, hat also den Wert $p^s q^{n-s}$. Nun gibt es aber genau $\binom{n}{s}$ Möglichkeiten, s »schwarze Züge« aus den n Zügen auszuwählen. Mit Hilfe der 2. Pfadregel erhalten wir damit für $P(Z = s)$ den Wert $\binom{n}{s} p^s q^{n-s}$. Damit ist bewiesen

---

Satz 107.1: Der Anteil schwarzer Kugeln in einer Urne sei p. Zieht man aus dieser Urne n Kugeln mit Zurücklegen, so gilt mit $q := 1 - p$ für die Anzahl Z der gezogenen schwarzen Kugeln

$$P(Z = s) = \binom{n}{s} p^s q^{n-s}.$$

Auch diese Wahrscheinlichkeit können wir direkt als Laplace-Wahrscheinlichkeit berechnen. Wieder denken wir uns die Kugeln in der Urne von 1 bis N numeriert, wobei die schwarzen Kugeln die Nummern 1 bis S tragen.

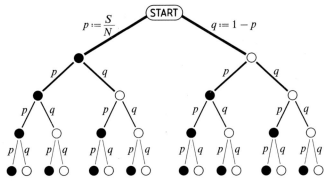

Fig. 107.2 Baum zum »Ziehen von 4 Kugeln mit Zurücklegen aus einer $(S | N - S)$-Urne«

Als Ω wählen wir hier die Menge aller n-Tupel (mit Wiederholung) von Kugeln, die man aus den N Kugeln der Urne erhalten kann. Da keine Kugel beim Ziehen bevorzugt ist, sind alle diese n-Tupel gleichwahrscheinlich. Es liegt also ein Laplace-Experiment vor.

Mit den N Kugeln in der Urne kann man N^n n-Tupel bilden. Also ist $|\Omega| = N^n$.
Für die Anzahl der günstigen Ergebnisse überlegen wir: Für jede schwarze Kugel gibt es S Möglichkeiten, für die s schwarzen Kugeln also S^s Möglichkeiten. Entsprechend gibt es $N-S$ Möglichkeiten für jede andere Kugel, also insgesamt $(N-S)^{n-s}$ Möglichkeiten für die anderen Kugeln.
Die s schwarzen Kugeln kann man auf $\binom{n}{s}$ Arten auf die n Plätze der n-Tupel verteilen. Damit liegen dann auch schon die Plätze für die anderen Kugeln im n-Tupel fest. Mit Hilfe des Produktsatzes ergibt sich somit nach *Laplace*:

$$P(Z=s) = \frac{\binom{n}{s} S^s (N-S)^{n-s}}{N^n} = \binom{n}{s} \cdot \left(\frac{S}{N}\right)^s \cdot \left(1 - \frac{S}{N}\right)^{n-s} = \binom{n}{s} p^s (1-p)^{n-s} =$$

$$= \binom{n}{s} p^s q^{n-s}. *$$

8.5. Laplace-Paradoxa oder »Was ist gleichwahrscheinlich?«

Die Berechnung der Wahrscheinlichkeit eines Ereignisses A nach der Formel $P(A) = \frac{|A|}{|\Omega|}$ setzt bekanntlich voraus, daß die Ergebnisse des Experiments mit gleicher Wahrscheinlichkeit auftreten. Wie wir u.a. in Beispiel 4 von **8.3.** gesehen haben, kann man zu einem realen Experiment verschiedene Ergebnisräume konstruieren, für die man zu leicht unkritisch die Laplace-Annahme macht, weil es oft sehr schwierig ist, die wirkliche Wahrscheinlichkeitsverteilung zu erkennen. *Laplace* selbst schrieb, daß dies gerade einer der heikelsten Punkte in der Untersuchung des Zufallsgeschehens sei.** Es darf einen also nicht wundernehmen, daß bei einem solchen Vorgehen unterschiedliche Werte für die Wahrscheinlichkeit ein und desselben Ereignisses errechnet werden können. Manche solche Fehlschlüsse sind als *Paradoxa der Wahrscheinlichkeitsrechnung* bekannt geworden. Die Probleme von *Galilei* und *Leibniz* haben wir bereits besprochen***. Zu einem tieferen Verständnis dieser Problematik diene folgende

Aufgabe: 6 Personen P, Q, W, X, Y und Z setzen sich auf gut Glück um einen runden Tisch. Wie groß ist die Wahrscheinlichkeit für das Ereignis $A := $»P kommt neben Q zu sitzen«?
Lösung: Wir wählen im Folgenden verschiedene Ergebnisräume Ω_i; das Ereignis A wird dann jeweils durch die Menge A_i dargestellt. Die gesuchte Wahrscheinlichkeit $P(A)$ werden wir jedesmal unter der Laplace-Annahme berechnen.

---

* Die Formel wird manchmal nach *Isaac Newton* (1643–1727) benannt, stammt aber mit Sicherheit nicht von ihm.
** Siehe Seite 76.
*** Siehe dazu Seite 76 und die Aufgaben 12/**1, 2** und 111/**10, 11**.

8.5 Laplace-Paradoxa oder »Was ist gleichwahrscheinlich?«

1. Lösung: Wir wählen als Ergebnisraum die Menge
$\Omega_1 := \{P \text{ sitzt neben } Q; P \text{ sitzt nicht neben } Q\}$ mit $|\Omega_1| = 2$.
$A_1 = \{P \text{ sitzt neben } Q\}$ ist dann die Menge der für A günstigen Ergebnisse.
Mit $|A_1| = 1$ erhalten wir somit für die Wahrscheinlichkeit des Ereignisses A den
Wert $P(A) = \dfrac{|A_1|}{|\Omega_1|} = \tfrac{1}{2}$.

2. Lösung: Als mögliche Ergebnisse lassen wir nun die Minimalanzahl von Personen zu, die P von Q trennen, also $\Omega_2 = \{0, 1, 2\}$ mit $|\Omega_2| = 3$. $A_2 = \{0\}$ ist dann die Menge der für A günstigen Ergebnisse; es ist $|A_2| = 1$ und damit
$P(A) = \dfrac{|A_2|}{|\Omega_2|} = \tfrac{1}{3}$.

3. Lösung: Als mögliche Ergebnisse betrachten wir die Anzahl von Personen, die im Uhrzeigersinn zwischen P und Q sitzen, also $\Omega_3 = \{0, 1, 2, 3, 4\}$ mit $|\Omega_3| = 5$. Die günstigen Ergebnisse bilden die Menge $A_3 = \{0, 4\}$ mit $|A_3| = 2$. Damit ergibt sich $P(A) = \dfrac{|A_3|}{|\Omega_3|} = \tfrac{2}{5}$.

4. Lösung: Wir numerieren die Plätze (siehe Figur 109.1) und nehmen als Ergebnisse des Zufallsexperiments die 2-Mengen der Nummern derjenigen Plätze, auf denen P und Q sitzen können, also

$\Omega_4 = \{\{1, 2\}, \{1, 3\}, \ldots, \{5, 6\}\}$ mit $|\Omega_4| = \binom{6}{2} = 15$.

A_4 besteht dann aus denjenigen 2-Mengen, die benachbarte Plätze angeben, also
$A_4 = \{\{1, 2\}, \{2, 3\}, \{3, 4\}, \{4, 5\}, \{5, 6\}, \{6, 1\}\}$ mit $|A_4| = 6$.

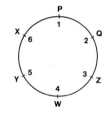

Fig. 109.1
Sechs Personen an einem runden Tisch

Somit erhalten wir $P(A) = \dfrac{|A_4|}{|\Omega_4|} = \tfrac{6}{15} = \tfrac{2}{5}$.

5. Lösung: Da es gleichgültig ist, ob P neben Q oder Q neben P sitzt, können wir beide mit dem gleichen Symbol 1 bezeichnen. Die restlichen 4 Personen können wir auch identifizieren; wir wählen für sie das Symbol 0. Ω_5 besteht dann aus allen 6-Tupeln, die man aus 2 Einsen und 4 Nullen bilden kann. $|\Omega_5|$ kann man auf 2 Arten erhalten.

1. Art: Unterscheidet man in Gedanken die beiden Einsen und auch die 4 Nullen voneinander, dann gibt es 6! Möglichkeiten, sie anzuordnen. Da man aber eine Permutation der beiden Einsen bzw. der 4 Nullen nicht unterscheiden kann, sind jeweils $2! \cdot 4!$ dieser 6! Möglichkeiten gleich. Also gilt $|\Omega_5| = \dfrac{6!}{2! \cdot 4!} = 15$.

2. Art: Man überlegt sich, daß die beiden Einsen auf $\binom{6}{2}$ Arten auf die 6 Plätze verteilt werden können; also $|\Omega_5| = \binom{6}{2} = 15$.

A_5 besteht bei diesem Lösungsvorschlag aus den 6-Tupeln, in denen die beiden Einsen nebeneinanderstehen oder Tupelanfang und -ende bilden. Dafür gibt es 6 Möglichkeiten, wie man durch Aufzählen der Menge A_5 feststellt;

$A_5 = \{110000, 011000, \ldots, 000011, 10001\}$, also $|A_5| = 6$. Somit erhalten wir wiederum $P(A) = \dfrac{|A_5|}{|\Omega_5|} = \dfrac{6}{15} = \dfrac{2}{5}$.

6. Lösung: Ohne Beschränkung der Allgemeinheit können wir aber auch annehmen, daß P auf Platz Nr. 1 sitzt. Als Ergebnisse des Experiments nehmen wir die Nummern der Plätze, auf denen Q sitzen kann, also $\Omega_6 = \{2, 3, 4, 5, 6\}$ mit $|\Omega_6| = 5$. Die günstigen Ergebnisse bilden die Menge $A_6 = \{2, 6\}$ mit $|A_6| = 2$. Damit wird $P(A) = \dfrac{|A_6|}{|\Omega_6|} = \dfrac{2}{5}$.

7. Lösung: Als mögliche Ergebnisse betrachten wir alle Permutationen der 6 Personen, also $|\Omega_7| = 6!$. A_7 besteht aus allen Permutationen, in denen P neben Q steht, und aus denjenigen, bei denen P und Q am Anfang bzw. am Ende stehen, also $A_7 = \{\text{PQXYZW}, \ldots, \text{XQPYZW}, \ldots, \text{QXYZWP}, \ldots\}$. Die Mächtigkeit von A_7 bestimmen wir mit Hilfe des Zählprinzips: Für P gibt es 6 Möglichkeiten, Platz zu nehmen. Q hat dann jeweils 2 Möglichkeiten, nämlich links oder rechts von P Platz zu nehmen. Die restlichen 4 Personen können auf 4! Arten die restlichen 4 Plätze belegen.
Das ergibt $|A_7| = 6 \cdot 2 \cdot 4!$ und damit $P(A) = \dfrac{|A_7|}{|\Omega_7|} = \dfrac{6 \cdot 2 \cdot 4!}{6!} = \dfrac{2}{5}$.

Damit soll es genug sein! Sicherlich lassen sich noch andere Lösungen des Problems angeben. Aber es erhebt sich doch die Frage, was ist nun die *richtige* Wahrscheinlichkeit des Ereignisses A? Da es Mehrheitsentscheidungen in der Mathematik nicht gibt, müssen wir nachdenken. Der Grund für die Verschiedenheit der Ergebnisse liegt offenbar darin, daß wir für die unterschiedlichsten Ergebnisräume immer die Laplace-Annahme der Gleichwahrscheinlichkeit der Ergebnisse gemacht haben, wozu wir durch die Formulierung »auf gut Glück« verleitet wurden. Präzisiert man nun den Vorgang, wie die 6 Personen am Tisch Platz nehmen, so erkennt man, daß *jeder* der gefundenen Wahrscheinlichkeitswerte $\frac{1}{2}$, $\frac{2}{5}$ und $\frac{1}{3}$ richtig sein kann! Es kann z. B. sein, daß P und Q durch den Wurf einer Laplace-Münze entscheiden, ob sie nebeneinander oder getrennt sitzen wollen. Jetzt ist für Ω_1 die Laplace-Annahme richtig, für alle anderen vorgestellten Ergebnisräume aber falsch. In diesem Fall ist also $P(A) = \frac{1}{2}$ die richtige Antwort auf das Problem. Es kann aber auch sein, daß P und Q durch Werfen eines Laplace-Würfels die Minimalanzahl der Personen bestimmen, die zwischen ihnen sitzen sollen. Dabei verabreden sie, daß Augenzahl 1 und Augenzahl 4 eine Person bedeuten, Augenzahl 2 und Augenzahl 5 zwei Personen und Augenzahl 3 und Augenzahl 6 keine Person. Jetzt ist für Ω_2 die Laplace-Annahme richtig, für alle anderen vorgestellten Ergebnisräume jedoch falsch. $P(A) = \frac{1}{3}$ ist nun die richtige Antwort auf das Problem. Schließlich können die 6 Personen ihre Platznummern als Lose ziehen. Dann ist die Laplace-Annahme für die Ergebnisräume Ω_3 bis Ω_7 richtig. Für Ω_7 ist dies unmittelbar einsichtig. Die Ergebnisräume Ω_3 bis Ω_6 entstehen aus Ω_7 durch eine Vergröberung dergestalt, daß jeweils gleich viele Elemente aus Ω_7 identifiziert werden (vgl. Aufgabe 125/**105**); dadurch bleibt aber die Laplace-Eigenschaft erhalten. Die richtige Lösung lautet in all diesen Fällen $P(A) = \frac{2}{5}$.

Besonders problematisch ist der Begriff der Gleichwahrscheinlichkeit, wenn der Ergebnisraum unendlich viele Ergebnisse enthält. Zwei historische Paradoxa, in denen geometrische Probleme mit unendlichen Ergebnisräumen behandelt werden, sind im Anhang II (Seite 388) dargestellt.

Aufgaben

Zu 8.1.

- **1.** Zeige, daß die gleichmäßige Wahrscheinlichkeitsverteilung mit den *Kolmogorow*-Axiomen verträglich ist.
  2. Aus dem Wort »STOCHASTIK« werde auf gut Glück ein Buchstabe ausgewählt. Wie groß ist die Wahrscheinlichkeit dafür, daß
    a) das K gewählt wird; **b)** ein T gewählt wird;
    c) ein Konsonant gewählt wird; **d)** S oder T gewählt wird?
  3. Aus dem Wort »KLASSE« werden auf gut Glück zwei Buchstaben ausgewählt.
    a) Auf wie viele Arten ist eine solche Auswahl möglich?
    b) Wie groß ist die Wahrscheinlichkeit dafür, daß
      1) ein A darunter ist; 2) ein S darunter ist; 3) zwei Konsonanten gewählt werden?
  4. Eine Zahl x ($10 < x \leq 20$) werde willkürlich gezogen. Wie groß ist die Wahrscheinlichkeit dafür, daß
    a) eine gerade Zahl gezogen wird;
    b) eine Primzahl gezogen wird;
    c) eine durch 4 teilbare Zahl gezogen wird;
    d) eine durch 4 und 7 teilbare Zahl gezogen wird?
  5. Wie groß ist die Wahrscheinlichkeit dafür, daß das Quadrat einer beliebig herausgegriffenen Zahl ($\in \mathbb{N}$) als Einerziffer   **a)** 4   **b)** 5   **c)** 2 hat?
  6. Eine Laplace-Münze mit den Seiten Wappen und Zahl wird zweimal geworfen. Berechne die Wahrscheinlichkeit folgender Ereignisse:
    $A :=$ »Es fällt genau einmal Wappen«
    $B :=$ »Es fällt mindestens einmal Wappen«
    $C :=$ »Es fällt höchstens einmal Wappen«
  7. Eine Laplace-Münze mit den Seiten Wappen und Zahl wird dreimal geworfen. Berechne die Wahrscheinlichkeit folgender Ereignisse:
    $A :=$ »Es fällt genau zweimal Zahl«
    $B :=$ »Es fällt mindestens zweimal Zahl«
    $C :=$ »Es fällt höchstens zweimal Zahl«
  8. In einem Spiel wird eine L-Münze dreimal geworfen. Erscheint zweimal nacheinander Zahl, so erhält der Spieler einen Preis. Wie groß ist die Wahrscheinlichkeit dafür?
  9. Zwei Laplace-Würfel werden gleichzeitig geworfen. Berechne die Wahrscheinlichkeit dafür, daß die Augensumme durch 3 (5 bzw. 6) teilbar ist.
  10. *Leibniz* (1646–1716) dachte, es sei mit zwei Würfeln ebenso leicht, eine 11 wie eine 12 zu werfen. Entscheide, ob er recht hatte. (Vgl. Aufgabe 12/**1** und siehe Seite 76.)
- **11.** Spieler hatten entdeckt, daß beim Wurf mit 3 Würfeln die Augensumme 10 leichter zu erreichen ist als die Augensumme 9. *Galilei* (1564–1642) fand dafür die richtige Erklärung (siehe Seite 76). Zeige durch Berechnung der Wahrscheinlichkeiten der beiden Augensummen, welch kleiner Unterschied durch die Spieler damals bemerkt worden war. (Vgl. auch Aufgabe 12/**2**.)

12. a) Welche Augensumme ist beim Wurf zweier Würfel am wahrscheinlichsten?
b) Theodor bietet folgende Wetten mit gleichen Einsätzen an:
  1) Die Augensumme 6 fällt eher als die Augensumme 7.
  2) Die Augensumme 8 fällt eher als die Augensumme 7.
  3) Die Augensummen 6 und 8 fallen eher als zweimal die Augensumme 7.
  Welche Wette würdest du eingehen? Begründe deine Antwort!

13. Aus dem *Tractatus de ratiociniis in aleae ludo* von *Christiaan Huygens* (1629–1695):

  a) »*Aufgabe XIV*: Wenn ich und ein anderer abwechselnd 2 Würfel werfen unter der Bedingung, daß ich gewinne, wenn ich die 7 werfe, er aber, wenn er 6 wirft, und ich ihm den ersten Wurf lasse, wie verhalten sich dann die Gewinnchancen?«

  Hinweis: *Jakob Bernoulli* (1655–1705) löste diese und die nächste Aufgabe mit Hilfe einer geometrischen Reihe.

  b) »*Problem I*: A und B spielen mit zwei Würfeln unter der Bedingung, daß A gewinnt, wenn er sechs Augen wirft, B jedoch, wenn er sieben Augen wirft; A beginnt das Spiel mit einem Wurf, dann tut B zwei Würfe hintereinander, dann ebenso A zwei Würfe, und so fort, bis schließlich einer gewinnt. Wie verhält sich die Hoffnung von A zu der von B?«*

14. Aus einem Bridge-Kartenspiel (52 Karten) wird eine Karte gezogen. Berechne die Wahrscheinlichkeit folgender Ereignisse:
  $A :=$ »Die gezogene Karte ist eine Herzkarte«
  $B :=$ »Die gezogene Karte ist ein König«
  $C :=$ »Die gezogene Karte ist Herz-König«
  $D :=$ »Die gezogene Karte ist eine Herzkarte oder ein König«
  $E :=$ »Die gezogene Karte ist entweder eine Herzkarte oder ein König«
  $F :=$ »Die gezogene Karte ist eine Herzkarte, aber kein König«
  $G :=$ »Die gezogene Karte ist ein König, aber keine Herzkarte«
  $H :=$ »Die gezogene Karte ist weder eine Herzkarte noch ein König«.

15. Zwei (drei) Jungen und drei Mädchen sind eingeladen. Sie treffen nacheinander ein. Jede Reihenfolge des Eintreffens ist gleichwahrscheinlich. Wie wahrscheinlich treffen
  a) abwechselnd ein Junge und ein Mädchen ein,
  b) die drei Mädchen direkt nacheinander ein?

16. In einem Benzolring seien zwei der sechs Kohlenstoffatome radioaktiv. Wie groß ist die Wahrscheinlichkeit dafür, daß die beiden nebeneinanderliegen?

17. Die Oberfläche eines Würfels wird rot eingefärbt. Dann werde der Würfel durch 6 ebene Schnitte in 27 kongruente Teilwürfel zerlegt. Wie groß ist die Wahrscheinlichkeit dafür, daß ein willkürlich herausgegriffener Teilwürfel
  a) keine gefärbte Fläche hat,
  b) genau 2 rote Flächen hat?

18. Auf dem leeren Schachbrett steht der schwarze König auf a8 (c3). Die weiße Dame werde auf gut Glück auf eines der restlichen 63 Felder gestellt. Mit welcher Wahrscheinlichkeit bietet sie Schach?

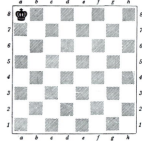

19. Zwei fehlerhafte Transistoren sind mit zwei guten zusammengepackt worden. Man prüft die Transistoren der Reihe nach, bis man weiß, welche die

---

* *Pierre de Fermat* (1601–1665) stellte *Christiaan Huygens* (1629–1695) diese Aufgabe über seinen Mittelsmann *Pierre de Carcavy* († 1684) im Brief vom Juni 1656. *Huygens* schickte die Lösung an *Carcavy* am 6.7.1656.

zwei fehlerhaften sind. Mit welcher Wahrscheinlichkeit ist man nach Prüfung des zweiten Transistors, mit welcher Wahrscheinlichkeit erst nach Prüfung des dritten Transistors fertig?

Zu 8.2

20. Von A nach B führen 7 Wege. Von B nach C führen 4 Wege.
    a) Wie viele Wege führen von A nach C über B?
    b) Von C nach D führen 9 Wege. Wie viele Wege führen von A nach D über B und C?
21. Wie viele drei-(vier)stellige Zahlen gibt es mit verschiedenen Ziffern, wenn
    a) die Null nicht auftritt, b) auch die Null verwendet wird?
22. Wie viele verschiedene 5stellige Zahlen kann man aus den Ziffern 1, 2, 3, 4, 5 bzw. 0, 1, 2, 3, 4 bilden, wenn
    a) in jeder Zahl alle Ziffern verschieden sein sollen,
    b) die Bedingung a) nicht erfüllt sein muß?
23. Gib alle Anagramme an, die durch Permutation der Buchstaben entstehen:
    a) ABC   b) ROMA*
24. Gib alle möglichen Anagramme der folgenden Wörter an:
    a) AAS   b) OTTO   c) POPOP
25. Bilde alle Paare ohne (mit) Wiederholung aus a) ABC, b) ROMA.
26. *John Wallis* (1616–1703) bearbeitet in *A discourse of combinations, alternations, and aliquot parts*, einem Anhang seines *Treatise of Algebra***, zwei Aufgaben des *Gerhardus Johannes Vossius* (1557–1649) aus dessen *de Scientiis Mathematicis* von 1650:
    a) Ein Wirt verspricht 7 Gästen, sie so viele Tage freizuhalten, wie sie in veränderter Ordnung Platz nehmen können. *Voss* behauptet, der Wirt sei seiner Verpflichtung nach 14 Jahren ledig. Wie lautet die von *Wallis* korrekt angegebene Lösung?***
    b) Die 24 Buchstaben des Alphabets [U = V, kein J] sollen permutiert werden. Wenn jemand pro Minute 5 solcher Permutationen hinschreiben könnte und mit dem Permutieren mit der Erschaffung der Welt begonnen hätte, so wäre das Unterfangen jetzt noch nicht beendet. *Wallis* fügt hinzu, daß das sogar noch gilt, wenn man jede Minute, die seit der Erschaffung der Welt verflossen ist, zu 10 Millionen Jahren rechnen würde.
    α) *Wallis* rechnet das Jahr zu $365\frac{1}{4}$ Tagen und nimmt für das Alter der Welt die damals üblichen 6000 Jahre. Beurteile die beiden Lösungen!
    β) Zu welchem Ergebnis kommt man in beiden Fällen, wenn man für das Alter des Universums, wie heute üblich, 21 Milliarden Jahre annimmt?
27. Berechne:
    a) $\binom{14}{2}$ b) $\binom{23}{4}$ c) $\binom{19}{16}$ d) $\binom{47}{6}$ e) $\binom{50}{35}$ f) $\binom{100}{10}$.
28. In einer Klasse wird ein Mathematik-Hausheft und ein Mathematik-Schulheft geführt. Heftumschläge gibt es in 7 verschiedenen Farben. Leider hat der Lehrer vergessen zu sagen, welche Farben für die Umschläge verwendet werden sollen. Wie viele Möglichkeiten gibt es, wenn
    a) Haus- und Schulheft immer verschiedenfarbig eingebunden sein sollen,
    b) diese Einschränkung nicht gilt?

---

* *John Wallis* (1616–1703) behauptet 1685 in seinem Anhang zum *Treatise of Algebra*, 7 dieser Anagramme ergeben sinnvolle lateinische Wörter. Welche sind es?

** Der vollständige Titel des 1685 englisch erschienenen Werks lautet *Treatise of Algebra, Both Historical and Practical, Showing the Original, Progress, and Advancement Thereof, From Time to Time; and by What Steps It Hath Attained to the Height at Which Now It is*. 1693 erschien es lateinisch, um einiges vermehrt.

*** Vermutlich geht die Aufgabe auf *Luca Pacioli* (1445–1514) zurück, der in seiner *Summa* (folio 43 v) folgende Aufgabe vorrechnet: Jemand lädt 10 Personen ein und will ihnen so viele verschiedene Gerichte vorsetzen, wie diese Personen in verschiedener Anordnung nebeneinandersitzen können. Wie viele Gerichte sind es? *Pacioli* zeigt dann noch die Lösung für 11 Personen und sagt, daß man das Verfahren fortsetzen könne.

29. Ein vorbildlicher Leistungskursschüler führt in Mathematik 6 Hefte, und zwar je ein Schul- und Hausheft für Stochastik, Analytische Geometrie und Infinitesimalrechnung. Er hat für die Heftumschläge 7 Farben zur Verfügung. Wie viele Möglichkeiten gibt es, wenn
   a) alle Hefte verschiedenfarbig eingebunden sein sollen,
   b) keine Einschränkung gilt,
   c) Schul- und Hausheft des gleichen Fachbereichs die gleiche Farbe tragen sollen, die Fachbereiche aber durch Farben unterschieden werden?
30. Auf wie viele Arten kann man 2 Buchstaben aus »COMPUTER« auswählen, wenn
   a) keine Einschränkung besteht,
   b) beide Buchstaben Konsonanten sein müssen,
   c) beide Buchstaben Vokale sein müssen,
   d) ein Buchstabe ein Vokal und der andere ein Konsonant sein muß?
31. Löse Aufgabe 30 für »MISSISSIPPI«, wenn man die Buchstaben I bzw. S bzw. P
   a) nicht unterscheidet, **b)** unterscheidet.
32. Ein König beschließt in seinem Reich eine Gebietsreform. Dabei soll jede neu zu bildende Provinz eine Fahne erhalten. Zur Verfügung stehen die heraldischen Farben Rot, Blau, Schwarz, Grün, Gold, Silber und Purpur.
   a) In wie viele Provinzen kann das Land höchstens eingeteilt werden, wenn die Fahne eine Trikolore sein soll und
   1) keine weitere Bedingung gestellt wird,
   2) der oberste Streifen der Trikolore golden sein muß,
   3) einer der 3 Streifen der Trikolore golden sein muß?
   b) Wie viele neue Provinzen können gebildet werden, wenn die Fahne zwar aus 3 Streifen bestehen, der untere und der obere Streifen aber gleichfarbig sein sollen?
33. 6 Jungen und 4 Mädchen sollen in 2 Mannschaften zu 5 Spielern aufgeteilt werden. Auf wie viele Arten geht das, wenn in jeder Mannschaft mindestens ein Mädchen mitspielen soll?
34. Eine Reisegruppe von 12 Personen verteilt sich auf 2 Abteile eines Eisenbahnwagens. In jedem Abteil gibt es 3 Sitzplätze in Fahrtrichtung und 3 entgegen der Fahrtrichtung. Von den 12 Personen wollen auf alle Fälle 5 in Fahrtrichtung und 4 gegen die Fahrtrichtung sitzen. Wie viele Plazierungsmöglichkeiten gibt es, wenn man die Sitze unterscheidet?
35. Bei einem Lochstreifen besteht eine Codegruppe aus 5 (8) Stellen, die gelocht werden können. Wie viele Zeichen lassen sich so codieren?
36. Bei einem Binärcode arbeitet man mit 2 Zeichen. Es sollen die 26 Buchstaben des Alphabets, die 10 Ziffern und 27 Sonderzeichen (z.B. », +, [, ?, ...) codiert werden (IBM-Lochkartencode). Wie groß muß k mindestens gewählt werden, damit alle Zeichen des oben angegebenen Zeichenvorrats durch gleich lange Binärwörter (k-Tupel aus einer 2-Menge) codiert werden können?
37. Von *Joseph Haydn* (1732–1809) stammt ein Schema von 11 mal 16 Takten, das in der *Musikalischen Gartenlaube*, III. Band (1870), veröffentlicht wurde. Wie viele 16taktige Menuette lassen sich komponieren, wenn für jeden Takt eine der 11 angegebenen Möglichkeiten genommen werden darf?
38. **a)** In München-Stadt waren 1981 folgende Kombinationen als Autokennzeichen zulässig*: Nach dem Ortskennzeichen M folgen 2 Buchstaben und dann eine der ganzen Zahlen aus [100; 4999]. Bei der Buchstabenkombination sind verboten B, F, G, I, O, Q. Nicht verwendet werden HJ, KP, KZ, NS, SA, SS, WC. CD und CC dürfen nur Haltern zugeteilt werden, die dem diplomatischen bzw. konsularischen Dienst angehören.

---

* Die Ausgabe von Nummernschildern begann weltweit 1899 in München mit einer schwarzen Eins auf gelbem Grund (Farben der Stadt München) 10,3 × 7,3 cm.

α) Wie viele Kennzeichen können damit an normale Staatsbürger ausgegeben werden?

β) Wie viele Kennzeichen sind möglich, wenn der Zahlenvorrat [100; 9999] ausgeschöpft wird?

b) Für den Landkreis München galt: Nach dem M steht entweder 1 Buchstabe und eine 3- oder 4stellige Zahl oder 2 Buchstaben und eine ganze Zahl aus [1; 99]. Nicht zulässig sind die in **a)** aufgeführten Ausnahmen. Löse α) für den Landkreis.

c) Warum sind die obigen Kombinationen nicht gestattet?

39. Beweise das **Symmetriegesetz**:

$$\binom{n}{n-k} = \binom{n}{k}.$$

40. Beweise die **Additionsformel**:

$$\binom{n}{k} + \binom{n}{k+1} = \binom{n+1}{k+1}.$$

41. Zeige: $(a+b)^n = \sum_{k=0}^{n} \binom{n}{k} a^k b^{n-k}$. Hinweis: Überlege, wie oft der Summand $a^k b^{n-k}$ bei der Multiplikation entsteht.

42. Beweise:

a)* $\sum_{k=0}^{n} \binom{n}{k} = 2^n$ **b)** $\sum_{k=0}^{n} \binom{n}{k}^2 = \binom{2n}{n}$ **c)** $\sum_{k=0}^{n} (-1)^k \binom{n}{k} = 0$.

43. Die Binomialkoeffizienten lassen sich auf einfache Weise in einem Dreieck anordnen. Es heißt *Pascal-Stifelsches Dreieck* oder auch **Arithmetisches Dreieck****. Unter Verwendung der Formel aus Aufgabe **40** lassen sich die Binomialkoeffizienten der $(n+1)$-ten Zeile aus denen der n-ten Zeile berechnen. Berechne das *Pascal-Stifel*sche Dreieck bis zur 7. Zeile.

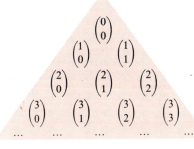

44. Von n Elementen seien jeweils n_i ununterscheidbar, d.h., $\sum_{i=1}^{k} n_i = n$.

a) Zeige: Die Anzahl aller unterscheidbaren Permutationen ist $\dfrac{n!}{n_1! \cdot n_2! \cdot \ldots \cdot n_k!}$.

b) Wende die von *Jakob Bernoulli* (1655–1705) gefundene Formel auf Aufgabe 113/24 an und berechne die entsprechenden Anzahlen.

---

* *Michael Stifel* (1487–1567) zitiert diese Formel 1544 in *Arithmetica integra* (folio 101 r) als *Eine gewisse Regel des Hieronymus Cardanus*. Geronimo Cardano (1501–1576) bringt sie als 170. Satz seines *Opus novum de proportionibus* erst 1570, bemerkt aber: »*Ich habe sie schon anderwärts gelehrt; [...] kann aber die Stelle nicht finden.*«

** Die oben angegebene Anordnung stimmt weder mit der von *Michael Stifel* in seiner *Arithmetica integra* (1544) noch mit der *Pascals* in dessen *Traité du triangle arithmétique* (1654) überein. Die früheste erhaltene Darstellung dieser Anordnung findet sich in *Yang Huis Untersuchung der Arithmetischen Regeln der Neun Bücher* aus dem Jahre 1261, die aber auf *Qia Xsian* [sprich: Tschia Hsien] (um 1100) zurückgeht. Dieselbe Anordnung der Binomialkoeffizienten ist im *Kostbaren Spiegel der vier Elemente* des *Zhu Shi-Jie* [sprich: Tschuh-dschieh] aus dem Jahre 1303 enthalten. Die erste gedruckte Darstellung in Europa schmückt das Titelblatt des *Neuen Rechenbuchs* von 1527 des *Peter Apian* (1495–1552). Niccolò Tartaglia (1499–1557) bringt ebenfalls diese Darstellung in seinem *General Trattato di numeri e misure* (1556). – Bekannt war das Arithmetische Dreieck bereits den Arabern des 11. Jh.s und den Indern des 2. vorchristlichen Jh.s – Vgl. Bild 116.1 und die Abbildung auf Seite 228.

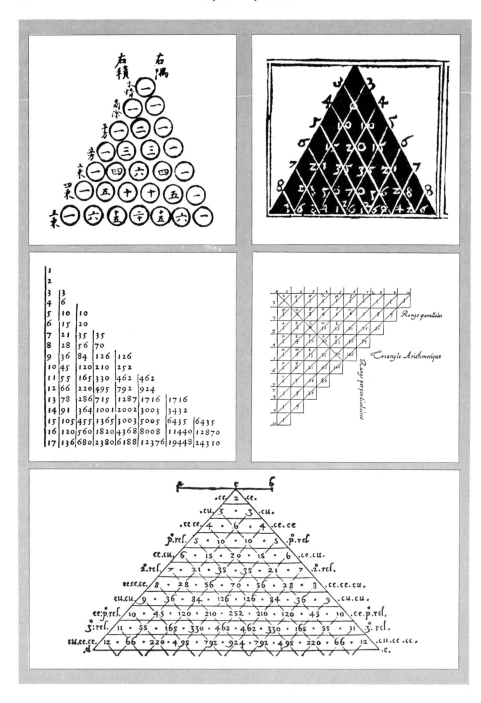

Bild 116.1 Das Arithmetische Dreieck des *Yang Hui* (1261) und des *Peter Apian* (1527) [1.Reihe], des *Michael Stifel* (1544), des *Blaise Pascal* (1654) [2.Reihe], des *Niccolò Tartaglia* (1556).

Aufgaben 117

45. Wie viele Wörterbücher (der Art: Sprache A → Sprache B) benötigt ein Übersetzungsinstitut für die direkte Übersetzung aus jeder von 6 Sprachen in jede dieser 6 Sprachen? Wie viele zusätzliche Wörterbücher müssen angeschafft werden, wenn 3 weitere Sprachen dazukommen?

46. Ein Ausschuß von 10 Parlamentariern soll aus 2 Parteien zusammengesetzt werden. Die FSU hat 8 Fachleute, die CSP hat 6 Fachleute anzubieten. Auf Grund der Mehrheitsverhältnisse kann die FSU 7 und die CSP 3 Sitze im Ausschuß beanspruchen. Wie viele verschiedene Zusammensetzungen des Ausschusses sind möglich, wenn
    a) keine weitere Bedingung gemacht wird,
    b) ein bestimmtes Mitglied der CSP auf alle Fälle im Ausschuß sitzen soll,
    c) 2 bestimmte Kandidaten der CSP von der FSU grundsätzlich abgelehnt werden?

47. Aus einer Gruppe von 4 Frauen und 4 Männern wollen 4 Personen Tennis spielen.
    a) Wie viele Möglichkeiten gibt es, wenn
       1) keinerlei Einschränkungen bestehen,   2) keine Frau mitspielen soll,
       3) genau eine Frau mitspielen soll,   4) genau 2 Frauen mitspielen sollen,
       5) genau 3 Frauen mitspielen sollen,   6) alle 4 Frauen mitspielen sollen?
    b) Welcher Zusammenhang besteht zwischen dem Ergebnis von 1) und den Ergebnissen von 2)–6)?

●48. Ein Bridgespiel besteht aus 52 Karten, von denen vier Asse sind. Man entnimmt 13 Karten. In wieviel Fällen enthalten diese 13 Karten
    a) kein As,   b) genau ein As,   c) mindestens ein As,
    d) höchstens ein As,   e) genau 2 Asse,   f) alle 4 Asse?

●49. An einem runden Tisch nehmen 6 bzw. 7 Personen Platz. Anordnungen, bei denen jeder die gleichen Nachbarn hat, betrachten wir als gleich. Wie viele verschiedene Plazierungen der Personen gibt es in jedem der beiden Fälle, wenn
    a) keine weitere Bedingung gestellt wird,
    b) 2 bestimmte Personen auf alle Fälle nebeneinandersitzen wollen,
    c) 3 bestimmte Personen auf alle Fälle beliebig nebeneinandersitzen wollen,
    d) eine bestimmte Person auf alle Fälle jedesmal zwei bestimmte Personen als Nachbarn haben will?

●50. a) 5 Äpfel sollen auf 3 Kinder verteilt werden. Auf wie viele Arten ist das möglich?
    b) k Kugeln sollen auf n Urnen verteilt werden. Auf wie viele Arten ist das möglich, wenn man die Kugeln nicht unterscheidet?

51. *Pausanias* (110–180) berichtet in seiner *Beschreibung Griechenlands* (VII, 25, 10) von einem Astragalorakel*:

    »Geht man von Bura [in Achaia] zum Meer hinab, so ist da […] ein nicht großer Herakles in einer Höhle. […] Man kann dort mit einer Tafel und Astragali Orakelsprüche erhalten. Wer den Gott befragen will, betet vor der Statue und nimmt dann 4 von den reichlich vor dem Herakles liegenden Astragali und läßt sie auf einen Tisch fallen. Zu jeder Konfiguration dieser 4 Astragali ist auf einer Tafel ein passender Wortlaut als Erklärung angegeben.«

    a) Wie viele Orakelsprüche mußten von den Priestern erstellt werden, wenn zu jedem Ergebnis eine andere Prophezeiung gehörte?
    b) Aus dem 2. Jh. n. Chr. sind Orakel für 5 Astragali erhalten, die bis auf das in Bulgarien gefundene alle aus der heutigen südlichen Türkei stammen (siehe Figur 118.1). Als Beispiel seien die Sprüche 50 und 52 der dort üblichen Orakelliste wiedergegeben:

---

* Der Unsinn dieser Astragalorakel – vergleichbar mit den Horoskopen unserer Regenbogenpresse – fand in den mittleren und späten Jahren des Römischen Reiches seine Verbreitung.

Fig. 118.1 Fundstätten von Astragalorakeln in Kleinasien.

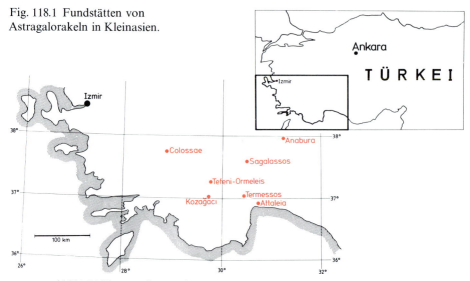

44466 24 Kronos, der Kinderfresser
Drei Vierer, zwei Sechser. Das ist der Rat der Gottheit:
Bleib zu Haus und geh nicht irgendwohin,
Damit nicht die reißende Bestie und die rächende Furie über Dich kommen;
Denn ich sehe, daß das Vorhaben weder gefahrlos noch sicher ist.

66661 25 Der lichtspendende Mondgott
Vier Sechser, und der fünfte Wurf eine Eins. Das bedeutet:
Wie Wölfe über Lämmer herfallen und mächtige Löwen
Gehörnte Ochsen bezwingen, so wirst Du alles überwinden.
Mit Hilfe des Hermes, des Zeussohnes, werden Deine Wünsche erfüllt.

Wie viele Prophezeiungen enthielt diese Orakelliste?

c) Astragalorakel gab es nicht nur in Heiligtümern sondern auch auf öffentlichen Plätzen. Hier mußte jeder seine eigenen Astragali verwenden. In Termessos (Pisidien) schmückte eine Orakelliste für 7 Astragali die Mauer des Stadttores. Wie viele Prophezeiungen enthielt sie?

d) Die unter b) angeführten Sprüche könnten uns auf die falsche Idee bringen, daß es auf die Reihenfolge der Wurfergebnisse angekommen sei. Wie viele Prophezeiungen hätte man dann im Fall von 4, 5 bzw. 7 Astragali erstellen müssen?

•e) Neben der Astragalomanteia ist auch die Kybomanteia mittels 6seitiger Würfel bezeugt. Wie viele Orakelsprüche hat man bei 4, 5 bzw. 7 Würfeln benötigt? Wie viele wären es bei Berücksichtigung der Reihenfolge?*

52. Für Christen war das Würfelspiel eine Erfindung des Teufels. Bischof *Wibold* von Cambrai (um 960) stellte es jedoch folgendermaßen in den Dienst der Kirche: Jeder Kombination, die man mit 3 Würfeln erzielen konnte, ordnete er eine christliche Tugend zu. Der Würfler verpflichtete sich, für eine gewisse Zeit sich der Tugend zu befleißigen, die er erwürfelt hatte. Wie viele Tugenden gab es für Bischof *Wibold*?

---

* *Niccolò Tartaglia* (1499–1557) gibt 1556 in seinem *General trattato di numeri et misure* (II, folio 17ʳ) ein Verfahren an, wie man, ausgehend von einem Würfel, alle möglichen Kombinationen für beliebig viele Würfel finden kann. Er behauptet, dies in der Nacht vom Faschingsdienstag auf den Aschermittwoch des Jahres 1523 gefunden zu haben. Die Ergebnisse bei 4, 5 und 6 Würfeln erarbeitete 1559 auch *Jean Buteo* (1492–1572) in seiner *Logistica* (ed. 1560).

Zu 8.3.

53. a) Zwei Karten eines Bridgespiels werden gleichzeitig gezogen. Berechne die Wahrscheinlichkeit folgender Ereignisse:
$A :=$ »Beide Karten sind Herzkarten«
$B :=$ »Beide Karten sind Damen«
$C :=$ »Herzdame, Herzkönig«
  b) Ein Spieler erhält 13 Karten. Wie groß ist die Wahrscheinlichkeit, daß sie alle von derselben Farbe sind?
  c) Aus dem *Tractatus de ratiociniis in aleae ludo* (1657) von *Christiaan Huygens*[*]:
  »*Problem III*: A wettet mit B, daß er aus 40 Spielkarten, von denen je 10 von derselben Farbe sind, vier Karten verschiedener Farbe herausziehen wird.«
  Wie müssen sich die Einsätze verhalten, damit die Wette fair ist?

54. Eine Laplace-Münze wird 10mal geworfen. Berechne die Wahrscheinlichkeit dafür, daß beim k-ten Wurf zum ersten Mal Wappen erscheint,
  a) für $k = 1, 2, \ldots, 10$,   **b)** allgemein.

55. Ein Prüfer gibt eine Liste von 8 Fragen heraus. Bei der Prüfung wird er dem jeweiligen Kandidaten 2 davon vorlegen. Dieser muß eine davon bearbeiten.
  a) Meier bereitet sich auf eine der 8 Fragen vor. Wie groß ist die Wahrscheinlichkeit dafür, daß er seine Frage gestellt bekommt?
  b) Huber bereitet sich auf 6 der 8 Fragen vor. Wie groß ist die Wahrscheinlichkeit dafür, daß er mindestens eine vorbereitete Frage vorgelegt bekommt?
  c) Wie viele Fragen muß Schmid wenigstens vorbereiten, damit er mit einer Wahrscheinlichkeit, die größer als 50% ist, auf mindestens eine vorbereitete Frage stößt?

56. In einer Reisegesellschaft von 5 Personen sind 2 Schmuggler, darunter Herr Meier. Wie groß ist die Wahrscheinlichkeit dafür, daß ein Zollbeamter, der auf gut Glück 3 Personen kontrolliert,
  a) mindestens einen Schmuggler,   **b)** Herrn Meier,   **c)** beide Schmuggler ertappt?

57. In einer Familie sind 2 Söhne und 3 Töchter. Jeden Tag wird ausgelost, wer abspülen muß. Wie groß ist die Wahrscheinlichkeit dafür, daß
  a) es den ältesten Sohn an zwei aufeinanderfolgenden Tagen trifft,
  b) es irgendein Kind an zwei aufeinanderfolgenden Tagen trifft,
  c) an zwei aufeinanderfolgenden Tagen Söhne abspülen müssen?

58. Drei L-Würfel werden gleichzeitig geworfen. Berechne die Wahrscheinlichkeiten folgender Ereignisse:
$A :=$ »Keine Sechs« $B :=$ »Genau 1 Sechs«
$C :=$ »Genau zweimal sechs« $D :=$ »Alle drei Würfel zeigen sechs«

59. Aus sechs Ehepaaren werden zwei Personen ausgelost. Mit welcher Wahrscheinlichkeit handelt es sich um
  a) zwei Damen,   **b)** zwei Herren,
  c) eine Dame und einen Herrn,   **d)** ein Ehepaar?

60. Drei Mädchen und drei Jungen setzen sich auf gut Glück nebeneinander auf eine Bank. Berechne die Wahrscheinlichkeit dafür, daß
  a) die drei Mädchen nebeneinandersitzen,
  b) links außen ein Mädchen sitzt,
  c) eine bunte Reihe entsteht.

---

[*] *Pierre de Fermat* (1601–1665) stellte *Christiaan Huygens* (1629–1695) diese Aufgabe über seinen Mittelsmann *Pierre de Carcavy* († 1684) im Brief vom Juni 1656. *Huygens* schickte die Lösung an *Carcavy* am 6.7.1656.

61. In vielen europäischen Ländern ist immer noch die alte Genueser Zahlenlotterie »5 aus 90« verbreitet. Es gibt aber auch noch andere Zahlenlotterien, wie die folgende Aufstellung zeigt.

Land	Lottotyp	Land	Lottotyp
Bundesrepublik	6 aus 49, 7 aus 38	Österreich	5 aus 90
DDR	5 aus 90, 6 aus 49,	Polen	6 aus 49, 5 aus 35
	5 aus 45	Rumänien	6 aus 45, 5 aus 45
Finnland	6 aus 60	Schweiz	6 aus 40
Italien	5 aus 90	Tschechoslowakei	6 aus 49, 5 aus 35
Jugoslawien	5 aus 36	UdSSR	6 aus 49
Niederlande	6 aus 41	Ungarn	5 aus 90

a) Berechne für jeden Lottotyp die Wahrscheinlichkeit für einen Haupttreffer. In welchem Verhältnis stehen diese Wahrscheinlichkeiten zur Wahrscheinlichkeit für einen Haupttreffer bei »6 aus 49«?

b) Berechne für jeden Lottotyp die Wahrscheinlichkeit für »Genau 4 Richtige«. In welchem Verhältnis stehen diese Wahrscheinlichkeiten zur Wahrscheinlichkeit für dieses Ereignis bei »6 aus 49«?

c) Löse Aufgabe **b)** für das Ereignis »Genau 2 Richtige weniger als die maximal möglichen Richtigen«.

62. Berechne die Wahrscheinlichkeit für die Gewinnklasse II »5 Richtige mit Zusatzzahl« und die Gewinnklasse III »5 Richtige« beim Lotto »6 aus 49«.

63. Beim Poker* erhält jeder Spieler eine »Hand« von 5 Karten aus den 52 französischen Karten des Bridgespiels. Fünf gleichfarbige Karten in ununterbrochener Reihenfolge bilden eine »Farbfolge« (= straight flush). Dabei darf das *As* nur am Anfang einer Farbfolge als *Eins* oder nur am Ende nach dem *König* stehen. Vier gleichwertige Karten bilden einen »Viererpasch« (= four of a kind).

a) Wie viele Viererpasche und wie viele Farbfolgen gibt es?

b) Warum gilt trotz des Ergebnisses in **a)** beim Poker eine Farbfolge mehr als ein Viererpasch? Berechne die Wahrscheinlichkeiten dafür, daß ein Spieler eine Farbfolge bzw. einen Viererpasch als »Hand« erhält, und begründe damit die Regel.

64. a) Berechne in der Situation von Beispiel 4 (Seite 100) die Wahrscheinlichkeit dafür, daß der erste schwarze König an k-ter Stelle erscheint.

b) Wie groß ist die Wahrscheinlichkeit dafür, daß der zweite schwarze König an i-ter Stelle erscheint?

65. Das Problem von *de Méré*. Berechne die Wahrscheinlichkeit dafür, daß

a) bei 4 Würfen mindestens eine 6 auftritt,

b) bei 24 Würfen mit 2 Würfeln mindestens eine Doppelsechs auftritt.

Gib dazu jeweils einen geeigneten Ergebnisraum an.

66. Berechne die Wahrscheinlichkeit dafür, daß beim Skatspiel (32 Karten) 2 Buben im Skat (= 2 weggelegte Karten) liegen**.

---

* Poker ist ein internationales Kartenglücksspiel amerikanischer Herkunft, das in der Öffentlichkeit verboten ist. 4–8 Personen können am Spiel teilnehmen. Die nicht verteilten Karten werden verdeckt als Talon aufgelegt.

** Das Skatspiel entstand ab 1815 in der Kartendruckerstadt Altenburg (Thüringen) aus dem Tarockspiel, das seit dem letzten Viertel des 14. Jahrhunderts belegt ist. Sein Name hängt mit dem italienischen Wort scarto = Ausschuß, Weggelegtes zusammen. Das Skatspiel besteht aus 32 Blatt. Jeder der 3 Spieler erhält 10 Karten, die restlichen 2 Karten werden weggelegt und bilden den Skat. Das Skatspiel kann mit französischen oder deutschen Karten gespielt werden. Dabei entsprechen den französischen Farben Kreuz, Pik, Herz und Karo die deutschen Farben Eichel, Blatt (auch Grün), Herz (auch Rot) und Schelle. (In der Schweiz ist das Blatt durch eine Rose und das Herz durch ein Wappen ersetzt.) Höchste Trümpfe sind die Buben (im deutschen Spiel die Unter) in der angegebenen absteigenden Farbenreihenfolge. Die Dame wird im deutschen Spiel durch den Ober ersetzt.

●67. Ein Skatspieler hat nach Aufnahme des Skats 8 von 11 Trümpfen in der Hand. Der dritthöchste Trumpf jedoch fehlt ihm. Wie groß ist die Wahrscheinlichkeit dafür, daß einer der beiden Gegenspieler alle 3 restlichen Trümpfe in der Hand hat und daher die Möglichkeit hat, einen Trumpfstich zu machen?

●68. Berechne die Wahrscheinlichkeit dafür, daß bei 10 (20; n) Würfen mit einem L-Würfel mindestens eine 1 und mindestens eine 6 auftritt.

69. Wie wahrscheinlich ist es, daß die Geburtstage von 12 Personen in 12 verschiedenen Monaten liegen? (Man nehme gleiche Wahrscheinlichkeit für jeden Monat an!)

70. 5 Mädchen und 5 Jungen setzen sich auf gut Glück um einen runden Tisch. Berechne die Wahrscheinlichkeit für eine bunte Reihe.

71. Herr Huber parkt täglich vor seinem Haus im Parkverbot. Er hat deswegen schon 9 Strafmandate erhalten. Er stellt fest, daß keines davon an einem Montag, Dienstag, Mittwoch oder Samstag ausgefertigt wurde. Wie groß ist die Wahrscheinlichkeit dafür, daß 9 Strafmandate an einem Donnerstag, Freitag oder Sonntag ausgefertigt werden, wenn man annimmt, daß die Wahrscheinlichkeit für die Ausfertigung eines Strafmandats für jeden Tag der Woche gleich groß ist?

72. Wie groß ist die Wahrscheinlichkeit dafür, beim
   a) Toto (unter der Voraussetzung von Beispiel 3, Seite 99)
   b) Lotto (6 aus 49)
   keinen einzigen Treffer zu haben?

●73. Wie groß ist die Wahrscheinlichkeit dafür, daß unter n Personen mindestens eine ist, die mit mir am gleichen Tag Geburtstag hat?
   Ab welchem n lohnt es sich, darauf zu wetten?

74. Ein Laplace-Floh springt auf der Zahlengeraden in Einheitssprüngen mit gleicher Wahrscheinlichkeit nach links und rechts. Er beginnt bei 0. Mit welcher Wahrscheinlichkeit ist er nach 6 Sprüngen bei   a) 6   b) -2 c) 0   d) 5?

75. In einer Schublade befinden sich 4 schwarze, 6 braune und 2 graue Socken. 2 (4) Socken werden im Dunkeln herausgenommen. Mit welcher Wahrscheinlichkeit erhält man 2 gleichfarbige Socken?

76. a) Frau Meier hat 10 verschiedene Handschuhpaare in einer Schublade. Sie will ausgehen und nimmt 2 (4) Handschuhe auf gut Glück heraus. Wie groß ist die Wahrscheinlichkeit dafür, daß sie
   1) kein passendes Paar herausgreift,
   2) mindestens ein passendes Paar herausgreift?
   b) Löse a) allgemein für den Fall, daß Frau Meier aus n verschiedenen Handschuhpaaren $2m$ Handschuhe herausgreift.

77. Ist es günstig, darauf zu wetten, daß beim n-maligen Werfen eines Laplace-Würfels lauter verschiedene Augenzahlen erscheinen? ($n = 2, 3, 4, 5, 6, 7$)

●78. Berechne die Wahrscheinlichkeit dafür, daß bei 10maligem Wurf mit einem Laplace-Würfel jede Augenzahl mindestens einmal auftritt.

79. 10 Sportler treten zu einer Veranstaltung an. Die Startnummern 1 bis 10 werden durch Los vergeben.
   a) Wie groß ist die Wahrscheinlichkeit dafür, daß mindestens einer der Sportler den Platz in der Siegerliste erreicht, den seine Startnummer angibt?
   b) Wie viele Sportler müssen antreten, damit es günstig ist, darauf zu wetten, daß mindestens einer den Rang erreicht, den seine Startnummer angibt?

●80. a) Berechne beim *Bernoulli-Euler*schen Problem der vertauschten Briefe die Wahrscheinlichkeit dafür, daß genau k-Briefe im richtigen Umschlag stecken.

b) Wie groß ist die Wahrscheinlichkeit, daß von den 10 Sportlern der Aufgabe **79**
  1) genau die Hälfte,   **2)** mehr als die Hälfte
  den Platz in der Siegerliste erreichen, den ihre Startnummer angibt?

•**81.** 1980 hatten sich 8 Mannschaften für das Viertelfinale des UEFA-Pokals* qualifiziert; 5 davon waren deutsche. Bei der Auslosung ergab sich der für die deutschen Mannschaften günstigste Fall, daß nur eine einzige Paarung zustande kam, bei der ein deutscher Verein gegen einen deutschen Verein spielen mußte.
  a) Welche Wahrscheinlichkeit hat dieses Ereignis?
  ⁸**b)** Verallgemeinerung des Problems: 2^n Mannschaften stehen im 2^{n-1}tel-Finale; darunter befinden sich k ($0 < k \leq 2^n$) deutsche Mannschaften. Der für Deutschland günstigste Fall ist derjenige, bei dem möglichst selten deutsche Mannschaften gegeneinander antreten müssen. Berechne die Wahrscheinlichkeit dafür.

82. n verschiedene Teilchen werden willkürlich auf z Zellen verteilt.
  a) Wie groß ist die Wahrscheinlichkeit einer Anordnung, bei der in der i-ten Zelle n_i Teilchen sind ($i = 1, \ldots, z$)? (*Maxwell-Boltzmann*-Statistik)
  b) Berechne diese Wahrscheinlichkeit bei 5 Zellen und 4 Teilchen für alle wesentlich verschiedenen Anordnungen. Wie viele Anordnungen gibt es zu jedem Typ?
  c) Löse **b)** für 4 Zellen und 5 Teilchen.
  d) Stelle für $n = 2$ und $z = 3$ die Verhältnisse auch graphisch dar.

83. n ununterscheidbare Teilchen werden willkürlich auf z Zellen verteilt.
  a) Wie groß ist die Wahrscheinlichkeit einer bestimmten Anordnung, wenn jede unterscheidbare Anordnung gleiche Wahrscheinlichkeit hat? (*Bose-Einstein*-Statistik, 1924)
  b) Löse **82. b)** in diesem Fall.   **c)** Löse **82. c)** in diesem Fall.   **d)** Löse **82. d)**

84. n ununterscheidbare Teilchen sollen auf z Zellen verteilt werden ($n \leq z$), wobei sich in einer Zelle höchstens ein Teilchen befinden darf.
  a) Wie groß ist die Wahrscheinlichkeit einer bestimmten Anordnung, wenn jede unterscheidbare Anordnung gleiche Wahrscheinlichkeit hat? (*Fermi-Dirac*-Statistik, 1926)
  b) Löse **82. b)**, **82. c)** und **82. d)** für diesen Fall.

Zu 8.4.

85. Eine Urne enthält 11 weiße und 15 schwarze Kugeln. Wie wahrscheinlich ist es, daß sich unter 10 willkürlich herausgegriffenen Kugeln genau 5 weiße befinden?

86. Wie groß ist die Wahrscheinlichkeit dafür, daß ein bestimmter Spieler beim Skatspiel
  a) genau 3 Buben,
  b) 3 bestimmte Buben und den vierten nicht,
  c) mindestens 3 Buben erhält?

87. Ein Prüfer testet 100 Geräte, unter denen sich 10 defekte befinden. Er wählt willkürlich 10 aus und akzeptiert die Lieferung nur dann, wenn die Probe kein defektes Gerät enthält. Mit welcher Wahrscheinlichkeit wird die Lieferung angenommen?

88. Eine Firma stellt fest, daß bei einer bestimmten Lieferung von Dosen eines Fertiggerichts versehentlich Giftstoffe in die Dosen gelangten. Sie sperrt sofort den Verkauf dieser Dosen. Ein Kaufmann hat von n Dosen, unter denen sich k aus der betreffenden Lieferung befinden, m Dosen ($m \leq n - k$) verkauft.
  a) Berechne die Wahrscheinlichkeit, daß keine der vergifteten Dosen verkauft wurde
    1) allgemein,   **2)** für $n = 20$; $m = 10$; $k = 6$.
  b) Wie groß ist die Wahrscheinlichkeit dafür, daß im Fall **a) 2)**
    1) mindestens 1 vergiftete Dose,   **2)** genau 1 vergiftete Dose,
    3) weniger als 4 vergiftete Dosen,   **4)** alle 6 vergifteten Dosen verkauft wurden?

---

* Union Européenne de Football Association, 1954 gegründete internationale Vereinigung der Fußballverbände.

Aufgaben

89. $2n$ ($4n$) Spieler werden bei einem Turnier in 2 (4) Gruppen zu je n Spielern eingeteilt. Wie groß ist die Wahrscheinlichkeit dafür, daß die beiden stärksten Spieler in derselben Gruppe spielen müssen? Berechne diese Wahrscheinlichkeit für $n = 4$ und $n = 8$.

90. In einer Urne befinden sich 11 weiße und 15 schwarze Kugeln. Man darf 11mal je 1 Kugel mit bzw. ohne Zurücklegen ziehen. Welches Ziehungsverfahren ist günstiger, falls man einen Preis erhält, wenn sich unter den gezogenen Kugeln
a) genau 5 weiße Kugeln, b) genau 6 schwarze Kugeln, c) keine weiße Kugel,
d) mindestens 3 weiße Kugeln, e) höchstens 3 weiße Kugeln befinden?

91. Eine Familie hat 5 Kinder. Die Wahrscheinlichkeit für einen Jungen sei 0,5. Wie groß ist die Wahrscheinlichkeit dafür, daß
a) es 2 Mädchen und 3 Jungen sind,
b) es 5 Mädchen sind,
c) das mittlere Kind ein Junge ist?
d) Welche Werte erhält man, wenn man für eine Knabengeburt die realistische Wahrscheinlichkeit 0,514 verwendet?

92. Beim Würfelspiel »Einsame Filzlaus« gewinnt derjenige, der zuerst eine 1 (= »einsame Filzlaus«) würfelt. Wer nach 10 Würfen noch keine 1 hat, muß eine Strafe zahlen.
a) Wie groß ist die Wahrscheinlichkeit, bei diesem Spiel Strafe zahlen zu müssen?
b) Wie wahrscheinlich ist es, bei den ersten 3 Würfen mindestens eine 1 zu werfen?
c) Ab welcher Wurfzahl ist es günstig, darauf zu wetten, daß mindestens einmal eine 1 erscheint?

93. Eine Firma stellt Bolzen mit 20% Ausschuß her. Wie groß ist die Wahrscheinlichkeit dafür, daß unter 20 (200) herausgegriffenen Bolzen sich
a) kein Ausschußstück befindet,
b) genau 4 (40) Ausschußstücke befinden?

94. Zu Olims Zeiten wurde einem Gefangenen die Chance gegeben freizukommen. Er hatte zwei Möglichkeiten:
a) Er greift aus einer Urne, die 4 weiße und 2 schwarze Kugeln enthält, eine Kugel heraus. Ist sie weiß, so kommt er frei.
b) Vor ihm stehen 2 Urnen. Die erste enthält gleich viel schwarze und weiße Kugeln. Die zweite ist die Urne aus a). Er zieht aus beiden Urnen je eine Kugel und kommt frei, wenn die Farben gleich sind.
Welcher Fall ist für ihn günstiger?

95. Die Polizei führt in einer Spielhölle eine Razzia durch. Sie testet die verwendeten Würfel nach folgendem Schema: Jeder Würfel wird 12mal geworfen; er wird für gut befunden, wenn 1-, 2- oder 3mal die 6 erscheint. Die Polizei stellt fest, daß 24% der Würfel nach diesem Verfahren als schlecht anzusehen sind. Kann der Vorwurf des Betrugs aufrechterhalten werden?

96. Bei einem bestimmten Verfahren, Transistoren herzustellen, ergibt sich erfahrungsgemäß ein Ausschußanteil von 50%. Ein neues Verfahren soll angeblich besser sein. Eine erste Probe zeigt, daß von 10 nach dem neuen Verfahren hergestellten Transistoren 3 defekt waren. Wie groß ist die Wahrscheinlichkeit dafür, daß 3 oder weniger defekt sind, wenn das erste Verfahren angewendet wird? Das zweite Verfahren wird für besser gehalten, wenn diese Wahrscheinlichkeit unter 10% liegt. Kann man das zweite Verfahren demnach schon als besser bezeichnen?

97. Eine Urne enthält 5 grüne und 4 rote Kugeln. Man zieht 4 Kugeln
a) ohne Zurücklegen, b) mit Zurücklegen
und erhält dabei die Farbfolge: ggrg. Wie wahrscheinlich ist diese Farbfolge in jedem der beiden Fälle?

98. Eine Urne enthält 8 blaue und 2 gelbe Kugeln. A, B und C ziehen in dieser Reihenfolge je eine Kugel aus der Urne. Wer eine gelbe Kugel zieht, erhält einen Preis. Man löse die folgenden Aufgaben sowohl für Ziehen ohne Zurücklegen wie auch für Ziehen mit Zurücklegen.
  a) Wie groß sind die Chancen von A, B und C, einen Preis zu erhalten?
  b) Wie groß sind die Gewinnchancen von A, B und C, wenn das Spiel nach dem 1. Ziehen einer gelben Kugel, spätestens nach dem Zug von C zu Ende ist?
  c) Wie groß sind die Gewinnchancen für A, B und C, wenn in dieser Reihenfolge so lange gezogen wird, bis ein Spieler die erste gelbe Kugel zieht?

99. *Christiaan Huygens* (1629–1695) stellte am Ende seines *Tractatus de ratiociniis in ludo aleae* (1657) seinen Lesern 5 Probleme, deren zweites lautet:

»Drei Spieler A, B und C nehmen 12 Steine, von denen 4 weiß und 8 schwarz sind, und spielen unter der Bedingung, daß derjenige Sieger sei, der als erster mit verbundenen Augen einen weißen Stein ergreift; dabei solle zuerst A, dann B und schließlich C ziehen, dann wieder A und so fort. Gefragt wird, in welchem Verhältnis ihre Chancen zueinander stehen.«

Jan Hudde (1628–1704) schickte *Huygens* im Frühjahr 1665 seine Lösung. Daraufhin machte sich *Huygens* selbst an die Lösung der Aufgabe und kommt zu einem anderen Ergebnis. Überzeugt, richtig gerechnet zu haben, schickte er seine Werte am 4.4.1665 an *Hudde*. Gleich am nächsten Tag fand *Hudde* den Grund für die Diskrepanz: Die Aufgabe war nicht vollständig formuliert!
  a) *Huygens* hatte bei seiner (im Manuskript erhaltenen) Lösung so gerechnet, als würde mit Zurücklegen gezogen. Welche Werte erhielt *Huygens*?
  b) *Hudde* hatte die Aufgabe so verstanden, als würde ohne Zurücklegen gezogen. Zu welchen Werten gelangte er?
  c) *Jakob Bernoulli* (1655–1705) fügt sowohl in seinem Tagebuch, den *Meditationes*, wie auch in seiner *Ars Conjectandi* diesen beiden Interpretationen eine dritte hinzu: Jeder der 3 Spieler nimmt sich zu Beginn 12 Steine und zieht dann jeweils von den seinigen in der angegebenen Reihenfolge, ohne die gezogenen Steine wieder in die Urne zurückzulegen.* Zu welchen Werten gelangte *Bernoulli*?

100. Für das Funktionieren eines Gerätes A ist die Funktionsfähigkeit des Bauteils B unbedingt nötig. Aus diesem Grund ist B n-fach vorhanden. Die Wahrscheinlichkeit für das Ausfallen von B innerhalb eines Tages sei p.
  a) Wie groß ist die Wahrscheinlichkeit dafür, daß das Gerät A innerhalb eines Tages funktionsunfähig wird
    1) für $n = 2$; $p = 0{,}5$,   **2)** für $n = 3$; $p = \frac{1}{3}$,   **3)** allgemein?
  b) Wie groß muß n sein, wenn für $p = 0{,}5$ die Wahrscheinlichkeit für die Funktionsfähigkeit von A innerhalb eines Tages 95% betragen soll?

101. Eine Obstgroßhandlung erhält Äpfel in Steigen zu je 100 Stück. Ein Kontrolleur überprüft die Steigen folgendermaßen:
  a) Er entnimmt jeder Steige auf gut Glück 20 Äpfel und weist die Steige zurück, falls mehr als ein Apfel den Anforderungen nicht genügt.
  Wie groß ist die Wahrscheinlichkeit dafür, daß sich bei einer Steige mit genau 5 schlechten Äpfeln genau ein schlechter Apfel in der Stichprobe befindet?
  b) Welche Wahrscheinlichkeit ergibt sich, wenn die Kontrolle einer Steige 20mal mit je einem Apfel vorgenommen würde? Rechne mit »Ziehen mit Zurücklegen«.

---

* Bei dieser Beschreibung der 3 möglichen Interpretationen des *Huygens*schen Problems taucht unseres Wissens zum ersten Mal in der Wahrscheinlichkeitsrechnung der Begriff **Urne** auf. In den *Meditationes* (geschrieben vor dem 26.8.1685) steht noch, daß die Steine in ihr Gefäß zurückzulegen seien – *electos calculos in loculum suum reponendos esse* –, in der *Ars Conjectandi* heißt es dann, daß sie wieder in die Urne zurückzulegen seien – *calculos electos [...] in urnam recondendos esse*.

c) Wie groß ist die Wahrscheinlichkeit dafür, daß eine Steige mit genau 5 schlechten Äpfeln zurückgewiesen wird? Untersuche Fall **a)** und **b)**.

102. Unter den N Kugeln einer Urne seien S schwarze.

  a) Es werde eine Kugel ohne Zurücklegen gezogen, ihre Farbe notiert, aber nicht bekanntgegeben. Berechne nun die Wahrscheinlichkeit dafür, beim 2. Zug eine schwarze Kugel zu ziehen.

  b) Es werden der Reihe nach n ($n \leq N$) Kugeln gezogen. Wie groß ist die Wahrscheinlichkeit, beim k-ten Zug ($k \leq n$) eine schwarze Kugel zu ziehen, wenn man über die Ergebnisse der anderen Züge nichts weiß?

103. Unter den N Kugeln einer Urne seien S schwarze.

  a) Wie groß ist die Wahrscheinlichkeit dafür, eine schwarze Kugel zu ziehen?

  b) Es werde eine schwarze Kugel ohne Zurücklegen gezogen. Berechne nun die Wahrscheinlichkeit dafür, beim 2. Zug wieder eine schwarze Kugel zu ziehen. Wie groß ist der Unterschied der beiden Wahrscheinlichkeiten?

  c) Berechne den Unterschied Δp der in **a)** und **b)** gefundenen Werte zunächst allgemein, dann für $\frac{S}{N} = 1\%;\ 5\%;\ 50\%;\ 95\%$ und $N = 100;\ 500;\ 1000$.

104. Um die Existenz medialer Begabungen zu beweisen, wird folgendes Experiment angestellt: Eine Laplace-Münze wird 10mal geworfen und die Ergebnisfolge nicht bekanntgegeben. 500 Versuchspersonen raten die geworfenen Ergebnisse unabhängig voneinander. Es wird vereinbart, daß mediale Begabung anzuerkennen sei, wenn wenigstens 9 Treffer erzielt werden. Wie groß ist die Wahrscheinlichkeit dafür, daß wenigstens eine Versuchsperson als »medial« erkannt wird, obwohl keine der Versuchspersonen eine mediale Begabung hat?

Zu 8.5.

●**105.** Gib die Menge der Ergebnisse aus Ω_7 an (siehe Lösung 7 der Aufgabe auf Seite 110), die bei der in der Schlußbetrachtung dieser Aufgabe angesprochenen Vergröberung mit dem Element $\omega_i \in \Omega_i$ identifiziert werden.
$\omega_3 = 4;\quad \omega_4 = \{1, 2\};\quad \omega_5 = 110000;\quad \omega_6 = 4.$

106. Eine Laplace-Münze werde zweimal geworfen. Mit welcher Wahrscheinlichkeit fällt beim 2maligen Wurf einer L-Münze mindestens einmal Wappen?
Lösung von *d'Alembert* (1717–1783)* im Artikel *Croix ou Pile* der *Encyclopédie* (Bd. 4, 1754): Der erste Wurf bringt sicher Wappen oder Zahl. Nur im Fall Zahl ist ein zweiter Wurf überhaupt nötig. Er bringt entweder Wappen oder Zahl. Von den drei Fällen sind zwei günstig. Die gesuchte Wahrscheinlichkeit ist also $\frac{2}{3}$. – Nimm kritisch dazu Stellung!

107. Drei Laplace-Münzen werden gleichzeitig geworfen. Mit welcher Wahrscheinlichkeit zeigen alle drei Münzen die gleiche Seite?
Nimm kritisch Stellung zu folgender Lösung der Aufgabe: Zwei der drei Münzen zeigen sicher die gleiche Seite. Es kommt also nur darauf an, ob die dritte Münze auch diese Seite zeigt oder nicht. Es gibt also einen günstigen Fall von zwei möglichen. Die gesuchte Wahrscheinlichkeit ist somit 50%.

Bild 125.1 Ergebnisse beim 2fachen Münzenwurf

* Siehe Seite 394.

8. Laplace-Experimente

108. In einem Kasten liegen drei Karten, die folgendermaßen beschriftet sind:
- Die erste Karte trägt auf beiden Seiten eine Null.
- Die zweite Karte trägt auf beiden Seiten eine Eins.
- Die dritte Karte trägt auf einer Seite eine Null und auf der anderen eine Eins.

Eine Karte wird auf gut Glück gezogen und so auf den Tisch gelegt, daß man nicht sieht, was auf der Unterseite steht. Die Oberseite zeigt eine Eins. Theodor behauptet, die Wahrscheinlichkeit dafür, daß auch auf der Rückseite eine Eins stehe, sei 50%; denn es gebe für die Rückseite zwei Möglichkeiten, von denen eine günstig sei. Was meinst du dazu?

109. In einer Urne liegen zwei rote und zwei schwarze Kugeln. Zwei Kugeln werden ohne Zurücklegen gezogen. Mit welcher Wahrscheinlichkeit p haben die beiden gezogenen Kugeln gleiche Farbe? Diskutiere die folgenden 7 Lösungsvorschläge:

Lösung 1: Es gibt zwei Fälle: Die Kugeln haben entweder gleiche oder verschiedene Farbe. Ein Fall ist günstig, d.h. $p = \frac{1}{2}$.

Lösung 2: Es gibt drei Fälle: Beide Kugeln sind rot; beide Kugeln sind schwarz, oder die beiden Kugeln haben verschiedene Farbe. Zwei Fälle sind günstig, also ist $p = \frac{2}{3}$.

Lösung 3: Es gibt vier Fälle: rot-rot, rot-schwarz, schwarz-rot und schwarz-schwarz. Zwei Fälle sind günstig, also ist $p = \frac{2}{4} = \frac{1}{2}$.

Lösung 4: Man denke sich die Kugeln durchnumeriert: 1r, 2r, 3s, 4s. Es gibt sechs Fälle: 1r2r, 1r3s, 1r4s, 2r3s, 2r4s, 3s4s. Zwei Fälle sind günstig, also ist $p = \frac{2}{6} = \frac{1}{3}$.

Lösung 5: Die eine gezogene Kugel hat irgendeine Farbe. Für die andere Kugel gibt es zwei Möglichkeiten, von denen eine günstig ist. Also ist $p = \frac{1}{2}$.

Lösung 6: Die eine gezogene Kugel hat irgendeine Farbe. Dann ist die andere Kugel eine von den drei restlichen. Davon ist eine günstig, also ist $p = \frac{1}{3}$.

Lösung 7: Man stellt die Entnahme der beiden Kugeln als zweistufiges Experiment durch einen Baum dar und wendet die Pfadregeln an:
Man erhält $p = \frac{1}{6} + \frac{1}{6} = \frac{1}{3}$.

110. In einer Urne liegt eine Kugel, die entweder weiß oder schwarz ist. Man legt eine weiße Kugel dazu, mischt und zieht eine Kugel. Sie ist weiß. Würdest du darauf wetten, daß die Kugel, die noch in der Urne liegt, auch weiß ist? Begründe deine Antwort!

111. *Problème du bâton brisé*: Ein Stab der Länge $a \in \mathbb{N}$ mit $a \geq 3$ soll auf gut Glück in drei Teile der Längen a_1, a_2, a_3 ($a_i \in \mathbb{N}$) zerbrochen werden.

Verfahren A: Die beiden Teilpunkte T_1 und T_2 werden willkürlich aus den $a - 1$ Möglichkeiten ausgewählt.

Verfahren B: Teilpunkt T_1 werde willkürlich aus den $a - 1$ Möglichkeiten ausgewählt. Dann wählt man wieder willkürlich eines der beiden Teilstücke und teilt es noch mal auf gut Glück, falls es noch teilbar ist. Andernfalls erhält man nur zwei Stücke und sicher kein Dreieck.

a) Wie groß ist in jedem Fall die Wahrscheinlichkeit dafür, daß sich aus den drei Teilen ein (nicht entartetes) Dreieck bilden läßt, wenn $a = 5$ ist?

b) Was ergibt sich für $a = 3; 4; 6; 7$?

9. Bedingte Wahrscheinlichkeiten

Beim »Mensch ärgere dich nicht« darf man bis zu 3mal versuchen, durch Werfen einer Sechs herauszukommen. Mit einer Wahrscheinlichkeit von $\frac{91}{1296} \approx 7{,}0\%$ kann der Schwarze den Weißen schlagen. Aber er schlägt ihn mit einer Wahrscheinlichkeit von $\frac{1}{6} \approx 16{,}7\%$, falls er herauskommt.

9. Bedingte Wahrscheinlichkeiten

9.1. Einführung

Problem: Leben deutsche Frauen länger als deutsche Männer?
Ein Blick in das *Statistische Jahrbuch* gibt uns erste Informationen: Am 1.1.1970 waren 4,8 Millionen von den 61,2 Millionen Einwohnern der Bundesrepublik Deutschland mindestens 70 Jahre alt. Von den 29,2 Millionen Männern waren 1,7 Millionen über 70 Jahre alt (siehe Figur 128.1). Der Anteil der Männer an der Gesamtbevölkerung betrug damals also $\frac{29{,}6 \text{ Mill.}}{61{,}2 \text{ Mill.}} \approx 47{,}7\%$, der Anteil der Männer an den mindestens 70jährigen jedoch $\frac{1{,}7 \text{ Mill.}}{4{,}8 \text{ Mill.}} \approx 35{,}4\%$.
Der Anteil der Männer unter den »Alten« ist somit kleiner als unter der Gesamtbevölkerung. (Das Bild des Altersaufbaus auf Seite 29 zeigt dies anschaulich.) Daraus könnte man vorschnell schließen, daß die deutschen Frauen tatsächlich länger lebten als die deutschen Männer. Eine

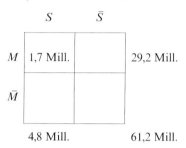

Fig. 128.1 Vierfeldertafel mit den Informationen über alte Männer in der Bundesrepublik Deutschland

genauere Untersuchung müßte jedoch auch noch weitere Faktoren berücksichtigen, wie etwa den Einfluß von Kriegen, von Lebensgewohnheiten wie etwa Rauchen oder Trinken usw. Dementsprechend müßte dann auch die Fragestellung präzisiert und die Antwort differenziert werden.

Überlegungen der vorstehenden Art führen uns zu einem neuen Begriff der Wahrscheinlichkeitsrechnung. Dazu denken wir uns die oben berechneten Anteile als Wahrscheinlichkeiten des Zufallsexperiments »Auswahl einer Person auf gut Glück«. Der Ergebnisraum Ω ist hier die Menge der Einwohner der Bundesrepublik Deutschland. Die Wahrscheinlichkeit, ausgewählt zu werden, ist für jeden Einwohner gleich groß; also liegt ein Laplace-Experiment vor. Wir betrachten dabei folgende Ereignisse:

$M :=$ »Die Person ist männlich« und
$S :=$ »Die Person ist mindestens 70 Jahre alt«.

Damit gilt: $P(M) = \frac{292}{612}$ und $P(S) = \frac{48}{612}$ und $P(M \cap S) = \frac{17}{612}$.

Läßt sich nun das oben berechnete Verhältnis $\frac{17}{48} \approx 35{,}4\%$ der Männer zu den »Alten« auch als Wahrscheinlichkeit deuten? Der Quotient zeigt, daß es sich tatsächlich um eine Laplace-Wahrscheinlichkeit handeln kann, allerdings über einem neuen Ergebnisraum $\Omega' := S =$ Menge der mindestens 70jährigen, auf dem man eine gleichmäßige Wahrscheinlichkeitsverteilung P' festlegt. $P'(M)$ ist dann die Wahrscheinlichkeit dafür, daß eine aus den mindestens 70jährigen ausgewählte Person ein Mann ist.

Es gilt $P'(M) = \dfrac{|M \cap S|}{|S|} = \dfrac{17}{48}$. Diese Zahl läßt sich auch als Quotient zweier Wahrscheinlichkeiten über dem ursprünglichen Ergebnisraum Ω deuten: Es gilt nämlich

$$\frac{|M \cap S|}{|S|} = \frac{|M \cap S|/|\Omega|}{|S|/|\Omega|} = \frac{P(M \cap S)}{P(S)}.$$

Dieser Quotient wird üblicherweise als »(bedingte) Wahrscheinlichkeit von M unter der Bedingung S« bezeichnet. Man verwendet dafür das Symbol $P_S(M)$ und definiert allgemein:

Definition 129.1: (Ω, P) sei ein Wahrscheinlichkeitsraum. Ist B ein Ereignis mit positiver Wahrscheinlichkeit und A ein beliebiges Ereignis, dann heißt $\quad P_B(A) := \dfrac{P(A \cap B)}{P(B)}$

die **(bedingte) Wahrscheinlichkeit von A unter der Bedingung B**.

Bemerkungen:
1) Für $P_B(A)$ sind außer der angegebenen Sprechweise auch noch andere im Gebrauch. So liest man $P_B(A)$ auch als »Wahrscheinlichkeit des Ereignisses A
   – unter der Voraussetzung, daß B eingetreten ist«
   – unter der Annahme, daß B eingetreten ist«
   – unter der Voraussetzung, daß B eintritt«
   – unter der Annahme, daß B eintritt«
   –, wenn man schon weiß, daß B bereits eingetreten ist«
   –, falls B«
   – unter der Hypothese B«.
2) Statt $P_B(A)$ findet man in der Literatur auch die Bezeichnung $P(A|B)$, die allerdings problematisch ist, da es sich bei $A|B$ um keine Menge und damit auch um kein Ereignis handelt. Darüber hinaus macht das Symbol $P(A|B)$ nicht ausreichend klar, daß es sich bei der bedingten Wahrscheinlichkeit um eine im allgemeinen von der ursprünglichen Wahrscheinlichkeitsverteilung P verschiedene Wahrscheinlichkeitsverteilung P_B handelt.

In Definition 129.1 gaben wir dem Quotienten $\dfrac{P(A \cap B)}{P(B)}$ den Namen einer Wahrscheinlichkeit. Wir müssen noch zeigen, daß dies zulässig ist, d.h., daß es sich bei P_B überhaupt um eine Wahrscheinlichkeitsverteilung handelt.

Satz 129.1: Sind (Ω, P) ein Wahrscheinlichkeitsraum und $P(B) \neq 0$, dann ist $P_B : A \mapsto \dfrac{P(A \cap B)}{P(B)}$ eine Wahrscheinlichkeitsverteilung über Ω.

Beweis: Wir benützen, daß P als Wahrscheinlichkeitsverteilung die 3 Axiome von *Kolmogorow* (Seite 80) erfüllt, und weisen nach, daß dies auch für P_B gilt.

1) $P_B(A) = \dfrac{P(A \cap B)}{P(B)} \geqq 0$, da Zähler und Nenner nicht negativ sind.

2) $P_B(\Omega) = \dfrac{P(\Omega \cap B)}{P(B)} = \dfrac{P(B)}{P(B)} = 1.$

3) Offensichtlich folgt aus der Unvereinbarkeit von A_1 und A_2 auch die Unvereinbarkeit von $A_1 \cap B$ und $A_2 \cap B$. (Siehe Figur 130.1 und Aufgabe 139/7.) Damit gilt dann

$$A_1 \cap A_2 = \emptyset \Rightarrow$$

$$P_B(A_1 \cup A_2) = \frac{P([A_1 \cup A_2] \cap B)}{P(B)} =$$

$$= \frac{P([A_1 \cap B] \cup [A_2 \cap B])}{P(B)} =$$

$$= \frac{P(A_1 \cap B) + P(A_2 \cap B)}{P(B)} =$$

$$= \frac{P(A_1 \cap B)}{P(B)} + \frac{P(A_2 \cap B)}{P(B)} =$$

$$= P_B(A_1) + P_B(A_2).$$

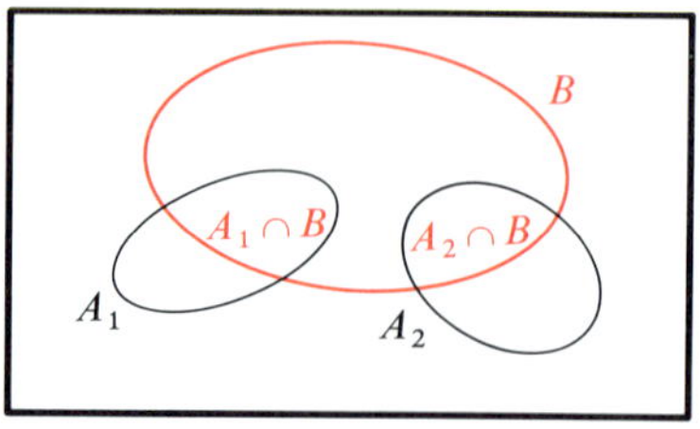

Fig. 130.1
$A_1 \cap A_2 = \emptyset \Rightarrow (A_1 \cap B) \cap (A_2 \cap B) = \emptyset$

Den Übergang von P zu P_B kann man sich anschaulich folgendermaßen vorstellen. Man hält am einmal gewählten Ergebnisraum Ω fest und ordnet allen Elementarereignissen $\{\omega_i\}$ mit $\omega_i \notin B$ die Wahrscheinlichkeit 0 zu. Dadurch wird die Gesamtwahrscheinlichkeit 1 neu verteilt auf diejenigen Elementarereignisse $\{\omega_k\}$, für die $\omega_k \in B$ gilt. Für diese $\{\omega_k\}$ erhält man dann

$$P_B(\{\omega_k\}) = \frac{1}{P(B)} \cdot P(\{\omega_k\}).$$

Die ursprünglichen Wahrscheinlichkeiten dieser Elementarereignisse werden also mit dem Faktor $\frac{1}{P(B)}$ multipliziert, was jedoch im allgemeinen nicht für beliebige Ereignisse A gilt! Wegen der unterschiedlichen Wahrscheinlichkeitsbelegung der Elementarereignisse aus Ω durch P_B ist also P_B insbesondere keine gleichmäßige Wahrscheinlichkeitsverteilung über Ω, selbst dann nicht, wenn P gleichmäßig ist.

Im übrigen könnte man auf bedingte Wahrscheinlichkeiten völlig verzichten, wenn man den Ergebnisraum wechselt und B als neuen Ergebnisraum Ω' wählt.

Diese Überlegungen sollen verdeutlicht werden durch das folgende
Beispiel: Eine Urne enthält 4 rote, 3 schwarze und eine grüne Kugel. Man zieht zweimal ohne Zurücklegen je eine Kugel. Auf Seite 55 errechneten wir auf $\Omega = \{rr, rs, rg, sr, ss, sg, gr, gs\}$ folgende Wahrscheinlichkeitsverteilung P:

ω	rr	rs	rg	sr	ss	sg	gr	gs
$P(\{\omega\})$	$\frac{3}{14}$	$\frac{3}{14}$	$\frac{1}{14}$	$\frac{3}{14}$	$\frac{3}{28}$	$\frac{3}{56}$	$\frac{1}{14}$	$\frac{3}{56}$

Wählt man als Bedingung das Ereignis $B :=$ »Die erste Kugel ist rot« $= \{rr, rs, rg\}$ mit $P(B) = \frac{1}{2}$, so erhält man die bedingte Wahrscheinlichkeitsverteilung P_B auf Ω:

ω	rr	rs	rg	sr	ss	sg	gr	gs
$P_B(\{\omega\})$	$\frac{3}{7}$	$\frac{3}{7}$	$\frac{1}{7}$	0	0	0	0	0

Es wird also die Gesamtwahrscheinlichkeit 1 auf diejenigen Ergebnisse verteilt, die r an erster Stelle haben; z. B.

$$P_B(\{rs\}) = \frac{1}{P(B)} \cdot P(\{rs\}) = \frac{1}{0,5} \cdot \frac{3}{14} = \frac{3}{7}.$$

Wählen wir B als neuen Ergebnisraum Ω', so können wir auf den Begriff »bedingte Wahrscheinlichkeit« verzichten. Wir erhalten die Wahrscheinlichkeitsverteilung P'_B auf $\Omega' = \{rr, rs, rg\}$. Dabei beschreiben die Ergebnisse aus Ω' die Farbe der zweiten Kugel, die aus einer Urne mit 3 roten, 3 schwarzen und einer grünen Kugel gezogen wird. Diese neue Urne entsteht aus der ursprünglichen Urne durch Ziehen einer roten Kugel. Es gilt:

ω'	rr	rs	rg
$P'_B(\{\omega'\})$	$\frac{3}{7}$	$\frac{3}{7}$	$\frac{1}{7}$

Der Anfänger neigt dazu, $P_B(A)$ mit $P(A \cap B)$ zu verwechseln, weil die umgangssprachlichen Beschreibungen dieser Wahrscheinlichkeiten sehr ähnlich klingen. (Vgl. Aufgabe 138/1.) In beiden Fällen handelt es sich tatsächlich ja auch um dieselbe Menge $A \cap B$. Bei $P(A \cap B)$ bezieht man die Überlegungen auf die Gesamtmenge Ω. Bei $P_B(A)$, was ja dasselbe ist wie $P_B(A \cap B)$ – vergleiche Aufgabe 139/6. a) –, ist die Bezugsmenge jedoch nur noch die Teilmenge B. Die 4-Feldertafel von Figur 131.1 veranschaulicht diesen Unterschied. Man achte also sorgfältig auf die gegebene Aufgabenstellung, um die Verwechslung zu vermeiden.

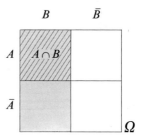

Fig. 131.1 $A \cap B$ als Teilmenge von Ω bzw. als Teilmenge von B

9.2. Die Wahrscheinlichkeit von *Und*-Ereignissen und die 1. Pfadregel

Figur 132.1 zeigt das Baumdiagramm für zweimaliges Ziehen einer Kugel ohne Zurücklegen aus einer Urne mit 4 roten, 3 schwarzen und einer grünen Kugel. Dabei bedeute z. B. $R_i :=$ »Rot beim i-ten Zug«. Über den Ergebnissen der jeweiligen Stufe sind die Ereignisse notiert, zu denen der Pfad bis dahin führt. Die Wahrscheinlichkeiten auf den Ästen entpuppen sich nach dem, was wir gerade gelernt haben, als bedingte Wahrscheinlichkeiten über Ω. So gilt z. B. für die Wahrscheinlichkeit, beim 2. Zug eine rote Kugel zu ziehen, falls der 1. Zug eine rote Kugel ergab, $P_{R_1}(R_2) = \frac{3}{7}$.

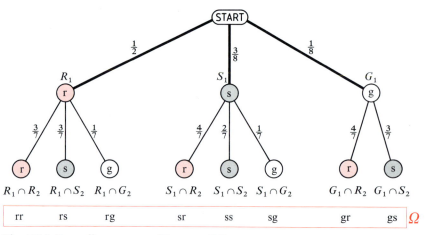

Fig. 132.1 Baumdiagramm zur Urne aus **9.2**.

Die 1. Pfadregel liefert uns den Zusammenhang zwischen der *Und*-Wahrscheinlichkeit $P(R_1 \cap R_2)$ und den Wahrscheinlichkeiten $P(R_1)$ und $P_{R_1}(R_2)$:

$$P(R_1 \cap R_2) = P(R_1) \cdot P_{R_1}(R_2).$$

Diese Beziehung ergibt sich aber auch unmittelbar aus der Definition der bedingten Wahrscheinlichkeit. Man braucht nämlich $P_{R_1}(R_2) = \dfrac{P(R_1 \cap R_2)}{P(R_1)}$ nur nach $P(R_1 \cap R_2)$ aufzulösen! Wir merken uns diese wichtige Beziehung allgemein als

Satz 132.1: Produktsatz.
Ist $P(A) \neq 0$, so gilt: $P(A \cap B) = P(A) \cdot P_A(B)$.

Der Produktsatz ist die wichtigste Anwendung der bedingten Wahrscheinlichkeit. Oft sind nämlich $P(A)$ und $P_A(B)$ bekannt, und $P(A \cap B)$ wird gesucht.

Die 1. Pfadregel für längere Pfade liefert uns auch gleich Formeln für die Wahrscheinlichkeiten mehrfacher *Und*-Ereignisse. So gilt z. B. für 3 Ereignisse (vgl. Figur 132.2) ein Produktsatz der Form

$$P(A \cap B \cap C) = P(A) \cdot P_A(B) \cdot P_{A \cap B}(C), \text{ falls } P(A \cap B) \neq 0 \text{ ist.}$$

Die Produktsätze sind nichts anderes als ein algebraischer Ausdruck der 1. Pfadregel. Da zu ihrem Beweis (vgl. Aufgabe 142/**28**) nur die Eigenschaften der Wahr-

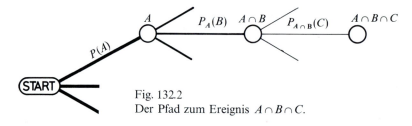

Fig. 132.2
Der Pfad zum Ereignis $A \cap B \cap C$.

scheinlichkeitsverteilung P und die Definition der bedingten Wahrscheinlichkeit benötigt werden, ist hiermit also nachträglich die Verwendung der 1. Pfadregel gerechtfertigt.

Abraham de Moivre (1667–1754) formulierte diese Produktsätze 1738 in der 2. Auflage seiner *Doctrine of Chances.**

9.3. Die totale Wahrscheinlichkeit und die 2. Pfadregel

Beispiel: Bei der Wahl zum 1. Deutschen Bundestag (1949) verteilten sich die abgegebenen Stimmen und die für die FDP wie folgt auf die damaligen Länder:

Nr.	Bundesland	Anteil der Wähler in %	Anteil der FDP in %
1	Baden-Württemberg	11,7	17,6
2	Bayern	19,8	8,5
3	Bremen	1,3	12,9
4	Hamburg	3,8	15,8
5	Hessen	9,2	28,1
6	Niedersachsen	14,0	7,5
7	Nordrhein-Westfalen	28,2	8,6
8	Rheinland-Pfalz	6,2	15,8
9	Schleswig-Holstein	5,8	7,4

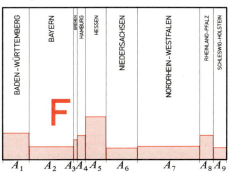

Fig. 133.1 Wähleranteile und Stimmenanteile der FDP in den 9 Bundesländern bei der Wahl zum 1. Deutschen Bundestag

Mit welcher Wahrscheinlichkeit hat ein Wähler FDP gewählt?
Wir nehmen als Ergebnisraum Ω dieses Zufallsexperiments die Menge aller Wähler und betrachten die Ereignisse $F :=$ »Der Wähler hat seine Stimme der FDP gegeben« und $A_i :=$ »Der Wähler stammt aus dem i-ten Bundesland«. Die Ereignisse A_i bilden eine Zerlegung von Ω, da sie paarweise unvereinbar sind und ihre Vereinigung ganz Ω ergibt. Wegen der paarweisen Unvereinbarkeit der A_i sind auch die Ereignisse $F \cap A_i$ mit paarweise unvereinbar; außerdem gilt $F = \bigcup_{i=1}^{9} F \cap A_i$, was Figur 133.1 anschaulich zeigt.

Mit dem verallgemeinerten 3. Axiom von *Kolmogorow* (Aufgabe 82/5) können wir nun die Wahrscheinlichkeit $P(F)$ des gesuchten Ereignisses F berechnen:

$$P(F) = P(\bigcup_{i=1}^{9} F \cap A_i) = \sum_{i=1}^{9} P(F \cap A_i).$$

Mit Hilfe des Produktsatzes 132.1 läßt sich diese Summe umformen zu

$$P(F) = \sum_{i=1}^{9} P(A_i) \cdot P_{A_i}(F).$$

Auf der rechten Seite sind nun alle Wahrscheinlichkeiten bekannt; wir erhalten

---

* Satz 132.1 lautet bei ihm: "The Probability of the happening of two Events dependent, is the product of the Probability of the happening of one of them, by the Probability which the other will have of happening, when the first shall have been consider'd as having happen'd."

$P(F) = 0{,}117 \cdot 0{,}176 + 0{,}198 \cdot 0{,}085 + 0{,}013 \cdot 0{,}129 + 0{,}038 \cdot 0{,}158 + 0{,}092 \cdot 0{,}281 +$
$\quad + 0{,}140 \cdot 0{,}075 + 0{,}282 \cdot 0{,}086 + 0{,}062 \cdot 0{,}158 + 0{,}058 \cdot 0{,}074 =$
$\quad = 0{,}119\,795 \approx 12\%.$

Die im obigen Beispiel durchgeführte Überlegung gilt allgemein für jede Zerlegung eines Ergebnisraums (vgl. Figur 134.1):

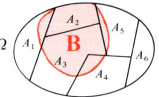

Fig. 134.1 Veranschaulichung des Satzes von der totalen Wahrscheinlichkeit.

Satz 134.1: Satz von der totalen Wahrscheinlichkeit.
Bilden die Ereignisse $A_1, A_2, \ldots, A_n$ mit $P(A_i) \neq 0$ für alle i eine Zerlegung des Ergebnisraums Ω, so gilt für die Wahrscheinlichkeit eines beliebigen Ereignisses B:
$$P(B) = \sum_{i=1}^{n} P(A_i) \cdot P_{A_i}(B)$$

Beweis: Da die A_i eine Zerlegung von Ω bilden, sind die Ereignisse $B \cap A_i$ paarweise unvereinbar. Also gilt nach der Verallgemeinerung des 3. Axioms von *Kolmogorow* (Aufgabe 82/**5**) und nach dem Produktsatz 132.1

$P(B) = P(\bigcup_{i=1}^{n} B \cap A_i) =$

$= \sum_{i=1}^{n} P(B \cap A_i) =$

$= \sum_{i=1}^{n} P(A_i) \cdot P_{A_i}(B).$

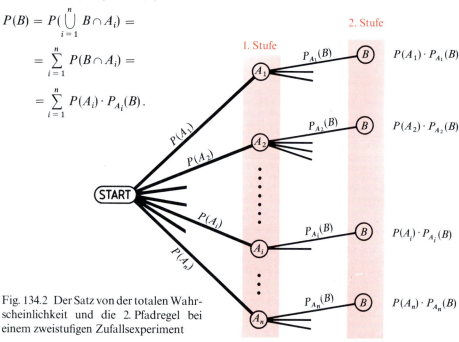

Fig. 134.2 Der Satz von der totalen Wahrscheinlichkeit und die 2. Pfadregel bei einem zweistufigen Zufallsexperiment

Wie man aus Figur 134.2 unmittelbar erkennt, ist der Satz von der totalen Wahrscheinlichkeit nichts anderes als die 2. Pfadregel für ein zweistufiges Zufallsexperiment.

9.4. Die *Bayes*-Formel*

Beispiel: In einem Ferienort in Oberbayern leben während der Hochsaison 5mal soviel Touristen wie Einheimische. 60% der Touristen tragen einen Trachtenhut, dagegen nur jeder 5. Einheimische. Auf der Straße begegnet uns während der Hochsaison ein Mensch mit Trachtenhut. Mit welcher Wahrscheinlichkeit ist er ein Einheimischer?

Bedeuten $E :=$ »Der Mensch ist einheimisch« und $H :=$ »Der Mensch trägt einen Trachtenhut«, so gilt $P(E) = \frac{1}{6}$, $P_E(H) = \frac{1}{5}$ und $P_{\bar{E}}(H) = \frac{3}{5}$. Gesucht ist $P_H(E)$. Es handelt sich also um ein **Umkehrproblem**: Aus bekanntem $P_E(H)$ soll das unbekannte $P_H(E)$ berechnet werden.

Wegen $P_H(E) = \dfrac{P(H \cap E)}{P(H)}$ wäre das Problem gelöst, wenn die Wahrscheinlichkeiten $P(H)$ und $P(H \cap E)$ bekannt wären. Ehe wir die Aufgabe rein rechnerisch angehen, wollen wir zeigen, daß sie sich bei Verwendung eines Baumdiagramms oder einer Vierfeldertafel besonders einfach lösen läßt.

1) Lösung mit Hilfe eines Baumes

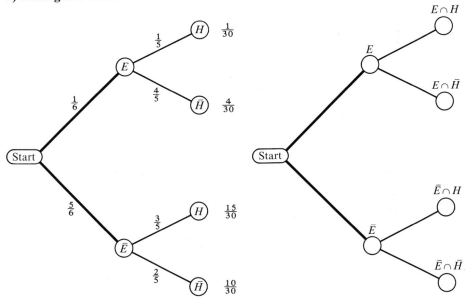

Fig. 135.1 Baum zum Umkehrproblem in üblicher Beschriftung

Fig. 135.2 Baum zum Umkehrproblem in ausführlicher Beschriftung

Dem Baum von Figur 135.1 entnimmt man
$P(H \cap E) = P(E \cap H) = \frac{1}{30}$ (1. Pfadregel),
$P(H) = P(E \cap H) + P(\bar{E} \cap H) = \frac{1}{30} + \frac{15}{30} = \frac{16}{30}$ (2. Pfadregel).
Also ist $P_H(E) = \frac{1}{16}$.

---
* gesprochen bɛiz. – Siehe Seite 396.

Bemerkung: Der Baum von Figur 135.1 müßte eigentlich analog zu dem von Figur 132.1 beschriftet werden, was in Figur 135.2 ausgeführt ist. Wenn keine Mißverständnisse zu befürchten sind, werden wir aber die oben angegebene vereinfachte Darstellung verwenden.

2) Lösung mit Hilfe einer Vierfeldertafel

	H	$\bar{H}$				H	$\bar{H}$				H	$\bar{H}$	
E			$\frac{1}{6}$	$P_E(H) = \frac{1}{5}$	E	$\frac{1}{5} \cdot \frac{1}{6}$		$\frac{1}{6}$		E	$\frac{1}{30}$	$\frac{4}{30}$	$\frac{5}{30}$
$\bar{E}$			$\frac{5}{6}$	$P_{\bar{E}}(H) = \frac{3}{5}$	$\bar{E}$	$\frac{3}{5} \cdot \frac{5}{6}$		$\frac{5}{6}$		$\bar{E}$	$\frac{15}{30}$	$\frac{10}{30}$	$\frac{25}{20}$
											$\frac{16}{30}$	$\frac{14}{30}$	

Man erhält die vollständige Vierfeldertafel in 3 Schritten:
1. Schritt: Eintragen des gegebenen $P(E)$ und damit auch von $P(\bar{E}) = 1 - P(E)$.
2. Schritt: Ausfüllen der Felder für $P(E \cap H)$ und $P(\bar{E} \cap H)$ mit Hilfe der gegebenen bedingten Wahrscheinlichkeiten und des Produktsatzes.
3. Schritt: Berechnen der restlichen Werte durch Addition und Subtraktion.

Die gesuchte Wahrscheinlichkeit $P_H(E)$ liest man nun ab zu

$$P_H(E) = \frac{P(H \cap E)}{P(H)} = \frac{\frac{1}{30}}{\frac{16}{30}} = \frac{1}{16}.$$

Aus der Vierfeldertafel kann man aber auch kompliziertere bedingte Wahrscheinlichkeiten ablesen, die mit Hilfe des Baumdiagramms nur sehr mühsam zu bestimmen sind, z. B.

$$P_{H \cup E}(\bar{E}) = \frac{P([H \cup E] \cap \bar{E})}{P(H \cup E)} = \frac{\frac{15}{30}}{\frac{20}{30}} = \frac{3}{4}.$$

3) Lösung durch Rechnung

Ohne graphische Hilfsmittel erhält man aus der Definitionsgleichung von $P_H(E)$ unter Verwendung des Produktsatzes (132.1) und, da E und $\bar{E}$ eine Zerlegung von Ω bilden, des Satzes von der totalen Wahrscheinlichkeit (134.1)

$$P_H(E) = \frac{P(H \cap E)}{P(H)} =$$

$$= \frac{P(E) \cdot P_E(H)}{P(E) \cdot P_E(H) + P(\bar{E}) \cdot P_{\bar{E}}(H)} =$$

$$= \frac{\frac{1}{6} \cdot \frac{1}{5}}{\frac{1}{6} \cdot \frac{1}{5} + \frac{5}{6} \cdot \frac{3}{5}} =$$

$$= \frac{1}{16}.$$

Unser vorgeführtes Problem war zwar typisch, aber einfach, da die Zerlegung von Ω durch 2 Ereignisse bewirkt wurde. Im allgemeinen Fall liegt eine Zer-

9.4. Die Bayes-Formel

legung von Ω durch n Ereignisse $A_1, A_2, \ldots, A_n$ vor. Man kann dann einen Baum mit $2n$ Ästen und statt der 4-Feldertafel eine $2n$-Feldertafel zeichnen. Zur Berechnung einer Wahrscheinlichkeit $P_B(A_i) = \dfrac{P(B \cap A_i)}{P(B)}$ wendet man auf den Zähler den Produktsatz und auf den Nenner den Satz von der totalen Wahrscheinlichkeit an und erhält

---

Satz 137.1: *Bayes*-Formel.
Bilden die Ereignisse $A_1, A_2, \ldots, A_n$ mit $P(A_i) \neq 0$ für alle i eine Zerlegung von Ω und ist B ein Ereignis mit $P(B) \neq 0$, so gilt für jedes i

$$P_B(A_i) = \frac{P(A_i) \cdot P_{A_i}(B)}{\sum_{j=1}^{n} P(A_j) \cdot P_{A_j}(B)}.$$

Sonderfall für $n = 2$:
Mit $A_1 = A$ und $A_2 = \bar{A}$ gilt $P_B(A) = \dfrac{P(A) \cdot P_A(B)}{P(A) \cdot P_A(B) + P(\bar{A}) \cdot P_{\bar{A}}(B)}.$

Die heute als *Bayes*-Formel bezeichnete Gleichung von Satz 137.1 stammt in dieser Form nicht von *Thomas Bayes* (1702–1761). Verallgemeinert man jedoch einerseits seine erst 1763 posthum von einem Freund unter dem Titel *An Essay towards solving a problem in the Doctrine of Chances* veröffentlichten Überlegungen und reduziert diese dann andererseits auf endlich viele Ereignisse A_i, so gewinnt man den oben angegebenen Ausdruck für $P_B(A_i)$.
1774 stellte *Pierre Simon de Laplace* (1749–1827)* in seinem *Mémoire sur la probabilité des causes par les évènemens* die obige Formel als Prinzip** an den Beginn seiner Untersuchungen, setzte dabei aber im Sinne *Bayes*' – ohne *Bayes*' Arbeit zu kennen – voraus, daß alle A_i die gleiche Wahrscheinlichkeit $P(A_i) = \frac{1}{n}$ besitzen. Das von ihm durchgerechnete Beispiel ist in Aufgabe 145/53 wiedergegeben. 1783 leitete er dann*** – wieder unter der Voraussetzung der Gleichwahrscheinlichkeit der A_i – die oben angegebene Formel für $P_B(A_i)$ her und beweist die ihm nun bekannten Ergebnisse von *Bayes*. Aufgabe 146/54 gibt das von *Laplace* verwendete Beispiel wieder. Daß man den Inhalt von Satz 137.1 heute als *Bayes*-Formel bezeichnet, geht auf eine Interpretation der Erkenntnisse von *Bayes* durch *Laplace* in der Einleitung zur 2. Auflage seiner *Théorie Analytique des Probabilités* (1814) zurück, die er auch unter dem Titel *Essai philosophique sur les probabilités* getrennt veröffentlichte.
Die *Bayes*-Formel von Satz 137.1 hat vielfach eine interessante Deutung erfahren. Man faßt die A_i als Hypothesen oder Ursachen für das Eintreten eines Ereignisses B auf. Aus bestimmten Gründen werden vor Ausführung des Experiments den Hypothesen A_i bestimmte Wahrscheinlichkeiten $P(A_i)$ zugeordnet. Nach *Bayes* nennt man die $P(A_i)$ daher **a-priori-Wahrscheinlichkeiten******. Weiß man aber über die Hypothesen A_i nichts, dann ist es nach *Bayes* gerechtfertigt, sie als gleichwahrscheinlich anzunehmen. Hinsichtlich B ist bekannt, daß es

---

* 1774 nennt er sich noch *de la Place*.
** PRINCIPE. – Si un évènement peut être produit par un nombre n de causes différentes, les probabilités de l'existence de ces causes prises de l'évènement, sont entre elles comme les probabilités de l'évènement prises de ces causes, et la probabilité de l'existence de chacune d'elles, est égale à la probabilité de l'évènement prise de cette cause, divisée par la somme de toutes les probabilités de l'évènement prises de chacune de ces causes.
*** *Mémoire sur les approximations des formules qui sont fonctions de très-grands nombres* (Suite).
**** Man beachte, daß die Begriffe *a priori* und *a posteriori* bei *Bayes* eine andere Bedeutung als bei *Jakob Bernoulli* haben. (Siehe Seite 70 ff. und Seite 251.)

mit der Wahrscheinlichkeit $P_{A_i}(B)$ eintritt, falls A_i eintritt. Nun trete bei einem Versuch das Ereignis B ein. Dann ist $P_B(A_i)$ für jedes i die **a-posteriori-Wahrscheinlichkeit** dafür, daß A_i Ursache von B ist. Man wird daraufhin die a-priori-Wahrscheinlichkeiten $P(A_i)$ überdenken und u.U. für die Hypothesen A_i andere Wahrscheinlichkeitswerte annehmen. (Vgl. hierzu die Aufgaben 146/**56** und 146/**57**.)
Eine wichtige Anwendung der *Bayes*-Formel findet sich bei der computerunterstützten Diagnosestellung. Die A_i ($i = 1, 2, ..., n$) sind mögliche Krankheiten, die das Symptom B auslösen können. Oft kennt man die Wahrscheinlichkeiten $P(A_i)$ für das Auftreten der Krankheiten sowie die bedingten Wahrscheinlichkeiten $P_{A_i}(B)$ für das Auftreten des Symptoms B, falls die Krankheit A_i vorliegt. Mit Hilfe der *Bayes*-Formel läßt sich nun die Wahrscheinlichkeit $P_B(A_i)$ für das Vorliegen der Krankheit A_i, falls das Symptom B auftritt, bestimmen. Problematisch dabei ist, ob die A_i eine Zerlegung von Ω sind, d.h., ob bei einem Patienten nicht mehrere dieser Krankheiten A_i gleichzeitig auftreten können. Auch sind die Wahrscheinlichkeiten $P(A_i)$ bzw. $P_{A_i}(B)$ oft nur ungenau bekannt und hängen zudem z.B. vom Patientenkreis und von der Gegend ab. So ist etwa die Wahrscheinlichkeit für Tbc bei den Patienten eines Internisten größer als bei denen eines Orthopäden.

Aufgaben

Zu 9.1.

a) Schreibe unter Verwendung der Ereignisse M und S aus dem Problem von Seite 128 in Symbolen
  1) die Wahrscheinlichkeit dafür, daß ein männlicher Einwohner der Bundesrepublik Deutschland mindestens 70 Jahre alt ist,
  2) die Wahrscheinlichkeit dafür, daß ein Einwohner der Bundesrepublik Deutschland ein mindestens 70jähriger Mann ist,
  3) die Wahrscheinlichkeit dafür, daß ein mindestens 70jähriger Einwohner der Bundesrepublik Deutschland ein Mann ist.
b) Berechne die Wahrscheinlichkeiten von Aufgabe **a)**.

2. Zeige die Richtigkeit der zum Titelbild dieses Kapitels gehörenden Behauptung (Seite 127).

3. Jemand wählt auf gut Glück eine natürliche Zahl aus der Menge $\{1, 2, ..., 100\}$ aus. Wir betrachten die Ereignisse
  $A :=$ »Die Zahl ist gerade«, $B :=$ »Die Zahl ist durch 3 teilbar«,
  $C :=$ »Die Zahl ist durch 4 teilbar« und $D :=$ »Die Zahl ist durch 12 teilbar«.
  a) Berechne $P(A)$, $P(B)$, $P(C)$ und $P(D)$.
  b) Drücke in Worten aus und berechne die Wahrscheinlichkeiten
   1) $P_A(B)$ und $P_B(A)$, **4)** $P_B(C)$ und $P_C(B)$,
   2) $P_A(C)$ und $P_C(A)$, **5)** $P_B(D)$ und $P_D(B)$,
   3) $P_A(D)$ und $P_D(A)$, **6)** $P_C(D)$ und $P_D(C)$.

4. Theodor wirft eine L-Münze 3mal. Im Nebenzimmer sitzt Dorothea, die sich für das Ereignis »Beim 2. Mal fällt Adler« interessiert. Wie groß ist die Wahrscheinlichkeit dieses Ereignisses,
  a) falls Dorothea keinerlei Informationen besitzt,
  b) falls Dorothea von Theodor erfährt, daß
   1) mindestens zweimal Adler gefallen ist, **3)** höchstens zweimal Adler gefallen ist,
   2) genau zweimal Adler gefallen ist,   **4)** der erste Wurf Adler zeigte,

5) drei Adler gefallen sind,
6) kein Adler gefallen ist,
7) genau ein Seitenwechsel aufgetreten ist,
8) eine Seite genau einmal gefallen ist.

5. Zwei L-Würfel werden geworfen. Wie groß ist die Wahrscheinlichkeit dafür, daß
   a) der erste Würfel 6 zeigt unter der Bedingung, daß die Augensumme mindestens 10 ist;
   b) die Augensumme mindestens 10 ist unter der Bedingung, daß der erste Würfel 6 zeigt.

6. a) Zeige: $P_B(A \cap B) = P_B(A)$.
   b) Berechne $P_A(A)$, $P_{\bar{A}}(A)$, $P_\Omega(A)$ und $P_A(\Omega)$.

7. Zeige die Gültigkeit der zum Beweis von Satz 129.1 benützten Behauptung:
   $A_1 \cap A_2 = \emptyset \Rightarrow (A_1 \cap B) \cap (A_2 \cap B) = \emptyset$ (Vergleiche Figur 130.1.)

8. a) Begründe: Für $\omega \in B$ gilt $P_B(\{\omega\}) \geqq P(\{\omega\})$.
   b) Zeige, daß es trotz der Ungleichung aus a) Ereignisse A gibt, für die $P_B(A) < P(A)$ gilt.
   c) Beweise: Sind A und B unvereinbar, dann gilt: $P_A(B) = P_B(A)$.
   d) Beweise: Sind A und B gleichwahrscheinlich, und ist $P(A) \cdot P(B) > 0$, dann gilt: $P_A(B) = P_B(A)$.

9. Wie groß ist die Wahrscheinlichkeit dafür, daß die Augensumme beim Wurf zweier Laplace-Würfel 7 ist, falls die Augensumme
   a) ungerade, b) prim, c) gerade ist?

10. Mit welcher Wahrscheinlichkeit ist die Augensumme zweier Laplace-Würfel eine Primzahl, falls sie ungerade ist?

11. Man zieht 5 Karten aus einem Bridge-Spiel. Mit welcher Wahrscheinlichkeit sind es lauter Herzen unter der Bedingung, daß alle 5 Karten rot sind?

12. Mit welcher Wahrscheinlichkeit ist das Produkt zweier Ziffern gerade, falls die Summe der beiden Ziffern
    a) gerade, b) 7, c) prim, d) durch 3 teilbar, e) größer als 5 ist?

13. Dorothea wirft 10 L-Münzen. Mit welcher Wahrscheinlichkeit liegen lauter Wappen oben, falls
    a) die erste Münze Wappen zeigt,
    b) mindestens eine Münze Wappen zeigt,
    •c) mindestens fünf Münzen Wappen zeigen?

14. Ein Vater von zwei Kindern sagt:
    a) »Eines meiner zwei Kinder ist ein Junge.«
    b) »Das ältere meiner zwei Kinder ist ein Junge.«
    Wie groß ist in jedem Fall die Wahrscheinlichkeit dafür, daß auch das zweite Kind ein Junge ist, falls Knaben- und Mädchengeburt als gleichwahrscheinlich gelten? Verwende bedingte Wahrscheinlichkeiten. Vergleiche auch die Lösung auf Seite 101.

•15. Die 52 Karten eines Bridgespiels werden auf 4 Spieler verteilt.
    a) Theodor sagt, er habe ein As. Wie groß ist dann die Wahrscheinlichkeit dafür, daß er mindestens ein weiteres As besitzt?
    b) Theodor sagt, er habe das Pik-As. Wie groß ist nun die Wahrscheinlichkeit dafür, daß er mindestens ein weiteres As besitzt?
    Verwende bedingte Wahrscheinlichkeiten. Vergleiche auch die Lösung auf Seite 101.

•16. Bei der Übertragung der Ziehung der Lottozahlen (6 aus 49) fallen nach dem Zug der vierten Kugel Bild und Ton aus. Begeistert ruft Dorothea Theodor zu: »Hol Champagner, wir haben schon vier Richtige!«
    a) Wie groß ist die Wahrscheinlichkeit für 6 Richtige unter der Bedingung, daß man mindestens vier Richtige hat?
    b) Wie groß ist die Wahrscheinlichkeit für genau 5 Richtige unter der Bedingung, daß man mindestens 4 Richtige hat?

c) Welche Wahrscheinlichkeiten ergeben sich in den Aufgaben **a)** und **b)**, wenn man nicht nur weiß, daß man 4 Richtige hat, sondern wenn man darüber hinaus die Zahlen der 4 Richtigen kennt?

17. a) Zwei Laplace-Würfel werden geworfen. Ist die Augensumme 9, 10 oder 11, dann gibt es einen Preis. Wie groß ist die Wahrscheinlichkeit für einen Preis unter der Bedingung, daß der erste Würfel die Augenzahl i ($1 \leq i \leq 6$) zeigt?

b) Wie groß ist die Wahrscheinlichkeit für einen Preis unter der Bedingung, daß mindestens ein Würfel die Augenzahl i zeigt?

18. Im Umgang mit dem Begriff der Bedingten Wahrscheinlichkeit ist Vorsicht geboten, wie das Paradoxon von *E. H. Simpson* aus dem Jahre 1951 zeigt. Es lautet:
Es kann sein, daß
einerseits zugleich $P_{B \cap C}(A) \geq P_{\bar{B} \cap C}(A)$ und $P_{B \cap \bar{C}}(A) \geq P_{\bar{B} \cap \bar{C}}(A)$ zutreffen,
andererseits aber $P_B(A) < P_{\bar{B}}(A)$ gilt.

Hierzu zwei Beispiele.

a) In der folgenden Tabelle ist für das Jahr 1910 sowohl die Zusammensetzung der Bevölkerung wie auch die der an Tuberkulose Gestorbenen nach Weißen und Farbigen aufgegliedert für die Städte New York und Richmond/Virginia wiedergegeben*:

	Gesamtbevölkerung		Todesfälle	
	New York	Richmond	New York	Richmond
Weiße	4 675 174	80 895	8 365	131
Farbige	91 709	46 733	513	155

Betrachte bezüglich eines beliebig ausgewählten Bürgers die Ereignisse $N :=$ »Er stammt aus New York«, $W :=$ »Er ist ein Weißer« und $T :=$ »Todesursache Tuberkulose« und zeige damit, daß die Tbc-Todesraten sowohl für Weiße wie auch für Farbige in Richmond niedriger waren als in New York, daß aber die Gesamt-Tbc-Todesrate in Richmond höher war als in New York. Identifiziere N, W und T mit A, B und C des Paradoxons.

b) Gegeben ist folgende 8-Felder-Tafel von Wahrscheinlichkeiten:

	A		$\bar{A}$	
B	$\frac{12}{52}$	$\frac{8}{52}$	$\frac{5}{52}$	$\frac{15}{52}$
$\bar{B}$	$\frac{2}{52}$	$\frac{4}{52}$	$\frac{3}{52}$	$\frac{3}{52}$
	$\bar{C}$	C		$\bar{C}$

Zeige, daß sowohl $P_{B \cap C}(A) > P_{\bar{B} \cap C}(A)$ als auch $P_{B \cap \bar{C}}(A) > P_{\bar{B} \cap \bar{C}}(A)$, aber auch $P_B(A) = P_{\bar{B}}(A)$ zutreffen.

Was bedeuten die betreffenden Wahrscheinlichkeiten, wenn die Ereignisse bezüglich einer speziellen Krankheit folgende Bedeutung haben:
$A :=$ »Ein Erkrankter überlebt«,
$B :=$ »Ein Erkrankter wird mit einem neuen Medikament behandelt« und
$C :=$ »Ein Erkrankter ist männlich«?

19. Zwei L-Würfel werden gleichzeitig geworfen. Wie groß ist unter der Bedingung, daß die beiden Augenzahlen verschieden sind, die Wahrscheinlichkeit dafür, daß

a) genau ein Würfel 6 zeigt,   **b)** mindestens ein Würfel 6 zeigt,
c) der erste Würfel 6 zeigt,   **d)** die Augensumme 6 ist,
e) die Augensumme mindestens 6 ist?

---

* Cohen, M. R. / Nagel, E., *An Introduction to Logic and Scientific Method* (1934), Seite 449.

20. Aus einem gut gemischten Bridge-Spiel werden nacheinander 3 Karten gezogen. Berechne die Wahrscheinlichkeit dafür, daß
   a) die zweite Karte ein As ist,
   b) die dritte Karte ein As ist,
   c) die zweite Karte ein As ist, falls die erste Karte ein As ist,
   d) die dritte Karte ein As ist, falls die erste Karte ein As ist,
   e) die dritte Karte ein As ist, falls die zweite Karte ein As ist,
   f) die dritte Karte ein As ist, falls die erste und die zweite Karte Asse sind,
   g) die dritte Karte ein As ist, falls die erste Karte ein As und die zweite Karte kein As sind,
   h) die dritte Karte ein As ist, falls die erste Karte das Herz-As ist,
   i) die dritte Karte ein As ist, falls die erste Karte eine Herz-Karte ist,
   •j) die dritte Karte ein As ist, falls die erste Karte eine Herz-Karte und die zweite Karte keine Herz-Karte sind.

•21. Die vier Spieler A, B, C und D erhalten je 13 Karten eines Bridge-Spiels.
   a) Mit welcher Wahrscheinlichkeit hat C, der Partner von A, das restliche As, falls A drei Asse hat?
   b) Mit welcher Wahrscheinlichkeit hat B oder D drei Herzkarten, falls A zehn Herzkarten in der Hand hat?

§22. Ein Spieler erhält 13 Karten eines Bridge-Spiels. Mit welcher Wahrscheinlichkeit erhält er 10 Herz-Karten, falls er mit den ersten 6 Karten 5 Herz-Karten bekam?

§23. Florian spielt Skat. Seine Hand von 10 Karten enthält genau 2 Buben.
   a) Wie groß ist die Wahrscheinlichkeit, daß im Skat genau ein weiterer Bube liegt?
   b) Florians Buben sind der Herz- und der Karobube. Mit welcher Wahrscheinlichkeit liegt   **1)** genau 1 Bube,   **2)** nur der Kreuzbube im Skat?

24. In einer Gruppe sind 5 Franzosen, 10 Briten und 6 Deutsche. Zwei Personen werden ausgelost. Wie groß ist die Wahrscheinlichkeit, daß genau 1 Brite ausgelost wird, falls beide Personen verschiedener Nationalität sind? (Vgl. auch die Aufgaben 62/37 und 62/38.)

Zu 9.2.

25. Die Wahrscheinlichkeit dafür, daß einem Autofahrer in einer Wohngegend ein Ball vor den Wagen rollt, sei 1%. Die Wahrscheinlichkeit dafür, daß hinter einem Ball ein Kind auf die Straße läuft, sei 99%. Wie groß ist die Wahrscheinlichkeit dafür, daß
   a) einem Ball ein Kind folgt (Bedingte Wahrscheinlichkeit!),
   b) ein Ball auf die Straße rollt und ein Kind auf die Straße läuft (Wahrscheinlichkeit eines *Und*-Ereignisses!)?

26. Urnen-Experiment von *Pólya*: In einer Urne sind 2 rote und 3 weiße Kugeln. Es wird eine Kugel gezogen, sodann sie selbst und noch eine weitere Kugel der gleichen Farbe in die Urne gelegt. Dies wird mehrmals wiederholt.
Das *Pólya*-Urnen-Experiment ist als Modell für die Ausbreitung einer Infektionskrankheit gedacht. Das Ziehen einer Kugel bedeutet: Ansteckung einer Person mit einem Krankheitserreger.
Rote Kugel: Die Krankheit bricht aus.
Weiße Kugel: Die Krankheit bricht trotz Ansteckung nicht aus (Immunität).
Das Hinzufügen roter bzw. weißer Kugeln bedeutet dann, daß jeder Krankheitsfall die Wahrscheinlichkeit für neue Krankheitsfälle erhöht, jeder »Immunitätsfall« diese Wahrscheinlichkeit erniedrigt. Der Inhalt der Urne gibt jeweils die augenblickliche Wahrscheinlichkeit für eine Ansteckung an.

Wie groß ist in dem oben beschriebenen *Pólya*-Experiment die Wahrscheinlichkeit dafür, daß man
a) bei den ersten beiden Zügen je eine rote Kugel zieht,
b) bei den ersten drei Zügen je eine rote Kugel zieht,
c) bei den ersten drei Zügen je eine weiße Kugel zieht? (Deutung?)

27. Bei einem *Pólya*-Experiment enthalte die Urne 1 rote und 9 weiße Kugeln. Beantworte die Fragen von Aufgabe **26** für den Fall, daß nach jedem Zug die gezogene Kugel und weitere 3 Kugeln der gleichen Farbe in die Urne gelegt werden. Was ändert sich, wenn nur beim Zug einer roten Kugel 3 weitere rote Kugeln hineingelegt werden, beim Zug einer weißen Kugel aber nur eine weitere weiße Kugel in die Urne kommt?

28. a) Leite den Produktsatz für 3 Ereignisse aus dem Produktsatz 132.1 für 2 Ereignisse her.
b) Wie lautet der Produktsatz für n Ereignisse $A_1, A_2, \ldots, A_n$? Beweise ihn!

Zu 9.3.

29. Untersuchungen haben ergeben, daß in Deutschland 8% der Männer und 0,6% der Frauen farbenblind (rot-grün-blind) sind. Berechne unter Verwendung der Daten aus **9.1.** die Wahrscheinlichkeiten für
a) einen farbenblinden Mann,   b) eine farbenblinde Frau,
c) für eine farbenblinde Person in Deutschland.

30. Drei Urnen sind wie folgt mit farbigen Kugeln gefüllt:

Urne	grün	rot	blau
1	4	1	0
2	3	2	2
3	5	6	3

Man wählt willkürlich eine Urne und zieht dann eine Kugel. Mit welcher Wahrscheinlichkeit ist sie blau (rot; grün)?

31. Ein Betrieb hat 2 Abteilungen. Die erste besteht aus 15 Männern und 5 Frauen, die zweite aus 8 Männern und 4 Frauen. Jede Abteilung bestimmt durch das Los einen Sprecher; aus den beiden Abteilungssprechern wird ein Betriebssprecher wiederum durch das Los ermittelt. Mit welcher Wahrscheinlichkeit ist der Betriebssprecher eine Frau?

32. Eine Fabrik bezieht elektronische Schalter von 3 verschiedenen Zulieferfirmen A, B und C. Jeder zweite Schalter kommt von A, jeder dritte von B, der Rest von C. Von den A-Schaltern sind 10% defekt, von den B-Schaltern 5%, von den C-Schaltern nur 1%. Die Endkontrolle der Fabrik entdeckt 95% aller defekten Schalter und akzeptiert alle guten. Mit welcher Wahrscheinlichkeit enthält ein Gerät, das in den Verkauf kommt, einen defekten Schalter?

●33. Ein Blumenhändler hat ein Sortiment von Tulpenzwiebeln. 20% der Zwiebeln ergeben gelbe Tulpen, der Rest rote. 60% der Zwiebeln ergeben Tulpen mit glatten Blättern, die anderen haben spitze Blätter. 10% der gelben Tulpen sind glattblättrig. Man betrachtet die Ereignisse $R :=$ »Die Tulpe wird rot« und $G :=$ »Die Tulpe wird glatte Blätter haben«. Beschreibe in Worten und berechne
a) $P(R \cap G)$, $P_G(R)$, $P_R(G)$ und $P_{\bar{G}}(R)$,
b) $P_{R \cap G}(R \cup G)$, $P_{R \cap \bar{G}}(\bar{R} \cup G)$ und $P_{R \cap \bar{G}}(R \cup G)$.
c) $P_{R \cup G}(R \cap G)$, $P_{R \cup \bar{G}}(\bar{R} \cap G)$ und $P_{R \cup \bar{G}}(R \cap G)$.

34. *Heikle Fragen.* Karies ist eine Volksseuche. Durch eine Umfrage soll das Zahnputzverhalten einer Bevölkerungsgruppe untersucht werden. Um wahre Antworten zu erhalten, geht man folgendermaßen vor. Man legt jeder Person 2 Fragen vor, von denen sie eine wahrheitsgemäß mit JA bzw. NEIN beantworten muß. Die Nummer der zu beantwortenden Frage ermittelt sie insgeheim durch Drehen eines Glücksrades, dessen zwei Sektoren die Nummern 1 bzw. 2 tragen. Die Wahrscheinlichkeit für Sektor 1 ist p.

a) Frage 1: »Putzen Sie regelmäßig nach dem Frühstück die Zähne?«
Frage 2: »Putzen Sie nach dem Frühstück Ihre Zähne nur gelegentlich oder nie?«
Von n befragten Personen antworteten m Personen mit JA. Bestimme daraus einen Näherungswert für den Anteil derjenigen Personen, die regelmäßig ihre Zähne nach dem Frühstück putzen, in Abhängigkeit von n, m und p.

b) Der psychologisch erwünschte Fall $p = \frac{1}{2}$ führt bei der Fragestellung von **a)** leider zu keinem Ergebnis. Ersetzt man Frage 2 aber durch eine Frage, bei der die Wahrscheinlichkeit für ein JA bekannt ist, so kann man auch mit zwei gleich großen Sektoren arbeiten. Wir wählen als neue Frage 2: »Sind Sie am siebenten Tag eines Monats geboren?« Berechne damit einen Näherungswert für den gesuchten Anteil.

Zu 9.4.

35. In einem Studentenheim sind 40% der Männer und 5% der Frauen größer als 1,75 m. 60% der Bewohner sind Männer. Mit welcher Wahrscheinlichkeit ist ein Heimbewohner, der höchstens 1,75 m groß ist, eine Frau?

36. In Cluny findet ein deutsch-französisches Jugendtreffen statt, zu dem 80 Deutsche und 120 Franzosen erschienen sind. 60% der deutschen Teilnehmer sind blond, dagegen nur 20% der französischen. Mit welcher Wahrscheinlichkeit ist
a) ein blonder Teilnehmer ein Franzose,
b) ein nicht-blonder Teilnehmer ein Franzose,
c) ein nicht-blonder Teilnehmer ein Deutscher?

37. Am Jugendtreffen von Aufgabe **36** nehmen am 2. Tag auch 40 Italiener teil, von denen 4 blond sind. Beantworte unter dieser veränderten Situation die Fragen von Aufgabe **36**.

38. Drei Maschinen A, B und C produzieren 60%, 30% bzw. 10% einer bestimmten Schraubensorte. Der Ausschußanteil beträgt beziehungsweise 5%, 2% und 1%. Mit welcher Wahrscheinlichkeit stammt eine defekte Schraube von Maschine A?

39. Bei der Durchführung des Experiments aus Aufgabe **30** erhält man **a)** eine blaue, **b)** eine rote, **c)** eine grüne Kugel. Mit welcher Wahrscheinlichkeit stammt sie aus Urne 2?

40. Berechne unter Verwendung der Daten aus **9.3.** die Wahrscheinlichkeit dafür, daß ein FDP-Wähler aus Bayern stammt.

41. In einem fernen Land haben 40% der Bevölkerung eine lange Nase, 30% der Bevölkerung kurze Beine und 70% der Bevölkerung lügen nie. Langnasige, kurzbeinige Lügner gibt es nicht. Jeweils 10% der Bevölkerung sind kurznasige, kurzbeinige Lügner bzw. kurznasige, kurzbeinige Nichtlügner bzw. kurznasige, langbeinige Lügner. Mit welcher Wahrscheinlichkeit ist mein ferner Freund ein Lügner, falls er
a) kurzbeinig **b)** langnasig **c)** kurzbeinig und kurznasig ist?

42. In einem Betrieb sind 60% Männer beschäftigt. Von den Betriebsangehörigen rauchen 30%. Unter den weiblichen Betriebsangehörigen ist der Anteil der Raucher 50%.
a) Berechne den Anteil der weiblichen Raucher.
b) Mit welcher Wahrscheinlichkeit ist ein beliebig herausgegriffener Betriebsangehöriger
  1) weiblich, falls »er« raucht,
  2) männlich, falls er raucht,
  3) Raucher, falls er männlich ist?

c) Wieviel Prozent der weiblichen Raucher müssen sich mindestens das Rauchen abgewöhnen, damit der Anteil der Raucher unter den Männern (die sich nicht bessern!) größer ist als unter den Frauen?

43. In einer Klasse fallen 10% der Schüler wegen Mathematik allein, 15% wegen einer Fremdsprache allein und 5% wegen Mathematik und einer Fremdsprache durch. Mit welcher Wahrscheinlichkeit ist ein durchgefallener Schüler
 a) nur wegen Mathematik,
 b) nur wegen einer Fremdsprache,
 c) wegen Mathematik und einer Fremdsprache durchgefallen,
 wenn aus anderen Gründen keiner durchgefallen ist?

44. Die Schüler der Klassen 9a, 9b und 9c können eine quadratische Gleichung mit den Wahrscheinlichkeiten 95%, 80% und 90% lösen. Mit welcher Wahrscheinlichkeit stammt Theodor aus der 9a (24 Schüler) bzw. aus der 9b (28 Schüler) bzw. aus der 9c (28 Schüler), falls wir feststellen können, daß er keine quadratische Gleichung lösen kann?

45. Das 3-Kasten-Problem von *Joseph Bertrand* (1822–1900). Gegeben sind 3 Kästen mit je 2 Schubladen. In jeder Schublade liegt eine Münze; im ersten Kasten Gold–Gold, im zweiten Silber–Silber, im dritten Gold–Silber. Ich wähle einen Kasten, ziehe eine Schublade und sehe eine Goldmünze. Mit welcher hierdurch bedingten Wahrscheinlichkeit ist in der anderen Schublade meines Kastens auch eine Goldmünze (eine Silbermünze)?

46. Die Schüler einer Schule gehören zu 70% der Unter- und Mittelstufe, zu 30% der Oberstufe an. In der Unter- und Mittelstufe erhalten 10% der Schüler eine staatliche Beihilfe, in der Oberstufe 20%. Ein Schüler wird willkürlich ausgewählt, und es wird festgestellt, daß er Beihilfe erhält. Wie groß ist unter dieser Bedingung die Wahrscheinlichkeit, daß er der Oberstufe angehört?

47. In der Bundesrepublik Deutschland waren 1975 0,5% der Bevölkerung aktiv an Tuberkulose (= Tbc) erkrankt. Man weiß auf Grund langjähriger Erfahrung, daß ein spezieller Tbc-Röntgentest 90% der Kranken und 99% der Gesunden richtig diagnostiziert.
 a) Eine medizinische Diagnose kann in zweierlei Weise falsch sein:
 Fehler 1. Art: Der Patient hat die betreffende Krankheit, sie wird aber nicht erkannt.
 Fehler 2. Art: Der Patient ist gesund, wird aber für krank erklärt.
 Wie groß sind die Wahrscheinlichkeiten für einen Fehler 1. Art und für einen Fehler 2. Art?
 b) Herr Meier hat am Röntgentest teilgenommen. Das Untersuchungsergebnis weist ihn als Tbc-krank aus. Mit welcher dadurch bedingten Wahrscheinlichkeit ist er wirklich an Tbc erkrankt?
 c) Frau Meier erhielt die Mitteilung, daß sie auf Grund des Befundes dieser Untersuchung gesund sei. Mit welcher Wahrscheinlichkeit ist sie in diesem Fall wirklich gesund?
 d) Welche bedingten Wahrscheinlichkeiten ergeben sich in den Aufgaben **b)** und **c)**, falls Familie Meier aus einer Bevölkerungsschicht stammt, die nur zu 0,5‰ aktiv an Tbc erkrankt ist?

48. Bei Verdacht auf Brustkrebs bedient man sich häufig der Röntgen-Mammographie als Hilfsmittel zur Diagnose. Die neuerdings angewandte Ultraschall-Mammographie (= Sonographie) ist noch zuverlässiger und belastet den Organismus wesentlich weniger. Dazu berichtete die Süddeutsche Zeitung am 26.8.1980:
 »Insgesamt war die Sonographie in 2118 Fällen angewandt und die Diagnose mit dem Ergebnis der feingeweblichen Untersuchung verglichen worden. Die mikroskopische Analyse hatte 1180mal Krebs ergeben, was zu 85% aus dem Ultraschall-Bild ablesbar war. Vor allem aber: Die Treffsicherheit für gutartige Veränderungen lag mit 83% fast ebenso hoch.«

a) Deute die 85% und die 83% als bedingte Wahrscheinlichkeiten.
b) Stelle eine 4-Feldertafel der absoluten und der relativen Häufigkeiten auf.
c) Erfahrungsgemäß entwickelt sich bei jeder zwanzigsten Frau über 35 Jahren irgendwann einmal ein Brustkrebs. Frau Huber und Frau Schmitt sind beide älter als 35 Jahre. Auf Grund der Sonographie diagnostiziert der Arzt bei Frau Huber Brustkrebs, bei Frau Schmitt hingegen äußert er keinen Verdacht. Mit welcher Wahrscheinlichkeit hat Frau Huber wirklich Krebs, und mit welcher Wahrscheinlichkeit könnte Frau Schmitt trotzdem an Brustkrebs erkrankt sein?

49. In einer Firma werden Rauchsensoren als Feuerwarnanlage installiert. Sie melden ein Feuer mit 95% Wahrscheinlichkeit. An einem Tag ohne Brand geben sie mit 1% Wahrscheinlichkeit falschen Alarm. Die Feuersirene heult. Wie groß ist die Wahrscheinlichkeit, daß es wirklich brennt, wenn die Feuermeldung
a) aus den Büroräumen,   b) aus der Fabrikation kommt
und wenn die Wahrscheinlichkeiten für einen Brand dort 0,1% bzw. 10% sind?

50. An einem Ort sei an $\frac{1}{5}$ aller Tage schlechtes Wetter, an den übrigen Tagen gutes Wetter. Die Zuverlässigkeit der Wettervorhersage ist je nach Wetterlage verschieden. Es habe sich herausgestellt, daß am Vorabend eines Tages mit gutem Wetter die Vorhersage mit 70% Wahrscheinlichkeit »gut«, mit 20% Wahrscheinlichkeit »wechselhaft« und im übrigen »schlecht« lautet. Ein Schlechtwettertag wird dagegen mit 60% Wahrscheinlichkeit zutreffend angekündigt, mit 30% Wahrscheinlichkeit aber als »wechselhaft« und mit 10% Wahrscheinlichkeit als »gut« vorausgesagt.
Heute abend wird schlechtes Wetter angesagt. Mit welcher hierdurch bedingten Wahrscheinlichkeit ist morgen wirklich schlechtes Wetter? – Entsprechende Frage für Wetterbericht »schön« und schönes Wetter morgen.

51. Auf einer von Barbaren bewohnten Insel war es üblich, dort landende Fremdlinge einem grausamen Spiel zu unterwerfen. Sie wurden vor 3 verschlossene Truhen A, B und C geführt, von denen eine einen Goldklumpen enthielt, während die beiden anderen leer waren. Konnte der Fremdling die »Goldtruhe« erraten, so wurden ihm der Goldklumpen und die Freiheit geschenkt; andernfalls wurde er der Göttin geopfert.
Der schiffbrüchige Theodor erklärt, A sei die Goldtruhe. Daraufhin öffnet die Priesterin Dorothea die Truhe C; Theodor sieht, daß sie leer ist. Er meint nun, seine Chance freizukommen habe sich auf 50% erhöht. Hat er recht, falls
a) Dorothea Bescheid wußte, in welcher der Truhen sich das Gold befindet, diese aber auf keinen Fall öffnen wollte,
b) Dorothea nicht Bescheid wußte, in welche der Truhen die Oberpriesterin das Gold gelegt hatte, und sie zufällig eine leere Truhe geöffnet hat?

52. Modell einer Prüfungssituation: Es werden zu einer Frage n verschiedene Antworten angeboten, von denen genau eine richtig ist. Es gebe 2 Sorten von Prüflingen: Die einen (Anteil p) haben sich gut vorbereitet und kreuzen deshalb die richtige Antwort an. Die übrigen haben nichts gelernt und kreuzen auf gut Glück an (etwa durch Würfeln).
Es wird ein Prüfling beliebig ausgewählt und festgestellt, daß er richtig angekreuzt hat. Mit welcher (bedingten) Wahrscheinlichkeit war er gut vorbereitet? Wie verhält sich diese Wahrscheinlichkeit bei wachsendem n? Grenzwert für $n \to \infty$?

●**53.** a) Aufgabe von *Laplace* von 1774: Urne 1 enthalte w_1 weiße und s_1 schwarze Kugeln, Urne 2 hingegen w_2 weiße und s_2 schwarze. Aus einer Urne werden n Kugeln ohne Zurücklegen gezogen; f davon sind weiß. Berechne die Wahrscheinlichkeit dafür, daß die Kugeln aus der Urne i gezogen wurden, falls jede Urne mit gleicher Wahrscheinlichkeit gewählt werden kann.
b) Welche Werte ergeben sich für $w_1 = 8$, $s_1 = 7$, $w_2 = 5$, $s_2 = 15$, $n = 6$ und $f = 4$?

54. a) Aufgabe von *Laplace* von 1783: Eine Urne enthält 3 Kugeln. Jede Kugel ist entweder schwarz oder weiß. Das Mischungsverhältnis *weiß*: *schwarz* ist unbekannt. Es werde m-mal eine Kugel mit Zurücklegen gezogen; die Stichprobe liefert lauter weiße Kugeln. Bestimme die a-posteriori-Wahrscheinlichkeit für jedes Mischungsverhältnis, wenn a priori alle 4 Mischungsverhältnisse gleichwahrscheinlich waren.
b) Was ergibt sich für $m \to \infty$?

55. Eine Urne enthält 4 Kugeln. Jede Kugel ist entweder schwarz oder weiß. Der Anteil der weißen Kugeln ist unbekannt. Jede der 5 Möglichkeiten für die Anzahl der weißen Kugeln soll zunächst gleichwahrscheinlich sein (a-priori-Wahrscheinlichkeit). Man zieht dreimal je eine Kugel mit Zurücklegen und erhält die Farbfolge
a) www, **b)** wss.
Berechne die dadurch bedingten a-posteriori-Wahrscheinlichkeiten für die 5 Möglichkeiten.

●**56.** Was erhält man in Aufgabe **55**, wenn nach jedem Zug die a-priori-Wahrscheinlichkeiten durch die jeweils bedingten a-posteriori-Wahrscheinlichkeiten ersetzt werden und erst darauf wieder neu eine Kugel gezogen wird?

57. Theodor möchte das Mischungsverhältnis der Urne von Aufgabe **55** schätzen. Sein Urteil soll möglichst scharf sein, d.h., es sollen möglichst wenig Werte für das Mischungsverhältnis angegeben werden. Außerdem soll die Sicherheit des Urteils möglichst groß sein. Theodor führt Aufgabe **56** aus. Welche Mischungsverhältnisse wird er nach jedem Zug nehmen, wenn die Sicherheit seines Urteils mindestens
a) 60%, **b)** 85%
betragen soll? Gib außerdem die jeweilige tatsächliche Sicherheit an.

●**58.** Löse **a)** Aufgabe **55**, **b)** Aufgabe **56**, falls man ohne Zurücklegen zieht.

10. Unabhängigkeit

Das Unabhängigkeitsdenkmal in Lomé, der Hauptstadt von Togo: Ein Mensch zerreißt die Ketten. Erbaut wurde das Denkmal von den Gebrüdern *Coustere* unter Mitarbeit des togolesischen Bildhauers *Paul Ahyi*. Offiziell eingeweiht am 27. April 1960.

10. Unabhängigkeit

10.1. Unabhängigkeit bei zwei Ereignissen

Ein L-Würfel werde zweimal geworfen. Bedeuten $A :=$ »Augenzahl beim 1. Wurf kleiner als 4« und $B :=$ »Augenzahl beim 2. Wurf größer als 4«, dann erhält man mit $\Omega := \{(1|1), (1|2), (1|3), \ldots, (6|6)\}$:

$P(A) = \frac{18}{36} = \frac{1}{2}$, $P(B) = \frac{12}{36} = \frac{1}{3}$ und $P(A \cap B) = \frac{6}{36} = \frac{1}{6}$.

Wir stellen fest:

$P(A \cap B) = P(A) \cdot P(B)$.

Nach dem Produktsatz 132.1 muß aber gelten:

$P(A \cap B) = P(A) \cdot P_A(B)$.

In unserem Experiment ist demnach $P(B) = P_A(B)$.
Was heißt das?
Das Eintreten des Ereignisses A beeinflußt offenbar nicht die Wahrscheinlichkeit des Ereignisses B. Unsere Erwartungen für B werden also nicht geändert, wenn wir schon wissen, daß A eingetreten ist.
Umgangssprachlich wird ein solcher Sachverhalt durch »B ist unabhängig von A« beschrieben. In unserem Beispiel ist dies auch naheliegend. Warum sollte das Ergebnis des 2. Wurfs vom 1. Wurf abhängen?
Vertauscht man im Produktsatz 132.1 A mit B, so erhält man in gleicher Weise

$P(A \cap B) = P(B) \cdot P_A(B)$.

Nun ist offenbar $P_B(A) = P(A)$. Also ist auch A unabhängig von B.
Die Überlegungen dieses Beispiels führen dazu, den Begriff der Unabhängigkeit zweier Ereignisse ins mathematische Modell zu übertragen.

> **Definition 148.1:** Die Ereignisse A und B heißen **stochastisch unabhängig** in einem Wahrscheinlichkeitsraum (Ω, P), wenn gilt
>
> $P(A \cap B) = P(A) \cdot P(B)$.
>
> Andernfalls heißen die Ereignisse **stochastisch abhängig.**

Der Zusatz »stochastisch« soll deutlich zum Ausdruck bringen, daß die Unabhängigkeit hiermit als Fachbegriff der Wahrscheinlichkeitsrechnung eingeführt ist. Wenn eine Verwechslung mit dem umgangssprachlichen Wort »unabhängig« nicht zu befürchten ist, werden wir den Zusatz weglassen.

Den Produktsatz für unabhängige Ereignisse, wie ihn Definition 148.1 fordert, stellte bereits *Abraham de Moivre* (1667–1754) in seiner *De Mensura Sortis* (1711) auf.

Folgerung aus Definition 148.1. Es ergibt sich unmittelbar, daß die Relation der Unabhängigkeit zweier Ereignisse *symmetrisch* ist:
Wenn A und B stochastisch unabhängig sind, dann sind es auch B und A.

10.1. Unabhängigkeit bei zwei Ereignissen

An einem praktischen Beispiel wollen wir zeigen, daß der Begriff der stochastischen Unabhängigkeit in unserem Modell ziemlich gut das wiedergibt, was man in der Realität als unabhängig empfindet.

Beispiel 1: Das Fortuna-Gymnasium wird von 600 Mädchen und 400 Knaben besucht. 80 Knaben sind Linkshänder; das sind 20% der Knaben. Falls nun Linkshändigkeit geschlechtsunabhängig wäre, müßten auch 20% der Mädchen und damit 20% aller Schüler Linkshänder sein. Beim Zufallsexperiment »Auswahl eines beliebigen Schülers« bedeuten $L := $ »Linkshänder« und $K := $ »Knabe«. Die Geschlechtsunabhängigkeit der Linkshändigkeit würde nach den obigen Überlegungen im Zufallsexperiment die Gleichheit der drei Wahrscheinlichkeiten $P_K(L)$, $P_{\bar{K}}(L)$ und $P(L)$ bedeuten; also $P_K(L) = P_{\bar{K}}(L) = P(L) = 20\%$. Damit erhält man $P(K \cap L) = P(K) \cdot P_K(L) = P(K) \cdot P(L)$, was aber gerade der Ausdruck für die stochastische Unabhängigkeit der Ereignisse K und L ist. – Von den 600 Mädchen müßten also 120 linkshändig sein, falls Linkshändigkeit unabhängig vom Geschlecht wäre. Eine Umfrage ergab aber, daß nur 84 der Mädchen Linkshänder sind. Das legt den Verdacht nahe, daß Linkshändigkeit geschlechtsabhängig ist.

Je undurchsichtiger der Zusammenhang zwischen zwei Ereignissen ist, desto schwerer fällt es, ihre Unabhängigkeit gefühlsmäßig einzuschätzen. Hier hilft nur die Rechnung weiter, wie das folgende Beispiel zeigt.

Beispiel 2: n L-Münzen ($n \geq 2$) werden gleichzeitig geworfen. Sind die Ereignisse $A := $ »Höchstens einmal Adler« und $B := $ »Jede Seite der Münze fällt wenigstens einmal« stochastisch unabhängig?
Als Ergebnisraum Ω bietet sich die Menge der n-Tupel aus $\{0; 1\}$ an, wobei 1 »Adler« bedeute. Es ist $|\Omega| = 2^n$. A besteht aus all den n-Tupeln von Ω, die keine oder genau eine 1 enthalten. Damit ist $|A| = 1 + n$. Zur Bestimmung von $|B|$ betrachten wir $\bar{B} = $ »Es tritt nur Zahl oder nur Adler auf« und erhalten sofort $|\bar{B}| = 2$; damit ist $|B| = 2^n - 2$. Für das noch fehlende Ereignis $A \cap B = $ »Genau einmal Adler« erhält man $|A \cap B| = n$.

A und B sind genau dann stochastisch unabhängig, wenn

$P(A \cap B) = P(A) \cdot P(B)$

$\Leftrightarrow \dfrac{n}{2^n} = \dfrac{n+1}{2^n} \cdot \dfrac{2^n - 2}{2^n}$

$\Leftrightarrow 2^n \cdot n = (n+1) \cdot (2^n - 2)$

$\Leftrightarrow 2^{n-1} = n + 1$

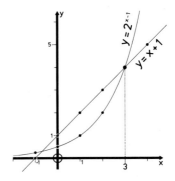

Figur 149.1 zeigt, daß diese Gleichung in $\mathbb{N}\setminus\{1\}$ genau eine Lösung hat, nämlich $n = 3$, was man durch Einsetzen leicht verifiziert.

Fig. 149.1 Zur Lösung der Gleichung $2^{n-1} = n + 1$ betrachtet man die Graphen von $y = 2^{x-1}$ und $y = x + 1$.

Das überraschende Resultat besagt, daß die genannten Ereignisse nur beim Werfen von 3 Münzen stochastisch unabhängig sind, sonst aber immer stochastisch abhängig. Dies ist im ersten Moment erstaunlich. Bedenkt man aber, daß die umgangssprachlich gleichlautenden Ereignisse für verschiedene n verschiedene Ereignisse sind – was ja deutlich durch die Verschiedenheit der jeweiligen Ergebnismengen zum Ausdruck kommt –, so wird verständlich, daß die stochastische Unabhängigkeit der Ereignisse A und B von n abhängt.

In Beispiel 2 haben wir die stochastische Unabhängigkeit durch Rechnung überprüft. Es ist zu erwarten, daß die stochastische Unabhängigkeit zweier Ereignisse auch in den von uns vielfach verwendeten graphischen Hilfsmitteln, nämlich Vierfeldertafel und Baumdiagramm, zum Ausdruck kommt.

Stochastische Unabhängigkeit in der Vierfeldertafel.
Sind A und B stochastisch unabhängig, so steht im Feld $A \cap B$ der Vierfeldertafel für Wahrscheinlichkeiten statt $P(A \cap B)$ nun $P(A) \cdot P(B)$, wie Figur 150.1 zeigt. Im Feld für $\bar{A} \cap B$ steht dann

$$P(\bar{A} \cap B) = P(B) - P(A) \cdot P(B) = (1 - P(A)) \cdot P(B) = P(\bar{A}) \cdot P(B).$$

Es erweisen sich also auch $\bar{A}$ und B als stochastisch unabhängig. Analog füllt man die beiden noch ausstehenden Felder $A \cap \bar{B}$ und $\bar{A} \cap \bar{B}$ aus und erhält Figur 150.2.

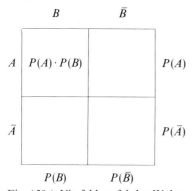
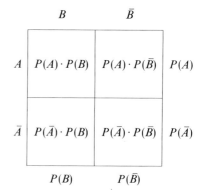

Fig. 150.1 Vierfeldertafel der Wahrscheinlichkeiten für unabhängige Ereignisse A und B

Fig. 150.2 Vollständige Vierfeldertafel der Wahrscheinlichkeiten für unabhängige Ereignisse A und B

Wir fassen die gewonnenen Erkenntnisse zusammen in

> **Satz 150.1:** Die Ereignisse A und B sind genau dann stochastisch unabhängig, wenn die Vierfeldertafel der Wahrscheinlichkeiten eine Multiplikationstafel ist.

Die obige Herleitung zeigte ferner: Ist die Produkteigenschaft für ein einziges Feld der Vierfeldertafel der Wahrscheinlichkeiten erfüllt, so ist sie auch für die restlichen 3 Felder gültig. Das heißt aber:

10.1. Unabhängigkeit bei zwei Ereignissen

Satz 151.1: Die Unabhängigkeit zweier Ereignisse bleibt erhalten, wenn man eines davon durch sein Gegenereignis ersetzt.
Also:

A und B unabhängig $\Leftrightarrow$ $\bar{A}$ und B unabhängig $\Leftrightarrow$
$\Leftrightarrow$ A und $\bar{B}$ unabhängig $\Leftrightarrow$
$\Leftrightarrow$ $\bar{A}$ und $\bar{B}$ unabhängig.

Stochastische Unabhängigkeit im Baumdiagramm.
Aus dem gerade formulierten Satz 151.1 folgt unmittelbar: Sind A und B stochastisch unabhängig, so gilt

$P_A(B) = P_{\bar{A}}(B) = P(B)$ und
$P_A(\bar{B}) = P_{\bar{A}}(\bar{B}) = P(\bar{B})$.

Das bedeutet, daß auf den Ästen der 2. Stufe statt der bedingten Wahrscheinlichkeiten die unbedingten Wahrscheinlichkeiten $P(B)$ bzw. $P(\bar{B})$ stehen. Figur 151.1 und 151.2 veranschaulichen dies.

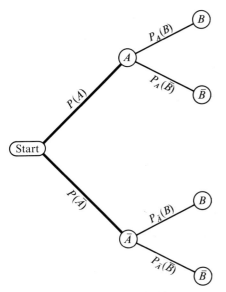
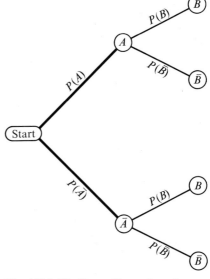

Fig. 151.1 Ein Baum für beliebige Ereignisse A und B

Fig. 151.2 Ein Baum für zwei unabhängige Ereignisse A und B

Wir stellen fest: Infolge der Unabhängigkeit der beiden Ereignisse stehen an allen aufwärts gerichteten Ästen der 2. Stufe die gleichen Wahrscheinlichkeiten, ebenso an allen abwärts gerichteten Ästen.

Zum Schluß stellen wir die Begriffe der *Unvereinbarkeit* und der *Unabhängigkeit*, die man keinesfalls verwechseln darf, einander gegenüber:

A und B **unvereinbar** $\Leftrightarrow A \cap B = \emptyset \Rightarrow P(A \cup B) = P(A) + P(B)$
(**Summensatz** für Wahrscheinlichkeiten),

A und B **unabhängig** $\Leftrightarrow P(A \cap B) = P(A) \cdot P(B)$
(**spezieller Produktsatz** für Wahrscheinlichkeiten).

Man beachte auch noch folgenden Unterschied: Ob zwei Ereignisse A und B unvereinbar sind oder nicht, ist allein durch den Ergebnisraum Ω festgelegt, in dem A und B Teilmengen sind. Welche Wahrscheinlichkeitsverteilung P über Ω eingeführt ist, spielt dabei überhaupt keine Rolle. Die stochastische Unabhängigkeit von A und B dagegen ist eine Eigenschaft der Ereignisse *bei gegebener* Wahrscheinlichkeitsverteilung P, also eine Eigenschaft des Wahrscheinlichkeitsraums (Ω, P). Wählt man zum gleichen Ergebnisraum Ω und zu den gleichen Ereignissen A und B eine andere Wahrscheinlichkeitsverteilung, so geht im allgemeinen eine zuvor bestehende Unabhängigkeit von A und B verloren. (Vgl. Aufgabe 161/**29**.)

10.2. Unabhängigkeit bei mehr als zwei Ereignissen

Die Unabhängigkeit zweier Ereignisse drückt sich im Baum dadurch aus, daß auf der 2. Stufe auf allen aufwärts gerichteten Ästen die gleiche Wahrscheinlichkeit steht, wie Figur 151.2 veranschaulicht. Diese Eigenschaft des Baumes können wir als Anregung für eine Definition der stochastischen Unabhängigkeit von 3 Ereignissen nehmen. Wir verlangen, daß auch in der 3. Stufe alle aufwärts gerichteten Äste die gleiche Wahrscheinlichkeit tragen. Aus dem Baum von Figur 152.1

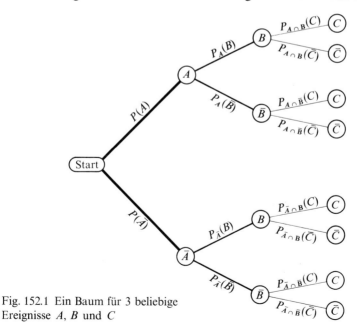

Fig. 152.1 Ein Baum für 3 beliebige Ereignisse A, B und C

10.2. Unabhängigkeit bei mehr als zwei Ereignissen

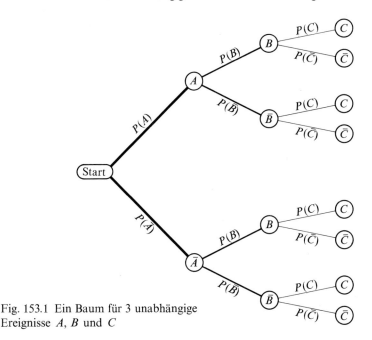

Fig. 153.1 Ein Baum für 3 unabhängige Ereignisse A, B und C

würde dann der Baum von Figur 153.1. Unsere Forderung bedeutet also, daß das Eintreten des dritten Ereignisses nicht davon abhängt, ob das erste bzw. das zweite Ereignis eingetreten ist oder nicht. Die 1. Pfadregel liefert uns 8 Produkte, die wir zur Definition der stochastischen Unabhängigkeit von 3 Ereignissen verwenden.

Definition 153.1: Die Ereignisse A, B und C heißen in einem Wahrscheinlichkeitsraum (Ω, P) **stochastisch unabhängig**, wenn folgende 8 Gleichungen gelten:

$$P(A \cap B \cap C) = P(A) \cdot P(B) \cdot P(C),$$
$$P(\bar{A} \cap B \cap C) = P(\bar{A}) \cdot P(B) \cdot P(C),$$
$$\dotfill$$
$$P(\bar{A} \cap \bar{B} \cap \bar{C}) = P(\bar{A}) \cdot P(\bar{B}) \cdot P(\bar{C}).$$

(Aus der ersten Gleichung entstehen die 7 übrigen, indem man eines oder mehrere der drei Ereignisse durch ihre Gegenereignisse ersetzt.)

Die Untersuchung der Unabhängigkeit von 3 Ereignissen kann sehr mühsam sein. Man müßte nämlich alle 8 Gleichungen prüfen. Tatsächlich genügt es aber, 4 geeignet ausgewählte Gleichungen zu verifizieren, wie in Aufgabe 163/**40** gezeigt werden soll.

Aus der Struktur der geforderten 8 Gleichungen erkennt man sofort, daß die Unabhängigkeit von 3 Ereignissen erhalten bleibt, wenn man eines oder mehrere durch ihr Gegenereignis ersetzt.

Die 8 Gleichungen von Definition 153.1 lassen sich leicht merken: Sie besagen nämlich, daß die 8-Felder-Tafel der Wahrscheinlichkeiten eine Multiplikationstafel ist. Dazu folgendes
Beispiel: Das Tyche-Gymnasium mit angeschlossenem Internat wird von 400 Knaben und 600 Mädchen besucht. 800 Schüler sind Externe, 550 Schüler sind blond. Wenn die 3 Ereignisse $K :=$ »Ein auf gut Glück ausgewählter Schüler ist ein Knabe«, $E :=$ »... ist ein Externer« und $B :=$ »... ist blond« stochastisch unabhängig sind, dann muß sich die 8-Felder-Tafel der Wahrscheinlichkeiten von Figur 154.1 ergeben (und umgekehrt):

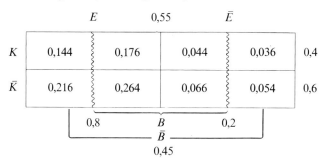

Fig. 154.1 8-Felder-Tafel zum Tyche-Gymnasium.

Es müßten also u.a. 144 externe Knaben nicht blond sein. – Unsere übliche Vorstellung von Unabhängigkeit drückt sich z.B. so aus, daß der Anteil der Blonden an der Gesamtschülerschaft genauso groß ist wie der Anteil der Blonden unter den Knaben bzw. wie der Anteil unter den Externen und sogar wie der Anteil unter den externen Knaben. Überprüfen wir diese anschauliche Vorstellung an der Mehrfeldertafel von Figur 154.1:

$$P(B) = 0{,}55,$$

$$P_K(B) = \frac{P(K \cap B)}{P(K)} = \frac{0{,}176 + 0{,}044}{0{,}4} = \frac{22}{40} = 0{,}55,$$

$$P_E(B) = \frac{P(E \cap B)}{P(E)} = \frac{0{,}176 + 0{,}264}{0{,}8} = \frac{44}{80} = 0{,}55,$$

$$P_{K \cap E}(B) = \frac{P(K \cap E \cap B)}{P(K \cap E)} = \frac{0{,}176}{0{,}176 + 0{,}144} = \frac{176}{320} = 0{,}55,$$

womit unsere Vorstellung bestätigt ist.
Wir werden später diesem Zusammenhang zwischen bedingten und unbedingten Wahrscheinlichkeiten noch nachgehen. Zunächst aber wollen wir eine weitere anschauliche Vorstellung von der Unabhängigkeit dreier Ereignisse in unserem Modell überprüfen. Man hat doch den Eindruck, daß, wenn sich 3 Ereignisse nicht beeinflussen, dann auch irgend zwei davon keinen Einfluß aufeinander haben. Tatsächlich gilt in unserem stochastischen Modell

10.2. Unabhängigkeit bei mehr als zwei Ereignissen

Satz 155.1: Sind drei Ereignisse stochastisch unabhängig, so sind auch schon je zwei von ihnen stochastisch unabhängig.

Beweis: A, B und C seien stochastisch unabhängig. Wir zeigen exemplarisch, daß dann A und B stochastisch unabhängig sind. Dazu zerlegen wir $A \cap B$ in die unvereinbaren Ereignisse $A \cap B \cap C$ und $A \cap B \cap \bar{C}$ und erhalten mit Hilfe des 3. Axioms von *Kolmogorow* und dann auf Grund von Definition 153.1:

$$P(A \cap B) = P(A \cap B \cap C) + P(A \cap B \cap \bar{C}) =$$
$$= P(A) \cdot P(B) \cdot P(C) + P(A) \cdot P(B) \cdot P(\bar{C}) =$$
$$= P(A) \cdot P(B)[P(C) + P(\bar{C})] =$$
$$= P(A) \cdot P(B) \cdot 1 =$$
$$= P(A) \cdot P(B), \qquad \text{q. e. d.}$$

Man könnte nun vermuten, daß aus der stochastischen Unabhängigkeit von je 2 aus 3 Ereignissen umgekehrt die stochastische Unabhängigkeit aller 3 Ereignisse folgt. Das ist aber falsch, wie ein schönes Beispiel von *Sergei Natanowitsch Bernschtein* (1880–1968)* zeigt (Aufgabe 162/35).

Kehren wir nun zu den bedingten Wahrscheinlichkeiten zurück. Die stochastische Unabhängigkeit zweier Ereignisse beinhaltet, daß alle bedingten Wahrscheinlichkeiten gleich den zugehörigen unbedingten Wahrscheinlichkeiten sind, wie auf Seite 151 gezeigt wurde. Es ist also z. B. $P_{\bar{B}}(A) = P(A)$. Dies gilt in analoger Weise auch bei 3 Ereignissen. Unter Verwendung von Definition 148.1 bzw. 153.1 und Satz 155.1 erhalten wir z. B., wenn A, B und C stochastisch unabhängig sind und die jeweiligen bedingten Wahrscheinlichkeiten existieren,

$$P_A(C) = \frac{P(A \cap C)}{P(A)} = \frac{P(A) \cdot P(C)}{P(A)} = P(C) \qquad \text{oder}$$

$$P_{A \cap \bar{C}}(B) = \frac{P(A \cap \bar{C} \cap B)}{P(A \cap \bar{C})} = \frac{P(A) \cdot P(\bar{C}) \cdot P(B)}{P(A) \cdot P(\bar{C})} = P(B) \qquad \text{oder}$$

$$P_B(\bar{A} \cap C) = \frac{P(\bar{A} \cap C \cap B)}{P(B)} = \frac{P(\bar{A}) \cdot P(C) \cdot P(B)}{P(B)} = P(\bar{A}) \cdot P(C) = P(\bar{A} \cap C).$$

Wir wurden zu unserer Definition der stochastischen Unabhängigkeit von 3 Ereignissen durch Betrachtung des Baumes von Figur 153.1 angeregt. Bei 3 Ereignissen kann man aber 6 verschiedene Bäume zeichnen! Hätte ein anderer Baum zu einer anderen Definition geführt? Nein; denn die soeben durchgeführten Überlegungen über die bedingten Wahrscheinlichkeiten zeigen, daß bei all diesen 6 Bäumen die kennzeichnende Eigenschaft der stochastischen Unabhängigkeit erfüllt ist: Auf allen aufwärts gerichteten Ästen jeder Stufe ist jeweils die gleiche Wahrscheinlichkeit zu finden. Jeder der 6 Bäume liefert also dieselben 8 Gleichungen.

Es liegt nun auf der Hand, wie man Definition 153.1 sinnvoll auf n Ereignisse erweitert:

* Бернштейн – Siehe Seite 394.

> **Definition 156.1:** Die Ereignisse $A_1, \ldots, A_n$ heißen in einem Wahrscheinlichkeitsraum (Ω, P) **stochastisch unabhängig**, wenn folgende 2^n Gleichungen gelten:
> $$P(A_1 \cap \ldots \cap A_n) = P(A_1) \cdot \ldots \cdot P(A_n),$$
> $$P(\bar{A}_1 \cap \ldots \cap A_n) = P(\bar{A}_1) \cdot \ldots \cdot P(A_n),$$
> $$\ldots\ldots\ldots\ldots\ldots\ldots\ldots\ldots\ldots\ldots\ldots\ldots\ldots\ldots\ldots$$
> $$P(\bar{A}_1 \cap \ldots \cap \bar{A}_n) = P(\bar{A}_1) \cdot \ldots \cdot P(\bar{A}_n).$$
> (Aus der ersten Gleichung entstehen die übrigen, indem man eines oder mehrere der n Ereignisse durch ihre Gegenereignisse ersetzt.)

Auch in diesem allgemeinen Fall muß man nicht alle 2^n Gleichungen nachprüfen, um die Unabhängigkeit der n Ereignisse zu gewährleisten. (Vgl. Aufgabe 163/**45**.) Satz 155.1 läßt sich ebenfalls auf n Ereignisse verallgemeinern:

> **Satz 156.1:** In einer Menge von stochastisch unabhängigen Ereignissen sind stets auch beliebig daraus ausgewählte Ereignisse stochastisch unabhängig.

Den **Beweis** dieses Satzes wollen wir Aufgabe 163/**44** überlassen.

Und schließlich drückt sich die stochastische Unabhängigkeit von n Ereignissen auch wiederum darin aus, daß alle bedingten Wahrscheinlichkeiten genauso groß sind wie die zugehörigen unbedingten Wahrscheinlichkeiten.

Aufgaben

Zu 10.1.

1. Untersuche beim Roulettspiel (Seite 22f.) die Ereignisse $A :=$ »pair«, $B :=$ »douze premier« und $C :=$ »rouge« paarweise auf stochastische Unabhängigkeit, falls es sich
   a) um das übliche Roulett, **b)** um ein Roulett ohne die Null handelt.
2. Von *Francis Galton* (1822–1911)* stammt eine Untersuchung der Augenfarbe von 1000 Vätern und je einem ihrer Söhne. Mit $V :=$ »Vater helläugig« und $S :=$ »Sohn helläugig« fand er folgende Anzahlen:

	S	$\bar{S}$
V	471	151
$\bar{V}$	148	…

   Ergänze die Tabelle, erstelle eine vollständige 4-Feldertafel der Wahrscheinlichkeiten und beurteile die Unabhängigkeit der Augenfarben von Vater und Sohn.
3. Eine Urne enthält 3 weiße und 5 schwarze Kugeln, eine andere Urne 2 weiße und 8 schwarze Kugeln.
   a) Aus jeder Urne wird eine Kugel gezogen. Es sei $W_i :=$ »Aus der Urne i wird eine weiße Kugel gezogen«. Sind W_1 und W_2 unabhängig?
   b) Die Urneninhalte werden zusammengeschüttet und mit Zurücklegen 2mal eine Kugel gezogen. Nun bedeute $W_i :=$ »Beim i-ten Zug wird eine weiße Kugel gezogen«. Sind W_1 und W_2 unabhängig?

* Siehe Seite 407.

Aufgaben

4. In einer Urne sind 10 schwarze, 3 rote und 2 grüne Kugeln. Untersuche die Ereignisse $A :=$ »Schwarz beim 1. Zug« und $B :=$ »Kein Grün beim 5. Zug« auf stochastische Unabhängigkeit, falls die Entnahme
   a) mit Zurücklegen,   b) ohne Zurücklegen erfolgt.
• 5. Aus einer Urne mit 2 roten Kugeln und 1 grünen Kugel wird zweimal nacheinander mit Zurücklegen 1 Kugel gezogen. Untersuche alle 2elementigen Ereignisse des 4elementigen Ergebnisraumes paarweise auf Unabhängigkeit.
6. Jemand wählt auf gut Glück eine natürliche Zahl. Untersuche folgende Eigenschaften der ausgewählten Zahl auf ihre Unabhängigkeit:
   a) Teilbarkeit durch 2; Teilbarkeit durch 3,
   b) Teilbarkeit durch 5; Teilbarkeit durch 10.
   c) Löse die Aufgaben a) und b), wenn nur eine der Zahlen $0, \ldots, 9$ gewählt werden kann.
7. Eine Statistik über das Rauchen bei amerikanischen Frauen (Februar 1955):

Einkommen in $	Anzahl der befragten Personen	gewohnheitsmäßiger täglicher Zigarettenverbrauch in %		
		1 bis 9	10 bis 20	21 bis 40
ohne	3335	13,4	15,1	0,8
unter 1000	1677	14,1	11,2	0,5
1000 bis 1999	1117	14,5	11,0	3,0
2000 bis 2999	956	12,2	15,5	0,6
mind. 3000	375	10,2	27,6	2,1
insgesamt	7460	13,4	14,3	1,1

Aus der befragten Personenmenge wird 1 Frau beliebig ausgewählt. Mit welcher Wahrscheinlichkeit
   a) verdient sie mindestens 3000 Dollar,
   b) raucht sie regelmäßig 10 bis 20 Zigaretten täglich,
   c) verdient sie mindestens 3000 Dollar und raucht 10 bis 20 Zigaretten täglich?
   d) Sind die Ereignisse a) und b) unabhängig?
8. Theodor und Dorothea sind öfters montags krank, und zwar Theodor mit der Wahrscheinlichkeit $\frac{1}{3}$ und Dorothea mit der Wahrscheinlichkeit $\frac{1}{2}$. Es kommt nur mit der Wahrscheinlichkeit $\frac{2}{5}$ vor, daß sie am Montag beide im Unterricht anwesend sind. Man prüfe durch Rechnung, ob die montägliche Erkrankung von Theodor und Dorothea unabhängige Ereignisse sind.
9. Ein Angestellter geht an 10 von 30 Tagen vorzeitig aus dem Büro weg. Mit der Wahrscheinlichkeit 0,1 ruft ein Kunde kurz vor Dienstschluß bei ihm an. Wie wahrscheinlich ist es, daß ein Kunde verärgert wird? (Rechtfertige auch die Unabhängigkeitsannahme!)
10. Herr A stellt fest, daß bei 20 Fahrten mit der S-Bahn einmal seine Fahrkarte kontrolliert wird. Er beschließt daraufhin verwerflicherweise, auf Kosten anderer zu fahren und bei 3 % seiner Fahrten keine Fahrkarte zu lösen. Dies hat zur Folge, daß er in 2 von 1000 Fahrten von einer Kontrolle ohne Fahrkarte überrascht wird.
Lege eine Vierfeldertafel der Wahrscheinlichkeiten an. Sind die Ereignisse »A besitzt eine gültige Fahrkarte« und »A wird kontrolliert« stochastisch unabhängig?
11. In einem Hotel übernachten 3 Reisegruppen. Die erste besteht aus 2 Damen und 6 Herren, die zweite aus 4 Damen und 20 Herren und die dritte aus 7 Damen und 13 Herren. An einem Empfang soll ein Vertreter aus diesen drei Gruppen teilnehmen. Er wird durch das Los bestimmt. Wir betrachten die Ereignisse $D :=$ »Es wird eine Dame ausgelost« und $G_i :=$ »Es wird ein Mitglied der Gruppe Nr. i ausgelost«. Untersuche folgende Ereignispaare auf Unabhängigkeit:

158 10. Unabhängigkeit

    a) D und G_i ($i = 1, 2, 3$);   **b)** G_i und G_k ($i \ne k$);   **c)** D und $G_i \cup G_k$ ($i \ne k$).

12. Die Beleuchtung eines Ganges kann von zwei Enden aus geschaltet werden. Sind beide Schalterhebel oben oder beide unten, brennt die Lampe, sonst nicht. Die Schalter werden unabhängig voneinander regellos bedient. In einem beliebig gewählten Beobachtungszeitpunkt steht jeder Schalter mit der Wahrscheinlichkeit $\frac{1}{2}$ auf »oben«.
  a) Mit welcher Wahrscheinlichkeit brennt das Licht im Beobachtungszeitpunkt?
  b) Sind die Ereignisse »Schalter 1 (bzw. 2) oben« und »Licht brennt« unabhängig?

13. Wir fassen Tabelle 10.1 als eine Serie von 600 Doppelwürfen auf. Tabelle 158.1 zeigt die Auswertung. Von jedem der 36 möglichen Ergebnisse ist angegeben, wie oft es bei den 600 Versuchen aufgetreten ist. Zum Beispiel: »Doppel-Eins« 20mal, »Eins-Sechs« 12mal, »Sechs-Eins« 15mal.

	\multicolumn{6}{c}{Augenzahl beim 2. Wurf}
Augenzahl beim 1. Wurf	1	2	3	4	5	6
1	20	23	7	10	23	12
2	12	25	18	14	19	24
3	18	21	21	16	20	12
4	10	19	16	13	9	8
5	17	21	17	14	16	16
6	15	23	17	13	22	19

Tab. 158.1   600 Doppelwürfe eines Würfels

  a) Wie oft trat die Eins (Zwei, ...) beim 1. Wurf auf, wie oft beim 2. Wurf?
  •**b)** Wir wollen annehmen, die relativen Häufigkeiten von Eins usw. beim 1. bzw. 2. Wurf seien genau gleich den Wahrscheinlichkeiten P(»Eins beim 1. Wurf«) usw. und die Augenzahlen treten beim 1. und 2. Wurf unabhängig voneinander auf. Welche »Idealwerte« (Brüche!) würden sich daraus für die 36 Felder der Tabelle ergeben?
(Die mathematische Statistik hätte die Frage zu klären, ob die Abweichungen der wirklich erschienenen Werte von den Idealwerten noch als »zufällig« betrachtet werden können.)

14. Erfahrungsgemäß haben 12% eines Abiturjahrgangs die 7. Klasse, 9% die 9. Klasse wiederholt. Nimm an, daß das Wiederholen dieser Klassen unabhängig erfolgt. Wieviel Prozent haben
  a) keine der beiden Klassen,
  b) die 7., aber nicht die 9. Klasse wiederholt?

15. Von den Autos, die in regelloser Folge auf einer Straße gefahren kommen, sind $\frac{2}{3}$ Pkw und $\frac{1}{3}$ Lkw. 75% der Pkw sind nur mit 1 Person besetzt, 10% der Lkw sind mit 2 oder mehr Personen besetzt.
  a) Zeige die Abhängigkeit folgender Ereignisse: »Das nächste Fahrzeug ist ein Lkw« – »Im nächsten Fahrzeug sitzen mindestens 2 Personen«.
  b) Bei welchem anderen Anteil der Lkw und sonst unveränderten Daten wären die Ereignisse unabhängig?

16. Beweise: $P_B(A) = P(A) \Leftrightarrow P_A(B) = P(B)$.

17. a) Ist die Relation »stochastisch unabhängig« transitiv, d. h., gilt der folgende Satz?
    $\left.\begin{array}{l} A \text{ und } B \text{ stochastisch unabhängig} \\ B \text{ und } C \text{ stochastisch unabhängig} \end{array}\right\} \Rightarrow A \text{ und } C \text{ stochastisch unabhängig}$
    Hinweis: Verwende die Erkenntnisse von Aufgabe **1. b)**.
  b) Zeige an einem Gegenbeispiel, daß die Relation »stochastisch abhängig« nicht transitiv ist.

Aufgaben

18. a) Von der 4-Felder-Tafel der Wahrscheinlichkeiten für die unabhängigen Ereignisse A und B sind die 2 Zahlen von Figur 159.1a gegeben. Berechne $P(A)$ und $P(B)$ und vervollständige die Tafel.

•**b)** Gleiche Aufgabe wie **a)** mit den Zahlen der Figur 159.1b.

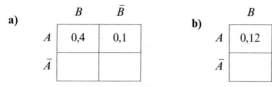

Fig. 159.1 Zu Aufgabe **18**

19. Die Ereignisse A und B seien unabhängig, a und b ihre Wahrscheinlichkeiten. Gib mit Hilfe von a und b die Wahrscheinlichkeit an, daß
a) weder A noch B,   **b)** entweder A oder B,
c) wenigstens eines der Ereignisse,   **d)** nicht beide Ereignisse eintreten.

20. Die Annahme der Unabhängigkeit spielt in der Praxis eine besonders wichtige Rolle im Versicherungswesen. Die ersten Rechengrundlagen für Lebensversicherungen sind die »Allgemeinen Sterbetafeln« (siehe Tabelle 159.1)*.

x	l_x männl.	l_x weibl.	x	l_x männl.	l_x weibl.	x	l_x männl.	l_x weibl.	x	l_x männl.	l_x weibl.
0	100 000	100 000									
1	97 400	98 016	26	94 705	96 694	51	87 104	92 260	76	35 601	56 774
2	97 249	97 888	27	94 555	96 632	52	86 369	91 806	77	32 373	53 323
3	97 152	97 810	28	94 405	96 567	53	85 574	91 323	78	29 212	49 702
4	97 067	97 745	29	94 253	96 499	54	84 717	90 813	79	26 137	45 934
5	96 989	97 690	30	94 097	96 429	55	83 789	90 272	80	23 167	42 046
6	96 918	97 641	31	93 937	96 355	56	82 779	89 696	81	20 321	38 076
7	96 854	97 597	32	93 773	96 276	57	81 673	89 078	82	17 619	34 071
8	96 795	97 558	33	93 604	96 190	58	80 460	88 411	83	15 083	30 091
9	96 741	97 523	34	93 429	96 098	59	79 130	87 689	84	12 735	26 204
10	96 692	97 492	35	93 245	95 997	60	77 675	86 903	85	10 595	22 478
11	96 647	97 465	36	93 049	95 886	61	76 087	86 044	86	8 678	18 974
12	96 604	97 439	37	92 838	95 764	62	74 357	85 101	87	6 990	15 744
13	96 561	97 413	38	92 610	95 632	63	72 477	84 062	88	5 529	12 826
14	96 515	97 384	39	92 361	95 488	64	70 440	82 915	89	4 287	10 245
15	96 459	97 349	40	92 089	95 331	65	68 242	81 647	90	3 251	8 016
16	96 383	97 305	41	91 794	95 161	66	65 882	80 250	91	2 407	6 139
17	96 273	97 251	42	91 475	94 975	67	63 361	78 713	92	1 735	4 597
18	96 118	97 189	43	91 131	94 773	68	60 685	77 027	93	1 215	3 362
19	95 927	97 124	44	90 761	94 551	69	57 864	75 179	94	824	2 400
20	95 732	97 059	45	90 363	94 308	70	54 909	73 157	95	539	1 671
21	95 541	96 996	46	89 934	94 042	71	51 838	70 948	96	339	1 134
22	95 357	96 934	47	89 468	93 750	72	48 673	68 539	97	204	750
23	95 182	96 874	48	88 958	93 427	73	45 438	65 920	98	117	483
24	95 016	96 815	49	88 398	93 072	74	42 161	63 084	99	64	303
25	94 858	96 755	50	87 781	92 683	75	38 872	60 033	100	33	185

Tab. 159.1 Allgemeine Sterbetafel 1970/72 für die Bundesrepublik Deutschland
Quelle: Statistisches Jahrbuch 1975 für die Bundesrepublik Deutschland

---

* Man gewinnt sie aus den wirklichen Sterbeziffern. Mit Hilfe von Ausgleichsverfahren wird eine Folge von Sterbewahrscheinlichkeiten für alle 0-, 1-, 2-, ...jährigen errechnet. Ausgehend von einem willkürlichen Ausgangswert l_0 (z.B. 100 000) erhält man dann die Anzahl l_x der im Alter x wahrscheinlich noch Lebenden.

International sind folgende Bezeichnungen üblich:
Mit x wird das Alter in Jahren angegeben. Dabei zählt eine Person als x-jährig, wenn ihr Lebensalter dem Intervall $[x; x+1[$ angehört. Ferner bedeuten
$(x) :=$ eine Person ist x-jährig.
$l_x :=$ Anzahl der lebenden x-jährigen
$p_x := \dfrac{l_{x+1}}{l_x} =$ Wahrscheinlichkeit, daß ein x-jähriger mindestens $(x+1)$-jährig wird

(p_x heißt Erlebenswahrscheinlichkeit im Alter x.)
$q_x := 1 - p_x$ heißt Sterbewahrscheinlichkeit im Alter x.
$_np_x :=$ Wahrscheinlichkeit, daß ein x-jähriger mindestens $(x+n)$-jährig wird. Offensichtlich ist $_1p_x = p_x$.

a) Beweise die Richtigkeit folgender Aussagen:

1) $_np_x = \displaystyle\prod_{i=0}^{n-1} p_{x+i} = p_x \cdot p_{x+1} \cdot \ldots \cdot p_{x+n-1}$

2) $l_x = {_xp_0} \cdot l_0$

3) $l_{x+n} = {_np_x} \cdot l_x$

b) Berechne unter Verwendung von Tabelle 159.1
1) die Sterbewahrscheinlichkeiten q_0 und q_1 (Was besagen diese Ergebnisse?),
2) die Wahrscheinlichkeit, daß ein 20jähriger, ein 40jähriger, ein 60jähriger bzw. ein 80jähriger mindestens 1 Jahr älter werden,
3) die Wahrscheinlichkeit, daß ein 20jähriger zwar 40jährig, aber nicht mehr 50jährig wird.

c) Welche Werte ergeben sich in Aufgabe **b)** für Frauen?

d) Ein 35jähriger Mann heiratet eine 10 Jahre jüngere Frau. Wie groß ist die Wahrscheinlichkeit, daß nach 20 Jahren
1) beide noch leben,
2) keiner mehr lebt,
3) genau einer noch am Leben ist,
4) die Frau den Mann überlebt,
5) der Mann die Frau überlebt,
6) höchstens einer noch lebt?

21. Es bedeuten $K :=$ »Knabe« und $L :=$ »Linkshänder«. Welche Folgerungen können aus $P(K \cap L) < P(K) \cdot P(L)$ bzw. $P(K \cap L) > P(K) \cdot P(L)$ gezogen werden?

●22. »Wer lügt, der stiehlt«. – Angenommen, dieses Vorurteil wäre stichhaltig. Ich treffe Herrn X. Welche Ungleichung müßte für die Wahrscheinlichkeiten der Ereignisse $L :=$ »Herr X. ist ein Lügner«, $D :=$ »Herr X. ist ein Dieb« und $L \cap D$ bestehen?

23. Zeige: **a)** Das sichere Ereignis und jedes andere Ereignis sind unabhängig.
b) Das unmögliche Ereignis und jedes andere Ereignis sind unabhängig.

●24. a) »Wenn A und B unvereinbar sind, dann sind A und B abhängig.« Welche Voraussetzung muß über $P(A)$ und $P(B)$ noch gemacht werden, damit die Behauptung wahr wird? Beweise sie.
b) Formuliere den Kehrsatz des Satzes aus **a)** und zeige an einem Beispiel, daß er *falsch* ist.

25. Nenne alle Ereignisse A, für die gilt: A und A sind unabhängig.

26. Die nicht-transitiven Würfel von *Bradley Efron*. Vier L-Würfel werden beschriftet, und zwar Würfel I mit 3mal 1 und 3mal 5, Würfel II mit 2mal 0 und 4mal 4, Würfel III mit lauter Dreiern und Würfel IV schließlich 4mal mit 2 und 2mal mit 6. Dorothea gestattet Theodor, einen der Würfel zu wählen. Sie nimmt dann einen der drei restlichen. Dann werfen beide ihren Würfel. Sieger ist derjenige, der die größere Augenzahl geworfen hat.
a) Mit welcher Wahrscheinlichkeit gewinnt I gegen II, II gegen III und III gegen IV? Welcher Würfel ist wohl der beste?

b) Mit welcher Wahrscheinlichkeit gewinnt I gegen IV?
Welcher der beiden Spieler ist bei geschicktem Spiel im Vorteil?
Warum nennt man die Würfel nicht-transitiv?
c) Untersuche **a)** und **b)** für die Würfel
2, 3, 3, 9, 10, 11 — 0, 1, 7, 8, 8, 8 — 5, 5, 6, 6, 6, 6 — 4, 4, 4, 4, 12, 12.

27. Nicht-transitive Glücksräder nach *Dietrich Morgenstern*. Drei Glücksräder mit jeweils gleich großen Sektoren tragen die Aufschriften 1, 6, 8 bzw. 3, 5, 7 bzw. 2, 4, 9. Mit welcher Wahrscheinlichkeit schlägt jedes Glücksrad in zyklischer Reihenfolge das darauffolgende?

28. In einer Urne befinden sich zwölf von 1 bis 12 numerierte Kugeln. Eine Kugel wird zufällig gezogen. Als Ergebnisraum verwende man $\Omega = \{1, 2, 3, ..., 12\}$.
a) Zeige, daß die Ereignisse $A = \{1, 2, 3, 4, 5, 6\}$ und $B = \{1, 4, 7, 10\}$ unabhängig sind.
b) Gib ein zum Ereignis $A = \{1, 2, 3, 4, 5, 6\}$ unabhängiges Ereignis C mit $P(C) = 0{,}5$ an. – Wie viele derartige Ereignisse $C \subset \Omega$ gibt es?
c) Begründe, warum zwei Ereignisse $D \subset \Omega$ und $E \subset \Omega$ mit $P(D) = P(E) = \frac{3}{4}$ abhängig sind.

29. In Urne 1 liegen 1 weiße und 1 schwarze Kugel, in Urne 2 dagegen 2 weiße und 1 schwarze Kugel. Es werde jeweils 2mal eine Kugel mit Zurücklegen entnommen. Wir definieren $S_i^j :=$ »Beim i-ten Zug wird aus Urne j eine schwarze Kugel gezogen«, $i, j \in \{1; 2\}$.
a) Zeige, daß S_1^j und S_2^j für $j = 1; 2$ stochastisch unabhängig sind.
b) Nun werde vor dem Ziehen eine L-Münze geworfen. Fällt Adler, so wird nur aus Urne 1 gezogen, andernfalls nur aus Urne 2. Es bedeute $S_i :=$ »Beim i-ten Zug wird eine schwarze Kugel gezogen«, $i = 1; 2$. Untersuche, ob S_1 und S_2 stochastisch unabhängig sind.
c) Das Verfahren von **b)** wird nun so abgeändert, daß vor *jedem* Zug die L-Münze geworfen wird. Untersuche für diesen Fall die stochastische Unabhängigkeit von S_1 und S_2.
d) Das Verfahren von **b)** werde jetzt folgendermaßen abgeändert: Die L-Münze bestimmt, aus welcher Urne der erste Zug erfolgt. Zieht man eine weiße Kugel, so wird die Urne für den zweiten Zug gewechselt; andernfalls behält man sie bei. Untersuche S_1 und S_2 auf stochastische Unabhängigkeit.
e) Beim Verfahren **b)** zeigte sich, daß durch das Werfen einer L-Münze die stochastische Unabhängigkeit verlorengeht. Man nehme daher ein Glücksrad, das in zwei Sektoren aufgeteilt ist, die die Nummern 1 und 2 tragen. Es werden die beiden Züge aus derjenigen Urne getan, deren Nummer das Glücksrad bestimmt. Welchen Winkel muß der Sektor 1 tragen, damit die Ereignisse S_1 und S_2 stochastisch unabhängig sind?
•f) Die S_i konnten in den Aufgaben **b)** – **e)** umgangssprachlich gleich beschrieben werden. Die verschiedenen Resultate sind also darauf zurückzuführen, daß die Unabhängigkeit in verschiedenen Wahrscheinlichkeitsräumen untersucht wurde. Gib zu den Experimenten aus **a)** – **e)** jeweils einen passenden Wahrscheinlichkeitsraum (Ω, P) an.

Zu 10.2.

30. Gegeben ist: $P(A) = 0{,}6$; $P(B) = 0{,}2$; $P(C) = 0{,}3$. Fülle eine 8-Felder-Tafel (Muster: Figur 154.1) so aus, daß A, B und C unabhängig werden.

31. Die Ereignisse A, B und C seien stochastisch unabhängig. Ergänze die in Figur 162.1 teilweise gegebenen 8-Felder-Tafeln der Wahrscheinlichkeiten. Anleitung zu **a)**: Berechne zuerst der Reihe nach $P(A \cap B)$, $P(C)$, $P(B \cap C)$, $P(A)$ und $P(B)$.

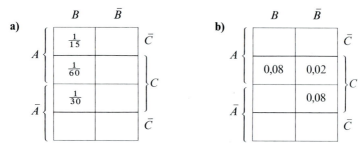

Fig. 162.1 Zu Aufgabe **31**

32. Bei einem Einbruch beschreiben die Zeugen den Täter als langhaarigen jungen Mann, der mit einer Lederjacke und mit Jeans bekleidet war. Es wurde ein Mann festgenommen, auf den diese drei Eigenschaften zutreffen. Er leugnet, aber der Staatsanwalt argumentiert: »$\frac{1}{4}$ unserer jungen Männer sind langhaarig; jeder zwanzigste trägt eine Lederjacke und $\frac{3}{4}$ tragen Jeans. Die Wahrscheinlichkeit, daß diese 3 Eigenschaften zusammentreffen, beträgt $\frac{3}{320}$, also weniger als 1%. Damit sind Sie überführt!«
Was sagst du als Verteidiger zu dieser Beweisführung?

33. In einer Volkshochschule, die u.a. Kurse in Englisch, Französisch und Spanisch anbietet, haben sich 500 Hörer eingeschrieben. 311 Hörer haben mindestens einen der Sprachkurse belegt. 6 Hörer besuchen alle 3 Kurse, 21 nehmen nur am Spanischunterricht teil. Englisch findet mehr Interesse als Französisch.
  a) Stelle eine 8-Felder-Tafel der Wahrscheinlichkeiten auf unter der Voraussetzung, daß die Ereignisse »Ein beliebig ausgewählter Hörer belegte Sprachkurs X« (X ∈ {Englisch, Französisch, Spanisch}) unabhängig sind.
  b) Wie viele Hörer belegten
  1) Englisch, **2)** nur Englisch, **3)** Französisch und Spanisch,
  4) Französisch oder Spanisch, **5)** Französisch, aber nicht Spanisch?
  c) Erstelle eine 8-Felder-Tafel der Wahrscheinlichkeiten bezogen auf die Grundmenge derjenigen Hörer, die mindestens eine der Sprachen belegt haben. Sind jetzt die Ereignisse aus a) noch unabhängig?

34. Vier Sonntagsjäger mit der Trefferwahrscheinlichkeit $\frac{2}{10}, \frac{3}{10}, \frac{4}{10}$ bzw. $\frac{5}{10}$ schießen gleichzeitig auf einen Hasen.
  a) Mit welcher Wahrscheinlichkeit wird der Hase
  1) überhaupt getroffen, **2)** genau einmal getroffen?
  •**b)** Welche Trefferanzahl ist am wahrscheinlichsten?

35. Beispiel von *Bernschtein*: Von den 4 Flächen eines Tetraeders ist eine rot, die zweite grün und die dritte blau bemalt. Die vierte Fläche zeigt alle drei Farben. R bedeute »Das Tetraeder fällt auf eine Fläche, die rote Farbe trägt«. Analog sind die Ereignisse B und G definiert. Zeige, daß R, G und B paarweise stochastisch unabhängig sind, insgesamt aber abhängig.

36. In einer Urne liegen je eine rote, grüne, blaue und schwarze Kugel. Man zieht eine Kugel und betrachtet die Ereignisse
$A :=$ »Die gezogene Kugel ist rot oder grün«,
$B :=$ »Die gezogene Kugel ist rot oder blau«,
$C :=$ »Die gezogene Kugel ist rot oder schwarz«.
Zeige, daß diese 3 Ereignisse paarweise unabhängig sind, insgesamt aber abhängig.

•**37.** Anton und Berta wetteifern im Bogenschießen. Sie treffen das Ziel mit den Wahrscheinlichkeiten 0,6 bzw. 0,7. Es wird je zweimal geschossen; wer öfter trifft, hat gewonnen. Mit welcher Wahrscheinlichkeit gewinnt Anton?

38. 5 Freunde besuchen öfters eine Wirtschaft. Mit welcher Wahrscheinlichkeit findet man sie an einem beliebig herausgegriffenen Tag alle versammelt, wenn sie
a) regelmäßig kommen, der erste jeden 2. Tag, der 2. jeden 3. Tag, ..., der 5. jeden 6. Tag, und wenn sie heute alle zusammen sind?
b) regellos kommen, der erste mit der Wahrscheinlichkeit $\frac{1}{2}$, ..., der fünfte mit der Wahrscheinlichkeit $\frac{1}{6}$?

39. $E_1, ..., E_n$ seien unabhängige Ereignisse mit $P(E_k) = \frac{1}{k+1}$ für alle $k = 1, ..., n$. Berechne $P(\text{»Keines der } E_k \text{ tritt ein«})$.

40. Zeige, daß 3 Ereignisse bereits stochastisch unabhängig sind, wenn 4 Gleichungen, die geeignet aus den 8 Gleichungen von Definition 153.1 ausgewählt wurden, erfüllt sind.

•41. Ein Zufallsmechanismus liefert die Zahlen 1 bis 16 mit gleicher Wahrscheinlichkeit. Es sind die Ereignisse $A := \{1, ..., 8\}$, $B := \{2, ..., 5, 9, ..., 12\}$ und $C := \{4, ..., 8, 11, 12, 13\}$ zu untersuchen. Zeige, daß für sie 4 der Gleichungen aus Definition 153.1 gelten und die Ereignisse trotzdem abhängig sind.

•42. In manchen Lehrbüchern findet man folgende Definition der stochastischen Unabhängigkeit von 3 Ereignissen:
A, B und C heißen stochastisch unabhängig dann und nur dann, wenn die folgenden 4 Gleichungen erfüllt sind:

$P(A \cap B) = P(A) \cdot P(B)$, $P(B \cap C) = P(B) \cdot P(C)$, $P(C \cap A) = P(C) \cdot P(A)$ und
$P(A \cap B \cap C) = P(A) \cdot P(B) \cdot P(C)$.

Zeige, daß diese Definition und unsere Definition 153.1 äquivalent sind.

43. a) Zeige: Das *Simpson*-Paradoxon (Aufgabe 140/18) kann nicht eintreten, wenn z.B. die Ereignisse B und C stochastisch unabhängig sind.
b) Weise nach, daß die betreffenden Ereignisse B und C aus Aufgabe 140/18 stochastisch abhängig sind.

•44. Beweise Satz 156.1.

•45. In manchen Lehrbüchern definiert man: Die Ereignisse $A_1, A_2, ..., A_n$ heißen stochastisch unabhängig dann und nur dann, wenn

$$P(A_{i_1} \cap A_{i_2} \cap ... \cap A_{i_k}) = P(A_{i_1}) \cdot P(A_{i_2}) \cdot ... \cdot P(A_{i_k})$$

für alle k-Mengen aus $\{A_1, A_2, ..., A_n\}$ mit $2 \leq k \leq n$ erfüllt ist.
a) Wie viele Gleichungen sind zu überprüfen?
b) Zeige, daß diese Definition und Definition 156.1 äquivalent sind.

46. $A_1, A_2, ..., A_5$ sind stochastisch unabhängig. Zeige, daß dann beispielsweise auch die Ereignisse $\bar{A}_1, A_2, \bar{A}_3, \bar{A}_4$ und A_5 stochastisch unabhängig sind.

11. Zufallsgrößen

Eroten beim Morraspiel – Lukanisch-rotfiguriger Volutenkrater aus Ruvo, Sisphosmaler, um 420 v. Chr. – Staatliche Antikensammlungen, München

11. Zufallsgrößen

11.1. Zufallsgrößen und ihr Erwartungswert

11.1.1. Einführendes Beispiel

Auf einem Rummelplatz wird in einer Glücksbude folgendes Spiel angeboten: Der Spieler leistet 1 DM Einsatz, darf eine der Zahlen 1, 2, ..., 6 nennen und dann 3 Würfel werfen. Zeigt mindestens einer der Würfel seine Zahl, so erhält er vom Budenbesitzer den Einsatz zurück und außerdem für jeden Würfel, der diese Zahl zeigt, noch zusätzlich 1 DM. Erscheint seine Zahl nicht, so verfällt der Einsatz. (Ein solches Spiel ist in den USA unter dem Namen *chuck-a-luck** bekannt.) Wir erinnern an die Beziehung

$$\text{GEWINN} = \text{AUSZAHLUNG minus EINSATZ.}$$

Üblicherweise bezeichnet man negativen Gewinn als Verlust. Der Spieler kann also entweder 1 DM verlieren oder 1 DM bzw. 2 DM bzw. 3 DM gewinnen. Natürlich wird sich jeder Spieler dafür interessieren, mit welcher Wahrscheinlichkeit diese Ereignisse eintreten. Um diese Frage zu klären, müssen wir das zugrundeliegende Zufallsexperiment untersuchen. Es handelt sich um einen 3fachen Würfelwurf. Als Ergebnisraum Ω bietet sich die Menge aller Tripel abc an, wobei $1 \leq a, b, c \leq 6$ gilt. Ω enthält also $6^3 = 216$ Elemente. Jedem solchen Ergebnis ist durch die Spielregel eine der Gewinnzahlen 3, 2, 1, -1 zugeordnet. Dadurch ist also eine Funktion X auf dem Ergebnisraum Ω definiert, nämlich

$$X : \omega \mapsto X(\omega); \ D_X = \Omega; \ \text{Wertemenge} = \{-1, 1, 2, 3\}.$$

Da die Werte der Funktion X vom Zufall bestimmt werden, nennt man X nach *Laplace*** eine **Zufallsgröße auf Ω**. Um die Wertetabelle dieser Funktion X aufstellen zu können, nehmen wir an, daß der Spieler die Sechs als seine Glückszahl gewählt hat. Figur 165.1 veranschaulicht dann diese Funktion X, deren Wertetabelle folgendes Aussehen hat:

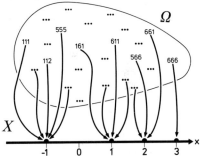

Fig. 165.1 Veranschaulichung der Zufallsgröße X beim chuck-a-luck

ω	666	665	664	...	655	654	...	555	554	...	111
$X(\omega)$	3	2	2	...	1	1	...	-1	-1	...	-1

* to chuck = werfen.
** Im *Mémoire sur les Probabilités* (1780), veröffentlicht 1781 im Band für 1778 der *Histoire de l'Académie Royale des Sciences*, spricht *Laplace* von einer *quantité variable*; auf Grund seiner deterministischen Einstellung gibt es jedoch bei ihm keine Definition der Zufallsvariablen als einer Größe, die vom Zufall abhängt, wie sie später von *Tschebyschow* (1821–1894) geprägt wurde.

Die Ereignisse, für die sich der Spieler interessiert, heißen »Der Gewinn X beträgt x DM«, d. h. »Die Zufallsgröße X nimmt den Wert x an« mit $x \in \{-1, 1, 2, 3\}$, was wir kurz schreiben wollen als »$X = x$«. Die zugehörige Ergebnismenge ist $\{\omega \,|\, X(\omega) = x\}$. In unserem Falle ergibt sich

»$X = 3$« $\quad$ = Menge aller Tripel aus Ω, die genau 3 Sechsen enthalten = $\{666\}$,
»$X = 2$« $\quad$ = Menge aller Tripel aus Ω, die genau 2 Sechsen enthalten =
$\qquad\qquad$ = $\{661, 662, \ldots, 665, 616, \ldots, 566\}$,
»$X = 1$« $\quad$ = Menge aller Tripel aus Ω, die genau 1 Sechs enthalten =
$\qquad\qquad$ = $\{611, 612, \ldots, 161, \ldots, 556\}$,
»$X = -1$« = Menge aller Tripel aus Ω, die keine Sechs enthalten =
$\qquad\qquad$ = $\{111, 112, \ldots, 115, \ldots, 555\}$.

Da wir annehmen dürfen, daß mit Laplace-Würfeln gespielt wird, erhalten wir für die gesuchten Wahrscheinlichkeiten die Werte

$$P(X = 3) = \tfrac{1}{216}, \quad P(X = 2) = \tfrac{15}{216}, \quad P(X = 1) = \tfrac{75}{216}, \quad P(X = -1) = \tfrac{125}{216},$$

was man übersichtlich in folgender Wertetabelle zusammenfassen kann:

Gewinn x	-1	1	2	3
$P(X = x)$	$\tfrac{125}{216}$	$\tfrac{75}{216}$	$\tfrac{15}{216}$	$\tfrac{1}{216}$

Durch diese Wertetabelle läßt sich auf ganz $\mathbb{R}$ eine Funktion W definieren, nämlich $W: x \mapsto P(X = x)$, $D_W = \mathbb{R}$, deren Wertemenge dem Intervall $[0; 1]$ angehört. Sie heißt **Wahrscheinlichkeitsfunktion W der Zufallsgröße X**.
Die so definierte Wahrscheinlichkeitsfunktion W hat meist den Wert 0, weil für alle x, die nicht als Werte der Zufallsgröße X auftreten, $W(x) = 0$ ist.
Ein Spieler, der die Wahrscheinlichkeiten für die Gewinnzahlen x kennt, braucht den Rückgriff auf den Ergebnisraum Ω der Tripel nicht mehr. Er könnte $\Omega' := \{-1, 1, 2, 3\}$ als seinen Ergebnisraum wählen. Dann ist die Wahrscheinlichkeitsfunktion W nichts anderes als eine (nicht-gleichmäßige) Wahrscheinlichkeitsverteilung P' auf Ω' mit $P'(\{-1\}) = \tfrac{125}{216}$; $P'(\{1\}) = \tfrac{75}{216}$; $P'(\{2\}) = \tfrac{15}{216}$ und $P'(\{3\}) = \tfrac{1}{216}$. Aus diesem Grunde nennt man W auch **Wahrscheinlichkeitsverteilung der Zufallsgröße X**. Man sagt, die Zufallsgröße X ist nach W verteilt.
Figur 167.1 zeigt den Graphen G_W der Wahrscheinlichkeitsfunktion W. Um die Darstellung deutlicher zu machen, wurden auf beiden Achsen verschiedene Maßstäbe gewählt; dennoch ist der optische Eindruck noch recht dürftig. Zur Verbesserung dieses Eindrucks wählt man in der Praxis andere Arten der Veranschaulichung; nämlich das Stabdiagramm und das Histogramm*.
Bei einem **Stabdiagramm** werden die Wahrscheinlichkeiten durch Längen dargestellt, indem man die Ordinaten von G_W als Stäbe zeichnet (Figur 167.2). Bei einem **Histogramm** werden die Wahrscheinlichkeiten durch Rechtecksflächen dargestellt. Man geht dabei folgendermaßen vor:
Über jeder Gewinnzahl wird symmetrisch ein Rechteck errichtet, dessen Flächenmaßzahl gleich der jeweiligen Wahrscheinlichkeit ist. Wählt man als Breite $\Delta x = 1$, so ist die Höhe des Rechtecks gerade die Wahrscheinlichkeit der Gewinnzahl

---

* ὁ ἱστός = das Gewebe. – Diese Darstellungen führte *William Playfair* (1759–1823) ein..

11.1. Zufallsgrößen und ihr Erwartungswert

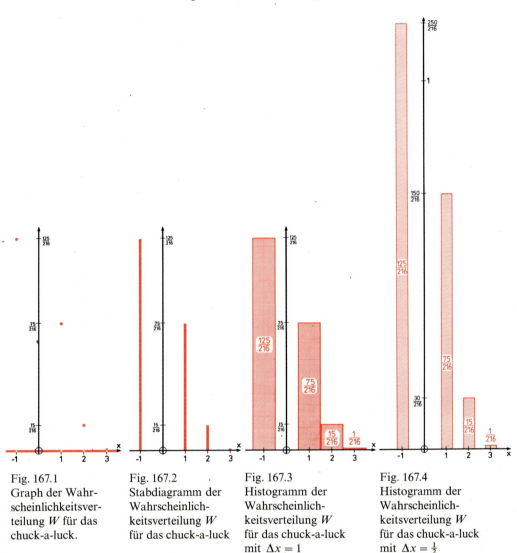

Fig. 167.1
Graph der Wahrscheinlichkeitsverteilung W für das chuck-a-luck.

Fig. 167.2
Stabdiagramm der Wahrscheinlichkeitsverteilung W für das chuck-a-luck

Fig. 167.3
Histogramm der Wahrscheinlichkeitsverteilung W für das chuck-a-luck mit $\Delta x = 1$

Fig. 167.4
Histogramm der Wahrscheinlichkeitsverteilung W für das chuck-a-luck mit $\Delta x = \frac{1}{2}$

(Figur 167.3). Wählt man als Breite $\Delta x = \frac{1}{2}$, so muß man als Rechteckshöhe das Doppelte der Wahrscheinlichkeit der Gewinnzahl wählen (Figur 167.4).
Wenn irgend möglich wird man die Breite immer $\Delta x = 1$ wählen. Manchmal muß man jedoch auf andere Breiten ausweichen, wenn man nämlich Überlappungen der Rechtecke vermeiden will. Das wäre z.B. der Fall, wenn statt der Gewinnzahl 2 die Gewinnzahl 2,5 aufgetreten wäre. Auf alle Fälle wird man jedoch die Rechtecksbreiten gleich groß wählen, um einen unmittelbaren Vergleich der Wahrscheinlichkeiten durchführen zu können.
Wahrscheinlichkeitsfunktion W, Stabdiagramm und Histogramme zeigen die Verteilung der Wahrscheinlichkeiten auf die Gewinnzahlen. Man kann daraus

z. B. entnehmen, daß die Wahrscheinlichkeit für einen Verlust etwas größer als 50% ist. Bei einem einzigen Spiel muß man also damit rechnen, 1 DM zu verlieren! Es wäre jedoch vorschnell, daraus zu schließen, daß das Spiel auch auf lange Sicht zu Verlusten für den Spieler führen müsse. Man kann ja nur 1 DM verlieren, die Gewinne können jedoch 1 DM, 2 DM oder sogar 3 DM betragen. Das könnte auf Dauer einen Ausgleich schaffen. Ein Spieler, der dieses Spiel sehr oft spielt, wird sich dafür interessieren, wieviel Geld er im Mittel pro Spiel gewinnen (oder verlieren) wird. Dazu kann er folgende Überlegung anstellen.
Bei n Spielen erwartet er in $\frac{1}{216} \cdot n$ Fällen 3 DM Gewinn, in $\frac{15}{216} \cdot n$ Fällen 2 DM Gewinn, in $\frac{75}{216} \cdot n$ Fällen 1 DM Gewinn und schließlich in $\frac{125}{216} \cdot n$ Fällen 1 DM Verlust. Der zu erwartende Gesamtgewinn ergibt sich also zu

$$3 \text{ DM} \cdot \tfrac{1}{216} \cdot n + 2 \text{ DM} \cdot \tfrac{15}{216} \cdot n + 1 \text{ DM} \cdot \tfrac{75}{216} \cdot n - 1 \text{ DM} \cdot \tfrac{125}{216} \cdot n.$$

Der durchschnittliche Gewinn pro Spiel ergibt sich, indem man diesen Wert durch die Anzahl n der Spiele teilt, zu

$$3 \text{ DM} \cdot \tfrac{1}{216} + 2 \text{ DM} \cdot \tfrac{15}{216} + 1 \text{ DM} \cdot \tfrac{75}{216} - 1 \text{ DM} \cdot \tfrac{125}{216} = -\tfrac{17}{216} \text{ DM} \approx -0{,}08 \text{ DM}.$$

Der Spieler hat also im Schnitt pro Spiel einen Verlust von knapp 8 Pf zu erwarten. (Er kann sich überlegen, ob ihm die Lust am Spiel diesen Verlust wert ist.)
Man erkennt, daß sich dieser »mittlere Spielwert« als das mit den Wahrscheinlichkeiten gewichtete Mittel der Einzelgewinne ergibt.
Die Zahl $-\frac{17}{216}$ heißt nach *Christiaan Huygens* (1629–1695) **Erwartungswert** der Zufallsgröße »Gewinn beim chuck-a-luck«.
Was sagt uns dieser Wert über die Zufallsgröße?
Er bedeutet, daß man auf lange Sicht damit rechnen muß, etwa 0,08 DM pro Spiel zu verlieren. Die vorschnelle Vermutung, daß das chuck-a-luck ein Verlustspiel für den Spieler ist, hat sich also doch bestätigt, was auch zu erwarten war, weil das Spiel wirklich angeboten wird.

11.1.2. Definitionen und grundlegende Eigenschaften

Wir wollen nun die im letzten Abschnitt eingeführten Begriffe allgemein definieren.

> **Definition 168.1:** Es sei (Ω, P) ein Wahrscheinlichkeitsraum mit endlichem Ergebnisraum Ω. Jede Funktion X, die den Ergebnisraum Ω in die Menge $\mathbb{R}$ der reellen Zahlen abbildet, heißt **Zufallsgröße** X (auf Ω). Es gilt also:
>
> $$X: \omega \mapsto X(\omega) \quad \text{mit} \quad D_X = \Omega \quad \text{und} \quad X(\omega) \in \mathbb{R}.$$

Wir haben schon viele Zufallsgrößen* kennengelernt, ohne sie »Zufallsgröße« genannt zu haben. Wir erinnern an Augenzahl und Augensumme beim Würfeln oder an die Anzahl der gezogenen schwarzen Kugeln beim Ziehen aus einer Urne. Ein weiteres Beispiel einer Zufallsgröße liefert jede Wahrscheinlichkeitsverteilung P auf Ω vermöge der Zuordnung: $\omega \mapsto X(\omega)$ mit $X(\omega) = P(\{\omega\})$. Auch die relative Häufigkeit ist eine Zufallsgröße. Ein triviales Beispiel einer Zufallsgröße ist eine konstante Zufallsgröße, die für alle $\omega \in \Omega$ den konstanten Wert a

---
* Statt »Zufallsgröße« sagt man auch »Stochastik«, »zufällige Größe«, »Zufallsvariable« oder »aleatorische Größe«.

annimmt. Man verwendet dann sowohl für die Zufallsgröße als auch für ihren einzigen Funktionswert denselben Buchstaben a.

Jede Zufallsgröße X erzeugt auf natürliche Weise eine Zerlegung von Ω. Eine Komponente dieser Zerlegung ist dabei die Menge derjenigen Ergebnisse ω, denen vermöge X derselbe Funktionswert x zugeordnet wird. Es gilt also:

$$\Omega = \bigcup_{i=1}^{n} \{\omega \mid X(\omega) = x_i\}.$$

Ω wird demnach in so viele Ereignisse zerlegt, wie es verschiedene Funktionswerte von X gibt (siehe Figur 169.1).

Betrachtet man nur eine einzige Zufallsgröße X über Ω, so kann man Ω vergröbern, indem man die Wertemenge von X als neuen Ergebnisraum Ω' auffaßt. Das bedeutet, daß man in Ω die Ergebnisse ω in den einzelnen Komponenten der durch X erzeugten Zerlegung nicht mehr unterscheidet.

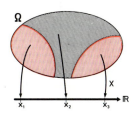

Fig. 169.1 Zerlegung von Ω durch eine Zufallsgröße X

Jeder reellen Zahl x, die Wert der Zufallsgröße X ist, läßt sich damit die Wahrscheinlichkeit des Ereignisses $\{\omega \mid X(\omega) = x\}$ zuordnen. Ordnet man allen anderen reellen Zahlen x, also gerade denen, die nicht Funktionswerte von X sind, auch $P(\{\omega \mid X(\omega) = x\})$ als Wert zu – was bedeutet, ihnen den Wert 0 zuzuordnen –, so können wir damit auf ganz $\mathbb{R}$ eine Funktion definieren, die **Wahrscheinlichkeitsfunktion** W. Für den recht schwerfälligen Term $P(\{\omega \mid X(\omega) = x\})$ führen wir die Abkürzung $P(X = x)$ ein, also

$$P(X = x) := P(\{\omega \mid X(\omega) = x\})$$

Damit gewinnen wir

Definition 169.1: Die Funktion $W: x \mapsto P(X = x)$, $D_W = \mathbb{R}$, heißt **Wahrscheinlichkeitsfunktion** der Zufallsgröße X. Man sagt, die Zufallsgröße X ist nach W verteilt.

Auf Grund der Definition von W erkennen wir, daß W eine Wahrscheinlichkeitsverteilung P' auf dem vergröberten Ergebnisraum Ω' ist vermöge $P'(\{x\}) := P(X = x) = W(x)$ für alle $x \in \Omega'$.

Man nennt daher W auch **Wahrscheinlichkeitsverteilung der Zufallsgröße** X, kurz auch **Verteilung der Zufallsgröße** X.

Figur 169.2 zeigt den Zusammenhang zwischen einer Zufallsgröße X und ihrer Wahrscheinlichkeitsfunktion W.

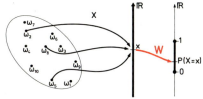

Fig. 169.2 Zusammenhang zwischen einer Zufallsgröße X und ihrer Wahrscheinlichkeitsverteilung W

Zur Veranschaulichung von Wahrscheinlichkeitsverteilungen verwendet man üblicherweise 3 Darstellungen. Wir zeigen sie an Hand einer Zufallsgröße X mit der Wahrscheinlichkeitsverteilung

x	$-1{,}5$	$-0{,}5$	$0{,}5$	2
$W(x)$	$0{,}4$	$0{,}2$	$0{,}1$	$0{,}3$

1. Man stellt die Wahrscheinlichkeitsfunktion durch ihren Graphen dar wie in Figur 170.1a).

2. Man zeichnet ein Stabdiagramm der Wahrscheinlichkeitsfunktion wie in Figur 170.1b).

3. Man verwendet Histogramme (Figur 170.1c), die allgemein wie folgt definiert werden.

Definition 170.1:
Auf der Zahlengeraden $\mathbb{R}$ werden $m+1$ Punkte $a_0 < a_1 < \ldots < a_m$ so gewählt, daß alle Werte $x_1, x_2, \ldots, x_n$ der Zufallsgröße X zwischen a_0 und a_m liegen. Es entstehen die $m+2$ Intervalle
$]-\infty, a_0], \ ]a_0, a_1], \ \ldots, \ ]a_{m-1}, a_m],$
$]a_m, +\infty[$.
Über jedem Intervall $]a_i, a_{i+1}]$ wird ein Rechteck errichtet, dessen Flächenmaßzahl gleich der Wahrscheinlichkeit dafür ist, daß die Zufallsgröße X Werte aus diesem Intervall $]a_i, a_{i+1}]$ annimmt. Die Rechtecke auf dem ersten Intervall $]-\infty, a_0]$ und auf dem letzten Intervall $]a_m, +\infty[$ haben natürlich die Höhe 0. Rechtecke der Höhe 0 werden nicht gezeichnet. Die sich so ergebende Anordnung von Rechtecken heißt ein **Histogramm** der Zufallsgröße X bzw. der zugehörigen Wahrscheinlichkeitsfunktion W.

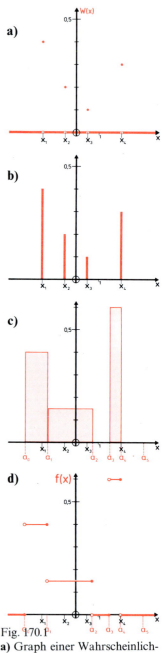

Fig. 170.1
a) Graph einer Wahrscheinlichkeitsfunktion W
b) Stabdiagramm von W
c) Ein Histogramm von W
d) Graph der zum Histogramm von c) gehörenden Dichtefunktion f

11.1. Zufallsgrößen und ihr Erwartungswert

Bemerkungen:
1. Die Flächenmaßzahl eines Rechtecks hat den Wert $P(\{\omega | a_i < X(\omega) \leq a_{i+1}\})$, kurz $P(a_i < X \leq a_{i+1})$.
2. Die Gestalt des Histogramms hängt von der Auswahl der Intervalle ab. Es ist üblich, Intervalle von gleicher Länge (meist 1) zu wählen und sie symmetrisch um die Werte von X anzuordnen. (Vergleiche Figur 167.3 und 167.4.)

Histogramme sind keine Funktionen; man kann aus jedem von ihnen aber einen Funktionsgraphen auf folgende Art gewinnen. Man nimmt die oberen Seiten der Histogrammrechtecke als Stücke des Graphen. Nicht gezeichnete Rechtecke der Höhe 0 ergeben als Graphenstücke dann Teile der x-Achse. Weil aber eine Funktion eindeutig sein muß, müssen wir an den Rechtecksecken noch festlegen, welche Ecke Punkt des Graphen sein soll. Es wird vereinbart, daß die rechte obere Ecke Punkt des Graphen ist, die linke obere Ecke hingegen nicht*. Die so durch diesen Graphen definierte Funktion f ist also linksseitig stetig. Sie heißt **Wahrscheinlichkeitsdichtefunktion** der Zufallsgröße X, kurz **Dichtefunktion****. Ihr Term ist sehr kompliziert; es gilt nämlich

$$f(x) := \begin{cases} \dfrac{P(a_i < X \leq a_{i+1})}{a_{i+1} - a_i} & \text{für } x \in\,]a_i;\, a_{i+1}] \\ 0 & \text{sonst} \end{cases}$$

Zu jedem Histogramm gehört also genau eine Dichtefunktion; siehe Figur 170.1c) und Figur 170.1d).
Die Wahrscheinlichkeit dafür, daß die Zufallsgröße X Werte im Intervall $]a_j;\, a_k]$ annimmt, ist gleich der Summe der Maßzahlen der Rechtecksflächen über $]a_j;\, a_k]$. Diese Summe läßt sich mittels der Dichtefunktion f auch als Integral schreiben. Es gilt nämlich: $\quad P(a_j < X \leq a_k) = \int\limits_{a_j}^{a_k} f(x)\,\mathrm{d}x.$
Diese Beziehung kann dazu dienen, den Namen »Dichtefunktion« plausibel zu machen. Denkt man sich nämlich einen Stab mit der eindimensionalen Dichteverteilung f, so erhält man als Masse zwischen den Punkten a_j und a_k den Wert

$$m = \int\limits_{a_j}^{a_k} f(x)\,\mathrm{d}x.$$

Man beachte also, daß der Funktionswert $f(x)$ der Dichtefunktion f keine Wahrscheinlichkeit darstellt, so wie die Dichte auch keine Masse ist. Nur eine *Fläche* unter der Dichtefunktion f zwischen den Grenzen a_j und a_k liefert uns eine Wahrscheinlichkeit! Es kann sogar vorkommen, daß die Funktionswerte der Dichtefunktion größer als 1 sind — wenn nämlich die Intervallbreiten beim zugehörigen Histogramm klein genug sind. Man vergleiche dazu das Histogramm von Figur 167.4. Dagegen gilt immer $\int\limits_{-\infty}^{+\infty} f(x)\,\mathrm{d}x = 1$.

Beim chuck-a-luck betrachteten wir den mittleren Gewinn pro Spiel auf lange

---
* Fällt die linke obere Ecke mit der rechten oberen Ecke des vorhergehenden Rechtecks zusammen, so gehöre sie dem Graphen an.
** Merke: D i chtefunktion – l i nksseitig stetig.

Sicht und nannten ihn den Erwartungswert der Zufallsgröße Gewinn. In Verallgemeinerung definiert man für eine beliebige Zufallsgröße X ihren mittleren Wert pro Versuch auf lange Sicht als ihren Erwartungswert gemäß

Definition 172.1: Die Zufallsgröße X habe die Wertemenge $\{x_1, x_2, \ldots, x_n\}$. Die zugehörigen Wahrscheinlichkeiten seien $W(x_1), W(x_2), \ldots, W(x_n)$. Dann heißt die Zahl

$$\mu := \mathscr{E}\,X := \sum_{i=1}^{n} x_i W(x_i)$$

Erwartungswert der Zufallsgröße X.

Bemerkungen:
1. Statt $\mathscr{E}\,X$ schreibt man auch $\mathscr{E}(X)$, vor allem dann, wenn Mißverständnisse zu befürchten sind. $\mathscr{E}$ ist nämlich eine Funktion, die »Erwartung«, durch die der Zufallsgröße X eine reelle Zahl $\mathscr{E}\,X$ zugeordnet wird. Man unterscheidet also zwischen der Funktion $\mathscr{E}$ und dem Funktionswert $\mathscr{E}\,X$.
2. Der Erwartungswert einer Zufallsgröße ist das mit ihren Wahrscheinlichkeiten gewichtete arithmetische Mittel der Werte der Zufallsgröße,* also **der mittlere Wert der Zufallsgröße pro Versuch auf lange Sicht.** Das Symbol μ soll an diese Bedeutung des Erwartungswerts als Mittelwert erinnern.
3. Der Erwartungswert $\mathscr{E}\,X$ einer Zufallsgröße X wird im allgemeinen *nicht* dem Wertebereich der Zufallsgröße X angehören! (Beim chuck-a-luck ist $-\frac{17}{216}$ keine Gewinnzahl.)
4. Der Erwartungswert $\mathscr{E}\,X$ muß nicht einmal in der Nähe des wahrscheinlichsten Wertes der Zufallsgröße X liegen. (Vgl. Aufgabe 188/**15**.)
5. Die Zahl $\mathscr{E}\,X$ kann auch physikalisch gedeutet werden. Denkt man sich auf einem masselosen Stab an den Stellen x_i die Massen $W(x_i)$ angebracht, so stellt $\mathscr{E}\,X$ die Koordinate des Massenschwerpunkts dar.*
6. Wegen $W(x_i) = \sum_{X(\omega) = x_i} P(\{\omega\})$ läßt sich $\mathscr{E}\,X$ folgendermaßen schreiben:

$$\mathscr{E}\,X = \sum_{\omega \in \Omega} X(\omega) \cdot P(\{\omega\})$$

Mit dem Erwartungswert des Gewinns als »Wert des Spiels« schuf *Christiaan Huygens* (1629–1695) den ersten wahrscheinlichkeitstheoretischen Begriff, der lange Zeit auch der einzige blieb, mit dem Aufgaben über Spiele gelöst werden konnten. *Huygens* beginnt seine Abhandlung *van reeckening in speelen van geluck* (1657) mit 3 Sätzen über den Erwartungswert, für den er noch keinen Fachausdruck hatte. Er umschreibt ihn mit

"Het is my soo veel weerdt" – »Das ist mir soviel wert«,

was *Frans van Schooten* (um 1615–1660) kurz mit *expectatio mea* und *valor expectationis meae* ins Lateinische übersetzt.

---

* Diese Interpretation gab *Nikolaus Bernoulli* (1687–1759) in *De usu artis conjectandi in jure* 1709.

11.1. Zufallsgrößen und ihr Erwartungswert

Wie sehr diese Wortschöpfung damals und auch heute noch der Umgangssprache widerspricht, zeigt sich in der Erklärung, die *Jakob Bernoulli* (1655–1705) in seiner *Ars Conjectandi* (1713) der *Huygens*schen Definition beifügt:

»Aus dem Gesagten ist zu entnehmen, daß das Wort *Erwartung* nicht nur in dem gewöhnlichen Sinne zu nehmen ist, in dem wir üblicherweise das erwarten oder hoffen, was für uns das Allerbeste ist; es kann vielmehr auch den Sinn haben, daß Schlimmeres uns zufällt. Erwartung bedeutet also unsere Hoffnung, das Beste zu gewinnen, soweit diese nicht durch die Furcht, Ungünstigeres zu erzielen, gemäßigt und verkleinert wird, und zwar in dem Maße, daß mit Wert der Erwartung immer das Mittel aus dem Besten, das wir erhoffen, und dem Schlimmsten, das wir befürchten, bezeichnet wird.«

In der französischen Literatur hat sich daher neben *espérance mathématique* auch *valeur moyenne* und in der englischen neben *expected value* auch *mean value* für Erwartungswert eingebürgert.

Zur Illustration des Begriffs *Erwartungswert* führen wir nun 3 Beispiele vor.
Beispiel 1: Die Zufallsgröße »Augenzahl« beim einfachen Wurf eines Laplace-Würfels hat die Wahrscheinlichkeitsfunktion

x	1	2	3	4	5	6
$W(x)$	$\frac{1}{6}$	$\frac{1}{6}$	$\frac{1}{6}$	$\frac{1}{6}$	$\frac{1}{6}$	$\frac{1}{6}$

Damit ergibt sich

$$\mathscr{E}X = \mu = 1 \cdot \tfrac{1}{6} + 2 \cdot \tfrac{1}{6} + 3 \cdot \tfrac{1}{6} + \\ + 4 \cdot \tfrac{1}{6} + 5 \cdot \tfrac{1}{6} + 6 \cdot \tfrac{1}{6} = \\ = \tfrac{21}{6} = \\ = 3{,}5.$$

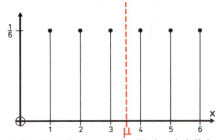

Fig. 173.1 Stabdiagramm der Wahrscheinlichkeitsfunktion der Zufallsgröße »Augenzahl eines Laplace-Würfels« mit Erwartungswert μ

Beispiel 2: Die Zufallsgröße »Augensumme« beim Wurf zweier Laplace-Würfel hat, wie Bild 26.2 veranschaulicht, die Wahrscheinlichkeitsverteilung

x	2	3	4	5	6	7	8	9	10	11	12
$W(x)$	$\frac{1}{36}$	$\frac{2}{36}$	$\frac{3}{36}$	$\frac{4}{36}$	$\frac{5}{36}$	$\frac{6}{36}$	$\frac{5}{36}$	$\frac{4}{36}$	$\frac{3}{36}$	$\frac{2}{36}$	$\frac{1}{36}$

Damit ergibt sich

$$\mathscr{E}X = \mu = 2 \cdot \tfrac{1}{36} + 3 \cdot \tfrac{2}{36} + 4 \cdot \tfrac{3}{36} + \\ + 5 \cdot \tfrac{4}{36} + 6 \cdot \tfrac{5}{36} + 7 \cdot \tfrac{6}{36} + \\ + 8 \cdot \tfrac{5}{36} + 9 \cdot \tfrac{4}{36} + 10 \cdot \tfrac{3}{36} + \\ + 11 \cdot \tfrac{2}{36} + 12 \cdot \tfrac{1}{36} = \\ = \tfrac{252}{36} = \\ = 7.$$

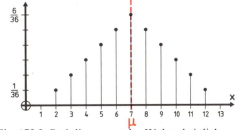

Fig. 173.2 Stabdiagramm der Wahrscheinlichkeitsfunktion der Zufallsgröße »Augensumme beim Doppelwurf« mit Erwartungswert μ

Beispiel 3: Die Zufallsgröße »Quadrat der Augenzahl« beim einfachen Wurf eines Laplace-Würfels hat die Wahrscheinlichkeitsverteilung

x	1	4	9	16	25	36
$W(x)$	$\frac{1}{6}$	$\frac{1}{6}$	$\frac{1}{6}$	$\frac{1}{6}$	$\frac{1}{6}$	$\frac{1}{6}$

Damit ergibt sich

$\mathscr{E} X = \mu = 1 \cdot \frac{1}{6} + 4 \cdot \frac{1}{6} +$
$\qquad + 9 \cdot \frac{1}{6} + 16 \cdot \frac{1}{6} +$
$\qquad + 25 \cdot \frac{1}{6} + 36 \cdot \frac{1}{6} =$
$\qquad = \frac{91}{6} =$
$\qquad = 15\frac{1}{6}.$

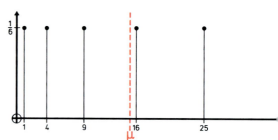

Fig. 174.1 Stabdiagramm der Wahrscheinlichkeitsfunktion der Zufallsgröße »Quadrat der Augenzahl eines Laplace-Würfels« mit Erwartungswert μ

Die Berechnung des Erwartungswerts wird besonders übersichtlich, wenn man die Wertetabelle der Wahrscheinlichkeitsverteilung um die Zeile $xW(x)$ erweitert.
Betrachten wir dazu das einfache
Beispiel 4: In einer Urne liegen 4 Kugeln, die mit den Zahlen 0, 1, 2 und 3 beschriftet sind. Man zieht 2 Kugeln nacheinander ohne Zurücklegen. Die Zufallsgröße X sei die größere der beiden gezogenen Zahlen. Wir berechnen den Erwartungswert von X:

x	1	2	3
$W(x)$	$\frac{1}{6}$	$\frac{2}{6}$	$\frac{3}{6}$
$xW(x)$	$\frac{1}{6}$	$\frac{4}{6}$	$\frac{9}{6}$

$\Rightarrow \mathscr{E} X = \frac{14}{6} = 2\frac{1}{3}.$

11.2. Die kumulative Verteilungsfunktion einer Zufallsgröße

Einführendes Beispiel: Die 52 Karten des Bridgespiels werden auf 4 Spieler verteilt. Theodor hat dabei keine Herzkarte erhalten. Nun interessiert er sich dafür, mit welcher Wahrscheinlichkeit seine Spielgegnerin Dorothea eine bestimmte Höchstzahl von Herzkarten, z. B. höchstens 8 Herzkarten, erhalten hat. Wir wollen die Anzahl der Herzkarten, die Dorothea erhält, mit X bezeichnen. Dann ist X eine Zufallsgröße, die die Werte $x_1 = 0, x_2 = 1, \ldots, x_{14} = 13$ annehmen kann. Die Wahrscheinlichkeit dafür, daß sie den Wert x_i annimmt, berechnet sich zu $P(X = x_i) = W(x_i) = \dfrac{\binom{13}{x_i} \binom{26}{13 - x_i}}{\binom{39}{13}}$. Die Werte der Wahrscheinlichkeitsfunktion W sind in Tabelle 175.1 wiedergegeben. Theodor interessiert sich also für Wahrscheinlichkeiten der Ereignisse »X ist höchstens so

11.2. Die kumulative Verteilungsfunktion einer Zufallsgröße

groß wie b«, z. B. »X ist höchstens so groß wie 8«. Für die Wahrscheinlichkeiten dieser Ereignisse schreiben wir kurz $P(X \leq b)$, im Beispiel $P(X \leq 8)$. Kennt Theodor die Wahrscheinlichkeitsfunktion der Zufallsgröße X, z. B. aus Tabelle 175.1, so kann er die gesuchte Wahrscheinlichkeit $P(X \leq 8)$ als Summe berechnen. Es gilt nämlich

$P(X \leq 8) = P(X = 0 \cup X = 1 \cup ... \cup X = 8) =$
$= P(X = 0) + P(X = 1) + ... + P(X = 8) =$
$= W(x_1) + W(x_2) + ... + W(x_9) =$
$= \sum_{i=1}^{9} W(x_i) =$
$= 0{,}99859.$

x	$W(x)$
0	0,00128
1	0,01546
2	0,07420
3	0,18703
4	0,27505
5	0,24754
6	0,13897
7	0,04864
8	0,01042
9	0,00132
10	0,00009
11	$3{,}12 \cdot 10^{-6}$
12	$4{,}16 \cdot 10^{-8}$
13	$1{,}23 \cdot 10^{-10}$

Tab. 175.1 $\quad x \mapsto \dfrac{\binom{13}{x}\binom{26}{13-x}}{\binom{39}{13}}$

Um die lästigen Summationen nicht immer wieder durchführen zu müssen, stellt sich Theodor mit Hilfe der Wahrscheinlichkeitsfunktion W eine Tabelle der Wahrscheinlichkeiten $P(X \leq b)$ auf. Da diese Wahrscheinlichkeiten eine Funktion von b sind, nennt er sie kurz $F(b)$; also $F(b) := P(X \leq b)$. Tabelle 175.2 zeigt uns die von Theodor durchgeführte Summation.

Auch beim darauffolgenden Spiel hat Theodor keine Herzkarte erhalten. Nun möchte er aber die Wahrscheinlichkeit dafür wissen, daß Dorothea mehr als a Herzkarten, aber höchstens b Herzkarten erhalten hat, kurz $P(a < X \leq b)$. Nehmen wir für $a = 3$ und $b = 8$, so ergibt sich die gesuchte Wahrscheinlichkeit zu

$P(3 < X \leq 8) = P(X = 4 \cup X = 5 \cup ... \cup X = 8) =$
$= P(X = 4) + P(X = 5) + ... + P(X = 8) =$
$= W(x_5) + W(x_6) + ... + W(x_9) =$
$= \sum_{3 < x_i \leq 8} W(x_i) =$
$= 0{,}72062.$

b	$F(b)$
0	0,00128
1	0,01674
2	0,09094
3	0,27797
4	0,55302
5	0,80056
6	0,93953
7	0,98817
8	0,99859
9	0,99991
10	1,00000
11	1,00000
12	1,00000
13	1

Tab. 175.2 $\quad b \mapsto F(b)$. Die Werte für $b = 10$, 11 und 12 sind Rundungswerte, wohingegen $F(13)$ exakt 1 ist.

Wahrscheinlichkeiten dieser Art kann Theodor, statt umständlich zu summieren, leichter mit Hilfe seiner Tabelle 175.2 »$b \mapsto F(b)$« berechnen. Es gilt nämlich

$$P(3 < X \leqq 8) = \sum_{3 < x_i \leqq 8} W(x_i) =$$
$$= \sum_{x_i \leqq 8} W(x_i) - \sum_{x_i \leqq 3} W(x_i) =$$
$$= P(X \leqq 8) - P(X \leqq 3) =$$
$$= F(8) - F(3).$$

Allgemein erhält man

$$P(a < X \leqq b) = F(b) - F(a).$$

Die Summation vieler Summanden reduziert sich also bei Verwendung der Funktion F auf die Bildung der Differenz zweier Tabellenwerte dieser Funktion.

So wie im vorstehenden Beispiel sind bei vielen Zufallsgrößen Wahrscheinlichkeiten von Ereignissen der Form »$a < X \leqq b$« von Bedeutung. Man wird daher, ergänzend zur Wahrscheinlichkeitsfunktion W einer Zufallsgröße X, auf ganz $\mathbb{R}$ eine weitere Funktion F definieren, die die Wahrscheinlichkeiten der Ereignisse »$X \leqq b$« liefert. Man nennt F kumulative Verteilungsfunktion der Zufallsgröße X und legt sie folgendermaßen allgemein fest:

Definition 176.1: Die Funktion
$$F: x \mapsto P(X \leqq x), \ D_F = \mathbb{R}$$
heißt **kumulative Verteilungsfunktion** der Zufallsgröße X.

Die Beifügung »kumulativ«* weist darauf hin, daß der Wert $F(x)$ durch Aufhäufen, d.h. durch Summieren der Wahrscheinlichkeiten für alle Werte x_i, die höchstens so groß wie x sind, gewonnen wird. Manche Autoren unterdrücken die Beifügung »kumulativ« und nennen F kurz »Verteilungsfunktion der Zufallsgröße«.

Zur Berechnung der Werte der kumulativen Verteilungsfunktion einer Zufallsgröße merken wir uns

Satz 176.1: Hat die Zufallsgröße X die Wertemenge $\{x_1, x_2, \ldots, x_n\}$, so berechnet man $F(x)$ gemäß
$$F(x) = \sum_{x_i \leqq x} W(x_i).$$

Funktionsterm und Graph einer kumulativen Verteilungsfunktion veranschaulicht das einfache

Beispiel: X sei eine Zufallsgröße mit der Wahrscheinlichkeitsverteilung W gemäß

x	$-1{,}5$	$-0{,}5$	$0{,}5$	2
$W(x)$	$0{,}4$	$0{,}2$	$0{,}1$	$0{,}3$

Figur 170.1a) zeigt den Graphen von W. Für die kumulative Verteilungsfunktion F dieser Zufallsgröße X ergibt sich

---
* cumulatus = aufgehäuft, aufgetürmt, aufgeschichtet.

$$F(x) = \begin{cases} 0 & \text{für } -\infty < x < -1,5 \\ 0,4 & \text{für } -1,5 \leq x < -0,5 \\ 0,6 & \text{für } -0,5 \leq x < 0,5 \\ 0,7 & \text{für } 0,5 \leq x < 2 \\ 1 & \text{für } 2 \leq x < +\infty. \end{cases}$$

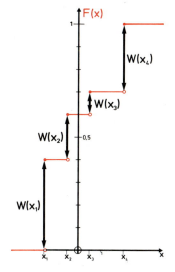

Der Graph dieser Funktion F ist in Figur 177.1 dargestellt. Sie zeigt besonders anschaulich, wie durch »Aufhäufen« der einzelnen Wahrscheinlichkeiten $W(x_i)$ der Graph von F entsteht.

Fig. 177.1 Kumulative Verteilungsfunktion F zur Wahrscheinlichkeitsfunktion W von Figur 170.1.

Abschließend stellen wir einige Eigenschaften von kumulativen Verteilungsfunktionen zusammen, die sich unmittelbar aus Definition 176.1 ergeben.

Satz 177.1:
Ist F kumulative Verteilungsfunktion der Zufallsgröße X, so gilt
1) $\lim\limits_{x \to -\infty} F(x) = 0$.
2) $\lim\limits_{x \to +\infty} F(x) = 1$.
3) F ist monoton wachsend auf $\mathbb{R}$.
4) F ist rechtsseitig stetig*, d.h., $\lim\limits_{x \searrow x_0} F(x) = F(x_0)$.
5) Nimmt die Zufallsgröße X einen Wert x_i mit der Wahrscheinlichkeit $W(x_i) \neq 0$ an, so springt der Graph von F bei x_i um $W(x_i)$ nach oben; F ist also bei x_i unstetig.
6) $P(a < X \leq b) = F(b) - F(a)$.

11.3. Funktionen einer Zufallsgröße

Beispiel: Beim einfachen Würfelwurf werden folgende Gewinnpläne vereinbart:
Plan 1: Von der doppelten Augenzahl wird 7 subtrahiert; die so erhaltene Zahl stellt den Gewinn in DM dar.
Plan 2: Von der Augenzahl wird 3 subtrahiert und das Ergebnis quadriert. Die so erhaltene Zahl stellt den Gewinn in DM dar.
Bezeichnen wir die Zufallsgröße »Augenzahl« mit X, so lassen sich die durch die beiden Gewinnpläne definierten Zufallsgrößen »Gewinn Y« bzw. »Gewinn Z« mit Hilfe von X folgendermaßen ausdrücken:

---
* Merke: V **e** rteilungsfunktion – r **e** chtsseitig stetig.

$Y := 2 \cdot X - 7 \quad \text{bzw.} \quad Z := (X - 3)^2.$

Die Wertetabellen der 3 Funktionen X, Y und Z lauten:

ω	1	2	3	4	5	6
$X(\omega)$	1	2	3	4	5	6
$Y(\omega)$	-5	-3	-1	1	3	5
$Z(\omega)$	4	1	0	1	4	9

Um die Wahrscheinlichkeitsfunktionen der Zufallsgrößen X, Y und Z voneinander unterscheiden zu können, kennzeichnen wir sie durch entsprechende Indizes, also W_X, W_Y und W_Z. Für diese drei Verteilungen ergeben sich folgende Wertetabellen:

x	1	2	3	4	5	6
$W_X(x)$	$\frac{1}{6}$	$\frac{1}{6}$	$\frac{1}{6}$	$\frac{1}{6}$	$\frac{1}{6}$	$\frac{1}{6}$

y	-5	-3	-1	1	3	5
$W_Y(y)$	$\frac{1}{6}$	$\frac{1}{6}$	$\frac{1}{6}$	$\frac{1}{6}$	$\frac{1}{6}$	$\frac{1}{6}$

z	0	1	4	9
$W_Z(z)$	$\frac{1}{6}$	$\frac{2}{6}$	$\frac{2}{6}$	$\frac{1}{6}$

Wir ersehen aus den obigen Tabellen, daß die Wahrscheinlichkeitsverteilung W_X der Zufallsgröße X gleichmäßig ist, d.h., alle ihre Werte haben die gleiche Wahrscheinlichkeit. Auch $Y = 2X - 7$ ist eine gleichmäßig verteilte Zufallsgröße, wohingegen $Z = (X - 3)^2$ nicht mehr gleichmäßig verteilt ist!

Die Zufallsgrößen Y und Z können wir mathematisch als Verkettung der reellwertigen Funktion X mit den Funktionen $g: x \mapsto 2x - 7$ bzw. $h: x \mapsto (x - 3)^2$ auffassen; es gilt nämlich $Y = g \circ X$ und $Z = h \circ X$.

Allgemein kann man sagen: Da jede Zufallsgröße X eine reellwertige Funktion ist, läßt sie sich mit einer beliebigen reellen Funktion g, deren Definitionsmenge die Wertemenge von X enthält, verketten. Das Ergebnis der Verkettung ist eine neue Zufallsgröße Y; für sie gilt

$Y(\omega) = (g \circ X)(\omega) := g(X(\omega)).$

Als Verkettungsfunktionen können natürlich auch transzendente Funktionen wie sin, exp und ln auftreten.

Zur Berechnung des Erwartungswerts der Zufallsgröße $Y := g \circ X$ ist es nicht nötig, die Wahrscheinlichkeitsverteilung von Y zu kennen. Es gilt nämlich

Satz 178.1: Besitzt die Zufallsgröße X die Wertemenge $\{x_1, x_2, \ldots, x_n\}$ und die Wahrscheinlichkeitsverteilung W, so gilt für den Erwartungswert der Zufallsgröße $g \circ X$:

$$\mathscr{E}[g(X)] = \sum_{i=1}^{n} g(x_i) W(x_i)$$

Beweis: Das X zugrundeliegende Zufallsexperiment habe die Ergebnisse $\omega_1, \omega_2, \ldots, \omega_N$. Dann gilt auf Grund von Bemerkung 6 (Seite 172):

$$\mathscr{E}[g(X)] = \sum_{k=1}^{N} g(X(\omega_k))P(\{\omega_k\}).$$

Fassen wir alle Summanden zusammen, für die $X(\omega_k) = x_i$ gilt, so erhalten wir wegen $W(x_i) = \sum_{X(\omega_k) = x_i} P(\{\omega_k\})$ die Behauptung:

$$\mathscr{E}[g(X)] = \sum_{i=1}^{n} \left(\sum_{X(\omega_k) = x_i} g(x_i) P(\{\omega_k\}) \right) = \sum_{i=1}^{n} \left(g(x_i) \cdot \sum_{X(\omega_k) = x_i} P(\{\omega_k\}) \right) =$$

$$= \sum_{i=1}^{n} g(x_i) W(x_i).$$

11.4. Die Varianz einer Zufallsgröße

Eine Zufallsgröße wird durch ihre Wahrscheinlichkeitsfunktion weitgehend beschrieben. Für viele Zwecke genügt es sogar, nur über Parameter, die das Aussehen der Wahrscheinlichkeitsfunktion kennzeichnen, Bescheid zu wissen. Ein solcher Parameter ist der Erwartungswert einer Zufallsgröße; er gibt ihren »mittleren Wert« an. Er sagt jedoch nichts darüber aus, wie die einzelnen Funktionswerte der Zufallsgröße um diesen mittleren Wert streuen. Man wird also versuchen, die »mittlere Abweichung« der Funktionswerte von ihrem Erwartungswert durch eine Maßzahl zu kennzeichnen. Dafür bietet sich $\mathscr{E}(X - \mu)$ an. $Y := X - \mu$ ist eine neue Zufallsgröße »Abweichung vom Erwartungswert μ«. Für sie gilt unter Verwendung von Satz 178.1:

$$\mathscr{E}(X - \mu) = \sum_{i=1}^{n} (x_i - \mu) W(x_i) =$$

$$= \sum_{i=1}^{n} x_i W(x_i) - \mu \cdot \sum_{i=1}^{n} W(x_i) =$$

$$= \mathscr{E}X - \mu \cdot 1 = \mu - \mu = 0.$$

Das Ergebnis sollte nicht überraschen!

$\mathscr{E}(X - \mu)$ ist also ein untaugliches Maß. Da ja nur die Größe der Abweichungen und nicht ihre Richtung interessiert, könnte man $\mathscr{E}(|X - \mu|)$ als Maß wählen. Wegen der Unhandlichkeit des Absolutbetrags wählt man jedoch statt dessen $\mathscr{E}[(X - \mu)^2]$ als Abweichungsmaß. Das Quadrat sorgt dafür, daß die Richtung der Abweichung keine Rolle spielt. Darüber hinaus fallen Abweichungen um so stärker ins Gewicht, je größer sie sind. Es gibt selbstverständlich auch noch andere Funktionen der Abweichung $X - \mu$, die als Maß für das »Streuen der Werte der Zufallsgröße« verwendet werden könnten. Die mittlere quadratische Abweichung vom Mittelwert μ, also $\mathscr{E}[(X - \mu)^2]$ hat sich jedoch als besonders brauchbar erwiesen.

Definition 180.1: μ sei der Erwartungswert der Zufallsgröße X. Als **Varianzwert** Var X der Zufallsgröße X definiert man den Erwartungswert der quadratischen Abweichung von μ, also

$$\text{Var}\, X := \mathscr{E}\left[(X-\mu)^2\right] = \mathscr{E}\left[(X-\mathscr{E}X)^2\right].$$

Auf Grund von Satz 178.1 gilt auch

$$\text{Var}\, X = \sum_{i=1}^{n} (x_i - \mu)^2 W(x_i)$$

Bemerkungen:
1. Statt Var X schreibt man auch Var(X), vor allem dann, wenn Mißverständnisse zu befürchten sind. Var ist nämlich eine Funktion, die »Varianz«, durch die der Zufallsgröße X eine nicht-negative reelle Zahl Var X zugeordnet wird. Man unterscheidet also zwischen der Funktion Var und dem Funktionswert Var X, dem Varianzwert. In der Praxis verwendet man das Wort »Varianz« auch oft in der Bedeutung »Varianzwert«.
2. Andere Bezeichnungen für die Varianz sind *mittleres Abweichungsquadrat, Dispersion, zentrales Moment 2. Ordnung* oder auch *Streuungsquadrat*.
3. Die Zahl Var X kann auch physikalisch gedeutet werden. Denkt man sich auf einem masselosen Stab an den Stellen x_i die Massen $W(x_i)$ angebracht, so stellt Var X das Trägheitsmoment des Stabes in bezug auf den Massenschwerpunkt μ dar.

Beispiel 1: Wir berechnen den Varianzwert für die Zufallsgröße X = Gewinn beim chuck-a-luck (siehe Seite 165 ff.):
Mit $\mathscr{E}X = -\frac{17}{216}$ gilt

$$\text{Var}\, X = (-1 + \tfrac{17}{216})^2 \cdot \tfrac{125}{216} + (1 + \tfrac{17}{216})^2 \cdot \tfrac{75}{216} + (2 + \tfrac{17}{216})^2 \cdot \tfrac{15}{216} + (3 + \tfrac{17}{216})^2 \cdot \tfrac{1}{216} =$$

$$= \frac{199^2 \cdot 125 + 233^2 \cdot 75 + 449^2 \cdot 15 + 665^2 \cdot 1}{216^3} = \frac{12488040}{10077696} \approx 1{,}24.$$

Diese Berechnung war sehr mühsam. Wir werden später in **12.4.2.** sehen, wie man sie etwas vereinfachen kann. Unter Umständen kann die Rechnung aber schon durch eine tabellarische Anordnung übersichtlicher werden. Wir zeigen dies für die Varianz der Zufallsgröße »Größere der beiden gezogenen Zahlen« aus Beispiel 4 von Seite 174:

x	1	2	3	
$W(x)$	$\frac{1}{6}$	$\frac{2}{6}$	$\frac{3}{6}$	
$xW(x)$	$\frac{1}{6}$	$\frac{4}{6}$	$\frac{9}{6}$	$\Rightarrow \mu = \frac{14}{6}$
$x - \mu$	$-\frac{8}{6}$	$-\frac{2}{6}$	$\frac{4}{6}$	
$(x-\mu)^2$	$\frac{64}{36}$	$\frac{4}{36}$	$\frac{16}{36}$	
$(x-\mu)^2 W(x)$	$\frac{64}{216}$	$\frac{8}{216}$	$\frac{48}{216}$	$\Rightarrow \text{Var}\, X = \frac{120}{216} = \frac{5}{9}$

11.4. Die Varianz einer Zufallsgröße

Die Werte der Zufallsgröße X waren Maßzahlen der Größe »Gewinn«, die in DM gemessen wird. Dementsprechend ist Var X als Maßzahl einer Größe zu verstehen, die in $(DM)^2$ gemessen wird. Das ist äußerst unanschaulich! Eine etwas anschaulichere Maßzahl erhält man, wenn man die Quadratwurzel aus dem Varianzwert zieht. Die so erhaltene Zahl σ heißt *Standardabweichung*. Sie wird in der Interpretation wieder in DM gemessen, also in derselben Einheit wie die Werte der Zufallsgröße und der Erwartungswert.
Allgemein legt man fest

> **Definition 181.1:** Als **Standardabweichung** der Zufallsgröße X bezeichnet man die Zahl $\sigma(X) := \sqrt{\operatorname{Var} X}$.

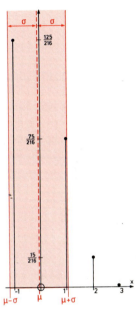

Auf Grund dieser Definition wird die Varianz Var oft auch mit σ^2 bezeichnet. Sind keine Mißverständnisse zu befürchten, dann schreibt man kurz σ statt $\sigma(X)$. In graphischen Darstellungen der Wahrscheinlichkeitsverteilung W einer Zufallsgröße X trägt man gerne σ vom Erwartungswert μ aus nach beiden Richtungen ab. Figur 181.1 zeigt dies für die Zufallsgröße Gewinn X beim chuck-a-luck. Es ergibt sich $\sigma(X)$ zu $\sigma = \sqrt{\operatorname{Var} X} \approx \sqrt{1{,}24} \approx 1{,}11$.

Fig. 181.1 Stabdiagramm zur Wahrscheinlichkeitsverteilung der Zufallsgröße »Gewinn beim chuck-a-luck« mit Erwartungswert μ und Standardabweichung σ

Die Standardabweichung σ läßt sich bei Glücksspielen als Maß für das Risiko auffassen; dazu

Beispiel 2: Spieler A und Spieler B leisten beim Roulett (siehe Seite 22 f.) einen Einsatz von jeweils 10 DM.

Spieler A	*Spieler B*
setzt auf »plein«, z. B. auf die 17.	setzt auf »rouge«.

Für die Zufallsgrößen Gewinn G_A und G_B erhalten wir dann folgende Aussagen:

$$\begin{array}{c|cc} g & -10 & 350 \\ \hline W_{G_A}(g) & \frac{36}{37} & \frac{1}{37} \end{array},\qquad \begin{array}{c|cc} g & -10 & 10 \\ \hline W_{G_B}(g) & \frac{19}{37} & \frac{18}{37} \end{array}.$$

$\mathscr{E} G_A = \frac{-360 + 350}{37} = -\frac{10}{37}$;

$\operatorname{Var} G_A = (-10 + \frac{10}{37})^2 \cdot \frac{36}{37} +$
$\qquad + (350 + \frac{10}{37})^2 \cdot \frac{1}{37} =$
$\qquad = \frac{172\,627\,200}{50\,653}$;

$\sigma_{G_A} \approx 58{,}378$.

$\mathscr{E} G_B = \frac{-190 + 180}{37} = -\frac{10}{37}$;

$\operatorname{Var} G_B = (-10 + \frac{10}{37})^2 \cdot \frac{19}{37} +$
$\qquad + (10 + \frac{10}{37})^2 \cdot \frac{18}{37} =$
$\qquad = \frac{5\,061\,600}{50\,653}$;

$\sigma_{G_B} \approx 9{,}996$.

Die Standardabweichung des Gewinns von Spieler A ist wesentlich größer als die Standardabweichung des Gewinns von Spieler B, wie man auch erwartet hat. Spieler A gewinnt nämlich zwar mit kleiner Wahrscheinlichkeit sehr viel im Vergleich zum Einsatz, verliert aber mit großer Wahrscheinlichkeit seinen Einsatz. Spieler B hingegen gewinnt und verliert mit etwa gleicher, relativ großer Wahrscheinlichkeit seinen Einsatz. A geht also ein größeres Risiko ein als B. Auf lange Sicht jedoch verlieren beide Spieler dasselbe, nämlich im Mittel $\frac{1}{37}$ des Einsatzes pro Spiel!

Im Gegensatz zum Erwartungswert $\mathscr{E}X$ als mittlerem Wert von X auf lange Sicht ist die Standardabweichung $\sigma(X)$ nicht so leicht anschaulich greifbar. So wie sie aber bei Glücksspielen als Maß für das Risiko verwendet wurde, kann sie allgemein dazu dienen, Abweichungen verschiedener Zufallsgrößen von ihrem jeweiligen Erwartungswert miteinander zu vergleichen. Es ist dazu nur nötig, die betreffenden Abweichungen mittels der jeweiligen Standardabweichung zu messen, d. h., sie als Vielfache des jeweiligen σ darzustellen. Zur Verdeutlichung diene

Beispiel 3: Die erste Klausur in den Grundkursen Englisch bzw. Mathematik erbrachte folgende Punkteverteilung:

Punkte	0	1	2	3	4	5	6	7	8	9	10	11	12	13	14	15
Englisch	–	1	–	–	–	–	2	1	7	3	–	1	–	–	1	–
Mathematik	3	–	–	–	–	2	2	1	1	3	4	–	–	2	–	2

Dorothea erzielte in Mathematik 13 Punkte, in Englisch 11 Punkte. Sie ist nun der Meinung, daß sie in Mathematik relativ zu ihren Mitschülern besser abgeschnitten habe als zu ihren Mitschülern im Grundkurs Englisch; denn beide Arbeiten hatten den gleichen Durchschnitt von 8 Punkten, und sie liegt in Englisch nur 3 Punkte, in Mathematik jedoch 5 Punkte über diesem Durchschnitt.

Der Mathematiklehrer muß aber Dorotheas Euphorie dämpfen. Dorothea hat nämlich die Streuungen der Leistungen des jeweiligen Kurses um den Durchschnitt nicht berücksichtigt. Ein vernünftiges Abweichungsmaß sollte nämlich die Streuungen der Zufallsgröße in Rechnung stellen: Eine Abweichung um eine Einheit nach oben z. B. ist bei einer Zufallsgröße mit kleiner Streuung mehr wert als bei einer Zufallsgröße mit großer Streuung.

Die Standardabweichung der Zufallsgröße »Punktezahl in Mathematik« ergibt sich zu $\sigma_M = \sqrt{19{,}3} \approx 4{,}39$, die Standardabweichung von »Punktezahl in Englisch« zu $\sigma_E = \sqrt{6{,}625} \approx 2{,}57$. Die 5 Mathematikpunkte über dem Durchschnitt entsprechen also einer Abweichung von $\frac{5}{\sqrt{19{,}3}} \cdot \sigma_M = 1{,}138\,\sigma_M$, die 3 Englischpunkte über dem Durchschnitt hingegen einer Abweichung von $\frac{3}{\sqrt{6{,}625}} \cdot \sigma_E = 1{,}166\,\sigma_E$.

Somit hat Dorothea im Vergleich zum Kurs in Englisch tatsächlich besser abgeschnitten!

Merke: Will man Abweichungen vom Mittelwert bei verschiedenen Zufallsgrößen miteinander vergleichen, so ist es sinnvoll, diese Abweichungen als Vielfache der jeweiligen Standardabweichungen anzugeben.

11.5. Die Ungleichung von *Bienaymé-Tschebyschow*

Wenn eine Zufallsgröße X den Erwartungswert μ hat, dann vermutet man, daß bei einer Ausführung des zugrundeliegenden Zufallsexperiments sich Werte der Zufallsgröße ergeben, die in der Nähe des Erwartungswertes μ liegen. Zur Untersuchung dieser Vermutung denken wir uns ein Intervall der Breite $2a$ (mit $a > 0$) symmetrisch um den Erwartungswert μ gelegt und fragen nach der Wahrscheinlichkeit, mit der die Zufallsgröße X um mindestens a neben den Erwartungswert trifft. Anders ausgedrückt: Wir fragen nach der Wahrscheinlichkeit dafür, daß die Zufallsgröße X Werte außerhalb des Intervalls $]\mu - a; \mu + a[$ annimmt.

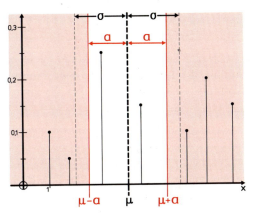

Fig. 183.1 Der rot unterlegte Teil veranschaulicht $P(|X - \mu| \geq a)$.

Zur Beantwortung dieser Frage müssen wir die Wahrscheinlichkeit des Ereignisses $|X - \mu| \geq a$ untersuchen. (Siehe auch Figur 183.1) Da die Varianz ein Maß für die Streuung der Werte der Zufallsgröße X um ihren Erwartungswert μ ist, liegt es nahe, daß die gesuchte Wahrscheinlichkeit von der Varianz der Zufallsgröße abhängen wird. Bei Zufallsgrößen mit großem Varianzwert müßte die gesuchte Wahrscheinlichkeit $P(|X - \mu| \geq a)$ bei gleichem a auch groß sein. Vergrößert man hingegen a, so müßte diese gesuchte Wahrscheinlichkeit bei festem X abnehmen. Es ist offensichtlich, daß diese Wahrscheinlichkeit von der jeweils vorliegenden Wahrscheinlichkeitsverteilung der Zufallsgröße abhängt. Bei der Herleitung eines allgemeinen Schwachen Gesetzes der großen Zahlen (siehe **14.7.**) bewies 1866 der russische Mathematiker *Pafnuti Lwowitsch Tschebyschow* (1821 bis 1894)* eine Ungleichung, die die von uns gesuchte Wahrscheinlichkeit $P(|X - \mu| \geq a)$ *unabhängig* von der vorliegenden Wahrscheinlichkeitsverteilung W_X abzuschätzen ermöglicht. Die Ungleichung, wenn auch noch nicht so klar ausgesprochen, und die Grundidee des Beweises finden sich bereits 1853 in einer Arbeit des französischen Statistikers *Irénée-Jules Bienaymé* (1796–1878)**.

Um nun die nach diesen beiden Mathematikern benannte Abschätzung unserer gesuchten Wahrscheinlichkeit $P(|X - \mu| \geq a)$ zu gewinnen, betrachten wir die Definitionsgleichung der Varianz der Zufallsgröße X, nämlich

$$\operatorname{Var} X = \sum_{i=1}^{n} (x_i - \mu)^2 W(x_i),$$

---

* Чебышев (Betonung auf der letzten Silbe). Die Arbeit erschien 1867 unter dem Titel *Des valeurs moyennes*. – Siehe Seite 425.
** Siehe Seite 399.

und zerlegen die rechts stehende Summe in zwei Teile, deren einer all diejenigen x_i enthält, die von μ mindestens a entfernt sind:

$$\text{Var}\, X = \sum_{|x_i - \mu| \geq a} (x_i - \mu)^2 W(x_i) + \sum_{|x_i - \mu| < a} (x_i - \mu)^2 W(x_i).$$

Die zweite Summe enthält lauter nicht-negative Summanden. Lassen wir diese Summe auf der rechten Seite weg, dann wird die rechte Seite kleiner oder behält schlimmstenfalls ihren Wert bei. Es gilt also

$$\text{Var}\, X \geq \sum_{|x_i - \mu| \geq a} (x_i - \mu)^2 W(x_i).$$

In der rechts stehenden Summe treten nur mehr diejenigen Werte x_i der Zufallsgröße X auf, für die $|x_i - \mu| \geq a$ gilt, was mit $(x_i - \mu)^2 \geq a^2$ äquivalent ist. Ersetzen wir in dieser Summe alle Faktoren $(x_i - \mu)^2$ durch a^2, dann machen wir diese Summe sicher nicht größer; also

$$\text{Var}\, X \geq \sum_{|x_i - \mu| \geq a} a^2 W(x_i) = a^2 \cdot \sum_{|x_i - \mu| \geq a} W(x_i) = a^2 P(|X - \mu| \geq a).$$

Da $a > 0$ war, gewinnen wir die Abschätzung der gesuchten Wahrscheinlichkeit durch Division mit a^2. Die eingangs vermutete Abhängigkeit von $\text{Var}\, X$ und a zeigt

---

Satz 184.1: Die Ungleichung von *Bienaymé-Tschebyschow*.
Besitzt eine Zufallsgröße X einen endlichen Erwartungswert μ und einen endlichen Varianzwert, dann gilt für jedes reelle $a > 0$:

$$P(|X - \mu| \geq a) \leq \frac{\text{Var}\, X}{a^2}$$

Aus der obigen Ungleichung erhält man sofort eine ihr äquivalente Abschätzung für die Wahrscheinlichkeit, in das gegebene Intervall $]\mu - a; \mu + a[$ hineinzutreffen; es gilt nämlich

$P(|X - \mu| < a) = 1 - P(|X - \mu| \geq a)$, d. h.

$$P(|X - \mu| < a) \geq 1 - \frac{\text{Var}\, X}{a^2}$$

Die Zahl $r_T := \dfrac{\text{Var}\, X}{a^2}$ heißt manchmal auch **Tschebyschow**-Risiko. Sie ist eine obere Schranke für das **wahre Risiko** $P(|X - \mu| \geq a)$, mit der Zufallsgröße X ihren Erwartungswert μ um mindestens a zu verfehlen.
Die gefundene Abschätzung kann je nach Verteilung der Zufallsgröße sehr genau oder sehr grob sein. (Vgl. Aufgabe 196/**61** und 196/**66**.) Sie wird sogar trivial, wenn $\text{Var}\, X \geq a^2$, weil dann die betreffende Wahrscheinlichkeit durch eine Zahl abgeschätzt wird, die mindestens 1 ist.
Die Ungleichung von *Bienaymé-Tschebyschow* gibt uns die Möglichkeit, die Bedeutung der Standardabweichung σ als Streuungsmaß einer Zufallsgröße deut-

licher zu erkennen. Setzen wir nämlich $a =: t\sigma$ (mit $t > 0$) und beachten $\operatorname{Var} X = \sigma^2$, so erhalten wir

$$P(|X - \mu| \geq t\sigma) \leq \frac{1}{t^2} \quad \text{bzw.} \quad P(|X - \mu| < t\sigma) \geq 1 - \frac{1}{t^2}.$$

Für $t \leq 1$ liefert die *Bienaymé-Tschebyschow*-Ungleichung keine interessante Aussage. Setzt man jedoch für t die Werte 2, 3 oder 4 ein, so erhält man die für jede Zufallsgröße (mit endlichen μ und $\operatorname{Var} X$)* gültigen Abschätzungen

$P(|X - \mu| < 2\sigma) \geq \frac{3}{4} = 75\%$

$P(|X - \mu| < 3\sigma) \geq \frac{8}{9} > 88{,}8\%$

$P(|X - \mu| < 4\sigma) \geq \frac{15}{16} = 93{,}75\%,$

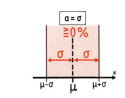

die in Figur 185.1 symbolisch wiedergegeben sind. Die erste dieser Abschätzungen besagt beispielsweise, daß die Werte jeder Zufallsgröße mit einer Wahrscheinlichkeit von mindestens 75% innerhalb des 2σ-Bereichs um den Erwartungswert liegen. Das *Tschebyschow*-Risiko, diesen 2σ-Bereich zu verfehlen, beträgt 25%.

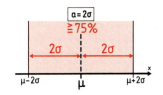

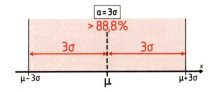

Fig. 185.1 Man trifft mit einer Wahrscheinlichkeit von mindestens
– 0% in den σ-Bereich (trivial!)
– 75% in den 2σ-Bereich
– $88\frac{8}{9}\%$ in den 3σ-Bereich
– 93,75% in den 4σ-Bereich

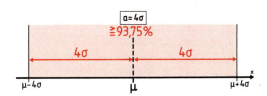

Aufgaben

Zu 11.1.

1. Das chuck-a-luck werde folgendermaßen abgewandelt:
   a) Kein Einsatz; Auszahlung = Anzahl der Sechsen in DM,
   b) Einsatz 10 DM; Auszahlung z^4 DM, wobei z = Anzahl der Sechsen.
   Bestimme in beiden Fällen die Wahrscheinlichkeitsfunktion der Zufallsgröße Gewinn X und berechne ihren Erwartungswert.
2. Ein **Glücksspiel** heiße **fair**, wenn der Erwartungswert des Gewinns Null ist.
   Ändere beim chuck-a-luck die Auszahlung
   a) beim Ergebnis 666, **b)** beim Verlust so ab, daß das Spiel fair wird.

---
* Die beim *Petersburger Problem* (Aufgabe 189/**23**) aufgetretene Zufallsgröße »Auszahlung« erfüllt z. B. nicht diese Voraussetzungen.

3. a) Berechne das zu erwartende Einkommen des Hellsehers, wenn er zum Hellsehen eine Laplace-Münze verwendet und für eine Vorhersage a DM verlangt. Die Wahrscheinlichkeit für eine Knabengeburt sei 0,514. 100 Personen schicken pro Monat einen Auftrag.

WERDENDEN ELTERN sieht Hellseher das Geschlecht des Babys voraus. Bei Nichteintreffen Geld zurück

   b) Kann der Hellseher sein Einkommen verbessern, ohne besser hellsehen zu müssen?

4. a) Zeichne für die Zufallsgröße »Augenzahl« beim einfachen Wurf eines Astragalus (siehe Seite 46f.) ein Stabdiagramm und ein Histogramm zur Breite 1.
   b) Berechne den Erwartungswert dieser Zufallsgröße.

5. »*Es gibt drei Arten von Lügen: gewöhnliche Lügen, infame Lügen und die Statistik.*« (*Benjamin Disraeli* [1804–1881] britischer Staatsmann)
   Aus den 13 Wörtern wird eines auf gut Glück ausgewählt.
   a) Gib einen Ergebnisraum Ω an.
   b) Auf Ω seien folgende Zufallsgrößen definiert:
   $B :=$ Anzahl der Buchstaben im ausgewählten Wort,
   $S :=$ Anzahl der Silben im ausgewählten Wort,
   $I :=$ Anzahl der »i« im ausgesuchten Wort,
   $K :=$ Anzahl der Konsonanten im ausgewählten Wort; dabei sollen alle von a, e, i, o, u und den Umlauten verschiedenen Buchstaben als Konsonanten gelten.
   Gib zu jeder Zufallsgröße die Wahrscheinlichkeitsfunktion an und zeichne je ein Stabdiagramm.
   c) Berechne zu jeder Zufallsgröße aus **b)** den Erwartungswert und deute ihn.
   d) Beantworte **a) – c)** für den Originalton "*There are three kinds of lies: lies, damned lies, and statistics*".

6. Die Zufallsgröße X bezeichne die Anzahl der Stunden, die ein Fernsehgerät an einem willkürlich ausgewählten Tag in einer bestimmten Familie in Betrieb ist. Für die Wahrscheinlichkeitsfunktion dieser Zufallsgröße gelte folgende Tabelle:

x	0	1	2	3	4	≥ 5
$W(x)$	0,2	0,25	0,3	0,1		0

   a) Mit welcher Wahrscheinlichkeit ist das Gerät 4 Stunden in Betrieb?
   b) Zeichne ein Histogramm der Zufallsgröße X.
   c) Mit welcher Wahrscheinlichkeit wird höchstens, mindestens, genau 3 Stunden ferngesehen?
   d) Mit welcher Wahrscheinlichkeit wird mehr als 1 Stunde, aber höchstens 3 Stunden ferngesehen?
   e) Bestimme die Mindestanzahl der Stunden, bei der mit einer Wahrscheinlichkeit von mindestens 0,5 täglich ferngesehen wird.
   f) Wie groß ist die Wahrscheinlichkeit dafür, daß genau (mindestens) 2 Stunden ferngesehen wird unter der Voraussetzung, daß überhaupt ferngesehen wird?
   g) Berechne den Erwartungswert von X und deute ihn.

7. In einer Schublade befinden sich 4 schwarze und 6 braune Socken. Man zieht einen Socken nach dem anderen heraus, bis man zwei gleichfarbige hat.
   a) $S :=$ Anzahl der gezogenen Socken
   Berechne die Wahrscheinlichkeitsfunktion von S und zeichne ein Histogramm.
   b) Berechne den Erwartungswert von S.

8. Es werde mit zwei Laplace-Würfeln gewürfelt. Bei 4 DM Einsatz gelte folgender Auszahlungsplan:

Augensumme	Auszahlung in DM
gerade Primzahl	9
ungerade Primzahl	5
gerade Nicht-Primzahl	3
ungerade Nicht-Primzahl	0

   a) Stelle eine Wertetabelle für die Zufallsgröße $G :=$ »Gewinn« auf.
   b) Stelle die Wertetabelle für die Wahrscheinlichkeitsfunktion von G auf und zeichne ihren Graphen (Abszisse $1 \triangleq 1$ cm, Ordinate $1 \triangleq 7{,}2$ cm).
   c) Zeichne ein Histogramm.
   d) Berechne den Erwartungswert von G.

9. *Das Morra-Spiel.* Zwei Spieler, die sich gegenübersitzen, schnellen jeweils gleichzeitig die rechte Hand vor und strecken dabei mindestens einen der 5 Finger aus. Gleichzeitig ruft jeder Spieler eine Zahl. Gewonnen hat derjenige, der die richtige Anzahl der von beiden Spielern ausgestreckten Finger gerufen hat. Meist wurden 5 Partien gespielt. Nach einer anderen Version griff der Gewinner einer Partie ab der Mitte eines Stabes eine Spannweite ab. Sieger war, wer zuerst das Stabende erreichte.* Die Zufallsgröße Z sei die Anzahl der von beiden Spielern ausgestreckten Finger.
   a) Bestimme die Wahrscheinlichkeitsverteilung von Z unter der Annahme, daß jeder Spieler jede Anzahl von Fingern mit gleicher Wahrscheinlichkeit zeigt.
   b) Bestimme den Erwartungswert μ der Zufallsgröße Z.
   c) Zeige, daß die Wahrscheinlichkeitsverteilung von Z symmetrisch zu μ ist, d.h., daß für alle $x \in \mathbb{R}$ gilt: $P(Z = \mu + x) = P(Z = \mu - x)$.
   •d) Zeige allgemein: Ist eine Zufallsgröße symmetrisch zur Zahl a, dann ist a der Erwartungswert dieser Zufallsgröße.

10. *Christiaan Huygens* (1629–1695) behandelte 1657 in seinem *Tractatus de ratiociniis in aleae ludo* als Aufgabe XIII folgendes Problem:
    »Ich spiele mit einem anderen unter folgender Bedingung: Einer wirft 2 Würfel in einem Wurf. Kommt die Sieben heraus, so gewinne ich; jener aber, wenn die Zehn erscheint; tritt jedoch irgend etwas anderes ein, dann teilen wir das, was eingesetzt worden ist, zu gleichen Teilen untereinander auf. Herauszubekommen ist, welcher Teil des Einsatzes jedem von uns bestimmt ist.«
    Aus *Huygens'* Lösung ist ersichtlich, daß er nach dem Verhältnis der Erwartungswerte der Auszahlungen für die beiden Spieler sucht. – Bestimme dieses Verhältnis.

11. Ein Laplace-Würfel werde so oft geworfen, bis entweder eine 6 erscheint oder viermal nacheinander keine 6 erscheint. Die Zufallsgröße Z sei die Anzahl der dazu nötigen Würfe.
    a) Stelle mit Hilfe der geworfenen Augenzahlen einen möglichst einfachen Ergebnisraum auf und gib seine Mächtigkeit an.
    b) Gib die Ergebnismengen der Ereignisse $E_i := \{\omega \mid Z(\omega) = i\}$ an.
    c) Gib die Wahrscheinlichkeitsfunktion von Z an.
    d) Berechne den Erwartungswert von Z.

---

* Das Morra-Spiel, das heute noch in Italien gespielt wird, ist sehr alt. *Ptolemaios Hephaistion* (1. Jh. n. Chr.) schreibt die Erfindung des Spiels der schönen *Helena* zu. Daß es bei diesem Spiel sehr auf die Ehrlichkeit der Spieler ankommt, zeigt ein altes Sprichwort, das *Cicero* (106–43) in *De officiis* (3,77) zitiert: »Wenn sie nämlich jemandes Ehrlichkeit und Gutartigkeit loben, dann sagen sie, er sei's wert, mit ihm im Dunkeln Fingerzeigen zu spielen.« Das Fingerzeigen – *micare digitis* – wurde bei den Römern so wie unser Knobeln sehr oft benützt, um Entscheidungen herbeizuführen. (Siehe z. B. *Sueton*, Aug. 13.)

12. Eine Laplace-Münze wird so lange geworfen, bis eine der beiden Seiten
a) zum zweiten Mal, **b)** zum dritten Mal, **c)** zum n-ten Mal erscheint.
Gib einen Ergebnisraum an. Bestimme die Wahrscheinlichkeitsverteilung der Zufallsgröße »Anzahl der dazu nötigen Würfe« und berechne ihren Erwartungswert. (Im Fall **c)** genügt die Summendarstellung.)

●13. Aus den 32 Karten eines Schafkopfspiels* erhält jeder Spieler 8 Karten. Die höchsten Trümpfe sind die 4 »Ober« (= »Damen«). Wir betrachten folgende Zufallsgrößen:
$X :=$ »Anzahl der Ober im Blatt des Spielers A«,
$Y :=$ »Anzahl der Herzkarten im Blatt des Spielers A«.
a) Stelle die Wahrscheinlichkeitsfunktionen der beiden Zufallsgrößen auf.
b) Berechne die Erwartungswerte von X und Y.

14. In einer Urne liegen vier Kugeln. Sie tragen die Zahlen 1, 2, 3 bzw. 4.
a) Es dürfen k Kugeln ($1 \leq k \leq 4$) ohne Zurücklegen herausgenommen werden. Die Summe der auf den Kugeln stehenden Zahlen wird als Gewinn in DM ausbezahlt. Stelle die Wahrscheinlichkeitsfunktionen der Zufallsgrößen »Gewinn bei Entnahme von k Kugeln« auf.
b) Löse dieselbe Aufgabe für den Fall $k = 2$, aber mit Zurücklegen.
c) Berechne jeweils die Erwartungswerte.

15. Eine Zufallsgröße nehme genau 3 ganzzahlige Werte an, davon den Wert 0 mit der Wahrscheinlichkeit 0,5 und den Wert 100 mit der Wahrscheinlichkeit $0 < p < 0,5$. Wo muß der dritte Wert liegen, damit der Erwartungswert näher bei 100 als beim wahrscheinlichsten Wert liegt?

16. Beim Würfelspiel »Pentagramm« wird mit 3 Würfeln gespielt. Fällt eine Fünf, so erhält der Spieler 5 DM, bei 2 Fünfen erhält er 10 DM und bei 3 Fünfen 30 DM. Berechne den Erwartungswert der Zufallsgröße »Auszahlung« bei diesem Spiel.

17. Beim Würfelspiel »Die böse Drei« wird mit 2 Würfeln gespielt. Der Spieler leistet vor dem Wurf einen Einsatz von 3 DM. Tritt nun beim Wurf die Augenzahl Drei nicht auf, so erhält der Spieler die Augensumme in DM ausbezahlt. Tritt hingegen die Drei mindestens einmal auf, so hat er die Augensumme in DM zu zahlen. Ist das Spiel fair?

18. n Briefe werden unbesehen in n adressierte Umschläge gesteckt. X sei die Anzahl der Briefe, die richtig stecken. Berechne die Wahrscheinlichkeitsfunktion und den Erwartungswert von X für **a)** $n = 3$, **●b)** $n = 4$.

19. Eine Lotterie laufe folgendermaßen ab: Man zahlt einen Einsatz von 10 DM und zieht eine Kugel aus einer Urne, die 4 rote und 6 schwarze Kugeln enthält. Je nach der gezogenen Farbe zieht man aus einer roten bzw. schwarzen Urne wieder eine Kugel. Die Zahl auf dieser Kugel ist die Auszahlung in DM.
Die rote Urne enthält Kugeln mit den Zahlen 20, 20, 10, 10 und 0. Die schwarze Urne enthält Kugeln mit den Zahlen 100, 10, 0 und 0.
a) Gib die Wahrscheinlichkeitsfunktion der Zufallsgröße Gewinn an.
b) Zeichne ein Stabdiagramm. **c)** Berechne den Erwartungswert.

20. Theodor und Dorothea setzen je 10 DM ein und vereinbaren folgendes Glücksspiel:
In drei Urnen liegen verschiedene Anzahlen von weißen oder schwarzen Kugeln:
U_1: 3w, 5s U_2: 4w, 3s U_3: 4w, 3s
Theodor zieht eine Kugel aus U_1 und legt sie in U_2, mischt U_2 und zieht dann eine Kugel aus U_2; diese legt er in U_3, mischt und zieht schließlich aus dieser Urne eine Kugel. Ist sie schwarz, so erhält Dorothea das Geld auf dem Tisch, andernfalls Theodor.

---

* Schafkopf ist eines der ältesten deutschen Kartenspiele, das 4 Spieler mit deutschen oder französischen Karten spielen. Der Name rührt davon her, daß ursprünglich beim Ankreiden der gewonnenen Partien 8 Striche zum Bild eines Schafkopfes zusammengefügt wurden.

a) Wer ist im Vorteil? Berechne dazu den Erwartungswert der Zufallsgröße »Gewinn von Theodor«.

b) Wie können die Einsätze gewählt werden, damit das Spiel fair ist?

21. a) Theodor bietet Dorothea folgendes Spiel an: Dorothea soll 20 DM auf den Tisch legen und zweimal das Glücksrad von Figur 189.1 drehen. Zeigt der Zeiger auf 2, so verdoppelt Theodor den gerade auf dem Tisch liegenden Betrag. Weist der Zeiger auf $\frac{1}{2}$, so halbiert er ihn. Dorothea erhält schließlich den Betrag, der auf dem Tisch liegt, nachdem das Rad zweimal gedreht worden ist. Berechne den Erwartungswert des Gewinns von Dorothea.

Fig. 189.1

b) Wie groß muß der Winkel α in Figur 189.2 gewählt werden, damit das Spiel fair ist?

c) $\mathscr{E}_\alpha(X)$ sei der Erwartungswert des Gewinns X von Dorothea in Abhängigkeit vom Winkel α. Zeichne den Graphen von $\alpha \mapsto \mathscr{E}_\alpha(X); D = [0; 2\pi]$.

d) Bestimme die Extremwerte der Funktion $\alpha \mapsto \mathscr{E}_\alpha(X)$.

Fig. 189.2

22. a) Theodor setzt beim Roulett 10 DM auf »pair«. Die Zufallsgröße G sei sein Gewinn. Berechne ihren Erwartungswert.

b) Dorothea hat sich ein sicheres System zum Gewinnen ausgedacht. Sie setzt 10 DM auf »pair«. Gewinnt sie, so hört sie auf. Verliert sie jedoch, so verdoppelt sie den Einsatz und setzt wieder auf »pair«.

1) Wie oft kann sie maximal spielen, wenn sie 1000 DM bei sich hat?

2) Wie groß ist der Erwartungswert ihres Gewinns bei diesem Spielsystem?

3) Wie groß ist der Erwartungswert ihres Gewinns, wenn ihr beliebig viel Geld zur Verfügung steht?

23. *Das Petersburger Problem* von *Nikolaus I. Bernoulli* (1687–1759)*: Theodor wirft eine Laplace-Münze so oft, bis Adler erscheint. Dorothea muß 2^i DM an Theodor bezahlen, wenn Adler zum ersten Mal beim i-ten Wurf erscheint.

a) Welchen Einsatz muß Theodor vor Spielbeginn an Dorothea leisten, damit das Spiel fair ist, falls

1) nach höchstens 10 Würfen abgebrochen wird; dabei muß Dorothea 2^{11} DM bezahlen, wenn 10mal Zahl fällt;

2) die Wurfzahl unbegrenzt ist.

b) Die Lösung von **2** zeigt, daß Dorothea mit der Annahme des Spiels eine Verpflichtung eingegangen ist, die sie nicht erfüllen kann. *Siméon-Denis Poisson* (1781–1840)** hat daher folgende Variante des Petersburger Spiels vorgeschlagen. Dorothea besitzt ein Kapital K. Sie zahlt nach der Spielregel von *Nikolaus Bernoulli*, solange es ihr möglich ist. Übersteigt ihre Zahlungsverpflichtung jedoch ihr Kapital, so händigt sie dieses an Theodor aus. Welchen Einsatz muß Theodor bei dieser Variante leisten, damit das Spiel fair ist? Gib die Einsätze für $K = 32$ DM, 1024 DM, 10^6 DM und 10^9 DM an.

---

* *Geronimo Cardano* (1501–1576) beschäftigt sich mit dieser Aufgabe bereits im Kapitel LXI/17 seiner *Practica arithmeticae generalis* (1539). *Nikolaus I. Bernoulli* stellt das Problem im Brief vom 9.9.1713 an *Montmort* (1678–1719), der diesen in der 2. Auflage seines *Essay d'analyse sur les jeux de hazard* (1713) abdruckt. *Gabriel Cramer* (1704–1752) schickt am 21.5.1728 einen Lösungsvorschlag an *Nikolaus*, den wiederum *Daniel Bernoulli* (1700–1782) als Anhang zu seiner eigenen Lösung *Specimen Theoriae novae de mensura sortis* abdruckt, die 1738 in Bd. 5 der *Petersburger Commentarien* zu den Jahren 1730/31 erscheint. So kommt das Problem zu seinem Namen.

** Siehe Seite 421.

•24. Eines der beliebtesten Glücksspiele in Las Vegas (USA) ist Keno, eine Art Zahlenlotto*. Kenoscheine findet man in jedem Hotelzimmer und auf jedem Restauranttisch. Etwa alle 5 Minuten findet eine Ausspielung statt, bei der 20 der 80 Zahlen gezogen werden. In der einfachsten Form des Keno kreuzt der Spieler auf dem Schein (Bild) mindestens eine, höchstens aber 15 der 80 Zahlen an; der Mindesteinsatz beträgt 1 $. Die Auszahlung hängt von der Anzahl der richtig angekreuzten Zahlen ab und ist proportional zum Einsatz bis höchstens 25 000 $. Es sei nun ein Einsatz von 1 $ angenommen.

a) Wie viele verschiedene Ausspielungen sind beim Keno möglich?

b) Theodor möchte bis zu 8 Zahlen ankreuzen und vergleicht die in einem Casino angebotenen Spielpläne: Berechne jeweils den Erwartungswert der Zufallsgröße Gewinn.

Spiel-typ	Anzahl der angekreuzten	richtigen Zahlen	Aus-zahlung in $
I	1	1	3
II	2	2	12
III	3	2	1
		3	42
IV	4	2	1
		3	4
		4	112
V	5	3	2
		4	20
		5	480
VI	6	3	1
		4	4
		5	88
		6	1 500
VII	7	4	2
		5	24
		6	360
		7	5 000
VIII	8	5	9
		6	90
		7	1 500
		8	19 000

c) Theodor stellt fest, daß in verschiedenen Casinos von Las Vegas für den Spieltyp VIII verschiedene Spielpläne angeboten werden. Für welches der angegebenen Casinos wird er sich wohl entscheiden? Oder geht er lieber ins Casino der Aufgabe b)?

Anzahl der richtigen Zahlen	Auszahlung in $ in Casino				
	A	B	C	D	E
5	9	5,30	8	8	8
6	85	70	75	84	80
7	1 650	2 000	1 490	1 640	1 800
8	18 000	25 000	16 000	17 850	25 000

25. Von einem gut gemischten Bridgespiel wird eine Karte nach der anderen aufgedeckt. Der erste schwarze König erscheint an k-ter Stelle.
   a) Berechne die Wahrscheinlichkeitsfunktion der Zufallsgröße $S :=$ Stelle des ersten schwarzen Königs.
   b) Berechne den Erwartungswert dieser Zufallsgröße und deute ihn.
26. Ein Gerät enthält 3 Bauteile. Die Wahrscheinlichkeit dafür, daß das Bauteil Nr. k innerhalb eines Jahres ausfällt, beträgt $0{,}1 \cdot (k+1)$, unabhängig vom Ausfallen der anderen Bauteile. Bestimme den Erwartungswert der Zufallsgröße Anzahl der während eines Jahres funktionierenden Bauteile.
•27. In einem Weinkeller wurde in genau einem der n Fässer der Wein vom entlassenen Kellermeister aus Rache vergiftet. Zur Ermittlung des vergifteten Fasses geht man folgendermaßen vor. Man teilt die Fässer in 2 möglichst gleich große Gruppen auf; dann zapft man aus jedem Faß einer der beiden Gruppen eine Probe in ein Gefäß ab und untersucht diese Mischung auf Giftigkeit. Man setzt das Verfahren mit der Gruppe, die das Gift enthält, in gleicher Weise fort, bis das Giftfaß entdeckt ist. Die Zufallsgröße X sei die Anzahl der dazu nötigen Gifttests. Bestimme ihren Erwartungswert
   a) falls $n = 8$,   b) falls $n = 11$,   c) allgemein.
•28. In der Informationstheorie wird jedem Zeichen aus einem Zeichenvorrat als *syntaktischer Informationsgehalt* der binäre Logarithmus aus dem reziproken Wert der Auftretenswahrscheinlichkeit dieses Zeichens zugeordnet. Dadurch ist eine Zufallsgröße auf der Menge der Zeichen definiert. Den Erwartungswert dieser Zufallsgröße nannte 1948 *Claude Elwood Shannon* (1916–) *Entropie* der Nachrichtenquelle. Berechne die Entropie H für folgende Quelle:

Zeichen	a	b	c	d	e
Auftretenswahrscheinlichkeit	$\frac{1}{4}$	$\frac{5}{16}$	$\frac{1}{16}$	$\frac{1}{8}$	$\frac{1}{4}$

Wie läßt sich die Entropie interpretieren?

29. *Jakob Bernoulli* (1655–1705) behandelt zum Abschluß des 3. Teils seiner *Ars Conjectandi* das Spiel mit den blinden Würfeln (*De alea tesserarum caecarum*)**.
   a) »Problem XXIII: Blinde Würfel nennt man die sechs, bei unseren Jahrmarktsgauklern häufig zu findenden Würfel, welche zwar die Gestalt gewöhnlicher Würfel, aber auf fünf Seitenflächen keine Augen haben. Auf der sechsten Seitenfläche trägt der erste Würfel ein Auge, der zweite zwei Augen,..., der sechste sechs Augen, so daß die Summe aller Augen auf den sechs Würfeln gleich 21 ist. Solche Würfel legen jene Schwindler, welche die Jahrmarktsbesucher prellen wollen, zusammen mit einer Liste auf, in welcher die für alle Augenzahlen von 1 bis 21 zu gewinnenden Geldpreise verzeichnet sind, wie dies z. B. auch die weiter unten folgende Tafel zeigt. Wer nun sein Glück versuchen will, zahlt dem Glückshafenmann einen Pfennig und wirft dann jene sechs Würfel auf das Spielbrett; wirft er eine bestimmte Anzahl Augen, so erhält er den ausgesetzten Preis, wirft er aber kein Auge, so ist sein Einsatz verloren.«

Augensumme	0	1–8	9–13	14–16	17	18	19	20	21
Preis in Pf	0	1	2	3	4	5	12	45	90

Man berechne die Hoffnungen der Spieler unter der Annahme, daß die blinden Würfel L-Würfel sind.

---

* Keno entstand vor über 2000 Jahren in China. Verbreitung im Westen der USA erfuhr er durch die im 19. Jh. beim Eisenbahnbau beschäftigten Chinesen.

** *Geronimo Cardano* (1501–1576) betrachtet diese Aufgabe in Cap. XXXII seines *Liber de ludo aleae*, ohne sie lösen zu können. Es gelingt ihm jedoch, den Erwartungswert der Augensumme richtig zu bestimmen – was wir erst in Aufgabe 216/27 angehen wollen.

b) »Ich sah einst einen Marktschreier, der den Umstehenden, um sie anzulocken, die nachstehende Vergünstigung anbot:
Problem XXIV: Der Spielbudenbesitzer verpflichtet sich, dem Spieler nach 5 Spielen alle seine der Reihe nach eingesetzten Pfennige zurückzugeben, wenn dieser fünfmal hintereinander kein Auge wirft. Welche Hoffnungen haben jetzt beide?«

●**c)** Zum Abschluß bemerkt *Bernoulli*, »daß ein Glückshafenmann einen noch größeren Gewinn [als in **a)**] für sich erzielen kann, wenn er sich verpflichtet, dem Spieler seinen gleich zu Beginn zu leistenden Einsatz von 2 Pf zurückzugeben, falls dieser zweimal hintereinander kein Auge wirft.«

30. In einer Urne befinden sich 10 von 1 bis 10 numerierte Kugeln. Es werden der Urne 2 Kugeln entnommen. Die Zufallsgröße G sei die größte Nummer, die dabei gezogen wird. Berechne Wahrscheinlichkeitsverteilung und Erwartungswert von G, falls
  a) mit Zurücklegen,   **b)** ohne Zurücklegen   gezogen wird.

●**31.** Aufgabe 30 soll nun verallgemeinert werden. In einer Urne befinden sich τ von 1 bis τ numerierte Kugeln. Es werden n Kugeln entnommen. Die Zufallsgröße G sei die größte Nummer, die dabei gezogen wird.
  a) Ziehen mit Zurücklegen
    1) Berechne allgemein den Erwartungswert der Zufallsgröße G.
    2) Werte das Ergebnis von **1)** für $n = 1, 2, 3$ aus.
    3) Gib unter Verwendung von $\int_0^\tau x^k dx$ eine Näherungsformel für $\mathscr{E}G$ an.
    4) Berechne den Erwartungswert näherungsweise für $\tau = 100$ und $n = 1, 2, 3, 10, 100$.
  b) Ziehen ohne Zurücklegen
    1) Berechne den Erwartungswert der Zufallsgröße G unter Verwendung von
    $$\sum_{s=0}^{S} \binom{k+s}{k} = \binom{k+S+1}{k+1}.$$ (Beweis durch vollständige Induktion möglich.)
    2) Berechne den Erwartungswert für $\tau = 100$ und $n = 1, 2, 3, 10, 100$.

●**32.** Berechne die mittlere Lebenserwartung M_0 eines Neugeborenen und M_x eines x-jährigen unter der Voraussetzung, daß die Todesfälle jeweils in der Mitte des Altersintervalles $[x; x+1[$ eintreten und daß ferner $l_{101} = 0$ ist. Wie groß ist also nach Tabelle 159.1 die mittlere Lebenserwartung
  a) eines/einer 80jährigen,
  b) eines neugeborenen, einjährigen bzw. zweijährigen Knaben,
  c) eines neugeborenen, einjährigen bzw. zweijährigen Mädchens?
Was besagen diese Ergebnisse?

Zu 11.2.

33. Stelle die kumulative Verteilungsfunktion der Zufallsgröße Gewinn beim chuck-a-luck auf und zeichne ihren Graphen.
34. a) Stelle die kumulativen Verteilungsfunktionen der Zufallsgrößen B, S, I und K aus Aufgabe 186/**5. b)** auf und zeichne jeweils ihren Graphen.
  b) Berechne $F_B(4,2)$, $F_S(4,2)$, $F_I(4,2)$ und $F_K(4,2)$.
35. Stelle die kumulative Verteilungsfunktion
  a) der Zufallsgröße G aus Aufgabe 187/**8**,
  b) der Zufallsgröße Z aus Aufgabe 187/**11**
auf und zeichne ihre Graphen.

Aufgaben

36. Bestimme die kumulative Verteilungsfunktion der Zufallsgröße X aus Aufgabe 186/6 und zeichne ihren Graphen.

37. Die kumulative Verteilungsfunktion einer Zufallsgröße sei wie folgt definiert:

$$F(x) = \begin{cases} 0 & -\infty < x < 0 \\ 0{,}17 & 0 \leq x < 1 \\ 0{,}23 & \text{falls} \quad 1 \leq x < 2 \\ 0{,}58 & 2 \leq x < 3 \\ 1 & 3 \leq x < +\infty \end{cases}$$

Stelle die Wahrscheinlichkeitsfunktion dieser Zufallsgröße auf.

38. Beweise: $W(x_i) = F(x_i) - F(x_{i-1})$.

•39. Für zwei reelle Zahlen $a < b$ werden für die Zufallsgröße X folgende Ereignisse betrachtet:
  a) Der Wert der Zufallsgröße ist höchstens a,
  – ist größer als a,
  – ist kleiner als a,
  – ist mindestens a.
  b) Der Wert der Zufallsgröße ist größer als a, aber höchstens b;
  – ist mindestens a, aber höchstens b;
  – ist mindestens a, aber kleiner als b;
  – ist größer als a, aber kleiner als b.
  Stelle in jedem Fall eine Formel für die Wahrscheinlichkeit dieser Ereignisse auf unter Verwendung der kumulativen Verteilungsfunktion und/oder der Wahrscheinlichkeitsfunktion.
  c) Wie vereinfachen sich diese Formeln, wenn $a = x_i$ und $b = x_k$ ist, wobei x_i und x_k Werte der Zufallsgröße X sind?

•40. Eine Laplace-Münze werde so oft geworfen, bis entweder Adler erscheint oder fünfmal nacheinander kein Adler erscheint. Die Zufallsgröße X sei die Anzahl der dazu nötigen Würfe.
  a) Zeichne die kumulative Verteilungsfunktion von X.
  (Einheit auf der Hochwertachse $\hat{=}$ 8 cm.)
  b) Zeichne die Graphen folgender auf $\mathbb{R}$ definierter Funktionen:
  $g: x \mapsto P(X < x)$ $h: x \mapsto P(X \geq x)$ $k: x \mapsto P(X > x)$
  c) Wie kann man die Funktionsterme $g(x)$, $h(x)$ und $k(x)$ aus **b)** durch $F(x)$ und $W(x)$ ausdrücken, wenn F die kumulative Verteilungsfunktion aus **a)** und W die Wahrscheinlichkeitsfunktion von X sind?

•41. Jede Zahl x, für die sowohl $P(X \leq x) \leq p$ als auch $P(X \geq x) \geq 1 - p$ gilt, heißt **Quantil** p-**ter Ordnung** der Zufallsgröße X. (Siehe Figur 193.1.) Einige Quantile werden besonders häufig verwendet und haben daher eigene Namen*, und zwar
  Median für $p = \frac{1}{2}$,
  erstes oder **unteres Quartil** für $p = \frac{1}{4}$ und
  drittes oder **oberes Quartil** für $p = \frac{3}{4}$.

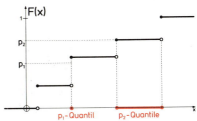

Fig. 193.1 Quantile der Ordnung p_1 bzw. p_2.

---

* lat.: *quantus?* = wie groß? – *quarta* = der 4. Teil – *medianus* = in der Mitte liegend.
Sir *Francis Galton* (1822–1911) führte die Quartile 1879 ein. Den Begriff des Medians schuf er 1883 und unabhängig davon *Gustav Theodor Fechner* (1801–1887). 1885 führte *Galton* noch die **Percentile** zu $p = 0{,}01$ ein.

a) Berechne zur Zufallsgröße X aus Aufgabe **40** die Mediane, die ersten Quartile, die dritten Quartile und die Quantile der Ordnung 90%.

b) Für welche p-Werte ist die Zahl 2 bzw. die Zahl 2,5 ein Quantil p-ter Ordnung?

Zu 11.3.

42. Die Zufallsgröße X sei die Augenzahl beim Wurf eines Laplace-Würfels. Berechne die Wahrscheinlichkeitsfunktionen und die Erwartungswerte folgender Zufallsgrößen:

$A := X + 1 \quad B := 2X \quad C := 2X + 1 \quad D := (X - 3{,}5)^2 \quad Z := e^X$

43. Die Zufallsgröße X bezeichne die Anzahl der Adler beim 4fachen Wurf einer Laplace-Münze. Berechne die Wahrscheinlichkeitsfunktionen und die Erwartungswerte folgender Zufallsgrößen:

$A := X - 2 \quad\quad B := |X - 2| \quad\quad C := (X - 2)^2$
$D := (X - 2)^3 \quad\quad E := \sin \tfrac{1}{2} \pi X \quad\quad F := \sin \pi X$

Zu 11.4.

44. Berechne die Standardabweichung der Zufallsgröße »Augenzahl«
  a) beim Wurf mit einem Laplace-Würfel,
  b) beim Wurf mit einem Astragalus (siehe Seite 46f.).

•**45.** Berechne die Standardabweichung der Zufallsgröße »Augensumme« beim Wurf zweier Laplace-Würfel.

•**46. a)** Berechne die Standardabweichung der Zufallsgröße »Anzahl der ausgestreckten Finger« beim Morraspiel (siehe Aufgabe 187/**9**).
  b) Zeichne in ein Stabdiagramm der Wahrscheinlichkeitsverteilung dieser Zufallsgröße den Erwartungswert und die Standardabweichung ein.

Bild 194.1 Zwei junge Frauen beim Morra-Spiel – Rotfigurige attische Hydria aus Nola, um 420 v. Chr. – Slg. Dzialynski, Paris

47. Berechne jeweils Erwartungswert und Varianz für die Zufallsgröße »Augenzahl eines *Efron*-Würfels« aus Aufgabe 160/26.
48. Berechne jeweils Erwartungswert und Varianz für die Zufallsgröße »Sektorzahl« eines Glücksrads nach *D. Morgenstern* aus Aufgabe 161/27.
49. Berechne die Standardabweichungen der Zufallsgrößen X und Y von Aufgabe 188/13.
50. Berechne die Standardabweichung der Zufallsgröße »Auszahlung« von Aufgabe 188/16.
•51. Berechne die Standardabweichung der Zufallsgröße »Auszahlung« von Aufgabe 188/17.
52. Berechne Erwartungswert und Varianz der Zufallsgröße »Note« beim würfelnden Lehrer (Aufgabe 67/13).
53. Berechne Erwartungswert und Varianz der Zufallsgröße »Spieldauer« des Wurfpfeilspiels (engl. darts) aus Aufgabe 67/12. a).
54. a) Berechne Erwartungswert und Varianz der Zufallsgröße »Spieldauer« des Spiels »Ziehen einer schwarzen Kugel« aus Aufgabe 67/10.
    b) Berechne Erwartungswert und Varianz der Zufallsgröße »Spieldauer unter der Bedingung, daß Berta siegt«.
55. Die Zufallsgröße X nimmt die Werte 0 und 1 mit den Wahrscheinlichkeiten q bzw. p an. Zeige, daß $\mathscr{E}X = p$ und $\text{Var}\,X = pq$ ist.
•56. Eine Zufallsgröße nehme die Werte $1, 2, \ldots, n$ an und sei gleichmäßig verteilt. Berechne Erwartungswert und Varianzwert dieser Zufallsgröße.
57. Bei 2 Parallelklassen ergaben sich bei einer Prüfung folgende Notenverteilungen:

Note	1	2	3	4	5	6
Klasse a	0	4	7	5	3	1
Klasse b	1	3	5	7	4	0

   a) Zeichne die Wahrscheinlichkeitsfunktionen der Zufallsgrößen $X_i :=$ »Note eines beliebig aus Klasse i ausgewählten Schülers«, $i = $ a, b.
   b) Zeige, daß die Erwartungs- und Varianzwerte der beiden Zufallsgrößen übereinstimmen, obwohl die Wahrscheinlichkeitsverteilungen der Zufallsgrößen verschieden sind.
58. Bei Plattenspielern kommt es darauf an, daß die Drehzahl möglichst konstant bleibt. Die Antriebsmotoren zweier Firmen A und B werden getestet. Dabei werden die Abweichungen vom Sollwert in 4 Stufen angegeben. Für die Wahrscheinlichkeit des Auftretens einer solchen Abweichung gilt:

Abweichungsgrad	0	1	2	3
Firma A	0,70	0,20	0,06	0,04
Firma B	0,76	0,04	0,20	0

   Berechne den Erwartungswert der Zufallsgröße »Abweichungsgrad« X_i ($i = $ A, B) und die Standardabweichungen. Welche Firma liefert die besseren Antriebsmotoren?
59. Zwei Schulaufgaben ergaben in zwei Klassen folgende Notenverteilungen:

Note	1	2	3	4	5	6	μ
Schülerzahl Klasse 1	5	2	5	5	2	1	3,0
Schülerzahl Klasse 2	1	2	13	10	8	6	4,0

   Schüler A hat in Klasse 1 die Note 2 erhalten, Schüler B in Klasse 2 die Note 3. Beide liegen also um 1 Notenstufe über ihrem Klassenmittel. Welcher Schüler hat relativ zu seiner Klasse besser abgeschnitten?
60. In einer Schulaufgabe erreicht ein Schüler 32 Punkte in Algebra und 27 Punkte in Geometrie. Durchschnittlich wurden in Algebra 26 Punkte, in Geometrie 22 Punkte erreicht. In welchem Fach war der Schüler besser, wenn die zugehörigen Standardabweichungen 5,8 bzw. 4,5 betrugen?

Zu 11.5.

61. Beim Wurf einer L-Münze werde vereinbart: Fällt Zahl, so verfällt der Einsatz von 1 DM. Fällt Wappen, so werden 2 DM ausgezahlt.
  a) Berechne Erwartungswert und Varianz der Zufallsgröße Gewinn.
  b) Zeige, daß in der Ungleichung von *Bienaymé-Tschebyschow* (Satz 184.1) für $a = 1$ hier das Gleichheitszeichen gilt; d.h., daß das *Tschebyschow*-Risiko hier gleich dem wahren Risiko ist.
  c) Berechne $P(|X - \mu| \geq a)$ für $a = 0{,}5$ und $a = 2$.
  Vergleiche damit die jeweilige Abschätzung dieser Wahrscheinlichkeit durch die Ungleichung von *Bienaymé-Tschebyschow*.

62. In einer Urne liegen vier Kugeln, die mit den Zahlen 0, 1, 2 und 3 beschriftet sind. Man zieht zwei Kugeln zugleich. Die Zufallsgröße X sei die größere der beiden gezogenen Zahlen. Berechne $P(|X - \mu| \geq a)$ und untersuche die Genauigkeit der *Tschebyschow*-Abschätzung für
  a) $a = 1$, **b)** $a = \frac{1}{3}\sqrt{5}$, **c)** $a = 3$, **d)** $a = 10$.

63. X sei die Augensumme beim Wurf zweier L-Würfel. Bestimme $P(|X - \mu| < a)$ für $a = 2$, $a = \sigma$, $a = 2\sigma$ und $a = 3\sigma$ und vergleiche dazu jeweils die Abschätzung durch die *Tschebyschow*-Ungleichung.

64. Für die Zufallsgröße X gelte $\text{Var}\, X = 2$. Wie groß muß a gewählt werden, damit die Wahrscheinlichkeit dafür, daß die Zufallsgröße Werte annimmt, die sich um weniger als a vom Erwartungswert unterscheiden, mindestens
  a) 50%, **b)** 90%, **c)** 95%, **d)** 99% beträgt?

65. Als *Bienaymé-Tschebyschow*-Ungleichung wird manchmal auch die Abschätzung
$$P(|X - \mu| > a) < \frac{\text{Var}\, X}{a^2}$$
bezeichnet.
  a) Beweise diese Form der Ungleichung von *Bienaymé-Tschebyschow*.
  b) Welche Abschätzung ergibt sich daraus für $P(|X - \mu| \leq a)$?

66. Eine Zufallsgröße X besitzt die Verteilung

x	$-t$	0	t
$W(x)$	$\dfrac{1}{2t^2}$	$1 - \dfrac{1}{t^2}$	$\dfrac{1}{2t^2}$

Berechne $\mathscr{E}X$ und $\text{Var}\, X$ und zeige, daß für $a = t\sigma$ die *Bienaymé-Tschebyschow*-Ungleichung zu einer Gleichung wird.

67. Beweise: Ist Y eine nicht negative Zufallsgröße mit endlichem Erwartungswert, und ist $k > 0$, dann gilt $P(Y \geq k) \leq \dfrac{\mathscr{E}(Y)}{k}$.
  Welche Abschätzung ergibt sich für $P(Y > k)$?

68. Beweise die Ungleichung von *Bienaymé-Tschebyschow* mit Hilfe des Satzes von Aufgabe **67**.

12. Mehrere Zufallsgrößen über demselben Wahrscheinlichkeitsraum

Macuilxochitl, der Gott der Blumen und Spiele, überwacht das aztekische Patolli-Spiel. 2 Spieler, begleitet von 2 Punktrichtern, haben je 6 Kiesel als Steine und je 2 Bohnen als Würfel und müssen alle 104 »Häuser« durchlaufen. Da 52 Jahre den Hauptzyklus des aztekischen Kalenders bilden, war Patolli nicht nur ein Glücksspiel, sondern diente auch religiösen Zwecken. – *Codex Magliabecchi* (16. Jh.)

12. Mehrere Zufallsgrößen über demselben Wahrscheinlichkeitsraum

12.1. Die gemeinsame Wahrscheinlichkeitsverteilung

Wir betrachten zwei verschiedene* Zufallsgrößen X und Y über (Ω, P) mit ihren Wahrscheinlichkeitsfunktionen W_X und W_Y.

Beispiel 1: Für einen einfachen Würfelwurf sollen folgende Gewinnpläne gelten:
a) Zufallsgröße X: Fällt eine gerade Zahl, so gewinnt der Spieler eine Mark; andernfalls verliert er eine Mark.
b) Zufallsgröße Y: Fällt eine Primzahl, so gewinnt der Spieler eine Mark; andernfalls verliert er eine Mark.
Die Wertetabellen der Zufallsgrößen X bzw. Y haben folgendes Aussehen:

ω	1	2	3	4	5	6
$x = X(\omega)$	-1	1	-1	1	-1	1
$y = Y(\omega)$	-1	1	1	-1	1	-1

Für die Wahrscheinlichkeitsfunktionen W_X bzw. W_Y ergibt sich somit:

x	-1	$+1$
$W_X(x)$	$\frac{1}{2}$	$\frac{1}{2}$

y	-1	$+1$
$W_Y(y)$	$\frac{1}{2}$	$\frac{1}{2}$

Trotz $X \neq Y$ gilt also hier $W_X = W_Y$. X und Y sind demnach »gleichverteilt«. Man definiert nämlich

> **Definition 198.1:** Zwei Zufallsgrößen X und Y über demselben Wahrscheinlichkeitsraum (Ω, P) heißen **gleichverteilt** oder auch **identisch verteilt**, wenn ihre Wahrscheinlichkeitsverteilungen W_X und W_Y übereinstimmen. X und Y heißen dann **Kopien** voneinander.

Beispiel 1 zeigt uns, daß aus der Gleichheit der Wahrscheinlichkeitsverteilungen nicht auf die Gleichheit der Zufallsgrößen geschlossen werden darf.

Wir wollen uns nun einem Experiment zuwenden, bei dem zwei Zufallsgrößen gleichzeitig betrachtet werden.

Beispiel 2: In einer Klasse von 25 Schülern sind 10 Mädchen. 15 Schüler sind katholisch und 8 Schüler evangelisch. 6 der Mädchen sind katholisch, der Rest der Mädchen evangelisch.
Ein Schüler ω werde beliebig ausgewählt. Wir definieren die Zufallsgrößen »Geschlecht« G und »Religionszugehörigkeit« R folgendermaßen:

$$G(\omega) := \begin{cases} 0, & \text{falls } \omega \in \text{Menge der Mädchen} \\ 1, & \text{falls } \omega \in \text{Menge der Jungen} \end{cases}$$

---
* Zwei Zufallsgrößen heißen **gleich**, wenn sie als Funktionen gleich sind, d.h., wenn ihre Wertetabellen übereinstimmen.

12.1. Die gemeinsame Wahrscheinlichkeitsverteilung

$$R(\omega) := \begin{cases} 1, & \text{falls} \quad \omega \in \text{Menge der Katholiken} \\ 2, & \text{falls} \quad \omega \in \text{Menge der Protestanten} \\ 3 & \text{sonst} \end{cases}$$

Die Wahrscheinlichkeitsverteilungen von G und R ergeben sich zu:

g	0	1
$W_G(g)$	0,40	0,60

r	1	2	3
$W_R(r)$	0,60	0,32	0,08

Zur Erstellung einer Schulstatistik wird sowohl nach Geschlecht als auch nach Religionszugehörigkeit gefragt. Diese Fragestellung bedingt eine gleichzeitige Betrachtung beider Zufallsgrößen.

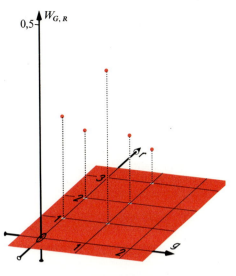

Fig. 199.1 Graphische Darstellung der gemeinsamen Wahrscheinlichkeitsverteilung $W_{G,R}$

Um solche Fragestellungen modellmäßig erfassen zu können, definiert man die gemeinsame Wahrscheinlichkeitsverteilung zweier Zufallsgrößen X und Y. Dazu betrachtet man das Ereignis, daß X den Wert x und gleichzeitig Y den Wert y annimmt, d.h. das Ereignis $\{\omega \mid X(\omega) = x \wedge Y(\omega) = y\}$, das wir analog zu früher kurz »$X = y \wedge Y = y$« schreiben. Mit dieser Bezeichnung legen wir fest:

Definition 199.1: Sind X und Y zwei Zufallsgrößen über demselben Wahrscheinlichkeitsraum (Ω, P), so heißt

$$W_{X,Y}: (x \mid y) \mapsto P(X = x \wedge Y = y)$$

die **gemeinsame Wahrscheinlichkeitsfunktion** oder die **gemeinsame Wahrscheinlichkeitsverteilung** der Zufallsgrößen X und Y.

In unserem Beispiel ergibt sich für $W_{G,R}(g, r) = P(G = g \wedge R = r)$ folgende Wertetabelle:

g \ r	1	2	3
0	0,24	0,16	0
1	0,36	0,16	0,08

Figur 199.1 zeigt den Graphen von $W_{G,R}$ in einem dreidimensionalen Koordinatensystem.
Addiert man in der obigen Wertetabelle für $W_{G,R}$ die Wahrscheinlichkeiten einer Spalte r, so erhält man als Summe den Wert $W_R(r)$. Andererseits erhält man

$W_G(g)$, wenn man die Wahrscheinlichkeiten der Zeile g addiert. Die vollständige Tabelle sieht dann so aus:

g \ r	1	2	3	$W_G(g)$
0	0,25	0,16	0	0,4
1	0,36	0,16	0,08	0,6
$W_R(r)$	0,60	0,32	0,08	1

Der gefundene Zusammenhang zwischen W_G, W_R und $W_{G,R}$ gilt offenbar allgemein:

Satz 200.1:
$$W_X(x_i) = \sum_{j=1}^{m} W_{X,Y}(x_i, y_j)$$
$$W_Y(y_j) = \sum_{i=1}^{n} W_{X,Y}(x_i, y_j)$$

Die Summation erstreckt sich dabei über alle y_j aus dem Wertebereich von Y bzw. über alle x_i aus dem Wertebereich von X.

Bemerkung: Auf Grund von Satz 200.1 nennt man die einfachen Wahrscheinlichkeitsfunktionen W_X und W_Y manchmal in diesem Zusammenhang auch **Rand-** oder **Marginalwahrscheinlichkeitsverteilungen**.

12.2. Stochastische Unabhängigkeit von Zufallsgrößen

In Kapitel 10. wurde die stochastische Unabhängigkeit von Ereignissen definiert und untersucht. Wir nannten die Ereignisse A und B stochastisch unabhängig, wenn der Produktsatz $P(A \cap B) = P(A) \cdot P(B)$ gilt. Nun erzeugt jede Zufallsgröße X mittels der Aussagen »$X = x_i$« eine Menge von Ereignissen. Es liegt daher nahe, die stochastische Unabhängigkeit zweier Zufallsgrößen X und Y dadurch zu definieren, daß man für jedes mögliche Paar von Ereignissen »$X = x_i$« und »$Y = y_j$« die stochastische Unabhängigkeit fordert:

Definition 200.1: Zwei Zufallsgrößen X und Y, die auf demselben Wahrscheinlichkeitsraum (Ω, P) definiert sind, heißen **stochastisch unabhängig**, wenn für alle x_i, y_j gilt:
$$P(X = x_i \wedge Y = y_j) = P(X = x_i) \cdot P(Y = y_j)$$
$$\Leftrightarrow W_{X,Y}(x_i, y_j) = W_X(x_i) \cdot W_Y(y_j)$$

Bei mehr als zwei Zufallsgrößen unterscheidet man wie bei Ereignissen zwischen paarweiser Unabhängigkeit und Unabhängigkeit in ihrer Gesamtheit gemäß

12.2. Stochastische Unabhängigkeit von Zufallsgrößen

Definition 201.1: Die Zufallsgrößen $X, Y, \ldots, Z$, definiert über demselben Wahrscheinlichkeitsraum (Ω, P), heißen
a) **paarweise stochastisch unabhängig**, wenn je 2 von ihnen stochastisch unabhängig sind,
b) **stochastisch unabhängig in ihrer Gesamtheit**, wenn für alle $x_i, y_j, \ldots, z_k$ gilt:
$P(X = x_i \wedge Y = y_j \wedge \ldots \wedge Z = z_k) = P(X = x_i) \cdot P(Y = y_j) \cdot \ldots \cdot P(Z = z_k).$

Zur Veranschaulichung von Definition 200.1 untersuchen wir die Zufallsgrößen aus den Beispielen 1 und 2 des Abschnitts **12.1.** auf Unabhängigkeit. Die Gewinnpläne X und Y sind nicht unabhängig; denn es gilt z. B.

$P(X = -1 \wedge Y = -1) = \frac{1}{6};$ aber
$P(X = -1) \cdot P(Y = -1) = \frac{1}{2} \cdot \frac{1}{2} = \frac{1}{4}.$

Zur Untersuchung der Zufallsgrößen Geschlecht G und Religionszugehörigkeit R auf Unabhängigkeit stellen wir die Tabelle der gemeinsamen Wahrscheinlichkeitsverteilung $W_{G,R}$ der Produkttafel der Randwahrscheinlichkeitsverteilungen gegenüber:

$W_{G,R}(g,r) = P(G = g \wedge R = r)$				
g \ r	1	2	3	$P(G = g)$
0	0,24	0,16	0	0,4
1	0,36	0,16	0,08	0,6
$P(R = r)$	0,6	0,32	0,08	1

$W_G(g) \cdot W_R(r) = P(G = g) \cdot P(R = r)$				
g \ r	1	2	3	$P(G = g)$
0	0,24	0,128	0,032	0,4
1	0,36	0,192	0,048	0,6
$P(R = r)$	0,6	0,32	0,08	1

Da die Tabellen nicht übereinstimmen, sind die Zufallsgrößen Geschlecht und Religionszugehörigkeit in der betrachteten Klasse stochastisch abhängig. Hätte man in derselben Klasse die Zufallsgröße »Religionszugehörigkeit« etwas anders definiert, nämlich

$R^*(\omega) := \begin{cases} 1, & \text{falls} \quad \omega \in \text{Menge der Katholiken} \\ 2 & \text{sonst,} \end{cases}$

so ergäben sich folgende Tabellen:

$W_{G,R^*}(g,r^*) =$ $= P(G = g \wedge R^* = r^*)$			
g \ r*	1	2	$W_G(g)$
0	0,24	0,16	0,4
1	0,36	0,24	0,6
$W_{R^*}(r^*)$	0,6	0,4	1

$W_G(g) \cdot W_{R^*}(r^*) =$ $= P(G = g) \cdot P(R^* = r^*)$			
g \ r*	1	2	$W_G(g)$
0	0,24	0,16	0,4
1	0,36	0,24	0,6
$W_{R^*}(r^*)$	0,6	0,4	1

Diese Tabellen stimmen überein; also sind Geschlecht G und Religionszugehörigkeit R^* stochastisch unabhängige Zufallsgrößen.
Fazit: Durch geeignete Definition von Zufallsgrößen kann man das Ergebnis einer Untersuchung beeinflussen. Man sollte daher bei Veröffentlichungen von statistischen Untersuchungen nicht nur auf die Ergebnisse achten, sondern auch auf die Art, wie sie gewonnen wurden!

12.3. Verknüpfung von Zufallsgrößen

Zufallsgrößen sind reellwertige Funktionen auf Ω. Daher lassen sich Zufallsgrößen wie Funktionen verknüpfen. Wir beschränken uns hier auf Summe und Produkt zweier Zufallsgrößen und erinnern an die in der Analysis übliche

Definition 202.1: Sind X und Y zwei Zufallsgrößen über demselben Wahrscheinlichkeitsraum (Ω, P), so gilt:
$$(X + Y)(\omega) := X(\omega) + Y(\omega) \quad \text{und} \quad (X \cdot Y)(\omega) := X(\omega) \cdot Y(\omega)$$

Die Wahrscheinlichkeitsverteilung der Summe bzw. des Produkts zweier Zufallsgrößen kann man aus ihrer gemeinsamen Wahrscheinlichkeitsverteilung erhalten. Es gilt nämlich

$P(X + Y = s) =$
$= \sum\limits_{x_i + y_j = s} P(X = x_i \wedge Y = y_j) =$
$= \sum\limits_{x_i + y_j = s} W_{X,Y}(x_i, y_j) =$
$= \sum\limits_{i=1}^{n} W_{X,Y}(x_i, s - x_i).$

$P(X \cdot Y = k) =$
$= \sum\limits_{x_i y_j = k} P(X = x_i \wedge Y = y_j) =$
$= \sum\limits_{x_i y_j = k} W_{X,Y}(x_i, y_j).$

Zur Summe zweier Zufallsgrößen bringen wir folgendes
Beispiel: Beim Wurf zweier L-Würfel hat man zwei Zufallsgrößen X und Y, nämlich die Augenzahlen des 1. bzw. 2. Würfels über dem Wahrscheinlichkeitsraum (Ω, P); dabei besteht Ω aus den 36 Paaren $(a_1 | a_2)$ mit $a_i \in \{1, 2, 3, 4, 5, 6\}$, und P ist eine gleichmäßige Wahrscheinlichkeitsverteilung über Ω. Für die Zufallsgrößen X und Y gilt dabei

$X(\omega) = X((a_1|a_2)) = a_1$ und

$Y(\omega) = Y((a_1|a_2)) = a_2$.

Ihre Summe $X + Y$ ist eine neue Zufallsgröße Z über (Ω, P). Dabei ist
$Z(\omega) = (X + Y)(\omega) = X(\omega) + Y(\omega)$.
Figur 203.1 veranschaulicht diesen Zusammenhang. Die Wertetabelle von Z sieht folgendermaßen aus:

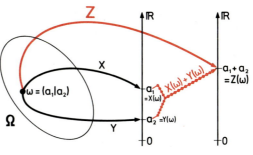

Fig. 203.1
Zur Summe zweier Zufallsgrößen
$Z(\omega) = (X+Y)(\omega) = X(\omega) + Y(\omega)$

$a_1 \backslash a_2$	1	2	3	4	5	6
1	2	3	4	5	6	7
2	3	4	5	6	7	8
3	4	5	6	7	8	9
4	5	6	7	8	9	10
5	6	7	8	9	10	11
6	7	8	9	10	11	12

Die Wahrscheinlichkeitsfunktion W_Z von Z ergibt sich gemäß

$$W_Z(z) = \sum_{x_i + y_j = z} W_{X,Y}(x_i, y_j); \quad \text{so ist z.B.}$$

$$W_Z(10) = \sum_{x_i + y_j = 10} W_{X,Y}(x_i, y_j) =$$
$$= W_{X,Y}(4,6) + W_{X,Y}(5,5) + W_{X,Y}(6,4) =$$
$$= \tfrac{1}{36} + \tfrac{1}{36} + \tfrac{1}{36} =$$
$$= \tfrac{3}{36}.$$

Man erhält:

z	2	3	4	5	6	7	8	9	10	11	12
$W_Z(z)$	$\tfrac{1}{36}$	$\tfrac{2}{36}$	$\tfrac{3}{36}$	$\tfrac{4}{36}$	$\tfrac{5}{36}$	$\tfrac{6}{36}$	$\tfrac{5}{36}$	$\tfrac{4}{36}$	$\tfrac{3}{36}$	$\tfrac{2}{36}$	$\tfrac{1}{36}$

Erstaunlicherweise ist Z nicht gleichmäßig verteilt, obwohl die Summanden X und Y gleichmäßig verteilt sind (vgl. Figuren 173.1 und 173.2).

12.4. Sätze über Maßzahlen

Für Erwartung und Varianz lassen sich einige einfache Sätze leicht beweisen, durch die deren Berechnung in vielen Fällen erleichtert wird.

12.4.1. Sätze über die Erwartung

Der Erwartungswert einer konstanten Zufallsgröße a ist als ihr Mittelwert natürlich die Konstante selber, d.h., $\mathscr{E}a = a$.

12. Mehrere Zufallsgrößen über demselben Wahrscheinlichkeitsraum

Addiert man zu jedem Wert einer beliebigen Zufallsgröße X die Konstante 3, so ist es anschaulich klar, daß auch ihr Mittelwert $\mathscr{E}X$ um 3 wächst; man vermutet, daß $\mathscr{E}(X+a) = \mathscr{E}X + a$ allgemein gilt.
Verdreifacht man hingegen jeden Wert einer Zufallsgröße X, so ist es klar, daß auch der Mittelwert verdreifacht wird; man vermutet, daß $\mathscr{E}(aX) = a \cdot \mathscr{E}X$ allgemein gilt. Wir beweisen

Satz 204.1: Für jede Zufallsgröße X und jede Konstante $a \in \mathbb{R}$ gilt:
(1) $\quad\quad\quad\quad \mathscr{E}a = a$
(2) $\quad\quad\quad\quad \mathscr{E}(X+a) = \mathscr{E}(X) + a$
(3) $\quad\quad\quad\quad \mathscr{E}(aX) = a \cdot \mathscr{E}X$

Beweis:
(1). $\mathscr{E}a = a \cdot W(a) = a \cdot 1 = a$.
(2). Mit $g(X) := X + a$ gilt nach Satz 178.1
$$\mathscr{E}(X+a) = \sum_{i=1}^{n}(x_i + a)W(x_i) = \sum_{i=1}^{n} x_i W(x_i) + a \sum_{i=1}^{n} W(x_i) = \mathscr{E}X + a \cdot 1 =$$
$$= \mathscr{E}X + a.$$
(3). Mit $g(X) := aX$ gilt nach Satz 178.1
$$\mathscr{E}(aX) = \sum_{i=1}^{n} a x_i W(x_i) = a \sum_{i=1}^{n} x_i W(x_i) = a \cdot \mathscr{E}X.$$

Der Mittelwert der Summe zweier Zufallsgrößen müßte wohl die Summe der beiden Mittelwerte sein, wie Beispiel 1 und Beispiel 2 von Seite 173 für die Zufallsgröße »Augensumme zweier L-Würfel« vermuten lassen. Daß dies auch allgemein gilt, ist die Aussage von

Satz 204.2: Sind X und Y Zufallsgrößen über demselben Wahrscheinlichkeitsraum (Ω, P), dann gilt
$$\mathscr{E}(X+Y) = \mathscr{E}X + \mathscr{E}Y$$

Beweis:
Nach der Bemerkung **6** von Seite 172 gilt
$$\mathscr{E}(X+Y) = \sum_{\omega \in \Omega}(X+Y)(\omega) \cdot P(\{\omega\}) =$$
$$= \sum_{\omega \in \Omega}[X(\omega) + Y(\omega)] \cdot P(\{\omega\}) =$$
$$= \sum_{\omega \in \Omega} X(\omega) \cdot P(\{\omega\}) + \sum_{\omega \in \Omega} Y(\omega) \cdot P(\{\omega\}) =$$
$$= \mathscr{E}X + \mathscr{E}Y.$$

Aus Satz 204.1 und Satz 204.2 folgt sofort, daß die Erwartung eine lineare Funktion ist:
$$\boxed{\mathscr{E}(aX + bY) = a\mathscr{E}X + b\mathscr{E}Y}$$

Diese Formel gestattet, den Erwartungswert der Zufallsgröße $Z := aX + bY$ zu berechnen, ohne daß man die Wahrscheinlichkeitsverteilung dieser Zufallsgröße Z kennt! Darüber hinaus läßt sich sogar der Erwartungswert einer Zufallsgröße berechnen, die Summe von mehr als 2 Zufallsgrößen ist, ohne daß man ihre (meist recht komplizierte) Wahrscheinlichkeitsverteilung zu kennen braucht. Es gilt nämlich

---

Satz 205.1: Sind $X_1, X_2, \ldots, X_n$ Zufallsgrößen über demselben Wahrscheinlichkeitsraum (Ω, P), dann gilt

$$\mathscr{E}(a_1 X_1 + a_2 X_2 + \ldots + a_n X_n) = a_1 \mathscr{E} X_1 + a_2 \mathscr{E} X_2 + \ldots + a_n \mathscr{E} X_n,$$

kurz

$$\mathscr{E}\left(\sum_{i=1}^{n} a_i X_i\right) = \sum_{i=1}^{n} a_i \mathscr{E} X_i.$$

Beweis:
Wir verwenden das Beweisverfahren von Satz 204.2.

$$\mathscr{E}\left(\sum_{i=1}^{n} a_i X_i\right) = \sum_{\omega \in \Omega} (a_1 X_1 + a_2 X_2 + \ldots + a_n X_n)(\omega) \cdot P(\{\omega\}) =$$
$$= \sum_{\omega \in \Omega} [a_1 X_1(\omega) + a_2 X_2(\omega) + \ldots + a_n X_n(\omega)] \cdot P(\{\omega\}) =$$
$$= \sum_{\omega \in \Omega} [a_1 X_1(\omega) \cdot P(\{\omega\}) + a_2 X_2(\omega) \cdot P(\{\omega\}) + \ldots + a_n X_n(\omega) \cdot P(\{\omega\})] =$$
$$= a_1 \sum_{\omega \in \Omega} X_1(\omega) \cdot P(\{\omega\}) + \ldots + a_n \sum_{\omega \in \Omega} X_n(\omega) \cdot P(\{\omega\}) =$$
$$= a_1 \mathscr{E} X_1 + a_2 \mathscr{E} X_2 + \ldots + a_n \mathscr{E} X_n.$$

Merkregel: Erwartungswert einer Summe = Summe der Erwartungswerte

---

Man könnte nun vermuten, daß ein ähnlicher Satz auch für das Produkt von Zufallsgrößen gilt. Beispiel 1 und Beispiel 3 von Seite 173f. zeigen aber, daß dem nicht so ist, weil dort $\mathscr{E} X = 3,5$, dagegen
$\mathscr{E}(X \cdot X) = \mathscr{E}(X^2) = 15\frac{1}{6} \neq 3,5^2 = (\mathscr{E} X)^2$ ist.
Erfreulicherweise gilt aber wenigstens

Satz 205.2: Sind X und Y stochastisch *unabhängige* Zufallsgrößen über demselben Wahrscheinlichkeitsraum (Ω, P), so gilt

$$\mathscr{E}(X \cdot Y) = \mathscr{E} X \cdot \mathscr{E} Y.$$

Beweis:
$$\mathscr{E}(X \cdot Y) = x_1 y_1 W_{X,Y}(x_1, y_1) + x_1 y_2 W_{X,Y}(x_1, y_2) + \ldots + x_n y_m W_{X,Y}(x_n, y_m) =$$
$$= \sum_{i=1}^{n} \sum_{j=1}^{m} x_i y_j W_{X,Y}(x_i, y_j).$$

Diese Doppelsumme läßt sich wegen der vorausgesetzten Unabhängigkeit von X und Y nach Definition 200.1 umformen zu

$$\mathscr{E}(X \cdot Y) = \sum_{i=1}^{n} \sum_{j=1}^{m} (x_i \cdot y_j) \cdot W_X(x_i) \cdot W_Y(y_j) =$$
$$= \sum_{i=1}^{n} x_i W_X(x_i) \cdot \sum_{j=1}^{m} y_j W_Y(y_j) =$$
$$= \mathscr{E} X \cdot \mathscr{E} Y.$$

Satz 205.2 läßt sich nicht umkehren! Die Zufallsgrößen sind nämlich nicht notwendig unabhängig, wenn das Produkt der Erwartungswerte gleich dem Erwartungswert des Produkts ist. Wir zeigen dies an folgendem

Beispiel: Beim einfachen Würfelwurf definieren wir die beiden Gewinnpläne X und Y folgendermaßen:

ω	1	2	3	4	5	6
$X(\omega)$	1	2	3	4	5	6
$Y(\omega)$	2	4	6	8	10	-2
$X(\omega) \cdot Y(\omega)$	2	8	18	32	50	-12

Für die Erwartungswerte ergibt sich:

$\mathscr{E} X = \frac{7}{2}$;

$\mathscr{E} Y = 2 \cdot \frac{1}{6} + 4 \cdot \frac{1}{6} + 6 \cdot \frac{1}{6} + 8 \cdot \frac{1}{6} + 10 \cdot \frac{1}{6} - 2 \cdot \frac{1}{6} = \frac{14}{3}$;

$\mathscr{E}(X \cdot Y) = 2 \cdot \frac{1}{6} + 8 \cdot \frac{1}{6} + 18 \cdot \frac{1}{6} + 32 \cdot \frac{1}{6} + 50 \cdot \frac{1}{6} - 12 \cdot \frac{1}{6} = \frac{98}{6}$.

Offenbar gilt $\mathscr{E} X \cdot \mathscr{E} Y = \mathscr{E}(X \cdot Y)$. Die Zufallsgrößen X und Y sind jedoch nicht unabhängig; es gilt nämlich

$P(X = 2) = \frac{1}{6}$; $P(Y = 2) = \frac{1}{6}$;   aber $P(X = 2 \wedge Y = 2) = 0 \neq \frac{1}{36}$.

Wie schon erwähnt, können wir mit Hilfe der letzten Sätze die Berechnung von Erwartungswerten oft wesentlich vereinfachen. So erhält man leichter als im Beispiel 2 von Seite 173 den Erwartungswert der Zufallsgröße »Augensumme« beim Doppelwurf nach Satz 204.2 zu $3,5 + 3,5 = 7$. X bzw. Y sind dabei die Augenzahlen des 1. bzw. 2. Wurfs. Es gilt also $X((a|b)) = a$ bzw. $Y((a|b)) = b$. Entsprechend erhält man für den Erwartungswert der Zufallsgröße »Augenprodukt« beim Doppelwurf nach Satz 205.2 den Wert $3,5 \cdot 3,5 = 12,25$. Dieser Wert unterscheidet sich vom Erwartungswert $15\frac{1}{6}$ des Quadrats der Augenzahl beim einfachen Würfelwurf (siehe Beispiel 3, Seite 174). Die Zufallsgrößen $X =$ Augenzahl beim 1. Wurf und $Y =$ Augenzahl beim 2. Wurf sind nämlich unabhängig, während die Zufallsgröße X natürlich von sich selber abhängig ist.

12.4.2. Sätze über die Varianz

Auf Seite 180 haben wir angekündigt, daß die Berechnung des Varianzwerts einer Zufallsgröße oftmals einfacher durchgeführt werden kann als durch direkte Be-

rechnung gemäß ihrer Definition (Definition 180.1). Mit Hilfe der Sätze aus
12.4.1. über die Erwartung können wir die dazu nötige Formel herleiten.
Die Varianz einer Zufallsgröße X ist definiert als Erwartung des Abweichungsquadrates $(X - \mathscr{E}X)^2$, d.h. als $\mathscr{E}((X - \mu)^2)$. Was ergibt sich, wenn wir allgemein die Erwartung eines beliebigen Abweichungsquadrats $(X - a)^2$ berechnen?

$$\begin{aligned}\mathscr{E}[(X - a)^2] &= \mathscr{E}([(X - \mu) + (\mu - a)]^2) = \\ &= \mathscr{E}[(X - \mu)^2 + (\mu - a)^2 + 2(X - \mu)(\mu - a)] = \\ &= \mathscr{E}[(X - \mu)^2] + \mathscr{E}[(\mu - a)^2] + 2\mathscr{E}[(X - \mu)(\mu - a)] = \\ &= \mathscr{E}[(X - \mu)^2] + (\mu - a)^2 + 2(\mathscr{E}X - \mu)(\mu - a) = \\ &= \operatorname{Var} X + (\mu - a)^2.\end{aligned}$$

Aus der gewonnenen Gleichung $\mathscr{E}[(X - a)^2] = \operatorname{Var} X + (\mu - a)^2$ läßt sich eine interessante Minimaleigenschaft des Erwartungswerts μ ablesen. Da nämlich der 2. Summand nie negativ wird und den Wert 0 nur für $a = \mu$ annimmt, gilt offenbar, daß das mittlere Abweichungsquadrat einer Zufallsgröße von einer Zahl a dann am kleinsten wird, wenn diese Zahl a gleich dem Erwartungswert μ der Zufallsgröße ist. Das Streuungsmaß »Varianzwert« ist also dem Erwartungswert einer Zufallsgröße besonders gut angepaßt!

Durch Umstellen gewinnt man aus der letzten Gleichung

> **Satz 207.1: Verschiebungssatz.**
> $$\operatorname{Var} X = \mathscr{E}[(X - a)^2] - (\mathscr{E}X - a)^2$$

Für den Fall $a = 0$ liefert Satz 207.1 die versprochene einfache Berechnungsmöglichkeit für die Varianz einer Zufallsgröße. Es gilt dann nämlich

> **Satz 207.2:** $\operatorname{Var} X = \mathscr{E}(X^2) - (\mathscr{E}X)^2 = \mathscr{E}(X^2) - \mu^2$

Wir wollen Satz 207.2 auf das chuck-a-luck anwenden und nochmals $\operatorname{Var} X$ berechnen; man vergleiche damit die Berechnung auf Seite 180 (Beispiel 1).

$$\begin{aligned}\operatorname{Var} X &= 1 \cdot \tfrac{200}{216} + 4 \cdot \tfrac{15}{216} + 9 \cdot \tfrac{1}{216} - (-\tfrac{17}{216})^2 = \\ &= \tfrac{269 \cdot 216 - 289}{216^2} = \\ &= \tfrac{57\,815}{46\,656} \approx \\ &\approx 1{,}24.\end{aligned}$$

Die Sätze 204.1 bis 205.2 zeigten einige wichtige Eigenschaften der Erwartung auf. Wir wollen nun untersuchen, welche analogen Eigenschaften für die Varianz gelten.
Eine konstante Zufallsgröße nimmt einen einzigen Wert a an, der auch ihr Mittelwert ist. Die Abweichungen davon sind also 0; daher ist auch das mittlere Abweichungsquadrat 0.

Addiert man zu jedem Wert einer Zufallsgröße X die Konstante 3, so wird der Graph der Wahrscheinlichkeitsfunktion von X (bzw. das Stabdiagramm oder das Histogramm) um 3 nach rechts verschoben. Es ist anschaulich klar, daß in der verschobenen Verteilung das mittlere Abweichungsquadrat bezüglich des verschobenen Erwartungswertes $\mu + 3$ genauso groß ist wie das mittlere Abweichungsquadrat in der ursprünglichen Verteilung bezüglich des ursprünglichen Erwartungswertes μ. Man vermutet, daß $\operatorname{Var}(X + a) = \operatorname{Var} X$ allgemein gilt. Verdreifacht man hingegen jeden Wert einer Zufallsgröße X, so ist klar, daß auch jede Abweichung verdreifacht wird. Damit wird jedes Abweichungsquadrat verneunfacht, also auch das mittlere Abweichungsquadrat. Man vermutet, daß $\operatorname{Var}(aX) = a^2 \operatorname{Var} X$ allgemein gilt.
Wir beweisen

Satz 208.1: Für jede Zufallsgröße X und jede Konstante $a \in \mathbb{R}$ gilt:
(1) $\quad \operatorname{Var} a = 0$
(2) $\quad \operatorname{Var}(X + a) = \operatorname{Var} X$
(3) $\quad \operatorname{Var}(aX) = a^2 \operatorname{Var} X$

Beweis: Mit Hilfe von Satz 204.1 erhält man
(1) $\quad \operatorname{Var} a = \mathscr{E}[(a - \mathscr{E} a)^2] = \mathscr{E}[(a - a)^2] = \mathscr{E} 0 = 0.$
(2) $\quad \operatorname{Var}(X + a) = \mathscr{E}([(X + a) - \mathscr{E}(X + a)]^2) =$
$\qquad = \mathscr{E}([X + a - \mathscr{E} X - a]^2) =$
$\qquad = \mathscr{E}([X - \mathscr{E} X]^2) =$
$\qquad = \operatorname{Var} X.$
(3) $\quad \operatorname{Var}(aX) = \mathscr{E}([aX - \mathscr{E}(aX)]^2) =$
$\qquad = \mathscr{E}([aX - a\mathscr{E} X]^2) =$
$\qquad = \mathscr{E}(a^2[X - \mathscr{E} X]^2) =$
$\qquad = a^2 \mathscr{E}([X - \mathscr{E} X]^2) =$
$\qquad = a^2 \cdot \operatorname{Var} X.$

Satz 208.1 zeigt einerseits, daß die Varianz im Gegensatz zur Erwartung keine lineare Funktion sein kann, andererseits, daß $\operatorname{Var}(X + a) = \operatorname{Var} X + \operatorname{Var} a$ gilt. Man könnte also vermuten, daß wenigstens der Varianzwert einer Summe von Zufallsgrößen gleich der Summe der Varianzwerte dieser Zufallsgrößen ist. Unter der einschränkenden Bedingung der Unabhängigkeit gilt tatsächlich

Satz 208.2: Sind X und Y stochastisch *unabhängige* Zufallsgrößen auf demselben Wahrscheinlichkeitsraum (Ω, P), dann gilt
$$\operatorname{Var}(X + Y) = \operatorname{Var} X + \operatorname{Var} Y.$$

Beweis: Wir setzen $\mu := \mathscr{E} X$ und $\nu := \mathscr{E} Y$ und berechnen damit unter Verwendung der Sätze 204.1 und 204.2:

12.4. Sätze über Maßzahlen

$$\begin{aligned}\operatorname{Var}(X+Y) &= \mathscr{E}([X+Y)-\mathscr{E}(X+Y)]^2) = \\ &= \mathscr{E}([X+Y-\mu-\nu]^2) = \\ &= \mathscr{E}([(X-\mu)+(Y-\nu)]^2) = \\ &= \mathscr{E}[(X-\mu)^2 + (Y-\nu)^2 + 2(X-\mu)(Y-\nu)] = \\ &= \mathscr{E}[(X-\mu)^2] + \mathscr{E}[(Y-\nu)^2] + 2\mathscr{E}[(X-\mu)(Y-\nu)] = \\ &= \operatorname{Var}X + \operatorname{Var}Y + 2\mathscr{E}[(X-\mu)(Y-\nu)].\end{aligned}$$

Aus Aufgabe 214/**15** folgt, daß mit X und Y auch $X-\mu$ und $Y-\nu$ stochastisch unabhängig sind. Wir können also auf den letzten Summanden Satz 205.2 anwenden und erhalten

$$\operatorname{Var}(X+Y) = \operatorname{Var}X + \operatorname{Var}Y + 2\mathscr{E}(X-\mu)\cdot\mathscr{E}(Y-\nu),$$

woraus man, wieder unter Benützung von Satz 204.1,

$$\operatorname{Var}(X+Y) = \operatorname{Var}X + \operatorname{Var}Y + 2(\mathscr{E}X-\mu)\cdot(\mathscr{E}Y-\nu)$$

erhält. Da die beiden Faktoren des letzten Summanden den Wert 0 haben, ist die Behauptung bewiesen.

Satz 208.2 wird mit Vorteil angewendet, wenn es gelingt, eine Zufallsgröße als Summe von zwei unabhängigen einfacheren Zufallsgrößen darzustellen. Dann läßt sich nämlich ihre Varianz aus der Varianz der Summanden berechnen, ohne daß man die meist komplizierte Wahrscheinlichkeitsverteilung der Summe zu kennen braucht. So kann man z.B. die Varianz der »Augensumme beim Doppelwurf« als Summe der Varianzen der unabhängigen Zufallsgrößen »Augenzahl beim i-ten Wurf« ($i=1,2$) einfacher als durch Rückgriff auf ihre Definition (vgl. Aufgabe 194/**45**) berechnen:

$$\begin{aligned}\operatorname{Var}(Augensumme) &= \operatorname{Var}(X+Y) = \operatorname{Var}X + \operatorname{Var}Y = 2\cdot\operatorname{Var}X = \\ &= 2\cdot\mathscr{E}[(X-3{,}5)^2] = \\ &= 2\cdot\tfrac{1}{6}\cdot(2{,}5^2 + 1{,}5^2 + 0{,}5^2 + 0{,}5^2 + 1{,}5^2 + 2{,}5^2) = \\ &= \tfrac{2}{3}\cdot(6{,}25 + 2{,}25 + 0{,}25) = \\ &= \tfrac{35}{6}.\end{aligned}$$

Die Behauptung von Satz 208.2 läßt sich auf mehr als 2 Zufallsgrößen erweitern. Als Voraussetzung genügt dabei aber schon die paarweise Unabhängigkeit der auftretenden Summanden. 1853 bewies *Irénée-Jules Bienaymé* (1796–1878)

Satz 209.1: Sind $X_1, X_2, \ldots, X_n$ stochastisch *paarweise unabhängige* Zufallsgrößen über demselben Wahrscheinlichkeitsraum (Ω, P), dann ist die Varianz der Summe dieser Zufallsgrößen gleich der Summe ihrer Varianzen:

kurz
$$\operatorname{Var}(X_1 + X_2 + \ldots + X_n) = \operatorname{Var}X_1 + \operatorname{Var}X_2 + \ldots + \operatorname{Var}X_n,$$
$$\operatorname{Var}\left(\sum_{i=1}^{n} X_i\right) = \sum_{i=1}^{n} \operatorname{Var}X_i.$$

Beweis: Unter Verwendung von $\mu_i := \mathscr{E} X_i$ ergibt sich mit Satz 204.1 und Satz 205.1

$$\operatorname{Var}\left(\sum_{i=1}^n X_i\right) = \mathscr{E}\left(\left[\sum_{i=1}^n X_i - \mathscr{E}\left(\sum_{i=1}^n X_i\right)\right]^2\right) =$$

$$= \mathscr{E}\left(\left[\sum_{i=1}^n X_i - \sum_{i=1}^n \mu_i\right]^2\right) =$$

$$= \mathscr{E}\left(\left[\sum_{i=1}^n (X_i - \mu_i)\right]^2\right) =$$

$$= \mathscr{E}\left(\sum_{i=1}^n (X_i - \mu_i)^2 + 2 \cdot \sum_{i<j}^n (X_i - \mu_i) \cdot (X_j - \mu_j)\right) =$$

$$= \sum_{i=1}^n \mathscr{E}[(X_i - \mu_i)^2] + 2 \cdot \sum_{i<j}^n \mathscr{E}[(X_i - \mu_i)(X_j - \mu_j)].$$

Aus Aufgabe 214/15 folgt, daß mit den X_i auch die Zufallsgrößen $X_i - \mu_i$ paarweise unabhängig sind. Nach Satz 205.2 läßt sich der 2. Term umformen, und man erhält

$$\operatorname{Var}\left(\sum_{i=1}^n X_i\right) = \sum_{i=1}^n \operatorname{Var} X_i + 2 \cdot \sum_{i<j}^n \mathscr{E}(X_i - \mu_i) \cdot \mathscr{E}(X_j - \mu_j) =$$

$$= \sum_{i=1}^n \operatorname{Var} X_i + 2 \cdot \sum_{i<j}^n (\mathscr{E} X_i - \mu_i) \cdot (\mathscr{E} X_j - \mu_j) =$$

$$= \sum_{i=1}^n \operatorname{Var} X_i.$$

Für die Aussage von Satz 205.2 über den Erwartungswert des Produkts zweier Zufallsgrößen mußte die Unabhängigkeit dieser Zufallsgrößen vorausgesetzt werden. Die komplizierte Maßzahl Varianzwert benötigt diese Voraussetzung bereits beim Satz über die Summe (Satz 208.2). Die Unabhängigkeit reicht als Voraussetzung nicht mehr aus, wenn man einen zu Satz 205.2 analogen Satz über die Varianz des Produkts zweier Zufallsgrößen aufstellen will; dies zeigt das folgende

Beispiel: Eine L-Münze werde zweimal geworfen. Die Zufallsgrößen X und Y beschreiben die Ausfälle des 1. bzw. des 2. Wurfs. Dabei werde eine 1 notiert, falls Adler fällt, sonst eine 0. Dann gilt:

x	0	1
$W_X(x)$	$\frac{1}{2}$	$\frac{1}{2}$

y	0	1
$W_Y(y)$	$\frac{1}{2}$	$\frac{1}{2}$

$\mathscr{E} X = \mathscr{E} Y = \frac{1}{2}$.

$\operatorname{Var} X = \operatorname{Var} Y = \frac{1}{4}$.

Für die gemeinsame Wahrscheinlichkeitsfunktion $W_{X,Y}$ erhält man:

	x	0	1	$W_Y(y)$
y				
0		$\frac{1}{4}$	$\frac{1}{4}$	$\frac{1}{2}$
1		$\frac{1}{4}$	$\frac{1}{4}$	$\frac{1}{2}$
$W_X(x)$		$\frac{1}{2}$	$\frac{1}{2}$	

Die $W_{X,Y}$-Tabelle ist eine Produkttafel der Randwahrscheinlichkeiten, also sind X und Y unabhängige Zufallsgrößen.
Für das Produkt $X \cdot Y$ gilt:

$x \cdot y$	0	1
$W_{X \cdot Y}(x \cdot y)$	$\frac{3}{4}$	$\frac{1}{4}$

$\mathscr{E}(X \cdot Y) = \frac{1}{4} = \mathscr{E}X \cdot \mathscr{E}Y$.
$\text{Var}(X \cdot Y) = \mathscr{E}[(X \cdot Y)^2] - [\mathscr{E}(X \cdot Y)]^2 = \frac{1}{4} - \frac{1}{16} = \frac{3}{16}$.
Dagegen ist $\text{Var}\,X \cdot \text{Var}\,Y = \frac{1}{4} \cdot \frac{1}{4} = \frac{1}{16}$.

12.4.3. Zusammenfassung

In den beiden vorausgehenden Abschnitten **12.4.1.** und **12.4.2.** wurde eine Reihe von Sätzen über Erwartung und Varianz von Zufallsgrößen bewiesen, die wir in der folgenden Tabelle übersichtlich zusammenstellen wollen. Dabei geben wir zusätzlich die entsprechenden Sätze für die Standardabweichung σ an.

$a, b \in \mathbb{R}$		
Erwartung $\mathscr{E}$	Varianz Var	Standardabweichung σ
$\mathscr{E}a = a$	$\text{Var}\,a = 0$	$\sigma(a) = 0$
$\mathscr{E}(X + a) = \mathscr{E}X + a$	$\text{Var}(X + a) = \text{Var}\,X$	$\sigma(X + a) = \sigma(X)$
$\mathscr{E}(aX) = a \cdot \mathscr{E}X$	$\text{Var}(aX) = a^2 \text{Var}\,X$	$\sigma(aX) = |a| \cdot \sigma(X)$
$\mathscr{E}(X + Y) = \mathscr{E}X + \mathscr{E}Y$		
$\mathscr{E}\left(\sum_{i=1}^{n} X_i\right) = \sum_{i=1}^{n} \mathscr{E}X_i$		
$\mathscr{E}$ ist eine lineare Funktion $\Leftrightarrow$ $\mathscr{E}(aX + bY) = a\mathscr{E}X + b\mathscr{E}Y$		
X und Y stochastisch unabhängig $\Rightarrow$		
$\mathscr{E}(X \cdot Y) = \mathscr{E}X \cdot \mathscr{E}Y$	$\text{Var}(X + Y) = \text{Var}\,X + \text{Var}\,Y$	$\sigma(X + Y) = \sqrt{\text{Var}\,X + \text{Var}\,Y}$ bzw. $\sigma_{X+Y}^2 = \sigma_X^2 + \sigma_Y^2$
Alle X_i paarweise stochastisch unabhängig $\Rightarrow$		
	$\text{Var}\left(\sum_{i=1}^{n} X_i\right) = \sum_{i=1}^{n} \text{Var}\,X_i$	$\sigma\left(\sum_{i=1}^{n} X_i\right) = \sqrt{\sum_{i=1}^{n} \text{Var}\,X_i}$ bzw. $\sigma_{\Sigma X_i}^2 = \Sigma \sigma_{X_i}^2$

12.5. Das arithmetische Mittel von Zufallsgrößen

Bei der Messung einer Größe geht heute jedermann von der Vorstellung aus, daß das arithmetische Mittel aus n Einzelmessungen »genauer« ist als eine Einzelmessung*. Jede Einzelmessung ist eine Zufallsgröße X_i, deren Werte die möglichen Meßwerte sind. Wenn sich die Versuchsbedingungen von Messung zu Messung nicht ändern, dann sind die Zufallsgrößen X_i gleichverteilt und stochastisch unabhängig. Sie haben alle den gleichen Erwartungswert μ – das ist der angestrebte Meßwert – und die gleiche Standardabweichung σ – ein Maß für die Genauigkeit der Einzelmessung. Das arithmetische Mittel

$$\bar{X} := \frac{X_1 + X_2 + \ldots + X_n}{n} = \frac{1}{n} \sum_{i=1}^{n} X_i$$

dieser Zufallsgrößen X_i ist dann wieder eine Zufallsgröße**. Ihr Erwartungswert $\mathscr{E}\bar{X}$ und ihre Varianz $\operatorname{Var}\bar{X}$ lassen sich unter Verwendung der Eigenschaften der Funktionen $\mathscr{E}$ und Var aus μ und σ wie folgt berechnen.

$$\mathscr{E}\bar{X} = \mathscr{E}\left(\frac{1}{n} \sum_{i=1}^{n} X_i\right) = \frac{1}{n} \sum_{i=1}^{n} \mathscr{E} X_i = \frac{1}{n} \cdot n \cdot \mu = \mu;$$

$$\operatorname{Var}\bar{X} = \operatorname{Var}\left(\frac{1}{n} \sum_{i=1}^{n} X_i\right) = \frac{1}{n^2} \cdot \sum_{i=1}^{n} \operatorname{Var} X_i = \frac{1}{n^2} \cdot \sum_{i=1}^{n} \sigma^2 = \frac{n}{n^2} \cdot \sigma^2 = \frac{1}{n} \cdot \sigma^2,$$

also

$$\sigma(\bar{X}) = \frac{\sigma}{\sqrt{n}}.$$

Das arithmetische Mittel $\bar{X}$ zielt also auf denselben Meßwert μ wie jede Einzelmessung X_i; die Genauigkeit der Messung verbessert sich um den Faktor $\frac{1}{\sqrt{n}}$.
Will man also z.B. die Genauigkeit verzehnfachen, d.h., einen Meßwert auf eine Dezimalstelle genauer angeben, so sind mit derselben Versuchsanordnung 100mal soviel Messungen nötig wie zur Bestimmung des zu verbessernden Wertes.
Die obige Rechnung zeigt, daß nicht alle genannten Voraussetzungen über die Zufallsgrößen X_i benötigt werden. Eine genauere Betrachtung der durchgeführten Berechnung gestattet die Formulierung folgender Sätze:

Satz 212.1: Haben n Zufallsgrößen den Erwartungswert μ, dann hat ihr arithmetisches Mittel denselben Erwartungswert.

Satz 212.2: Das $\sqrt{n}$-Gesetz.
Haben n paarweise unabhängige Zufallsgrößen dieselbe Standardabweichung σ, dann hat ihr arithmetisches Mittel die Standardabweichung $\frac{\sigma}{\sqrt{n}}$.

---

* Obgleich das arithmetische Mittel neben 7 anderen Mitteln bereits den *Pythagoreern* bekannt war, entstand das Vorgehen, das arithmetische Mittel als besten Schätzwert für eine zu messende Größe zu nehmen, erst in der 2. Hälfte des 16. Jh.s in Westeuropa bei der Untersuchung des Erdmagnetismus. Die Astronomie übernahm sehr bald dieses Verfahren. Berühmt wurde es durch seine Anwendung bei der Bestimmung der Erdabplattung 1736/37 durch *Maupertuis* (1698–1759).
** $\bar{X}$ wird gelesen »X quer«. – Oft schreibt man auch genauer $\bar{X}_n$, um auf die Anzahl der beteiligten Zufallsgrößen hinzuweisen.

Aufgaben

Zu 12.1.

1. Die gemeinsame Wahrscheinlichkeitsfunktion zweier Zufallsgrößen X und Y sei wie nebenstehend definiert.

   Berechne die Wahrscheinlichkeitsfunktionen von X und von Y.

x \ y	0	1	2
0	0,1	0,05	0,05
1	0,1	0,45	0,25

2. Eine Laplace-Münze wird dreimal geworfen. X sei die Anzahl der Adler. Y sei die Nummer des Wurfs, bei dem zum ersten Mal Adler fällt. Y habe den Wert 4, falls dreimal Zahl fällt. Bestimme die gemeinsame Wahrscheinlichkeitsfunktion und gib die Randwahrscheinlichkeiten an.

3. Ein Laplace-Würfel werde 3mal geworfen. Die Zufallsgröße X nehme den Wert 1 an, wenn beim 1. Wurf eine Sechs fällt, sonst den Wert 0. Y nehme den Wert 1 an, wenn mindestens eine Sechs fällt, sonst 0. Z sei die Anzahl der geworfenen Sechsen.

   a) Bestimme die Wahrscheinlichkeitsfunktionen von X, Y und Z.

   b) Gib die gemeinsamen Wahrscheinlichkeitsfunktionen von X und Y, von X und Z und von Y und Z an.

4. Von zwei Zufallsgrößen X und Y über demselben Wahrscheinlichkeitsraum (Ω, P) sei folgendes bekannt:
   X hat die Wertemenge $\{0; 1\}$, die Wertemenge von Y ist $\{1; 2; 3\}$. Außerdem gilt $W_X(0) = 0{,}35$; $W_Y(1) = 0{,}2$; $W_Y(3) = 0{,}45$; $W_{X,Y}(1;1) = 0{,}1$ und $W_{X,Y}(0;2) = 0{,}2$.
   Gib die Tabelle der gemeinsamen Wahrscheinlichkeitsfunktion und die Marginalwahrscheinlichkeiten an.

5. Aus einer Produktion wird eine Stichprobe von 4 Stück entnommen. Die Zufallsgröße X bedeute die Anzahl der Stücke ohne Defekt, die Zufallsgröße Y bedeute die Anzahl der Stücke in der Probe, die außerdem noch einer besonders scharfen Gütekontrolle standhielten. Die gemeinsame Wahrscheinlichkeitsfunktion dieser Zufallsgrößen sei wie nebenstehend definiert.

x \ y	0	1	2	3	4
0	0,10	0	0	0	0
1	0,15	0,05	0	0	0
2	0,35	0,10	0,05	0	0
3	0,10	0,03	0,02	0	0
4	0,02	0,02	0,01	0	0

   a) Berechne die Wahrscheinlichkeitsfunktionen für X und für Y.

   b) Wie groß ist die Wahrscheinlichkeit dafür, daß unter den 4 Probestücken höchstens 3 gute und darunter höchstens 1 sehr gutes ist?

   c) Wie groß ist die Wahrscheinlichkeit dafür, daß mindestens 2 Stücke der verschärften Kontrolle standhalten?

   d) Wie groß ist die Wahrscheinlichkeit dafür, daß unter den 4 Probestücken höchstens 3 gute und darunter mindestens 2 sehr gute sind?

Zu 12.2.

6. Zeige: Die Zufallsgrößen $X_i := $ »Augenzahl des i-ten Würfels«, $i \in \{1, 2\}$, beim Wurf zweier L-Würfel sind unabhängig.

7. X und Y seien unabhängige Zufallsgrößen mit folgenden Wahrscheinlichkeitsfunktionen:

x	1	2	3
$W_X(x)$	0,2	0,3	0,5

y	10	20
$W_Y(y)$	0,2	0,8

   Stelle die gemeinsame Wahrscheinlichkeitsfunktion auf.

8. Die gemeinsame Wahrscheinlichkeitsfunktion zweier Zufallsgrößen X und Y ist gegeben durch

x \ y	0	1	2
0	0,04	0,1	0,06
1	0,16	0,4	

   a) Bestimme $W_{X,Y}(1;2)$.
   b) Bestimme die Randwahrscheinlichkeiten.
   c) Sind X und Y unabhängig?

●9. Für das Schafkopfspiel (vgl. Aufgabe 188/**13**) werden folgende Zufallsgrößen definiert:
$A :=$ »Anzahl der Ober im Blatt des Spielers A«
$B :=$ »Anzahl der Ober im Blatt des Spielers B«
   a) Berechne $P(A = a \wedge B = b)$.
   b) Stelle die gemeinsame Wahrscheinlichkeitsfunktion $W_{A,B}$ auf.
   c) Berechne zur Kontrolle die Randwahrscheinlichkeitsverteilung W_A und vergleiche sie mit W_X aus Aufgabe 188/**13**.
   d) Sind A und B unabhängig?

10. Beweise: Ist eine von zwei Zufallsgrößen konstant, so sind beide unabhängig.

11. Eine Zufallsgröße X ist von sich selber unabhängig. Was läßt sich auf Grund dieser Information über X sagen?

Zu 12.3.

12. In einer Urne liegen vier Kugeln, die mit den Zahlen 0, 1, 2, 3 beschriftet sind. Wir ziehen zweimal je eine Kugel mit Zurücklegen. X sei die Zahl auf der ersten, Y die Zahl auf der zweiten gezogenen Kugel.
   a) Bestimme die Wahrscheinlichkeitsverteilungen von X und von Y.
   b) Bestimme die gemeinsame Wahrscheinlichkeitsverteilung.
   c) Bestimme die Wahrscheinlichkeitsverteilung von $A := X + Y$ und zeichne ihr Stabdiagramm.
   d) Bestimme die Wahrscheinlichkeitsverteilung von $B := X \cdot Y$ und zeichne ein Histogramm.
   e) Bestimme die Wahrscheinlichkeitsverteilung von $C := \max(X, Y)$ und zeichne ein Histogramm.
   f) Berechne die Erwartungswerte von X, Y, A, B und C.
   g) Berechne die Varianzwerte von X, Y, A, B und C.

13. Löse Aufgabe **12** für den Fall, daß die Kugeln ohne Zurücklegen gezogen werden.

●14. a) Wie berechnet sich $W_{X+Y}(a)$ aus den Werten von $W_{X,Y}$?
   b) Wie berechnet sich $W_{X+Y}(a)$ aus den Werten von W_X und W_Y, falls X und Y unabhängig sind?
   c) Berechne $W_{X+Y}(2)$ für die Zufallsgrößen X und Y aus Aufgabe 213/**1**.
   d) Berechne $W_{A+B}(2)$ für die Zufallsgrößen A und B aus Aufgabe 214/**9**. Was bedeutet dieser Wert?

15. Zeige: Sind X und Y unabhängige Zufallsgrößen, dann sind auch $X + a$ und $Y + b$ unabhängige Zufallsgrößen.

16. X sei die Zufallsgröße »Gewinn« des chuck-a-luck.
   a) Stelle die Wahrscheinlichkeitsfunktion der Zufallsgröße $Y := X^2$ auf.
   b) Stelle die gemeinsame Wahrscheinlichkeitsfunktion von X und Y auf.
   c) Untersuche, ob die beiden Zufallsgrößen unabhängig sind.

17. Die Zufallsgröße X nehme die Werte $x_i (i = 1, 2, \ldots, n)$ mit den Wahrscheinlichkeiten $W(x_i) = p_i > 0$ an. Zeige, daß dann gilt: X und X^2 sind genau dann unabhängig, wenn X^2 konstant ist.

Zu 12.4.1.

18. 3 L-Würfel werden geworfen. Berechne den Erwartungswert der Zufallsgröße Augensumme.

19. 8 L-Münzen werden geworfen. Berechne den Erwartungswert der Zufallsgröße $Z :=$ Anzahl der oben liegenden Adler.

20. Die Berechnung von $\mathscr{E}X$ kann sehr mühsam sein. Man kann sich aber die Rechnung vereinfachen, indem man einen günstigen Wert a wählt, so daß $\mathscr{E}(X + a)$ leicht zu berechnen ist. Unter Verwendung von Satz 204.1 erhält man für $\mathscr{E}X$ den Ausdruck $\mathscr{E}X = \mathscr{E}(X + a) - a$. Berechne nach diesem Verfahren den Erwartungswert folgender Zufallsgröße:

x	163	164	165	167	168	169	170	173
$W(x)$	$\frac{1}{15}$	$\frac{2}{15}$	$\frac{3}{15}$	$\frac{3}{15}$	$\frac{1}{15}$	$\frac{1}{15}$	$\frac{3}{15}$	$\frac{1}{15}$

21. a) Der Chef einer kleinen Firma hat die Angewohnheit, an seinem Geburtstag auf einen Zettel eine Zahl a aus der Menge der ersten hundert natürlichen Zahlen zu schreiben. Jeder der 30 Betriebsangehörigen versucht diese Zahl zu erraten. Falls es ihm gelingt, erhält er vom Chef 100 DM ausbezahlt. Mit welcher Ausgabe hat der Chef durchschnittlich pro Jahr zu rechnen, falls die Belegschaftsmitglieder jede Zahl mit gleicher Wahrscheinlichkeit raten? Ist diese Annahme realistisch?
  b) Mit welcher Ausgabe muß ein Chef rechnen, der 100 Angestellte hat, aber nur 50 DM jedem Erfolgreichen ausbezahlt?
  c) Löse das Problem allgemein, wenn $a \in \{1, 2, \ldots, N\}$ ist, die Firma n Angestellte hat und die Erfolgsprämie m DM beträgt.

22. *Das Treize-Spiel**. Die 13 Karten einer Farbe des Bridge werden gut gemischt und der Reihe nach gezogen. Als Treffer wertet man das Ereignis, daß die Nummer der Ziehung mit dem Zahlenwert der Karte übereinstimmt. Wie viele Treffer wird man im Mittel erreichen?

23. Zwei Urnen enthalten jeweils 10 Kugeln, die eine numeriert von 0 bis 9, die andere von 1 bis 10. Man zieht je eine Kugel und bildet das Produkt der gezogenen Zahlen. Wie groß wird dieses Produkt im Mittel sein?

Zu 12.4.2. und 12.4.3.

24. Eine L-Münze wird viermal geworfen. Berechne Erwartungswert und Varianzwert folgender Zufallsgrößen:
  a) $A :=$ Anzahl der Adler
  b) $B :=$ Anzahl der Wappen
  c) $L :=$ Größte Anzahl der direkt aufeinanderfolgenden Adler
  d) $X :=$ Anzahl der Seitenwechsel.

25. Ein L-Würfel wird zweimal geworfen. X sei die Augenzahl des 1. Wurfs, Y die des 2. Wurfs. Berechne Erwartungswert und Varianzwert folgender Zufallsgrößen:
  a) $A := X + 3$ **c)** $C := X + 2Y$ **e)** $E := |X - Y|$
  b) $B := 3X$ **d)** $D := \max(X, Y)$ **f)** $F := \frac{1}{2}(X + Y)$

26. In einer Schachtel befinden sich 20 Perlen, darunter 4 wertvolle rosafarbene. Eine solche Perle koste 12 DM. Ein Besucher darf sich unbesehen 4 Perlen herausnehmen und die rosafarbenen darunter behalten. Dabei werden zwei verschiedene Verfahren angeboten:
  ●a) Die 4 Perlen werden auf einmal entnommen.

---
* Siehe Fußnote Seite 68.

b) Es wird 4mal je eine Perle entnommen. Ist sie nicht rosafarben, dann wird sie vor dem nächsten Zug zurückgelegt.
Berechne jeweils Erwartungswert und Varianzwert der Zufallsgröße »Wert der gewonnenen Perlen«.

27. *Cardano* (1501–1576) konnte bereits den Erwartungswert der Augensumme beim Spiel mit den blinden Würfeln (siehe Aufgabe 191/**29**) berechnen. Mach's ihm nach! – Berechne darüber hinaus die Varianz der Augensumme und vergleiche beide Werte mit denen der Zufallsgröße Augenzahl eines L-Würfels.

28. Beweise: $\operatorname{Var}(aX + b) = a^2 \operatorname{Var} X$.

●29. Für unabhängige Zufallsgrößen X und Y gilt $\operatorname{Var}(X + Y) = \operatorname{Var} X + \operatorname{Var} Y$. Zeige, daß für die Standardabweichungen unabhängiger Zufallsgrößen nur

$$\sigma(X + Y) \leq \sigma(X) + \sigma(Y)$$

gilt! Wann trifft die Gleichheit zu?

30. Ein Gerät besteht aus den Bauteilen A und B. Bauteil A fällt mit 20% Wahrscheinlichkeit während eines Jahres aus, Bauteil B unabhängig davon mit 2% Wahrscheinlichkeit. Die Reparatur von A kostet 70 DM, die von B 800 DM.
a) Berechne die mittleren Reparaturkosten für A bzw. B während eines Jahres und die zugehörigen Standardabweichungen.
b) Berechne auf zwei Arten (einmal direkt, einmal unter Verwendung der Ergebnisse aus **a)**) die mittleren Reparaturkosten pro Jahr für das Gerät und die zugehörige Standardabweichung.

●31. Beurteile folgenden Beweis für den »Satz«: $\operatorname{Var} Y = \mathscr{E} Y^2$.
Beweis: Bekanntlich gilt $\operatorname{Var} X = \mathscr{E}(X - \mu)^2$. Führen wir die neue Zufallsgröße $Y := X - \mu$ ein, so erhalten wir $\operatorname{Var}(Y + \mu) = \mathscr{E} Y^2$. Wegen Satz 208.1,(2) gilt also $\operatorname{Var} Y = \mathscr{E} Y^2$, q.e.d.

32. Hat eine Zufallsgröße die Wertemenge $\{x_1, x_2, \ldots, x_n\}$ und sind alle Wahrscheinlichkeiten $W(x_i) > 0$, dann gilt auch die Umkehrung von Satz 208.1,(1). Formuliere diese Umkehrung und beweise sie.

●33. Die Zufallsgröße X habe folgende Verteilung:

x	0	1	2	3	4
$W(x)$	0,1	0,3	0,2	0,1	0,3

a) Bestimme den Erwartungswert μ und den Median m.
b) Zeige: $\mathscr{E}(X - a)^2$ nimmt für $a = \mu$ und $\mathscr{E}(|X - a|)$ nimmt für $a = m$ den kleinsten Wert an.

●34. Berechne beim *Bernoulli-Euler*schen Problem der vertauschten Briefe Erwartungswert und Varianz der Zufallsgröße $X :=$ Anzahl der Briefe, die im richtigen Umschlag stecken, ohne die in Aufgabe 121/**80a)** aufgestellte komplizierte Wahrscheinlichkeitsverteilung dieser Zufallsgröße zu benützen. Drücke dazu X durch die n Zufallsgrößen X_i aus, die folgendermaßen definiert sind:

$$X_i := \begin{cases} 1, & \text{falls Brief Nr. } i \text{ im Umschlag Nr. } i \text{ steckt;} \\ 0 & \text{sonst.} \end{cases}$$

Zu 12.5.

35. Die paarweise unabhängigen Zufallsgrößen X_i ($i = 1, 2, \ldots, n$) haben denselben Erwartungswert μ und dieselbe Standardabweichung σ. Berechne Erwartungswert, Varianz und Standardabweichung des arithmetischen Mittels $\bar{X}$ der Zufallsgrößen X_i für
a) $n = 10$, $\mu = 1$, $\sigma = 1$; **b)** $n = 10$, $\mu = 5$, $\sigma = 3$; **c)** $n = 100$, $\mu = 5$, $\sigma = 3$.

36. X_i ($i = 1, 2, ..., n$) sind Kopien einer Zufallsgröße X mit dem Erwartungswert μ und der Standardabweichung σ. Wie groß muß man n wählen, damit die Standardabweichung des arithmetischen Mittels $\bar{X}$ der Zufallsgrößen X_i höchstens den Wert a hat?
 a) $\mu = 0$, $\sigma = 10$, $a = 5$; b) $\mu = 0$, $\sigma = 10$, $a = 1$; c) $\mu = 10$, $\sigma = 1$, $a = \frac{1}{10}$.

37. $X_1, X_2, ..., X_n$ sind paarweise unabhängige Zufallsgrößen, die alle den gleichen Erwartungswert μ und die gleiche Standardabweichung σ haben. S_n ist die Summe dieser n Zufallsgrößen, $\bar{X}$ ihr arithmetisches Mittel.
 a) Gib die *Tschebyschow*-Ungleichung für S_n und $\bar{X}$ an.
 b) Wie groß muß n sein, damit die Sicherheit dafür, daß sich $\bar{X}$ von seinem Erwartungswert um weniger als $t\sigma$ unterscheidet, mindestens 90% beträgt?
 c) Löse b) für $\mu = 10$, $\sigma = 2$ und $t = \frac{1}{4}$.

38. Ein Ikosaeder trägt auf jeweils 2 seiner 20 dreieckigen Flächen (Bild 46.1) eine der 10 Zahlen 0, 1, ..., 9. Es werde n-mal geworfen. X_i sei die Augenzahl des i-ten Wurfs.
 a) Berechne Erwartungswert μ und Standardabweichung σ für jedes X_i.
 b) Berechne Erwartungswert und Standardabweichung für die Augensumme S_n nach n Würfen. Was ergibt sich für $n = 10$ und $n = 100$?
 c) Berechne Erwartungswert und Standardabweichung für das arithmetische Mittel $\bar{X}$ der Augenzahlen nach n Würfen. Was ergibt sich für $n = 10$ und für $n = 100$?
 d) Schätze mit der *Tschebyschow*-Ungleichung für 1) 10, 2) 100 Würfe die Wahrscheinlichkeit ab, daß das arithmetische Mittel der Augenzahlen in [3; 6] bzw. [4; 7] liegt.
 e) Löse mit der *Tschebyschow*-Ungleichung: Wie oft muß man das Ikosaeder werfen, um mit höchstens 10% Wahrscheinlichkeit damit rechnen zu müssen, daß das arithmetische Mittel der Augenzahlen von seinem Erwartungswert um mehr als 2 abweicht?

39. In einer Spielbude auf einem Rummelplatz stehen zwei mit 1 und 2 gekennzeichnete Urnen. Urne 1 enthält 1 schwarze und 9 weiße Kugeln, Urne 2 ebenfalls 1 schwarze, aber 999 weiße Kugeln. Der Spieler zahlt an den Budenbesitzer 1 DM und darf dann aus einer der Urnen eine Kugel entnehmen. Zieht er die schwarze Kugel aus Urne 1, so bekommt er 10 DM ausbezahlt, zieht er sie hingegen aus Urne 2, so erhält er 1000 DM. Beim Zug einer weißen Kugel erhält er nichts. Schätze mit Hilfe der Ungleichung von *Bienaymé-Tschebyschow* ab, wie oft der Spieler mit Urne 1 bzw. Urne 2 mindestens spielen muß, damit die Wahrscheinlichkeit dafür, daß sich das arithmetische Mittel seiner Gewinne vom Erwartungswert der Zufallsgröße »Gewinn des Spielers bei einem Spiel« um höchstens 1 DM unterscheidet, mindestens 90% beträgt.

40. Eine Firma stellt Geräte her, die aus den Bauteilen A und B bestehen. Langjährige Erfahrungen ergaben, daß im Schnitt bei 100 Geräten 10 Reparaturen des Bauteils A und 5 Reparaturen des Bauteils B pro Jahr anfallen. Die Teile A und B fallen unabhängig voneinander aus. Die Reparaturkosten für A betragen 30 DM, die für B hingegen 50 DM.
 a) Es wurden 2000 Geräte verkauft. Welche Reparaturkosten kommen auf die Firma im Garantiejahr zu?
 b) Die Firma will sich gegen diese zu erwartenden Reparaturkosten versichern.
  1) Welche Kosten pro Gerät muß eine Versicherung im Mittel ansetzen?
  2) Mit welcher Wahrscheinlichkeit weichen die Reparaturkosten der 2000 Geräte um mehr als 1000 DM von den zu erwartenden Reparaturkosten ab? (Abschätzung mittels der Ungleichung von *Bienaymé-Tschebyschow*)
  3) Die Versicherung ist nur bereit, einen solchen Vertrag abzuschließen, wenn das arithmetische Mittel der anfallenden Reparaturkosten pro Gerät mit einer Wahrscheinlichkeit von mehr als 90% (95%; 99%) um höchstens 4 DM vom Erwartungswert abweicht. Wie viele Geräte müssen mindestens in die Versicherung einbezogen werden?

13. Die Bernoulli-Kette

Ausschnitt aus der 11 m langen und 65 cm breiten Ahnentafel des Kurfürsten *Ferdinand Maria* von Bayern (1636–1679) und seiner Frau *Adelaide Henriette* von Savoyen (1636–1676), vermählt 1650. Aufgezeichnet von dem Historiker und Bischof von Saluzzo, *Francesco Augustino della Chiesa* († 1663)

13. Die *Bernoulli*-Kette

Die einfachsten Zufallsexperimente sind solche mit genau 2 Ergebnissen, wie z. B. das einmalige Werfen einer Münze. Es ist üblich, eines dieser Ergebnisse als **Treffer**, das andere als **Niete** zu bezeichnen und für den Treffer kurz 1 und für die Niete kurz 0 zu schreiben. Damit ist $\Omega_0 := \{0; 1\}$ ein Ergebnisraum für ein solches Zufallsexperiment.
Bei Zufallsexperimenten mit mehr als 2 Ergebnissen interessiert man sich oft nur für das Eintreten eines bestimmten Ereignisses A. Vergröbert man den ursprünglich gewählten Ergebnisraum Ω zu $\Omega' := \{A, \bar{A}\}$, dann hat man wieder ein Zufallsexperiment mit genau 2 Ergebnissen. Interpretiert man A als Treffer und $\bar{A}$ als Niete, so wird aus Ω' der Ergebnisraum Ω_0. Ein Beispiel hierfür ist der einfache Würfelwurf mit $A := \text{»Es fällt die Sechs«}$. Da solche Experimente mit genau 2 Ergebnissen in vielen Untersuchungen eine Rolle spielen, lohnt sich

> **Definition 219.1:** Ein Zufallsexperiment heißt ***Bernoulli*-Experiment*** mit dem **Parameter** p, wenn für seinen Wahrscheinlichkeitsraum gilt:
> 1) Der Ergebnisraum ist $\Omega_0 = \{0; 1\}$.
> 2) $P(\{1\}) = p$, d.h., die Trefferwahrscheinlichkeit ist p.

In vielen Problemen der Praxis treten Serien von *Bernoulli*-Experimenten auf. Beispiele hierfür sind
- der n-fache Münzenwurf mit »Adler« jeweils als Treffer,
- der n-fache Würfelwurf mit »Sechs« jeweils als Treffer,
- Ziehen mit Zurücklegen aus einer Urne mit »schwarze Kugel« jeweils als Treffer,
- Qualitätskontrolle bei einer Serienproduktion mit »defekt« jeweils als Treffer,
- Geburten in einer Klinik mit »Mädchen« jeweils als Treffer.

Das Kennzeichnende bei all diesen Serien ist, daß die Wahrscheinlichkeit für einen Treffer von Versuch zu Versuch gleich bleibt und daß sich die Versuche gegenseitig nicht beeinflussen.
Am Beispiel des 4fachen Würfelwurfs wollen wir zeigen, wie man ein stochastisches Modell für eine solche Versuchsserie aus *Bernoulli*-Experimenten entwickeln kann. Dieses Modell werden wir dann *Bernoulli*-Kette nennen.
Beim *Bernoulli*-Experiment des einfachen Würfelwurfs sei das Auftreten einer Sechs der Treffer; Niete ist dann das Erscheinen einer von 6 verschiedenen Augenzahl. Zu diesem *Bernoulli*-Experiment gehört der Wahrscheinlichkeitsraum (Ω_0, P_0) mit

ω	0	1
$P_0(\{\omega\})$	$\frac{5}{6}$	$\frac{1}{6}$

Beim 4fachen Würfelwurf wählt man als Ergebnisraum Ω die Menge aller Quadrupel aus der Menge $\{0; 1\}$, also $\Omega = \Omega_0^4$. Ein mögliches Ergebnis ist z. B. das

---
* Benannt nach *Jakob Bernoulli* (1655–1705), gesprochen bɛr'nuli, der Serien von solchen Experimenten behandelt hat. Siehe Seite 397.

Element $\omega = 0110$. Es besagt, daß beim 2. und 3. *Bernoulli*-Experiment ein Treffer erzielt wurde, beim 1. und 4. hingegen eine Niete. Einen Überblick über den Ergebnisraum Ω liefert uns das Baumdiagramm. Weil sich die 4 Würfe nicht beeinflussen, können wir annehmen, daß die Ereignisse $A_i :=$ »Treffer beim i-ten *Bernoulli*-Experiment« ($i = 1, 2, 3, 4$) stochastisch unabhängig sind. Wir erhalten also einen Baum vom Typ der Figur 153.1. Berechnen wir schließlich noch die Wahrscheinlichkeiten der Pfade, so sind die Wahrscheinlichkeiten für alle Elementarereignisse bekannt und damit die Wahrscheinlichkeitsverteilung auf $\mathfrak{P}(\Omega)$ gemäß Definition 42.1 festgelegt. Figur 220.1 zeigt den Baum für den 4fachen Würfelwurf.

Wir erkennen: Alle Elementarereignisse, die gleich viele Treffer aufweisen, haben die gleiche Wahrscheinlichkeit. Insbesondere gilt: Hat der Pfad k Treffer, so ist seine Wahrscheinlichkeit

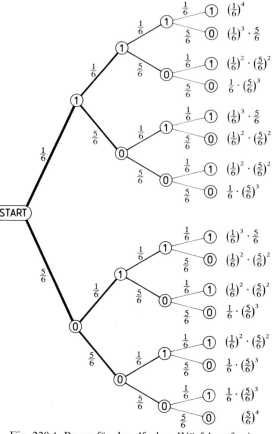

Fig. 220.1 Baum für den 4fachen Würfelwurf mit den Wahrscheinlichkeiten der Elementarereignisse

$\left(\frac{1}{6}\right)^k \cdot \left(\frac{5}{6}\right)^{4-k}$, $k = 0, 1, 2, 3, 4$. Darüber hinaus ist anschaulich klar, daß $P(A_i) = \frac{1}{6} = P_0(\{1\})$ für alle i ist. Zum Beweis addiert man die Wahrscheinlichkeiten aller Pfade, bei denen an der i-ten Stelle eine 1 steht. Das sind insgesamt 8 Pfade. Beispielsweise erhalten wir so

$P(A_2) = P(\{1111, 1110, 1101, 1100, 0111, 0110, 0101, 0100\}) =$
$= \left(\frac{1}{6}\right)^4 + \left(\frac{1}{6}\right)^3 \cdot \frac{5}{6} \cdot 3 + \left(\frac{1}{6}\right)^2 \cdot \left(\frac{5}{6}\right)^2 \cdot 3 + \frac{1}{6} \cdot \left(\frac{5}{6}\right)^3 =$
$= \frac{1}{6} \cdot \left(\frac{1}{6} + \frac{5}{6}\right)^3 =$
$= \frac{1}{6}.$

Aus dem durchgeführten Beispiel abstrahieren wir nun das stochastische Modell der *Bernoulli*-Kette für eine Serie von *Bernoulli*-Experimenten.

> **Definition 221.1:** Ein Zufallsexperiment heißt *Bernoulli*-**Kette** der **Länge** n mit dem **Parameter** p, wenn für seinen Wahrscheinlichkeitsraum (Ω, P) gilt:
> 1) $\Omega = \{0; 1\}^n =$ Menge aller n-Tupel aus $\{0; 1\}$.
> 2) Ist ω ein n-Tupel mit genau k Einsen, so ist $P(\{\omega\}) := p^k(1-p)^{n-k}$, d. h., die Wahrscheinlichkeit für eine bestimmte Serie mit genau k Treffern ist $p^k(1-p)^{n-k}$, $k \in \{0, 1, \ldots, n\}$.

Bemerkungen:
1. Für $p = 0$ und $k = 0$ bzw. $p = 1$ und $k = n$ versagt die Formel für $P(\{\omega\})$, da sich der unbestimmte Faktor 0^0 ergibt. Man überlegt sich leicht, daß es sinnvoll ist, in beiden Fällen $P(\{\omega\}) = 1$ zu setzen.
2. Üblicherweise setzt man $q := 1 - p$, so daß $P(\{\omega\}) = p^k q^{n-k}$ gilt.
3. Für $n = 1$ ist die *Bernoulli*-Kette natürlich ein *Bernoulli*-Experiment.

Die in Definition 221.1 festgelegte *Bernoulli*-Kette hat genau die Eigenschaften, die wir von einer Serie von *Bernoulli*-Experimenten erwarten. Es gilt nämlich

> **Satz 221.1:**
> Bei einem Zufallsexperiment mit dem Ergebnisraum $\Omega = \{0; 1\}^n$ und einer Wahrscheinlichkeitsverteilung P bedeute **Treffer an der i-ten Stelle** das Ereignis $A_i :=$ Menge aller n-Tupel mit 1 an der i-ten Stelle.
> Ein solches Zufallsexperiment ist eine *Bernoulli*-Kette der Länge n mit dem Parameter p genau dann, wenn gilt:
> 1) $P(A_i) = p$ für alle i.
> 2) Die A_i sind stochastisch unabhängig.

Beweis:
a) Nehmen wir zunächst an, das Zufallsexperiment sei eine *Bernoulli*-Kette. A_i besteht aus allen n-Tupeln mit einer 1 an der i-ten Stelle. An den restlichen $n - 1$ Stellen können dann noch beliebig Nullen und Einsen stehen. Wegen Definition 221.1 haben alle n-Tupel aus A_i mit gleich vielen Einsen dieselbe Wahrscheinlichkeit. Sind etwa zusätzlich zur i-ten Eins noch weitere k Einsen vorhanden, dann hat ein solches n-Tupel die Wahrscheinlichkeit $p^{k+1} q^{n-k-1}$. Es gibt aber $\binom{n-1}{k}$ solche Tupel, weil man die k Einsen auf $\binom{n-1}{k}$ Arten auf die $n - 1$ freien Stellen des n-Tupels verteilen kann. Nach Definition 42.1 gilt dann

$$P(A_i) = \sum_{k=0}^{n-1} \binom{n-1}{k} p^{k+1} q^{n-k-1} = p \sum_{k=0}^{n=1} \binom{n-1}{k} p^k q^{(n-1)-k} = p(p+q)^{n-1} =$$
$$= p(p+q)^{n-1} =$$
$$= p \cdot 1 = p,$$

was zu zeigen war. (Wegen der Summierung vergleiche man Aufgabe 115/**41**.) Die noch nachzuweisende Unabhängigkeit der A_i folgt direkt aus der Bedingung **2** von Definition 221.1. Es gilt nämlich einerseits

$$P(\overset{(-)}{A}_1 \cap \overset{(-)}{A}_2 \cap \ldots \cap \overset{(-)}{A}_n) = p^k q^{n-k},$$

falls genau $n - k$ Querstriche stehen; denn

$$\overset{(-)}{A}_1 \cap \overset{(-)}{A}_2 \cap \ldots \cap \overset{(-)}{A}_n$$

ist gerade dasjenige Elementarereignis $\{\omega\}$, bei dem ω genau an den Stellen, wo bei den A_i Querstriche stehen, eine Null hat.
Andererseits gilt nach dem eben Bewiesenen

$$P(\overset{(-)}{A}_1) \cdot P(\overset{(-)}{A}_2) \cdot \ldots \cdot P(\overset{(-)}{A}_n) = p^k q^{n-k}.$$

Also sind die 2^n Gleichungen der Definition 156.1 für die Unabhängigkeit von n Ereignissen erfüllt.

b) Seien nun die A_i stochastisch unabhängig und ferner $P(A_i) = p$ für alle i, dann gilt

$$P(\{\omega\}) = P(\overset{(-)}{A}_1 \cap \overset{(-)}{A}_2 \cap \ldots \cap \overset{(-)}{A}_n) =$$
$$= P(\overset{(-)}{A}_1) \cdot P(\overset{(-)}{A}_2) \cdot \ldots \cdot P(\overset{(-)}{A}_n) =$$
$$= p^k q^{n-k},$$

wobei wieder die Nullen in ω den Nieten $\bar{A}_i$ entsprechen. Somit ist Bedingung **2** von Definition 221.1 erfüllt. Da deren Bedingung **1**, nämlich $\Omega = \{0;1\}^n$, eo ipso zutrifft, ist das Zufallsexperiment also eine *Bernoulli*-Kette, w. z. b. w.

Satz 221.1 gibt uns einen Hinweis, wie man das stochastische Modell der *Bernoulli*-Kette auf reale Versuchsfolgen anwenden kann. Man legt zunächst fest, was $A_i :=$ »Treffer an der i-ten Stelle« bedeuten soll. Wenn sich die Versuche nicht beeinflussen, dann kann man die Unabhängigkeitsannahme für die A_i machen. Schließlich bestimmt man die Länge n (= Anzahl der Versuche) und den Parameter $p = P(A_i)$ (= Trefferwahrscheinlichkeit) der *Bernoulli*-Kette. Dazu ein

Beispiel: Bei einem Multiple-Choice-Test werden den Prüflingen 4 unabhängige Fragen mit je 3 Auswahlantworten vorgelegt, von denen jeweils genau eine richtig ist. Die Prüfung gilt als bestanden, wenn 2 direkt aufeinanderfolgende Fragen richtig beantwortet werden. Mit welcher Wahrscheinlichkeit besteht ein Kandidat durch reines Raten?
Bestimmen wir zunächst die Merkmale einer *Bernoulli*-Kette:
$A_i :=$ »i-te Frage wird richtig beantwortet«, $p = \frac{1}{3}$ und $n = 4$.
Die Unabhängigkeit der A_i ist plausibel, da die Fragen unabhängig sein sollen.
Wir interessieren uns für das Ereignis $B := \{1111, 1110, 0111, 1101, 1011, 1100, 0110, 0011\}$. Mit Definition 42.1 und Definition 221.1 erhalten wir

$$P(B) = \left(\frac{1}{3}\right)^4 + 4 \cdot \left(\frac{1}{3}\right)^3 \cdot \frac{2}{3} + 3 \cdot \left(\frac{1}{3}\right)^2 \left(\frac{2}{3}\right)^2 = \frac{1+8+12}{81} = \frac{7}{27} \approx 25{,}9\%.$$

Aufgaben

1. a) Beim Werfen mit einem Würfel sei »Es fällt die Fünf« der Treffer. Gib das Ergebnis-10-Tupel der *Bernoulli*-Kette an, das sich ergibt, wenn man die ersten 10 Würfe aus Tabelle 10.1 als Versuchsausgänge ansieht. Berechne die Wahrscheinlichkeit seines Auftretens, wenn
      1) die Wahrscheinlichkeitsverteilung von Seite 42 angenommen wird,
      2) mit einem L-Würfel gespielt würde.
   b) Betrachte die Würfe 11–20, 21–30, …, 91–100 aus Tabelle 10.1 und gib die daraus resultierenden Ergebnis-10-Tupel der *Bernoulli*-Kette an.
   c) Löse a) für »Es fällt eine ungerade Augenzahl« als Treffer.
   d) Löse a) für »Es fällt eine Augenzahl zwischen 2 und 5« als Treffer.
2. In einer Urne liegen eine rote und drei schwarze Kugeln. Man zieht dreimal je eine Kugel. Treffer sei das Ziehen der roten Kugel. Offenbar ist sowohl beim Ziehen mit Zurücklegen wie auch beim Ziehen ohne Zurücklegen $P(A_i) = \frac{1}{4}$ für $i = 1, 2, 3$. Eine *Bernoulli*-Kette liegt jedoch nur beim Ziehen mit Zurücklegen vor.
   a) Begründe die letzte Behauptung, indem du mit Hilfe eines Baums die Wahrscheinlichkeitsverteilungen für Ziehen mit bzw. ohne Zurücklegen erstellst.
   b) Zeige, daß beim Ziehen ohne Zurücklegen A_1 und A_2 stochastisch abhängig sind.
3. a) *Gerolamo Cardano* (1501–1576) behauptet zu Beginn von Kapitel XV seines *Liber de ludo aleae* (um 1564), daß sich bei einer fairen Wette die Einsätze wie $1 : (n^2 - 1)$ verhalten müßten, wenn man darauf wetten wollte, bei n Würfen mit zwei Würfeln jedesmal eine gerade Augensumme zu erhalten. Was meinst du dazu?
   b) Gegen Ende desselben Kapitels kommt *Cardano* zur Erkenntnis, daß sich bei n aufeinander folgenden Versuchen die Einsätze wie $a^n : (b^n - a^n)$ verhalten müssen, wenn a die Anzahl der günstigen Fälle und b die Anzahl aller möglichen Fälle im Einzelversuch bedeuten. Als abschließendes Beispiel führt er aus, daß sich die Einsätze wie $753571 : 9324125 \approx 1 : 12$ verhalten müssen, wenn man fair darauf wetten wollte, daß bei 3 aufeinanderfolgenden Würfen mit 3 L-Würfeln jedesmal wenigstens ein Würfel die Eins zeigt. Weise die Richtigkeit beider Behauptungen nach.
4. Zur Entscheidung eines Problems werden 5 Experten befragt, die sich unabhängig voneinander äußern. Jeder Experte beurteilt das Problem mit 80% Sicherheit richtig.
   a) Stelle das Experiment als *Bernoulli*-Kette dar. Was bedeutet »Treffer beim i-ten Versuch«? Wie groß sind die Länge n und der Parameter p?
   b) Mit welcher Wahrscheinlichkeit
      1) urteilen genau der erste und der dritte Experte richtig,
      2) urteilen alle Experten richtig,
      3) erhält man kein richtiges Urteil,
      4) erhält man wenigstens ein richtiges Urteil?
   c) Wie viele Experten müßte man mindestens befragen, um mit mehr als 99% Sicherheit mindestens ein richtiges Urteil zu erhalten?
5. Eine Personenmenge (»Bevölkerung«, »Population«) bestehe zu 40% aus Frauen und zu 60% aus Männern. Es wird 5mal jemand ausgewählt und notiert, ob es ein Mann oder eine Frau ist. (Stichprobe vom Umfang 5, mit Zurücklegen.) Mit welcher Wahrscheinlichkeit erhält man
   a) keinen Mann,   b) wenigstens 1 Mann,   c) genau 1 Mann,   d) nur Männer?
6. Wie viele Personen muß man aus der Bevölkerung von Aufgabe 5 mindestens auswählen, um dabei mit mindestens 99,9% Wahrscheinlichkeit mindestens einen Mann zu erhalten?

7. Ein Gerät besteht aus 10 Bausteinen, die unabhängig voneinander mit der Wahrscheinlichkeit p ordnungsgemäß arbeiten. Fällt auch nur ein Baustein aus, so ist das Gerät gestört. Wie groß muß p sein, damit das Gerät mit 90% Sicherheit arbeitet?

8. Ein elektronisches Gerät besteht aus 13 Baugruppen. Fällt auch nur eine davon aus, ist es unbrauchbar. Man weiß, daß für jede Baugruppe die Wahrscheinlichkeit, während 1jährigen Betriebs auszufallen, 0,26% beträgt. Wie groß ist die Wahrscheinlichkeit, daß das Gerät im Laufe eines Jahres repariert werden muß?

9. Eine Maschine erzeugt Metallteile, 5% davon sind unbrauchbar. Wie viele Teile muß man wenigstens nehmen, damit man mit mindestens 50% Wahrscheinlichkeit mindestens ein defektes dabei hat? (*Bernoulli*-Kette annehmen!)

10. Angenommen, man würde beim Überqueren einer gewissen Straßenkreuzung mit 0,5 Promille Wahrscheinlichkeit überfahren. Mit welcher Wahrscheinlichkeit bleibt man 1 Jahr unverletzt, wenn man die Kreuzung täglich 2mal überquert?
Stelle das »Experiment« als *Bernoulli*-Kette dar. Was bedeutet »Treffer beim i-ten Versuch«? Welche Werte haben n und p?

11. Die Gewinnchance für einen Sechser beim Zahlenlotto »6 aus 49« ist $\approx \frac{1}{14 \text{ Mill.}}$ (Seite 94). Wann hat man die größte Aussicht, wenigstens einen Sechser zu erhalten,
    a) wenn man zu einer Ausspielung 1 Million Lottozettelfelder *verschieden* ausfüllt,
    b) wenn man bei 10 Ausspielungen je 100 000 Lottozettelfelder *verschieden* ausfüllt,
    c) wenn man zu einer Ausspielung 1 Million Lottozettelfelder *zufallsbestimmt* ausfüllt?
    Wie groß sind jeweils Länge und Parameter der *Bernoulli*-Kette?
    Bei welchem der Spielsysteme kann man 2 oder mehr Sechser bekommen?

12. Eine Stadt wird von 4 Kraftwerken versorgt. Es sind 2 Wasser- und 2 Dampfkraftwerke. Bei Gewitter besteht für jede der 4 zugehörigen Hochspannungsleitungen einzeln die Wahrscheinlichkeit p, daß sie sich wegen Blitzschlag automatisch abschaltet. Im Notfall können 2 Kraftwerke die Stadt gerade noch versorgen; es muß jedoch ein Dampfkraftwerk dabeisein.
    a) Mit welcher Wahrscheinlichkeit bricht bei Gewitter die Stromversorgung der Stadt zusammen? Man zeichne diese Wahrscheinlichkeit als Funktion der »Abschaltewahrscheinlichkeit« p. Einheit = 10 cm. Man überzeuge sich durch Rechnung davon, daß die gezeichnete Funktion monoton steigt.
    b) Man zeichne die entsprechende Funktion wie in **a)**, wenn die Stadt von 2 *beliebigen* Kraftwerken gerade noch versorgt werden kann.

13. Auf einer Straße kommen Lastwagen und Personenautos in regelloser Folge hintereinander. Die Wahrscheinlichkeit, daß in einem beliebigen Augenblick gerade ein Lastauto vorbeifährt, sei p. Ich beginne in einem beliebigen Augenblick, Autos zu zählen. Wie groß ist die Wahrscheinlichkeit dafür,
    a) daß zuerst k Personenautos und dann ein Lastauto kommen,
    b) daß die ersten k Autos keine Lastautos sind,
    c) daß unter den ersten k Autos mindestens ein Lastauto ist,
    d) daß in einer Gruppe von 5 Autos genau 3 Lastautos hintereinander fahren,
    •**e)** daß in einer Gruppe von 5 Autos mindestens einmal genau 2 Lastautos hintereinander fahren?

•14. Man vergleiche die Ergebnisse der Aufgabe **13** mit der Erfahrung, wie sie die Tabellen 10.1 und 11.1 liefern. Man fasse jede Tabelle als Serie von 5fach-Würfen auf. In Tabelle 11.1 bedeute 0 = Lastauto oder (zweite Deutung) I = Lastauto (jeweils $p = \frac{1}{2}$). In Tabelle 10.1 bedeute 6 = Lastauto ($p = \frac{1}{6}$).
In den Teilen **a)** und **b)** der Aufgabe **13** setze man $k = 2$, in **c)** sei $k = 3$.

●15. 4 Kinder losen um 4 Äpfel, 2 große und 2 kleine. Sie werfen der Reihe nach eine Münze. Wer »Adler« wirft, erhält einen großen Apfel, wer »Zahl« wirft, einen kleinen, bis nur noch große oder nur noch kleine Äpfel da sind.
  a) Ist das Verfahren gerecht, d. h., hat jedes die gleiche Aussicht, einen großen Apfel zu erhalten?
  b) Ist es für je 2 von ihnen gleich wahrscheinlich, daß beide einen großen Apfel erhalten?
  ●c) Ist das Losverfahren gerecht, wenn es allgemein n große und n kleine Äpfel und $2n$ Kinder sind?
  d) Man beurteile das Verfahren, wenn 3 Kinder um 1 großen und 2 kleine Äpfel losen.
16. Ein Computer drucke Wörter in einer zufälligen Reihenfolge aus. Jedes Wort, das den Buchstaben »i« enthält, heiße i-Wort. Die Wahrscheinlichkeit für den Ausdruck eines i-Wortes betrage 0,4.
  a) Wie groß ist die Wahrscheinlichkeit dafür, daß unter den ersten 5 ausgedruckten Wörtern mindestens 3 direkt aufeinanderfolgende Wörter i-Wörter sind?
  b) Wie viele Wörter muß man mindestens ausdrucken lassen, um mit einer Wahrscheinlichkeit von mindestens 95% mindestens ein i-Wort zu erhalten?
  c) Der Computer breche nun die Programmausführung nach dem dritten ausgedruckten i-Wort ab, spätestens aber nach dem sechsten Wort. X sei die Anzahl der ausgedruckten Wörter. Berechne Erwartungswert und Varianz der Zufallsgröße X.
17. Eine L-Münze werde 5mal geworfen. Treffer sei das Auftreten von Adler. Mit welcher Wahrscheinlichkeit wird ein Ergebnis
  a) mindestens 4mal nacheinander,
  b) mindestens 3mal nacheinander
  Treffer bzw. Nieten enthalten?
18. Ein Trefferpaar seien zwei und nicht mehr aufeinanderfolgende Treffer. Ein L-Würfel werde 6mal geworfen; Treffer sei das Auftreten der Sechs. X sei die Zufallsgröße »Anzahl der Trefferpaare«. Bestimme ihren Erwartungswert und ihre Varianz.

Bei den folgenden »**Wartezeit-Aufgaben**« sei die Länge n der *Bernoulli*-Kette beliebig, aber jeweils hinreichend groß.

19. Ein Laplace-Würfel werden so lange geworfen, bis eine Sechs erscheint.
  a) Wie groß ist die Wahrscheinlichkeit dafür, daß die Sechs frühestens beim 4. Wurf auftritt?
  b) Überprüfe das Resultat von **a)** an Tabelle 10.1. Fasse dabei die 80 Halbzeilen als 80 Anfänge von *Bernoulli*-Ketten auf.
20. a) Wie groß ist die Wahrscheinlichkeit, daß dem ersten Treffer genau k Nieten vorausgehen? Stelle die Wahrscheinlichkeiten für $p = \frac{1}{4}$ und $k = 0, \ldots, 10$ graphisch dar.
  b) Mit welcher Wahrscheinlichkeit erscheint der 1. Treffer erst beim k-ten Wurf oder noch später?
●21. Für eine *Bernoulli*-Kette der Länge n mit dem Parameter p werde die Zufallsgröße X folgendermaßen definiert: X nehme den Wert i an, wenn beim i-ten Versuch zum ersten Mal ein Treffer eintritt; X nehme den Wert 0 an, wenn kein Treffer eintritt.
  a) Berechne $\mathscr{E}X$.
  b) Berechne $\lim_{n \to \infty} \mathscr{E}X$. Welche Bedeutung hat dieser Grenzwert?
  c) Nun sei $X :=$ Nummer der ersten Sechs beim Werfen eines L-Würfels. Bestimme $\mathscr{E}X$ und $\lim_{n \to \infty} \mathscr{E}X$ unter Verwendung der Ergebnisse aus **a)** und **b)**.
  d) Überprüfe den errechneten Erwartungswert an Hand von Tabelle 10.1. Fasse dabei die 80 Halbzeilen als 80 *Bernoulli*-Ketten der Länge 15 auf.

e) Bekanntlich gilt bei genügend kleinem Δt für den radioaktiven Zerfall $\Delta N = -\lambda N \Delta t$. Dabei bedeutet N die Anzahl der zu Beginn des Intervalls Δt vorhandenen Atome, $-\Delta N$ die Anzahl der in der Zeit Δt zerfallenden Atome, λ die Zerfallskonstante. Wir betrachten nun folgende *Bernoulli*-Kette: Ein Versuch sei die Beobachtung eines bestimmten Atoms während der Zeit $\Delta t = 1$. Treffer sei das Zerfallen des Atoms. Gib den Parameter dieser *Bernoulli*-Kette an. Deute $\lim_{n \to \infty} \mathscr{E} X$ von **b)** für diesen Fall.

●**22.** In einer unendlichen *Bernoulli*-Kette mit dem Parameter p definiert man eine Zufallsgröße $X := $»Nummer des Versuchs, bei dem zum ersten Mal ein Treffer eintritt«.
  a) Bestimme die Verteilung $P(X = k)$. Man nennt sie **geometrische Verteilung**.
  b) *Buffon* (1707–1788) berichtet in Abschnitt XVIII seines *Essai d'arithmétique morale* (1777), daß er zur Untersuchung des »Petersburger Problems« (Aufgabe 189/**23**) ein Kind 2048mal das Spiel spielen ließ. Dabei ergab sich, daß Adler zum ersten Mal

  1061mal beim 1. Wurf,   494mal beim 2. Wurf,   232mal beim 3. Wurf,
  137mal beim 4. Wurf,   56mal beim 5. Wurf,   29mal beim 6. Wurf,
  25mal beim 7. Wurf,   8mal beim 8. Wurf,   6mal beim 9. Wurf

  erschien. Vergleiche die relativen Häufigkeiten mit der Wahrscheinlichkeitsverteilung der Zufallsgröße X.
  ●**c)** Zeige, daß für den Erwartungswert und die Varianz einer geometrisch verteilten Zufallsgröße gilt: $\mathscr{E} X = \dfrac{1}{p}$, $\operatorname{Var} X = \dfrac{q}{p^2}$.

  Benütze dabei folgende Beziehung aus der Reihenlehre:

  Für $|x| < 1$ gilt: $\displaystyle\sum_{n=1}^{\infty} n x^{n-1} = \dfrac{1}{(1-x)^2}$.

  Begründung:

  $$\sum_{n=1}^{\infty} n x^{n-1} = \sum_{n=1}^{\infty} \frac{\mathrm{d}}{\mathrm{d}x} x^n = \frac{\mathrm{d}}{\mathrm{d}x} \sum_{n=1}^{\infty} x^n = \frac{\mathrm{d}}{\mathrm{d}x} \frac{x}{1-x} = \frac{1}{(1-x)^2}$$

  d) Berechne Erwartungswert und Varianz der Zufallsgröße »Nummer der ersten Sechs beim Werfen eines L-Würfels«. (Vgl. Aufgabe **21 c, d**).
  e) Zeichne ein Stabdiagramm der Zufallsgröße aus **d)**. Trage darin μ und σ ein. ($10\% \triangleq 5$ cm)
  f) Es sei $Z := $»Anzahl der Nieten, die dem ersten Treffer vorausgehen«.
  Zeige, daß $\mathscr{E} Z = \dfrac{q}{p}$ und $\operatorname{Var} Z = \dfrac{q}{p^2}$.

23. Zwei L-Münzen werden so lange geworfen, bis beide gleichzeitig Adler zeigen. Die Zufallsgröße X sei die Anzahl der dazu nötigen Würfe.
  a) Gib einen gröberen Ergebnisraum an. Bestimme die Wahrscheinlichkeitsverteilung von X.
  b) Berechne $\mathscr{E} X$ und $\operatorname{Var} X$. (Siehe Aufgabe **22**.)

●**24.** Zwei L-Würfel werden beliebig oft geworfen und die Augensumme als Ergebnis notiert. Berechne die Erwartungswerte folgender Zufallsgrößen

  $A := $ Anzahl der Spiele, bis die Augensumme 6 erscheint,
  $B := $ Anzahl der Spiele, bis die Augensumme 7 erscheint,
  $C := $ Anzahl der Spiele, bis die Augensumme 8 erscheint,
  $D := $ Anzahl der Spiele, bis zweimal die Augensumme 7 erscheint,
  ●$E := $ Anzahl der Spiele, bis die Augensummen 6 und 8 erscheinen.
  Vergleiche die Ergebnisse mit denen von Aufgabe 112/**12 b**).

Aufgaben

25. Ein Laplace-Würfel werde so lange geworfen, bis die zweite Sechs fällt.
   a) Wie groß ist die Wahrscheinlichkeit dafür, daß dies beim 10. Wurf geschieht?
   b) Wie groß ist die Wahrscheinlichkeit dafür, daß dies *frühestens* beim 10. Wurf geschieht?
   c) Wie groß ist die Wahrscheinlichkeit dafür, daß dies *spätestens* beim 10. Wurf geschieht?
   d) Überprüfe die in **b)** und **c)** errechneten Wahrscheinlichkeiten an Tabelle 10.1. Fasse dabei die 80 Halbzeilen als 80 Anfänge von *Bernoulli*-Ketten auf.

●26. In einer unendlichen *Bernoulli*-Kette mit dem Parameter p definiert man eine Zufallsgröße $X_m := $ »Nummer des Versuchs, bei dem der m-te Treffer eintritt«.
   a) Bestimme die Wahrscheinlichkeitsverteilung von X_m. Sie heißt **Pascal-Verteilung**. Für $m = 1$ ergibt sich die geometrische Verteilung aus Aufgabe **22** als Sonderfall.
   b) Stelle X_m durch die Zufallsgrößen Y_i dar; dabei bedeute Y_i die Anzahl der Nieten zwischen dem $(i-1)$-ten und i-ten Treffer ($i = 1, \ldots, m$).
   c) Berechne unter Verwendung von **b)** Erwartungswert und Varianz von X_m.
   d) Es sei $X_2 := $ »Nummer desjenigen Wurfs eines L-Würfels, bei dem die zweite Sechs fällt«. Stelle die Verteilung von X_2 auf, berechne $\mathscr{E} X_2$ und $\operatorname{Var} X_2$ und zeichne schließlich ein Stabdiagramm. ($1\% \triangleq 1$ cm)
   e) Überprüfe den errechneten Erwartungswert von X_2 an Hand von Tabelle 10.1. Fasse dabei die 40 Zeilen als 40 Anfänge von *Bernoulli*-Ketten auf.
   f) Mit welcher Wahrscheinlichkeit erscheint der m-te Treffer erst beim k-ten Versuch oder noch später?

Bild 227.1 Mann und Frau als Würfel aus der römischen Antike. British Museum, London. – Vgl. Bild 46.2.

14. Die Binomialverteilung

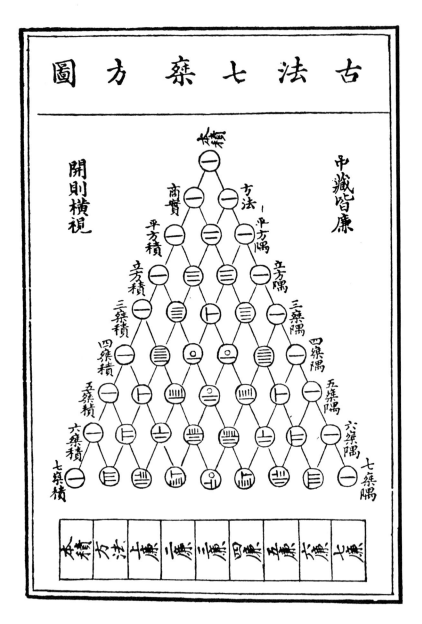

Das Arithmetische Dreieck des *Zhu Shi-Jie* aus dem *Kostbaren Spiegel der vier Elemente* (1303). Es trägt den Titel: Altes Schema der 7 vervielfachenden Quadrate.

14. Die Binomialverteilung

14.1. Einführung

Abraham de Moivre (1667–1754) veröffentlichte im Jahre 1711 die Abhandlung *De Mensura Sortis, seu, de Probabilitate Eventuum in Ludis a Casu Fortuito Pendentibus* (Bild 75.1), in der er 26 Probleme abhandelte. Problem I lautet:

> **PROB. I.**
>
> A & B una tessera ludunt, ea conditione, ut si A bis vel pluries, octo jactibus tesseræ monada jecerit, ipse A vincat; sin semel tantum, vel non omnino, B vincat; quænam erit ratio sortium?

»A und B spielen mit einem Würfel so, daß A gewinnen soll, wenn er bei 8 Würfen zweimal oder öfters ein As [d. h. eine Eins] wirft; fällt das As nur einmal oder gar nicht, so gewinne B. Wie groß ist das Verhältnis der Chancen?«

Wir wollen diese Aufgabe mit unseren Hilfsmitteln lösen. Versuchen wir, zunächst die Wahrscheinlichkeit für genau 2 Asse bei diesen 8 Würfen zu ermitteln. Das zugrundeliegende Zufallsexperiment kann als *Bernoulli*-Kette der Länge 8 mit dem Parameter $\frac{1}{6}$ gedeutet werden, falls man als Treffer an der Stelle i das Erscheinen eines Asses beim i-ten Wurf nimmt. Diese Annahme ist zulässig, weil man davon ausgehen darf, daß die Ereignisse $A_i :=$ »As beim i-ten Wurf« ($i = 1, 2, \ldots, 8$) stochastisch unabhängig sind, da sich die Würfe gegenseitig nicht beeinflussen. Der Ergebnisraum Ω besteht aus den 2^8 Oktupeln, die aus den Ziffern 0 und 1 gebildet werden können. Bezeichnet man mit Z die Zufallsgröße »Anzahl der Treffer«, in unserem Fall also die Anzahl der gefallenen Asse, so besteht unsere Aufgabe darin, die Wahrscheinlichkeit des Ereignisses »$Z = 2$« zu berechnen. Dieses Ereignis besteht aus denjenigen 8-Tupeln aus Ω, die aus 2 Einsen und 6 Nullen gebildet werden können. Beispiele hierfür sind die 8-Tupel 11000000, 00100010, 00010100 usw. Für das Ereignis »$Z = 2$« spielt es dabei keine Rolle, an welchen Stellen die beiden Einsen stehen, d. h., bei welchen der 8 Würfe die beiden Asse fallen werden. Da man die 2 Einsen auf die 8 Stellen des 8-Tupels auf $\binom{8}{2}$ Arten verteilen kann, gibt es $\binom{8}{2}$ Oktupel, die für das Ereignis »$Z = 2$« günstig sind. Jedes dieser 8-Tupel hat als Elementarereignis gemäß Definition 221.1 die Wahrscheinlichkeit $\left(\frac{1}{6}\right)^2 \cdot \left(\frac{5}{6}\right)^6$. Damit erhalten wir für die Wahrscheinlichkeit des Ereignisses »$Z = 2$« den Wert $\binom{8}{2} \cdot \left(\frac{1}{6}\right)^2 \cdot \left(\frac{5}{6}\right)^6$; der erste Teil unserer Aufgabe ist somit gelöst.

Analog gewinnen wir nun die Wahrscheinlichkeit für genau k Treffer, also für das Ereignis »$Z = k$«, indem wir in den obigen Überlegungen die Zahl 2 durch k ersetzen. Also ist

$$P(Z = k) = \binom{8}{k}\left(\frac{1}{6}\right)^k \left(\frac{5}{6}\right)^{8-k}.$$

Damit ergibt sich für die Gewinnchance von A der Wert

$$P(Z \geq 2) = \sum_{k=2}^{8} \binom{8}{k}\left(\frac{1}{6}\right)^k \left(\frac{5}{6}\right)^{8-k}.$$

Die numerische Berechnung dieser Wahrscheinlichkeit ist etwas mühsam. Leichter erhalten wir ihren Wert über das Gegenereignis »$Z \leq 1$«, d.h. über die Gewinnchance von B:

$$P(Z \geq 2) = 1 - P(Z \leq 1) =$$

$$= 1 - \sum_{k=0}^{1} \binom{8}{k}\left(\frac{1}{6}\right)^k \left(\frac{5}{6}\right)^{8-k} =$$

$$= 1 - \binom{8}{0}\left(\frac{1}{6}\right)^0 \left(\frac{5}{6}\right)^8 - \binom{8}{1}\left(\frac{1}{6}\right)^1 \left(\frac{5}{6}\right)^7 =$$

$$= \frac{6^8 - 5^8 - 8 \cdot 5^7}{6^8} =$$

$$= \frac{1\,679\,616 - 390\,625 - 625\,000}{1\,679\,616} =$$

$$= \frac{1\,679\,616 - 1\,015\,625}{1\,679\,616} =$$

$$= \frac{663\,991}{1\,679\,616} \approx$$

$$\approx 39{,}5\%.$$

Die Chancen von A und B verhalten sich also wie $663\,991 : 1\,015\,625 \approx 2 : 3$.

Das Typische an der Aufgabe von *de Moivre* ist, daß man sich nicht mehr für die Nummer des Versuchs interessiert, bei dem der Treffer eintritt, sondern daß man nach der Anzahl der Treffer fragt, die sich bei einer Serie von Versuchen ergeben kann. Man betrachtet im stochastischen Modell also die Zufallsgröße $Z :=$ »Anzahl der Treffer bei einer *Bernoulli*-Kette der Länge n mit dem Parameter p«.
Für ihre Wahrscheinlichkeitsverteilung gilt nach dem Obigen die von *Jakob Bernoulli* (1655–1705) in der *Ars Conjectandi* (Seite 40) hergeleitete Formel:

$$P(Z = k) = \binom{n}{k} p^k (1-p)^{n-k} = \binom{n}{k} p^k q^{n-k}.$$

In dieser Verteilung spielen die Binomialkoeffizienten eine wichtige Rolle. Man sagt daher, Z sei binomial verteilt. Allgemein definiert man:

14.1. Einführung

Definition 231.1: Eine Zufallsgröße X heißt **binomial nach B$(n;p)$ verteilt**, wenn
1. die Wertemenge von X die Menge $\{0,1,2,\ldots,n\}$ ist, und
2. für die Wahrscheinlichkeitsverteilung von X gilt:

$$B(n;p):\quad x\mapsto B(n;p;x):=\begin{cases}\binom{n}{x}p^x(1-p)^{n-x} & \text{für } x\in\{0,1,\ldots,n\},\\ 0 & \text{sonst.}\end{cases}$$

Bemerkungen:

1) Interessant sind eigentlich nur die Werte $B(n;p;x)$ für $x\in\{0,1,2,\ldots,n\}$. Für ein derartiges x schreibt man gerne k, um anzudeuten, daß es sich um eine ganze Zahl handelt.

2) Mit $q:=1-p$ erhält man den kürzeren Ausdruck $B(n;p;k)=\binom{n}{k}\cdot p^k\cdot q^{n-k}$.

3) Jede Wahrscheinlichkeitsverteilung $B(n;p)$ heißt **Binomialverteilung**. Der Name rührt davon her, daß $B(n;p;k)$ gerade der k-te Summand in der Entwicklung der n-ten Potenz des Binoms $p+q$ ist; es gilt nämlich

$$(p+q)^n=\sum_{k=0}^{n}\binom{n}{k}\cdot p^k\cdot q^{n-k}.$$

4) Die obige Definition 231.1 ist nur sinnvoll für den nicht-trivialen Fall $0<p<1$. Ist $p=0$, so liefert jeder Versuch eine Niete; das führt zur Verteilung

$$B(n;0;x):=\begin{cases}1 & \text{für } x=0,\\ 0 & \text{sonst.}\end{cases}$$

Ist hingegen $p=1$, so liefert jeder Versuch einen Treffer; das führt zur Verteilung

$$B(n;1;x):=\begin{cases}1 & \text{für } x=n,\\ 0 & \text{sonst.}\end{cases}$$

Für die **kumulative Verteilungsfunktion** einer nach $B(n;p)$ verteilten Zufallsgröße hat sich die Bezeichnung F_p^n bewährt. Es gilt also nach Satz 176.1:

$$F_p^n(x):=\sum_{i\leq x}B(n;p;i)$$

Ist insbesondere x eine der interessierenden Zahlen aus $\{0,1,2,\ldots,n\}$, so schreibt man an Stelle von x wieder gerne k und erhält damit

$$F_p^n(k)=\sum_{i=0}^{k}B(n;p;i)$$

Wenn keine Verwechslung möglich ist, lassen wir die Indizes bei F_p^n weg. Unter Verwendung dieses Symbols lautet die Lösung des Problems von *de Moivre*

$$\frac{P(Z\geq 2)}{P(Z\leq 1)}=\frac{1-F_{1/6}^8(1)}{F_{1/6}^8(1)}.$$

Wir veranschaulichen die Binomialverteilung $B(8;\frac{1}{6})$ sowohl durch ein Stabdiagramm (Figur 232.1) als auch durch ein Histogramm (Figur 232.2). Den Graphen der zugehörigen kumulativen Verteilungsfunktion $F^8_{1/6}$ zeigt Figur 232.3.

Fig. 232.1 Stabdiagramm von $B(8;\frac{1}{6})$

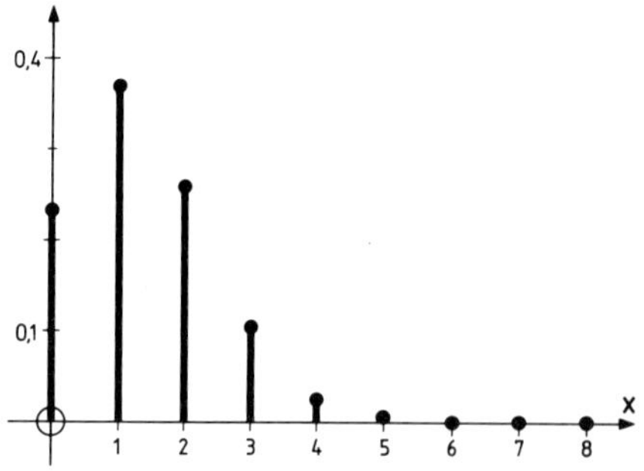

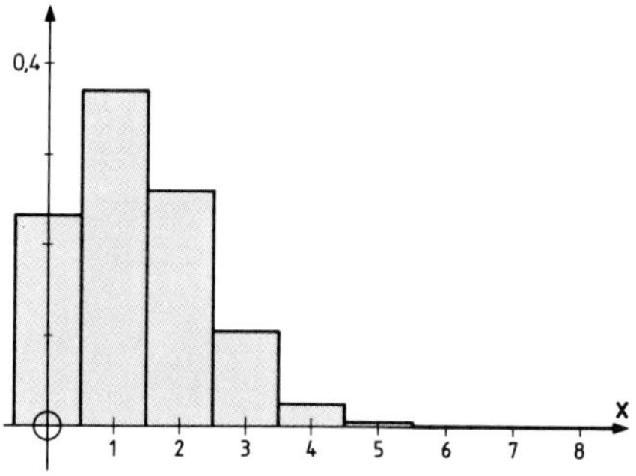

Fig. 232.2 Histogramm von $B(8;\frac{1}{6})$ 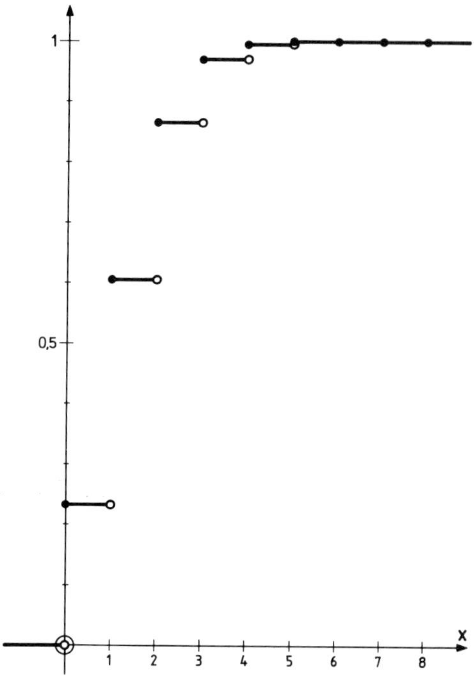   Fig. 232.3 Graph von $F^8_{\frac{1}{6}}$.

14.2. Ziehen mit bzw. ohne Zurücklegen

Die Formel von Definition 231.1 für die Binomialverteilung kennen wir schon lange. Beim Ziehen mit Zurücklegen aus einer Urne erhielten wir in Satz 107.1 für die Wahrscheinlichkeit, genau s schwarze Kugeln zu ziehen, den Wert $\binom{n}{s}p^s q^{n-s}$, also gerade $B(n;p;s)$. Die Zufallsgröße »Anzahl der Treffer« beim Ziehen mit Zurücklegen ist demnach binomial verteilt. Weil man viele Experimente auf das *Ziehen mit Zurücklegen* reduzieren kann, ist diese Zufallsgröße gewissermaßen der Prototyp einer binomial verteilten Zufallsgröße.
Andererseits lassen sich viele Zufallsexperimente durch das Urnenexperiment *Ziehen ohne Zurücklegen* simulieren. In diesem Fall liegt keine Bernoulli-Kette vor, wie in Aufgabe 223/**2** gezeigt wurde. Die Zufallsgröße »Anzahl der Treffer«

14.2. Ziehen mit bzw. ohne Zurücklegen

ist dann auch nicht binomial verteilt. Für ihre Verteilung erhielten wir in Satz 106.1

$$P(Z=s) = \frac{\binom{S}{s}\binom{N-S}{n-s}}{\binom{N}{n}}.$$

Allgemein definieren wir:

Definition 233.1: Eine Zufallsgröße X heißt für $K \leq N$ und $n \leq N$ **hypergeometrisch nach $H(N;K;n)$ verteilt**, wenn gilt:
1. die Wertemenge von X ist die Menge $\{0,1,2,\ldots,n\}$, und
2. die Wahrscheinlichkeitsverteilung von X lautet

$$H(N;K;n): \quad x \mapsto H(N;K;n;x) := \begin{cases} \dfrac{\binom{K}{x}\binom{N-K}{n-x}}{\binom{N}{n}} & \text{für } x \in \{0,1,\ldots,n\}, \\ 0 & \text{sonst.} \end{cases}$$

Auch hier schreibt man gerne für $x \in \{0,1,\ldots,n\}$ den Buchstaben k.

In der Praxis spielt die hypergeometrische Verteilung eine große Rolle. Der Prototyp einer hypergeometrisch verteilten Zufallsgröße ist die »Anzahl der Treffer« beim Ziehen ohne Zurücklegen aus einer Urne. So sind z.B. die Zufallsgrößen »Anzahl der defekten Stücke« bei einer Qualitätskontrolle und »Anzahl der Ja-Antworten« bei einer Umfrage hypergeometrisch verteilt.

Die hypergeometrische Verteilung erfordert wegen der drei Binomialkoeffizienten einen sehr hohen rechnerischen Aufwand. Rechnerisch leichter zugänglich ist die Binomialverteilung. Glücklicherweise läßt sich die hypergeometrische Verteilung für $n \ll \min\{N,K,N-K\}$ recht gut durch die Binomialverteilung $B\left(n;\dfrac{K}{N}\right)$

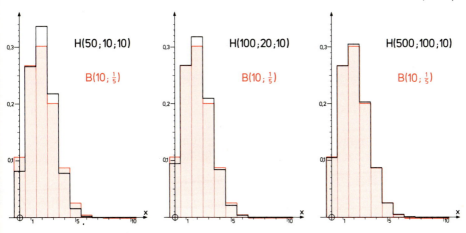

Fig. 233.1. Bild zu Tabelle 234.1.

approximieren. (Vergleiche dazu Aufgabe 264/**27**.) Dies ist gar nicht so erstaunlich, weil ja bei großen Kugelzahlen die Entnahme einiger weniger Kugeln keine wesentliche Änderung der Anteile in der Urne bewirkt. Man kann dann also das Ziehen mit Zurücklegen als gute Näherung für das Ziehen ohne Zurücklegen nehmen. Eine Veranschaulichung geben Tabelle 234.1 und Figur 233.1.

			H(N; K; 10; k)					
k	B(10; $\frac{1}{5}$; k)	N	50	100	500	1000	100000	1000000	1000000000
		K	10	20	100	200	20000	200000	200000000
0	0,107374		0,082519	0,095116	0,104951	0,106164	0,107362	0,107373	0,107374
1	0,268435		0,266192	0,267933	0,268417	0,268431	0,268435	0,268435	0,268435
2	0,301990		0,336898	0,318170	0,305050	0,303510	0,302005	0,301991	0,301990
3	0,201327		0,217792	0,209208	0,202849	0,202085	0,201334	0,201327	0,201327
4	0,088080		0,078469	0,084107	0,087395	0,087744	0,088077	0,088080	0,088080
5	0,026424		0,016142	0,021531	0,025488	0,025959	0,026419	0,026424	0,026424
6	0,005505		0,001868	0,003541	0,005096	0,005299	0,005503	0,005505	0,005505
7	0,000786		0,000115	0,000368	0,000689	0,000737	0,000786	0,000786	0,000786
8	0,000074		0,000003	0,000023	0,000060	0,000067	0,000074	0,000074	0,000074
9	0,000004		$4 \cdot 10^{-8}$	0,000001	0,000003	0,000004	0,000004	0,000004	0,000004
10	$1 \cdot 10^{-7}$		$1 \cdot 10^{-10}$	$1 \cdot 10^{-8}$	$7 \cdot 10^{-8}$	$9 \cdot 10^{-8}$	$1 \cdot 10^{-7}$	$1 \cdot 10^{-7}$	$1 \cdot 10^{-7}$

Tab. 234.1 Vergleich einer Binomialverteilung mit verschiedenen hypergeometrischen Verteilungen mit gleichem $p = \frac{K}{N}$

14.3. Tabellen der Binomialverteilung

Die Berechnung von Werten einer Binomialverteilung ist rechnerisch meist sehr aufwendig. Da die Binomialverteilung aber eine sehr häufig auftretende Wahrscheinlichkeitsverteilung ist, hat man sie für oft vorkommende Werte der Parameter n und p tabellarisiert. Für die ebenfalls sehr häufig auftretende hypergeometrische Verteilung würde eine Tabellarisierung wegen der 3 Parameter N, K und n zu einem äußerst umfangreichen Tabellenwerk führen, da man 3 Tabelleneingänge benötigte. Erfreulicherweise kann man aber die hypergeometrische Verteilung für $n \ll \min\{N, K, N-K\}$ durch die Binomialverteilung $B\left(n; \frac{K}{N}\right)$ recht gut approximieren, was den Wert der Binomialverteilungstabellen, kurz Binomialtabellen, noch erhöht.

Wir wollen uns nun der Erstellung solcher Binomialtabellen zuwenden. Man wählt ein n und ein p und berechnet der Reihe nach für $k = 0, 1, 2, \ldots, n$ die Werte $B(n; p; k) = \binom{n}{k} p^k (1-p)^{n-k}$. Ein solches Vorgehen führt zu sehr vielen Rechenvorgängen und ist daher zeitraubend. Es gibt aber einen einfachen Zusammenhang zwischen den Funktionswerten an der Stelle k und der Nachbarstelle $k-1$:

$$\frac{B(n;p;k)}{B(n;p;k-1)} = \frac{\binom{n}{k} \cdot p^k q^{n-k}}{\binom{n}{k-1} \cdot p^{k-1} q^{n-k+1}} =$$

$$= \frac{n!(k-1)!(n-k+1)!}{k!(n-k)!n!} \cdot \frac{p}{q} =$$

$$= \frac{n-k+1}{k} \cdot \frac{p}{q}.$$

Wir erhalten also die **Rekursionsformel**:

$$B(n;p;k) = \frac{(n-k+1)p}{kq} B(n;p;k-1)$$

Sie gestattet – daher der Name* –, aus der Kenntnis eines Wertes den Wert des Vorgängers und auch den des Nachfolgers zu berechnen. Es genügt also, einen einzigen Wert $B(n;p;k)$ mühsam zu errechnen. Die jeweiligen Nachbarn $B(n;p;k-1)$ und $B(n;p;k+1)$ erhält man dann daraus durch einfache Division bzw. Multiplikation. Es empfiehlt sich dabei, aus Genauigkeitsgründen einen möglichst großen Startwert $B(n;p;k)$ zu wählen. (Den größten Wert werden wir im Abschnitt **14.6.** bestimmen.)

Wir veranschaulichen das Vorgehen an der Binomialverteilung $B(8;\frac{1}{6})$. Gemäß Figur 232.1 empfiehlt sich als Startwert

$$B\left(8;\frac{1}{6};1\right) = \binom{8}{1}\left(\frac{1}{6}\right)^1\left(\frac{5}{6}\right)^7 = \frac{625\,000}{1\,679\,616} = 0{,}372108\ldots$$

Die Rekursionsformel liefert nun einerseits

$$B\left(8;\frac{1}{6};2\right) = \frac{(8-2+1)\cdot\frac{1}{6}}{2\cdot\frac{5}{6}} B\left(8;\frac{1}{6};1\right) = \frac{7}{10}\cdot\frac{625\,000}{1\,679\,616} = 0{,}260476\ldots,$$

andererseits

$$B\left(8;\frac{1}{6};0\right) = \frac{1\cdot\frac{5}{6}}{(8-1+1)\cdot\frac{1}{6}} B\left(8;\frac{1}{6};1\right) = \frac{5}{8}\cdot\frac{625\,000}{1\,679\,616} = 0{,}232568\ldots$$

Dieses Verfahren läßt sich leicht programmieren. Darüber hinaus kann man sich fast, wenn nun p das Intervall $]0;1[$ durchläuft, die halbe Rechenarbeit ersparen: Ist nämlich p die Wahrscheinlichkeit für einen Treffer, so ist $q = 1 - p$ die Wahrscheinlichkeit für eine Niete beim Einzelversuch. In einer *Bernoulli*-Kette der Länge n ist dann die Anzahl der Treffer nach $B(n;p)$ und die der Nieten nach $B(n;q)$ verteilt, und da

$P(\text{»Anzahl der Treffer} = k\text{«}) = P(\text{»Anzahl der Nieten} = n - k\text{«})$

gilt, folgt das

---

* recurrere = zurücklaufen.

> **Symmetriegesetz für Binomialverteilungen:**
> $$B(n; p; k) = B(n; q; n-k)$$

Wegen dieser Symmetrie* genügt es, die Tabellen für die Binomialverteilungen nur bis $p = 0{,}5$ zu führen. Will man z. B. den Wert $B(8; \frac{5}{6}; 3)$ ermitteln, so sucht man den symmetrischen Wert $B(8; \frac{1}{6}; 5)$ in der Binomialtabelle. Diese Umformungsdenkarbeit erspart uns ein zweiter Eingang zu den Tabellen mit den Werten für $\frac{1}{2} \leq p < 1$. Er ist rot unterlegt im Gegensatz zum grau unterlegten ersten Eingang. Für ihn gelten dann die rechts stehenden rot unterlegten k-Werte, die sich mit den in der gleichen Zeile links stehenden grau unterlegten k-Werten jeweils zu n ergänzen, wie der nebenstehende Ausschnitt aus den *Stochastik-Tabellen*** zeigt. (Tabelle 236.1)

Nun benötigt man aber sehr oft wie beim Problem I von *de Moivre* (Seite 229) nicht die $B(n; p; k)$-Werte, sondern die Werte $F_p^n(k)$ der kumulativen Verteilungsfunktion F_p^n. Man könnte diese gemäß $F_p^n(k) = \sum_{i=0}^{k} B(n; p; i)$ natürlich jedesmal aus den Tabellen der Binomialverteilung $B(n; p)$ errechnen. Diese Summation erspart man sich, wenn man F_p^n selbst tabellarisiert.

Aus den Symmetrie-Eigenschaften der Binomialverteilungen folgen auch solche für die Funktionen F_p^n. Daher haben auch die Tabellen der kumulativen Werte einen zweiten Eingang für $p \geq \frac{1}{2}$. Bei dessen Benutzung muß man allerdings beachten, daß man nicht mehr $F_p^n(k)$,

n	p k	$\frac{1}{6}$	
8	0	23357	8
	1	37211	7
	2	26048	6
	3	10419	5
	4	02605	4
	5	00417	3
	6	00042	2
	7	00002	1
	8	00000	0
n		$\frac{5}{6}$	k p

Tab. 236.1 Die ersten 5 Dezimalstellen (gerundet) der Werte von $B(8; \frac{1}{6})$ und $B(8; \frac{5}{6})$

sondern $1 - F_p^n(k)$ erhält! Wir wollen uns dies an Hand der Wahrscheinlichkeitsbedeutung von F_p^n überlegen.
Bekanntlich gilt $F_p^n(k) = P(Z \leq k)$, wenn Z die Anzahl der Treffer in der *Bernoulli*-Kette ist. Gehen wir nun von den Treffern zu den Nieten über, dann erhalten wir $P(Z \leq k) = P(\text{»Anzahl der Nieten} \geq n - k\text{«})$.
Die Anzahl der Nieten gehorcht aber andererseits der Binomialverteilung $B(n; q)$. Damit gewinnen wir

$F_p^n(k) = P(\text{»Anzahl der Treffer} \leq k\text{«}) =$
$= P(\text{»Anzahl der Nieten} \geq n - k\text{«}) =$
$= 1 - P(\text{»Anzahl der Nieten} < n - k\text{«}).$

Ist $k \in \{0, 1, 2, \ldots, n\}$, so kann man dafür schreiben

$F_p^n(k) = 1 - P(\text{»Anzahl der Nieten} \leq n - k - 1\text{«}) = 1 - F_q^n(n - k - 1).$

Somit gilt das folgende

---
* Der Name Symmetriegesetz wird durch Satz 246.1 noch verständlicher werden.
** *Barth, Bergold, Haller*: Stochastik-Tabellen, Ehrenwirth Verlag.

14.4. Veranschaulichung von Binomialverteilungen durch Experimente

Symmetriegesetz für kumulative binomiale Verteilungsfunktionen:
$$F_p^n(k) = 1 - F_{1-p}^n(n - k - 1), \quad \text{falls } k \in \{0, 1, \ldots, n\}$$

Die Symmetriebeziehung für $k \notin \{0, 1, \ldots, n\}$ ist ohne praktische Bedeutung. Tabelle 237.1 zeigt uns einen Ausschnitt aus den *Stochastik-Tabellen*, an Hand dessen wir die Tafelbenutzung erklären wollen. Suchen wir z. B. den Wert $F_{5/6}^8(6)$, so könnten wir dafür $1 - F_{1/6}^8(8 - 6 - 1) = 1 - F_{1/6}^8(1)$ schreiben, $F_{1/6}^8(1)$ mit Hilfe des grauen Eingangs zu 0,60468 bestimmen und schließlich $F_{5/6}^8(6) = 1 - 0{,}60468 = 0{,}39532$ errechnen. Benutzen wir hingegen für p den roten Eingang unten, so müssen wir die rechts stehenden rot unterlegten k-Werte nehmen. Wir lesen zu $p = \frac{5}{6}$ und $k = 6$ unmittelbar den Wert 0,60468 ab; die Subtraktion dieses Wertes von 1 bleibt uns leider nicht erspart. Andererseits benötigt man bei vielen Aufgaben gerade den Wert $1 - F_p^n(k)$, den man für $p \geq \frac{1}{2}$ dann direkt mit Hilfe des roten Eingangs aus der Tabelle entnehmen kann. Sucht man z. B. für $n = 8$ und $p = \frac{5}{6}$ die Wahrscheinlichkeit $P(X \geq 4) = 1 - P(X \leq 3) = 1 - F_{5/6}^8(3)$, so liest man diesen Wert in Tabelle 237.1 mit Hilfe des roten Eingangs direkt ab zu
$P(X \geq 4) = 0{,}99539$.

n \ p / k	$\frac{1}{6}$	
8	0	23257	7
	1	60468	6
	2	86515	5
	3	96934	4
	4	99539	3
	5	99956	2
	6	99998	1
	7		0
n	$\frac{5}{6}$	p / k

$F_p^n(k) = 1 - $ Tafelwert

Tab. 237.1 Die ersten 5 Dezimalstellen (gerundet) der kumulativen Verteilungsfunktionen $F_{1/6}^8$ und $F_{5/6}^8$. Man beachte, daß sich die grau unterlegten k-Werte mit den rot unterlegten k-Werten nur zu $n - 1$ ergänzen!

14.4. Veranschaulichung von Binomialverteilungen durch Experimente

Beispiel 1: Wir wollen die Werte von $B(10; \frac{1}{2})$ experimentell durch relative Häufigkeiten angenähert herstellen. Dazu müssen wir z. B. den 10fach-Wurf einer Laplace-Münze sehr oft ausführen und zählen, wie oft wir dabei 0 Adler, 1 Adler, ..., 10 Adler erhalten. Wir werten Tabelle 11.1 demgemäß aus: Je 2 untereinanderstehende Fünfergruppen werden als ein Ergebnis eines 10fach-Wurfes aufgefaßt. Es ergibt sich folgende Häufigkeitsverteilung:

k	0	1	2	3	4	5	6	7	8	9	10
Anzahl des Auftretens von k Adlern	0	0	4	10	14	23	16	10	2	1	0
Häufigkeit	0	0	0,0500	0,1250	0,1750	0,2875	0,2000	0,1250	0,0250	0,0125	0
$B(10; \frac{1}{2}; k)$	0,0010	0,0098	0,0439	0,1172	0,2051	0,2461	0,2051	0,1172	0,0439	0,0098	0,0010

Unter den relativen Häufigkeiten sind die »Idealwerte« $B(10; \frac{1}{2}; k)$ eingetragen. Die Abweichungen zwischen Ideal und Wirklichkeit sind nicht allzu groß. Wir schreiben sie dem Zufall zu. Ob dies berechtigt ist, wäre mit den Methoden der *mathematischen Statistik* zu klären.

Mit einem von *Francis Galton* (1822–1911)* angegebenen Gerät kann man angenähert eine Binomialverteilung sogar unmittelbar mechanisch erzeugen. Wir besprechen dazu

Beispiel 2: Wir stellen uns eine schachbrettartig angelegte Stadt vor (Figur 238.1). Im Punkte 0 befindet sich eine Kneipe. Ein Betrunkener versucht, nach Hause zu gehen. An jeder Kreuzung geht er mit der Wahrscheinlichkeit p nach links und mit der Gegenwahrscheinlichkeit $q = 1 - p$ nach rechts.

Der Irrweg endet zufallsbestimmt an der Kreuzung Nummer k in der n-ten Zeile. Zur Berechnung der Wahrscheinlichkeit für ein bestimmtes k betrachten wir folgendes Schema:

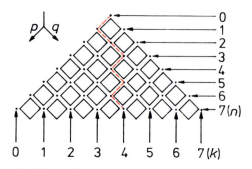

Fig. 238.1   Stadtplan für den Irrweg

An jedem Kreuzungspunkt steht jeweils die Wahrscheinlichkeit, ihn zu erreichen. Ein Kreuzungspunkt kann nur von den beiden darüberliegenden Kreuzungspunkten aus erreicht werden. Die Anzahl der Wege, die zu ihm führen, ist also gleich der Summe der Möglichkeiten, die beiden darüber liegenden Punkte zu erreichen. Man erhält so die Anordnung des *Pascal-Stifel*schen Dreiecks. Die gesuchte Wahrscheinlichkeit ergibt sich damit zu $\binom{n}{k} p^k q^{n-k} = B(n; p; k)$.

Die Zufallsgröße »Nummer der Kreuzung in der n-ten Zeile« ist also binomial nach $B(n; p)$ verteilt.

Für $p = q = \frac{1}{2}$ läßt sich nun der Zufallsweg des Betrunkenen mit einem *Galton-Brett* realisieren.

Auf einem vertikal aufgestellten Brett wird ein Quadratgitter durch Nägel erzeugt (vgl. Figur 239.1). Die durch einen Trichter senkrecht auf den ersten Nagel fallenden Kugeln werden mit der Wahrscheinlichkeit $\frac{1}{2}$ nach rechts oder links abgelenkt.

* Siehe Seite 407.

14.4. Veranschaulichung von Binomialverteilungen durch Experimente   239

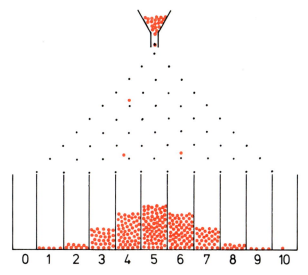

Fig. 239.1 *Galton*-Brett. Das Brett heißt auch *Quincunx*. Faßt man nämlich jeweils 5 Nägel zusammen, so entsteht eine Anordnung der Form ∶·∶, die von den Römern quincunx genannt wurde.

Falls der Abstand der Nägel in einem günstigen Verhältnis zum Kugeldurchmesser steht, treffen die Kugeln wieder senkrecht auf die Nägel der nächsten Reihe. In den Fächern sammeln sich die Kugeln dann so an, daß ihre Verteilung der Binomialverteilung $B(n; \frac{1}{2})$ entspricht. Einen Eindruck von den wirklichen Verhältnissen gibt Bild 239.2. Durch eine seitliche Neigung kann auch $p \neq \frac{1}{2}$ realisiert werden.

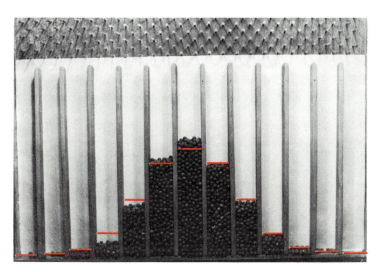

Bild 239.2 Versuch am *Galton*-Brett. (Die roten Linien geben die Idealwerte an.)

14.5. Erwartungswert und Varianz einer binomial verteilten Zufallsgröße

Es sei X eine nach $B(n; p)$ verteilte Zufallsgröße. Ihr Erwartungswert $\mathscr{E}(X)$ berechnet sich nach Definition 172.1 gemäß

$$\mathscr{E}(X) = \sum_{k=0}^{n} k \cdot B(n; p; k) = \sum_{k=0}^{n} k \cdot \binom{n}{k} p^k (1-p)^{n-k}.$$

Die Berechnung dieses Summenwerts ist sehr mühsam. Liebhabern tüfteliger Umformungen sei Aufgabe 266/**45** empfohlen! Wie so oft in der Mathematik hilft eine gute Idee uns auch hier, viel Arbeit zu ersparen. Sie besteht in der Einführung von n neuen Zufallsgrößen

$X_i :=$ »Anzahl der Treffer an der Stelle i der *Bernoulli*-Kette der Länge n«.

Die Zufallsgröße X_i besitzt die Wahrscheinlichkeitsverteilung W_i:

x	0	1
$W_i(x)$	q	p

Die X_i sind somit gleichverteilt, und zwar binomial nach $B(1; p)$. Also sind auch ihre Erwartungswerte gleich, nämlich

$$\mathscr{E}(X_i) = 0 \cdot q + 1 \cdot p = p.$$

Die Anzahl X der Treffer der gegebenen *Bernoulli*-Kette ist aber die Summe der Treffer X_i an den Stellen i, aufsummiert von 1 bis n. Also

$$X = X_1 + X_2 + \ldots + X_n = \sum_{i=1}^{n} X_i.$$

Nach Satz 205.1 erhält man daher sofort

$$\mathscr{E}X = \mathscr{E}(\sum_{i=1}^{n} X_i) = \sum_{i=1}^{n} \mathscr{E}X_i = \sum_{i=1}^{n} p = np.$$

Dieselbe gute Idee hilft uns auch, $\mathrm{Var}\,X$ auf einfache Weise zu berechnen. Zunächst gilt $\mathscr{E}(X_i^2) = 0 \cdot q + 1 \cdot p = p$ und damit

$$\begin{aligned}\mathrm{Var}\,X_i &= \mathscr{E}(X_i^2) - (\mathscr{E}X_i)^2 = \\ &= p - p^2 = \\ &= p(1-p) = \\ &= pq.\end{aligned}$$

Aus der zugrundeliegenden *Bernoulli*-Kette ergibt sich, daß die X_i stochastisch unabhängig sind. Damit läßt sich Satz 209.1 auf $X = \sum_{i=1}^{n} X_i$ anwenden, und man erhält

$$\mathrm{Var}\,X = \mathrm{Var}(\sum_{i=1}^{n} X_i) = \sum_{i=1}^{n} \mathrm{Var}\,X_i = \sum_{i=1}^{n} pq = npq.$$

Wir fassen zusammen in

> **Satz 241.1:** Eine nach B(n; p) verteilte Zufallsgröße X hat den Erwartungswert $\mathscr{E}X = np$ und die Varianz $\mathrm{Var}\,X = npq$.
> Die Standardabweichung $\sigma(X)$ hat den Wert $\sqrt{npq}$.

14.6. Eigenschaften der Binomialverteilung

Jede Binomialverteilung B(n; p) wird durch die beiden Zahlen n (Länge der *Bernoulli*-Kette = Anzahl der Einzelversuche) und p (Trefferwahrscheinlichkeit beim Einzelversuch) festgelegt. Einen ersten Überblick über diese Abhängigkeiten geben die Histogramme der Figuren 242.1 und 243.1.

In Figur 242.1 stimmen alle Verteilungen in der Länge $n = 16$ überein. Wir machen folgende Beobachtungen:

1. Die Maximumstelle, d. h. die Stelle größter Wahrscheinlichkeit, rückt mit wachsendem p nach rechts.
2. Der Erwartungswert μ wächst mit p monoton.
3. B(16; p) liegt symmetrisch zur Verteilung B(16; $1-p$) bezüglich der Achse $x = 8$.
4. Von $p = 0{,}1$ bis $p = 0{,}5$ werden die Verteilungen breiter, danach (wegen der Symmetrie) wieder schmäler, d. h., die Standardabweichung σ nimmt bis zu einem Maximum bei $p = \frac{1}{2}$ monoton zu und dann wieder monoton ab.
5. Von $p = 0{,}1$ bis $p = 0{,}5$ werden die Verteilungen niedriger, danach (wegen der Symmetrie) wieder höher, d. h., das Maximum von $p \mapsto \mathrm{B}(16; p)$ nimmt mit wachsendem p bis $p = \frac{1}{2}$ ab, dann wieder zu.
6. B(16; $\frac{1}{2}$) ist symmetrisch bezüglich der Achse $x = 8$. Je näher p bei $\frac{1}{2}$ liegt, um so »symmetrischer« ist die Verteilung.

In Figur 243.1 stimmen alle Verteilungen im Parameter $p = \frac{1}{5}$ überein. Wir machen folgende Beobachtungen:

7. Die Maximumstelle, d. h. die Stelle größter Wahrscheinlichkeit, rückt mit wachsendem n nach rechts.
8. Der Erwartungswert μ wächst mit n monoton.
9. Die Verteilungen werden mit wachsendem n immer breiter, d. h., die Standardabweichung σ wächst mit n monoton.
10. Die Verteilungen werden mit wachsendem n immer niedriger, d. h., das Maximum von $n \mapsto \mathrm{B}(n; \frac{1}{5})$ fällt monoton mit n.
11. Die Verteilungen werden mit wachsendem n immer »symmetrischer«.
12. B(4; $\frac{1}{5}$), B(9; $\frac{1}{5}$) und B(64; $\frac{1}{5}$) nehmen ihr Maximum zweimal, und zwar an benachbarten Stellen k an.

Wir wollen nun herausfinden, welche Gesetzmäßigkeiten hinter diesen Beobachtungen stecken.

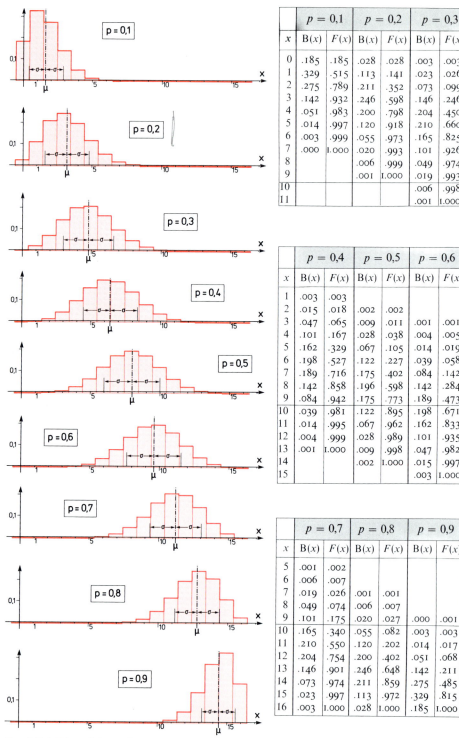

Fig. 242.1 Binomialverteilungen B(16; p) für verschiedene Parameterwerte p

14.6. Eigenschaften der Binomialverteilung

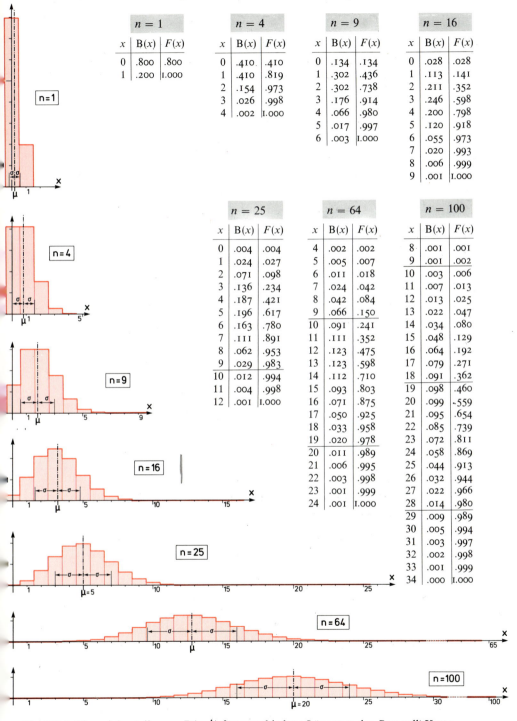

Fig. 243.1 Binomialverteilungen $B(n; \frac{1}{5})$ für verschiedene Längen n der *Bernoulli*-Kette

Zu 2. und 8. Nach Satz 241.1 ist $\mathscr{E}X = np$. Also gilt allgemein: Der Erwartungswert wächst mit n und mit p echt monoton.

Zu 4. und 9. Nach Satz 241.1 ist $\sigma = \sqrt{npq}$. Also gilt allgemein: Die Standardabweichung wächst echt monoton mit n. Aus der Umformung

$$\sigma = \sqrt{np(1-p)} = \sqrt{-n(p-\tfrac{1}{2})^2 + \tfrac{1}{4}n}$$

ersieht man sofort, daß der Radikand Var$X$ der Funktionsterm einer nach unten geöffneten Parabel ist, deren Scheitel bei $(\tfrac{1}{2} \mid \tfrac{1}{4}n)$ liegt. (Vgl. Figur 244.1.) Das bedeutet aber, daß σ bei festem n für $p = \tfrac{1}{2}$ maximal wird.

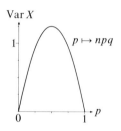

Fig. 244.1 Der Graph von Var$X = npq$, hier für $n = 5$

Zu 1., 7. und 12. Das Maximum einer Binomialverteilung bezüglich x kann man leider nicht mit der Differentialrechnung bestimmen, da die Funktion ja gerade an den interessanten Stellen $0, 1, 2, \ldots, n$ unstetig und damit nicht differenzierbar ist. Hier hilft uns aber die in **14.3.** für diese Stellen gewonnene Rekursionsformel weiter, die wir weiter umformen.

$$\frac{B(n;p;k)}{B(n;p;k-1)} = \frac{n-k+1}{k} \cdot \frac{p}{q} =$$

$$= 1 + \frac{n-k+1}{k} \cdot \frac{p}{q} - 1 =$$

$$= 1 + \frac{(n-k+1)p - kq}{kq} =$$

$$= 1 + \frac{(n+1)p - k}{kq}.$$

Der Zähler des Bruches entscheidet, ob und wann $B(n;p)$ von $k-1$ zu k wächst, konstant bleibt oder abnimmt:

$k < (n+1)p \Leftrightarrow B(n;p;k-1) < B(n;p;k)$,
$k = (n+1)p \Leftrightarrow B(n;p;k-1) = B(n;p;k)$,
$k > (n+1)p \Leftrightarrow B(n;p;k-1) > B(n;p;k)$.

$B(n;p)$ wächst also stets bis zur größten ganzen Zahl unterhalb von $(n+1)p$. Man bezeichnet diese Zahl durch die **Gauß-Klammer** $[(n+1)p]$, die man »Größte Ganze aus $(n+1)p$« liest. Sollte $(n+1)p$ selbst ganzzahlig sein, so bleibt der Funktionswert dann beim nächsten Schritt erhalten und fällt erst danach (2 benachbarte Maximumstellen); andernfalls fällt er sogleich ab (Figur 245.1).

14.6. Eigenschaften der Binomialverteilung

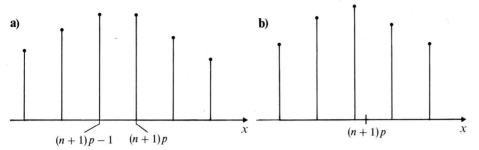

Fig. 245.1 Verhalten von B$(n;p)$ in der Umgebung des Maximums
a) $(n+1)p$ ganzzahlig, b) $(n+1)p$ nicht ganzzahlig

Wir fassen die gewonnenen Erkenntnisse zusammen in

Satz 245.1: Falls $(n+1)p$ ganzzahlig ist, nimmt B$(n;p)$ seinen maximalen Wert an den zwei benachbarten Stellen $k = (n+1)p - 1$ und $k = (n+1)p$ an.
Falls $(n+1)p$ nicht ganzzahlig ist, liegt das einzige Maximum beim größten Wert von k unterhalb von $(n+1)p$, also bei $[(n+1)p]$.
Schränkt man die Definitionsmenge von B$(n;p)$ auf $\{0, 1, ..., n\}$ ein, so gilt dort: B$(n;p)$ wächst echt monoton bis zum Maximum und nimmt dann echt monoton ab.

Bemerkungen:
1. Die Maximumstelle ist der wahrscheinlichste Wert (= **Modalwert**) der Zufallsgröße X. Dabei ist jedoch zu bedenken, daß für großes n auch der wahrscheinlichste Wert nur eine sehr kleine Wahrscheinlichkeit besitzt. So ist z.B. max B$(4; \frac{1}{5}; k) \approx 41\%$; aber max B$(100; \frac{1}{5}; k) \approx 10\%$. (Siehe auch Figur 243.1.)
2. Wegen $(n+1)p = np + p = \mu + p$ liegt das Maximum immer in der Nähe des Erwartungswertes μ, also recht genau dort, wo wir es bei naiver Betrachtung vermuten würden: Wir rechnen ja damit, daß etwa der Bruchteil p aller Versuche einen Treffer liefern wird, also: Anzahl der Treffer $\approx n \cdot p$. Die Maximumstelle der Verteilung unterscheidet sich von diesem Wert höchstens um Eins! Nur für ganzzahliges μ stimmen die dann einzige Maximumstelle und der Erwartungswert überein.
3. Erstaunlicherweise muß der wahrscheinlichste Wert nicht notwendig das dem Erwartungswert am nächsten liegende k sein (vgl. Aufgabe 271/**67**). So ist z.B. bei B$(16; \frac{1}{10})$ der Erwartungswert $\mu = 1{,}6$; das Maximum liegt jedoch bei $k = [1{,}6 + 0{,}1] = 1$ und nicht bei dem näher gelegenen Wert $k = 2$.
4. Mit dem Aufsuchen der Maximumstelle $[(n+1)p]$ ist das Problem des Startwerts für die Berechnung der Binomialtabellen gelöst.

Wir verstehen nun, daß die Maximumstelle mit wachsendem n und p nach rechts rückt: $[(n+1)p]$ wächst sowohl mit n als auch mit p.

Zwei gleich hoch gelegene Punkte des Funktionsgraphen gibt es für $p = \frac{1}{5}$ dann, wenn $(n+1) \cdot \frac{1}{5}$ eine ganze Zahl ist, in Figur 243.1 bei $n = 4$, 9 und 64:

$(4+1) \cdot \frac{1}{5} = 1$; $(9+1) \cdot \frac{1}{5} = 2$; $(64+1) \cdot \frac{1}{5} = 13$;

also liegen die Doppelmaxima für $n = 4$ bei 0 und 1, für $n = 9$ bei 1 und 2 und für $n = 64$ bei 12 und 13.

Zu 3. und 6. Das auf Seite 236 gefundene Symmetriegesetz für $B(n; p)$ besagt

$B(n; 1-p; n-k) = B(n; p; k)$.

Wegen
$n - k = \frac{1}{2}n + (\frac{1}{2}n - k)$ und $k = \frac{1}{2}n - (\frac{1}{2}n - k)$
liegen die Argumente $n - k$ und k symmetrisch zu $\frac{1}{2}n$, wie Figur 246.1 noch veranschaulicht. Damit erhält das Symmetriegesetz für Binomialverteilungen die Form von

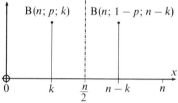

Fig. 246.1 Das Argument k von $B(n; p; k)$ und das Argument $n - k$ von $B(n; 1-p; n-k)$ liegen symmetrisch zu $\frac{1}{2}n$.

Satz 246.1: Die Verteilungen $B(n; p)$ und $B(n; 1-p)$ liegen zueinander symmetrisch bezüglich der Geraden $x = \frac{1}{2}n$. Insbesondere ist die Verteilung $B(n; \frac{1}{2})$ in sich achsensymmetrisch bezüglich der Achse $x = \frac{1}{2}n$.

Zu 6. und 11. Um das »Symmetrischer-Werden« der Binomialverteilungen in Abhängigkeit von n und p zu zeigen, benötigt man ein Maß für die Abweichung von der Symmetrie. Man wählt hierfür für $\sigma \neq 0$ den Formparameter **Schiefe** (= *skewness*) einer Zufallsgröße, definiert durch

$$\text{Schiefe} := \frac{\mathscr{E}[(X - \mu)^3]}{\sigma^3}$$

Eine sehr mühsame Rechnung liefert für die Schiefe von Zufallsgrößen, die nach $B(n; p)$ verteilt sind, den Wert $\frac{1-2p}{\sigma}$. Man erkennt daraus, daß die Schiefe genau dann 0 ist, wenn $p = \frac{1}{2}$ ist, was unserer Beobachtung 6. entspricht. Aus $\frac{1-2p}{\sigma} = \frac{1-2p}{\sqrt{np(1-p)}}$ erkennt man unmittelbar, daß die Schiefe für wachsendes n bei festem p monoton gegen 0 konvergiert, was unserer Beobachtung 11. entspricht.

Zu 5. und 10. Wir besitzen keinen einfachen Rechenausdruck für den Maximalwert einer Binomialverteilung. Wie wir aber später in Aufgabe 313/**15** zeigen werden, gibt es für große n eine Näherungsformel für den Maximalwert. Es gilt nämlich:

Es sei $M(n; p)$ der Maximalwert der Binomialverteilung $B(n; p)$, also $M(n; p) = \max\{B(n; p; x) | x \in \mathbb{R}\}$. Dann gilt für $0 < p < 1$ und großes n:

$$M(n; p) \approx \frac{1}{\sigma\sqrt{2\pi}}$$

Figur 247.1 zeigt, wie gut diese Näherung ist.

Wir haben bereits oben (Seite 244) gezeigt, daß σ bei festem n für $p = \frac{1}{2}$ am größten wird. Also muß $M(n;p)$ bei festem n für $p = \frac{1}{2}$ bezüglich p am kleinsten werden, was Beobachtung **5.** entspricht. Andererseits wächst σ bei festem p mit n echt monoton; also nimmt $M(n;p)$ echt monoton ab (Beobachtung **10.**).

Anschaulich ist dies alles klar: Da die Histogramme immer breiter werden, ihre Flächeninhalte aber konstant den Wert 1 haben, sollte das höchste Rechteck des Histogramms immer niedriger werden.

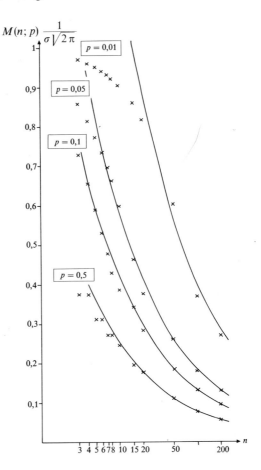

Fig. 247.1 Güte der Näherungsformel für die Maxima von Binomialverteilungen
Einzelpunkte: Maximalwerte $M(n;p)$ der Binomialverteilungen $B(n;p)$.
Durchgezogene Kurven: zugehörige Näherungen $(\sigma\sqrt{2\pi})^{-1}$.
Beachte: Auf der n-Achse logarithmischer Maßstab!

14.7. Die Ungleichung von *Bienaymé-Tschebyschow* für binomial verteilte Zufallsgrößen und das Gesetz der großen Zahlen

Wenden wir die Ungleichung von *Bienaymé-Tschebyschow*, nämlich

$$P(|X - \mu| \geq a) \leq \frac{\text{Var } X}{a^2},$$

auf binomial nach $B(n;p)$ verteilte Zufallsgrößen X an, dann lassen sich μ und $\text{Var } X$ durch np bzw. npq ersetzen, und wir erhalten

$$P(|X - np| \geq a) \leq \frac{npq}{a^2}.$$

Die Ungleichung $|X - np| \geq a$ beschreibt kurz das Ereignis $\{\omega \,|\, |X(\omega) - np| \geq a\}$. Dividiert man die in der Mengenklammer stehende Ungleichung durch n, so wird weiterhin dasselbe Ereignis beschrieben, also

$$\{\omega \mid |X(\omega) - np| \geq a\} = \left\{\omega \left| \left|\frac{X(\omega)}{n} - p\right| \geq \frac{a}{n}\right.\right\}.$$

Weil durch diese Umformung das Ereignis nicht verändert wurde, bleibt auch die Wahrscheinlichkeit dieselbe, und es gilt

$$P\left(\left|\frac{X}{n} - p\right| \geq \frac{a}{n}\right) \leq \frac{npq}{a^2}.$$

Da X die Anzahl der Treffer in einer *Bernoulli*-Kette der Länge n ist, stellt $\frac{X}{n} =: H_n$ die Zufallsgröße »Relative Häufigkeit von Treffer in einer *Bernoulli*-Kette von n Versuchen, bei denen der Treffer jeweils die Wahrscheinlichkeit p hat« dar. Die Wertemenge von H_n ist demnach die Menge $\{0, \frac{1}{n}, \frac{2}{n}, \ldots, 1\}$, die Wahrscheinlichkeitsverteilung von H_n ergibt sich zu $P(H_n = \frac{k}{n}) = B(n; p; k)$. Dennoch ist H_n nicht binomial verteilt! h_n bezeichne weiterhin einen bestimmten Wert von H_n. Der Bequemlichkeit halber setzen wir $\frac{a}{n} =: \varepsilon$ und erhalten damit

$$P(|H_n - p| \geq \varepsilon) \leq \frac{npq}{n^2 \varepsilon^2} = \frac{pq}{n\varepsilon^2} = \frac{p(1-p)}{n\varepsilon^2}.$$

Oft kennt man p nicht. Dann schätzt man $p(1-p)$ durch seinen Maximalwert $\frac{1}{4}$ ab (vgl. Figur 248.1).

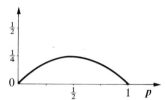

Fig. 248.1 Graph der Funktion $p \mapsto p(1-p)$

Zusammenfassend gilt also

Satz 248.1: *Bienaymé-Tschebyschow*-Ungleichung für die relative Häufigkeit. Für die relative Häufigkeit H_n (»Treffer«) in einer *Bernoulli*-Kette der Länge n mit dem Parameter $P(\text{»Treffer«}) = p$ gilt:

$$P(|H_n - p| \geq \varepsilon) \leq \frac{pq}{n\varepsilon^2} \leq \frac{1}{4n\varepsilon^2}$$

Bemerkung: Das *Tschebyschow*-Risiko $r_T = \frac{\text{Var}\, X}{a^2}$ wird hier zu $r_T = \frac{pq}{n\varepsilon^2}$ und beträgt höchstens $\frac{1}{4n\varepsilon^2}$.

Sowohl in der Interpretationsregel für Wahrscheinlichkeiten (5.2.) wie auch beim Versuch der Definition der Wahrscheinlichkeit eines Ereignisses durch *v. Mises* wird ein intuitiver Zusammenhang zwischen relativer Häufigkeit und Wahrscheinlichkeit sichtbar. Satz 248.1 gibt uns nun die Möglichkeit, diesen Zusammenhang zu erkennen. Dazu schreiben wir die *Tschebyschow*-Ungleichung von Satz 248.1 für das Gegenereignis auf, also

$$P(|H_n - p| < \varepsilon) \geq 1 - \frac{pq}{n\varepsilon^2}.$$

14.7. Das Gesetz der großen Zahlen

Diese Ungleichung können wir folgendermaßen interpretieren: Die Wahrscheinlichkeit dafür, daß sich die relative Häufigkeit des Treffers um weniger als ein beliebig kleiner, aber fest gewählter Wert ε von der Wahrscheinlichkeit p des Treffers unterscheidet, wächst mit zunehmender Länge n der *Bernoulli*-Kette und kommt dem Wert 1 beliebig nahe. Damit erweist sich die relative Häufigkeit für hinreichend großes n als guter »Meßwert« für die Wahrscheinlichkeit. Dieser Sachverhalt ist die Aussage des sog. Hauptsatzes der *Ars Conjectandi*, den *Jakob Bernoulli* (1655–1705) wohl um 1685 gefunden hat, und den man heute schwaches Gesetz der großen Zahlen nennt.*

> **Satz 249.1: Schwaches Gesetz der großen Zahlen von *Jakob Bernoulli*.**
> Ist A der Treffer einer *Bernoulli*-Kette der Länge n mit $P(A) = p$ und $H_n(A)$ seine relative Häufigkeit, dann gilt für jedes $\varepsilon > 0$:
> $$\lim_{n \to \infty} P(|H_n - p| < \varepsilon) = 1$$

Man könnte nun versucht sein, $\varepsilon = 0$ zu setzen, in der Hoffnung, mit zunehmendem n schließlich p exakt zu bestimmen. *Bernoulli* hat bereits darauf hingewiesen, »daß sich dann das Gegenteil ergäbe«,

nämlich $\quad\lim_{n \to \infty} P(|H_n - p| = 0) = \lim_{n \to \infty} P(H_n = p) = 0$,

was mit unserer Beobachtung über $\max\{B(n;p;x)\}$ von Seite 246f. übereinstimmt, und daß wir den Wert von p

»nur mit einer bestimmten Annäherung erhalten, d.h. zwischen zwei Grenzen einschließen können, welche aber beliebig nahe beieinander angenommen werden dürfen«.

Der scheinbare Widerspruch klärt sich auf, wenn man bedenkt, daß im endlichen Intervall $]p - \varepsilon; p + \varepsilon[$ für großes n sehr viel mögliche Werte von H_n liegen, die alle im Abstand $\frac{1}{n}$ aufeinanderfolgen. Es gibt also ungefähr $\frac{2\varepsilon}{\frac{1}{n}} = 2n\varepsilon$ Werte für H_n in diesem Intervall, von denen jeder zwar eine verschwindend kleine Wahrscheinlichkeit hat, die Summe all dieser Wahrscheinlichkeiten aber nahezu 1 ergibt.

Was besagt im Sinne der Analysis eigentlich $\lim_{n \to \infty} P(|H_n - p| < \varepsilon) = 1$? Diese Gleichung drückt doch aus, daß sich bei fest vorgegebenem positiven ε zu jeder beliebigen Schranke $\eta > 0$ eine Länge n_0 für *Bernoulli*-Ketten des Parameters p

---

* *Bernoulli* hat, wie er selbst in der *Ars Conjectandi* (ed. 1713) wohl um 1703/4 schreibt, dieses Problem schon 20 Jahre mit sich herumgetragen. Wie stolz er auf diesen Satz war, zeigen seine Worte am Schluß des Beweises in seinen Tagebüchern:
»Hoc inventum pluris facio quam si ipsam circuli quadraturam dedissem, quod si maxime reperiretur, exigui usus esset.«
»Diese Entdeckung gilt mir mehr, als wenn ich gar die Quadratur des Kreises geliefert hätte; denn wenn diese auch gänzlich gefunden würde, so wäre sie doch sehr wenig nütz.«
Der Name *Gesetz der großen Zahlen* stammt von *Siméon-Denis Poisson* (1781–1840), der 1837 einen allgemeinen Satz veröffentlichte, den er *la loi des grands nombres* nannte, und von dem das *Bernoulli*sche Gesetz der großen Zahlen ein Spezialfall ist.

finden läßt, so daß für alle $n \geq n_0$ die Wahrscheinlichkeit dafür, daß sich die relative Trefferhäufigkeit um weniger als ε von der Wahrscheinlichkeit p für einen Treffer unterscheidet, mindestens $1 - \eta$ wird, daß also $P(|H_n - p| < \varepsilon) \geq 1 - \eta$ gilt. Nehmen wir z.B. $\eta = \frac{1}{10}$, so bedeutet $P(|H_n - p| < \varepsilon) \geq 90\%$ nach der Interpretationsregel für Wahrscheinlichkeiten: Bestimmt man sehr oft die relative Häufigkeit H_n des Treffers in *Bernoulli*-Ketten einer Länge $n \geq n_0$ zum selben Parameter p, so erhält man in ungefähr mindestens 90% aller Fälle Werte h_n, die in das Intervall $]p - \varepsilon; p + \varepsilon[$ fallen. Diesen Sachverhalt drückt man dadurch aus, daß man sagt, H_n **konvergiere in Wahrscheinlichkeit nach** p, oder auch, H_n **konvergiere stochastisch nach** p. Figur 250.1 veranschaulicht diese Art von Konvergenz.

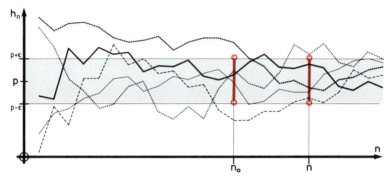

Fig. 250.1 Zum Schwachen Gesetz der großen Zahlen: Es gibt ein n_0, so daß für alle $n \geq n_0$ die Wahrscheinlichkeit dafür, daß die Werte h_n der relativen Häufigkeit H_n in das Intervall $]p - \varepsilon; p + \varepsilon[$ fallen, mindestens $1 - \eta$ beträgt. – Anschaulich: Der Anteil der Schlangen, die durch das 2ε-Tor um p hindurchgehen, ist für $n \geq n_0$ etwa $1 - \eta$.*

Aus der stochastischen Konvergenz von H_n darf auf keinen Fall geschlossen werden, daß von dem gefundenen n_0 ab die relative Häufigkeit für noch größere Längen in dem Intervall $]p - \varepsilon; p + \varepsilon[$ bleibt, d.h., daß etwa $\lim_{n \to \infty} H_n(A) = P(A)$ gelte! Eine etwas schwächere Behauptung als diese hat im Jahre 1909 *Émile Borel* (1871–1956) für $p = \frac{1}{2}$ gefunden. Sie wurde 1917 von *Francesco Paolo Cantelli* (1875–1966) für $0 < p < 1$ verallgemeinert und heißt

Das starke Gesetz der großen Zahlen:

$$P(\lim_{n \to \infty} H_n = p) = 1$$

Es besagt, daß die relative Häufigkeit **fast sicher** gegen die zugehörige Wahrscheinlichkeit **konvergiert**.
Wir verzichten auf den Beweis, da wir dazu unendliche Ergebnisräume benötigen.

* Jede gezeichnete Schlange ist folgendermaßen entstanden: Zu jedem n werden n unabhängige Versuche gemacht, und dann h_n bestimmt. Z.B.: Um h_{100} zu bestimmen, müssen 100 unabhängige Versuche gemacht werden. Um dann eine Schlange bis $n = 100$ zeichnen zu können, müssen $1 + 2 + \ldots + 100 = 5050$ Versuche ausgeführt werden! Man darf die Schlangen von Figur 250.1 nicht mit denen der Figuren 31.1, 33.1, 34.1 und 71.1 verwechseln, die die Entwicklung von h_n darstellen. So ist z.B. in Figur 31.1 die Entstehung von h_{800}(»Adler«) $= \frac{1}{2}$ dargestellt; die Schlange gibt also die Entwicklung für diesen einen Wert an.

14.7. Das Gesetz der großen Zahlen

Das schwache Gesetz der großen Zahlen rechtfertigt unsere Interpretationsregel für Wahrscheinlichkeiten, d. h. die statistische Bestimmung von Wahrscheinlichkeiten. Um mit *Jakob Bernoulli* zu sprechen: Wir können die Wahrscheinlichkeit »a posteriori fast ebenso genau finden, als wenn sie uns a priori bekannt« wäre. Es liefert uns also gewissermaßen eine Meßvorschrift für die Wahrscheinlichkeit von solchen Ereignissen, die unter gleichen Bedingungen beliebig oft wiederholbar sind. Die Wahrscheinlichkeit solcher Ereignisse läßt sich damit wie eine physikalische Konstante messen!

Bei flüchtiger Betrachtungsweise könnte man meinen, daß im Gesetz der großen Zahlen ein Zirkelschluß vorliegt, da es eine Aussage über einen Zusammenhang zwischen der relativen Häufigkeit eines Ereignisses und seiner Wahrscheinlichkeit macht, den man über die Interpretationsregel schon zur Grundlage der Definition der Wahrscheinlichkeit gemacht hat. Ein solcher circulus vitiosus liegt aber nicht vor, weil wir als Grundlage der mathematischen Theorie der Wahrscheinlichkeit die Wahrscheinlichkeit eines Ereignisses im Axiomensystem von *Kolmogorow* völlig unabhängig vom Begriff der relativen Häufigkeit definiert haben. Das Gesetz der großen Zahlen zeigt nun, daß diese abstrakte Definition der Wahrscheinlichkeit genau den realen Hintergrund erfaßt, für dessen Beschreibung man die Wahrscheinlichkeitstheorie geschaffen hatte. Wir können nun auch noch verstehen, warum wir das Empirische Gesetz der großen Zahlen, die Stabilisierung der relativen Häufigkeit um einen festen Wert, nicht präzise formulieren konnten. Wir benötigen zu diesem Zweck nämlich den Begriff der Wahrscheinlichkeit. Das schwache Gesetz der großen Zahlen drückt diese Stabilisierung aus; es besagt ja gerade, daß große Abweichungen der relativen Häufigkeit von diesem festen Wert nach einer sehr langen Versuchsreihe sehr unwahrscheinlich sind.

Die Aussage des schwachen Gesetzes der großen Zahlen wird von vielen Leuten mißverstanden. So neigen manche Lottospieler wie einst *d'Alembert* (1717–1783) dazu, gerade diejenigen Zahlen zu tippen, die bei den bis dahin erfolgten Ausspielungen sehr selten erschienen sind. Sie meinen nämlich, das schwache Gesetz der großen Zahlen arbeite wie ein Buchhalter, der darauf achtet, daß alle Zahlen gleich oft gezogen werden. Das schwache Gesetz der großen Zahlen arbeitet aber anders, nämlich gewissermaßen durch Überschwemmung: Defizite oder Überschüsse, die sich bei den *absoluten* Häufigkeiten im Laufe der Zeit ergeben, werden in der *relativen* Häufigkeit dadurch ausgebügelt, daß sie als Differenzen im Zähler bei sehr großem Nenner keine Rolle mehr spielen. So hat z. B. die Zahl 13, wie die Tabelle zu Aufgabe 38/7 zeigt, nach 1225 Ziehungen ein Defizit von 29 gegenüber dem Sollwert von 150. Das bedeutet für die relative Häufigkeit ein Defizit von $\frac{29}{1225} < 2{,}4\%$. Dasselbe Defizit von 29 würde bei 10 000 Ziehungen in der relativen Häufigkeit nur mehr $0{,}29\%$ ausmachen; nach 1 Million Ziehungen spielt dieses Defizit mit $0{,}0029\%$ aber keine Rolle mehr.

Analog sorgt beim *Galton*brett das schwache Gesetz der großen Zahlen dafür, daß auf lange Sicht, wenn immer mehr Kugeln durch den Nagelwald laufen, die Fächer immer genauer nach $B(n; \frac{1}{2})$ gefüllt werden. Dabei ist es offensichtlich unsinnig anzunehmen, daß eine startende Kugel weiß, in welchem Fach gerade Defizit herrscht, um bevorzugt dorthin zu springen.

Unterstellt man dem schwachen Gesetz der großen Zahlen also einen Buchhaltercharakter, so müßte man wider alle Vernunft annehmen, daß stochastische Geräte Gewissen und Gedächtnis hätten, wie es *Joseph Bertrand* (1822–1900) einmal treffend formulierte*. Wäre dem so, entgegnete 1785 *Leonhard Euler* (1707 bis 1783) in seinen *Opuscula Analytica*** der Auffassung *d'Alemberts*,

»dann müßte jeder nach einem Jahr, ja nach einem Jahrhundert stattfindende Zug vom Ergebnis aller Züge abhängen, die seit undenklichen Zeiten an irgendwelchen Orten dieser Erde stattgefunden haben; Absurderes kann sicherlich kaum gedacht werden.«

14.8. Anwendungen der Ungleichung von *Bienaymé-Tschebyschow*

Die Ungleichung von *Bienaymé-Tschebyschow* kann, je nach Bedarf, unterschiedlich formuliert werden. Wir stellen die drei häufigsten Formulierungen der *Bienaymé-Tschebyschow*-Ungleichung in der Form, in der sie sich am leichtesten merken lassen, zusammen:

---

1) Ist X eine Zufallsgröße mit $\mathscr{E} X = \mu$ und ist $a > 0$, dann gilt

$$P(|X - \mu| \geq a) \leq \frac{\operatorname{Var} X}{a^2}. \quad \text{(Satz 184.1)}$$

2) Ist H_n die relative Häufigkeit eines Ereignisses mit der Wahrscheinlichkeit p in einer *Bernoulli*-Kette der Länge n und ist $\varepsilon > 0$, dann gilt

$$P(|H_n - p| \geq \varepsilon) \leq \frac{pq}{n\varepsilon^2} \leq \frac{1}{4n\varepsilon^2}. \quad \text{(Satz 248.1)}$$

3) Ist $\bar{X}_n$ das arithmetische Mittel n gleichverteilter, paarweise unabhängiger Zufallsgrößen X_i mit $\mathscr{E} X_i = \mu$ und $\operatorname{Var} X_i = \sigma^2$ und ist $a > 0$, dann gilt

$$P(|\bar{X}_n - \mu| \geq a) \leq \frac{\sigma^2}{na^2}. \quad \text{(Aufgabe 271/71)}$$

Viele Aufgaben der Wahrscheinlichkeitsrechnung handeln davon, daß das wahre Risiko, d. h., daß die Wahrscheinlichkeit dafür, daß die Werte einer Zufallsgröße X von ihrem Erwartungswert μ um mindestens a abweichen, eine gewisse Schranke η nicht überschreiten soll, kurz, daß

$$P(|X - \mu| \geq a) \leq \eta \qquad (1)$$

sein soll. Anders ausgedrückt: Die Wahrscheinlichkeit, daß die Werte von X sich um weniger als a von μ unterscheiden, soll einen gewissen Mindestwert besitzen, d. h.,

---

* »On fait trop d'honneur à la roulette: elle n'a ni conscience ni mémoire.« (*Calcul des Probabilités*, p. XXII, 1889)
** Die Abhandlung lautet *Solutio quarundam quaestionum difficiliorum in Calculo Probabilium.* – *Friedrich II.* bat *Euler* 1749 und 1763 um Rat bezüglich der Errichtung von Lotterien, um die Finanznot seines Staates zu beheben. Aus der Beschäftigung mit diesem Problem entstanden *Eulers* wahrscheinlichkeitstheoretische Arbeiten.

14.8. Anwendungen der Ungleichung von Bienaymé-Tschebyschow

$$P(|X - \mu| < a) \geq 1 - \eta. \qquad (2)$$

Da man nun auf Grund von Satz 184.1 weiß, daß das wahre Risiko höchstens so groß wie das *Tschebyschow*-Risiko r_T ist, ist Bedingung (1) für das wahre Risiko sicher erfüllt, wenn man das *Tschebyschow*-Risiko r_T höchstens so groß wie die Schranke η werden läßt, also (meist) weniger fordert, nämlich

$$P(|X - \mu| \geq a) \leq r_T \leq \eta.$$

Es ist uns natürlich bewußt, daß man dadurch unter Umständen viel zu grobe Abschätzungen erhält. Wo möglich, wird man außerdem versuchen, mit $r_T = \eta$ auszukommen.

Nun zu den Aufgaben! Der einfachste Aufgabentyp ist derjenige, bei dem aus gegebenen Daten eine Schranke für das wahre Risiko gesucht wird.

Beispiel 1: Wie groß ist die Mindestwahrscheinlichkeit dafür, daß die relative Häufigkeit für eine Sechs beim 100fachen Wurf eines L-Würfels um weniger als 0,05 von der Wahrscheinlichkeit für eine Sechs abweicht?

Lösung: An sich könnte man die gesuchte Wahrscheinlichkeit direkt berechnen. Mit $X := $ »Anzahl der Sechsen bei 100 Würfen« erhalten wir

$$P(|H_{100} - \tfrac{1}{6}| < 0{,}05) = P(|\tfrac{X}{100} - \tfrac{1}{6}| < \tfrac{1}{20}) = P(|X - \tfrac{100}{6}| < 5) =$$
$$= P(11\tfrac{2}{3} < X < 21\tfrac{2}{3}) =$$
$$= \sum_{k=12}^{21} B(100; \tfrac{1}{6}; k) = F_{1/6}^{100}(21) - F_{1/6}^{100}(11) =$$
$$= 0{,}93695 - 0{,}07772 = 0{,}85923.$$

Hätten wir keine Tabellen, z. B. wenn $n = 80$ wäre, so müßten wir eine sehr mühsame Rechnung durchführen. Da ist man dann oft froh, wenn man die gesuchte Wahrscheinlichkeit durch eine untere Schranke abschätzen kann. Wir suchen nun also eine untere Schranke für $P(|H_{100} - \tfrac{1}{6}| < 0{,}05)$. Dazu gehen wir zum Gegenereignis über und suchen eine obere Schranke für $P(|H_{100} - \tfrac{1}{6}| \geq 0{,}05)$. Das *Tschebyschow*-Risiko $r_T = \dfrac{\tfrac{1}{6} \cdot \tfrac{5}{6}}{100 \cdot 0{,}05^2}$ ist eine solche obere Schranke. Wir erhalten $r_T = \tfrac{5}{9} < 0{,}556$. Also ist

$$P(|H_{100} - \tfrac{1}{6}| < 0{,}05) \geq 1 - \tfrac{5}{9} = \tfrac{4}{9} > 44{,}4\%.$$

Das bedeutet:

Mit einer Wahrscheinlichkeit von mehr als 44,4% liegen beim 100fachen Wurf eines L-Würfels die Werte h_{100} (»Sechs«) der relativen Häufigkeit H_{100} (»Sechs«) im Intervall $]\tfrac{1}{6} - 0{,}05; \tfrac{1}{6} + 0{,}05[=]\tfrac{7}{60}; \tfrac{13}{60}[$, was durch Figur 254.1 veranschaulicht wird.

In einer Vielzahl von Aufgaben wird nach der Zahl n der Versuche gefragt, die nötig sind, um das wahre Risiko nicht größer als η werden zu lassen.

Beispiel 2: Wie oft muß ein L-Würfel mindestens geworfen werden, damit mit einer Sicherheit von mindestens 60% das arithmetische Mittel der Augenzahlen um weniger als 0,75 vom Erwartungswert 3,5 abweicht?

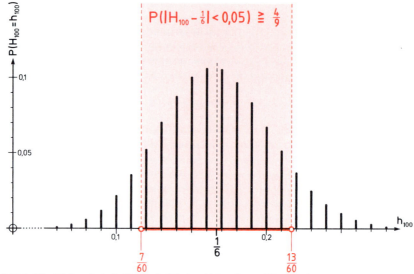

Fig. 254.1 Die Wahrscheinlichkeit, daß beim 100maligem Werfen eines L-Würfels die relative Häufigkeit der Sechs um weniger als $\frac{1}{20}$ von ihrer Wahrscheinlichkeit $\frac{1}{6}$ abweicht, ist mindestens $\frac{4}{9}$.

Lösung: Gesucht ist ein kleinstes n, so daß $P(|\bar{X}_n - 3{,}5| < 0{,}25) \geq 60\% = 1 - \eta$. Da die Varianz der Zufallsgröße Augenzahl den Wert $\frac{35}{12}$ hat (Aufgabe 194/44), erhalten wir aus der *Tschebyschow*-Ungleichung

$$P(|\bar{X}_n - 3{,}5| \geq 0{,}25) \leq \frac{\frac{35}{12}}{n \cdot 0{,}25^2}.$$

Setzen wir das rechts stehende *Tschebyschow*-Risiko höchstens gleich der Schranke $\eta (= 40\%)$, dann gewinnen wir für n die folgende Abschätzung

$$\frac{35}{12 \cdot 0{,}25^2 \cdot n} \leq 0{,}4 \Leftrightarrow n \geq \tfrac{350}{3} \geq 116\tfrac{2}{3}, \quad \text{also } n \geq 117.$$

Somit gilt: Wirft man mindestens 117mal einen L-Würfel, so ist die Wahrscheinlichkeit dafür, daß das arithmetische Mittel der Augenzahlen vom Erwartungswert 3,5 um weniger als 0,25 abweicht, mindestens 60%, was Figur 255.1 veranschaulichen soll.

Schwieriger als diese beiden Aufgabentypen sind diejenigen, in denen ε- bzw. a-Intervalle gesucht sind. Dabei sind zwei Fragestellungen zu unterscheiden.

1. Fragestellung: Es ist dasjenige Intervall um p (bzw. μ) gesucht, in das die relative Häufigkeit H_n (bzw. das arithmetische Mittel $\bar{X}$) mit einer vorgegebenen Sicherheitswahrscheinlichkeit von mindestens $1 - \eta$ trifft. Man sucht also ein ε, so daß die Bedingung

$$|H_n - p| < \varepsilon \Leftrightarrow p - \varepsilon < H_n < p + \varepsilon$$

mit einer vorgegebenen Mindestwahrscheinlichkeit $1 - \eta$ erfüllt wird.

14.8. Anwendungen der Ungleichung von Bienaymé-Tschebyschow

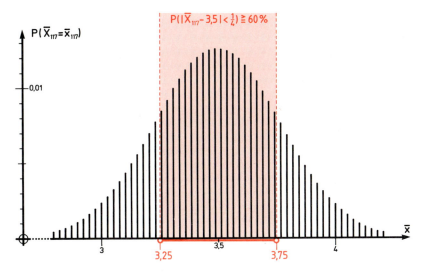

Fig. 255.1 Soll die Wahrscheinlichkeit, daß das arithmetische Mittel der Augenzahlen eines L-Würfels vom Erwartungswert 3,5 um weniger als $\frac{1}{4}$ abweicht, mindestens 60% betragen, so muß mindestens 117mal gewürfelt werden.
Gezeichnet ist vom Stabdiagramm der Wahrscheinlichkeitsverteilung $P(\bar{X}_{117} = \bar{x})$ nur jeder dritte der 586 Stäbe (die bei $\bar{x} \in \{1, \frac{118}{117}, \frac{119}{117}, \ldots, 6\}$ liegen), sofern er mindestens $5 \cdot 10^{-5}$ mißt.

Beispiel 3: In welchem Intervall um $p = \frac{1}{6}$ liegt bei 100maligem Werfen eines L-Würfels die relative Häufigkeit für die Augenzahl 6 mit einer Mindestwahrscheinlichkeit von 60%?
Lösung: Gesucht ist ein ε, so daß

$$P(|H_{100} - \tfrac{1}{6}| < \varepsilon) = P(\tfrac{1}{6} - \varepsilon < H_{100} < \tfrac{1}{6} + \varepsilon) \geq 60\%$$

wird. Statt dessen können wir auch

$$P(|H_{100} - \tfrac{1}{6}| \geq \varepsilon) \leq 40\%$$

fordern. Das ist sicher erfüllt, wenn das *Tschebyschow*-Risiko höchstens gleich 40% wird, also

$$\frac{\tfrac{1}{6} \cdot \tfrac{5}{6}}{100\,\varepsilon^2} \leq 0{,}4 \Leftrightarrow \varepsilon \geq \tfrac{1}{24}\sqrt{2} = 0{,}0589\ldots$$

Für $\varepsilon = 0{,}059$ ist die Bedingung sicherlich erfüllt, d.h., mit einer Wahrscheinlichkeit von mindestens 60% ergeben sich Werte $h_{100}(\text{»6«})$ der relativen Häufigkeit $H_{100}(\text{»6«})$ zwischen 0,107 und 0,226. Figur 256.1 veranschaulicht diesen Sachverhalt. – Bedenkt man noch, daß H_{100} nur Werte aus $\{0, \tfrac{1}{100}, \tfrac{2}{100}, \ldots, \tfrac{99}{100}, 1\}$ annehmen kann, so läßt sich verschärfend sagen, daß mit einer Wahrscheinlichkeit von mindestens 60% die relative Häufigkeit H_{100} (»Sechs«) Werte im Intervall $[0{,}11;\ 0{,}22]$ annimmt.

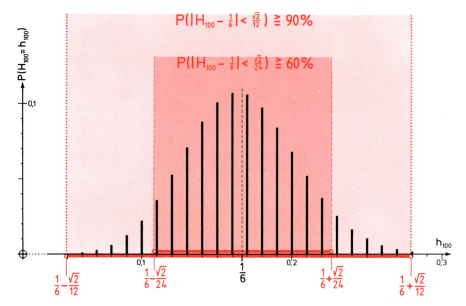

Fig. 256.1 Beim 100maligen Werfen eines L-Würfels ist die Wahrscheinlichkeit mindestens 60%, daß die relative Häufigkeit des Ereignisses »Sechs« von seiner Wahrscheinlichkeit $\frac{1}{6}$ um weniger als $\varepsilon = \frac{1}{24}\sqrt{2}$ abweicht. – Punktiert ist dasjenige ε-Intervall angegeben, das man wählen muß, falls man eine Wahrscheinlichkeit von mindestens 90% fordert.

Löst man die Aufgabenstellung von Beispiel 3 allgemein mit dem Ansatz $r_T = \eta$, also $\frac{pq}{n\varepsilon^2} = \eta$, so erhält man $\varepsilon = \sqrt{\frac{pq}{n\eta}}$, was zum Intervall

$$I(p) := \left] p - \sqrt{\frac{pq}{n\eta}};\ p + \sqrt{\frac{pq}{n\eta}} \right[$$

führt. Es wird also jedem p ein Intervall $I(p)$ zugeordnet, in das die Werte h_n der relativen Häufigkeit H_n mindestens mit der Wahrscheinlichkeit $1 - \eta$ hineinfallen. Figur 257.1 veranschaulicht diesen Zusammenhang $p \mapsto I(p)$. Die Hüllkurve all dieser Intervalle ist eine Ellipse mit der Gleichung

$$|h_n - p| = \sqrt{\frac{p(1-p)}{n\eta}}.$$

2. Fragestellung: Der andere Fall der Intervallbestimmung besteht darin, daß man bei einer Versuchsserie der Länge n einen Wert h_n der relativen Häufigkeit H_n ermittelt hat und nun ein ε-Intervall um diesen Wert h_n sucht, in dem die unbekannte, aber feste Wahrscheinlichkeit p mit einer vorgegebenen Mindestwahrscheinlichkeit liegt. Ein solches Intervall nannte 1934 *Jerzy Neyman* (1894–1981) **Vertrauensintervall** oder **Konfidenzintervall** für p.

14.8. Anwendungen der Ungleichung von Bienaymé-Tschebyschow

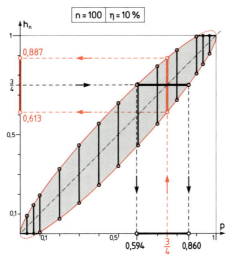

Fig. 257.1
Der Graph der Relation $p \mapsto I(p)$ ist die Punktmenge $\{(p|h_n)|h_n \in I(p) \cap [0;1] \wedge p \in [0;1]\}$, also das grau unterlegte Gebiet einschließlich des schwarzen Randes.
Für $p = \frac{3}{4}$ ist $I(\frac{3}{4}) =]\frac{3}{4} - \frac{1}{40}\sqrt{30}; \frac{3}{4} + \frac{1}{40}\sqrt{30}[\subset]0{,}613; 0{,}887[$ rot hervorgehoben.
In dieses Intervall fällt die relative Trefferhäufigkeit mindestens mit der Wahrscheinlichkeit 90%, wenn $P(\text{»Treffer«}) = \frac{3}{4}$ ist.
---: Geht man bei $h_n = \frac{3}{4}$ ein, so erhält man das zugehörige echte Konfidenzintervall auf der p-Achse (vgl. Figur 260.1).

Man sucht also ein ε, so daß

$$|h_n - p| < \varepsilon \Leftrightarrow |p - h_n| < \varepsilon \Leftrightarrow h_n - \varepsilon < p < h_n + \varepsilon$$

mindestens mit der Wahrscheinlichkeit $1 - \eta$ erfüllt ist. Anders ausgedrückt: Man sucht zu h_n ein ε-Intervall, das den unbekannten Wert p mindestens mit der Wahrscheinlichkeit $1 - \eta$ überdeckt.
Bei der 1. Fragestellung lag das ε-Intervall um den bekannten Wert p fest. Der Zufall steckte im Hineintreffen der relativen Häufigkeit H_n in dieses Intervall. Bei der 2. Fragestellung ist zwar auch p fest, aber nicht bekannt. Der Zufall bestimmt jetzt den Wert h_n der relativen Häufigkeit H_n und damit das ε-Intervall um h_n, das so auf der Zahlengeraden liegt, daß der gesuchte p-Wert mindestens mit der Wahrscheinlichkeit $1 - \eta$ in diesem Intervall liegt. Dabei hängt der Radius ε natürlich von η ab. (Das Verfahren ähnelt also dem Jagen einer Fliege mit einer Fliegenklatsche: Die Fliege ist das p, die Klatsche das ε-Intervall, die Klatschenmitte trifft bei jedem Schlag auf das jeweilige h_n.)

Beispiel 4: Die ersten 100 Würfe von Tabelle 10.1 ergaben $h_{100}(\{6\}) = 0{,}18$. In welchem Intervall liegt mit einer Sicherheit von mindestens 90% die Wahrscheinlichkeit p für eine Sechs?
Lösung: Gesucht ist ein ε, so daß $P(h_{100}(\{6\}) - \varepsilon < p < h_{100}(\{6\}) + \varepsilon) \geqq 90\%$ wird. Dazu betrachten wir wieder das Gegenereignis, also

$$P(|0{,}18 - p| \geqq \varepsilon) \leqq 10\%,$$

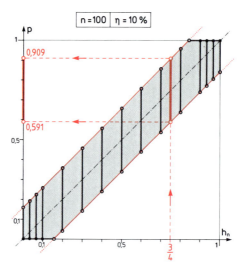

Fig. 258.1 Grobe Konfidenzintervalle. Der Graph der Relation $h_n \mapsto I(h_n)$ ist die Punktmenge $\{(h_n|p)\,|\,p \in I(h_n) \cap [0;1] \wedge h_n \in [0;1]\}$, also das grau unterlegte Gebiet einschließlich des schwarzen Randes. Für $h_{100} = \frac{3}{4}$ ist $I(\frac{3}{4}) = \,]\frac{3}{4} - \frac{1}{20}\sqrt{10};\,\frac{3}{4} + \frac{1}{20}\sqrt{10}[\, \subset \,]0{,}591;\,0{,}909[$ rot hervorgehoben. Man kann mit einer Sicherheit von mindestens 90% darauf vertrauen, daß dieses Intervall die Wahrscheinlichkeit $p = P(\text{»Treffer«})$ überdeckt, wenn die relative Häufigkeit des Treffers zu $h_{100} = \frac{3}{4}$ gemessen wurde.

was sicherlich erfüllt ist, wenn $\dfrac{pq}{100\varepsilon^2} \leq \dfrac{1}{400\varepsilon^2} \leq 10\%$.

Wir erhalten $\varepsilon \geq \frac{1}{20}\sqrt{10} = 0{,}158\ldots$

Mit $\varepsilon = 0{,}159$ ist also sicher $P(|0{,}18 - p| < 0{,}159) \geq 90\%$, d. h., die Wahrscheinlichkeit p für die Augenzahl 6 liegt bei diesem Würfel mit einer Sicherheit von mindestens 90% zwischen 0,021 und 0,339.

Löst man die Aufgabenstellung von Beispiel 4 allgemein mit dem Ansatz $P(|h_n - p| \geq \varepsilon) \leq \dfrac{pq}{n\varepsilon^2} \leq \dfrac{1}{4n\varepsilon^2} = \eta$, so erhält man $\varepsilon = \dfrac{1}{2\sqrt{n\eta}}$ und damit das **grobe Konfidenzintervall** $I(h_n) = \,\left]h_n - \dfrac{1}{2\sqrt{n\eta}};\, h_n + \dfrac{1}{2\sqrt{n\eta}}\right[$.

Es wird also jedem Wert h_n ein Intervall $I(h_n)$ zugeordnet, das den unbekannten Wert p mindestens mit der Wahrscheinlichkeit $1 - \eta$ enthält. Figur 258.1 veranschaulicht diesen Zusammenhang $h_n \mapsto I(h_n)$. Die Hüllkurve dieser groben Konfidenzintervalle ist ein Parallelenpaar mit der Gleichung $|p - h_n| = \dfrac{1}{2\sqrt{n\eta}}$.

»**Genauere**« **Näherung.** Weil p unbekannt ist, mußten wir den Ausdruck pq aus r_T durch den Wert $\frac{1}{4}$ abschätzen. Kennte man p, so wäre für $p \neq \frac{1}{2}$ eine genauere ε-Bestimmung durch $\dfrac{pq}{n\varepsilon^2} = \eta$ möglich. Man erhielte $\varepsilon = \sqrt{\dfrac{pq}{n\eta}}$. Nach dem

14.8. Anwendungen der Ungleichung von Bienaymé-Tschebyschow 259

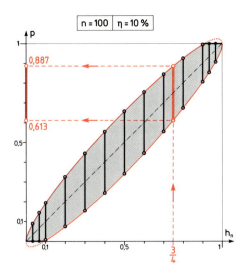

Fig. 259.1 Näherungskonfidenzintervalle. Der Graph der Relation $h_n \mapsto \tilde{I}(h_n)$ ist die Punktmenge $\{(h_n|p)|p \in \tilde{I}(h_n) \cap [0;1] \wedge h_n \in [0;1]\}$, also das grau unterlegte Gebiet einschließlich des schwarzen Randes. Für $h_{100} = \frac{3}{4}$ ist $\tilde{I}(\frac{3}{4}) =]\frac{3}{4} - \frac{1}{40}\sqrt{30}; \frac{3}{4} + \frac{1}{40}\sqrt{30}[\subset \,]0{,}613; 0{,}887[$ hervorgehoben. Man kann mit einer Sicherheit von etwa 90% darauf vertrauen, daß dieses Intervall die Wahrscheinlichkeit $p = P(\text{»Treffer«})$ enthält, wenn die relative Häufigkeit des Treffers zu $h_{100} = \frac{3}{4}$ gemessen wurde.

schwachen Gesetz der großen Zahlen ist aber das ermittelte h_n ein Näherungswert für p. Ersetzen wir also p durch das gemessene h_n, so erhalten wir

$$\varepsilon \approx \sqrt{\frac{h_n(1-h_n)}{n\eta}}.$$

Mit den Zahlenwerten aus Beispiel 4 gewinnen wir $\varepsilon \approx \sqrt{\dfrac{0{,}18 \cdot 0{,}82}{100 \cdot 0{,}1}} = 0{,}121\ldots$,
also, wie erwartet, ein kleineres Konfidenzintervall um 0,18 für $p = P(\{6\})$. Wir können damit sagen: Mit einer Sicherheit von *ungefähr* mindestens 90% liegt die Wahrscheinlichkeit für die Augenzahl 6 bei diesem Würfel zwischen 0,059 und 0,301.
Die genauere Näherung führt im allgemeinen Fall also zu einem

Näherungskonfidenzintervall $\tilde{I}(h_n) = \left]h_n - \sqrt{\dfrac{h_n(1-h_n)}{n\eta}};\ h_n + \sqrt{\dfrac{h_n(1-h_n)}{n\eta}}\right[.$

Figur 259.1 zeigt den Zusammenhang $h_n \mapsto \tilde{I}(h_n)$. Die Hüllkurve dieser Näherungskonfidenzintervalle ist eine Ellipse mit der Gleichung $|p - h_n| = \sqrt{\dfrac{h_n(1-h_n)}{n\eta}}$,

die mit der Ellipse aus Figur 257.1 übereinstimmt, wenn man die Achsenbezeichnungen p und h_n miteinander vertauscht. Diese Näherung ist vor allem für sehr kleine und sehr große h_n nicht sehr sinnvoll. In Figur 259.1 entartet z.B. für

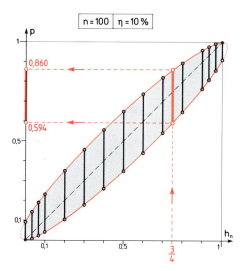

Fig. 260.1 Echte Konfidenzintervalle und die Konfidenzellipse $|p - h_n| = \sqrt{\dfrac{pq}{n\eta}}$. Das grau unterlegte Gebiet einschließlich des schwarzen Randes ist die Menge der Konfidenzintervalle. Für $h_{100} = \tfrac{3}{4}$ ist das zugehörige Konfidenzintervall $\Im(\tfrac{3}{4}) = \,]\tfrac{8}{11} - \tfrac{1}{44}\sqrt{34};\ \tfrac{8}{11} + \tfrac{1}{44}\sqrt{34}[\ \subset\ ]0{,}594;\ 0{,}860[$ rot hervorgehoben. Man kann mit einer Sicherheit von mindestens 90% darauf vertrauen, daß in diesem Intervall $p = P(\text{»Treffer«})$ liegt, wenn die relative Häufigkeit des Treffers zu $h_{100} = \tfrac{3}{4}$ gemessen wurde.

$h_n = 0$ das Vertrauensintervall für p zu einem Punkt. Das würde heißen, daß für $h_n = 0$ die Wahrscheinlichkeit p mit der Sicherheit $1 - \eta$ (in unserem Beispiel also 90%) den Wert 0 hätte, was sicher zuviel gesagt ist, wie die grobe Abschätzung von Figur 258.1 zeigt, die als grobes Konfidenzintervall für diesen Fall noch das Intervall $\left[0;\ \dfrac{1}{2\sqrt{n\eta}}\right[$ zuläßt.

Das **echte Konfidenzintervall** erhält man, wenn man das oben gefundene $\varepsilon = \sqrt{\dfrac{pq}{n\eta}}$ verwendet und damit die Ungleichung $|h_n - p| < \varepsilon$ löst. Die Grenzen dieses offenen Intervalls sind somit die Lösungen der Gleichung

$$|h_n - p| = \sqrt{\dfrac{pq}{n\eta}}.$$

Bezeichnen wir die beiden Lösungen dieser quadratischen Gleichung für p mit p_1 und p_2 (wobei $p_1 < p_2$ sein soll), dann wird jedem h_n
das **echte Konfidenzintervall** $\Im(h_n) = \,]p_1; p_2[$
zugeordnet.

Man gewinnt dieses echte Konfidenzintervall übrigens graphisch, wenn man die Relation zwischen h_n und p aus Figur 257.1 von der h_n-Achse her liest. Zeichnet man die h_n-Achse, wie üblich, als Rechtswertachse, dann wird die Hüllellipse von Figur 257.1 an der Winkelhalbierenden gespiegelt. Es entsteht Figur 260.1, die

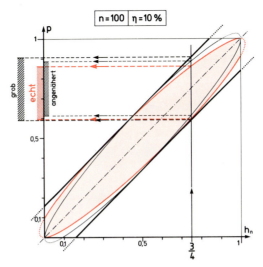

Fig. 261.1 Der Zusammenhang zwischen grobem, Näherungs- und echtem Konfidenzintervall einschließlich der Hüllkurven Parallelenpaar, Näherungskonfidenzellipse (schwarz) und echte Konfidenzellipse (rot).
Hervorgehoben ist der Wert $h_n = \frac{3}{4}$.

die echten Konfidenzintervalle samt der Konfidenzellipse mit der Gleichung $|p - h_n| = \sqrt{\dfrac{p(1-p)}{n\eta}}$ als Hüllkurve zeigt.

In unserem konkreten Beispiel finden wir das echte Konfidenzintervall durch Lösen der quadratischen Gleichung $|0{,}18 - p| = \sqrt{\dfrac{p(1-p)}{100 \cdot 0{,}1}}$. Eine leichte Rechnung liefert $p_1 = 0{,}08965\ldots$ und $p_2 = 0{,}32852\ldots$ Damit können wir sagen: Mit einer Sicherheit von mindestens 90% liegt die Wahrscheinlichkeit für die Augenzahl 6 bei diesem Würfel zwischen 0,089 und 0,329. Die vermeintlich genauere Schranke 0,301 von $\widetilde{I}(0{,}18)$ darf uns nicht täuschen! Sie ist ja nur ein Näherungswert. Zur Klärung zeigt Figur 261.1 den Zusammenhang zwischen dem Parallelenpaar der groben Abschätzung, der Hüllellipse sog. »genaueren« Näherung und der Konfidenzellipse.

Aufgaben

Zu 14.1. *Einführung*

1. Eine Urne enthält 6 schwarze, 8 weiße und 10 rote Kugeln. Mit welcher Wahrscheinlichkeit erhält man bei 6maligem Ziehen mit Zurücklegen genau 3 rote Kugeln?
2. Eine Maschine stellt Stanzteile mit einem Ausschußanteil von 5% her. Wie groß ist die Wahrscheinlichkeit, daß 4 zufällig ausgewählte Teile ausnahmslos in Ordnung sind?

3. Ich spiele dreimal Roulett und setze jedesmal auf »pair« (Seite 22f.). Mit welcher Wahrscheinlichkeit werde ich zweimal gewinnen?
4. Bei einer Prüfung ist zu 10 Fragen jeweils die richtige von 3 Antworten anzukreuzen. Mit welcher Wahrscheinlichkeit erzielt man bei blindem Raten nur 3 richtige Lösungen?
5. In einer Bevölkerung leben 2% Linkshänder. Wie wahrscheinlich ist es, daß sich unter 7 zufällig zusammentreffenden Personen
   a) genau ein, **b)** mindestens ein Linkshänder befindet?
6. Eine L-Münze werde 8mal geworfen bzw. 8 L-Münzen werden 1mal geworfen.
   a) Berechne die Wahrscheinlichkeit, daß
   1) genau 2) mindestens 3) höchstens 3mal Wappen erscheint.
   b) Welches der folgenden Ereignisse hat die größte Wahrscheinlichkeit:
   $A :=$ »Genau 4 Wappen«, $B :=$ »3 oder 5 Wappen«, $C :=$ »2 oder 6 Wappen«?
7. Ein Würfel werde viermal geworfen. Zeichne das Histogramm der Verteilung der Zufallsgröße »Anzahl der geworfenen Sechsen« zur Breite 1.
8. Zwei Mannschaften A und B machen einen Wettkampf im Tauziehen*. Erfahrungsgemäß gewinnt A in 60% aller Fälle. Ein Entscheidungskampf bestehe aus n Partien. Sieger ist, wer die Mehrzahl der Partien gewinnt.
   a) Warum sollte n ungerade sein?
   b) Mit welcher Wahrscheinlichkeit gewinnt die schwächere Mannschaft bei 3 bzw. bei 7 bzw. bei 15 Partien?
   ●**c)** Wie viele Partien sollten mindestens »gezogen« werden, damit die Chance der schwächeren Mannschaft auf den Gesamtsieg unter $33\frac{1}{3}\%$ liegt?
9. Eine Sau ferkelt zweimal im Jahr. Die Wahrscheinlichkeit sei für männliche und weibliche Ferkel gleich groß.
   a) Wie groß ist in einem Wurf von 10 Ferkeln die Wahrscheinlichkeit für genau (höchstens, mindestens) 8 weibliche Ferkel?
   b) Wie groß ist im betrachteten Wurf die Wahrscheinlichkeit dafür, daß mindestens ein weibliches und mindestens ein männliches Ferkel geworfen werden?
   ●**c)** Wie groß ist im Zehnerwurf die Wahrscheinlichkeit, daß mindestens i weibliche und mindestens j männliche Ferkel geworfen werden? Welche Werte ergeben sich für $(i|j) = (2|2), (2|5), (5|5), (0|0), (4|8)$?
10. Von einer Familie ist bekannt, daß sie 8 Kinder hat.
    a) Welche Anzahl von Mädchen ist am wahrscheinlichsten, wenn die Wahrscheinlichkeit für eine Knabengeburt 0,5 ist?
    b) Mit welcher Wahrscheinlichkeit tritt diese Anzahl wirklich auf?
    c) Der empirische Wert der Wahrscheinlichkeit für eine Knabengeburt ist über lange Zeiträume hinweg konstant bei 0,514. Löse Aufgabe **a)** und **b)** für diesen Wert.
11. Bei einem Spiel hat Spieler A die Gewinnchance 0,7. Mit welcher Wahrscheinlichkeit gewinnt er trotzdem weniger als die Hälfte von 5 Spielen?
12. Bei einem Glücksautomaten besteht die Gewinnchance $\frac{1}{3}$ für ein Spiel.
    a) Ist die Wahrscheinlichkeit, genau zweimal zu gewinnen, bei 3 oder bei 4 Spielen größer?
    ●**b)** Zeichne diese Wahrscheinlichkeit in Abhängigkeit von der Zahl n der Spiele ($n = 1, ..., 10$).
    ●**c)** Für welche Anzahlen n ist die Wahrscheinlichkeit für genau 2maliges Gewinnen am höchsten bzw. liegt sie unter 10%?
●13. Jemand würfelt 60mal und hofft, genau 10mal die Eins zu erreichen. Wie groß ist die Chance dafür? – Sein Freund meint, man müsse viel öfter würfeln, um einen solchen Idealfall zu erreichen. Wie groß ist die Wahrscheinlichkeit für 20 Einsen bei 120 Würfen?

* In den Jahren 1912 und 1920 war Tauziehen sogar olympische Disziplin.

Aufgaben

14. Zwei Spieler vereinbaren: Wer bei 6maligem Würfeln mindestens k_0 Sechsen erzielt, hat gewonnen.
   a) Bestimme k_0 so, daß das Spiel möglichst fair wird.
  •**b)** Denke eine andere Vereinbarung über die Anzahl der zu erzielenden Sechsen aus, so daß das Spiel noch »fairer« wird.

•**15.** Bei einer schwierigen Operation besteht für Frauen die Chance 0,8, für Männer die Chance 0,7, danach noch mindestens 1 Jahr zu leben. Mit welcher Wahrscheinlichkeit sind von 2 Frauen und 3 Männern (3 Frauen und 2 Männern), die diese Woche operiert werden mußten, nach einem Jahr noch genau 2 Personen am Leben?

16. a) Wie lang muß eine Zufallsziffernfolge sein, damit mit einer Wahrscheinlichkeit von mehr als **1)** 99% **2)** 60% mindestens einmal die Ziffer 3 auftritt?
  b) Überprüfe **2)** anhand der Zufallsziffterntabelle (Tabelle 51.1).

17. Drei Aufgaben aus *Christiaan Huygens'* (1629–1695) *De ratiociniis in aleae ludo* (1657).*

»*Aufgabe X:* Es ist die Anzahl der Würfe zu bestimmen, mit der es jemand wagen kann, mit einem Würfel 6 Augen zu werfen.«

»*Aufgabe XI:* Es ist die Anzahl der Würfe zu bestimmen, mit der es jemand wagen kann, mit zwei Würfeln 12 Augen zu werfen.«

»*Aufgabe XII:* Es ist zu bestimmen, mit wieviel Würfeln es jemand wagen kann, auf den ersten Wurf zwei Sechser zu werfen.«

18. Eine ideale Münze wird 40mal geworfen. Untersuche auf Unabhängigkeit:
$A :=$ »Nach dem 20. Wurf hat man 10 Adler«;
$B :=$ »Nach dem 21. Wurf hat man 11 Adler«.

Zu 14.2. *Ziehen mit u. ohne Zurücklegen*

19. Eine Urne enthält 6 schwarze, 8 weiße und 10 rote Kugeln. Mit welcher Wahrscheinlichkeit erhält man bei 6maligem Ziehen ohne Zurücklegen genau 3 rote Kugeln? Vergleiche das Ergebnis mit dem der Aufgabe 261/**1**.

20. Eine Urne enthalte 8 Kugeln, darunter 3 weiße. Man entnimmt ihr
  a) vier   **b)** zwei   Kugeln ohne Zurücklegen. Gib die Wahrscheinlichkeitsfunktion der Zufallsgröße »Anzahl der weißen Kugeln in der Stichprobe« an und zeichne ein Stabdiagramm ($10\% \triangleq 1$ cm).

21. Ein Komitee von 6 Personen wird aus 10 Männern und 5 Frauen ausgewählt. Berechne Wahrscheinlichkeitsverteilung, Erwartungswert und Varianz der Zufallsgröße »Anzahl der Männer im Komitee«.

22. In einer Kiste mit 20 Äpfeln sind 2 faule Äpfel. Man entnimmt auf gut Glück eine Stichprobe von 4 Äpfeln. Berechne die Wahrscheinlichkeitsverteilung der Zufallsgröße »Anzahl der faulen Äpfel in der Stichprobe«.

23. a) Aus einem Skatspiel (32 Karten) werde eine Karte gezogen und wieder zurückgelegt. Wie oft muß dieser Vorgang mindestens ausgeführt werden, damit mit einer Wahrscheinlichkeit, die größer als 0,5 ist, mindestens 2 Herzkarten gezogen werden?
  b) Berechne die Wahrscheinlichkeit, mindestens 2 Herzkarten zu erhalten, wenn man die in **a)** ermittelte Anzahl von Karten auf einmal dem Spiel entnimmt.

---
* Die Aufgaben X und XI behandeln das Problem von *de Méré*. – Für Liebhaber geben wir den lateinischen Urtext von X an:
Propositio X: Invenire, quot vicibus suscipere quis possit, ut una tessera 6 puncta iaciat.

24. a) Begründe die Bedingungen $K \leq N$ und $n \leq N$ in der Definition 233.1.
 b) Zeige, daß $H(N; K; n; k)$ nur dann $\neq 0$ ist, wenn k folgende Bedingung erfüllt: $\max\{0; n-(N-K)\} \leq k \leq \min\{n; K\}$.

25. Beweise, daß man $H(N; K; n; k)$ auch in der Form $\dfrac{\binom{n}{k}\binom{N-n}{K-k}}{\binom{N}{K}}$ schreiben kann.

26. Beweise: $\sum_{k=0}^{n} \binom{K}{k}\binom{N-K}{n-k} = \binom{N}{n}$

27. In einer Urne liegen 100 Kugeln, darunter 10 schwarze. Man zieht n Kugeln einmal mit und einmal ohne Zurücklegen. Vergleiche die Wahrscheinlichkeiten dafür, dabei genau 2 schwarze Kugeln zu ziehen, falls
 a) $n = 2$,   •**b)** $n = 10$,   **c)** $n = 100$.

•**28.** Beweise unter Verwendung von Aufgabe **26**: Für den Erwartungswert einer nach $H(N; K; n)$ verteilten Zufallsgröße X gilt: $\mathscr{E}X = n\dfrac{K}{N}$. Überprüfe damit den Wert aus Aufgabe **21**. – Führe den Beweis ohne Verwendung von Aufgabe **26**.

29. Beweise: Für die Varianz einer Zufallsgröße X gilt: $\operatorname{Var} X = \mathscr{E}(X(X-1)) + \mathscr{E}X - (\mathscr{E}X)^2$.

30. Beweise unter Verwendung von Aufgabe **29**: Ist X eine hypergeometrisch nach $H(N; K; n)$ verteilte Zufallsgröße, dann gilt: $\operatorname{Var} X = \dfrac{nK(N-K)(N-n)}{N^2(N-1)}$. Überprüfe damit den Wert aus Aufgabe **21**.

Zu 14.3. Tabellen zur

31. Bestimme aus einer Binomialtabelle:
 a) $B(20; 0{,}8; 16)$ **b)** $B(100; 0{,}75; 87)$ **c)** $B(50; 0{,}5; 25)$
 d) $\binom{10}{4} \cdot 0{,}2^4 \, 0{,}8^6$ **e)** $0{,}6^{10}$ **f)** $0{,}99^{100}$

32. Bestimme aus den Stochastik-Tabellen $F_p^n(x)$ für

n	9	9	20	20	200	9	9	20	20	200
p	0,05	0,4	0,2	0,35	0,15	0,95	0,6	0,8	0,65	0,85
x	2	2	16	3,7	27,2	2	2	16	3,7	171,6

33. Z sei eine nach $B(n; p)$ verteilte Zufallsgröße. Bestimme aus einer Tabelle der kumulativen Werte die Wahrscheinlichkeiten des Ereignisses A:

	n	p	A		n	p	A
a)	20	0,8	$Z \leq 8$	**g)**	50	0,45	$10 \leq Z \leq 20$
b)	20	0,2	$Z \geq 8$	**h)**	50	0,75	$10 < Z \leq 21$
c)	10	0,2	$Z = 2$	**i)**	50	0,65	$|Z - 25| \leq 4$
d)	20	0,9	$Z < 7$	**j)**	100	0,65	$|Z - 50| > 7$
e)	10	0,6	$Z > 3$	**k)**	40	0,04	$|Z - 1{,}6| > 1$
f)	10	0,6	$Z \geq 4$	**l)**	30	0,50	$|Z - 15| \geq 5$

34. In einem Sack sind r rote Kugeln und w weiße Kugeln. Es wird eine Kugel gezogen, ihre Farbe notiert, die Kugel zurückgelegt und gut gemischt. Dies wird n-mal gemacht. Mit welcher Wahrscheinlichkeit erhält man insgesamt
 a) genau 5 rote,   **b)** genau 5 weiße,
 c) mehr als 5 weiße Kugeln,   **d)** keine weiße Kugel?

 Rechnung für die Tripel $r; w; n$
 1) 50; 50; 10   **2)** 70; 30; 10   **3)** 70; 30; 20   **4)** 30; 70; 20.

Aufgaben

35. Eine ideale Münze wird 200mal geworfen. Mit welcher Wahrscheinlichkeit liegt die Anzahl der Adler im Intervall [70, 130] bzw. [80, 120], [90, 110], [95, 105], [99, 101] bzw. ist sie genau gleich 100?

36. Eine ideale Münze wird geworfen. Der Anteil der Adler im Wurfergebnis liegt zwischen 40% und 60%. Wie wahrscheinlich ist dies bei 5, 10, 20, 50, 100 und 200 Würfen?

•37. Für n Würfe einer idealen Münze soll ein möglichst enges Intervall gefunden werden, in dem die Anzahl der Adler mit mindestens 90% Wahrscheinlichkeit liegen wird. Löse diese Aufgabe für $n = 10, 50, 100, 200$.

38. a) In einer Urne befinden sich 20 Kugeln; davon sind 8 schwarz. Es werden 3 Kugeln miteinander der Urne entnommen. Ein Treffer liegt vor, wenn sich darunter mindestens eine schwarze Kugel befindet. Der Versuch wird 10mal ausgeführt. Gib die Wahrscheinlichkeitsverteilung für die Anzahl der Treffer an.

b) Löse die Aufgabe **a)** allgemein: Von N Kugeln in der Urne sind S schwarz. m Kugeln werden miteinander entnommen; der Versuch wird n-mal ausgeführt.

39. Zum 50köpfigen Aufsichtsrat einer Firma gehören 8 Mathematiker. Durch das Los wird jährlich ein 5köpfiger Vorstand gewählt. In der 20jährigen Geschichte der Firma ist es 11mal vorgekommen, daß mindestens ein Mathematiker im Vorstand war. Wie wahrscheinlich ist es, daß derart häufig oder noch häufiger Mathematiker in den Vorstand gewählt werden? (Näherungslösung mit der Binomialtabelle genügt.)

40. Ein Tennis-Match ist entschieden, wenn einer der Spieler 3 Sätze gewonnen hat. Jeder Satz wird bis zur Entscheidung gespielt, d.h., im Tennis gibt es kein Unentschieden. Spieler A gewinne einen Satz mit der Wahrscheinlichkeit p.

a) Berechne die Wahrscheinlichkeitsfunktion der Zufallsgröße $X :=$ »Anzahl der zur Entscheidung benötigten Sätze«. Überprüfe, ob die Summe der Wahrscheinlichkeiten den Wert 1 ergibt.

b) Berechne für 2 gleich starke Gegner die Werte der obigen Wahrscheinlichkeitsfunktion und den Erwartungswert von X. – Zeichne ein Histogramm.

41. Eine Fußballmannschaft gewinne ihre Spiele allgemein mit der Wahrscheinlichkeit p und spiele mit der Wahrscheinlichkeit p' unentschieden. Unabhängigkeit der Spiele wird angenommen.

a) Man zeichne die »Gewinncharakteristik« für eine Runde von 5 Spielen, d.h. die Funktion $p \mapsto P(\text{»Mindestens 3 Spiele gewonnen«})$ (Einheit 10 cm). Für welchen Wert p ist die Gewinnchance für die Spielrunde genau gleich $\frac{1}{2}$? (Vermutung? – Graphische und rechnerische Prüfung!)

b) Nun werde wie üblich gewertet: Gewonnenes Spiel 2 Punkte, Unentschieden 1 Punkt, verlorenes Spiel 0 Punkte. Wie groß ist die Wahrscheinlichkeit, die Runde zu gewinnen, d.h. mehr als die Hälfte aller erreichbaren Punkte zu erhalten? (Formel mit p und p'.) Setze die Daten $p = 0,7$ und $p' = 0,1$ ein und vergleiche mit dem entsprechenden Ergebnis aus **a)**.

42. Ein Taxistandplatz ist für 10 Taxen vorgesehen. Die Erfahrung zeigt, daß ein Wagen sich durchschnittlich 12 Minuten pro Stunde am Standplatz aufhält. Genügt es, den Standplatz für 3 wartende Wagen anzulegen, ohne daß dadurch in mehr als 15% aller Fälle ein Taxi keinen Platz findet?
Welche Anzahl von Taxen wird man am häufigsten am Standplatz antreffen?

43. Bei einer Versicherung sind 20 Agenten beschäftigt, die 75% ihrer Zeit im Außendienst verbringen. Wie viele Schreibtische müssen angeschafft werden, damit mindestens 90% der Innendienstzeit jeder Agent einen eigenen Schreibtisch zur Verfügung hat?

44. Anläßlich der Einführung des 8-Minuten-Takts für Ortsgespräche bietet ein Warenhaus Sanduhren an. Ungenauigkeiten bei der Herstellung bewirken, daß 10% der Uhren länger als 8 min laufen. Ein Lehrling packt eine Sendung von 50 Sanduhren aus.

a) Mit welcher Wahrscheinlichkeit enthält die Sendung genau (höchstens, mindestens) 6 länger laufende Uhren?
b) Mit welcher Wahrscheinlichkeit enthält die Sendung genau 6 länger laufende Sanduhren, die noch dazu beim Auspacken direkt nacheinander kommen?
c) Die Sendung enthalte genau 6 länger laufende Sanduhren. Mit welcher Wahrscheinlichkeit folgen sie beim Auspacken direkt aufeinander?

Zu 14.5. *Erwartungsw. Varianz*

●45. Berechne Erwartungswert und Varianz einer binomial verteilten Zufallsgröße durch Zurückgehen auf ihre Definitionen.

46. Berechne Erwartungswert, Varianz und Standardabweichung für folgende Zufallsgrößen:
$A :=$ Anzahl der Adler beim 8fachen Wurf einer Laplace-Münze,
$B :=$ Anzahl der Adler beim 16fachen Wurf einer Laplace-Münze,
$C :=$ Anzahl der Adler beim 160fachen Wurf einer Laplace-Münze,
$D :=$ Anzahl der Adler beim 10^6fachen Wurf einer Laplace-Münze,
$E :=$ Anzahl der Sechser beim 4fachen Wurf eines Laplace-Würfels,
$F :=$ Anzahl der Doppelsechser beim 24fachen Wurf zweier Laplace-Würfel,
$G :=$ Auszahlung in DM beim 100maligen Setzen von 0,5 DM auf Rouge beim Roulett.
(Warum ist die Zufallsgröße »Auszahlung« nicht binomial verteilt, wenn der Einsatz 1 DM beträgt? Warum ist die Zufallsgröße »Gewinn« nie binomial verteilt?)

47. Zwei Schützen A und B treffen mit einer Sicherheit von 75% bzw. 85%. A erzielte bei 10 Schüssen 7 Treffer, B bei 20 Schüssen 16 Treffer. Wer war relativ zu seinen sonstigen Leistungen an diesem Tage der bessere?

48. Eine Zufallsgröße ist binomial verteilt mit dem Erwartungswert μ und der Standardabweichung σ. Berechne n und p für
a) $\mu = 8,1$ und $\sigma = 2,7$ b) $\mu = 72,9$ und $\sigma = 2,7$ c) $\mu = 8,1$ und $\sigma = 0,9\sqrt{7}$.

49. Eine Zufallsgröße X ist binomial verteilt mit $\mu = 3,2$ und $\sigma = 1,6$. Berechne, ggf. unter Verwendung der Rekursionsformel,
a) $P(X = 3)$,   b) $P(X = 5)$,   c) $P(X = 9)$,   d) $P(2 < X \leq 8)$,
e) $P(|X - \mu| < 2 \cdot \sigma)$.

50. Von einem Schock Eier sind im Schnitt 3 angeschlagen. Dorothea kauft 40 Eier und findet 5 angeschlagene.
a) Wie groß ist der Erwartungswert und die Standardabweichung der Zufallsgröße »Anzahl der angeschlagenen Eier«?
b) Wie groß ist die Wahrscheinlichkeit dafür, daß unter 40 Eiern mindestens 5 angeschlagen sind? Hat Dorothea besonderes Pech?

51. In einem großen Saustall befinden sich 1000 Säue. Im Jahr sind 2000 Würfe zu erwarten (vgl. Aufgabe 262/**9**). Wir nehmen an, daß es sich um Zehnerwürfe handelt. Bei wie vielen dieser Würfe enthält der Wurf voraussichtlich
a) kein männliches Ferkel,   b) mindestens ein männliches Ferkel,
c) 1 oder 2 männliche Ferkel,   d) genau 2 männliche Ferkel,
e) genau 5 männliche Ferkel?

52. Der Schützenkönig eines Kirchweihfestes geht auf folgenden Handel ein. Er schießt 10mal auf eine Scheibe. Für jeden Treffer ins Schwarze erhält er 100 DM. Trifft er nicht, so muß er jedesmal 200 DM bezahlen. Seine Treffsicherheit beträgt jedesmal 80%.
a) Wie groß ist die Wahrscheinlichkeit, daß er mindestens 8mal ins Schwarze trifft?
b) Wieviel Geld hat er zu erwarten?

Aufgaben

53. Von einer Familie ist bekannt, daß sie 8 Kinder hat.
    a) Wie viele Mädchen sind zu erwarten, wenn die Wahrscheinlichkeit für eine Knabengeburt 0,5 ist?
    b) Mit welcher Wahrscheinlichkeit wird diese Anzahl wirklich angenommen?
    c) Der empirische Wert der Wahrscheinlichkeit für eine Knabengeburt ist über lange Zeiträume hinweg konstant 0,514. Löse Aufgabe a) und b) für diesen Wert.
    d) Vergleiche diese Aufgabe mit Aufgabe 262/**10**.
54. Ein Schütze trifft mit 85% Sicherheit. Er nahm an 3 Wettbewerben teil. Beim 1. Wettbewerb traf er bei 10 Schüssen 8mal, beim 2. Wettbewerb bei 15 Schüssen 12mal und beim 3. Wettbewerb bei 20 Schüssen 16mal ins Schwarze. Wann war er relativ am besten und am schlechtesten?
55. Zum Klassentreffen 1981 haben sich 30 ehemalige Schüler im Restaurant »Il Mulino« verabredet. Der Organisator hatte allerdings nicht bedacht, daß im Großraum München 3 Restaurants dieses Namens existieren. Jeder geht auf gut Glück in eines der drei Restaurants.
    a) Wie viele Exschüler sind im Schwabinger »Il Mulino« zu erwarten?
    b) Mit welcher Wahrscheinlichkeit treffen sich dort mehr als $\frac{2}{3}$ der Exschüler?
    c) Mit welcher Wahrscheinlichkeit kommt keiner (kommen alle) dorthin?
    d) Tatsächlich kommen 13 dorthin.
       1) Wie wahrscheinlich ist dies?
       2) Bei welcher Wahrscheinlichkeit $p = P$(»Entscheidung fürs Schwabinger Il Mulino«) ist diese Zahl am wahrscheinlichsten? Berechne dazu das Maximum der Funktion $p \mapsto B(30; p; 13)$.
56. Eine Maschine stellt Werkstücke mit einem Ausschußanteil von 4% her.
    a) Man entnimmt der laufenden Produktion 200 Stück. Berechne Erwartungswert, Varianz und Standardabweichung der Zufallsgrößen $X :=$ Anzahl der defekten Stücke und $Y :=$ Anzahl der brauchbaren Werkstücke. – Mit welcher Wahrscheinlichkeit liegt die Anzahl der Ausschußstücke im Bereich $[\mu - \sigma; \mu + \sigma]$?
    b) Wie viele Werkstücke darf man höchstens entnehmen, damit man mit 95% Sicherheit nur brauchbare hat? Welche Anzahl erhält man, wenn man nur 90% Sicherheit fordert?
57. a) Fasse die ersten 1000 Würfe aus Tabelle 10.1 als 100 *Bernoulli*-Ketten der Länge 10 auf. Nimm als Treffer »Wurf eines Daus«* und erstelle die empirische Verteilung der Zufallsgröße »Anzahl der Dause bei 10 Würfen«. Berechne daraus den empirischen Mittelwert $\hat{\mu}$ und die empirische Wahrscheinlichkeit $\hat{p}$.
    b) Berechne die Verteilung $B(n; \hat{p})$ und vergleiche mit der empirischen Verteilung.
58. a) Vergleiche für eine nach $B(n; p)$ verteilte Zufallsgröße den Erwartungswert μ mit der Wahrscheinlichkeit P(»Mindestens 1 Treffer«) für die Zahlenwerte
       1) $n = 2; p = 0{,}005$ 2) $n = 3; p = 0{,}1$ 3) $n = 3; p = 0{,}01$
    b) Beweise die Näherungsformel: Für eine nach $B(n; p)$ verteilte Zufallsgröße gilt, falls der Erwartungswert μ nahe bei Null liegt: $P(X \geq 1) \approx \mu$.
    c) Berechne mit Hilfe dieser Näherungsformel $P(X \geq 1)$ für $n = 100$ und $p = \frac{1}{2000}$. Was liefert der Taschenrechner für $P(X \geq 1)$?
59. Eine nach $B(n; p)$ verteilte Zufallsgröße hat die Standardabweichung σ und den Erwartungswert μ.
    a) Drücke n und p durch σ und μ aus.   b) Beweise, daß $\sigma^2 \leq \mu$ gilt.
    c) Beweise, daß für $\sigma^2 < \mu$ die Zahl $\mu - \sigma^2$ ganzzahlig in μ^2 enthalten ist.

---
* Das Daus (Plural: Dause, auch Däuser), gelegentlich auch Taus, bedeutet beim Würfelspiel »zwei Augen«, was im Englischen mit *deuce* bezeichnet wird. Zur Etymologie: Daus < spätalthochdeutsch dus < südfrz. dous < lat. duos für duo.

60. X sei nach B$(n;p)$ verteilt. Wie groß muß n sein, damit das 3σ-Intervall um μ zwischen 0 und n liegt, d. h., $[\mu - 3\sigma; \mu + 3\sigma] \subset [0;n]$, falls p zwischen 0,1 und 0,9 liegt?

61. a) Jemand wettet, daß bei einem 20fachen Wurf einer Laplace-Münze 9-, 10- oder 11mal Zahl erscheint. Wie müssen die Einsätze verteilt sein, damit die Wette fair ist? (Exakter Wert)

b) Wie ist die Verteilung der Einsätze für eine faire Wette, wenn man eine L-Münze 10-, 20-, 40-, 100mal wirft und jedesmal darauf wettet, daß die Anzahl der Adler im Bereich $[\mu - \sigma; \mu + \sigma]$ liegt?

62. Bei einem Glücksrad ist ein Sektor mit $p \cdot 360°$ für die 1 als Treffer vorgesehen. Der Rest liefert 0 als Niete. Das Glücksrad darf n-mal gedreht werden. Gibt es dabei genau einen Treffer, dann wird ein Preis ausbezahlt. Für welches p ist die Wahrscheinlichkeit für einen Preis am größten? Berechne für dieses p den Erwartungswert der Anzahl der Treffer. – Welcher Wert ergibt sich für die Wahrscheinlichkeit, einen Treffer zu erzielen, wenn n gegen Unendlich strebt?

63. A und B vereinbaren folgende Spielregel: A wirft drei 5-DM-Münzen, B wirft zwei 5-DM-Münzen. (Die Münzen seien Laplace-Münzen.) Gewonnen hat der Spieler, der mehr Adler geworfen hat. Im Fall eines Remis wird ein neues Spiel gespielt.

a) Die Spielergebnisse werden als Paare (Anzahl der Adler von A | Anzahl der Adler von B) notiert. Stelle den dazu passenden Ergebnisraum auf.

b) Es werden die folgenden Ereignisse definiert: $A :=$ »A gewinnt das Spiel«, $B :=$ »B gewinnt das Spiel«, $R :=$ »Remis«. Gib die entsprechenden Ergebnismengen an.

c) Stelle tabellarisch die Wahrscheinlichkeiten aller Einerereignisse des Ergebnisraums aus **a)** auf. Liegt ein Laplace-Experiment vor? Begründung!

d) Berechne $P(A)$, $P(B)$ und $P(R)$. Wie groß ist die Wahrscheinlichkeit, daß in den ersten 3 Spielen keine Entscheidung fällt?

e) X sei die Zufallsgröße »Spielausgang«; sie nehme die Werte $-1, 0, 1$ an, wenn B gewinnt, wenn Remis eintritt bzw. wenn A gewinnt. Zeichne das Histogramm mit der Breite 1 und die kumulative Verteilungsfunktion dieser Zufallsgröße. Wie kann man aus der kumulativen Verteilungsfunktion die Wahrscheinlichkeit des Ereignisses »B verliert nicht« entnehmen? Wie groß ist diese Wahrscheinlichkeit?

f) Es werden nun so viele Spiele gespielt, bis schließlich A oder B gewinnt. Wie groß ist die Wahrscheinlichkeit, daß A Sieger wird?

g) Der Gewinner des in **f)** beschriebenen Spiels erhält alle 5 Münzen, also 25 DM. Berechne den Erwartungswert der Zufallsgröße $Y :=$ »Anzahl der von A gewonnenen DM«. Ist das Spiel fair?

h) Nun werde vereinbart, höchstens 5 Spiele zu spielen. S sei die Zufallsgröße »Anzahl der Spiele, die nötig sind, bis eine Entscheidung gefallen ist«; für den Fall, daß alle 5 Spiele remis enden, soll S auch den Wert 5 annehmen. Welcher einfache Ergebnisraum kann hier nun zugrundegelegt werden? Wie groß ist seine Mächtigkeit? Berechne den Erwartungswert von S. Welche Bedeutung hat er?

i) Welcher Wert ergibt sich für $\mathscr{E}S$ aus **h)**, wenn man die Beschränkung auf 5 Spiele fallenläßt?

64. Zwei Wanderer A und B gehen mit Schritten der Länge 1 auf der Zahlengeraden unabhängig voneinander spazieren. A beginnt bei 0 und geht jede Sekunde mit der Wahrscheinlichkeit $\frac{2}{3}$ einen Schritt nach rechts (d. h. in positiver Richtung), mit der Wahrscheinlichkeit $\frac{1}{3}$ einen Schritt nach links. Er bleibt nie stehen. B beginnt bei $-k$ und geht jede Sekunde mit der Wahrscheinlichkeit $\frac{5}{8}$ einen Schritt nach rechts, mit der Wahrscheinlichkeit $\frac{3}{8}$ ruht er sich eine Sekunde aus, was auch schon in der 1. Sekunde eintreten kann.

a) Die beiden Wanderer gehen k Sekunden lang. Man schreibe $+1$ für einen Schritt nach rechts, -1 für einen Schritt nach links und 0 für eine Sekundenpause. Gib für $k = 3$ je einen Ergebnisraum Ω_A bzw. Ω_B für A bzw. B an und bestimme die zugehörigen Wahrscheinlichkeitsverteilungen P_A und P_B.

b) Die Zufallsgröße A_k bzw. B_k ordne jedem Ergebnis die Zahl zu, auf der der Wanderer sich nach k Sekunden befindet. Gib je eine Wertetabelle für A_3 bzw. B_3 an.
Beachte: B_3 beginnt bei -3 (siehe oben).
Stelle die Wahrscheinlichkeitsfunktionen für A_3 bzw. B_3 auf.

c) Gib die kumulative Verteilungsfunktion für A_3 an. Berechne die Wahrscheinlichkeit dafür, daß A sich nach 3 Sekunden auf einer positiven Zahl befindet.

d) Wie groß ist die Wahrscheinlichkeit dafür, daß sich A und B nach genau drei Sekunden am selben Ort befinden?

e) Zeige, daß A nach genau $k = 2n - 1$ Sekunden sicher nicht in 0 ist. Wie groß ist die Wahrscheinlichkeit dafür, daß A und B sich nach genau $k = 2n$ Sekunden in 0 befinden?

f) Berechne $\mathscr{E}(A_3)$ und $\mathscr{E}(B_3)$, allgemein $\mathscr{E}(A_k)$ und $\mathscr{E}(B_k)$.
Hinweise: 1. Stelle A_k als Summe von k Zufallsgrößen dar.
2. Beachte, daß $B_k + k$ eine nach $B(k; p)$ verteilte Zufallsgröße ist.

65. Ein Händler bezieht Spieltetraeder von zwei Herstellern A und B. Aus langjähriger Erfahrung weiß der Händler, daß sich in der Produktion des Lieferanten A etwa 90%, in der des Lieferanten B etwa 70% L-Tetraeder befinden. A liefert dreimal soviel wie B.

a) Wie groß ist die Wahrscheinlichkeit, daß sich in einer willkürlich ausgewählten Packung zu 20 Stück genau 4 Nicht-L-Tetraeder befinden?

b) Aus den Packungen, die sich äußerlich nicht unterscheiden, wird auf gut Glück eine ausgewählt. Sie enthält genau 4 Nicht-L-Tetraeder. Mit welcher (bedingten) Wahrscheinlichkeit wurde ihr Inhalt vom Hersteller A geliefert?

66. Le problème des partis. – Vergleiche Aufgabe 18/10. Zwei Spieler A und B spielen um einen Einsatz ein Spiel, das aus mehreren Partien besteht. Gewinner soll derjenige sein, der als erster n Partien gewonnen hat. A gewinnt mit der Wahrscheinlichkeit p eine Partie, B mit $q = 1 - p$. Aus irgendwelchen Gründen brechen A und B das Spiel beim Stand

(Siege von A) : (Siege von B) $= \alpha : \beta = (n - a) : (n - b)$

ab; dabei bedeuten a bzw. b die Anzahlen derjenigen Partien, die A bzw. B noch gewinnen müßten, um Sieger zu sein. Wie ist der Einsatz bei Spielabbruch »gerecht« aufzuteilen?

a) Leite dazu einen der folgenden Ausdrücke für die Wahrscheinlichkeit eines Sieges von A her:

de Moivre (1711): $\quad \displaystyle\sum_{k=0}^{b-1} \binom{a+b-1}{k} p^{a+b-k-1} q^k$

Montmort (1713): $\quad p^a \cdot \displaystyle\sum_{k=0}^{b-1} \binom{a+k-1}{k} q^k$

b) Löse damit die folgenden historischen Aufgaben. Vergleiche deine gefundene Lösung mit den seinerzeit gemachten Vorschlägen über die Aufteilung des Einsatzes.
A. Beide Spieler sind gleich geschickt.
   I. *Luca Pacioli* (1494):
      $n = 6, \alpha = 5, \beta = 2;$ Vorschlag $5 : 2$
   II. *Gerolamo Cardano* (1539):
      1) $n = 10, \alpha = 7, \beta = 9;$ Vorschlag $1 : 6$
      2) $n = 10, \alpha = 3, \beta = 6;$ Vorschlag $5 : 14$

III. *Niccolò Tartaglia* (1556):
  1) $n = 6$, $\alpha = 5$, $\beta = 3$; Vorschlag $2:1$
  2) $n = 60$, $\alpha = 50$, $\beta = 30$; Vorschlag $2:1$
  ❗3) $n = 60$, $\alpha = 10$, $\beta = 0$; Vorschlag $7:5$
IV. *G. F. Peverone* (1558):
  $n = 10$, $\alpha = 7$, $\beta = 9$; Vorschlag: $1:6$
V. Am 29.7.1654 schrieb *Blaise Pascal* einen Brief an *Pierre de Fermat*, in dem er mehrere Aufgaben dieses Typs löste:
  1) $n = 3$, $\alpha = 2$, $\beta = 1$; Vorschlag $3:1$
  2) $n = 3$, $\alpha = 2$, $\beta = 0$; Vorschlag $7:1$
  3) $n = 3$, $\alpha = 1$, $\beta = 0$; Vorschlag $11:5$
  4) Ist $\alpha = n - 1$ und $\beta = 0$, so soll im Verhältnis $(2^n - 1):1$ aufgeteilt werden.
  ❗5) Ist $\alpha = 1$ und $\beta = 0$ bei einem Spiel von n Partien, so soll der Anteil von A am Einsatz $\frac{1}{2}\left(1 + \frac{(2n-3)!!}{(2n-2)!!}\right)$ betragen. Dabei bedeute
  $$n!! := \begin{cases} 1 \cdot 3 \cdot 5 \cdot \ldots \cdot n, & \text{falls } n \text{ ungerade,} \\ 2 \cdot 4 \cdot 6 \cdot \ldots \cdot n, & \text{falls } n \text{ gerade,} \end{cases}$$
  gelesen »n Doppelfakultät«.
VI. *Jakob Bernoulli* gibt in seiner *Ars Conjectandi* (1713) einen einfacheren Ausdruck für A's Anteil aus **V. 5)** an: Es fehle dem B nur ein Spiel mehr als dem A (d.h., es ist $b = a + 1$), dann erhält A vom Einsatz den Anteil $\frac{1}{2}\left(1 + \frac{1}{2^{2a}}\binom{2a}{a}\right)$. Zeige die Richtigkeit dieser Behauptung.

B. Beide Spieler sind nicht gleich geschickt.
I. *Abraham de Moivre* (1667–1754) veröffentlichte* 1711 als erster eine solche Aufgabe als Problem II in *De Mensura Sortis*:
  Dem A fehlen 4 Siege und dem B 6 Siege zum Gewinn. Die Chance des A, eine Partie zu gewinnen, verhält sich zu der von B wie $3:2$.
  Wie ist der Einsatz gerecht aufzuteilen?
II. Zur Einübung der in der Einleitung der 2. Auflage der *Doctrine of Chances* (1738) aufgestellten Formeln rechnet *de Moivre* einige einfache Fälle durch.
  1) »Case IXth. A and B play together, A wants 1 Game of being up, and B 2; but the Chances whereby B may win a Game, are double to the number of the Chances whereby A may win the same: 'tis requir'd to assign the respective Probabilities of winning.«
  2) »Case X[th]. Supposing A wants 3 Games of being up, and B 7; but that the proportion of Chances which A and B respectively have for winning a Game are 3 to 5, to find the respective Probabilities of winning the Set.«
III. Welche Aufteilung des Einsatzes wäre beim Problem von *Pacioli* gerecht, wenn man auf Grund des Spielstandes bei Spielabbruch annimmt, daß sich die Geschicklichkeiten der Spieler wie die Spielstände verhalten?

---

* Die unter **a)** angegebene Formel von *de Moivre* teilte bereits *Johann Bernoulli* am 17.3.1710 brieflich *Montmort* mit, der wiederum seine Formel am 1.3.1712 an *Nikolaus Bernoulli* schrieb und sie dann in die zweite Auflage seines *Essay d'Analyse sur le Jeux de Hazard* (1713) aufnahm.
Auch *Jakob Bernoulli* beschäftigte sich mit ungleich geschickten Spielern, wie der Abschnitt IV seines *Lettre à un Amy sur les Parties du Jeu de Paume* zeigt, der als Anhang zu seiner *Ars Conjectandi* abgedruckt wurde.

Aufgaben

Zu 14.6. *Eigenschaften*

67. a) Welche Beziehung muß zwischen n und p bestehen, damit bei einer Binomialverteilung der wahrscheinlichste Wert k_w nicht der dem Erwartungswert am nächsten liegende k-Wert ist?
b) Zeige, daß im Fall der Aufgabe **a)** der wahrscheinlichste Wert k_w der zweitnächste k-Wert ist.

68. a) Zeige: Die Schiefe der Binomialverteilung $B(n;p)$ ist positiv für $0 < p < \frac{1}{2}$ und negativ für $\frac{1}{2} < p < 1$.
b) Zeige: Die Schiefe einer nach $B(n; 1-p)$ verteilten Zufallsgröße ist gleich der negativen Schiefe einer nach $B(n; p)$ verteilten Zufallsgröße.
c) Berechne die Schiefe für die Verteilungen $B(16; p)$ aus Figur 242.1.
d) Berechne die Schiefe für die Verteilungen $B(n; \frac{1}{5})$ aus Figur 243.1.

●69. a) Bestimme Median, 1. und 3. Quartil und das Quantil der Ordnung 90% für eine nach $B(16; p)$ binomial verteilte Zufallsgröße mit $p \in \{\frac{1}{10}, \frac{2}{10}, \ldots, \frac{9}{10}\}$ mit Hilfe der Tabellen von Figur 242.1.
b) Verfahre ebenso mit den Verteilungen von Figur 243.1.
c) Bestimme mit Hilfe von Tabellen dieselben Werte für Zufallsgrößen, die binomial nach $B(8; 0,35)$, $B(50; 0,1)$, $B(100; 0,9)$ und $B(200; 0,6)$ verteilt sind.

Zu 14.7. *Ungl. von Bienaymé-Tschebyschow*

●70. *Jakob Bernoulli* (1655–1705) formulierte das **Gesetz der großen Zahlen** folgendermaßen:

»Es verhalte sich die Zahl der fruchtbaren Fälle zur Zahl der unfruchtbaren Fälle wie $r:s$, also zur Zahl aller Fälle wie $\frac{r}{r+s} = \frac{r}{t}$, was zwischen den Grenzen $\frac{r+1}{t}$ und $\frac{r-1}{t}$ liegt. Dann können so viele Versuche gemacht werden, daß es beliebig (z.B. c-mal) wahrscheinlicher ist, daß die Anzahl der fruchtbaren Beobachtungen innerhalb dieser Grenzen als außerhalb falle, d.h., daß die Anzahl der fruchtbaren zur Anzahl aller Beobachtungen ein Verhältnis haben wird, das weder größer als $\frac{r+1}{t}$ noch kleiner als $\frac{r-1}{t}$ ist.«

Bernoulli beweist dies, indem er die Anzahl n der Versuche bestimmt, die dazu nötig sind. Er findet: n muß mindestens so groß wie die größere der beiden folgenden Zahlen v_1 und v_2 sein.

$$v_1 := \left(m_1 + \frac{s(m_1-1)}{r+1}\right)t, \quad \text{wobei} \quad m_1 \geq \frac{\lg(s-1)c}{\lg(r+1) - \lg r} \land m_1 \in \mathbb{N}_0,$$

$$v_2 := \left(m_2 + \frac{r(m_2-1)}{s+1}\right)t, \quad \text{wobei} \quad m_2 \geq \frac{\lg(r-1)c}{\lg(s+1) - \lg s} \land m_2 \in \mathbb{N}_0.$$

Zum Abschluß seines unvollendeten Werks zeigt er, daß, wenn $r:s$ den Wert 1,5 hat, man nicht $r:s = 3:2$, sondern wie $30:20$ oder gar wie $300:200$ setzen solle, um dadurch die Grenzen einzuengen. Im Falle $30:20$ bestimmt er dann die Anzahl der Versuche für $c = 1000$, 10^4 und 10^5.
a) Bestimme die Anzahl n der Versuche für die angegebenen c-Werte.
●b) Bestätige *Bernoullis* Behauptung, daß, ausgehend von $c = 1000$, bei Erhöhung des c-Wertes um eine Zehnerpotenz die Anzahl der Versuche um 5708 erhöht werden muß.
c) Löse **a)** und **b)** für das Verhältnis $300:200$.

71. a) Beweise: Sind die Zufallsgrößen $X_i (i=1, 2, \ldots, n)$ paarweise unabhängig und gleichverteilt mit $\mathscr{E} X_i = \mu$ und $\text{Var } X_i = \sigma^2$, dann gilt für ihr arithmetisches Mittel $\bar{X}_n := \frac{1}{n}\sum_{i=1}^{n} X_i$ folgende *Tschebyschow*-Ungleichung: $P(|\bar{X}_n - \mu| < a) \geq 1 - \frac{\sigma^2}{na^2}$.

b) Wie lautet das für $\bar{X}_n$ geltende schwache Gesetz der großen Zahlen? Welche meßtechnische Bedeutung hat dieses Gesetz?

c) Beweise mit Hilfe der Ungleichung aus **a)** den Satz 248.1.

Zu 14.8. *Anwendungen der Ungl. von B, T*

72. In einer Urne liegen 2000 schwarze und 3000 weiße Steinchen. Man zieht 200mal ein Steinchen mit Zurücklegen.

a) Schätze mit Hilfe der *Tschebyschow*-Ungleichung die Wahrscheinlichkeit dafür ab, daß mindestens 60 und höchstens 100 schwarze Steinchen gezogen werden.

b) Berechne diese Wahrscheinlichkeit exakt.

73. Ein L-Würfel werde n-mal geworfen und die relative Häufigkeit der Sechs bestimmt. Schätze mit Hilfe der Ungleichung von *Bienaymé-Tschebyschow* die Wahrscheinlichkeit dafür ab, den »Idealwert« $\frac{1}{6}$ um mehr als $\frac{1}{30}$ zu verfehlen. Berechne anschließend, falls möglich, die exakten Wahrscheinlichkeiten.

a) $n = 10$, **b)** $n = 200$, **c)** $n = 1000$.

74. In einer Urne sind 1000 Kugeln, darunter 300 weiße. Man zieht n-mal eine Kugel mit Zurücklegen.

a) Mit welcher Mindestwahrscheinlichkeit kann man nach *Tschebyschow* prophezeien, daß die Anzahl der weißen Kugeln nicht mehr als $\mu + 0{,}05 \cdot n$ und nicht weniger als $\mu - 0{,}05 \cdot n$ beträgt?

b) Zeichne die Graphen der Funktionen $n \mapsto r_T$ und $n \mapsto 1 - r_T$. Gib die Funktionswerte für $n = 100, 200$ und 1000 an.

●75. In einem Behälter befinden sich 10^{25} Moleküle eines Gases. Sie fliegen völlig regellos durcheinander. Ein Zufallsexperiment bestehe darin, zu einem beliebigen Zeitpunkt zu bestimmen, wie viele Moleküle in der linken Hälfte des Behälters sind. Für jedes Molekül seien die Aufenthaltswahrscheinlichkeiten für die beiden Behälterhälften gleich groß, und die Moleküle mögen sich unabhängig voneinander bewegen. (Diese Annahme ist für ein Gas vernünftig, weil die Moleküle nur für winzige Zeitspannen an Zusammenstößen beteiligt sind und den überwiegenden Teil der Zeit frei dahinfliegen.)

a) Wie groß ist nach der *Tschebyschow*-Ungleichung die Wahrscheinlichkeit höchstens, weniger als $49{,}95\%$ oder mehr als $50{,}05\%$ aller Moleküle in der linken Behälterhälfte zu finden? Was besagt das Ergebnis?

b) Mit welcher Wahrscheinlichkeit sind rechts und links genau gleich viele Moleküle? (Rechenausdruck genügt.)

c) Es wird in dem Behälter ein winziger Teilbereich ins Auge gefaßt, der im »Idealfall« n_0 Moleküle enthalten würde. Im ganzen Behälter sind es n Moleküle. Wie groß ist die Wahrscheinlichkeit, ein bestimmtes Molekül in dem ausgewählten Teilbereich anzutreffen? Wie groß ist höchstens die Wahrscheinlichkeit, daß der Idealwert der Molekülzahl im Teilbereich um mindestens $0{,}1\%$ unter- oder überschritten wird?

d) Die Wahrscheinlichkeit für die in **c)** besprochene »Schwankung« der Molekülzahl soll gleich 0,5 sein. Gib mit Hilfe der dort vorgenommenen Abschätzung eine obere Schranke für die Anzahl n_0 der Moleküle an. Welche Kantenlänge hat ein Würfel mit so vielen Molekülen unter Normalbedingungen (273 K und 1013 mbar)?

76. a) Wie oft muß man eine Münze werfen, damit man die Wahrscheinlichkeit für »Adler« mit einer Sicherheit von mindestens 90% auf 2 Prozentpunkte* genau durch die relative Häufigkeit von »Adler« annähern kann?

---

* In der Umgangssprache gibt man die Differenz zwischen zwei Prozentzahlen in **Prozentpunkten** an. Man beachte: Steigt z.B. die Arbeitslosenquote von 4% auf 5%, dann steigt sie um 1 Prozentpunkt, aber um 25%.

b) Ersetze in **a)** Münze durch Würfel und »Adler« durch »Sechs« und löse dafür die Aufgabe.

c) Welchen Wert für n erhält man in **b)**, wenn man davon ausgeht, daß $P(\text{»Sechs«})$ höchstens 20% beträgt?

77. Wie oft muß man eine L-Münze mindestens werfen, damit sich mit einer Sicherheit von mindestens 99% die relative Häufigkeit von »Adler« um weniger als 1 Prozentpunkt von der Wahrscheinlichkeit für »Adler« unterscheidet?

78. a) Es soll mit mindestens 60% Sicherheit ausgesagt werden, daß man auf Grund einer Stichprobe die Wahrscheinlichkeit eines Ereignisses in ein Intervall der Länge 0,04 einschließen kann. Wie groß muß die Stichprobe mindestens sein?

b) Wie ändert sich die Stichprobenlänge, wenn man bei gleicher Sicherheit das Intervall für p nochmals auf die Hälfte reduzieren will?

79. Eine Lieferung enthält einen unbekannten Anteil p defekter Stücke. Man möchte durch eine Stichprobe der Länge n den Anteil p bis auf $\frac{1}{20}$ genau mit einer Sicherheitswahrscheinlichkeit von mindestens 95% bestimmen. Bestimme n. (Rechne mit Zurücklegen!)

80. a) Wie viele Personen muß man mindestens befragen, um den Stimmenanteil einer Partei mit einem Fehler von höchstens 5 Prozentpunkten vorhersagen zu können, wenn diese Vorhersage eine Sicherheit von mindestens 95% haben soll?

b) Wie ändert sich diese Mindestanzahl, wenn man mit 85% Sicherheit zufrieden ist?

c) Welche Mindestanzahlen ergeben sich bei **a)** und **b)**, wenn man eine Genauigkeit von 2 Prozentpunkten fordert?

81. a) In einer Kleinstadt gibt es 10 000 Wähler. Der Bürgermeisterkandidat Theodor möchte durch eine Befragung von n willkürlich ausgewählten Personen das Wahlergebnis mit einer Sicherheit von 97,5% bis auf ± 1000 Theodor-Wähler vorhersagen lassen. Welche Zahl n ist hinreichend?

b) Bei der letzten Wahl stimmten 6000 der 10 000 Wähler für Theodor. Wie viele Befragungen sind jetzt hinreichend, wenn Theodor durch seine Leistungen im Amt davon ausgehen kann, daß seine Beliebtheit
1) sich nicht verändert hat,
2) gestiegen ist, und er mit mindestens 8000 Theodor-Wählern rechnet?

82. Die Wahrscheinlichkeit eines Treffers in einer *Bernoulli*-Kette habe den Wert $p = \frac{r}{t}$. *Jakob Bernoulli* berechnete die Anzahl der Versuche, die nötig sind, damit es c-mal wahrscheinlicher ist, daß die relative Häufigkeit des Treffers in das Intervall $[\frac{r-1}{t}; \frac{r+1}{t}]$ fällt als daß sie außerhalb fällt. (Vergleiche dazu Aufgabe 271/70.) Schätze mit Hilfe der Ungleichung von *Tschebyschow* diese Zahl ab für $r:s = 20:30$ (bzw. 200:300) und $c = 10^3$, 10^4 und 10^5. Dabei ist $r + s = t$. Vergleiche die erhaltenen Werte mit den von *Bernoulli* gefundenen.

83. Zur Stabilität einer Folge von Häufigkeiten.
a) Eine ideale Münze wird 500mal geworfen. In welchem Bereich liegt die erzielte Anzahl von Adlern mit 99%iger Sicherheit? Wie ist es bei 2000 Würfen?
b) Löse **a)** für einen idealen Würfel hinsichtlich der Anzahl der Sechsen.
c) Löse **b)** für ein ideales Ikosaeder.

84. In einer Urne befinden sich 100 Kugeln, davon 20 weiße. Es wird 200mal eine Kugel mit Zurücklegen gezogen.
a) In welchem Intervall liegt mit einer Mindestwahrscheinlichkeit von 90% die Anzahl der gezogenen weißen Kugeln?
b) Berechne die exakte Wahrscheinlichkeit dafür, daß die Anzahl der gezogenen weißen Kugeln in dem unter **a)** gefundenen Intervall liegt.
c) Bestimme mit Hilfe von Tabellen ein möglichst kleines Intervall für die Sicherheitswahrscheinlichkeit von 90% aus **a)**.

85. Jemand bietet uns eine Urne mit Kugeln dar. Einige davon sind weiß. Wir dürfen 100mal eine Kugel mit Zurücklegen ziehen und sollen auf Grund unserer »Stichprobe« erraten, in welchem Intervall der Anteil p der weißen Kugeln mit einer Sicherheit von mindestens 50% bzw. 90% liegt.

86. a) Der 800fache Münzwurf von Tabelle 11.1 hat zufällig genau 400mal »Adler« ergeben. In welchem Intervall liegt die Wahrscheinlichkeit von »Adler« bei dieser Münze mit mindestens 99,6% Sicherheit? Bestimme das grobe, das Näherungs- und das echte Konfidenzintervall.

b) Welche Intervalle ergeben sich, wenn man nur
1) 95%, **2)** 90%, **3)** 80% Sicherheit fordert?

87. Ein Würfel wird 300mal geworfen. Dabei fällt 250mal die Eins.

a) Bestimme mit Hilfe der *Tschebyschow*-Ungleichung das grobe Konfidenzintervall, so daß man mit einer Sicherheit von 99% darauf vertrauen kann, daß $p = P(»Eins«)$ diesem Intervall angehört.

b) Bestimme das Näherungskonfidenzintervall.

c) Bestimme das echte Konfidenzintervall.

●d) Zeichne für die gegebenen Daten das Parallelenpaar, die Näherungsellipse und die Konfidenzellipse wie in Figur 261.1.

88. Jemand will sein Schätzverfahren so einrichten, daß bei einer Stichprobenlänge von 100 die Irrtumswahrscheinlichkeit schlimmstenfalls 1% beträgt. Die Urteile haben die Form:

|Wahrscheinlichkeit des Ereignisses *minus* Häufigkeit des Auftretens in der Stichprobe| < a

Wie muß a gewählt werden?

89. Der Würfel von Tabelle 10.1 ist offensichtlich unsymmetrisch, wie Tabelle 32.1 zeigt. Trotz der Bevorzugung von »Zwei« wird man annehmen dürfen, daß $P(»Zwei«) \leq 0{,}25$ ist, und sicherlich ist $P(»Vier«) \leq 0{,}15$. Man ermittle unter diesen Voraussetzungen Intervalle, in denen $P(»Zwei«)$ bzw. $P(»Vier«)$ mit mindestens 99% Sicherheit liegen.

90. Aus einer Zeitungsmeldung vom 30.1.71:

»Das Interesse an Apollo 14 ist in der Bundesrepublik nach wie vor stark. Nach dem Ergebnis der Befragung von 1024 Einwohnern, ob sie sich für die Mondlandung genauso interessierten wie für das letzte Unternehmen dieser Art, sagten 28%, sie interessierten sich mehr dafür.«

Nehmen wir an, die 1024 Befragten seien eine echte Zufallsauswahl aus der Bevölkerung. In welchem Intervall kann man dann mit mindestens 97,5% Sicherheit den wahren Prozentsatz p derjenigen Bundesdeutschen vermuten, die sich damals besonders stark für die Mondlandung interessiert haben?
Berechne dazu
a) das grobe **b)** das Näherungs- **c)** das echte Konfidenzintervall.

91. Von einer Urne mit 1000 Kugeln sei von vornherein bekannt, daß sie höchstens 200 weiße Kugeln enthält. Es wird eine Stichprobe von 100 Stück mit Zurücklegen entnommen. Man schätzt die Anzahl der weißen Kugeln in der Urne zu $X = 1000 \cdot h_{100}$, falls $h_{100} \leq \frac{1}{5}$, andernfalls zu 200 und gibt über die Urne folgendes Urteil ab:

»|geschätzte Zahl *minus* wirkliche Zahl weißer Kugeln| < 50«

Gib mit Hilfe der *Tschebyschow*-Ungleichung eine obere Schranke für die Irrtumswahrscheinlichkeiten an.

92. Man hat die Vermutung, daß in einer Urne, die nur schwarze und rote Kugeln enthält, doppelt soviel rote wie schwarze Kugeln liegen. Man zieht 300mal eine Kugel mit Zurücklegen und entschließt sich, die Vermutung nicht abzulehnen, wenn man mehr als 180- und weniger als 220mal eine rote Kugel zieht.

a) Schätze die Wahrscheinlichkeit ab, mit der man irrtümlicherweise von der Vermutung abgeht.

b) Wie müßte man die Entscheidungsregel abändern, damit die Wahrscheinlichkeit aus **a)** kleiner als 5% bzw. 5‰ wird?

93. Jemand möchte testen, ob eine Münze eine Laplace-Münze ist. Dazu wirft er sie 500mal und hält sie für eine Nicht-L-Münze, falls weniger als 230mal oder mehr als 270mal »Adler« fällt.

a) Schätze die Wahrscheinlichkeit ab, mit der irrtümlicherweise eine L-Münze für eine Nicht-L-Münze gehalten wird.

b) Ändere die Entscheidungsregel so ab, daß die Wahrscheinlichkeit aus **a)** kleiner als 10% bzw. 5% wird.

94. Im September 1964 haben sich 41% von 1000 befragten Bundesdeutschen für die Todesstrafe ausgesprochen.

a) Gib das grobe Konfidenzintervall an, das mit einer Wahrscheinlichkeit von mindestens 90% den wahren Anteil p der Befürworter der Todesstrafe enthält.

b) Berechne das Näherungskonfidenzintervall mit $h_n \approx p$.

c) Berechne das echte Konfidenzintervall.

d) Löse **a)**, **b)** und **c)**, falls 41% von 10000 Befragten für die Todesstrafe gewesen wären.

95. Eine Repräsentativumfrage unter 4000 Bürgern ergab, daß 600 bei der nächsten Wahl den Kandidaten A wählen würden.

a) In welchem Intervall liegt die Wahrscheinlichkeit für einen A-Wähler mit einer Sicherheit von 90%?

b) In welchem Bereich liegen mit 90% Sicherheit die absoluten A-Wählerzahlen, wenn alle 80000 Wahlberechtigten auch wählen?

c) Mit welcher Mindestsicherheit kann man behaupten, daß bei einer Umfrage unter 4000 Bürgern die relative Häufigkeit für einen A-Wähler im [14%; 16%]-Intervall liegt, falls die tatsächliche Wahrscheinlichkeit für einen A-Wähler 15% beträgt?

15. Die Normalverteilung

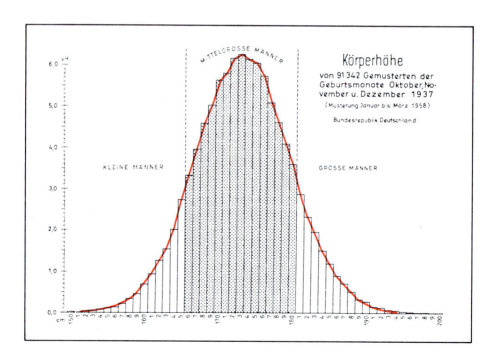

15. Die Normalverteilung

15.1. Problemstellung

Jakob Bernoulli (1655–1705) konnte in seiner erst 1713 gedruckten *Ars Conjectandi* als erster exakt beweisen, daß die Wahrscheinlichkeit dafür, daß die relative Häufigkeit $H_n(A)$ eines Ereignisses A sich um weniger als ein festes ε von der Wahrscheinlichkeit $P(A)$ unterscheidet, gegen 1 konvergiert. Er machte jedoch noch keinen Versuch, die Wahrscheinlichkeit $P(|H_n - P(A)| < \varepsilon)$ numerisch zu bestimmen oder wenigstens für große n angenähert zu berechnen. Erst *Abraham de Moivre* (1667–1754) gelang es 1733, für den Fall $P(A) = \frac{1}{2}$ einen Grenzwertsatz in dieser Richtung zu beweisen. Er zeigte u. a. in einer nur an wenige Freunde verteilten 7seitigen Druckschrift (Bild 277.1), die er 1738 auf englisch in die 2. Auflage seiner *Doctrine of Chances* aufnahm, daß $P(|H_n - \frac{1}{2}| \leqq \frac{1}{2\sqrt{n}}) = 0{,}682688$ ist, falls n unendlich groß wird, und daß man diesen Wert als gute Näherung bei hinreichend großen n nehmen darf. Als Beispiel nimmt er $n = 3600$ und behauptet, daß dann also $P(|H_{3600} - \frac{1}{2}| \leqq \frac{1}{120}) \approx 0{,}682688$ gilt*. Abschließend

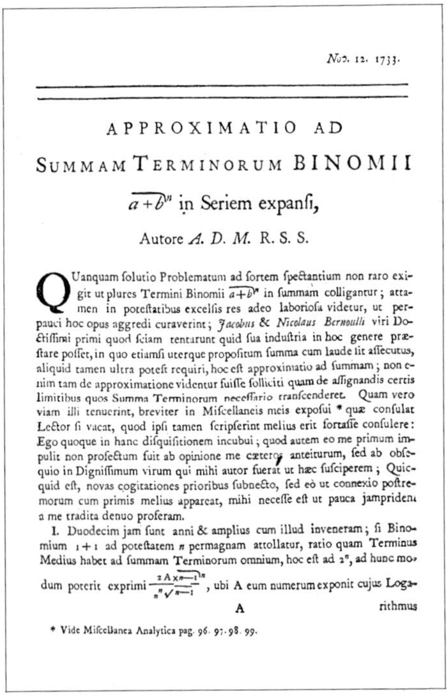

Nov. 12. 1733.

APPROXIMATIO AD

SUMMAM TERMINORUM BINOMII

$\overline{a+b}^n$ in Seriem expanſi,

Autore *A. D. M.* R. S. S.

Quanquam ſolutio Problematum ad ſortem ſpectantium non raro exigit ut plures Termini Binomii $\overline{a+b}^n$ in ſummam colligantur; attamen in poteſtatibus excelſis res adeo laborioſa videtur, ut perpauci hoc opus aggredi curaverint; *Jacobus* & *Nicolaus Bernoulli* viri Doctiſſimi primi quod ſciam tentarunt quid ſua induſtria in hoc genere præſtare poſſet, in quo etiamſi uterque propoſitum ſumma cum laude ſit aſſecutus, aliquid tamen ultra poteſt requiri, hoc eſt approximatio ad ſummam; non enim tam de approximatione videntur fuiſſe ſolliciti quam de aſſignandis certis limitibus quos Summa Terminorum neceſſario tranſcenderet. Quam vero viam illi tenuerint, breviter in Miſcellaneis meis expoſui * quæ conſulat Lector ſi vacat, quod ipſi tamen ſcripſerint melius erit fortaſſe conſulere: Ego quoque in hanc diſquiſitionem incubui; quod autem eo me primum impulit non profectum fuit ab opinione me cæteros anteiturum, ſed ab obſequio in Digniſſimum virum qui mihi autor fuerat ut hæc ſuſciperem; Quicquid eſt, novas cogitationes prioribus ſubnecto, ſed eò ut connexio poſtremorum cum primis melius appareat, mihi neceſſe eſt ut pauca jampridem a me tradita denuo proferam.

I. Duodecim jam ſunt anni & amplius cum illud inveneram; ſi Binomium 1+1 ad poteſtatem n permagnam attollatur, ratio quam Terminus Medius habet ad ſummam Terminorum omnium, hoc eſt ad 2^n, ad hunc modum poterit exprimi $\frac{2A \times \overline{n-1}^n}{n^n \sqrt{n-1}}$, ubi A eum numerum exponit cujus Logarithmus

A

* Vide Miſcellanea Analytica pag. 96. 97. 98. 99.

Bild 277.1 Erste Seite von *de Moivres* 7seitiger Druckschrift. *A. D. M.* R. S. S. = *Abraham de Moivre* Regalis Societatis Socio

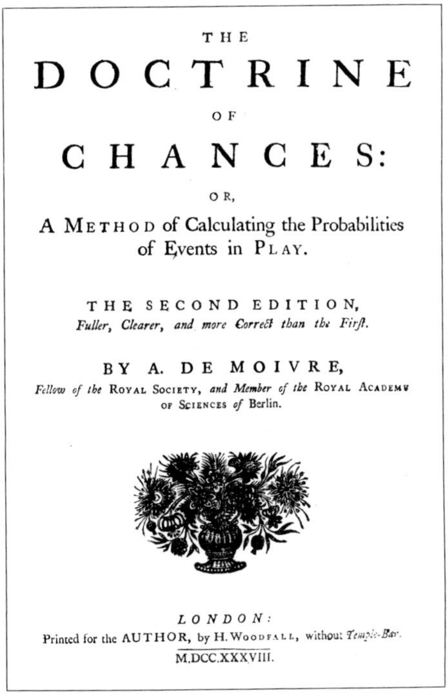

THE

DOCTRINE

OF

CHANCES:

OR,

A METHOD of Calculating the Probabilities of Events in PLAY.

THE SECOND EDITION,

Fuller, Clearer, and more Correct than the First.

BY A. DE MOIVRE,

Fellow of the ROYAL SOCIETY, *and Member of the* ROYAL ACADEMY OF SCIENCES *of* Berlin.

LONDON:

Printed for the AUTHOR, by H. WOODFALL, without *Temple-Bar*.

M.DCC.XXXVIII.

Bild 277.2 Titelblatt der 2. Auflage von 1738 von *The Doctrine of Chances* des *Abraham de Moivre* (1667–1754)

* Auf der Rechenanlage der Bayerischen Akademie der Wissenschaften errechnete man $P(|H_{3600} - \frac{1}{2}| \leqq \frac{1}{120}) = P(|X - 1800| \leqq 30) = 2^{-3600} \sum_{k=1770}^{1830} \binom{3600}{k} = 0{,}690\,688\,344\,391\,628$.

bemerkt er, daß die Verallgemeinerung auf $p \neq \tfrac{1}{2}$ leicht sei. Die Richtigkeit seiner Behauptung ließ er – so 1755 sein Biograph *Matthew Maty* – durch Versuche überprüfen.

De Moivre gewann diese Erkenntnisse, indem er – in unserer Sprechweise – für die Anzahl X der Treffer in einer *Bernoulli*-Kette von erheblicher Länge n mit der Trefferwahrscheinlichkeit $p = \tfrac{1}{2}$ und der Standardabweichung $\sigma = \sqrt{npq} = \tfrac{1}{2}\sqrt{n}$ die Wahrscheinlichkeit $P(|H_n - p| \leq \tfrac{\sigma}{n})$ abzuschätzen suchte. Sein wesentlich neuer Gedanke bestand darin, als Schranke ε die von ihm *modulus* genannte Standardabweichung $\tfrac{\sigma}{n}$ der Zufallsgröße H_n bzw. ein Vielfaches davon zu wählen.

Nun gilt $P\left(|H_n - p| \leq \dfrac{\sigma}{n}\right) = P\left(\left|\dfrac{X}{n} - p\right| \leq \dfrac{\sigma}{n}\right) = P(|X - np| \leq \sigma) =$
$= P(\mu - \sigma \leq X \leq \mu + \sigma) = \displaystyle\sum_{\mu - \sigma \leq k \leq \mu + \sigma} B(n; p; k)$.

Es ging also darum, die in das Intervall $[\mu - \sigma; \mu + \sigma]$ fallenden Werte $B(n; p; k) = \binom{n}{k} p^k \cdot q^{n-k}$ für große n zu berechnen oder zumindest möglichst genau abzuschätzen. Dies machte und macht auch heute noch erhebliche numerische Schwierigkeiten, weil der erste Faktor $\binom{n}{k}$ sehr groß wird, während der zweite Faktor $p^k q^{n-k}$ fast den Wert Null ergibt. Da zudem die Verteilungen $B(n; p)$ mit wachsendem n immer niedriger werden, sind die interessierenden Werte $B(n; p; k)$ also noch dazu sehr klein.

Zur Lösung dieses Problems verlassen wir den historischen Weg und machen einen kleinen Umweg.

15.2. Standardisierte Zufallsgrößen

Das einzige Hilfsmittel, das wir bisher zur Abschätzung von Wahrscheinlichkeiten des Typs $P(|X - \mu| < t\sigma)$, wie sie in **15.1.** angesprochen wurden, zur Verfügung haben, ist die Ungleichung von *Bienaymé-Tschebyschow*. Diese wird besonders einfach für solche Zufallsgrößen X, deren Erwartungswert $\mathscr{E}X = 0$ und deren Standardabweichung $\sigma(X) = 1$ sind. Aus $P(|X - \mu| \geq t\sigma) \leq \dfrac{1}{t^2}$ wird dann nämlich $P(|X| \geq t) \leq \dfrac{1}{t^2}$, woraus man vermuten kann, daß die Verteilungen solcher Zufallsgrößen zueinander ähnlich sind. Man führt daher eine besondere Bezeichnung ein:

> **Definition 278.1:** Eine Zufallsgröße heißt **standardisiert**, wenn ihr Erwartungswert den Wert 0 und ihre Standardabweichung den Wert 1 haben.

Durch eine einfache Transformation kann man jeder nicht konstanten Zufallsgröße X mit endlichem $\mathscr{E}X$ eine standardisierte Zufallsgröße U_X zuordnen*):

---
* Der Buchstabe U kommt vom englischen Wort *unit*. Man beachte: Die standardisierte Zufallsgröße ist immer dimensionslos, auch wenn man, abweichend von unserem Vorgehen, Zufallsgrößen als benannte Größen zuläßt.

15.2. Standardisierte Zufallsgrößen

Satz 279.1: X sei eine Zufallsgröße mit $\sigma(X) > 0$ und endlichem $\mathscr{E}X$. Dann ist $U_X := \dfrac{X - \mathscr{E}X}{\sigma(X)}$ standardisiert. U_X heißt *die zu X gehörige standardisierte Zufallsgröße*.

Beweis: Wir berechnen Erwartungswert und Standardabweichung von U_X.

$$\mathscr{E} U_X = \mathscr{E}\left(\frac{X - \mathscr{E}X}{\sigma(X)}\right) = \frac{1}{\sigma(X)} \mathscr{E}(X - \mathscr{E}X) = \frac{1}{\sigma(X)} (\mathscr{E}X - \mathscr{E}X) = 0.$$

$$\sigma(U_X) = \sigma\left(\frac{X - \mathscr{E}X}{\sigma(X)}\right) = \frac{1}{|\sigma(X)|} \cdot \sigma(X - \mathscr{E}X) = \frac{1}{\sigma(X)} \cdot \sigma(X) = 1.$$

Damit der Vorgang der Standardisierung möglichst anschaulich wird, wollen wir ihn für die Binomialverteilung $B(12; \tfrac{1}{4})$ ausführlich besprechen. Eine nach $B(12; \tfrac{1}{4})$ verteilte Zufallsgröße hat den Erwartungswert $\mu = 3$, den Varianzwert 2,25 und daher die Standardabweichung $\sigma = \sqrt{2{,}25} = 1{,}5$. Die Variable k des Terms $B(12; \tfrac{1}{4}; k)$ wird also transformiert auf die Variable $u_k := \dfrac{k - 3}{1{,}5}$.

Will man nun über der u-Achse ein Histogramm bzw. eine Dichtefunktion der zugeordneten standardisierten Zufallsgröße in der üblichen Form auftragen, nämlich so, daß die Rechtecke symmetrisch über den u_k-Werten liegen und dabei aneinanderstoßen, dann müssen die Höhen des Histogramms über der x-Achse, d.h. die Werte $B(12; \tfrac{1}{4}; k)$, mit σ multipliziert werden, da ja die Rechtecksbreiten durch σ dividiert wurden und die Rechtecke flächengleich bleiben müssen.
Für $B(12; \tfrac{1}{4})$ erhält man die in Tabelle 279.1 wiedergegebenen Werte.

k	$B(12;\tfrac{1}{4};k)$	$u_k = \dfrac{k-\mu}{\sigma}$	$\sigma \cdot B(12;\tfrac{1}{4};k)$
0	0,0317	−2,000	0,0475
1	0,1267	−1,333	0,1901
2	0,2323	−0,667	0,3484
3	0,2581	0,000	0,3872
4	0,1936	0,667	0,2904
5	0,1032	1,333	0,1549
6	0,0401	2,000	0,0602
7	0,0115	2,667	0,0172
8	0,0024	3,333	0,0036
9	0,0004	4,000	0,0005
10	0,00004	4,667	0,00005
11	0,000002	5,333	0,000003
12	0,00000006	6,000	0,00000009

Tab. 279.1 $B(12; \tfrac{1}{4})$ und die zugeordnete standardisierte Verteilung

In Figur 281.1 wird der Standardisierungsprozeß veranschaulicht. Wir greifen das zu $x = 4$ gehörende Histogrammrechteck heraus. $x = 4$ wird auf $u_4 = \frac{4-3}{1{,}5} = \frac{2}{3}$ abgebildet. Dabei wird die Rechtecksbreite 1 auf die neue Rechtecksbreite $\frac{1}{1{,}5} = \frac{2}{3}$ verkürzt. Daher muß die Höhe $B(12; \tfrac{1}{4}; 4) = 0{,}1936$ mit $\sigma = 1{,}5$ multipliziert werden; die neue Rechteckshöhe hat also den Wert $\sigma \cdot B(12; \tfrac{1}{4}; 4) = 0{,}2904$.
Im Gegensatz zum Histogramm, wo die Rechtecks*fläche* ein Maß für die Wahrscheinlichkeit ist, verändert sich das Stabdiagramm bei der Standardisierung nicht in der Höhe, da hier ja die Stab*länge* ein Maß für die Wahrscheinlichkeit ist. Es steht also der Stab, der vorher an der Stelle x stand, nach der Standardisierung in gleicher Höhe an der Stelle $u_x = \frac{x-\mu}{\sigma}$, wie Figur 281.2 zeigt.

280   15. Die Normalverteilung

Was bewirkt die Standardisierung bei der kumulativen Verteilungsfunktion?

Aus $F(x) = P(X \leq x)$ wird $F(u) = P(U_X \leq u) = P\left(U_X \leq \dfrac{x-\mu}{\sigma}\right)$.

Bei der kumulativen Verteilungsfunktion wird durch die Standardisierung also nur die Lage der Sprungstellen, nicht jedoch deren Höhe verändert.
So gilt z. B. in Figur 281.3: Der Sprung um $B(12;\frac{1}{4};4)$ an der Stelle $x = 4$ liegt nach der Standardisierung an der Stelle $u_4 = \dfrac{4-\mu}{\sigma} = \dfrac{2}{3}$.

Einen Überblick über die Wirkung der Standardisierung bei Binomialverteilungen in Abhängigkeit von n und p geben die Figuren 282.1, 283.1 und 284.1. Würde man übrigens die gleichen Figuren für die Stabdiagramme erstellen, so würden die Stäbe zwar genauso zusammenrücken wie die Rechtecke, die Höhe der Stäbe aber nach Null konvergieren. Aus diesem Grunde können wir im Folgenden nur mit Histogrammen arbeiten.

x	$p=0,1$ u	$\sigma B(x)$	$p=0,2$ u	$\sigma B(x)$	$p=0,3$ u	$\sigma B(x)$	$p=0,4$ u	$\sigma B(x)$	$p=0,5$ u	$\sigma B(x)$	$p=0,6$ u	$\sigma B(x)$	x
0	−1,33	.222	−2,00	.045	−2,62	.006	−3,27	.001					0
1	−0,50	.395	−1,37	.180	−2,07	.042	−2,76	.006					1
2	0,33	.329	−0,75	.338	−1,53	.134	−2,25	.029	−3,00	.004			2
3	1,17	.171	−0,12	.394	−0,98	.269	−1,74	.092	−2,50	.017	−3,37	.002	3
4	2,00	.062	0,50	.320	−0,44	.374	−1,22	.199	−2,00	.056	−2,86	.008	4
5	2,83	.016	1,13	.192	0,11	.385	−0,71	.318	−1,50	.133	−2,35	.028	5
6	3,67	.003	1,75	.088	0,65	.302	−0,20	.389	−1,00	.244	−1,84	.077	6
7	4,50	.001	2,38	.031	1,20	.185	0,31	.370	−0,50	.349	−1,33	.165	7
8			3,00	.009	1,75	.089	0,82	.278	0,00	.393	−0,82	.278	8
9			3,63	.002	2,29	.034	1,33	.165	0,50	.349	−0,31	.370	9
10					2,84	.010	1,84	.077	1,00	.244	0,20	.389	10
					3,38	.002	2,35	.028	1,50	.133	0,71	.318	11
							2,86	.008	2,00	.056	1,22	.199	12
							3,37	.002	2,50	.017	1,74	.092	13
									3,00	.004	2,25	.029	14
											2,76	.006	15
											3,27	.001	16

x	$p=0,7$ u	$\sigma B(x)$	$p=0,8$ u	$\sigma B(x)$	$p=0,9$ u	$\sigma B(x)$	x
5	−3,38	.002					5
6	−2,84	.010					6
7	−2,29	.034	−3,62	.002			7
8	−1,75	.089	−3,00	.009			8
9	−1,20	.185	−2,37	.031	−4,50	.001	9
10	−0,65	.302	−1,75	.088	−3,67	.003	10
11	−0,11	.385	−1,12	.192	−2,83	.016	11
12	0,44	.374	−0,50	.320	−2,00	.062	12
13	0,98	.269	0,13	.394	−1,17	.171	13
14	1,53	.134	0,75	.338	−0,33	.329	14
15	2,07	.042	1,38	.180	0,50	.395	15
16	2,62	.006	2,00	.045	1,33	.222	16

Tab. 280.1 Bestimmung von Histogrammen der zugehörigen standardisierten Zufallsgröße U_X, wenn X nach $B(16;p)$ verteilt ist. Aus Figur 242.1 wird so Figur 282.1.

15.2. Standardisierte Zufallsgrößen

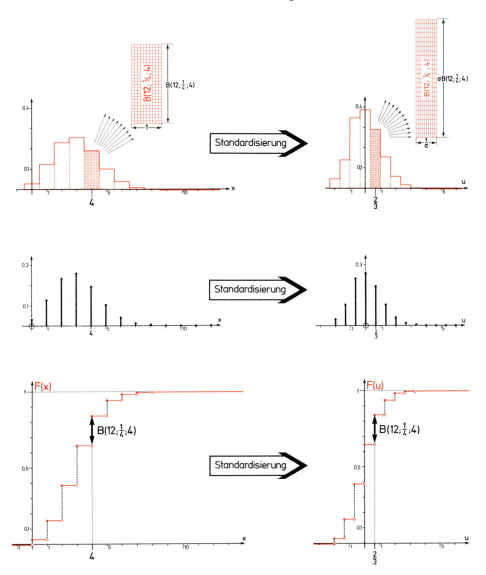

Fig. 281.1–3 Wirkungsweise der Standardisierung am Beispiel einer nach $B(12;\frac{1}{4})$ verteilten Zufallsgröße X und der zugehörigen standardisierten Zufallsgröße U_X.

Fig. 281.1 Histogramme der Wahrscheinlichkeitsverteilung von X und der von U_X.
Fig. 281.2 Stabdiagramme der Wahrscheinlichkeitsverteilung von X und der von U_X.
Fig. 281.3 Graphen der kumulativen Verteilungsfunktionen $x \mapsto F(x)$ und $u \mapsto F(u)$.

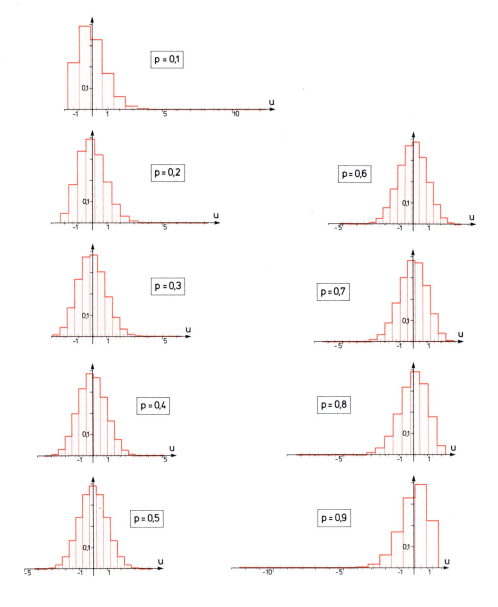

Fig. 282.1 Histogramme der zu B(16; p) gehörenden standardisierten Verteilungen. Vergleiche mit Figur 242.1.

15.2. Standardisierte Zufallsgrößen

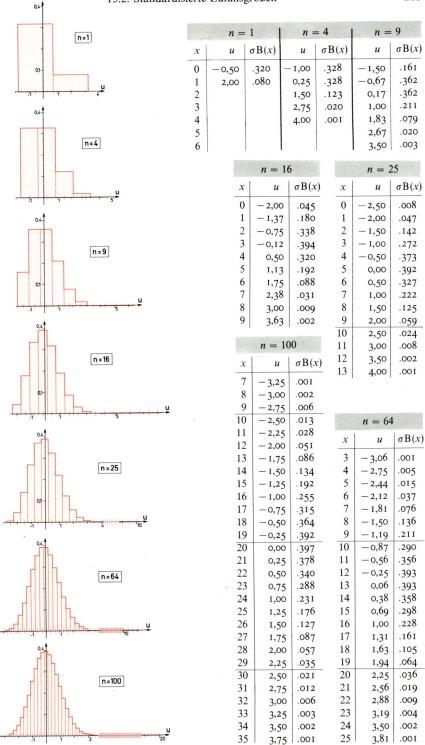

	$n = 1$		$n = 4$		$n = 9$	
x	u	$\sigma B(x)$	u	$\sigma B(x)$	u	$\sigma B(x)$
0	−0,50	.320	−1,00	.328	−1,50	.161
1	2,00	.080	0,25	.328	−0,67	.362
2			1,50	.123	0,17	.362
3			2,75	.020	1,00	.211
4			4,00	.001	1,83	.079
5					2,67	.020
6					3,50	.003

	$n = 16$	
x	u	$\sigma B(x)$
0	−2,00	.045
1	−1,37	.180
2	−0,75	.338
3	−0,12	.394
4	0,50	.320
5	1,13	.192
6	1,75	.088
7	2,38	.031
8	3,00	.009
9	3,63	.002

	$n = 25$	
x	u	$\sigma B(x)$
0	−2,50	.008
1	−2,00	.047
2	−1,50	.142
3	−1,00	.272
4	−0,50	.373
5	0,00	.392
6	0,50	.327
7	1,00	.222
8	1,50	.125
9	2,00	.059
10	2,50	.024
11	3,00	.008
12	3,50	.002
13	4,00	.001

	$n = 100$	
x	u	$\sigma B(x)$
7	−3,25	.001
8	−3,00	.002
9	−2,75	.006
10	−2,50	.013
11	−2,25	.028
12	−2,00	.051
13	−1,75	.086
14	−1,50	.134
15	−1,25	.192
16	−1,00	.255
17	−0,75	.315
18	−0,50	.364
19	−0,25	.392
20	0,00	.397
21	0,25	.378
22	0,50	.340
23	0,75	.288
24	1,00	.231
25	1,25	.176
26	1,50	.127
27	1,75	.087
28	2,00	.057
29	2,25	.035
30	2,50	.021
31	2,75	.012
32	3,00	.006
33	3,25	.003
34	3,50	.002
35	3,75	.001

	$n = 64$	
x	u	$\sigma B(x)$
3	−3,06	.001
4	−2,75	.005
5	−2,44	.015
6	−2,12	.037
7	−1,81	.076
8	−1,50	.136
9	−1,19	.211
10	−0,87	.290
11	−0,56	.356
12	−0,25	.393
13	0,06	.393
14	0,38	.358
15	0,69	.298
16	1,00	.228
17	1,31	.161
18	1,63	.105
19	1,94	.064
20	2,25	.036
21	2,56	.019
22	2,88	.009
23	3,19	.004
24	3,50	.002
25	3,81	.001

Fig. 283.1 Histogramme der zu $B(n; \frac{1}{5})$ gehörenden standardisierten Verteilungen. Vergleiche mit Figur 243.1.

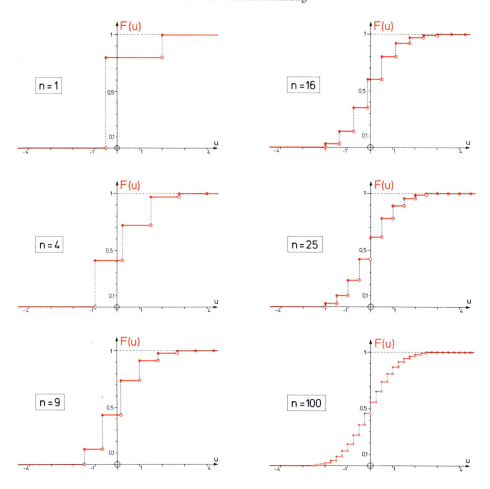

Fig. 284.1 Standardisierte kumulative Verteilungsfunktionen der Binomialverteilungen $B(n;\frac{1}{5})$.

Die Figuren 282.1 und 283.1 zeigen, daß die standardisierten Formen der Binomialverteilungen tatsächlich einander sehr ähnlich sind. Figur 283.1 läßt darüber hinaus die Vermutung aufkommen, daß die Dichtefunktionen für wachsendes n gegen eine glockenförmige Grenzfunktion streben. Dies ist auch wirklich der Fall, wie sich in **15.3.** erweisen wird.

15.3. Der lokale Grenzwertsatz von *de Moivre* und *Laplace*

In **15.2.** stellten wir die Vermutung auf, daß sich die Graphen der standardisierten Dichtefunktionen der Binomialverteilungen $B(n;p)$ für wachsende n bei festem p einer bestimmten glockenförmigen Kurve nähern. Diese Vermutung soll nun präzisiert werden.

15.3. Der lokale Grenzwert von de Moivre und Laplace

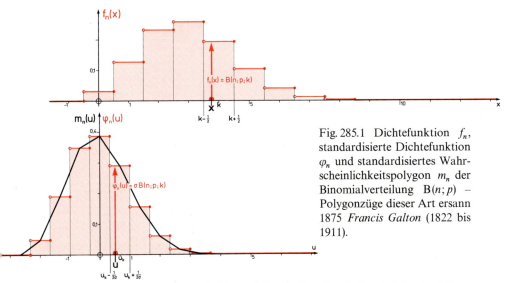

Fig. 285.1 Dichtefunktion f_n, standardisierte Dichtefunktion φ_n und standardisiertes Wahrscheinlichkeitspolygon m_n der Binomialverteilung $B(n;p)$ – Polygonzüge dieser Art ersann 1875 *Francis Galton* (1822 bis 1911).

Eine Zufallsgröße sei nach $B(n;p)$ binomial verteilt. f_n sei ihre Dichtefunktion. Mit φ_n bezeichnen wir die Dichtefunktion der zugehörigen standardisierten Zufallsgröße. Unsere Vermutung lautet dann: Es gibt eine Grenzfunktion φ, so daß für alle $u \in \mathbb{R}$ gilt $\lim\limits_{n \to +\infty} \varphi_n(u) = \varphi(u)$.

Der Beweis dieser Vermutung erfordert erheblichen mathematischen Aufwand. Wir verzichten daher auf den Nachweis der Existenz einer solchen Grenzfunktion φ. Nehmen wir darüber hinaus an, daß die Grenzfunktion φ sogar differenzierbar ist, dann können wir mit den uns zur Verfügung stehenden mathematischen Hilfsmitteln einige Aussagen über φ machen. Dazu betrachten wir an Stelle der Graphen der standardisierten Dichtefunktionen φ_n die standardisierten **Wahrscheinlichkeitspolygone** m_n, die man dadurch erhält, daß man die Mitten der oberen Seiten der Histogrammrechtecke miteinander verbindet. Aus Figur 285.1 wird anschaulich klar, daß die Dichtefunktionen φ_n und die Wahrscheinlichkeitspolygone m_n zur gleichen Grenzfunktion φ konvergieren. Wir wollen nun die Steigung $\varphi'(u)$ der Grenzfunktion φ an einer fest gewählten Stelle u bestimmen. Dazu benötigen wir die Sekantensteigung des Graphen von φ. Da wir φ aber nicht kennen, nehmen wir statt dessen die Sekantensteigung eines Wahrscheinlichkeitspolygons m_n und lassen n gegen Unendlich streben. Nun ist (siehe Figur 285.2)

$$\frac{\Delta m_n(u)}{\Delta u} = \frac{m_n(u_{k+1}) - m_n(u_k)}{u_{k+1} - u_k}.$$

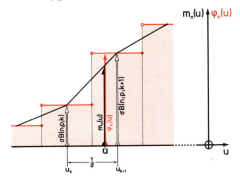

Fig. 285.2 Zur Steigung des Graphen des standardisierten Wahrscheinlichkeitspolygons m_n der standardisierten Dichtefunktion φ_n

Betrachten wir nur solche Stellen u, die zwischen u_0 und u_n liegen, dann gilt

$$\frac{\Delta m_n(u)}{\Delta u} = \frac{\sigma B(n;p;k+1) - \sigma B(n;p;k)}{\frac{1}{\sigma}}.$$

Unter Verwendung der Rekursionsformel von Seite 235 wird daraus

$$\frac{\Delta m_n(u)}{\Delta u} = \sigma^2 \cdot B(n;p;k) \cdot \left(\frac{(n-k)p}{(k+1)q} - 1\right) = \sigma^2 B(n;p;k) \cdot \frac{np - kp - kq - q}{kq + q} =$$

$$= \sigma^2 B(n;p;k) \cdot \frac{np - k - q}{kq + q}.$$

Ließe man jetzt hier n nach Unendlich streben, so ist zu beachten, daß das Intervall $[u_k; u_{k+1}[$, das die fest gewählte Stelle u enthält, von n abhängt; man müßte eigentlich genauer $[u_k^{(n)}; u_{k+1}^{(n)}[$ dafür schreiben. Damit hängt auch das im obigen Ausdruck vorkommende k von n ab! Es gilt nämlich

$$u_k \leqq u < u_{k+1} \Leftrightarrow \frac{k-\mu}{\sigma} \leqq u < \frac{k+1-\mu}{\sigma}$$

$$\Leftrightarrow k - \mu \leqq \sigma u < k + 1 - \mu$$

$$\Leftrightarrow -\mu - \sigma u \leqq -k < 1 - \mu - \sigma u$$

$$\Leftrightarrow \sigma u + \mu - 1 < k \leqq \sigma u + \mu$$

$$\Leftrightarrow u\sqrt{npq} + np - 1 < k \leqq u\sqrt{npq} + np. \qquad (*)$$

k muß also bei festem u in Abhängigkeit von n so gewählt werden, daß die letzte Doppelungleichung erfüllt ist. Durch sie ist ein halboffenes Intervall der Länge 1 bestimmt. Es gibt also genau ein k, das dieser Doppelungleichung genügt. Darüber hinaus ist noch zu beachten, daß $k \in \mathbb{N}_0$ und $k \leqq n$ sein muß. Damit gilt $k = \sigma u + \mu - h$ mit $0 \leqq h < 1$, $0 < k < n$ und $k \in \mathbb{N}_0$.
Tabelle 286.1 zeigt den Zusammenhang zwischen einem festen u und dem zu wählenden k in Abhängigkeit von n bei festem p.

n	μ	σ	$u = 2$		$u = 100$	
			$\sigma u + \mu$	k	$\sigma u + \mu$	k
1	0,2	0,4	1	1	40,2	(40)
4	0,8	0,8	2,4	2	80,8	(80)
9	1,8	1,2	4,2	4	121,8	(121)
16	3,2	1,6	6,4	6	163,2	(163)
25	5,0	2	9	9	205	(205)
64	12,8	3,2	19,2	19	332,8	(332)
100	20	4	28	28	420	(420)
10^4	$2 \cdot 10^3$	40	2080	2080	6000	6000
10^6	$2 \cdot 10^5$	400	200800	200800	240000	240000

Tab. 286.1 Zusammenhang zwischen n und k bei festem u für Binomialverteilungen $B(n; \frac{1}{5})$. Eingeklammert sind diejenigen k-Werte, die größer als n sind.

15.3. Der lokale Grenzwert von de Moivre und Laplace

Ersetzen wir nun im letzten Ausdruck für $\frac{\Delta m_n(u)}{\Delta u}$ den Faktor $\sigma B(n;p;k)$ durch $m(u_k)$ und k durch $\sigma u_k + \mu$, dann erhalten wir

$$\frac{\Delta m_n(u)}{\Delta u} = \sigma \cdot m_n(u_k) \cdot \frac{np - \sigma u_k - \mu - q}{\sigma u_k q + \mu q + q} =$$

$$= m_n(u_k) \cdot \frac{-(\sigma^2 u_k + \sigma q)}{\sigma u_k q + \sigma^2 + q} = m_n(u_k) \cdot \frac{-\left(u_k + \frac{q}{\sigma}\right)}{\frac{u_k q}{\sigma} + 1 + \frac{1}{\sigma^2}}.$$

Für $n \to \infty$ konvergiert u_k gegen das festgehaltene u, wie man leicht einsieht:

$$|u - u_k| = \left|u - \frac{k-\mu}{\sigma}\right| = \left|u - \frac{\sigma u + \mu - h - \mu}{\sigma}\right| = \left|\frac{-h}{\sigma}\right| \leqq \frac{1}{\sigma} = \frac{1}{\sqrt{npq}} \xrightarrow[n \to \infty]{} 0.$$

Die Wahrscheinlichkeitspolygone m_n streben mit $n \to \infty$ auf Grund der gemachten Annahme gegen die Grenzfunktion φ, die Sekantensteigungen $\frac{\Delta m_n(u)}{\Delta u}$ gegen die gesuchte Steigung $\varphi'(u)$. Somit gewinnen wir aus dem letzten Ausdruck für $\frac{\Delta m_n(u)}{\Delta u}$ durch Grenzübergang die Beziehung

$$\varphi'(u) = -u \cdot \varphi(u).$$

Diese Differentialgleichung läßt sich für $\varphi(u) \neq 0$ leicht lösen:

$$\frac{\varphi'(u)}{\varphi(u)} = -u$$

$$\Leftrightarrow \frac{d}{du} \ln|\varphi(u)| = -u$$

$$\Leftrightarrow \ln|\varphi(u)| = -\tfrac{1}{2}u^2 + c$$

Da aber φ als Grenzfunktion der nicht-negativen m_n nie negativ sein kann, erhalten wir schließlich

$$\varphi(u) = C \cdot e^{-\frac{1}{2}u^2}.$$

Die Integrationskonstante C muß nun so bestimmt werden, daß die Fläche unter dem Graphen von φ den Wert 1 ergibt, also

$$C \cdot \int_{-\infty}^{+\infty} e^{-\frac{1}{2}u^2} du = 1 \Leftrightarrow C = \frac{1}{\int_{-\infty}^{+\infty} e^{-\frac{1}{2}u^2} du}.$$

Die Auswertung dieses Integrals ist nicht einfach. Sie liefert den Wert

$$C = \frac{1}{\sqrt{2\pi}}.$$

Ein möglicher Weg zur Berechnung dieses Integrals:

Man betrachtet zunächst das Integral $I := \int\limits_{-\infty}^{\infty} e^{-x^2} dx$.

Da der Wert eines Integrals nicht von der Wahl der Integrationsvariablen abhängt, kann man schreiben

$$I^2 = \int\limits_{-\infty}^{+\infty} e^{-x^2} dx \cdot \int\limits_{-\infty}^{+\infty} e^{-y^2} dy = \int\limits_{-\infty}^{+\infty} \int\limits_{-\infty}^{+\infty} e^{-(x^2+y^2)} dx dy.$$

Das Doppelintegral kann gedeutet werden als Volumen eines hutförmigen Körpers über der x-y-Ebene. In Figur 288.1 ist dieser »Hut« dargestellt, wobei zur Verdeutlichung statt des eigentlichen Hutes ein in z-Richtung auf das c-fache gestreckter Hut gewählt wurde.

Das Hutvolumen kann approximiert werden durch eine Summe von Quadervolumina $e^{-(x^2+y^2)} \cdot \Delta x \cdot \Delta y$, wobei das Rechteck mit den Seiten Δx und Δy die Quadergrundfläche bildet; die Quaderhöhe $e^{-(x^2+y^2)}$ ist der Funktionswert des Integranden $e^{-(x^2+y^2)}$ an einer beliebigen Stelle $(x|y)$ aus dem Rechteck (Figur 289.1). Durch Summation und Grenzübergang entsteht dann das Integral I^2.

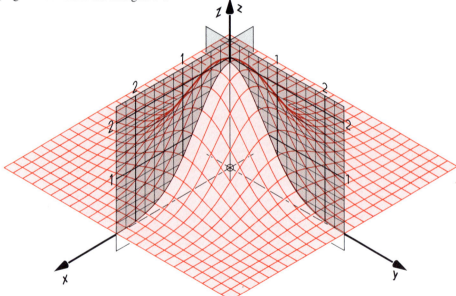

Fig. 288.1 Graph der Funktion $(x|y) \mapsto c \cdot e^{-(x^2+y^2)}$, $D = \mathbb{R} \times \mathbb{R}$, als Fläche im x-y-z-System. Gezeichnet sind auf der Fläche die Kurvenscharen mit $x = $ const. bzw. $y = $ const.

Da die Funktion $(x|y) \mapsto e^{-(x^2+y^2)}$, $D = \mathbb{R} \times \mathbb{R}$, auf konzentrischen Kreisen um $(0|0)$ konstant ist, liegt es nahe, in der x-y-Ebene Polarkoordinaten $(r|\psi)$ einzuführen (Figur 289.2). An Stelle der Rechtecke verwendet man dann besser Kreisringe der Dicke Δr, so daß an Stelle der Quader Kreiszylinderringe zur Approximation benützt werden (Figur 289.3). Durch Summation und Grenzübergang ergibt sich damit für das Hutvolumen nur mehr ein einfaches Integral, das ausgewertet werden kann:

$$I^2 = \int\limits_0^{\infty} 2r\pi e^{-r^2} dr = \pi \left[-e^{-r^2} \right]_0^{\infty} = \pi(0+1) = \pi.$$

15.3. Der lokale Grenzwert von de Moivre und Laplace

Daraus folgt

$$I = \int_{-\infty}^{+\infty} e^{-x^2} dx = \sqrt{\pi}.$$

Ersetzt man nun x durch $\frac{1}{\sqrt{2}} u$ und damit dx durch $\frac{1}{\sqrt{2}} du$, dann ergibt sich

$$I = \int_{-\infty}^{\infty} e^{-\frac{1}{2}u^2} \frac{1}{\sqrt{2}} du = \frac{1}{\sqrt{2}} \int_{-\infty}^{\infty} e^{-\frac{1}{2}u^2} du =$$
$$= \sqrt{\pi},$$

woraus man durch Multiplikation mit $\sqrt{2}$ den gesuchten Wert erhält:

$$\int_{-\infty}^{\infty} e^{-\frac{1}{2}u^2} du = \sqrt{2\pi}.$$

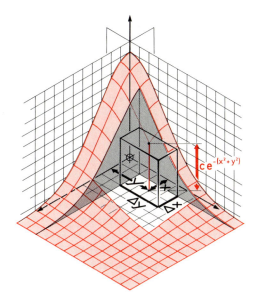

Fig. 289.1 Einer der Quader des Volumens $c \cdot e^{-(x^2+y^2)} \Delta x \Delta y$, deren Summe das Hutvolumen approximiert.

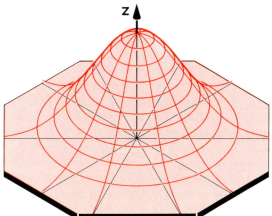

Fig. 289.2 Der Graph von Figur 288.1 als Graph der Funktion $(r|\psi) \mapsto e^{-r^2}$, $D = \mathbb{R} \times \mathbb{R}$. Gezeichnet sind auf der Fläche die Kurvenscharen mit $\psi = $ const. bzw. $r = $ const.; erstere sind Fall-, letztere sind Höhenlinien (= Isohypsen) der Fläche.

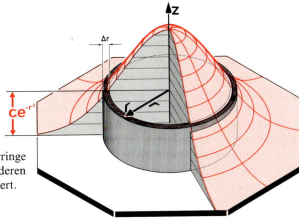

Fig. 289.3 Einer der Kreiszylinderringe des Volumens $c \cdot e^{-r^2} \cdot 2r\pi \cdot \Delta r$, deren Summe das Hutvolumen approximiert.

Damit ist unsere eingangs ausgesprochene Vermutung, daß die standardisierten Dichtefunktionen φ_n gegen eine Grenzfunktion konvergieren, plausibel gemacht. Ein strenger Beweis dieses Sachverhalts für beliebiges $p \in {]0; 1[}$ gelang in Weiterführung der Gedanken *de Moivre*s (1667–1754) als erstem *Pierre Simon de Laplace* (1749–1827) mit Hilfe der erzeugenden Funktionen in seiner *Théorie Analytique des Probabilités* aus dem Jahre 1812.*

Satz 290.1: Der lokale Grenzwertsatz von *de Moivre* und *Laplace*.
Die Dichtefunktionen φ_n der standardisierten Binomialverteilungen $B(n; p)$ mit $0 < p < 1$ streben mit wachsendem n gegen die Grenzfunktion

$$\varphi: x \mapsto \frac{1}{\sqrt{2\pi}} e^{-\frac{1}{2}x^2}; \quad x \in \mathbb{R}.$$

Um einen Überblick über die Funktion φ zu bekommen, stellen wir ihre wichtigsten Eigenschaften zusammen.

1) φ ist eine differenzierbare, positive Funktion.
2) Wegen $\varphi(-x) = \varphi(x)$ ist der Graph von φ symmetrisch zur Achse $x = 0$.
3) Wegen $\lim\limits_{x \to +\infty} \varphi(x) = 0$ und wegen **2)** ist die x-Achse Asymptote für $|x| \to +\infty$.
4) $\varphi'(x) = -\dfrac{x}{\sqrt{2\pi}} e^{-\frac{1}{2}x^2} = -x\varphi(x)$.

Offensichtlich ist $\varphi'(x) \gtreqless 0$ für $x \lesseqgtr 0$, d.h., φ ist echt monoton wachsend für $x \leq 0$ und echt monoton fallend für $x \geq 0$.

5) An der Stelle $x = 0$ hat φ das einzige Extremum; es ist absolutes Maximum mit dem Wert $\varphi(0) = \dfrac{1}{\sqrt{2\pi}} \approx 0{,}398\,942$.

6) $\varphi''(x) = -\varphi(x) - x\varphi'(x) =$
$= -\varphi(x) + x^2 \varphi(x) =$
$= (x^2 - 1)\varphi(x)$.

An den Stellen $x = \pm 1$ hat φ'' jeweils einen Vorzeichenwechsel. Diese Stellen sind also die einzigen Wendestellen des Graphen von φ. Es ist

$$\varphi(\pm 1) = \frac{1}{\sqrt{2\pi e}} \approx 0{,}241\,971.$$

Figur 291.1 zeigt den Graphen von φ in einem kartesischen Koordinatensystem; er heißt ***Gauß*sche Glockenkurve**, ***Gauß*sche Fehlerkurve**** bzw. kurz ***Gauß*kurve**. Früher nannte man ihn auch *Courbe de chapeau de gendarme*. In den *Stochastik-Tabellen* findet man die Funktion φ tabellarisiert.

Um einen optischen Eindruck der Approximation der standardisierten Dichtefunktionen φ_n von $B(n; p)$ durch φ zu vermitteln, ist in Figur 291.2 die *Gauß*sche Kurve im gleichen Maßstab dargestellt wie die standardisierten Binomialvertei-

---
* Einen für die Schule aufbereiteten Beweis findet man als Anhang im Lösungsheft.
** Siehe die Bemerkung unter Definition 295.1.

15.3. Der lokale Grenzwert von de Moivre und Laplace

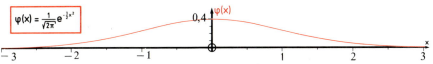

Fig. 291.1 Die *Gauß*sche Kurve im kartesischen Koordinatensystem. Wegen ihres flachen Verlaufs wird meist eine Darstellung mit gedehnter Ordinate wie in Figur 291.2 bevorzugt.

lungen der Figuren 282.1 und 283.1. Man stelle sich auf durchsichtigem Papier eine Kopie von Figur 291.2 her und lege sie über die Kurven dieser Figuren!

Der lokale Grenzwertsatz von *de Moivre* und *Laplace* löst nun das in 15.1. gestellte Problem, $B(n; p; k)$ für große n näherungsweise ohne viel Aufwand zu berechnen. Es ist nämlich

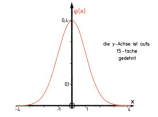

Fig. 291.2 Die *Gauß*sche Kurve im Maßstab der Figuren 282.1 und 283.1.

$$B(n;p;k) = \frac{1}{\sigma} \cdot \sigma B(n;p;k) = \frac{1}{\sigma} \varphi_n\left(\frac{k-\mu}{\sigma}\right) \approx \frac{1}{\sigma} \varphi\left(\frac{k-\mu}{\sigma}\right).$$

Wir halten dies fest in

Satz 291.1: Für große n und $0 < p < 1$ gilt:
$$B(n;p;k) \approx \frac{1}{\sigma} \varphi\left(\frac{k-\mu}{\sigma}\right) = \frac{1}{\sqrt{2\pi npq}} e^{-\frac{(k-np)^2}{2npq}} = \frac{1}{\sigma\sqrt{2\pi}} e^{-\frac{1}{2}\left(\frac{k-\mu}{\sigma}\right)^2}$$
Faustregel: Für $\sigma^2 = npq > 9$ erhält man brauchbare Werte.

Je nachdem, ob man eine Tabelle der φ-Funktion oder einen Taschenrechner zur Verfügung hat, benützt man die eine oder die andere angegebene Form.

Die erste Tabelle der φ-Funktion erstellte 1770 *Daniel Bernoulli* (1700–1782) in seiner Abhandlung *Mensura sortis ad fortuitam succesionem rerum naturaliter contingentium applicata*, in der er im wesentlichen den Grenzwertsatz herleitete, der zu Recht auch seinen Namen tragen könnte.

I.	II.		I.	II.
1.	0,9901 q'		10.	0,3679 q'
2.	0,9608 q'		15.	0,1054 q'
3.	0,9141 q'		20.	0,01832 q'
4.	0,8522 q'		25.	0,001931 q'
5.	0,7789 q'		30.	0,0001235 q'

Tab. 291.1 *Daniel Bernoullis* Tabelle $k \mapsto q' \cdot e^{-\frac{1}{100}k^2}$.
– Man überprüfe ihre Genauigkeit.

Die Handhabung der Approximationsformel von Satz 291.1 illustrieren wir an einem

Beispiel: Gesucht ist die Wahrscheinlichkeit, bei 60 Würfen mit einem Laplace-Würfel 11mal die Sechs zu erhalten, d. h., $B(60; \frac{1}{6}; 11) = \binom{60}{11}(\frac{1}{6})^{11}(\frac{5}{6})^{49}$.
Da $\sigma^2 = 60 \cdot \frac{1}{6} \cdot \frac{5}{6} = \frac{25}{3} < 9$ ist, können wir keine zu gute Approximation erwarten. Mit dem Taschenrechner ergibt sich

$$B(60; \tfrac{1}{6}; 11) \approx \frac{\sqrt{3}}{5\sqrt{2\pi}} e^{-\frac{1}{2}\left(\frac{(11-10)\sqrt{3}}{5}\right)^2} \approx \frac{1}{5}\sqrt{\frac{3}{2\pi}} e^{-0,06} \approx 0,1301496546 \approx 0,13015$$

Aus der Tabelle der φ-Funktion berechnen wir

$$B(60; \tfrac{1}{6}; 11) \approx \frac{\sqrt{3}}{5} \varphi\left(\frac{11-10}{\frac{1}{5}\sqrt{3}}\right) = \frac{\sqrt{3}}{5} \varphi\left(\frac{\sqrt{3}}{5}\right) \approx \frac{\sqrt{3}}{5} \varphi(0,346\ldots).$$

Da wir uns bewußt sind, daß die Berechnung von $B(60; \frac{1}{6}; 11)$ mittels φ nur Näherungscharakter hat, wählen wir den 0,346... nächstgelegenen Eingangswert 0,35 und erhalten damit

$$B(60; \tfrac{1}{6}; 11) \approx \frac{\sqrt{3}}{5} \varphi(0,35) = \frac{\sqrt{3}}{5} \cdot 0,37524 = 0,12999.$$

Direkte Berechnung ergibt auf 5 Dezimalen gerundet $B(60; \frac{1}{6}; 11) \approx 0,12456$.
$B(60; \frac{1}{6}; 11)$ wurde also mit einem Fehler von etwa $\frac{0,00543}{0,12456} \approx 4,4\%$ approximiert.

Tab. 292.1 Zur Illustration des lokalen Grenzwertsatzes für die Stelle $u = 2$ mit $p = \frac{1}{5}$ und $\sigma = 0,4\sqrt{n}$. Das zu $u = 2$ und dem jeweiligen n gehörende k gemäß (*) von Seite 286 findet man in Tabelle 286.1. – Man beachte, daß der zur Berechnung von $B(10^6; \frac{1}{5}; 200800)$ benötigte Binomialkoeffizient bereits 217800 Stellen hat!

Fig. 292.1 Verlauf des prozentualen Fehlers bei der Approximation der Binomialverteilung $B(10^4; 0,5)$ mittels des lokalen Grenzwertsatzes von *de Moivre* und *Laplace*

n	$B(n; \tfrac{1}{5}; k)$	$\tfrac{1}{\sigma}\varphi(2)$	$\dfrac{\tfrac{1}{\sigma}\varphi(2) - B(n; \tfrac{1}{5}; k)}{B(n; \tfrac{1}{5}; k)}$
1	0,2000	0,1350	$-32,5\%$
4	0,1536	0,0675	$-56,1\%$
9	0,06606	0,04499	$-31,9\%$
16	0,05503	0,03374	$-38,7\%$
25	0,02944	0,02700	$-8,3\%$
64	0,01991	0,01687	$-15,3\%$
100	0,01413	0,01350	$-4,5\%$
10^4	0,001357	0,001350	$-0,5\%$
10^6	0,0001353	0,0001350	$-0,2\%$

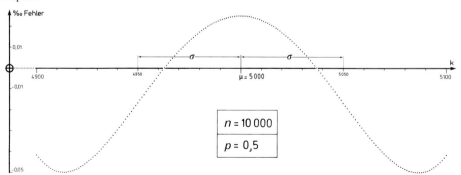

Satz 291.1 macht natürlich keine Aussage über die Güte der Approximation. In Tabelle 292.1 haben wir für $p = \frac{1}{5}$ und die feste Stelle $u = 2$ die beiden in Satz 291.1 auftretenden Werte miteinander verglichen. Sie zeigt, daß die Werte $B(n; \frac{1}{5}; k)$ und $\frac{1}{\sigma}\varphi(2)$ sich nähern, daß dies aber nicht monoton und auch recht langsam geschieht. Die großen prozentualen Abweichungen wird man darauf zurückführen, daß die Stelle $u = 2$ sich immerhin im Abstand 2σ vom Erwartungswert befindet. Man könnte also die Hoffnung hegen, daß die Fehler in der Nähe des Erwartungswerts erheblich geringer sein werden. Figur 292.1 zeigt uns den Fehlerverlauf für $n = 10^4$ und $p = \frac{1}{2}$ in Abhängigkeit von k in der Umgebung des Erwartungswerts $\mu = 5000$. Sie bestätigt unsere Vermutung.
Eine theoretische Untersuchung des Fehlers übersteigt unsere Möglichkeiten. Eine sehr genaue Abschätzung des Fehlers gelang 1943 dem sowjetischen Mathematiker *Sergei Natanowitsch Bernschtein* (1880–1968).

15.4. Der Integralgrenzwertsatz von *de Moivre* und *Laplace*

Im letzten Abschnitt haben wir eine Näherungsformel für die Werte $B(n; p; k)$ bei großem n kennengelernt. Für viele Probleme der Praxis ist es jedoch weniger wichtig zu wissen, wie groß die Wahrscheinlichkeit dafür ist, daß eine Zufallsgröße X einen *bestimmten* Wert annimmt. Vielfach interessiert man sich dafür, daß die Zufallsgröße X Werte *zwischen* zwei vorgegebenen Grenzen a und b annimmt; dabei kann auch eine der beiden Grenzen $-\infty$ bzw. $+\infty$ sein. Ein Beispiel dafür ist das Problem von Seite 277, wo wir die Wahrscheinlichkeit $P(\mu - \sigma \leq X \leq \mu + \sigma)$ abschätzen wollten. Wahrscheinlichkeiten dieser Art lassen sich am bequemsten berechnen, wenn man die kumulative Verteilungsfunktion zur Verfügung hat. Man hat dann an Stelle einer Summe mit vielen Summanden nur eine einzige Differenz zu bestimmen. Es gilt nämlich z.B. $P(a < X \leq b) = F(b) - F(a)$. Die Berechnung von Funktionswerten der kumulativen Verteilungsfunktion F ist bei Binomialverteilungen mit großem n aber auch äußerst mühsam. Man müßte nämlich z.B. für $F(b) = \sum_{k \leq b} B(n; p; k)$ sehr viele Werte $B(n; p; k)$ berechnen und addieren. Im Histogramm wird diese Summe dargestellt durch den Flächeninhalt der Rechtecke von links bis zum Rechteck über $k_b := [b]$. (Figur 294.1) Dieser Flächeninhalt läßt sich auch als Integral der Dichtefunktion f_n schreiben: $F(b) = \int_{-\infty}^{k_b + 0{,}5} f_n(x)\,dx$.

In **15.3.** konnten wir zeigen, daß die zu $B(n; p)$ gehörige standardisierte Dichtefunktion φ_n durch eine Grenzfunktion φ approximiert werden kann. Wir wollen diese Approximation nun zur Berechnung unseres Flächeninhalts ausnützen.

Dazu gehen wir zur zugehörigen standardisierten Zufallsgröße $U_X := \dfrac{X - \mu}{\sigma}$ über. Unsere Fläche der Größe $P(X \leq b)$ geht durch die Standardisierung über in die gleich große Fläche der Rechtecke unter dem Graphen von φ_n einschließlich des Rechtecks über $u_{k_b} = \dfrac{k_b - \mu}{\sigma}$. (Figur 294.2)

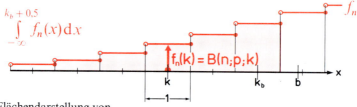

Fig. 294.1 Flächendarstellung von
$P(X \leqq b) = \sum_{k \leqq b} B(n;p;k)$

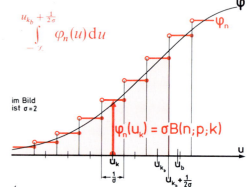

Fig. 294.2 Flächendarstellung von
$P(X \leqq b) = P(U_X \leqq u_b)$.

Damit gilt $F(b) = \int\limits_{-\infty}^{k_b + 0{,}5} f_n(x)\,dx = \int\limits_{-\infty}^{u_{k_b} + \frac{1}{2\sigma}} \varphi_n(u)\,du$.

Nach Satz 290.1 wissen wir, daß für große n gilt: $\varphi_n(u) \approx \varphi(u) = \dfrac{1}{\sqrt{2\pi}} e^{-\frac{1}{2}u^2}$.

Es liegt also nahe, für $F(b)$ näherungsweise $\int\limits_{-\infty}^{u_{k_b} + \frac{1}{2\sigma}} \varphi(u)\,du = \dfrac{1}{\sqrt{2\pi}} \int\limits_{-\infty}^{u_{k_b} + \frac{1}{2\sigma}} e^{-\frac{1}{2}u^2}\,du$

zu nehmen. Tatsächlich konnten *Abraham de Moivre* (1667–1754), *Daniel Bernoulli* (1700–1782) und in aller Strenge *Pierre Simon de Laplace* (1749–1827) zeigen, daß – in heutiger Sprechweise – die standardisierten kumulativen Verteilungsfunktionen gegen die Integralfunktion $x \mapsto \int\limits_{-\infty}^{x} \varphi(u)\,du$ konvergieren:

> **Satz 294.1: Integralgrenzwertsatz von *de Moivre* und *Laplace*.**
> Für eine nach $B(n;p)$ verteilte Zufallsgröße X gilt, falls $0 < p < 1$ ist:
> $\lim\limits_{n \to \infty} P\left(\dfrac{X - \mu}{\sigma} \leqq x\right) = \int\limits_{-\infty}^{x} \varphi(u)\,du$.

Man beachte, daß der Satz für ein festes Intervall $]-\infty; x]$ der Wertemenge der *standardisierten* Zufallsgröße $\dfrac{X - \mu}{\sigma}$ formuliert ist. Für ein festes Intervall $]-\infty; x]$ aus der Wertemenge der zugehörigen *nicht*-standardisierten binomialverteilten Zufallsgröße X gilt selbstverständlich nach dem Gesetz der großen Zahlen $\lim\limits_{n \to +\infty} P(X \leqq x) = 0$.

Weil die Integralfunktion $x \mapsto \int_{-\infty}^{x} \varphi(u)\,du$ eine so große Bedeutung hat, führte man eine eigene Bezeichnung für sie ein:

Definition 295.1: Die Funktion
$$\Phi: \quad x \mapsto \int_{-\infty}^{x} \varphi(u)\,du = \frac{1}{\sqrt{2\pi}} \int_{-\infty}^{x} e^{-\frac{1}{2}u^2}\,du, \qquad D_\Phi = \mathbb{R},$$
heißt **Gaußsche Integralfunktion**.

Carl Friedrich Gauß (1777–1855)* fand diese Funktion 1794 im Zusammenhang mit Untersuchungen über die Fehlerverteilung bei vielen Einzelmessungen. Aus diesem Grund heißt Φ auch **Gaußsches Fehlerintegral** und der Graph von φ **Gaußsche Fehlerkurve**. Veröffentlicht hat er dies aber erst 1809 in seiner *Theoria motus corporum coelestium*. Das Wort *Fehlerkurve* selbst wurde 1770 von *Joseph Louis Lagrange* (1736–1813)** geprägt.

Leider gibt es keine elementare Stammfunktion von φ, so daß Φ integralfrei dargestellt werden könnte. Man muß daher das bestimmte Integral numerisch auswerten. Die Ergebnisse sind in einer Tabelle, deren Erstellung *Laplace* bereits 1783 forderte, festgehalten (*Stochastik-Tabellen* S. 43–45). Figur 295.1 zeigt die Entstehung des Graphen von Φ.

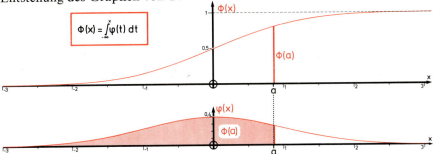

Fig. 295.1 Der Graph von Φ im kartesischen Koordinatensystem und die geometrische Bedeutung von $\Phi(x)$. – Wegen des flachen Verlaufs wird meist eine Darstellung von Φ mit gedehnter Ordinate wie in Fig. 296.1 bevorzugt.

Mit Hilfe der Funktion Φ können wir nun schließlich die Approximation der kumulativen Verteilungsfunktion einer binomial verteilten Zufallsgröße kurz formulieren. Wählen wir als Grenze b eine der uns interessierenden Zahlen k, so ist

$$u_{k_b} + \frac{1}{2\sigma} = u_k + \frac{1}{2\sigma} = \frac{k-\mu}{\sigma} + \frac{1}{2\sigma} = \frac{k-\mu+0{,}5}{\sigma}.$$ Damit erhalten wir

$$F_p^n(k) = \int_{-\infty}^{u_k + \frac{1}{2\sigma}} \varphi_n(u)\,du \approx \int_{-\infty}^{\frac{k-\mu+0{,}5}{\sigma}} \varphi(u)\,du = \Phi\left(\frac{k-\mu+0{,}5}{\sigma}\right).$$

---

* Siehe Seite 407.   ** Siehe Seite 395.

Wir halten dies fest in

Satz 296.1: Für große n und $0 < p < 1$ gilt
$$F_p^n(k) \approx \Phi\left(\frac{k - \mu + 0{,}5}{\sigma}\right)$$

Wegen $P(a < X \leqq b) = F_p^n(b) - F_p^n(a)$ ergibt sich daraus

Satz 296.2: Ist X nach $B(n;p)$ verteilt und sind $k_1, k_2 \in \{0, 1, 2, \ldots, n\}$, so gilt für große n und $0 < p < 1$:
$$P(k_1 < X \leqq k_2) \approx \Phi\left(\frac{k_2 - \mu + 0{,}5}{\sigma}\right) - \Phi\left(\frac{k_1 - \mu + 0{,}5}{\sigma}\right)$$

Faustregel: Die Approximationen liefern für statistische Zwecke ausreichend genaue Werte, wenn $npq > 9$ ist.

Um einen optischen Eindruck der Approximation der standardisierten kumulativen Verteilungsfunktionen von $B(n;p)$ durch Φ zu vermitteln, ist in Figur 296.1 der Graph von Φ im gleichen Maßstab dargestellt wie die standardisierten kumulativen Verteilungsfunktionen in Figur 284.1. Man stelle sich auf durchsichtigem Papier eine Kopie von Figur 296.1 her und lege diese über die Kurven der Figur 284.1.

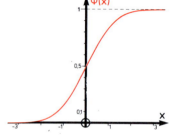

Fig. 296.1 Der Graph von Φ im Maßstab der Figur 284.1.

Ehe wir die Verwendung dieser Formeln an Beispielen zeigen, stellen wir einige wichtige Eigenschaften von Φ zusammen.

1) $\Phi(x)$ ist der Inhalt der Fläche unter der *Gauß*schen Kurve bis zum Wert x hin (Figur 295.1).
2) $\Phi(0) = 0{,}5$, weil der Graph von φ achsensymmetrisch zu $x = 0$ ist und weil
$$\int_{-\infty}^{+\infty} \varphi(x)\,dx = 1$$ gilt.
3) Da φ bei 0 ein Maximum hat, ist $(0|\tfrac{1}{2})$ Wendepunkt des Graphen von Φ.
4) $\boxed{\Phi(-x) = 1 - \Phi(x)}$

Die Behauptung folgt sofort aus Figur 297.1, wenn man berücksichtigt, daß der Graph von φ achsensymmetrisch zu $x = 0$ ist und daß die Gesamtfläche unter dem Graphen den Wert 1 hat.

15.4. Der Integralwertsatz von de Moivre und Laplace

Nun zu den Beispielen:

Beispiel 1: Berechne die Wahrscheinlichkeit dafür, daß bei 60 Würfen mit einem Laplace-Würfel 9-, 10- oder 11mal die Sechs fällt.
Die schon mühsame direkte Berechnung ergibt

$$P(9 \leq X \leq 11) = \sum_{i=9}^{11} B(60; \tfrac{1}{6}; i) =$$
$$= 0{,}13433 + 0{,}13701 + 0{,}12456 = 0{,}39590.$$

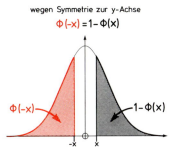

Leichter geht es mit der Approximation dieser Wahrscheinlichkeit durch Φ, wenngleich man keinen zu guten Näherungswert erwarten wird, weil npq knapp unter 9 liegt.

$$P(9 \leq X \leq 11) = P(8 < X \leq 11) \approx$$
$$\approx \Phi\left(\frac{11 - 10 + 0{,}5}{\tfrac{5}{3}\sqrt{3}}\right) - \Phi\left(\frac{8 - 10 + 0{,}5}{\tfrac{5}{3}\sqrt{3}}\right) =$$
$$= \Phi(\tfrac{3}{10}\sqrt{3}) - \Phi(-\tfrac{3}{10}\sqrt{3}) =$$
$$= 2\Phi(\tfrac{3}{10}\sqrt{3}) - 1 =$$
$$= 2 \cdot 0{,}69832 - 1 =$$
$$= 0{,}39664.$$

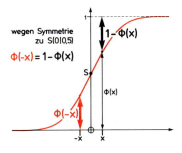

Fig. 297.1 Veranschaulichung von $\Phi(-x) = 1 - \Phi(x)$.

Der Fehler der Approximation beträgt hier trotzdem nur weniger als 0,2%.

Beispiel 2: Ein L-Würfel wird 100mal geworfen. Wer weniger als k_0 Sechser wirft, erhält einen Trostpreis. Wie groß darf k_0 höchstens sein, damit die Wahrscheinlichkeit für einen Trostpreis unter 10% liegt?
Wir lösen auch hier diese Aufgabe zunächst exakt mit Hilfe von $F_{1/6}^{100}$, da $X :=$ »Anzahl der Sechsen« $B(100; \tfrac{1}{6})$-verteilt ist.
Wir entnehmen den *Stochastik-Tabellen*

$$P(X < k_0) = P(X \leq k_0 - 1) < 0{,}1 \Leftrightarrow F_{1/6}^{100}(k_0 - 1) < 0{,}1 \Leftrightarrow k_{0,\max} - 1 = 11$$
$$\Leftrightarrow k_{0,\max} = 12.$$

Approximieren wir $P(X \leq k_0 - 1)$ mit Hilfe der *Gauß*schen Integralfunktion, so handelt es sich um die Lösung der Ungleichung

$$\Phi\left(\frac{k_0 - 1 - \mu + 0{,}5}{\sigma}\right) < 0{,}1 \Leftrightarrow \Phi\left(\frac{k_0 - 1 - \tfrac{100}{6} + \tfrac{1}{2}}{\tfrac{5}{3}\sqrt{5}}\right) < 0{,}1.$$

Wegen der Monotonie von Φ gilt dann $\dfrac{k_0 - \tfrac{103}{6}}{\tfrac{5}{3}\sqrt{5}} < \Phi^{-1}(0{,}1).$

Die Tabelle für Φ enthält keine Funktionswerte, die kleiner als 0,5 sind. Mit Hilfe der Beziehung $\Phi(-x) = 1 - \Phi(x)$ kann man sie auch für solche Fälle benützen. Man formt also um:

$$\Phi\left(\frac{k_0 - \frac{103}{6}}{\frac{5}{3}\sqrt{5}}\right) = 1 - \Phi\left(\frac{\frac{103}{6} - k_0}{\frac{5}{3}\sqrt{5}}\right) < 0,1; \quad \Leftrightarrow \quad \Phi\left(\frac{\frac{103}{6} - k_0}{\frac{5}{3}\sqrt{5}}\right) > 0,9.$$

Da wir uns bewußt sind, daß die Berechnung von $F_{1/6}^{100}(k_0 - 1)$ mittels Φ nur Näherungscharakter hat, nehmen wir den 0,9 am nächsten liegenden Tabellenwert, nämlich $0,89973 = \Phi(1,28)$. Also muß angenähert

$$\frac{\frac{103}{6} - k_0}{\frac{5}{3}\sqrt{5}} > 1,28 \quad \text{sein, woraus folgt} \quad k_0 < 12,39\ldots \Rightarrow k_{0,\max} = 12.$$

Sehr viel bequemer geht es, wenn man die Tabelle der Quantile aus den *Stochastik-Tabellen* auf Seite 44 benützt. k_0 ist nämlich das Quantil der Ordnung 10%. Man liest ab

$$\frac{k_0 - \frac{103}{6}}{\frac{5}{3}\sqrt{5}} < -1,2816; \quad \Leftrightarrow \quad k_0 < 12,39\ldots; \quad \Rightarrow k_{0,\max} = 12.$$

Einen Trostpreis erhält also, wer weniger als 12 Sechser wirft.

Der Integralgrenzwertsatz gibt uns ebensowenig wie der lokale Grenzwertsatz Informationen über die Güte der Approximation. Bei seiner Verwendung zur Approximation von Wahrscheinlichkeiten sollte man sich aber im klaren sein, daß befriedigende Ergebnisse nur für große n und für p-Werte, die nicht zu nahe bei 0 oder 1 liegen, zu erwarten sind. Außerdem sollte das Intervall $]k_1; k_2]$ nicht zu weit vom Erwartungswert μ entfernt liegen (siehe Tabelle 298.1). Diese Tatsachen waren den Mathematikern bis zum 20. Jahrhundert nur empirisch bekannt. Heute kennt man jedoch hinreichend genaue Abschätzungen des Fehlers.

k_1	k_2	$P := P(k_1 < k \leq k_2)$	P^*	$\frac{P^* - P}{P}$
$-\infty$	3	0	0,00002	$+\infty$
3	7	0,00027	0,00087	$+222\%$
7	11	0,01230	0,02107	$+ 71\%$
11	15	0,11592	0,10834	$- 6,5\%$
15	19	0,33165	0,31996	$- 3,5\%$
20	24	0,30918	0,31996	$+ 3,5\%$
24	28	0,11133	0,10834	$- 2,7\%$
28	32	0,01847	0,02107	$+ 14\%$
32	36	0,00149	0,00087	$- 42\%$
36	40	0,00007	0,00002	$- 71\%$

Tab. 298.1 Illustration des Integralgrenzwertsatzes für $n = 100$ und $p = 0,2$. Dabei bedeutet $P^* := \Phi\left(\frac{k_2 - \mu + 0,5}{\sigma}\right) - \Phi\left(\frac{k_1 - \mu + 0,5}{\sigma}\right)$.

15.5. Die Funktionen $\varphi_{\mu\sigma}$ und $\Phi_{\mu\sigma}$

Beim Beweis des lokalen und des integralen Grenzwertsatzes haben wir die binomial verteilten Zufallsgrößen standardisiert. Die Näherungsfunktionen φ und Φ approximierten also die standardisierte Dichtefunktion φ_n bzw. die standardisierte kumulative Verteilungsfunktion $u \mapsto F_p^n(u)$ der binomial verteilten Zufallsgröße. Macht man nun die Standardisierung bei den Funktionen φ bzw. Φ rückgängig, dann erhält man Funktionen, die die ursprüngliche Dichtefunktion f_n bzw. die ursprüngliche kumulative Verteilungsfunktion $x \mapsto F_p^n(x)$ approximieren. Ihre Terme gewinnt man durch folgende Überlegungen.

Auf Grund des lokalen Grenzwertsatzes lassen sich die Werte $B(n; p; k)$ durch $\frac{1}{\sigma}\varphi\left(\frac{k-\mu}{\sigma}\right)$ approximieren. Wir haben in **15.3.** die Funktion φ in Abhängigkeit vom Argument $u = \frac{x-\mu}{\sigma}$ diskutiert. Natürlich kann man auch x als unabhängige Variable nehmen. Man erhält dann eine auf $\mathbb{R}$ definierte Funktion $\varphi_{\mu\sigma}$, die noch von den beiden Parametern μ und σ abhängt.

Definition 299.1: $\quad \varphi_{\mu\sigma}(x) := \dfrac{1}{\sigma}\varphi\left(\dfrac{x-\mu}{\sigma}\right)$

Die Eigenschaften von $\varphi_{\mu\sigma}$ ergeben sich auf Grund der Überlegungen von Seite 290 über die Funktion φ, die in der Form von Definition 299.1 sich als $\varphi_{0;1}$ schreibt. Der Graph von $\varphi_{\mu\sigma}$ geht nun aus dem Graphen von φ durch folgende geometrische Konstruktion hervor: Zunächst wird der Graph von φ in x-Richtung um μ verschoben. Dann wird der Abstand a eines Graphenpunkts von der Symmetrieachse $x = \mu$ mit σ multipliziert und gleichzeitig seine Ordinate $\varphi(a)$ durch

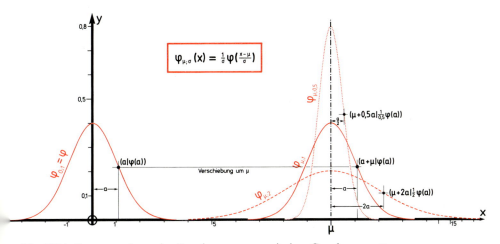

Fig. 299.1 Zusammenhang der Graphen von $\varphi_{\mu\sigma}$ mit dem Graphen von φ

σ dividiert, d.h., der Punkt $(a|\varphi(a))$ geht über in den Punkt $(\mu + a | \frac{1}{\sigma}(\varphi(a)))$. (Vergleiche Figur 299.1.) Der Graph von $\varphi_{\mu\sigma}$ ist also achsensymmetrisch zur Geraden $x = \mu$; dort nimmt $\varphi_{\mu\sigma}$ das Maximum $\frac{1}{\sigma\sqrt{2\pi}}$ an. An den Stellen $\mu - \sigma$ und $\mu + \sigma$ liegen die Wendepunkte mit den Ordinaten $\frac{1}{\sigma\sqrt{2\pi e}}$.

Mit Hilfe der Funktion $\varphi_{\mu\sigma}$ schreibt sich die Aussage des lokalen Grenzwertsatzes kurz in der Form:

$$\boxed{B(n; p; k) \approx \varphi_{\mu\sigma}(k).}$$

Die Funktion Φ wurde als Integralfunktion der Funktion φ definiert. Analog setzen wir fest:

$$\boxed{\textbf{Definition 300.1:} \quad \Phi_{\mu\sigma}(x) := \int_{-\infty}^{x} \varphi_{\mu\sigma}(t)\,dt = \frac{1}{\sigma\sqrt{2\pi}} \int_{-\infty}^{x} e^{-\frac{1}{2}\left(\frac{t-\mu}{\sigma}\right)^2} dt}$$

Offensichtlich ist $\Phi_{0;1}$ die *Gauß*sche Integralfunktion Φ.
Es gilt

$$\boxed{\textbf{Satz 300.1:} \qquad \Phi_{\mu\sigma}(x) = \Phi\left(\frac{x-\mu}{\sigma}\right)}$$

Beweis: Mit Hilfe der Substitution $u := \frac{t-\mu}{\sigma}$ erhält man

$$\Phi_{\mu\sigma}(x) = \frac{1}{\sigma\sqrt{2\pi}} \int_{-\infty}^{\frac{x-\mu}{\sigma}} e^{-\frac{1}{2}u^2} \sigma\,du = \frac{1}{\sqrt{2\pi}} \int_{-\infty}^{\frac{x-\mu}{\sigma}} e^{-\frac{1}{2}u^2} du = \Phi\left(\frac{x-\mu}{\sigma}\right).$$

Man gewinnt den Graphen von $\Phi_{\mu\sigma}$ aus dem Graphen von Φ durch Parallelverschiebung in x-Richtung um μ; anschließend wird der Abstand a eines Graphenpunktes von der Geraden $x = \mu$ mit σ multipliziert, der Ordinatenwert $\Phi(a)$ jedoch bleibt unverändert. (Siehe Figur 300.1.)

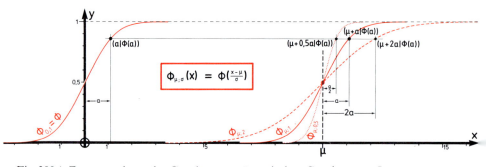

Fig. 300.1 Zusammenhang der Graphen von $\Phi_{\mu\sigma}$ mit dem Graphen von Φ

15.6. Der zentrale Grenzwertsatz und die Normalverteilung

Jede nach $B(n;p)$ verteilte Zufallsgröße X läßt sich – wie wir in **14.5.** zeigten – als Summe $\sum_{i=1}^{n} X_i$ von n unabhängigen Zufallsgrößen X_i schreiben, die alle nach $B(1;p)$ verteilt sind; dabei bedeutet $X_i :=$ »Anzahl der Treffer beim i-ten Versuch«. (X_i nimmt also nur die Werte 1 und 0 mit den Wahrscheinlichkeiten p und $1-p$ an.) Nach Satz 205.1 gilt dann $\mu = \mathscr{E}X = \sum_{i=1}^{n} \mathscr{E}X_i$. Für $\operatorname{Var} X$ ergibt sich nach Satz 209.1 die Darstellung $\sigma^2 = \operatorname{Var} X = \sum_{i=1}^{n} \operatorname{Var} X_i$. Setzt man diese Beziehungen in Satz 294.1 ein, so gewinnt der Integralgrenzwertsatz folgende Gestalt:

$$\lim_{n\to\infty} P\left(-\infty < \frac{\sum_{i=1}^{n} X_i - \sum_{i=1}^{n} \mathscr{E}X_i}{\sqrt{\sum_{i=1}^{n} \operatorname{Var} X_i}} \leqq x\right) = \frac{1}{\sqrt{2\pi}} \int_{-\infty}^{x} e^{-\frac{1}{2}t^2}\, dt = \Phi(x)$$

Diese Beziehung besagt: Die standardisierte kumulative Verteilungsfunktion einer Summe von n unabhängigen nach $B(1;p)$ verteilten Zufallsgrößen ist für großes n annähernd gleich der *Gauß*schen Integralfunktion.

Die Voraussetzung, daß die einzelnen Summanden binomial verteilt sein müssen, ist eine sehr starke Forderung. Es lag nahe zu untersuchen, ob ein Integralgrenzwertsatz in der obigen Gestalt auch unter schwächeren Voraussetzungen über die Summanden gilt. Es zeigte sich, daß an die Summanden nur die Forderung gestellt werden muß, daß, grob gesprochen, die »Streuung« jedes einzelnen Summanden beschränkt sein muß. Dies stellt den wesentlichen Inhalt des sog. zentralen Grenzwertsatzes dar. Darin betrachtet man nicht mehr eine Summe aus endlich vielen Zufallsgrößen, sondern die Teilsummenfolgen $S_n := \sum_{i=1}^{n} X_i$ einer unendlichen Folge von unabhängigen Zufallsgrößen X_i ($i = 1, 2, \ldots$).

Satz 301.1: Zentraler Grenzwertsatz.
X_i sei eine Folge von Zufallsgrößen ($i = 1, 2, \ldots$). Endlich viele der X_i seien stets unabhängig. S_n^* sei die standardisierte Zufallsgröße zu $S_n := X_1 + \ldots + X_n$, also

$$S_n^* := \frac{\sum_{i=1}^{n} X_i - \sum_{i=1}^{n} \mathscr{E}X_i}{\sqrt{\sum_{i=1}^{n} \operatorname{Var} X_i}}.$$

Falls es reelle Zahlen A, B, C gibt, so daß für alle i
$0 < A < \operatorname{Var} X_i < B$ und $\mathscr{E}(|X_i - \mathscr{E}X_i|^3) < C$ erfüllt ist, dann gilt

$$\lim_{n\to\infty} P(S_n^* \leqq x) = \Phi(x).$$

15. Die Normalverteilung

Der Integralgrenzwertsatz von *de Moivre* und *Laplace* erweist sich als Spezialfall des zentralen Grenzwertsatzes. Daß ein solch allgemeiner Satz gilt, wurde schon früh vermutet. 1810 bewies *Laplace* (1749–1827) einen zentralen Grenzwertsatz für gleichverteilte Zufallsgrößen*. 1887 stellte *Tschebyschow* (1821–1894) den allgemeinen zentralen Grenzwertsatz auf und beweist ihn, leider lückenhaft, für eine bestimmte Klasse von Zufallsgrößen**. Sein Schüler *Andrei Andrejewitsch Markow* (1856–1922)*** kann 1898 die Lücken schließen. 1901 gelingt *Tschebyschows* Schüler *Alexandr Michailowitsch Ljapunow* (1857–1918) sogar unter noch schwächeren Voraussetzungen der vollständige Beweis****. Moderne Arbeiten konnten dann die oben angegebenen Voraussetzungen über die Zufallsgrößen X_i noch weiter abschwächen. – Der Beweis dieses sehr tief liegenden Satzes übersteigt bei weitem unsere Möglichkeiten.

Der zentrale Grenzwertsatz macht verständlich, daß die standardisierte kumulative Verteilungsfunktion einer binomial verteilten Zufallsgröße für großes n durch die *Gauß*sche Integralfunktion Φ approximiert werden kann. Darüber hinaus offenbart er, warum bei so vielen empirisch gewonnenen Zufallsgrößen die standardisierte kumulative Verteilungsfunktion näherungsweise durch Φ ausgedrückt werden kann. Man kann nämlich annehmen, daß solche Zufallsgrößen sich als Summe einer großen Zahl voneinander unabhängiger Zufallsgrößen ergeben, deren Verteilungen alle ungefähr gleich streuen, wobei die einzelnen Summanden nur einen verschwindend kleinen Einfluß auf die Summe ausüben dürfen. Diese letztere Bedingung ist im wesentlichen die Einschränkung, die *Ljapunow* den X_i auferlegen mußte!

Wir verdeutlichen nun den zentralen Grenzwertsatz an einem

Beispiel: Die Voraussetzungen des zentralen Grenzwertsatzes sind z.B. erfüllt, wenn alle X_i gleichverteilt sind und endlichen Erwartungswert sowie endliche, von 0 verschiedene Varianz besitzen. In diesem Fall hängen die Größen $\operatorname{Var} X_i$ und $\mathscr{E}(|X_i - \mathscr{E} X_i|^3)$ nicht von i ab und sind daher trivialerweise beschränkt. Eine möglichst einfache Zufallsgröße, die sich als Summe solcher X_i darstellen läßt, gewinnen wir folgendermaßen.

Bei einem Laplace-Würfel werden die Augenzahlen wie folgt gewertet:
$\boxdot = \boxdot = 1$, $\boxdot = \boxdot = 2$, $\boxdot = \boxdot = 3$. X_i bedeute den Augenwert beim i-ten Wurf. Die X_i sind gleichmäßig verteilt; für jeden Wert ist $p = \frac{1}{3}$. Ferner gilt $\mathscr{E} X_i = 2$ und $\operatorname{Var} X_i = \frac{2}{3}$. Die Zufallsgröße $S_n := \sum_{i=1}^{n} X_i$ bedeutet die Summe der Augenwerte der ersten n-Würfe. Es interessiert nun, wie gut sich die kumulative Verteilungsfunktion der zugehörigen standardisierten Zufallsgröße S_n^* mit wachsendem n durch Φ approximieren läßt.

Statt dessen kann man auch die Approximation der Dichtefunktion von S_n durch $\varphi_{\mu\sigma}$ mit wachsendem n untersuchen. Dazu müssen wir die Wahrscheinlichkeitsverteilungen der S_n aufstellen.

---

* *Mémoire sur les approximations des formules qui sont fonctions de très grands nombres, et sur leur application aux probabilités.*
** *Sur deux théorèmes relatifs aux probabilités* (Originalarbeit auf russisch).
*** Марков (Betonung auf dem a) – Siehe Seite 395.
**** Ляпунов (Betonung auf o) – *Nouvelle forme du théorème sur la limite de probabilité*. – Siehe Seite 395.

15.6. Der zentrale Grenzwertsatz und die Normalverteilung

Für S_1 gilt $P(S_1 = k) = \frac{1}{3}$ für $k = 1, 2, 3$.

Für S_2 gilt $P(S_2 = k) = \sum_{j=1}^{3} P(X_1 = j \wedge X_2 = k - j)$ für $k = 2, 3, \ldots, 6$.

Wegen der stochastischen Unabhängigkeit von X_1 und X_2 erhält man daraus

$$P(S_2 = k) = \sum_{j=1}^{3} P(X_1 = j) \cdot P(X_2 = k - j) \quad \text{für } k = 2, \ldots, 6.$$

Man nennt die rechts stehende Summe eine **Faltung** der Wahrscheinlichkeitsverteilungen von X_1 und X_2.

Wegen der stochastischen Unabhängigkeit von X_1, X_2 und X_3 erhält man die Wahrscheinlichkeitsverteilung von S_3 durch Faltung der Wahrscheinlichkeitsverteilungen von S_2 und X_3:

$$P(S_3 = k) = \sum_{t=1}^{3} \sum_{s=1}^{3} P(X_1 = s \wedge X_2 = t \wedge X_3 = k - (s + t)) =$$

$$= \sum_{t=1}^{3} \sum_{s=1}^{3} P(X_1 = s) \cdot P(X_2 = t) \cdot P(X_3 = k - (s + t)) =$$

$$= \sum_{j=2}^{6} \left(\sum_{s=1}^{3} P(X_1 = s) \cdot P(X_2 = j - s) \right) \cdot P(X_3 = k - j) =$$

$$= \sum_{j=2}^{6} P(S_2 = j) \cdot P(X_3 = k - j) \quad \text{für } k = 3, \ldots, 9,$$

was auch anschaulich klar ist.

Für S_4 ergeben sich 2 Möglichkeiten der Faltung, nämlich entweder

$$P(S_4 = k) = \sum_{j=3}^{9} P(S_3 = j) \cdot P(X_4 = k - j) \quad \text{für } k = 4, \ldots, 12 \quad \text{oder}$$

$$P(S_4 = k) = \sum_{j=2}^{6} P(S_2 = j) \cdot P(S_2 = k - j) \quad \text{für } k = 4, \ldots, 12.$$

Schließlich erhält man noch für die Wahrscheinlichkeitsverteilung von S_8

$$P(S_8 = k) = \sum_{j=4}^{12} P(S_4 = j) \cdot P(S_4 = k - j) \quad \text{für } k = 8, \ldots, 24.$$

Die numerische Auswertung der obigen Ausdrücke zeigt Tabelle 303.1.
Zur Bestimmung der approximierenden $\varphi_{\mu\sigma}$-Funktionen benötigen wir die jeweiligen Erwartungswerte $\mathscr{E} S_n$ und Standardabweichungen $\sigma_n := \sqrt{\operatorname{Var} S_n}$; ihre Werte sind in Tabelle 304.1 wiedergegeben. In Tabelle 305.1 sind schließlich die Werte $P(S_n = k)$ und $\varphi_{\mu\sigma}(k)$ einander gegenübergestellt.

k	1	2	3	4	5	6	7	8	9	10	11	12	13	14	15	16
$3 \cdot P(S_1 = k)$	1	1	1													
$9 \cdot P(S_2 = k)$		1	2	3	2	1										
$27 \cdot P(S_3 = k)$			1	3	6	7	6	3	1							
$81 \cdot P(S_4 = k)$				1	4	10	16	19	16	10	4	1				
$6561 \cdot P(S_8 = k)$								1	8	36	112	266	504	784	1016	1107

Tab. 303.1 Wahrscheinlichkeitsverteilungen der S_n. – Für S_8 ist symmetrisch zu ergänzen!

304 15. Die Normalverteilung

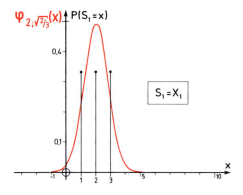

n	$\mathscr{E} S_n$	Var S_n	$\sigma_n := \sqrt{\text{Var } S_n}$
1	2	$\frac{2}{3}$	$\frac{1}{3}\sqrt{6} \approx 0{,}8165$
2	4	$\frac{4}{3}$	$\frac{2}{3}\sqrt{3} \approx 1{,}1546$
3	6	2	$\sqrt{2} \approx 1{,}4142$
4	8	$\frac{8}{3}$	$\frac{2}{3}\sqrt{6} \approx 1{,}6330$
8	16	$\frac{16}{3}$	$\frac{4}{3}\sqrt{3} \approx 2{,}3094$

Tab. 304.1 Erwartungswerte und Standardabweichungen der S_n

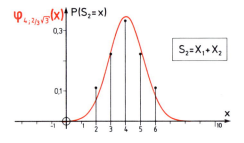

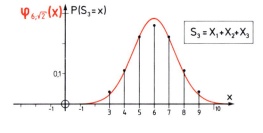

Figur 304.1 zeigt, wie die Stabdiagramme der Zufallsgrößen S_n mit wachsendem n immer besser durch die zugehörigen Dichtefunktionen $\varphi_{\mu\sigma}$ angenähert werden.

Die Konvergenz muß natürlich nicht in jedem Fall so gut sein wie in unserem Beispiel. In der Praxis wird man sehr häufig erst bei einer großen Anzahl n mit einer befriedigenden Approximation rechnen können. Dies trifft vor allem zu beim Messen einer physikalischen Größe, wenn man annimmt, daß nur viele zufällige und kleine Fehler sich addieren. Ebenso ist es bei der industriellen Herstellung von Massenartikeln. Man darf dabei von der Annahme ausgehen, daß die Abweichungen vom Sollwert nur bedingt sind durch viele Einzeleinwirkungen, die jede

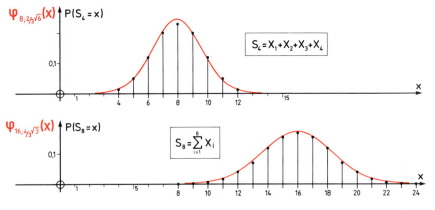

Fig. 304.1 Veranschaulichung des zentralen Grenzwertsatzes für gleichverteilte Zufallsgrößen X_i

15.6. Der zentrale Grenzwertsatz und die Normalverteilung

k	1	2
$P(S_1 = k)$	0,333	0,333
$\varphi_{2;\frac{1}{3}\sqrt{6}}$	0,231	0,489

k	2	3	4
$P(S_2 = k)$	0,111	0,222	0,333
$\varphi_{4;\frac{2}{3}\sqrt{3}}$	0,077	0,237	0,345

k	3	4	5	6
$P(S_3 = k)$	0,037	0,111	0,222	0,259
$\varphi_{6;\sqrt{2}}$	0,030	0,104	0,222	0,282

k	4	5	6	7	8
$P(S_4 = k)$	0,012	0,049	0,123	0,198	0,235
$\varphi_{8;\frac{2}{3}\sqrt{6}}$	0,012	0,045	0,115	0,203	0,244

k	8	9	10	11	12	13	14	15	16
$P(S_8 = k)$	0,00015	0,0012	0,0059	0,017	0,041	0,077	0,119	0,155	0,169
$\varphi_{16;\frac{4}{3}\sqrt{3}}$	0,00043	0,0018	0,0059	0,017	0,038	0,075	0,119	0,157	0,173

Tab. 305.1 Wahrscheinlichkeitsverteilungen der Zufallsgrößen S_n und approximierende Funktionswerte $\varphi_{\mu\sigma}(k)$. Alle Tabellen sind symmetrisch fortzusetzen.

für sich nur eine geringe »Streuung« besitzen und deren Einfluß auf den Sollwert jeweils verschwindend gering ist.

Aus diesem Grund haben viele in der Natur und Technik vorkommende Zufallsgrößen eine Verteilung, deren Dichtefunktion bzw. kumulative Verteilungsfunktion recht gut durch $\varphi_{\mu\sigma}$ bzw. $\Phi_{\mu\sigma}$ approximiert werden. Die entsprechenden standardisierten Funktionen werden dann durch φ bzw. Φ approximiert. Es liegt nahe zu vermuten, daß φ auch Dichtefunktion einer »Grenzzufallsgröße« sein wird. Dann wäre Φ die zugehörige kumulative Verteilungsfunktion. Da Φ alle Werte zwischen 0 und 1 kontinuierlich annimmt, müßte die »Grenzzufallsgröße« auch »kontinuierlich« sein, d.h., sie müßte als Wertemenge $\mathbb{R}$ haben. Ihr müßte daher ein überabzählbares Ω als Definitionsmenge zugrunde gelegt werden. Solche Zufallsgrößen kennen wir bis jetzt nicht. In einer erweiterten Theorie betrachtet man jedoch auch solche Zufallsgrößen. Man nennt sie **stetige Zufallsgrößen**. Beispiele hierfür sind Lebensdauern, Entfernung des Einschusses vom Mittelpunkt einer Zielscheibe usw. *Adolphe Quetelet* (1796–1874) und *Francis Galton* (1822–1911) haben gefunden, daß viele in der Natur vorkommende Größen Verteilungen besitzt, die sehr gut durch $\Phi_{\mu\sigma}$ dargestellt werden können. *Henri Poincaré* (1854–1912) nannte solche Verteilungen *normal**. Man definiert:

Definition 305.1: Eine stetige Zufallsgröße mit $\Phi_{\mu\sigma}$ als kumulativer Verteilungsfunktion heißt **normal verteilt**.

Bemerkungen:
1. In der Theorie der stetigen Zufallsgrößen muß man natürlich Erwartungswert und Standardabweichung neu definieren. Es treten dabei statt der Summen Integrale auf. Die Parameter μ und σ von $\Phi_{\mu\sigma}$ erweisen sich dann als Erwartungswert und Standardabweichung der Zufallsgröße, die $\Phi_{\mu\sigma}$ als kumulative Verteilungsfunktion hat.

---

* *Calcul des Probabilités* – Vorlesungen während des 2. Semesters 1893–1894, herausgegeben 1896, Seite 76. – Siehe Seite 395.

2. Ist $\mu = 0$ und $\sigma = 1$, so heißt die zugehörige Zufallsgröße **standardisiert**; vielfach nennt man sie auch **normiert**. $\Phi_{0;1} = \Phi$ heißt daher **Standardnormalverteilung**.

Bei der Anwendung der Normalverteilung auf real vorkommende Zufallsgrößen, deren kumulative Verteilungsfunktion F näherungsweise gleich $\Phi_{\mu\sigma}$ ist, muß man zwei Fälle unterscheiden. Ist die Zufallsgröße X *stetig*, d.h., kann sie jeden Wert $x \in \mathbb{R}$ annehmen, dann wird man $F(x)$ durch $\Phi\left(\dfrac{x - \mu}{\sigma}\right)$ approximieren.

Nimmt dagegen eine Zufallsgröße nur *diskrete* Werte $k \in \mathbb{Z}$ an, dann wird man $F(k)$ durch $\Phi\left(\dfrac{k - \mu + 0{,}5}{\sigma}\right)$ approximieren, wie bei der Approximation der Binomialverteilung. Durch den Summanden $\dfrac{0{,}5}{\sigma} = \dfrac{1}{2\sigma}$ im Argument von Φ wird berücksichtigt, daß man bei der Berechnung von $F(k)$ als letztes Rechteck das ganze Rechteck über k nehmen muß. (Vgl. Figur 306.1.) Man nennt den Summanden $\dfrac{1}{2\sigma}$ **Stetigkeitskorrektur**.

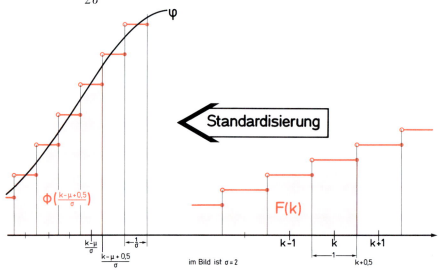

Fig. 306.1 Veranschaulichung der Stetigkeitskorrektur. Rechts ist ein Ausschnitt der Dichtefunktion gezeichnet, links die zugehörige standardisierte Dichtefunktion mit der approximierenden φ-Funktion.

Nimmt die Zufallsgröße zwar diskrete, aber nicht ganzzahlige Werte an, dann kann man durch geeignete Wahl der Einheiten erreichen, daß die Werte ganzzahlig werden, und dann wieder die Stetigkeitskorrektur anwenden.

Beispiel: Mit einer Maschine werden Stifte hergestellt. Die Länge X der Stifte läßt sich als Zufallsgröße auffassen, die annähernd normal verteilt ist. Ihr Mittelwert sei $\mu = 10$ mm, ihre Standardabweichung $\sigma = 0{,}02$ mm. Ein Stift muß

15.6. Der zentrale Grenzwertsatz und die Normalverteilung

mehr als 9,97 mm lang sein, damit er brauchbar ist. Wie groß ist die Wahrscheinlichkeit für einen zu kurzen Stift?
Nehmen wir zunächst an, X sei stetig verteilt, d.h., daß jede Länge vorkommen kann. Dann gilt:

$P(X \leqq 9{,}97) = F(9{,}97) \approx \Phi(\frac{9{,}97 - 10}{0{,}02}) = \Phi(-1{,}5) = 1 - \Phi(1{,}5) = 1 - 0{,}93318 =$
$= 0{,}06682 \approx 6{,}7\%.$

Gehen wir aber davon aus, daß die Meßgenauigkeit 0,01 mm beträgt, dann nimmt die Zufallsgröße nur diskrete Werte an, die in der Einheit 0,01 mm ganzzahlig sind. In diesem Fall ist es sinnvoller, die Stetigkeitskorrektur zu verwenden:

$P(X \leqq 997) = F(997) \approx \Phi(\frac{997 - 1000 + 0{,}5}{2}) = \Phi(-1{,}25) = 1 - \Phi(1{,}25) =$
$= 1 - 0{,}89434 = 0{,}10566 \approx 10{,}6\%.$

Für stetige Zufallsgrößen hat es keinen Sinn, eine Wahrscheinlichkeitsverteilung zu betrachten, da ja die Wahrscheinlichkeit, daß die stetige Zufallsgröße einen bestimmten Wert annimmt, für jeden Wert 0 ist. Es hat nur einen Sinn, danach zu fragen, mit welcher Wahrscheinlichkeit die stetige Zufallsgröße Werte aus einem bestimmten Intervall annimmt. Dabei ist es belanglos, ob man abgeschlossene oder offene Intervalle betrachtet, weil ja $P(X = x) = 0$ gilt. Also ist z.B. $P(X \leqq x) = P(X < x)$.

Für beliebige Zufallsgrößen konnten wir auf Seite 185 die Wahrscheinlichkeit $P(|X - \mu| < t\sigma)$ mit Hilfe der *Bienaymé-Tschebyschow*-Ungleichung abschätzen

zu $P(|X - \mu| < t\sigma) \geqq 1 - \frac{1}{t^2}$.

Für normal verteilte Zufallsgrößen können wir nun genauere Werte für diese Wahrscheinlichkeiten berechnen. Man findet sie in Abhängigkeit von t tabellarisiert in den *Stochastik-Tabellen* auf Seite 45 als σ-Bereichstabelle. Insbesondere erhält man (vgl. auch Figur 307.1)

Satz 307.1: Ist X eine normal verteilte Zufallsgröße, so gilt auf Promille gerundet
$$P(|X - \mu| < \sigma) = 68{,}3\%$$
$$P(|X - \mu| < 2\sigma) = 95{,}5\%$$
$$P(|X - \mu| < 3\sigma) = 99{,}7\%.$$

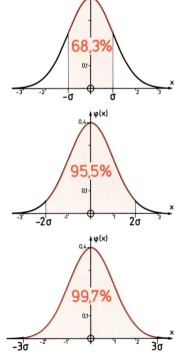

Fig. 307.1 Illustration zu Satz 307.1

Beweis: Unter Verwendung von Satz 300.1 erhält man

$$\begin{aligned}P(|X-\mu|<\sigma) &= P(\mu-\sigma<X<\mu+\sigma) = \\ &= \Phi_{\mu\sigma}(\mu+\sigma) - \Phi_{\mu\sigma}(\mu-\sigma) = \\ &= \Phi\left(\frac{\mu+\sigma-\mu}{\sigma}\right) - \Phi\left(\frac{\mu-\sigma-\mu}{\sigma}\right) = \\ &= \Phi(1) - \Phi(-1) = \\ &= 2\Phi(1) - 1 = \\ &= 2 \cdot 0{,}84134 - 1 = \\ &= 0{,}68268\,.\end{aligned}$$

Analog erhält man

$$P(|X-\mu|<2\sigma) = 2\Phi(2) - 1 = 0{,}95450 \quad \text{und}$$
$$P(|X-\mu|<3\sigma) = 2\Phi(3) - 1 = 0{,}99730\,.$$

Auf Grund des Integralgrenzwertsatzes 294.1 gilt Satz 307.1 auch für Zufallsgrößen, die binomial verteilt sind, wenn n groß ist.

Übrigens sind die Werte aus Satz 307.1 bis auf Ungenauigkeiten im Promillebereich gerade die von *de Moivre* 1733 angegebenen Abschätzungen. (Siehe Seite 277.) Darüber hinaus bestätigt Satz 307.1 die richtige Erkenntnis *de Moivre*s, daß die Standardabweichung σ die »Abschätzung reguliert«.

Mit Hilfe der in diesem Kapitel gewonnenen Erkenntnisse ist es nun möglich, Aufgaben über das wahre Risiko, die wir in **14.8.**unter Umständen nur grob mit Hilfe der *Tschebyschow*-Ungleichung bewältigen konnten, unter Verwendung der Normalverteilung zwar genauer, dafür aber nur näherungsweise zu lösen. Man beachte, daß darin kein Widerspruch liegt! Die Ungleichung von *Bienaymé-Tschebyschow* liefert eine *Abschätzung*, die oft grob ist, die Normalverteilung hingegen einen *Näherungswert*, der der gesuchten Wahrscheinlichkeit meist besser entspricht als der Wert der *Tschebyschow*-Abschätzung; wir wissen aber nicht, ob die gesuchte Wahrscheinlichkeit unter oder über dem Näherungswert der Normalverteilung liegt, und schon gar nicht, um wieviel sie sich davon unterscheidet. Darüber hinaus rechnet man, um lästige Fallunterscheidungen zu vermeiden, gegebenenfalls ohne Stetigkeitskorrektur, da man sich ja bewußt ist, daß die Werte sowieso nur einen Näherungscharakter haben.

In den angesprochenen Aufgaben treten Ungleichungen vom Typ

$$P(|X - \mu| \geq a) \leq \eta \quad \text{bzw.} \quad P(|H_n - p| \geq \varepsilon) \leq \eta$$

auf. Je nach den gegebenen Größen erhält man verschiedene Problemstellungen. Man vergleiche dazu **14.8.**, wo die nachfolgenden Beispiele mit der *Tschebyschow*-Ungleichung behandelt wurden.

Beispiel 1: Wie groß ist die Wahrscheinlichkeit dafür, daß die relative Häufigkeit für die Sechs beim 100fachen Wurf eines L-Würfels um weniger als 0,05 von der Wahrscheinlichkeit für eine Sechs abweicht?

15.6. Der zentrale Grenzwertsatz und die Normalverteilung

Lösung: Gesucht ist der kleinste Wert für η, so daß $P(|H_{100} - \frac{1}{6}| < 0{,}05) \geq 1 - \eta$. Dazu nähern wir $P(|X - \frac{100}{6}| < 5)$ durch die *Gauß*sche Integralfunktion Φ an. Berücksichtigen wir, daß X nur ganzzahlige Werte annehmen kann, dann erhalten wir für den letzten Ausdruck die Form $P(12 \leq X \leq 21)$. Mit $\sigma = \frac{5}{3}\sqrt{5}$ gewinnen wir die Näherung

$$P(12 \leq X \leq 21) \approx \Phi\left(\frac{21 - \frac{100}{6} + \frac{1}{2}}{\frac{5}{3}\sqrt{5}}\right) - \Phi\left(\frac{11 - \frac{100}{6} + \frac{1}{2}}{\frac{5}{3}\sqrt{5}}\right) =$$
$$= \Phi(1{,}2969) - \Phi(-1{,}3864) =$$
$$= 0{,}90266 - 1 + 0{,}91717 =$$
$$= 0{,}81983 \, .$$

Rechnet man hingegen bequemlichkeitshalber so, als sei die Trefferanzahl X normal verteilt, dann erhält man unter Ausnutzung der Symmetrie von $\varphi_{\mu\sigma}$ (vgl. Figur 309.1)

$$P(|X - \tfrac{100}{6}| < 5) \approx 1 - 2\Phi\left(\frac{(\frac{100}{6} - 5) - \frac{100}{6}}{\frac{5}{3}\sqrt{5}}\right) =$$
$$= 2\Phi(\tfrac{3}{5}\sqrt{5}) - 1 =$$
$$= 0{,}82026 \, .$$

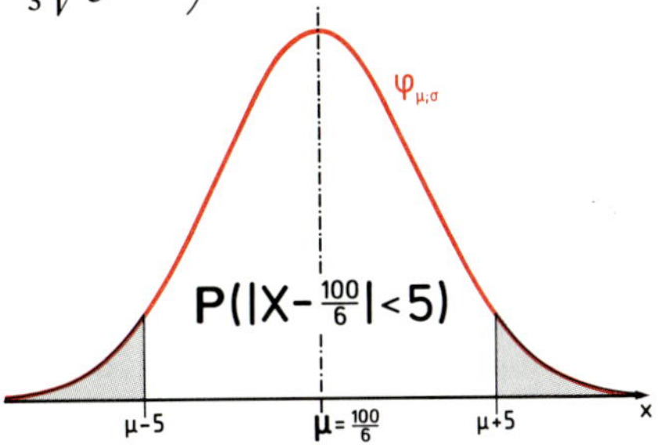

Fig. 309.1

$$P(|X - \tfrac{100}{6}| < 5) \approx 1 - 2\Phi\left(\frac{(\frac{100}{6} - 5) - \frac{100}{6}}{\frac{5}{3}\sqrt{5}}\right)$$

Die *Tschebyschow*-Ungleichung lieferte seinerzeit 44,4%; der wahre Wert beträgt hingegen 0,85923. (Vgl. Seite 253.)

Beispiel 2: Wie oft muß ein L-Würfel mindestens geworfen werden, damit mit einer Sicherheit von mindestens 60% das arithmetische Mittel der Augenzahlen um weniger als 0,25 vom Erwartungswert 3,5 abweicht?

Lösung: Gesucht ist ein kleinstes n, so daß $P(|\bar{X}_n - 3{,}5| < 0{,}25) \geq 60\%$ wird. Auf Grund von Satz 212.1 und Satz 212.2 gilt $\mathscr{E}\bar{X}_n = 3{,}5$ und $\sigma(\bar{X}_n) = \frac{1}{\sqrt{n}}\sqrt{\frac{35}{12}}$.

Nimmt man wegen des zentralen Grenzwertsatzes an, daß $\bar{X}_n$ näherungsweise normal verteilt ist, dann kann man der Tabelle der σ-Bereiche bei normalverteilten Zufallsgrößen (*Stochastik-Tabellen*, Seite 45) für $P(|\bar{X}_n - 3{,}5| < \frac{1}{4}) \geq 60\%$ den Wert $t \geq 0{,}8416$ entnehmen. Das ergibt dann mit $t\sigma = 0{,}25$ die Bedingung

$$0{,}8416 \cdot \frac{1}{\sqrt{n}}\sqrt{\frac{35}{12}} \leq 0{,}25 \quad \Leftrightarrow \quad n \geq 33{,}05\ldots \quad \Rightarrow \quad n_{\min} = 34 \, .$$

Die *Tschebyschow*-Ungleichung lieferte seinerzeit $n_{\min} = 117$.

Eine weitere Aufgabe desselben Typs enthält

Beispiel 2a: Wie oft muß man einen L-Würfel mindestens werfen, um mit einer Sicherheit von mindestens 95% zu erreichen, daß die relative Häufigkeit für eine Sechs sich von ihrer Wahrscheinlichkeit um höchstens $\frac{1}{10}$ unterscheidet?

Lösung: Gesucht ist zu $\varepsilon = \frac{1}{10}$ ein kleinstes n, so daß $P(|H_n - p| \leq \varepsilon) \geq 95\%$, d.h.

$P(|X - np| \leq n\varepsilon) \geq 95\%$ wird. Wollte man diese Aufgabe so genau wie möglich lösen, dann müßte man vorher schon wissen, ob $np \pm n\varepsilon$ ganzzahlig werden oder nicht. Will man hier weiterkommen, so bleibt also nur anzunehmen, daß die Zufallsgröße $X :=$ Anzahl der Treffer annähernd normal verteilt ist. Aus der σ-Bereichstabelle erhält man dann mit $P(|X - \mu| \leq \frac{1}{10}n) \geq 95\%$ für t die Bedingung $t \geq 1{,}9600$. Somit

$$\tfrac{1}{10}n \geq 1{,}96\sqrt{\tfrac{5}{36}}n \Leftrightarrow n \geq 53{,}3\ldots \Rightarrow n_{\min} = 54.$$

Zusatz: Falls man nicht weiß, ob es sich um einen L-Würfel handelt, muß man auf die Abschätzung $pq \leq \tfrac{1}{4}$ zurückgreifen. Es ergibt sich dann

$$\tfrac{1}{10}n \geq 1{,}96 \cdot \tfrac{1}{2}\sqrt{n} \Leftrightarrow n \geq 96{,}04 \Rightarrow n_{\min} = 97.$$

Natürlich kommt man auch ohne die σ-Bereichstabelle zum Ziel. Unter Ausnutzung der Symmetrie von $\varphi_{\mu\sigma}$ erhält man (vgl. Figur 310.1):

$$\Phi\left(\frac{\mu + n\varepsilon - \mu}{\sigma}\right) \geq 97{,}5\%; \text{ für einen}$$

L-Würfel also

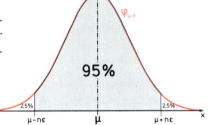

Fig. 310.1 $P(|X - \mu| \leq n\varepsilon) = 95\%$.

$$\Phi\left(\frac{3\sqrt{n}}{5\sqrt{5}}\right) \geq 0{,}975 \Leftrightarrow \frac{3\sqrt{n}}{5\sqrt{5}} \geq 1{,}9600 \Rightarrow n_{\min} = 54.$$

Auch die beiden Fragestellungen hinsichtlich der gesuchten Intervalle können nun unter Umständen genauer behandelt werden.

Beispiel 3: In welchem Intervall um $p = \tfrac{1}{6}$ liegt bei 100maligem Werfen eines L-Würfels die relative Häufigkeit für die Augenzahl 6 mit einer Mindestwahrscheinlichkeit von 60%?

Lösung: Gesucht ist ein kleinstes ε, so daß $P(|H_{100} - \tfrac{1}{6}| < \varepsilon) \geq 60\%$ wird. Wir formen um zu $P(|X - \tfrac{100}{6}| < 100\varepsilon) \geq 0{,}6$ und nehmen zur Vereinfachung an, daß X angenähert normal verteilt ist. Für 60% erhalten wir aus der σ-Bereichstabelle $t \geq 0{,}8416$. Also

$$100\varepsilon = t\sigma \geq 0{,}8416 \cdot \tfrac{5}{3}\sqrt{5} \Rightarrow \varepsilon \geq 0{,}03136\ldots$$

Bedenkt man wieder, daß H_{100} nur Hundertstelwerte aus $[0; 1]$ annehmen kann, so erhält man: Mit einer Wahrscheinlichkeit von mindestens 60% liegen die Werte von H_{100} (»Sechs«) im Intervall $[0{,}14; 0{,}19]$.

Die *Tschebyschow*-Ungleichung lieferte seinerzeit mit $\varepsilon \geq 0{,}0589\ldots$ das Intervall $[0{,}11; 0{,}22]$.

Beispiel 4: In welchem Intervall liegt mit einer Sicherheit von mindestens 90% die Wahrscheinlichkeit für eine Sechs, wenn sich bei 100 Würfen $h_{100}(\{6\}) = 0{,}18$ ergeben hat?

15.6. Der zentrale Grenzwertsatz und die Normalverteilung

Lösung: Gesucht ist ein ε, so daß

$$P(|h_{100}(\{6\}) - p| < \varepsilon) \geq 90\% \Leftrightarrow P(|k - 100p| < 100\varepsilon) \geq 90\%$$

erfüllt ist; dabei gibt k die Anzahl der eingetretenen Treffer an. Der σ-Bereichstabelle entnimmt man $t \geq 1{,}6449$. Also

$$100\varepsilon = t\sigma \geq 1{,}6449\sqrt{100p(1-p)} \Leftrightarrow \varepsilon \geq 0{,}16449\sqrt{p(1-p)}.$$

Da $p(1-p) \leq \tfrac{1}{4}$, ist die eingangs gestellte Bedingung sicherlich erfüllt, wenn man $\varepsilon = 0{,}0823$ wählt. Es ergibt sich also ein etwa halb so großes grobes Konfidenzintervall $I(0{,}18) \subset]0{,}0977; 0{,}2623[$ wie bei der Abschätzung mit Hilfe der *Tschebyschow*-Ungleichung.

Wir behandeln nun die Aufgabenstellung von Beispiel 4 allgemein so wie seinerzeit auf Seite 258.
Gesucht ist also ein ε, so daß

$$P(|h_n - p| < \varepsilon) \geq 1 - \eta \Leftrightarrow P(|k - np| < n\varepsilon) \geq 1 - \eta$$

erfüllt ist. Dazu entnimmt man der σ-Bereichstabelle den zur Sicherheit $1 - \eta$ gehörenden t-Wert, der natürlich von η abhängt. Bezeichnen wir ihn mit $t(\eta)$, dann gilt

$$n\varepsilon \geq t(\eta)\sqrt{np(1-p)} \Leftrightarrow \varepsilon \geq \frac{t(\eta)\sqrt{p(1-p)}}{\sqrt{n}}.$$

Man erhält daraus

- **das grobe Konfidenzintervall** $I(h_n)$, wenn man $p(1-p)$ durch $\tfrac{1}{4}$ abschätzt, also

$$I(h_n) = \left] h_n - \frac{t(\eta)}{2\sqrt{n}}; h_n + \frac{t(\eta)}{2\sqrt{n}} \right[;$$

- **das Näherungskonfidenzintervall** $\tilde{I}(h_n)$, wenn man p durch den experimentell gefundenen Wert h_n annähert, also

$$\tilde{I}(h_n) = \left] h_n - \frac{t(\eta)\sqrt{h_n(1-h_n)}}{\sqrt{n}}; h_n + \frac{t(\eta)\sqrt{h_n(1-h_n)}}{\sqrt{n}} \right[;$$

- **das echte Konfidenzintervall** $\mathfrak{I}(h_n)$, dessen Grenzen die Lösungen der quadratischen Gleichung

$$|h_n - p| = \frac{t(\eta)\sqrt{p(1-p)}}{\sqrt{n}} \quad \text{sind.}$$

Eine leichte Rechnung liefert mit den Werten von Beispiel 4

$$\tilde{I}(0{,}18) \subset]0{,}116; 0{,}244[\quad \text{bzw.} \quad \mathfrak{I}(0{,}18) \subset]0{,}125; 0{,}252[,$$

also wiederum kleinere Werte als die Abschätzung durch die Ungleichung von *Bienaymé-Tschebyschow*.

Aufgaben

Zu 15.1.

1. Schätze $P(|H_n - p| < \frac{\sigma}{n})$ mit Hilfe der *Tschebyschow*-Ungleichung ab.
2. Berechne mit Hilfe der Binomialtabellen die Wahrscheinlichkeiten $P(|H_n - p| < \frac{\sigma}{n})$ für $n = 200$ und **a)** $p = 0{,}5$ **b)** $p = 0{,}4$, **c)** $p = 0{,}01$.
3. X sei die Anzahl der Adler beim n-fachen Wurf einer L-Münze.
   Berechne $P(\frac{1}{2}n - \frac{1}{2}\sqrt{n} \leq X \leq \frac{1}{2}n + \frac{1}{2}\sqrt{n})$ für **a)** $n = 10$, **b)** $n = 100$, **c)** $n = 200$ und vergleiche die erhaltenen Werte mit dem Näherungswert von *de Moivre* für große n.

Zu 15.2.

4. Zur Einübung der Standardisierung betrachten wir zwei nicht binomial verteilte Zufallsgrößen. Führe die Standardisierung durch und zeichne Histogramme und kumulative Verteilungsfunktionen in nicht-standardisierter und standardisierter Form.
   a) X sei eine gleichmäßig verteilte Zufallsgröße, die die Werte 1, 2, 3, 4 und 5 annimmt.

   b)

x	1	2	3	4	5
$W(x)$	$\frac{1}{2}$	$\frac{1}{4}$	$\frac{1}{8}$	$\frac{1}{16}$	$\frac{1}{16}$

5. **a)** Standardisiere die nach $B(3; \frac{1}{2})$ verteilte Zufallsgröße X.
   b) Zeichne Dichtefunktion und kumulative Verteilungsfunktion in nichtstandardisierter und in standardisierter Form.
6. Führe Aufgabe **5** mit $B(3; \frac{1}{10})$ durch.

Zu 15.3.

7. Berechne eine Obersumme S_{10} und eine Untersumme s_{10} für das Integral $I = \int_0^5 e^{-\frac{1}{2}x^2} dx$
   mit einer gleichmäßigen Einteilung in 10 Streifen. Wieso gilt $2I \approx \int_{-\infty}^{+\infty} e^{-\frac{1}{2}x^2} dx$?
   Nimm als Näherungswert für I den Wert $\frac{1}{2}(S_{10} + s_{10})$ und vergleiche ihn mit $\sqrt{2\pi}$.
8. Zwei Freunde A und B spielen regelmäßig Schach. A gewinnt im Mittel 60% aller Spiele.
   a) Berechne für $n = 10 (50)$ die Wahrscheinlichkeit dafür, daß A genau 6(30) Spiele gewinnt. Berechne auch einen Näherungswert und gib den prozentualen Fehler an.
   b) Berechne unter der Voraussetzung, daß 10% aller Spiele remis enden, die Wahrscheinlichkeit dafür, daß B genau 5(23) Spiele gewinnt und sich damit als der scheinbar Bessere erweist. Gib einen Näherungswert und den prozentualen Fehler an.
9. Wie groß ist die Wahrscheinlichkeit, daß unter 1000 (100000) Zufallsziffern die Ziffer 7 um genau 10% öfter auftritt, als zu erwarten ist?
10. Jemand füllt auf gut Glück 2 Reihen eines Toto-Zettels der 11er-Wette aus. Wie groß ist die Wahrscheinlichkeit (exakt und angenähert) dafür, daß er in mindestens einer Reihe genau 9 Richtige hat? Wie groß ist der prozentuale Fehler?
11. Eine L-Münze wurde 800mal geworfen. Dabei ergab sich 400mal Adler. Wie groß ist die Wahrscheinlichkeit für dieses Ereignis?
12. Am Tyche-Gymnasium sind 968 Schüler. Mit welcher Wahrscheinlichkeit sind genau 3 bzw. 5 bzw. 7 Schüler am 1. April geboren? Welche Annahme macht man über die Verteilung der Geburtstage?

●13. Dorothea und Theodor werfen unabhängig voneinander jeder eine Münze gleich oft. Wie groß ist die Wahrscheinlichkeit dafür, daß sie gleich viele Adler werfen? Wie groß ist diese Wahrscheinlichkeit bei 10 bzw. 100 bzw. 1000 Würfen?
Hinweis: Beachte Aufgabe 115/**42. b)**!

●14. Gib die Größenordnung für die in Aufgabe 272/**75. b)** bestimmte Wahrscheinlichkeit an. Was kann man aus dieser Zahl für die physikalische Realität des Ereignisses schließen?

15. Ist $M(n;p)$ der Maximalwert der Binomialverteilung $B(n;p)$, so gilt für $0 < p < 1$ und großes n die Näherung $M(n;p) \approx \dfrac{1}{\sigma\sqrt{2\pi}}$.

Zu 15.4.

16. Welchen Wert erhält man für *de Moivre*s Beispiel $P(|H_{3600} - \frac{1}{2}| \leq \frac{1}{120})$ bei Anwendung des Integralgrenzwertsatzes? Vgl. damit den in der Fußnote auf Seite 277 angegebenen exakten Wert.

17. **a)** *Daniel Bernoulli* (1700–1782) behauptet 1770 in seiner Abhandlung *Mensura sortis*: Bei 20000 Geburten pro Jahr ist es genauso wahrscheinlich, daß mindestens 9953 und höchstens 10047 Knaben geboren werden, wie, daß mehr oder weniger Knaben geboren werden, vorausgesetzt, daß beide Geschlechter gleiche Wahrscheinlichkeit haben. – Überprüfe dies.
    b) *Laplace* gibt folgendes Beispiel für seinen Integralgrenzwertsatz. Die Wahrscheinlichkeit einer Knabengeburt verhalte sich zur Wahrscheinlichkeit einer Mädchengeburt wie 18:17. Mögen in einem Jahr 14000 Kinder geboren werden. Dann ist die Wahrscheinlichkeit dafür, daß nicht mehr als 7363 und nicht weniger als 7037 Knaben geboren werden, nahezu 0,994303. Bestätige diese Aussage.

18. **a)** Berechne mit den Angaben von Aufgabe 312/**8** die Wahrscheinlichkeit dafür, daß der Spieler A höchstens bzw. mindestens 6 (30) Spiele von 10 (50) Spielen gewinnt. (Exakte Lösung und Näherungslösung)
    b) Berechne mit den Angaben von Aufgabe 312/**8. b)** die Wahrscheinlichkeit dafür, daß der Spieler B mindestens 5 (23) Spiele von 10 (50) Spielen gewinnt. (Exakte Lösung und Näherungslösung)

19. Wie groß ist die Wahrscheinlichkeit dafür, daß unter 1000 (100000) Zufallsziffern die Ziffer 7 um mehr als 10% öfter auftritt, als zu erwarten ist?

20. Wie groß ist die Wahrscheinlichkeit dafür, daß einer bei 2 Tippreihen im Toto mindestens einmal mindestens 9 Richtige hat (vgl. Aufgabe 312/**10**).

21. Eine L-Münze werde 800mal geworfen. Berechne die Wahrscheinlichkeit dafür, daß die Anzahl der Adler in **a)** $[390; 410]$ **b)** $[380; 400]$ liegt.

22. Jemand testet Würfel so, daß er 1200mal würfelt und die Anzahl der auftretenden Sechser notiert. Treten Abweichungen um mehr als 5% von 200 auf, so lehnt er den Würfel ab. Wieviel Prozent der Würfel werden abgelehnt,
    a) wenn es sich um Laplace-Würfel handelt,
    b) wenn es sich um Würfel handelt, bei denen die Sechs die Wahrscheinlichkeit 0,15 hat?

23. *Niccolò Tartaglia* (1499–1557) schlug vor, den Einsatz im Verhältnis 7:5 aufzuteilen, wenn bei einem Spiel von 60 Partien A bereits 10 und B noch keine Partie gewonnen hat. Überprüfe den Vorschlag *Tartaglia*s. (Vgl. Aufgabe 269/**66**.)

24. In einer Urne befinden sich 1 schwarze und 1 weiße Kugel. Es werde n-mal mit Zurücklegen gezogen. Berechne die Wahrscheinlichkeit dafür, daß die Häufigkeit des Ereignisses »Die schwarze Kugel wird gezogen« im Intervall $[0,45; 0,55]$ liegt
    a) für $n = 10$,   **b)** für $n = 1000$.

25. Eine Münze werde 800mal geworfen. Wie groß muß m mindestens sein, so daß Wappen zwischen 380mal und m-mal mit einer Wahrscheinlichkeit von mindestens 0,5 fällt,

a) wenn es sich um eine Laplace-Münze handelt,
b) wenn Wappen die Wahrscheinlichkeit 0,45 besitzt,
c) wenn Wappen die Wahrscheinlichkeit 0,55 besitzt?

26. Bei einem Fährbetrieb zu einer Ausflugsinsel stehen immer 2 gleiche Fährschiffe gleichzeitig bereit. Unter der Annahme, daß sich 1000 Personen mit der Wahrscheinlichkeit 0,5 für je eines der beiden Fährschiffe entscheiden, bestimme man die Mindestkapazität, die man für ein Fährschiff wählen muß, damit in höchstens 1% aller Fälle Fahrgäste zurückgewiesen werden müssen.

27. Ein Fußballspieler verwandelt im Schnitt 90% seiner Strafstöße, d. h., 90% der von ihm geschossenen Elfmeter gehen ins Tor. Während seines Trainings muß er 300 Strafstöße schießen.
    a) Mit welcher Wahrscheinlichkeit wird er, falls man keinen Trainingseffekt annimmt,
       1) weniger als 260, 2) mindestens 290 Strafstöße verwandeln?
    b) Ab welcher kleinsten Zahl m lohnt es sich, darauf zu wetten, daß er höchstens m Strafstöße verwandeln wird?
    c) In welches symmetrisch um μ gelegene Intervall fällt die Anzahl der verwandelten Strafstöße mit einer Sicherheit von 95%?

28. n Personen stimmen über einen Antrag ab. Er gilt als angenommen, wenn mehr als $\frac{1}{2}n$ Personen mit JA stimmen. $k(\leq n)$ Personen stimmen sicher mit JA. Die restlichen $n - k$ Personen stimmen jeweils mit der Wahrscheinlichkeit $p = \frac{1}{3}$ mit JA.
    a) Nun sei $n = 9$ und $k = 3$.
       1) Z sei die Zufallsgröße »Anzahl der JA-Stimmen«. Gib die Wahrscheinlichkeitsfunktion und die kumulative Verteilungsfunktion von Z an.
       2) Berechne den Erwartungswert und die Standardabweichung von Z.
       3) Mit welcher Wahrscheinlichkeit wird der Antrag angenommen?
    b) Nun sei $n = 900000$ und $k = 300000$. Wie groß ist jetzt die Wahrscheinlichkeit dafür, daß der Antrag angenommen wird?

29. In einem Lande wird nach dem Mehrheitswahlrecht gewählt. In jedem der 8 Wahlkreise stellen die beiden Parteien A und B jeweils genau einen Wahlkreisbewerber auf. Jeder Wahlkreis habe 1000 Wähler, die auch alle von ihrem Stimmrecht Gebrauch machen. Als gewählt gilt, wer mehr als 50% der Stimmen im Wahlkreis erhält. Die A-Partei hat im ganzen Lande 51% aller Stimmen erhalten, die sich gleichmäßig über das Land verteilen.
    a) Wie groß ist die Wahrscheinlichkeit dafür, daß ein fester Wahlkreis für den A-Kandidaten votiert?
    b) Wie groß ist die Wahrscheinlichkeit dafür, daß überhaupt kein B-Kandidat ins Parlament kommt?
    c) Wie wahrscheinlich ist es, daß genau ein B-Kandidat gewählt wird?
    d) Nach einem Jahr der Regierung testet die A-Partei ihre Beliebtheit durch eine Umfrage unter 1000 Personen. Mit welcher Wahrscheinlichkeit sind JA-Stimmen zwischen 490 und 530 zu erwarten, wenn man annimmt, daß weiterhin 51% der Bevölkerung für A sind?

30. Der Zulieferer einer Autofirma garantiert, daß mindestens 95% seiner gelieferten Zündkerzen einwandfrei sind. Die Autofirma entnimmt den Lieferungen laufend immer wieder Zündkerzen und prüft sie. Wenn unter 500 geprüften Zündkerzen mehr als 30 defekte sind, wird reklamiert. Mit welcher Höchstwahrscheinlichkeit wird zu Unrecht reklamiert?

31. Die Heilungsquote für Magenkrebs liegt bei Früherkennung etwa bei 45%. Unter den Patienten, die ein Internist in den letzten Jahren untersuchte, waren 123 Magenkrebsfälle, von denen 64 geheilt wurden. Kann man dem Arzt bescheinigen, daß er ein überdurchschnittlich guter Diagnostiker ist? Berechne dazu die Wahrscheinlichkeit dafür, daß unter 123 Patienten 64 oder mehr Patienten geheilt werden.

32. Im Mai wurden in der Christophorus-Klinik 28 Jungen und 22 Mädchen geboren. In der Frauenklinik der benachbarten Großstadt wurden im gleichen Zeitraum 112 Jungen und 88 Mädchen geboren.
Berechne mit $P(\text{»Junge«}) = 0{,}514$ die Wahrscheinlichkeit dafür, daß unter 50 Kindern 28 Jungen oder mehr bzw. unter 200 Kindern 112 Jungen oder mehr geboren werden.

33. Bei einem bestimmten Transistorentyp ist erfahrungsgemäß mit 10% Ausschuß zu rechnen. Die Firma A braucht 100 einwandfreie Transistoren. Sie kauft vorsichtshalber 110 Transistoren.
  a) Mit welcher Wahrscheinlichkeit reichen sie nicht?
  b) Wie viele Transistoren sollte die Firma kaufen, damit sie mit einer Sicherheit von 97,5% genügend brauchbare Transistoren hat?

34. Wie viele Personen müssen mindestens untersucht werden, um den Anteil der Farbenblinden in einer Bevölkerung mit 90% Sicherheit auf 0,05 genau zu bestimmen?

35. a) Eine Prüfung bestehe aus 3 voneinander unabhängigen Fragen, deren Leichtigkeitsgrad bzw. $\frac{3}{4}, \frac{3}{4}, \frac{1}{4}$ ist. (Leichtigkeitsgrad $\frac{3}{4}$ bedeutet: Im Mittel lösen 75 Prozent aller Kandidaten diese Frage.)
  1) Stelle für die Zufallsgröße $Z := \text{»Anzahl der richtig gelösten Aufgaben«}$ einen passenden Wahrscheinlichkeitsraum auf.
  2) Zeichne für Z ein Histogramm zur Breite 1. (Hochwert für W: $1 \triangleq 6{,}4\,\text{cm}$)
  3) Gib die kumulative Verteilungsfunktion F von Z an und zeichne ihren Graphen (gleicher Maßstab wie bei 2).
  4) Berechne den Erwartungswert und die Standardabweichung von Z und deute den Erwartungswert.
  5) Bestimme die Wahrscheinlichkeit der Ereignisse
  $E_1 := \text{»Es werden höchstens 2 Fragen richtig gelöst«}$ und
  $E_2 := \text{»Es werden mindestens 2 Fragen richtig gelöst«}$
  mit Hilfe der kumulativen Verteilungsfunktion F.
  b) Nun handle es sich um einen multiple-choice-Test aus 100 voneinander unabhängigen Fragen vom Leichtigkeitsgrad 0,4.
  1) Wie groß ist die Wahrscheinlichkeit dafür, daß genau k ($0 \leq k \leq 100$) Fragen richtig gelöst werden? (Z sei wie oben definiert.) Gib für diesen Ausdruck einen Näherungsausdruck an; berechne dann den Näherungswert für $k = 45$.
  2) Wie groß ist die Wahrscheinlichkeit dafür, daß mindestens 50 der Fragen richtig gelöst werden? Gib einen Näherungswert für diese Wahrscheinlichkeit an.
  3) Leider können nur 75 Prozent der Bewerber aufgenommen werden. Gib mit Hilfe der Φ-Funktion die zur Aufnahme nötige Mindestanzahl richtig gelöster Aufgaben an.
  4) Mit welcher Wahrscheinlichkeit sind Abweichungen um mindestens 5 Prozentpunkte vom festgelegten Sollwert 75 Prozent zu erwarten? Dieser Ausdruck hängt von der Anzahl N der Bewerber ab. Bestimme mit Hilfe der Φ-Funktion einen Näherungswert für $N = 300$.

36. Die Fluggesellschaft PALOMA weiß aus langjähriger Erfahrung, daß jeder zweite Fluggast Orangensaft und jeder zehnte Tomatensaft trinkt.
  a) Wie viele Dosen müssen von jedem Getränk an Bord einer Maschine von 240 Sitzplätzen genommen werden, wenn man mit einer Sicherheit von
  1) mindestens 95%, 2) mindestens 99% jeden Saftwunsch erfüllen will? Um wieviel Prozent liegt der Mehrbedarf über der Erwartung?
  b) Löse a) für ein Großraumflugzeug der Kapazität 480.

37. Für den Flug München–New York hat eine Gesellschaft ein Platzangebot von 240 Plätzen. Erfahrungsgemäß gibt es 10% No-shows (i.e. Passagiere, die zum gebuchten Flug nicht erscheinen). Wie viele Buchungen dürfen höchstens akzeptiert werden, wenn in mindestens 99% aller Fälle kein Ärger entstehen soll?

38. *Jakob Bernoulli* (1655–1705) errechnete zum Abschluß seiner *Ars Conjectandi* die Anzahl n der Versuche, bei denen es c-mal wahrscheinlicher ist, daß die Anzahl der fruchtbaren Beobachtungen zur Anzahl aller Beobachtungen ein Verhältnis hat, das im Intervall $\left[\frac{r-1}{t}; \frac{r+1}{t}\right]$ liegt. (Vgl. Aufgabe 271/**70** und 273/**82**.) Im einzelnen gab *Bernoulli* für $r:t = 30:50$ an:

c	10^3	10^4	10^5
n	25 550	31 258	36 966

Zeige mit Hilfe des Integralgrenzwertsatzes von *de Moivre* und *Laplace*, daß man mit viel weniger Versuchen auskommt.

39. Zum Nutzen von Grenzwertformeln. Ein Computer führe pro Nanosekunde 1 Rechenoperation aus. Wie lang würde die Berechnung von $\binom{n}{k} p^k (1-p)^{n-k}$ mit $n = 10^{20}$ ungefähr dauern? (Von der kritischen Frage der Rechengenauigkeit sei abgesehen.)

Zu 15.6.

●**40.** Führe das Beispiel aus **15.6.** zum zentralen Grenzwertsatz durch für die Folge $S_i :=$ Augensumme beim Werfen von i Laplace-Würfeln, $i = 1, 2, 3, 4, 8$.

41. Bestimme für eine Normalverteilung die Zahlen λ, so daß $P(|X - \mu| \leq \lambda \sigma)$ die Werte 50%, 90%, 95% bzw. 99% annimmt.

42. In einer Klinik ergab die Untersuchung von 1000 Neugeborenen eine mittlere Körperlänge von 51 cm; die Standardabweichung betrug 4 cm. Berechne unter der Annahme, daß die Längen normal verteilt sind, wie viele der Babys
   a) länger als 56 cm sind, **b)** kürzer als 43 cm sind, **c)** Körperlängen zwischen 49 cm und 55 cm haben, **d)** eine Körperlänge von 48 cm haben (auf cm genau).

43. Bei einer Prüfung erzielte eine Gruppe von Prüflingen einen Mittelwert von 13 Punkten mit einer Standardabweichung von 2,5. Berechne unter der Annahme, daß die Zufallsgröße »Punktezahl eines beliebig ausgewählten Prüflings« annähernd normal verteilt ist,
   a) den Prozentsatz der Prüflinge, die mindestens 10 Punkte erreichen,
   b) die höchste Punktzahl, die im schlechteren Drittel der Prüflinge erreicht wird,
   c) die Mindestpunktzahl, die man erreichen muß, um zu den 10% Besten zu gehören.

44. Mit einer Maschine werden Werkstücke einer bestimmten Länge hergestellt. Die Zufallsgröße »Länge« ist in etwa normal verteilt. Sie hat den Mittelwert 25,00 mm und die Standardabweichung 0,05 mm.
   a) Wieviel Prozent Ausschuß sind zu erwarten, wenn das Werkstück eine Länge von mindestens 24,93 mm haben muß?
   b) Wieviel Prozent Ausschuß sind zu erwarten, wenn die Länge um höchstens 0,12 mm vom Sollwert abweichen darf?
   c) Wie groß muß die Toleranz gewählt werden, damit der Ausschuß 6% nicht übersteigt?
   d) Durch eine Fehleinstellung arbeitet die Maschine mit einem Mittelwert von 25,02 mm bei gleicher Standardabweichung. Wieviel Prozent Ausschuß ergeben sich jetzt, wenn die Toleranz weiterhin 0,12 mm vom Sollwert 25,00 mm beträgt?

45. Durch eine Umfrage soll der Prozentsatz der Anhänger einer bestimmten Partei mit einem Fehler von höchstens $\frac{1}{2}$ Prozentpunkt bestimmt werden. Wie viele unabhängige Befragungen müssen mindestens durchgeführt werden, damit man eine Sicherheit von mindestens 99% für das Ergebnis gewährleisten kann?

46. Bei der Musterung des IV. Geburtsquartals von 1937 stellte man 1958 fest:*

---

* *G. Finger* und *R. Harbeck*: Über einige morphologische Daten 20jähriger Männer. – *Homo* **12** (1961). Diesem Artikel wurde auch das Titelbild auf Seite 276 entnommen.

Im Durchschnitt wog der Gemusterte 67,2 kg, die Standardabweichung betrug 8,3 kg. Wir nehmen an, daß die Zufallsgröße »Masse eines Gemusterten« normal verteilt ist. Im Fahrstuhl der Kaserne liest man »Höchstens 6 Personen – Maximal 450 kg«. Mit welcher Wahrscheinlichkeit
   a) sind 6 Gemusterte zu schwer,
   b) können 7 Gemusterte den Fahrstuhl benützen,
   c) liegt die Gesamtmasse von 6 Gemusterten um mehr als 20 kg unter der zugelassenen Höchstmasse von 450 kg?
   Benütze zur Lösung den **Satz**: Die Summe unabhängiger, normal verteilter Zufallsgrößen ist wieder normal verteilt.
47. Zuckerpakete mit der Nennfüllung 500 g werden maschinell gefüllt. Das deutsche Eichgesetz und die Fertigpackungs-Verordnung schreiben vor, daß höchstens 2% der Packungen weniger als 492,5 g enthalten dürfen und daß ferner kein Paket weniger als 485 g enthalten darf. Wenn wir nun annehmen, daß die Zufallsgröße »Füllmasse in g« annähernd normal verteilt ist, dann ist die letzte Forderung nicht erfüllbar. Wir verlangen statt ihrer, daß höchstens 5‰ aller Packungen 485 g unterschreiten können.
   a) Auf welchen Mittelwert μ muß die Maschine eingestellt werden, und wie genau (gemessen mittels σ) muß sie arbeiten, damit beide Bedingungen erfüllt werden?
   b) Mit welcher Wahrscheinlichkeit füllt die so eingestellte Maschine Pakete ab, die mehr als die Nennfüllmenge enthalten?
48. Unter 417 untersuchten Personen waren 16 Farbenblinde. Bestimme mit Hilfe der Normalverteilung ein Konfidenzintervall für $p = P$(»farbenblind«) zur Sicherheit von 95%.
49. Die mit Hilfe der Ungleichung von *Bienaymé-Tschebyschow* gelösten Aufgaben aus **14.8.** können nun mit Hilfe der Normalverteilung näherungsweise gelöst werden. Folgende Aufgaben bieten sich dafür an:
   a) 272/73c), **b)** 273/77, **c)** 273/80, **d)** 273/84a), b), **e)** 274/86, **f)** 274/87, **g)** 274/92, **h)** 275/93.
   i) Als weitere Aufgaben zur Übung eignen sich 272/76, 273/78a), 273/79, 273/81, 273/83, 274/90, 275/94, 275/95.
●50. *Quetelet*sche Kurven. Im 3. Buch seines Werks *Sur l'homme et le développement de ses facultés ou Essai d'une physique sociale* (1835) gibt der Belgier *Adolphe Quetelet* (1796–1874) Daten über den Brustumfang schottischer Soldaten, gemessen in englischen Zoll:

Brustumfang in Zoll	33	34	35	36	37	38	39	40	41	42	43	44	45	46	47	48
Anzahl der Soldaten	3	18	81	185	420	749	1073	1079	934	658	370	92	50	21	4	1

   a) Es sei $X :=$ Brustumfang eines schottischen Soldaten, gemessen in Zoll. Bestimme die relativen Häufigkeiten der Ereignisse $X = k$.
   b) Zeichne damit einen Graphen, der die kumulative Verteilungsfunktion von X annähert. Ein solcher Graph heißt *Quetelet*sche Kurve. (1 Zoll ≙ 1 cm, Hochwert 1 ≙ 10 cm) Entnimm dieser Zeichnung Näherungswerte für μ und σ. [Ergebnis: $\mu = 39{,}8$; $\sigma = 2$]
   c) Zeichne mit den Tabellenwerten ein Histogramm zur Breite 1 (1 Zoll ≙ 1 cm, 2% ≙ 1 cm) und trage zusätzlich mit Hilfe der Werte μ und σ aus b) die »Idealwerte« ein, die sich ergeben, wenn man annimmt, daß X normal verteilt ist. Verwende dazu die Tabelle der Dichte φ.
   d) Berechne unter der Annahme der Normalverteilung die auf ganze Zahlen gerundeten »Idealwerte« für die Tabelle von *Quetelet*.

16. Die Poisson-Näherung für die Binomialverteilung

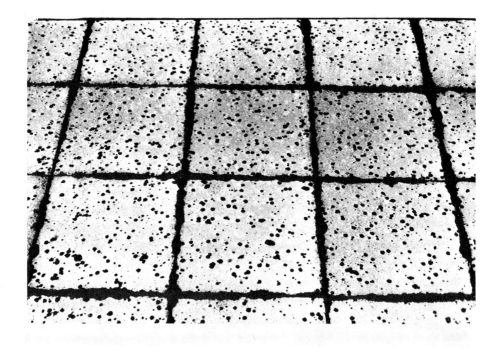

Nach welchem Gesetz fällt der Regen? *Henri Poincaré* (1854–1912) schreibt dazu 1908 in *Science et Méthode*: »Pourquoi, dans une averse, les gouttes de pluie nous semblent-elles distribuées au hasard?« Er spricht dann über die Bedingungen in der Atmosphäre und endet: »Pour savoir quelle sera la distribution de ces gouttes et combien il en tombera sur chaque pavé, il ne suffirait pas de connaître la situation initiale des ions, il faudrait supputer l'effet de mille courants d'air minuscules et capricieux.«

16. Die *Poisson*-Näherung für die Binomialverteilung

Betrachtet man die Werte von Binomialverteilungen $B(n; p)$, so fällt auf, daß die Tabellen von Binomialverteilungen mit gleichem Erwartungswert $\mu = np$ in ihren Werten ähnlich sind und daß diese Ähnlichkeit mit wachsendem n zunimmt. Tabelle 319.1 zeigt dies beispielhaft für den Erwartungswert $\mu = 2$.

k	$B(10;\frac{1}{5};k)$	$B(20;\frac{1}{10};k)$	$B(50;\frac{1}{25};k)$	$B(100;\frac{1}{50};k)$	$B(200;\frac{1}{100};k)$	$B(500;\frac{1}{250};k)$
0	10737	12158	12989	13262	13398	13479
1	26844	27017	27060	27065	27067	27067
2	30199	28518	27623	27341	27203	27121
3	20133	19012	18416	18228	18136	18081
4	08808	08978	09016	09021	09022	09022
5	02642	03192	03456	03535	03572	03594
6	00551	00887	01080	01142	01173	01191
7	00079	00197	00283	00313	00328	00338
8	00007	00036	00063	00074	00080	00084
9	00000	00005	00012	00015	00017	00018
10		00001	00002	00003	00003	00004
11		00000	00000	00000	00001	00001

Tab. 319.1 Werte $0, \ldots$ von Binomialverteilungen mit $\mu = 2$.

Es scheint so, als existierte für jedes μ eine Grenzverteilung, der die in μ übereinstimmenden Binomialverteilungen $B(n; p)$ mit wachsendem n zustreben. *Siméon-Denis Poisson* (1781–1840)* hat 1837 in seinem Werk *Recherches sur la probabilité des jugements en matière criminelle et en matière civile* die Grenzverteilung hergeleitet, der die kumulativen Verteilungsfunktionen F_p^n bei konstantem μ mit wachsendem n zustreben. Wir folgen seinem Gedankengang und formen den Term für $B(n; p; k)$ unter Verwendung von $\mu = np$ um.

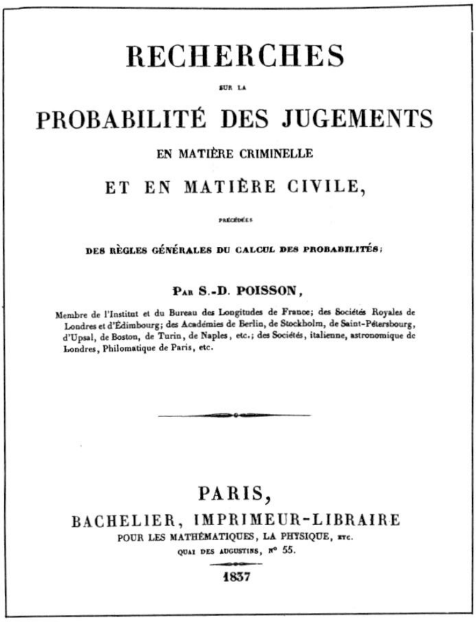
RECHERCHES

SUR LA

PROBABILITÉ DES JUGEMENTS

EN MATIÈRE CRIMINELLE

ET EN MATIÈRE CIVILE,

PRÉCÉDÉES

DES RÈGLES GÉNÉRALES DU CALCUL DES PROBABILITÉS;

PAR S.-D. POISSON,

Membre de l'Institut et du Bureau des Longitudes de France; des Sociétés Royales de Londres et d'Édimbourg; des Académies de Berlin, de Stockholm, de Saint-Pétersbourg, d'Upsal, de Boston, de Turin, de Naples, etc.; des Sociétés, italienne, astronomique de Londres, Philomatique de Paris, etc.

PARIS,

BACHELIER, IMPRIMEUR-LIBRAIRE

POUR LES MATHÉMATIQUES, LA PHYSIQUE, ETC.

QUAI DES AUGUSTINS, N° 55.

1837

Bild 319.1 Titelblatt von *Poissons* wahrscheinlichkeitstheoretischem Hauptwerk, in dem er u. a. die Untersuchungen über die moralische Wahrscheinlichkeit von *Condorcet* (1743–1794) und *Laplace* (1749–1827) fortsetzte.

* Siehe Seite 421.

16. Die Poisson-Näherung für die Binomialverteilung

$$B(n;p;k) = \binom{n}{k} p^k (1-p)^{n-k} =$$

$$= \frac{n(n-1)(n-2)\cdot\ldots\cdot(n-k+1)}{k!} \cdot \frac{\mu^k}{n^k} \cdot \frac{\left(1-\frac{\mu}{n}\right)^n}{\left(1-\frac{\mu}{n}\right)^k} =$$

$$= \frac{1 \cdot (1-\frac{1}{n})(1-\frac{2}{n})\cdot\ldots\cdot(1-\frac{k-1}{n})}{(1-\frac{\mu}{n})^k} \cdot \frac{\mu^k}{k!} \cdot \left(1-\frac{\mu}{n}\right)^n =$$

$$= \frac{1}{1-\frac{\mu}{n}} \cdot \frac{1-\frac{1}{n}}{1-\frac{\mu}{n}} \cdot \frac{1-\frac{2}{n}}{1-\frac{\mu}{n}} \cdot\ldots\cdot \frac{1-\frac{k-1}{n}}{1-\frac{\mu}{n}} \cdot \frac{\mu^k}{k!} \cdot \left(1-\frac{\mu}{n}\right)^n.$$

Mit wachsendem n streben die ersten k Faktoren nach 1, der letzte Faktor nach $e^{-\mu}$. Damit gilt

> **Satz 320.1:** $\lim\limits_{\substack{n\to\infty \\ np=\mu}} B(n;p;k) = e^{-\mu} \cdot \frac{\mu^k}{k!}$ und $\lim\limits_{\substack{n\to\infty \\ np=\mu}} F_p^n(k) = e^{-\mu} \sum\limits_{i=0}^{k} \frac{\mu^i}{i!}$

Seine praktische Anwendung findet Satz 320.1 durch

> **Satz 320.2:** Für große n und $\mu = np$ gilt die **Poisson**-Näherung
>
> $$B(n;p;k) \approx e^{-\mu} \cdot \frac{\mu^k}{k!}$$
>
> *Faustregel:* Man erhält brauchbare Näherungswerte, falls $\mu \ll n$ und auch $|k-\mu| \ll n$ ist. Gleichbedeutend damit ist $p \ll 1$ und $|k-\mu| \ll n$.
> Im allgemeinen kann man die *Poisson*-Näherung für $p \leq 0{,}1$ und $n \geq 100$ gebrauchen.

Offensichtlich kann die *Poisson*-Näherung nicht sehr gut sein, sobald die Trefferanzahl k in die Nähe von n kommt. Denn $e^{-\mu} \cdot \frac{\mu^k}{k!}$ liefert für beliebig große k immer noch positive Werte, wohingegen $B(n;p;k)$ für $k \geq n+1$ immer Null ist.

Da die *Poisson*-Näherung für großes n bei konstantem $\mu = np$ verwendet wird, muß die Wahrscheinlichkeit des Ereignisses »Treffer beim i-ten Versuch«, also $p = \frac{\mu}{n}$, klein sein. Aus diesem Grunde heißt die Aussage von Satz 320.1 oft auch
Gesetz der seltenen Ereignisse.
Nach der obigen Faustregel ist die Näherung besonders gut, wenn der Erwartungswert μ klein ist im Vergleich zur Länge n der *Bernoulli*-Kette. In diesem Falle haben nur kleine Werte von k Wahrscheinlichkeitswerte $B(n;p;k)$, die deutlich größer als 0 sind. Aus diesem Grunde nannte 1898 *Ladislaus von Bortkiewicz* (1868–1931)* die *Poisson*-Näherung **Gesetz der kleinen Zahlen.** Bes-

---
* Betont auf dem e. – Siehe Seite 400.

ser wäre die Formulierung *Gesetz der großen Zahlen bei kleinem Erwartungswert μ und kleiner Trefferanzahl k*. In seiner Arbeit *Das Gesetz der kleinen Zahlen* hat *v. Bortkiewicz* die Formel von *Poisson* nicht nur der Vergessenheit entrissen, sondern als erster ihre Bedeutung erkannt, wie das unten vorgeführte Beispiel 3 erkennen läßt. Übrigens findet sich ein Grenzübergang $p \to 0$ und $n \to \infty$ mit konstantem np im Problem VII der *De Mensura Sortis* von 1711; *de Moivre* hat aber den Gedanken nicht weiter verfolgt.

Es hat sich eingebürgert, den in Satz 320.1 und Satz 320.2 auftretenden Term abzukürzen. Dazu

---

Definition 321.1: Die Wahrscheinlichkeitsverteilung

$$P(\mu): x \mapsto P(\mu; x) := \begin{cases} e^{-\mu} \cdot \dfrac{\mu^x}{x!} & \text{für} \quad x \in \mathbb{N}_0 \\ 0 & \text{sonst} \end{cases}$$

heißt **Poisson-Verteilung** mit dem Erwartungswert μ. ($\mu > 0$)

Bemerkungen:
1. Ist $x \in \mathbb{N}_0$, so schreibt man gerne k statt x.
2. Wir fassen $P(\mu)$ als Grenzverteilung der Binomialverteilungen $B(n; p)$ mit gleichem μ auf. In unendlichen Ergebnisräumen hingenen gibt es Zufallsgrößen, deren Wertemenge $\mathbb{N}_0$ ist und deren Wahrscheinlichkeitsverteilung $P(\mu): x \mapsto P(\mu; x)$ lautet; man nennt solche Zufallsgrößen **Poisson-verteilt**. Sie haben den Erwartungswert μ und die Varianz μ. (Vgl. Aufgabe 328/**19**.)

Die Konvergenzaussage von Satz 320.1 lautet mit Definition 321.1 kurz

$$\lim_{\substack{n \to \infty \\ np = \mu}} B(n; p; k) = P(\mu; k)$$

Sie wird in Figur 321.1 veranschaulicht, die einige Binomialverteilungen mit $\mu = 2$ und jedesmal dazu, rot unterlegt, die *Poisson*-Verteilung $P(2)$ zeigt. Eine allgemeine Untersuchung, wie weit Binomial- und *Poisson*-Verteilung vonein-

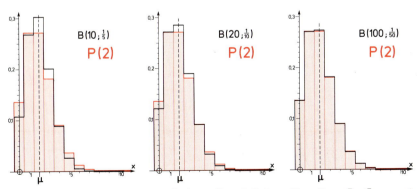

Fig. 321.1 Binomialverteilungen [schwarz] und *Poisson*-Verteilung [rot] zum gleichen Erwartungswert $\mu = 2$.

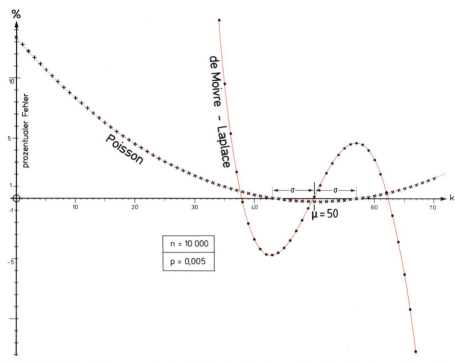

Fig. 322.1 Verlauf des prozentualen Fehlers bei der Approximation der Binomialverteilung $B(10^4; 5 \cdot 10^{-3})$ mittels des lokalen Grenzwertsatzes von *de Moivre* und *Laplace* durch $\varphi_{50;\sqrt{49{,}75}}$ und mittels der *Poisson*-Näherung $P(50)$.

ander abweichen, erfordert etwas mehr Mathematik als die bloße Grenzwertbestimmung, die zu Satz 320.1 führte. Wir verweisen hier lediglich auf Figur 322.1, in der $B(10^4; 5 \cdot 10^{-3})$ sowohl durch $\varphi_{50;\sqrt{49{,}75}}$ wie durch $P(50)$ approximiert wird. Es nimmt auf Grund der Faustregel nicht wunder, daß hier die *Poisson*-Näherung besser ist.

Zur praktischen Berechnung der Werte $P(\mu; k)$ der *Poisson*-Verteilung $P(\mu)$ bedient man sich der

Rekursionsformel: $P(\mu; 0) = e^{-\mu}$

$$P(\mu; k+1) = \frac{\mu}{k+1} P(\mu; k) \qquad \text{für } k \geq 0$$

Im übrigen ist es üblich, nur die kumulativen *Poisson*-Verteilungsfunktionen F_μ, also die Summen $F_\mu(k) := \sum_{i=0}^{k} e^{-\mu} \frac{\mu^i}{i!}$ zu tabellarisieren. Aus ihnen gewinnt man einzelne Summanden $P(\mu; k)$ durch eine Subtraktion.

Figur 323.1 zeigt die Histogramme einiger *Poisson*-Verteilungen. Wir erkennen daraus, daß nur dann deutlich von Null verschiedene Werte auftreten, wenn die Trefferanzahl k nicht zu weit vom Erwartungswert μ entfernt ist, was ja in der

16. Die Poisson-Näherung für die Binomialverteilung

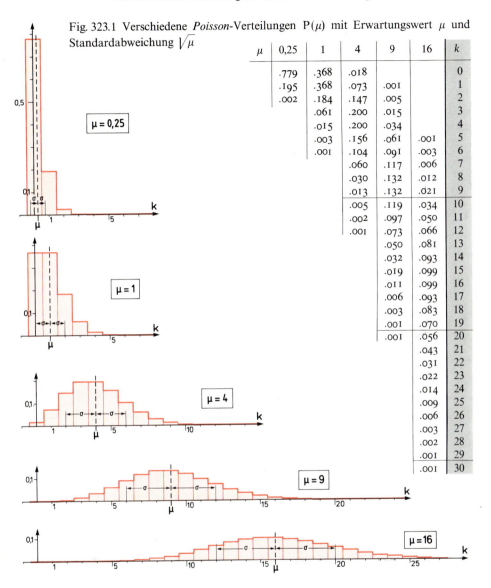

Fig. 323.1 Verschiedene *Poisson*-Verteilungen P(μ) mit Erwartungswert μ und Standardabweichung $\sqrt{\mu}$

μ	0,25	1	4	9	16	k
	.779	.368	.018			0
	.195	.368	.073	.001		1
	.002	.184	.147	.005		2
		.061	.200	.015		3
		.015	.200	.034		4
		.003	.156	.061	.001	5
		.001	.104	.091	.003	6
			.060	.117	.006	7
			.030	.132	.012	8
			.013	.132	.021	9
			.005	.119	.034	10
			.002	.097	.050	11
			.001	.073	.066	12
				.050	.081	13
				.032	.093	14
				.019	.099	15
				.011	.099	16
				.006	.093	17
				.003	.083	18
				.001	.070	19
				.001	.056	20
					.043	21
					.031	22
					.022	23
					.014	24
					.009	25
					.006	26
					.003	27
					.002	28
					.001	29
					.001	30

Faustregel durch die Forderung $|k-\mu| \ll n$ zum Ausdruck kam. Das Wort *klein* im *Gesetz der kleinen Zahlen* muß also richtig interpretiert werden!
Ebenso hüte man sich davor, die Bezeichnung *Gesetz der seltener Ereignisse* mißzuverstehen! Denn Ereignisse wie »Kein Treffer«, »Genau 1 Treffer«, »Mindestens 3 Treffer« brauchen keineswegs *selten* zu sein, wie ihre Wahrscheinlichkeiten in Figur 323.1 zeigen.

Bei der Anwendung der *Poisson*-Verteilung treten 3 Aufgabentypen besonders häufig auf.

Beispiel 1: *Poisson*-Näherung einer Binomialverteilung.
In einen Teig werden 250 Rosinen geknetet und dann daraus 200 Hörnchen gebacken. Wir wählen ein Hörnchen beliebig aus. Mit welcher Wahrscheinlichkeit enthält es genau 2 Rosinen?

Lösung: Wir können annehmen, daß beim Mischen des Teiges für jede der 250 Rosinen die gleiche Wahrscheinlichkeit $\frac{1}{200}$ besteht, in das ausgewählte Hörnchen zu geraten. Außerdem sollen die Rosinen sich nicht gegenseitig beeinflussen, indem sie etwa aneinanderkleben. Dann kann das Geschehen durch eine *Bernoulli*-Kette der Länge 250 interpretiert werden; »Treffer an der i-ten Stelle« ist das Ereignis »Rosine Nr. i befindet sich im ausgewählten Hörnchen«. Die gesuchte Wahrscheinlichkeit

$$B(250; \tfrac{1}{200}; 2) = \binom{250}{2}(\tfrac{1}{200})^2(\tfrac{199}{200})^{248}$$

errechnet sich mit dem Taschenrechner zu 0,22448.
Mit der *Poisson*-Näherung ergibt sich

$$B(250; \tfrac{1}{200}; 2) \approx P(\tfrac{250}{200}; 2) = e^{-1,25} \cdot \frac{1,25^2}{2!} = 0,22383.$$

Beispiel 2: Von der Verteilung einer Zufallsgröße ist nur ihr Mittelwert μ bekannt.
An einem einsamen Grenzübergang kommen im Schnitt nur 3 Autos pro Tag durch. Wie groß ist unter der Annahme, daß die Autos völlig unregelmäßig, aber im ganzen gleichmäßig den Grenzübergang erreichen, die Wahrscheinlichkeit dafür, daß morgen kein Auto kommt?

Lösung: Es hat sich gezeigt, daß unter der angegebenen Zusatzannahme die Zufallsgröße »Anzahl der Autos pro Tag« als angenähert *Poisson*-verteilt angesehen werden kann. Also

$$P(\text{»Morgen kommt kein Auto«}) \approx P(3; 0) = e^{-3} = 0,04979.$$

Beispiel 3: Beschreibung einer empirischen Verteilung durch eine *Poisson*-Verteilung.
Nimmt eine empirische Zufallsgröße X nur Werte aus $\mathbb{N}_0$ an und sind die relativen Häufigkeiten der Ereignisse $X = k$ nur für kleine Werte von k deutlich von 0 verschieden, dann bietet es sich an, die empirische Verteilung von X durch eine *Poisson*-Verteilung zu beschreiben. Dazu bestimmt man über die bekannten relativen Häufigkeiten einen Näherungswert μ für den unbekannten Erwartungswert $\mathscr{E}X$ der empirischen Zufallsgröße X, was nach der Interpretationsregel für Wahrscheinlichkeiten sinnvoll ist. Diesen Näherungswert μ verwendet man als Parameter μ einer *Poisson*-Verteilung $P(\mu)$. Mit Hilfe dieser *Poisson*-Verteilung $P(\mu)$ berechnet man »Idealwerte« für die Verteilung von X. Stimmen diese Idealwerte mit den empirischen Werten gut überein, dann kann man mit der so gewonnenen *Poisson*-Verteilung $P(\mu)$ Voraussagen für weitere Situationen ähnlicher Art machen. Außerdem darf man dann vermuten, daß das der empirischen Verteilung zugrundeliegende Geschehen zufallsgesteuert ist, weil es sich durch ein Zufallsexperiment modellmäßig darstellen läßt.

16. Die Poisson-Näherung für die Binomialverteilung

Eine klassische Aufgabe dieses Typs ist die Analyse einer Statistik über »*Die durch Schlag eines Pferdes im preußischen Heere Getöteten*« durch *v. Bortkiewicz* (1868 bis 1931). Wir entnehmen seinem Büchlein *Gesetz der kleinen Zahlen* (1898):

»In nachstehender Tabelle sind die Zahlen der durch Schlag eines Pferdes verunglückten Militärpersonen, nach Armeecorps (»G.« bedeutet Gardecorps) und Kalenderjahren nachgewiesen.[1])

	75	76	77	78	79	80	81	82	83	84	85	86	87	88	89	90	91	92	93	94
G	—	2	2	1	—	—	1	1	—	3	—	2	1	—	—	1	—	1	—	1
I	—	—	—	2	—	3	—	2	—	—	—	1	1	1	—	2	—	3	1	—
II	—	—	—	2	—	2	—	—	1	1	—	—	2	1	1	—	—	2	—	—
III	—	—	—	1	1	1	2	—	2	—	—	—	1	—	1	2	1	—	—	—
IV	—	1	—	1	1	1	1	—	—	—	1	—	—	—	—	1	1	—	—	—
V	—	—	—	—	2	1	—	—	1	—	—	1	—	1	1	1	1	1	1	—
VI	—	—	1	—	2	—	—	1	2	—	1	1	3	1	1	1	—	3	—	—
VII	1	—	1	—	—	—	1	—	1	1	—	—	2	—	—	2	1	—	2	—
VIII	1	—	—	—	1	—	—	1	—	—	—	—	1	—	—	—	1	1	—	1
IX	—	—	—	—	—	2	1	1	1	—	2	1	1	—	1	2	—	1	—	—
X	—	—	1	1	—	1	—	2	—	2	—	—	—	—	2	1	3	—	1	1
XI	—	—	—	—	2	4	—	1	3	—	1	1	1	2	—	3	1	3	1	1
XIV	1	1	2	1	1	3	—	4	—	1	—	3	2	1	—	2	1	1	—	—
XV	—	1	—	—	—	—	—	1	—	1	1	—	—	—	2	2	—	—	—	—

Man kann

»unter Weglassung des Gardecorps, des I., VI. und XI. Armeecorps, welche eine von der normalen ziemlich stark abweichende Zusammensetzung aufweisen[2]), die Zahlen, welche sich auf die übrigbleibenden 10 Armeecorps beziehen, so behandeln, als bezögen sie sich alle auf ein und dasselbe Armeecorps, mithin eine einzige aus 200 Elementen bestehende statistische Reihe annehmen und auf dieselbe das Schema«

der *Bernoulli*-Kette anwenden: *Ein* Armeecorps, bestehend aus n Soldaten, wird 200 Jahre lang beobachtet. Ein bestimmtes Jahr wird zufällig ausgewählt. »Treffer an der Stelle i« ist das Ereignis »Soldat Nr. i wird während des ausgewählten Jahres durch Schlag eines Pferdes getötet«. Untersucht wird die Zufallsgröße $X :=$ »Anzahl der während des ausgewählten Jahres durch Schlag eines Pferdes getöteten Soldaten«.* Obenstehende Tabelle liefert zunächst folgende empirische Verteilung:

Anzahl k der während eines Jahres Getöteten	0	1	2	3	4	5 und mehr
Anzahl N_k der Jahre, in denen es k Tote während eines Jahres gab	109	65	22	3	1	0
relative Häufigkeit $h_{200}(X = k)$	$\frac{109}{200}$	$\frac{65}{200}$	$\frac{22}{200}$	$\frac{3}{200}$	$\frac{1}{200}$	0

[1]) Siehe die Hefte 38, 46, 50, 55, 60, 63, 67, 80, 84, 87, 91, 95, 99, 108, 114, 118, 124, 132, 135 und 139 der »Preußischen Statistik (amtliches Quellenwerk)«.

[2]) Das Gardecorps besteht, von Artillerie, Pionieren und Train abgesehen, aus 134 Infanterie-Kompagnien und 40 Kavallerie-Escadrons, das XI. Armeecorps umfaßt 3 Divisionen, das I. Armeecorps hat 30, das VI. 25 Escadrons, während die Norm 20 ist.

* Streng genommen müßte jeder Getötete sofort ersetzt werden, damit n konstant bleibt. Da aber n sehr groß ist, können die wenigen Getöteten vernachlässigt werden.

Den Erwartungswert der Zufallsgröße X schätzen wir auf Grund dieser empirischen Verteilung zu

$$\mu = \sum_k k \cdot h_{200}(X = k), \text{ also zu}$$

$$\mu = \tfrac{1}{200}(0 \cdot 109 + 1 \cdot 65 + 2 \cdot 22 + 3 \cdot 3 + 4 \cdot 1) = \tfrac{122}{200} = 0{,}61.$$

Mit P(0,61) errechnen wir die Idealwerte $B(n; p; k) \approx P(0{,}61; k)$ dafür, daß während eines Jahres k Soldaten getötet werden, aus denen sich durch Multiplikation mit 200 die Idealzahlen für die Anzahl N_k der Jahre mit k Getöteten ergeben.

k	0	1	2	3	4	5 und mehr
$P(0{,}61; k)$	0,54335	0,33144	0,10109	0,02056	0,00313	0,00043
$200 \cdot P(0{,}61; k)$	108,67	66,29	20,22	4,11	0,63	0,09

Die gute Übereinstimmung zwischen Empirie und Theorie zeigt der Vergleich der Zeile N_k aus der empirischen Tabelle mit der Zeile $200 \cdot P(0{,}61; k)$ aus der Ideal-Tabelle, mit dem v. *Bortkiewicz* sein Beispiel abschließt[*]:

Jahres-ergebnis	Zahl der Fälle, in denen das nebenstehende Jahresergebnis eingetreten ist	zu erwarten war
0	109	108,7
1	65	66,3
2	22	20,2
3	3	4,1
4	1	0,6
5 u. mehr	—	0,1

Aufgaben

1. Benütze Tabellen, um folgende Fragen zu beantworten: Um wieviel weicht die Binomialverteilung mit $p = \tfrac{1}{10}$ und $n = 100$ von der *Poisson*-Verteilung mit dem gleichen Erwartungswert für $k = 0$ (5, 10, 15, 20) ab? Wie groß ist jeweils die relative Abweichung, bezogen auf den Wert der Binomial-Verteilung?
2. Wie kann man die *Poisson*-Näherung zur Berechnung von $B(500; 0{,}98; k)$ benützen?
3. Wie groß ist in Beispiel 1 die Wahrscheinlichkeit $P(\text{»Höchstens 2 Rosinen im Hörnchen«})$? (Exakt und *Poisson*-Näherung)
4. Auf einer Strecke von 1 m Länge mit cm-Teilung werden wahllos 100 Punkte markiert. Dann werden auf jeder Teilstrecke die markierten Punkte gezählt.
    a) Stelle die Analogie zu Beispiel 1 her.
    b) Simuliere das Experiment mit Hilfe von Zufallszahlen aus einer Tabelle.
    c) Vergleiche das Versuchsergebnis mit der zugehörigen *Poisson*-Verteilung.
5. Es werden 27mal 2 Würfel geworfen. Die Zufallsgröße »Anzahl der Doppelsechsen« ist nahezu *Poisson*-verteilt. Zeichne ins gleiche Koordinatensystem die *Poisson*-Verteilung und die relativen Häufigkeiten bei 20maliger Ausführung des Versuchs: 27maliger Wurf zweier Würfel.

[*] Als weitere Beispiele behandelt v. *Bortkiewicz* die Anzahl der Kinderselbstmorde pro Jahr in Preußen, die weiblichen Selbstmorde in 8 deutschen Staaten und die Zahl der jährlichen tödlichen Unfälle bei 11 Berufsgenossenschaften.

6. Die Wahrscheinlichkeit für einen Sechser beim Lotto »6 aus 49« ist ungefähr $\frac{1}{14\,\text{Mill.}}$. Es mögen zu einer Ausspielung 14 Mill. Tippfelder unabhängig ausgefüllt werden. Wie groß ist die Wahrscheinlichkeit, daß 3 oder mehr Sechser vorkommen?

7. Bei einer Fernsehsendung wurden die Zuschauer aufgefordert, die Sequenz aus sechs Ziffern $0, 1, 2, \ldots, 9$ zu erraten, die in einem Tresor hinterlegt war. Unter 40 000 Einsendungen befanden sich 2 richtige Lösungen. Lag Telepathie vor?
   a) Berechne dazu die Wahrscheinlichkeit für dieses Ereignis unter Zugrundelegung einer *Bernoulli*-Kette sowohl exakt wie auch angenähert.
   b) Berechne die Wahrscheinlichkeit dafür, daß mindestens 2 richtige Antworten eintreffen, sowohl exakt als auch angenähert.

8. Man schüttet $\frac{1}{10}$ Mol einer löslichen Substanz ins Weltmeer (Volumen ca. $1{,}4 \cdot 10^9$ km^3), mischt gut durch und schöpft dann 1 Liter Meerwasser. Mit welcher Wahrscheinlichkeit erhält man mehr als 40 Moleküle der Substanz zurück? (1 Mol enthält $6 \cdot 10^{23}$ Moleküle.)

9. Eine Fläche wird aus großer Entfernung ziellos beschossen, d.h., für gleich große Teilflächen ist die Wahrscheinlichkeit, von einem Schuß getroffen zu werden, gleich. Die Fläche ist in viele ($m \gg 1$) gleich große Quadrate eingeteilt und wird von vielen ($n \gg 1$) Schüssen getroffen. – London hat diesen »Versuch« während des 2. Weltkrieges erdulden müssen. *R. D. Clarke* prüfte mittels der *Poisson*-Verteilung, ob die Annahme der Regellosigkeit zutreffen kann. Dazu wählte er ein 144 km^2 großes Gebiet Süd-Londons aus, auf das 537 V1-Flugkörper niedergegangen waren. Die Teilflächen, die er auf die Anzahl der Einschläge hin untersuchte, waren $\frac{1}{4}$ km^2 groß. Es ergab sich Tabelle 327.1. Vergleiche die wirklichen Werte mit den »Idealwerten«.

k	0	1	2	3	4	≥ 5
N_k	229	211	93	35	7	1

Tab. 327.1 Anzahl N_k gleich großer Quadrate im Süden Londons mit k V1-Einschlägen (nach: Journal of the Institute of Actuaries **72** (1946), S. 48)

10. Überprüfe, ob die Regentropfen auf dem Pflaster *Poisson*-verteilt sind.

11. Nehmen wir an, die Sterne der Milchstraße seien (in einem begrenzten Gebiet) regellos verteilt. Man habe in einem Gebiet von $5° \cdot 5° = 25$ »Quadratgrad« 1000 Sterne (bis zu einer gewissen Größenklasse) gezählt. Wie viele quadratische Teilgebiete von $\frac{1}{2}$ Grad Seitenlänge müßten dann weniger als 7 Sterne enthalten?

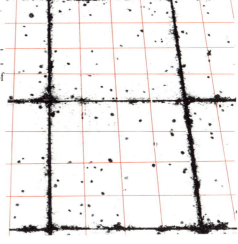

Bild 327.1 Zu Aufgabe **10**

12. In eine Glasschmelze sind 100 Fremdkörper geraten. Bereits ein einziger davon im Glas einer Flasche macht diese unbrauchbar. Mit wieviel Prozent Ausschuß ist zu rechnen, wenn aus der Schmelze 100 (1000) Flaschen hergestellt werden?

13. Aus einer Glasschmelze, die durch Schmelzen der Flaschen aus einem Altglascontainer gewonnen wurde, werden 900 Flaschen hergestellt. Nur 800 davon sind brauchbar. Der Rest enthält je Flasche mindestens einen Fremdkörper im Glas. Schätze die Anzahl der Fremdkörper in der Glasschmelze.

14. Man beobachtet im Mikroskop eine Blutprobe unter einem Quadratraster. Die ganze Probe fülle 400 Quadrate aus, von denen 12 keine roten Blutkörperchen enthalten. Wie viele rote Blutkörperchen sind in der Probe, wenn man von einer regellosen Verteilung ausgehen kann?
15. Auf einem kleinen Flugplatz landen in unregelmäßiger Folge Flugzeuge, im Mittel täglich 2. Wie groß ist die Wahrscheinlichkeit dafür, daß dieser Mittelwert morgen übertroffen wird?
16. Bei Blumensamen läßt es sich nicht verhindern, daß etwa 1% Unkrautsamen darin enthalten ist. Eine Firma will mit 80% Sicherheit garantieren: »Unter den 500 Samenkörnern einer Packung sind höchstens k Unkrautsamen«. Wie niedrig darf k angesetzt werden?
17. »Kriege folgen völlig regellos aufeinander«. Diese These läßt sich mit Tabelle 328.1 stützen. Man errechne mit der *Poisson*-Verteilung die »idealen« Anzahlen von Jahren mit 0, 1, ..., 4 Kriegsausbrüchen bzw. Friedensschlüssen.

k	0	1	2	3	4	≥ 5
N_k	63	35	9	2	1	0
N_k^*	62	34	13	1	0	0

Tab. 328.1 Von 1820 bis 1929 gab es N_k Jahre, in denen k Kriege ausbrachen, und N_k^* Jahre, in denen k Friedensschlüsse zustande kamen. (Nach: Nature **155** (1945), S. 610)

18. Aus der Sprachstatistik. Tabelle 328.2 gibt die Verteilung der Wortlängen (gemessen durch die Zahl der Silben im Wort) eines Textes wieder. Der Vergleich mit einer *Poisson*-Verteilung bietet sich an. Da es aber keine Wörter mit 0 Silben gibt, kann man allenfalls erwarten, daß »Wortlänge *minus* 1« *Poisson*-verteilt ist. Prüfe dies! – Welche Deutung könnte man dem Ergebnis beilegen?

k	1	2	3	4	5	6
N_k	1983	1557	303	86	11	9

Tab. 328.2 Zahl N_k der Wörter mit k Silben. Text: *Astrid Lindgren: Pippi Langstrumpf geht an Bord*, 5. Kapitel

19. Berechne Erwartungswert und Varianz einer nach $P(\mu)$ verteilten Zufallsgröße. Die Summen in der Definition von Erwartungswert und Varianz sind jetzt natürlich unendliche Reihen.
20. *Ernest Rutherford* (1871–1937) und *Hans Geiger* (1882–1945) registrierten bei einem Poloniumpräparat 326 Minuten lang die Zeitpunkte der Zerfälle*. Dann zählten sie, wie viele Atome in aufeinanderfolgenden Zeitintervallen von 7,5 Sekunden Dauer zerfallen waren. Den Anfang der Liste zeigt Tabelle 328.3.
Tabelle 329.1 gibt in der 2. Spalte an, wie oft jede Zahl in der vollen Liste auftrat.
Berechne die Idealwerte für N_k.
Wieso ist es gerechtfertigt anzunehmen, daß eine *Bernoulli*kette zugrunde liegt?

1. Minute	3	7	4	4	2	3	2	0
2. Minute	5	2	5	4	3	5	4	2
3. Minute	5	4	1	3	3	1	5	2
4. Minute	8	2	2	2	3	4	2	6
5. Minute	7	4	2	6	4	5	10	4

Tab. 328.3 Anzahl von α-Zerfällen bei ^{210}Po in 40 aufeinanderfolgenden Zeitintervallen von je $\frac{1}{8}$ min ($=7,5$ s) Dauer.

---

* Philosophical Magazine (6) **20** (1910), S. 698.

k	0	1	2	3	4	5	6	7	8	9	10	11	12	13	14	≥ 15	
N_k	57	203	383	525	532	408	273	139	45	27	10	4	0	1	1	0	$\Rightarrow \sum_k N_k = 2608$

Tab. 329.1 Anzahlen N_k von 7,5 s-Intervallen, in denen genau k Zerfälle auftraten.

21. In einer Grafschaft war es üblich, daß Kinder, die am Geburtstag des Grafen geboren wurden, einen Taler erhielten. Normalerweise wurden in der Grafschaft 3 Kinder pro Tag geboren. In einem Jahr geschah es aber, daß am Geburtstag des Grafen 8 Kinder das Licht der Welt erblickten. Ging das mit rechten Dingen zu? Berechne die Wahrscheinlichkeit dafür, daß 8 oder noch mehr Kinder an einem Tag geboren werden.

22. a) Bei einem Faschingsball werden 1800 Gäste erwartet. Jeder Gast, der an diesem Tag Geburtstag hat, erhält eine Flasche Sekt. Wie viele Flaschen müssen bereitgestellt werden, damit man mit 99,5% Sicherheit genug Flaschen hat?
    b) Theodor möchte bei seinem Hausball genauso verfahren. Er hat 18 Gäste. Wie viele Flaschen braucht er?

23. In einem Fernsehkrimi wurde ein Trickbetrug gezeigt. In der darauffolgenden Woche wurden 12 derartige Delikte der Polizei gemeldet. Kann man dem Fernsehen einen Vorwurf machen, wenn normalerweise 4 solche Delikte pro Woche auftraten? Berechne dazu die Wahrscheinlichkeit für 12 oder mehr solcher Delikte in einer Woche.

24. Vor einem Postamt sollen Kundenparkplätze angelegt werden. Im Schnitt kommen in der Stoßzeit 300 Kunden pro Stunde. Jeder Kunde hält sich im Mittel 5 Minuten im Postamt auf. Wie viele Parkplätze müssen angelegt werden, wenn in höchstens 10% (5%) aller Fälle kein Parkplatz frei sein soll?

25. In einem Ministerium kommen im Schnitt 120 Anrufe pro Stunde an. Die Vermittlung kann höchstens 3 Gespräche pro Minute weiterleiten. Mit welcher Wahrscheinlichkeit ist die Vermittlung bei einem Anruf überlastet?

17. Das Testen von Hypothesen

Das **Paris-Urteil** von *Joseph Hauber* (1766–1834) – Bayerische Staatsgemäldesammlungen. Der trojanische Prinz *Paris* hat auf dem Berg Ida zu entscheiden, welche der drei Göttinnen *Hera*, *Athene* und *Aphrodite* die schönste sei. Das von *Paris* angewandte Testverfahren, die Testgröße und die Entscheidungsregel sind nicht überliefert, lediglich der Ausfall des Tests: *Aphrodite* erhielt den mit der Aufschrift »Der Schönsten« versehenen goldenen Apfel der Zwietrachtgöttin *Eris* zugesprochen.

17. Das Testen von Hypothesen

17.1. Zur Geschichte und Aufgabe der Statistik

Στοχαστική τέχνη, *Stochastik*, ins Lateinische übersetzt *ars conjectandi* (der Titel von *Jakob Bernoulli*s Buch über unseren Gegenstand) ist die Kunst, im Falle von Ungewißheit auf geschickte Weise Vermutungen anzustellen. Ursprünglich entwickelte sich die Stochastik aus dem Bedürfnis, die Gewinnchancen bei Glücksspielen in den Griff zu bekommen (Seite 71 ff.). Wenn dieser Gesichtspunkt auch heute noch interessant ist, so würde er allein es doch kaum rechtfertigen, daß Stochastik in der Schule gelehrt wird! Die wichtigste Anwendung findet die »Kunst des Vermutens« heute als *mathematische Statistik* in allen Zweigen der Wirtschaft, der Technik, der Politik und der Wissenschaften.

Verstand man Statistik schon immer in diesem Sinn? Nein; denn die mathematische Statistik entstand erst in diesem Jahrhundert und speist sich aus mehreren geschichtlichen Quellen. Die Entwicklung der Statistik begann mit der *Amtlichen Statistik*, den bevölkerungsstatistischen Erhebungen. Überliefert sind uns Volkszählungen aus dem Alten Reich der Ägypter (um 3000 v. Chr.) und aus China. Der 6. König Roms, *Servius Tullius* (Regierungszeit 577–534), bestimmte in seiner Verfassung, alle 5 Jahre sollten die 2 Zensoren den census durchführen, eine Volkszählung, verbunden mit einer Erhebung über die Vermögensverhältnisse der Bürger und einer Einteilung für den Waffendienst. Eine solche Einteilung in Zensusklassen war auch in Griechenland üblich. Unter dem im Jahre 27 v. Chr. von *Augustus* (63 v. Chr. bis 14 n. Chr.) eingerichteten Prinzipat fanden die ersten Volkszählungen in den Provinzen des Römischen Reichs statt, so 27 v. Chr. in Gallien und 14 n. Chr. in Germanien. Die berühmteste Volkszählung ist wohl jener Provinzialcensus, der in Judäa im Jahre 6 n. Chr. durchgeführt wurde, als es römische Provinz wurde, und den *Lukas* in seinem Evangelium (2,1) irrtümlich für eine Reichszählung hält. Aber schon aus dem Alten Testament sind Volkszählungen bekannt. So kündet das 4. Buch Mose, das auf lateinisch bezeichnenderweise *numeri* heißt, gleich zu Beginn des 1. Kapitels von einer von Gott angeordneten Volkszählung (um 1200 v. Chr.). König *David* (1004–965) hingegen verführte der Satan zu einer Volkszählung, wie im 2. Buch Samuel (24,2) und im 1. Buch der Chronik (21,2) berichtet wird. Für diesen Fürwitz wurde das Volk Israel mit der Pest bestraft. *Helmut Swoboda* meint*:

> »Diese biblische Warnung bestimmte bis in die Neuzeit das Verhältnis zur statistischen Erhebung: Es war zweifellos sträfliche Neugier oder vorwitzige Vermessenheit, durch Volkszählungen oder gar durch systematische Beobachtungen von Geburten, Krankheiten und Todesfällen in die unerforschlichen Absichten Gottes Einsicht nehmen zu wollen.«

Die mittelalterlichen Erhebungen sind daher fast ausschließlich Vermögenserhebungen. Aber als 1449 der Stadt Nürnberg eine Belagerung drohte, schickte man sich an, die Bevölkerung zu zählen.
Die Erweiterung des geographischen Horizonts, die wachsende Verflechtung der Staaten untereinander und die Ausweitung der Wirtschaftsbeziehungen zu Beginn der Neuzeit ließen eine weitere Quelle der heutigen Statistik entstehen, die *Staatskunde* als *Lehre von den Staatsmerkwürdigkeiten*, auch *Universitätsstatistik* genannt. So ist *Francesco Sansovino*s (1521–1586) Werk *Del governo et amministratione di diversi regni, et republiche,* [...] (1562) eine Sammlung von Staatsbeschreibungen. *Hermann Conring* (1606–1681) führte diese beschreibende Staatswissen-

---

* *H. Swoboda: Knaurs Buch der modernen Statistik*, S. 122.

schaft als Lehrfach an der Universität Helmstedt ein. *Gottfried Achenwall* (1719–1772) führte *Conrings* Arbeiten in Göttingen weiter. In seiner *Staatsverfassung** definierte er 1748 das Wort »Statistik« im Sinne von Staatskunde, wohl durch Rückgriff auf den lateinischen Begriff des *status rei publicae*, des Zustands des Staates. Er schreibt:

»Der Inbegriff der wirklichen Staatsmerkwürdigkeiten eines Reichs, oder einer Republik, macht ihre Staatsverfassung im weitern Verstande aus: und die Lehre von der Staatsverfassung eines oder mehrerer einzelner Staaten, ist die Statistik [Staatskunde], oder Staatsbeschreibung.«

Er grenzt Statistik gegen die philosophische Staatslehre und gegen das Staatsrecht ab. Sein Schüler *August Ludwig von Schlözer* (1735–1809) in Göttingen und *Anton Friedrich Büsching* (1724–1793) in Berlin waren bedeutende Vertreter dieser Statistik.

Die dritte Quelle der modernen Statistik, die *Bevölkerungsstatistik* oder *Politische Arithmetik*, entsprang in England. Der Tuchhändler *John Graunt* (1620–1674) legte die Sterbelisten der Stadt London, beginnend mit dem Jahre 1603, seiner 1662 erschienenen Studie *Natural and political observations upon the bills of mortality* zugrunde, dem ersten Werk über Bevölkerungsstatistik. Er wurde zum Begründer der Biometrie und der Bevölkerungsstatistik, die der Nationalökonom Sir *William Petty* (1623–1687) *Politische Arithmetik* nannte. Man sammelte bevölkerungsstatistische Massentatsachen und fragte nach ihren Ursachen und Regelmäßigkeiten. Eine erste Anwendung fanden solche Untersuchungen in der Ermittlung der Prämien für Lebensversicherungen mittels einer Statistischen Mortalitätstheorie durch *Edmond Halley*** (1656–1742) in *An Estimate of the Degrees of Mortality of Mankind, drawn from curious Tables of the Births and Funerals at the City of Breslaw; with an Attempt to ascertain the Price of Annuities upon Lives* (1693). Sein Freund *Abraham de Moivre* (1667–1754) führte diese Untersuchungen weiter in seinen *Annuities on lives* (1725, 1743, 1750, 1752). John Arbuthnot (1667 bis 1735) versuchte 1710 einen mathematischen Gottesbeweis auf statistischer Grundlage, ausgehend von der Tatsache der zahlenmäßigen Gleichheit der Geschlechter, obwohl in den letzten 82 Jahren in London fast konstant 18 Knabengeburten auf 17 Mädchengeburten kamen. Der bekannteste Vertreter der Politischen Arithmetik ist *Thomas Robert Malthus* (1766–1834).

In Deutschland setzte sich die Politische Arithmetik gegen die Statistik *Achenwalls* durch die Leistungen des Feldpredigers und späteren Oberkonsistorialrats *Johann Peter Süßmilch* (1707–1767) durch. Bevölkerungsstatistik dient auch bei ihm dem Nachweis, daß Gott die Welt weise eingerichtet hat, wie der Titel seines Werks zeigt: *Die göttliche Ordnung in den Veränderungen des menschlichen Geschlechts aus der Geburt, dem Tode und der Fortpflanzung desselben erwiesen* (1741).

Aber schon 1666 wurde die alte biblische Warnung in den Wind geschlagen; in La Nouvelle France (Quebec) fand die erste Volkszählung eines ganzen Landes in der Neuzeit statt. Deutsche Staaten begannen ab 1742 mit Volkszählungen. Schweden ordnete als erstes Land der Neuzeit 1749 regelmäßige Volkszählungen an; 1756 schuf es als erstes Land ein Statistisches Zentralamt, das sich mit der fortlaufenden Analyse der Bevölkerungszahlen beschäftigen sollte. 1790 begannen die USA mit regelmäßigen Volkszählungen, wie sie die Unionsverfassung als Grundlage für Wahlen verlangte. 1800 entstand in Paris das Bureau de Statistique, 1801 fanden erste Volkszählungen in Frankreich und Großbritannien (beschlossen bereits 1753) statt. Frankreich verwendete dabei Methoden, die *Laplace* vorgeschlagen hatte.

---

* Die 1. Auflage von 1748 trug den Titel *Vorbereitung zur Staatswissenschaft der Europäischen Reiche*. 1749 hieß sie dann *Abriß der Staatswissenschaft der Europäischen Reiche* und schließlich 1752 *Staatsverfassung der heutigen vornehmsten Europäischen Reiche und Völker im Grundrisse*.

** Gesprochen haeli. – In der zitierten Arbeit findet man neben analytischen Beweisen wahrscheinlichkeitstheoretischer Formeln zum ersten Mal auch geometrische Beweisverfahren, wie sie 1733 *Buffon* (1707–1788) verwendete (siehe dazu Anhang I). Als erster benützte *Newton* (1643–1727) geometrische Wahrscheinlichkeiten in einem Manuskript, geschrieben zwischen 1664 und 1666.

17.1. Zur Geschichte und Aufgabe der Statistik

Die neue Amtliche Statistik, die Universitätsstatistik und die Politische Arithmetik verschmolzen im 19. Jahrhundert zur *Deskriptiven Statistik*. Diese untersucht eine Gesamtheit nach bestimmten, ihr wesenseigenen Merkmalen. Statistik in diesem Sinne ist also eine Kunst des geschickten Zählens und der Handhabung von Zählergebnissen. Von Vermutungen oder vom Zufall ist dabei nicht die Rede. Man rechnet im Gegenteil damit, daß durch das Erheben einer sehr großen Anzahl von Daten sich die Besonderheiten des Einzelfalls »herausmitteln« und dafür die allgemeinen Gesetzmäßigkeiten, der »Trend«, zutage treten.

Das Eindringen erster Vorstellungen aus der Wahrscheinlichkeitstheorie führte bei *Adolphe Quetelet* (1796–1874) zur Schaffung des statistischen Idealtyps, des *homme moyen*.* Sir *Francis Galton* (1822–1911) verfeinerte u.a. diese Begriffsbildung und begründete zusammen mit *Karl Pearson* (1857–1936) und Sir *Ronald Aylmer Fisher* (1890–1962) die biometrische Schule der Statistik.

Zu Beginn dieses Jahrhunderts zeichnete sich jedoch eine große Wende in der Statistik ab, die in den 30er Jahren zur Geburt der modernen Statistik, der *Mathematischen Statistik* oder auch der *Analytischen Statistik*, führte. Man erkannte, daß es vielfach unmöglich war, eine Gesamtheit durch eine Vollerhebung zu erfassen. Denken wir nur an die Qualitätskontrolle in der Industrie. Es wäre finanziell nicht tragbar und auch technisch oft unmöglich, *alle* Produkte einer Serienfertigung peinlich genau zu prüfen. Statt dessen schlug in den zwanziger Jahren *W. H. Shewhart* von den Bell Telephone Laboratories vor, eine *Zufallsstichprobe* von verhältnismäßig wenigen Stücken aus der laufenden Produktion zu entnehmen und diese um so sorgfältiger zu prüfen. Vom Prüfergebnis schließt man dann auf den Zustand der gesamten Ware und entscheidet, ob die Produktion weiterlaufen darf oder gestoppt werden muß. Dabei können natürlich Irrtümer vorkommen. Mit Hilfe der Mathematik ist es aber möglich, das Risiko des Irrtums zu kalkulieren und von vornherein in gewünschten Grenzen zu halten. Das Ziel der Mathematischen Statistik ist also nicht mehr die *Vollerhebung*. Statt ihrer sollen *Zufallsstichproben* Aufschluß geben über die Eigenschaften der Gesamtheit; Vermutungen, sog. *statistische Hypothesen*, sollen durch Stichproben entschieden werden. Die darauf basierenden Folgerungen heißen *statistische Schlüsse*, die natürlich im Sinne der klassischen Logik nie zwingend sein können. Unter Verwendung von Methoden der Höheren Mathematik entstand eine Vielfalt von Testverfahren zur Entscheidung von Hypothesen. Die von *R. A. Fisher* und anderen begründeten Verfahren wurden von *Egon Sharpe Pearson* (1895–1980) und *Jerzy Neyman* (1894–1981) zu einer Theorie der Stichproben ausgebaut. Während des 2. Weltkriegs entwarf *Abraham Wald* (1902–1950) die *Sequentialanalyse*, die als Kriegsgeheimnis galt und erst 1947 veröffentlicht werden konnte. Nach dem Kriege entwickelte er die *statistische Entscheidungstheorie*, die es erlaubt, auch in Situationen großer Ungewißheit noch vernünftig begründbare Entscheidungen zu fällen. Und so wird Statistik heute aufgefaßt, wenngleich die Amtliche Statistik immer noch das Material für viele Entscheidungen liefern muß.

Worin unterscheidet sich nun die Mathematische Statistik von der gewöhnlichen Wahrscheinlichkeitsrechnung, die wir bisher ausgiebig betrieben haben? Wir erläutern dies am wohlvertrauten Urnenbeispiel. Die Urne enthalte schwarze und andersfarbige Kugeln. In der Wahrscheinlichkeitsrechnung gehen wir davon aus, daß der Anteil p der schwarzen Kugeln *bekannt* ist. Man betrachtet ein Zufallsexperiment und *berechnet* die Wahrscheinlichkeiten dabei auftretender Ereignisse.
Anders ist jedoch die Ausgangslage in der Statistik. Nun ist der Anteil p der schwarzen Kugeln in der Urne *unbekannt*. Man führt ein Zufallsexperiment aus –

---

* Den Begriff des *homme moyen* prägte *Buffon* (1707–1788) in seinem *Essai d'arithmétique morale*: »[...] *l'homme moyen*, c'est-à-dire les hommes en général, bien portans ou malades, sains ou infirmes, vigoureux ou foibles.«

es handelt sich um das Ziehen einer Stichprobe – und *schließt* auf Grund des eingetretenen Ereignisses zurück auf den Anteil p der schwarzen Kugeln. Dabei unterscheidet man zwei Situationen.

1. Das Schätzproblem. Man hat keinerlei Vermutung über den Anteil p der schwarzen Kugeln in der Urne. In diesem Fall *schätzt* man den Anteil p auf Grund des eingetretenen Ereignisses (**Hochrechnung**). Man gibt als Schätzergebnis entweder einen einzigen Wert für p an (**Punktschätzung**) oder ein ganzes Intervall, in dem p liegen soll (**Intervallschätzung**). Das so abgegebene Urteil über den Anteil p ist mit einer gewissen Unsicherheit behaftet. Die Berechnung dieses Unsicherheitsgrades ist eine der wesentlichen Aufgaben der *Beurteilenden Statistik*.

2. Das Testproblem. Man hat von vornherein gewisse Vermutungen, Hypothesen genannt, über den Anteil p der schwarzen Kugeln in der Urne. Auf Grund des eingetretenen Ereignisses wird nun *entschieden*, welche dieser Hypothesen man beibehält oder verwirft. Auch hier ist es wesentlich, sich darüber klarzuwerden, mit welcher Sicherheit ein solches Urteil ausgesprochen werden kann.

Bevor wir uns diesen beiden Problemen zuwenden, wollen wir erst den Begriff der Stichprobe klären.

17.2. Stichproben

Die Grundlage aller Anwendungen der Stochastik ist die Möglichkeit, einen Versuch unter gleichen Bedingungen mehrmals zu wiederholen. Wollen wir z. B. über die Einkommensverteilung in einer Bevölkerung Ω etwas erfahren, so nützt es so gut wie nichts, wenn wir nur von einem zufällig ausgewählten Bürger ω das Einkommen wissen. Wir müssen eine Stichprobe von mehreren Personen ziehen. Dabei muß jede Person die gleiche Chance haben, in die Stichprobe aufgenommen zu werden. Man spricht dann von einer **Zufallsstichprobe**[*].
Nun sei X die Zufallsgröße »Einkommen der ausgewählten Person in DM«. Sie habe die Wertemenge $\mathfrak{S} := \{x_1, \ldots, x_s\}$ und die Wahrscheinlichkeitsverteilung W mit

$$W(x_j) = \frac{\text{Zahl der Personen mit } x_j \text{ DM Einkommen}}{\text{Zahl aller Personen}} \quad \text{für } j = 1, \ldots, s.$$

Um über W etwas zu erfahren, wählen wir n-mal eine Person aus der Gesamtbevölkerung aus. Wir erhalten als Ergebnis ein n-Tupel von Zahlen, die sämtlich der Wertemenge $\mathfrak{S}$ von X angehören. Diese n Zahlen hängen vom Zufall ab. Wir haben es also mit n verschiedenen Zufallsgrößen $X_1, \ldots, X_n$ zu tun:

$X_i := $ »Einkommen der i-ten ausgewählten Person in DM«

mit $i = 1, \ldots, n$. Die Wertemengen aller X_i stimmen mit der von X überein; die

---

[*] Das Wort *Stichprobe* entstammt der Bergmannssprache. Die alten Schmelzöfen wurden angestochen, um die Schmelze auf ihren Zustand zu prüfen.

X_i haben sogar die *gleiche* Verteilung W wie X, da ihre Werte – vom Experiment her gesehen – unter den gleichen Bedingungen angenommen werden. Außerdem sind die X_i insgesamt *unabhängig*. In die mathematische Theorie des Stichprobenziehens gehen allein diese Eigenschaften der X_i ein. Wir halten daher fest:

> **Definition 335.1:** Das n-Tupel $(X_1|X_2|\ldots|X_n)$ der Zufallsgrößen X_i heißt **Stichprobe der Länge n aus der Zufallsgröße X**, wenn gilt:
> 1. Die X_i sind stochastisch unabhängig.
> 2. Jedes X_i hat dieselbe Wahrscheinlichkeitsverteilung wie X.

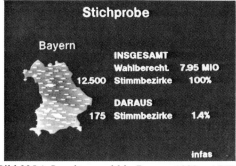

Bild 335.1 Landtagswahl in Bayern 1982 – ARD

Die Verwendung des Wortes »Stichprobe« ist in der Literatur nicht einheitlich. Oft nennt man auch das einzelne Werte-n-Tupel, das sich beim Stichprobenziehen ergibt, eine Stichprobe. Wir nennen gemäß Definition 335.1 das ganze Verfahren »Stichprobe«; das einzelne n-Tupel von Werten ist demgemäß **Stichprobenergebnis** zu nennen. Die Menge aller Stichprobenergebnisse kann als neuer Ergebnisraum genommen werden, der in diesem Zusammenhang auch manchmal **Stichprobenraum** (englisch: *sample space*) heißt. Ist $\mathfrak{S}$ die Wertemenge der Zufallsgröße X, so ist der Stichprobenraum das n-fache kartesische Produkt der Faktoren $\mathfrak{S}$, d. h.

$$\mathfrak{S}^n = \underbrace{\mathfrak{S} \times \mathfrak{S} \times \ldots \times \mathfrak{S}}_{n \text{ Faktoren}}$$

Beispiel: Die Zufallsgröße $X :=$ »Anzahl der Adler beim Wurf einer Münze« hat die Wertemenge $\mathfrak{S} = \{0; 1\}$. Eine Stichprobe der Länge n aus X ist das n-Tupel $(X_1|X_2|\ldots|X_n)$ mit $X_i :=$ »Anzahl der Adler beim i-ten Wurf«. Die X_i sind stochastisch unabhängig und besitzen dieselbe Wahrscheinlichkeitsverteilung wie X. Der Stichprobenraum $\mathfrak{S}^n$ ist die Menge aller n-Tupel, die aus 0 und 1 gebildet werden können.

Für verschiedene Fragestellungen der Praxis erweist es sich als zweckmäßig, auch dann noch von Stichproben zu sprechen, wenn die Zufallsgrößen $X_1, X_2, \ldots, X_n$ nicht mehr gleichverteilt oder nicht mehr stochastisch unabhängig sind. Das ist z. B. der Fall beim Ziehen *ohne Zurücklegen*. Man würde in unserem Beispiel alle n Personen auf einmal auswählen, so daß prinzipiell niemand die Chance hätte, zweimal gewählt zu werden. Die Zufallsgrößen $X_1, \ldots, X_n$ sind dann zwar noch gleichverteilt, aber nicht mehr unabhängig (siehe Aufgabe 223/**2**). Die für die Statistik wichtigen Formeln werden dadurch im allgemeinen komplizierter als beim Ziehen *mit Zurücklegen*. Glücklicherweise ist der Unterschied zwischen beiden Arten von Stichproben bei großen Grundgesamtheiten Ω (Bevölkerungen, Urnen usw.) verschwindend gering, so daß es meist genügt, die einfachere Variante zu untersuchen.

Für den Statistiker ist die Frage wichtig, ob eine Stichprobe **repräsentativ** ist, d. h., ob sie eine genügend genaue Auskunft über die »Urne« geben kann, aus der sie stammt. Die Gewinnung einer repräsentativen Stichprobe gehört mit zu den schwierigsten Aufgaben der Beschreibenden Statistik. In der Markt- und Meinungsforschung nimmt man meist Stichproben der Größenordnung 2000.

Nach der Interpretationsregel für Wahrscheinlichkeiten und dem Gesetz der großen Zahlen kann man vermuten, daß genügend lange Stichproben im Sinne der Definition 335.1 auch repräsentativ sind. Eine genauere Auskunft hierüber gibt der 1933 von *Waleri Iwanowitsch Gliwenko* (1897–1940)* bewiesene

> **Hauptsatz der Mathematischen Statistik:** Die mit Hilfe von Stichproben der Länge n gewonnenen empirischen Verteilungsfunktionen einer Zufallsgröße konvergieren mit Wahrscheinlichkeit 1 gleichmäßig gegen die wahre Verteilungsfunktion dieser Zufallsgröße, falls der Stichprobenumfang n gegen Unendlich strebt.

Dieser interessante Satz besagt also, daß die Aussagekraft einer Zufallsstichprobe von ihrer absoluten Länge abhängt und daß die Mächtigkeit der Grundgesamtheit, aus der sie gezogen wird, erstaunlicherweise keine Rolle spielt.

17.3. Test bei zwei einfachen Hypothesen

Das älteste Entscheidungsproblem der Wahrscheinlichkeitsrechnung ist *Blaise Pascal*s (1623–1662) *Infini-rien* (siehe Seite 343). Als ersten Test kann man *John Arbuthnot*s (1667–1735)** mathematischen Gottesbeweis *An Argument for Divine Providence, taken from the constant Regularity observ'd in the Births of both Sexes* aus dem Jahre 1710 auffassen. (Siehe Aufgabe 369/**32.**) Auch die Versuche von *Daniel Bernoulli* (1700–1782) aus dem Jahre 1770, das wahre Geburtsverhältnis der Geschlechter zu finden, kann man als Test im heutigen Sinne deuten. Die eigentliche Testtheorie entwickelten jedoch erst in der ersten Hälfte des 20. Jahrhunderts *Jerzy Neyman* (1894–1981) und *Egon Sharpe Pearson* (1895–1980). Beginnend mit einem einfachen Beispiel wollen wir ihre Gedanken nachvollziehen.

Beispiel 1: An eine Werkstatt werden Schachteln mit Schrauben geliefert. Ein Teil davon enthält Erste Qualität, das sind Schrauben, von denen nur 15% die vorgeschriebenen Maßtoleranzen nicht einhalten. Die restlichen Schachteln enthalten Zweite Qualität, mit einem Ausschußanteil von 40%. Die Lieferfirma hat vergessen, die Schachteln nach ihrem Inhalt zu kennzeichnen. Für die Verarbeitung ist es aber wichtig, die Qualität der Schrauben zu kennen. Man braucht also ein **Entscheidungsverfahren**, mit dessen Hilfe man die Schachteln der jeweiligen Qualität zuordnet. Über die Qualität der Schrauben gibt es nur 2 Vermutungen, **Hypothesen***** genannt, nämlich

---
* Гливенко
** *John Arbuthnot* war Leibarzt der Königin *Anna*. Als politischer Satiriker schuf er die Figur des John Bull (1712).
*** ὑπόθεσις = das Untergelegte; die Annahme.

H_0: Der Anteil der defekten Schrauben in der Schachtel beträgt 0,15.
H_1: Der Anteil der defekten Schrauben in der Schachtel beträgt 0,4.

Bezeichnen wir den Anteil der defekten Schrauben in der Schachtel mit p, so lassen sich die beiden Hypothesen kurz wie folgt schreiben:

H_0: $p = 0{,}15$ bzw. H_1: $p = 0{,}4$.

Die beiden Hypothesen schließen einander aus; man nennt sie daher auch **Alternativen***, und da sie jeweils durch genau einen Wert für p beschrieben werden, nennt man sie **einfach**. Das Verfahren, das zur Entscheidung zwischen ihnen führt, heißt **Test****, hier genauer **Alternativtest**.

Jeder Test besteht zunächst in der Festlegung eines Zufallsexperiments. Man entschließt sich z. B., aus jeder Schachtel $n = 10$ Schrauben – zur Vereinfachung unserer Rechnung – mit Zurücklegen zu entnehmen und diese genau zu messen, d. h., man entnimmt jeder Schachtel eine Zufallsstichprobe der Länge 10. Die Zufallsgröße X_i ist die Qualität der i-ten entnommenen Schraube. Ein mögliches Stichprobenergebnis hat das Aussehen (0|1|1|1|0|1|0|0|1|1), wobei 0 für »defekt« und 1 für »gut« stehen. Je nach der Anzahl Z der erhaltenen defekten Schrauben entscheidet man sich dann für eine der beiden Hypothesen. Diese Anzahl Z hängt natürlich vom Stichprobenergebnis ab; sie ist also eine Funktion $Z(X_1, X_2, \ldots, X_n)$ der Zufallsstichprobe $(X_1|X_2|\ldots|X_n)$, eine sog. **Stichprobenfunktion**. Als Funktion von Zufallsgrößen ist Z selbst wieder eine Zufallsgröße. Da von ihrem Ausfall die Entscheidung zwischen den Hypothesen abhängt, heißt Z **Prüffunktion** oder **Testgröße**.

Je nachdem, aus welcher Schachtel die Zufallsstichprobe entnommen wird, ergibt sich für die Zufallsgröße Z eine andere Wahrscheinlichkeitsverteilung, und zwar entweder $B(10; 0{,}15)$ oder $B(10; 0{,}4)$. Die Hypothesen H_0 und H_1 lassen sich daher als Hypothesen über die Wahrscheinlichkeitsverteilung der Testgröße Z formulieren:

H_0: »Z ist nach $B(10; 0{,}15)$ verteilt« bzw.
H_1: »Z ist nach $B(10; 0{,}4)$ verteilt«.

Die Wertemenge $\{0, 1, 2, \ldots, 10\}$ von Z nehmen wir als Ergebnisraum Ω unseres Zufallsexperiments. Für kleine Werte von Z wird man sich dann vernünftigerweise für H_0 entscheiden. Es fragt sich nur, bis zu welcher Grenze k diese Entscheidung für H_0 getroffen werden soll. Die Wahl dieser Grenze k, des sog. **kritischen Werts**, ist völlig willkürlich; sie muß jedoch *vor* der Ausführung des Zufallsexperiments erfolgen. Offensichtlich beeinflußt sie die Qualität des Urteils. Die Festlegung eines bestimmten kritischen Werts k führt zur **Entscheidungsregel**

δ_k: $\begin{cases} Z \leq k \Rightarrow \text{Entscheidung für } H_0 \\ Z > k \Rightarrow \text{Entscheidung für } H_1 \end{cases}$

---

* alter (lat.) = der eine von zweien, der andere.
** Zur Herkunft des Wortes: lat. *testum*: Schüssel; altfranz. *test*: Tiegel für alchimistische Versuche; engl. *test*: Versuch, Prüfung.

Das Ereignis $A := \gg Z \leq k\ll = \{0, 1, ..., k\}$ heißt **Annahmebereich** für die Hypothese H_0.
Entsprechend heißt das Ereignis $\bar{A} := \gg Z > k\ll = \{k + 1, ..., n\}$ Annahmebereich für die Hypothese H_1.
Da man sich bei einem Alternativtest für eine der beiden Hypothesen entscheiden muß, muß der Annahmebereich für H_1 natürlich das Gegenereignis des Annahmebereichs A für H_0 sein.
Der Ausfall der Stichprobe ist zufallsbestimmt, also wird auch unser Urteil vom Zufall diktiert. Und wie bei jeder Entscheidung im Leben hat man auch hier die Möglichkeit, auf 2 Arten einen Fehler zu begehen.

Fehler 1. Art: Die Hypothese H_0 trifft tatsächlich zu, und $\bar{A}$ tritt ein. Wir entscheiden uns auf Grund der Entscheidungsregel δ_k aber für H_1 und begehen damit einen Fehler, den man üblicherweise »Fehler 1. Art« nennt. Die Wahrscheinlichkeit, einen solchen Fehler zu begehen, bezeichnen wir mit α'. Sie heißt auch **Irrtumswahrscheinlichkeit 1. Art.**

Fehler 2. Art: Die Hypothese H_1 trifft tatsächlich zu, und A tritt ein. Wir entscheiden uns auf Grund der Entscheidungsregel δ_k aber für H_0 und begehen damit einen Fehler, den man üblicherweise »Fehler 2. Art« nennt. Die Wahrscheinlichkeit, einen solchen Fehler zu begehen, bezeichnen wir mit β'. Sie heißt auch **Irrtumswahrscheinlichkeit 2. Art.** *

Mittels eines Baumes läßt sich die Situation veranschaulichen:

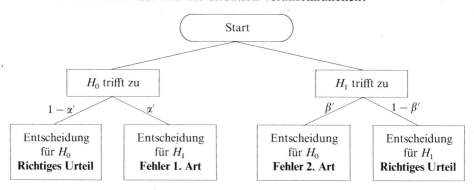

Man erkennt unmittelbar, daß die Wahrscheinlichkeit für ein richtiges Urteil davon abhängt, welche der beiden Hypothesen in Wirklichkeit zutrifft. Dementsprechend heißen $1 - \alpha'$ bzw. $1 - \beta'$ **statistische Sicherheit des Urteils** bei Vorliegen von H_0 bzw. H_1.
Um andererseits die Qualität des Tests beurteilen zu können, muß man die Irrtumswahrscheinlichkeiten, d. h. die Wahrscheinlichkeiten für den Fehler 1. bzw. 2. Art,

---

* Die Bezeichnungen *Fehler 1.Art* und *Fehler 2.Art* suggerieren leider einen Qualitätsunterschied und können dadurch leicht falsche Vorstellungen hervorrufen. In Wahrheit sind die beiden Fehler von gleicher Art! *J. Neyman* und *E. S. Pearson* sprachen 1928 davon, welche Entscheidungsregel man auch aufstelle, »*two sources of error must arise* – zwei Fehlerquellen müssen entstehen. Sie numerieren sie mit (1) und (2) und sprechen z. B. vom »*error of form* (1)«. In ihrer Arbeit aus dem Jahre 1932 rekapitulieren diese beiden »*sources of error*« und sprechen später von »*errors of the first kind referred to above*«, woraus dann »Fehler 1. Art« wurde.

17.3. Test bei zwei einfachen Hypothesen

berechnen. Durch jede der beiden Hypothesen wird, wie oben besprochen, auf dem Ergebnisraum Ω der Zufallsgröße Z eine Wahrscheinlichkeitsverteilung für Z festgelegt, die wir gelegentlich mit P_{H_0} bzw. P_{H_1} bezeichnen wollen. Handelt es sich bei einer solchen Wahrscheinlichkeitsverteilung um eine Binomialverteilung $B(n;p)$, dann schreibt man statt P_H gerne P_p^n. Da wir als Zufallsexperiment das Ziehen von 10 Kugeln mit Zurücklegen gewählt haben, gilt $P_{H_0} = B(10;0{,}15) = P_{0{,}15}^{10}$ und $P_{H_1} = B(10;0{,}4) = P_{0{,}4}^{10}$. Damit ergibt sich

$$\alpha' = P_{H_0}(\bar{A}) = P_{0{,}15}^{10}(\bar{A}) = \sum_{i=k+1}^{10} \binom{10}{i} 0{,}15^i \cdot 0{,}85^{10-i} = 1 - F_{0{,}15}^{10}(k) \text{ und}$$

$$\beta' = P_{H_1}(A) = P_{0{,}4}^{10}(A) = \sum_{i=0}^{k} \binom{10}{i} 0{,}4^i \cdot 0{,}6^{10-i} = F_{0{,}4}^{10}(k).$$

Figur 339.1 zeigt die Verhältnisse für den kritischen Wert $k = 3$. In diesem Fall erhält man

$$\alpha' = P_{0{,}15}^{10}(Z > 3) = 1 - F_{0{,}15}^{10}(3) =$$
$$= 0{,}04997 \approx 5\%$$

und

$$\beta' = P_{0{,}4}^{10}(Z \leq 3) = F_{0{,}4}^{10}(3) =$$
$$= 0{,}38228 \approx 38{,}2\%.$$

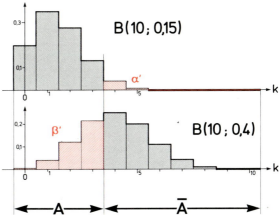

Fig. 339.1 Wahrscheinlichkeitsverteilung zur Hypothese 1 (Erste Qualität, oben) und Hypothese 2 (Zweite Qualität, unten) von Beispiel 1. grau: Wahrscheinlichkeit für ein richtiges Urteil. rot: Wahrscheinlichkeit für einen Fehler 1. Art bzw. 2. Art.

Was besagen nun die beiden Fehlerwahrscheinlichkeiten α' und β' für die Praxis? Hätte man sehr viele Schachteln mit Schrauben nach dem gegebenen Entscheidungsverfahren zu beurteilen, so würde man in etwa 95% der Fälle, in denen in Wirklichkeit Erste Qualität vorliegt ($p = 0{,}15$), dies aus der Stichprobe richtig erkennen und nur in etwa 5% der Fälle diese Schrauben irrtümlich für Zweite Qualität halten (Fehler 1. Art). Der andere mögliche Irrtum, nämlich Schachteln mit Schrauben Zweiter Qualität für besser zu halten, als sie in Wirklichkeit sind, wird aber in etwa 38% der Fälle vorkommen, in denen Schachteln mit Schrauben Zweiter Qualität untersucht werden (Fehler 2. Art). Unserem Test entspricht also eine recht optimistische Beurteilung der Ware. Es kann sein, daß dies erwünscht ist – daß man vor allem daran interessiert ist, die Erste Qualität nicht irrtümlich für Zweite zu halten. Dann ist der Test brauchbar. Andernfalls muß er geändert werden. Dies geschieht dadurch, daß man eine neue Entscheidungsregel δ_k festlegt. Will man die Stichprobenlänge n unverändert lassen, so heißt dies, daß man

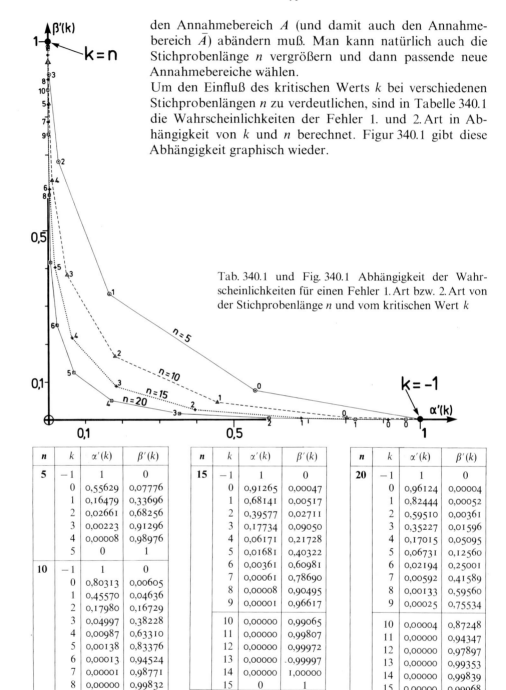

den Annahmebereich A (und damit auch den Annahmebereich $\bar{A}$) abändern muß. Man kann natürlich auch die Stichprobenlänge n vergrößern und dann passende neue Annahmebereiche wählen.

Um den Einfluß des kritischen Werts k bei verschiedenen Stichprobenlängen n zu verdeutlichen, sind in Tabelle 340.1 die Wahrscheinlichkeiten der Fehler 1. und 2. Art in Abhängigkeit von k und n berechnet. Figur 340.1 gibt diese Abhängigkeit graphisch wieder.

Tab. 340.1 und Fig. 340.1 Abhängigkeit der Wahrscheinlichkeiten für einen Fehler 1. Art bzw. 2. Art von der Stichprobenlänge n und vom kritischen Wert k

n	k	$\alpha'(k)$	$\beta'(k)$
5	−1	1	0
	0	0,55629	0,07776
	1	0,16479	0,33696
	2	0,02661	0,68256
	3	0,00223	0,91296
	4	0,00008	0,98976
	5	0	1
10	−1	1	0
	0	0,80313	0,00605
	1	0,45570	0,04636
	2	0,17980	0,16729
	3	0,04997	0,38228
	4	0,00987	0,63310
	5	0,00138	0,83376
	6	0,00013	0,94524
	7	0,00001	0,98771
	8	0,00000	0,99832
	9	0,00000	0,99990
	10	0	1

n	k	$\alpha'(k)$	$\beta'(k)$
15	−1	1	0
	0	0,91265	0,00047
	1	0,68141	0,00517
	2	0,39577	0,02711
	3	0,17734	0,09050
	4	0,06171	0,21728
	5	0,01681	0,40322
	6	0,00361	0,60981
	7	0,00061	0,78690
	8	0,00008	0,90495
	9	0,00001	0,96617
	10	0,00000	0,99065
	11	0,00000	0,99807
	12	0,00000	0,99972
	13	0,00000	0,99997
	14	0,00000	1,00000
	15	0	1

n	k	$\alpha'(k)$	$\beta'(k)$
20	−1	1	0
	0	0,96124	0,00004
	1	0,82444	0,00052
	2	0,59510	0,00361
	3	0,35227	0,01596
	4	0,17015	0,05095
	5	0,06731	0,12560
	6	0,02194	0,25001
	7	0,00592	0,41589
	8	0,00133	0,59560
	9	0,00025	0,75534
	10	0,00004	0,87248
	11	0,00000	0,94347
	12	0,00000	0,97897
	13	0,00000	0,99353
	14	0,00000	0,99839
	15	0,00000	0,99968
	16	0,00000	0,99995
	17	0,00000	0,99999
	18	0,00000	1,00000
	19	0,00000	1,00000
	20	0	1

17.3. Test bei zwei einfachen Hypothesen

Will man also die Stichprobenlänge $n = 10$ beibehalten, so wird man zur Verkleinerung von β' als kritischen Wert $k = 2$ wählen. Dann ist

$$\alpha' = P_{0,15}^{10}(Z > 2) = 0{,}17980 \quad \text{und} \quad \beta' = P_{0,4}^{10}(Z \leq 2) = 0{,}16729\,.$$

Die Gefahr, zu viele schlechte Schachteln für gut zu halten, ist gebannt (Wahrscheinlichkeit für den Fehler 2. Art $\approx 17\%$); dafür werden aber nun ca. 18% aller guten Schachteln für schlecht gehalten. Ist man auch mit diesem Resultat nicht zufrieden, so bleibt nur noch der Ausweg, die Stichprobe zu vergrößern. Wenn Zeit und Kosten für die Prüfung der Stücke keine große Rolle spielen, wird man das von vornherein tun. Bei einer Stichprobenlänge von $n = 20$ und einem kritischen Wert $k = 5$ z. B. ergäbe sich dann

$$\alpha' = P_{0,15}^{20}(Z > 5) = 0{,}06731 \approx 6{,}7\% \quad \text{und}$$

$$\beta' = P_{0,4}^{20}(Z \leq 5) = 0{,}12560 \approx 12{,}6\%\,.$$

Die Entscheidung, welches Testverfahren man nun wählen soll, nimmt uns die mathematische Theorie nicht ab. Sie kann uns lediglich – um mit *J. Neyman* und *E.S. Pearson* zu sprechen –

»zeigen, wie die Risiken, die durch die Fehler entstehen, kontrolliert und minimalisiert werden können. Die Anwendung dieses statistischen Rüstzeugs muß in jedem einzelnen Fall dem Untersuchenden überlassen bleiben, der entscheiden muß, nach welcher Seite hin die Waage ausschlagen soll.«*

Damit erhebt sich die Frage:

Wie konstruiert man einen Test mit gewünschten Eigenschaften?

Beispiel 2: Konstruktion eines Tests bei vorgegebener Schranke α für die Irrtumswahrscheinlichkeit 1. Art. Eine Möglichkeit für die Auswahl eines Tests besteht darin, daß man sich eine obere Schranke α für die Wahrscheinlichkeit α' des Fehlers 1. Art vorgibt. Nehmen wir z. B. $\alpha = 1\%$, dann müssen wir die Bedingung $\alpha' \leq 0{,}01$ erfüllen. In der Situation von Beispiel 1 bedeutet dies, daß wir $1 - F_{0,15}^{10}(k) \leq 0{,}01$ erfüllen müssen. Aus Tabelle 340.1 entnehmen wir, daß diese Bedingung für $k \geq 4$ erfüllt ist. Je größer wir den kritischen Wert k wählen, desto kleiner wird die Wahrscheinlichkeit α' für den Fehler 1. Art. Wir können sie sogar auf Null drücken, wenn wir $k = 10$ wählen. In diesem Extremfall entscheidet man sich unabhängig vom Ergebnis der Stichprobe immer für H_0, also im obigen Beispiel 1 für 1. Qualität. Es handelt sich aber dann eigentlich nicht mehr um einen Test; denn der Zufall spielt keine Rolle mehr.
Bei der Verkleinerung von α' muß man jedoch bedenken, daß dabei unvermeidlicherweise die Wahrscheinlichkeit β' für einen Fehler 2. Art wächst, wie man sich leicht an Figur 339.1 klarmacht.
Nach *Jerzy Neyman* und *Egon Sharpe Pearson*, den Vätern der Testtheorie, wählt man daher bei vorgegebener oberer Schranke α für die Irrtumswahrscheinlichkeit 1. Art α' denjenigen Wert k als **besten kritischen Wert**, für den die Irrtumswahrscheinlichkeit 2. Art β' minimal wird.

---
* *On the problem of the most efficient tests of statistical hypotheses* (1932) in Philosophical Transactions of the Royal Society of London, **A 231** (1933).

Stellt man also z. B. die Bedingung $\alpha' \leq 0{,}01$, dann wird man als besten kritischen Wert die kleinstmögliche Zahl k, also $k = 4$ wählen. Damit ergibt sich

$$\alpha' = 1 - F^{10}_{0{,}15}(4) = 0{,}00987 \approx 1{,}0\% \quad \text{und} \quad \beta' = F^{10}_{0{,}4}(4) = 0{,}63310 \approx 63{,}3\%.$$

Bei diesem Test werden Schachteln Erster Qualität mit einer Sicherheit von 99% erkannt. Dagegen werden Schachteln Zweiter Qualität mit einer Wahrscheinlichkeit von 63,3% für Schachteln Erster Qualität gehalten. Dieser Wert ist erschreckend hoch. Behält man die Schranke α für α' bei, dann läßt sich β' nur verkleinern, wenn man die Länge der Stichprobe n vergrößert. Wählt man z. B. $n = 50$, dann erhält man aus $\alpha' \leq 0{,}01$ die Bedingung $k \geq 14$. Nimmt man nun 14 als kritischen Wert, dann ist

$$\alpha' = 1 - F^{50}_{0{,}15}(14) = 0{,}00529 \approx 0{,}5\% \quad \text{und}$$
$$\beta' = F^{50}_{0{,}4}(14) = 0{,}05396 \approx 5{,}4\%. \quad \text{(Vgl. Figur 342.1.)}$$

Die Gefahr, schlechte Schachteln für gute zu halten, ist jetzt weitgehend gebannt. Man muß allerdings bedenken, daß die Prüfung von 50 Schrauben mehr Zeit und damit auch mehr Geld kostet als die Prüfung von 10 Stück.

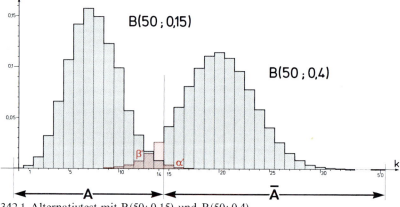

Fig. 342.1 Alternativtest mit $B(50; 0{,}15)$ und $B(50; 0{,}4)$

In der Praxis spielen die finanziellen Folgen eines Tests natürlich eine beherrschende Rolle. Abgesehen von den Prüfkosten verursacht nämlich *jeder* Fehler Unkosten.

Beispiel 3: Test zur Minimierung des Schadens. Nehmen wir an, ein Fehler 1. Art verursacht beim Test des Beispiels 1 (Seite 336) einen Schaden von 3 DM pro Schachtel (weil man gute Schrauben verwendet, wo es auch weniger gute getan hätten), während ein Fehler 2. Art einen Schaden von 5 DM pro Schachtel erzeugt (weil die Verwendung dieser Schrauben mehr Reparaturen bedingt). Nimmt man zusätzlich an, daß unter 100 gelieferten Schachteln 80 von Zweiter Qualität und 20 von Erster Qualität waren, dann ist die Entscheidungsregel δ_k des Tests natürlich so zu wählen, daß der zu erwartende Schaden minimal wird. Betrachten wir dazu die Zufallsgröße $S :=$ Schaden pro Schachtel. Für ihre Wahrscheinlichkeitsverteilung gilt, wie man dem nachstehenden Baumdiagramm leicht entnimmt:

17.3. Test bei zwei einfachen Hypothesen

s	3	5	0
$W(s)$	$0{,}2\,\alpha'$	$0{,}8\,\beta'$	$1 - (0{,}2\,\alpha' + 0{,}8\,\beta')$

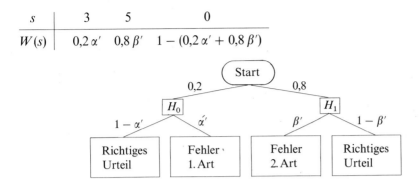

Für den erwartenden Schaden erhält man also, gemessen in DM,

$$\mathscr{E}S = 3 \cdot 0{,}2\alpha' + 5 \cdot 0{,}8\beta' =$$
$$= 0{,}6\alpha' + 4\beta'.$$

In Tabelle 343.1 stellen wir die Abhängigkeit des zu erwartenden Schadens $\mathscr{E}S$ bei der Stichprobenlänge 10 in Abhängigkeit vom kritischen Wert k dar.

Im vorliegenden Fall wählt man also δ_1, d.h., man hält die betreffende Schachtel für 1. Qualität, wenn unter den 10 mit Zurücklegen entnommenen Schrauben höchstens 1 Schraube defekt war.

k	$\alpha'(k)$	$\beta'(k)$	$\mathscr{E}S$
-1	1	0	0,60
0	0,80313	0,00605	0,51
1	0,45570	0,04636	0,46
2	0,17980	0,16729	0,78
3	0,04997	0,38228	1,56
4	0,00987	0,63310	2,54
5	0,00138	0,83376	3,34
6	0,00013	0,94524	3,78
7	0,00001	0,98771	3,95
8	0,00000	0,99832	3,99
9	0,00000	0,99990	4,00
10	0	1	4,00

Tab. 343.1 Der zu erwartende Schaden $\mathscr{E}S$ beim Test der Hypothese »$p = 0{,}15$« gegen die Alternative »$p = 0{,}4$« bei der Stichprobenlänge $n = 10$ in Abhängigkeit von k

Das Verfahren, die Entscheidung zwischen 2 Alternativen durch Minimierung des Schadens bzw. Maximierung des Gewinns herbeizuführen, stammt gewissermaßen aus der Geburtsstunde der Stochastik. *Blaise Pascal* (1623–1662) zeigt nämlich damit im Artikel *Infini–rien* – Das Unendliche–Das Nichts – aus den *Pensées*, niedergeschrieben vermutlich 1657, daß es sinnvoll ist, sich für die Existenz des christlichen Gottes mit all seinen Konsequenzen zu entscheiden.*

»Dieu est, ou il n'est pas«

heißen seine Alternativen. Die Wahrscheinlichkeit p für H_0: *Gott ist* möge nahezu unendlich klein sein. Da der menschliche Verstand keine Entscheidung für oder gegen die Existenz Gottes zu leisten imstande ist, spielt man pile ou face, d.h., man wirft eine (ideale) Münze und läßt Wappen oder Zahl entscheiden.

---

* *Denis Diderot* (1713–1784) bemerkte dazu, ein Imam könnte ebenso argumentieren.

17. Das Testen von Hypothesen

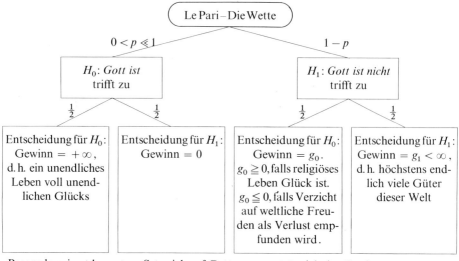

»Pesons le gain et la perte«: Setze ich auf Gott, so erwartet mich der Gewinn

$$\mathscr{E}G = +\infty \cdot \tfrac{1}{2} \cdot p + g_0 \cdot \tfrac{1}{2} \cdot (1-p) = +\infty.$$

Setze ich auf die Nichtexistenz Gottes, so erwartet mich der Gewinn

$$\mathscr{E}G = 0 \cdot \tfrac{1}{2} \cdot p + g_1 \cdot \tfrac{1}{2} \cdot (1-p) < +\infty.$$

»Setzen Sie also, ohne zu zögern, auf die Existenz Gottes.«
»Gagez donc, qu'il est, sans hésiter.«

Zusammenfassung: Für den Begriff des Tests ist es unwesentlich, daß eine Stichprobe mit Zurücklegen gezogen wird. Es kann sich statt dessen um irgendein anderes Zufallsexperiment handeln, auf dessen Ergebnisraum Ω eine Testgröße Z gewählt wird. Daher ist in der folgenden Definition nicht von der Binomialverteilung die Rede.

Definition 344.1: Für eine Testgröße Z gibt es über ein- und demselben Ergebnisraum Ω die beiden einfachen Hypothesen

$H_0 := $ »Z besitzt die Wahrscheinlichkeitsverteilung P_0«   und
$H_1 := $ »Z besitzt die Wahrscheinlichkeitsverteilung P_1«.

Ferner sei A ein Ereignis in Ω; es heißt Annahmebereich für H_0.
Ω, A, P_0 und P_1 bestimmen einen **Alternativtest für zwei einfache Hypothesen** mit folgender Entscheidungsregel:

$$\delta: \begin{cases} A \text{ tritt ein} & \Rightarrow \text{ Entscheidung für } H_0 \\ \bar{A} \text{ tritt ein} & \Rightarrow \text{ Entscheidung für } H_1 \end{cases}$$

Die Wahrscheinlichkeiten für eine Fehlentscheidung sind

$\alpha' = P_0(\bar{A})$, falls H_0 vorliegt,
$\beta' = P_1(A)$, falls H_1 vorliegt.

Bei Vorliegen von H_0 beträgt die Sicherheit des Urteils $1 - \alpha'$,
bei Vorliegen von H_1 beträgt die Sicherheit des Urteils $1 - \beta'$.

Figur 345.1 zeigt in einer vereinfachten Darstellung die Fehlerwahrscheinlichkeiten und die Sicherheiten, je nachdem, welche der beiden Hypothesen vorliegt.

Zum Abschluß geben wir noch einen Überblick über wichtige Aufgabentypen beim Alternativtest. Der Einfachheit halber handle es sich um Hypothesen über den Parameter p einer Binomialverteilung.

Typ 1: Stichprobenlänge n und kritischer Wert k sind gegeben; gesucht sind die Fehlerwahrscheinlichkeiten α' und β'.

Typ 2: Gegeben sind die Stichprobenlänge n und eine obere Schranke α für die Wahrscheinlichkeit α', einen Fehler 1. Art zu begehen. Gesucht ist der sog. beste kritische Wert k, für den α' höchstens α und β' möglichst klein werden.

Typ 3: Gegeben ist je eine obere Schranke α bzw. β für die Fehlerwahrscheinlichkeiten α' bzw. β'. Gesucht ist eine möglichst kleine Stichprobenlänge n und ein dazu passender kritischer Wert k. (Oft wird sich keine eindeutige Lösung ergeben.)

Typ 4: Gegeben sind die Stichprobenlänge n, die jeweiligen Schäden bei den Fehlern 1. bzw. 2. Art und die Wahrscheinlichkeiten für das tatsächliche Vorliegen der beiden Hypothesen. Gesucht ist derjenige kritische Wert k, für den der zu erwartende Schaden minimal wird.

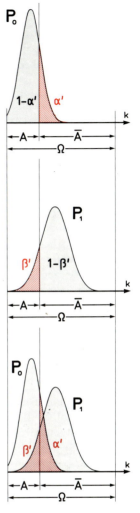

Fig. 345.1 Schematische Skizze für die Wahrscheinlichkeiten der Fehler und der Sicherheiten beim Alternativtest.

17.4. Signifikanztest

Die Situation eines Alternativtests, sich zwischen zwei einfachen Hypothesen entscheiden zu müssen, kommt in der Praxis selten vor, weil die Welt um uns dafür zu kompliziert ist. Sehr viel häufiger stellt sich einem jedoch das folgende **Problem:** Auf Grund irgendwelcher Erfahrungen oder Überlegungen hegt man *eine* Vermutung, die nun durch einen Test, den sog. Signifikanztest, entweder bestätigt oder widerlegt werden soll. Für diese Vermutung prägte *R. A. Fisher* (1890–1962) den Ausdruck **Nullhypothese.** Der Signifikanztest dient – wie sich zeigen wird – dazu, die Frage zu beantworten, ob man mit gutem Grund eine solche Nullhypothese ablehnen kann oder nicht.

17.4.1. Zusammengesetzte Hypothesen beim zweiseitigen Test

Der einfachste Fall eines Signifikanztests besteht zunächst einmal darin, daß die Nullhypothese, über die entschieden werden soll, einfach ist, wogegen als Gegenhypothese mehrere, meist sogar unendlich viele Hypothesen in Frage kommen. Eine solche aus mehreren einfachen Hypothesen bestehende Hypothese heißt **zusammengesetzt**.

Beispiel 1: Zweiseitiger Test einer einfachen Nullhypothese über eine unbekannte Wahrscheinlichkeit. Eine Urne enthalte 10 Kugeln, darunter womöglich auch rote. Theodor behauptet, die Urne enthalte genau 7 rote Kugeln. Diese Behauptung ist also die einfache Nullhypothese. Die Gegenhypothese besteht aus 10 möglichen einfachen Hypothesen; es können nämlich weniger oder mehr als 7 rote Kugeln in der Urne sein. Bezeichnet man den Anteil der roten Kugeln in der Urne mit p, dann kann man diese beiden Hypothesen folgendermaßen kurz charakterisieren:
Nullhypothese $H_0: p = \frac{7}{10}$
Zusammengesetzte Gegenhypothese $H_1: p \in \{0, \frac{1}{10}, \frac{2}{10}, \ldots, \frac{6}{10}, \frac{8}{10}, \frac{9}{10}, 1\}$
Noch kürzer lassen sich die beiden Hypothesen abstrakt als Mengen von Parametern darstellen; in unserem Fall

$H_0 = \{\frac{7}{10}\}$ und $H_1 = \{0, \frac{1}{10}, \frac{2}{10}, \ldots, \frac{6}{10}, \frac{8}{10}, \frac{9}{10}, 1\}$.

Die Menge $H := H_0 \cup H_1$ ist die Menge aller zulässigen Parameter; sie heißt **zulässige Hypothese**.
Zur Durchführung des Tests ziehen wir eine Stichprobe von 6 Kugeln, der Einfachheit halber mit Zurücklegen. Testgröße Z ist die Anzahl der roten Kugeln in der Stichprobe, für die 11 Wahrscheinlichkeitsverteilungen $B(6; p)$ möglich sind. Damit läßt sich die zulässige Hypothese H auch als Menge aller Binomialverteilungen $B(6; p)$ mit $p \in \{0, \frac{1}{10}, \ldots, \frac{9}{10}, 1\}$ schreiben. Da $\mathscr{E}Z = 4{,}2$ ist, falls H_0 vorliegt, halten wir die Ergebnisse »4 rote« bzw. »5 rote Kugeln« in der Stichprobe für verträglich mit H_0. Größere Abweichungen vom Erwartungswert $\mathscr{E}Z$ bezeichnet man als **signifikante Abweichungen***. Wir halten sie normalerweise nicht mehr für verträglich mit H_0. Da die Gegenhypothese sowohl kleinere als auch größere p-Werte als $\frac{7}{10}$ enthält, wird man als Annahmebereich für H_1 zwei getrennt liegende Intervalle wählen. Tests mit solchen Annahmebereichen heißen **zweiseitig**. In unserem Beispiel liegt somit folgende Entscheidungsregel nahe:

$\delta: \begin{cases} Z \in \{0, 1, 2, 3\} \cup \{6\} & \Rightarrow \text{Entscheidung für } H_1 \\ Z \in \{4, 5\} & \Rightarrow \text{Entscheidung für } H_0 \end{cases}$

Wie beim Alternativtest haben wir auch hier 2 Möglichkeiten, Fehlentscheidungen zu treffen.

Fehler 1. Art: Die Nullhypothese H_0 trifft tatsächlich zu, aber $Z \in \{0, 1, 2, 3, 6\}$, d.h., es hat sich trotzdem eine signifikante Abweichung ergeben. Man würde

---
* significare (lat.) = anzeigen, verkünden.

sich also fälschlicherweise für H_1 entscheiden. Die Wahrscheinlichkeit für einen derartigen Fehler 1. Art ergibt sich zu

$$\alpha' = P^6_{0,7}(\{0, 1, 2, 3, 6\}) = F^6_{0,7}(3) + B(6; \tfrac{7}{10}; 6) =$$
$$= 0{,}25569 + 0{,}11765 =$$
$$= 0{,}37334 \approx 37{,}3\%.$$

Fehler 2. Art: Eine der 10 einfachen Hypothesen aus der zusammengesetzten Gegenhypothese H_1 trifft tatsächlich zu, aber $Z \in \{4; 5\}$. Man müßte sich für H_0 entscheiden. Und wie groß ist der Fehler, den man dann begeht? Das ist gar nicht so leicht zu beantworten! Denn die Wahrscheinlichkeit für einen Fehler 2. Art hängt nun davon ab, welche der einfachen Hypothesen, die die zusammengesetzte Hypothese H_1 bilden, tatsächlich vorliegt. Diese möglichen Fehlerwahrscheinlichkeiten β' hängen also von p ab:

$$\beta'(p) = P^6_p(\{4; 5\}) = F^6_p(5) - F^6_p(3).$$

Eine leichte Rechnung liefert Tabelle 347.1, deren graphischer Ausdruck Figur 347.1 ist.

p	$\beta'(p)$
0	0
0,1	0,00127
0,2	0,01690
0,3	0,06974
0,4	0,17510
0,5	0,32813
0,6	0,49766
0,8	0,63898
0,9	0,45271

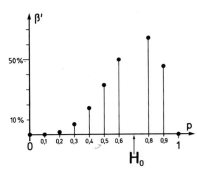

Tab. 347.1 und Fig. 347.1 Abhängigkeit der Wahrscheinlichkeit für einen Fehler 2. Art von der tatsächlich vorliegenden einfachen Gegenhypothese zur Nullhypothese »$p = 0{,}7$«

Weil man mit dem Schlimmsten rechnen muß, interessiert man sich für den Maximalwert der Wahrscheinlichkeit für einen Fehler 2. Art. In unserem Fall ist dies

$$\beta'(\tfrac{8}{10}) = 0{,}63898 \approx 63{,}9\%.$$

Dieser Wert ist so groß, daß man sich trotz der oben aufgestellten Entscheidungsregel guten Gewissens nicht für H_0 entscheiden kann. Dieses schlechte Gewissen bringt der Statistiker dadurch zum Ausdruck, daß er in diesem Fall sagt: »Man kann die Nullhypothese H_0 nicht ablehnen (nicht verwerfen).« *Ronald Aylmer Fisher* (1890–1962) schreibt dazu 1935 in *The Design of Experiments:*

»[...] it should be noted that the null hypothesis is never proved or established, but is possibly disproved in the course of experimentation. Every experiment may be said to exist only in order to give the facts a chance of disproving the null hypothesis.«

Die Entscheidung eines Signifikanztests besteht also nicht in der Entscheidung für H_0 oder für H_1, sondern nur in der Ablehnung der Nullhypothese H_0. Eine solche Entscheidung fällt man genau dann, wenn die Testgröße Z einen der signifikanten Werte aus $\{0, 1, 2, 3, 6\}$ annimmt. Man nennt diesen Annahmebereich der Gegenhypothese den **kritischen Bereich K**. Wir müssen also die oben aufgestellte Entscheidungsregel revidieren! Bei einem Signifikanztest lautet sie

$$\delta: \begin{cases} Z \in K & \Rightarrow \text{Nullhypothese } H_0 \text{ wird abgelehnt.} \\ Z \in \bar{K} & \Rightarrow \text{Nullhypothese } H_0 \text{ kann nicht abgelehnt werden.} \end{cases}$$

In Worten: Ist der Ausfall der Stichprobe signifikant, so wird die Nullhypothese abgelehnt, andernfalls beibehalten.

Im Falle $Z \in \bar{K}$ fällt also eigentlich gar keine Entscheidung! Weil dem so ist, interessiert man sich beim Signifikanztest nur für den Fehler 1. Art, die Nullhypothese auf Grund eines signifikanten Ausfalls der Stichprobe zu verwerfen, obwohl sie zutrifft. Fußend auf den Erkenntnissen von *Poisson* (1781–1840) führte 1840 sein Schüler, der Arzt *Louis-Dominique-Jules Gavarret*[*], in seinem Werk *Principes généraux de statistique médicale* ein, für die Wahrscheinlichkeit α' dieses Fehlers 1. Art eine obere Schranke α festzulegen. Diese obere Schranke α nannte man später **Signifikanzniveau** des Tests. Die heute besonders häufig verwendeten Signifikanzniveaus von 5% und 1% führte *R. A. Fisher* ein. Zu einem vor Versuchsbeginn festgelegten Signifikanzniveau α wählt man einen möglichst großen kritischen Bereich K so, daß die Wahrscheinlichkeit für einen Fehler 1. Art unter dem α-Niveau liegt. Stellt sich dann ein Versuchsergebnis ein, das zur Ablehnung der Nullhypothese führt, so sagt man, dieses Versuchsergebnis sei **signifikant auf dem Niveau α**. Das Ergebnis des Tests wird in diesem Fall üblicherweise so ausgedrückt:

»Die Nullhypothese H_0 kann auf dem Signifikanzniveau α abgelehnt werden.«

Die statistische Sicherheit des Urteils hat dann mindestens den Wert $1 - \alpha$.

Versuchen wir nun zu $\alpha = 25\%$ einen kritischen Bereich K für Theodors Vermutung $H_0 = \{\frac{7}{10}\}$ bzw. $H_0 = $»$Z$ ist nach $B(6; \frac{7}{10})$ verteilt« zu konstruieren. Dem Problem angemessen setzt sich der kritische Bereich K aus zwei Intervallen $[0; k_1]$ und $[k_2; 6]$ zusammen. Es gäbe viele Möglichkeiten, die Fehlerwahrscheinlichkeit α' auf die beiden Teilintervalle aufzuteilen. Üblich ist es, k_1 und k_2 so zu bestimmen, daß in jedem Teilbereich die Fehlerwahrscheinlichkeiten höchstens $\frac{1}{2}\alpha$ sind. Das führt zu

$P_{H_0}(Z \leq k_1) \leq 12{,}5\%$ und $P_{H_0}(Z \geq k_2) \leq 12{,}5\%$.

$\Leftrightarrow F^6_{0,7}(k_1) \leq 12{,}5\%$ und $1 - F^6_{0,7}(k_2 - 1) \leq 12{,}5\%$.

Das ergibt mit Hilfe der *Stochastik-Tabellen* die Bedingungen

$k_1 \leq 2$ und $k_2 \geq 6$,   also, $K = [0; 2] \cup [6; 6] = \{0, 1, 2, 6\}$.

---

[*] 28. 1. 1809 Astaffort – 31. 8. 1890 Valmont. Vor seinem Medizinstudium Artillerie-Offizier; 1843 wurde er auf den Lehrstuhl für Physique médicale der Medizinischen Fakultät von Paris berufen.

Hätte Theodors Stichprobe beispielsweise 2 rote Kugeln geliefert, so könnte man seine Vermutung H_0, die Urne enthalte 7 rote Kugeln, auf dem 25%-Niveau ablehnen. Die Sicherheit des Urteils »Ablehnung von H_0« beträgt mindestens 75%.

Je niedriger das Signifikanzniveau, d. h., je kleiner α ist, desto schärfer ist der Test, aber desto seltener wird man H_0 verwerfen können. Dies entspricht der Erfahrung des täglichen Lebens: Klare Urteile kann man nur selten abgeben, verschwommene Aussagen (d. h. großes Signifikanzniveau!) sind hingegen sehr leicht zu machen.

Wir fassen die Erkenntnisse aus Beispiel 1 zusammen in

Definition 349.1:
Beschränkt man sich bei einem Test darauf, nur für die eine der beiden Hypothesen die Wahrscheinlichkeit α' der fälschlichen Ablehnung klein zu machen, so spricht man von einem **Signifikanztest**. Man nennt diese Hypothese dann **Nullhypothese**. Die gewählte obere Schranke α für die Irrtumswahrscheinlichkeit α' heißt auch **Signifikanzniveau**. Ein Versuchsergebnis, das zur Ablehnung der Nullhypothese führt, heißt **signifikant auf dem Niveau α**. Der Ablehnungsbereich für die Nullhypothese heißt **kritischer Bereich K** des Tests, sein Komplement $\overline{K}$ gelegentlich Annahmebereich. Besteht K aus einem einzigen Intervall, so heißt der Test **einseitig**. Wird K durch $\overline{K}$ in zwei Intervalle aufgeteilt, dann heißt der Test **zweiseitig**.

Wie konstruiert man einen Signifikanztest?

1. Man formuliert eine Nullhypothese H_0 und die Gegenhypothese H_1 bzw. die zulässige Hypothese H. Dabei – so J. Neyman 1942 vor der Royal Statistical Society –

»hat sich mehr oder weniger eingebürgert, als Nullhypothese diejenige Hypothese zu wählen, bei der die Fehler 1. Art von größerer Bedeutung sind als die Fehler 2. Art.«

2. Man legt eine Testgröße Z fest.
3. Man legt das Signifikanzniveau α des Tests fest.
4. Man konstruiert einen möglichst großen kritischen Bereich K so, daß $P_{H_0}(Z \in K) \leq \alpha$.
   Besteht K aus zwei Teilintervallen K_1 und K_2, dann bestimmt man sie so, daß $P(Z \in K_1) \leq \frac{1}{2}\alpha$ und $P(Z \in K_2) \leq \frac{1}{2}\alpha$ erfüllt sind.
5. Man entscheidet nach folgender Regel:

$\delta: \begin{cases} Z \in K \Rightarrow H_0 \text{ wird abgelehnt.} \\ Z \in \overline{K} \Rightarrow H_0 \text{ kann nicht abgelehnt werden.} \end{cases}$

6. Sicherheit des Urteils:
   Die Ablehnung hat mindestens die Sicherheitswahrscheinlichkeit $1 - \alpha$. Dieser Wert heißt auch **statistische Sicherheit des Urteils**.

Zur Veranschaulichung der statistischen Sicherheit stellen wir uns vor, daß n Urnen zum Testen vorliegen. n_0 dieser Urnen enthalten tatsächlich 7 rote Kugeln.

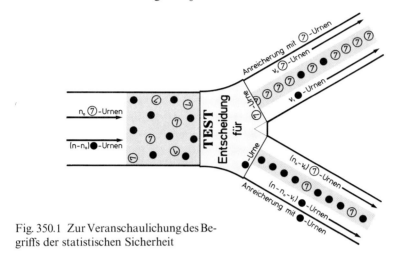

Fig. 350.1 Zur Veranschaulichung des Begriffs der statistischen Sicherheit

(In Figur 350.1 mit ⑦ gekennzeichnet.) Auf Grund der Interpretationsregel für Wahrscheinlichkeiten werden etwa $\alpha' = 37{,}3\%$ dieser Urnen falsch bezeichnet. Der Anteil der falsch bezeichneten Urnen des anderen Typs hängt davon ab, wie viele rote Kugeln die Urne jeweils enthält.

Natürlich ist ein Test kein todsicheres Verfahren zur Trennung der beiden Hypothesen; denn man muß immer Fehlermöglichkeiten in Kauf nehmen. Hören wir dazu *J. Neyman und E.S. Pearson:*

»The tests themselves give no final verdict, but as tools help the worker who is using them to form his final decision; [...]. What is of chief importance in order that a sound judgment may be formed is that the method adopted, its scope and its limitations, should be clearly understood«.*

17.4.2. Zusammengesetzte Hypothesen beim einseitigen Test

Beispiel 2: Einseitiger Test einer einfachen Nullhypothese über eine unbekannte Wahrscheinlichkeit. Der Teetassen-Test von *R. A. Fisher***: Lady X. behauptet, sie könne es am Geschmack erkennen, ob der Tee zuerst in der Tasse war und die Milch dazugegeben wurde oder ob man umgekehrt den Tee auf die Milch gegossen habe.
Wir glauben das nicht. Wir setzen, anders als *R. A. Fisher*, Lady X. 10 Tassen Tee mit Milch vor, die in beliebiger – uns bekannter – Weise gefüllt worden sind.

---

* *On the use and interpretation of certain test criteria for purposes of statistical inference.* Biometrika **20A** (1928).
** *Sir Ronald Aylmer Fisher* (1890–1962) wählte in *The Design of Experiments* (1935) dieses Beispiel zur Einführung: »A lady declares that by tasting a cup of tea made with milk she can discriminate whether the milk or the tea infusion was first added to the cup. We will consider the problem of designing an experiment by means of which this assertion can be tested.«

Lady X. probiert und macht 8mal eine richtige Angabe. Können wir Lady X. die von ihr behauptete geradezu übernatürliche Fähigkeit zugestehen? Im Gegensatz zu Beispiel 1 aus **17.3.1.** ist das Ergebnis der Stichprobe bereits bekannt. Eine solche Situation ist in der Praxis auch oft anzutreffen. Man könnte nun zwar auch hier vorgehen wie in Beispiel 1, zu einem vorgegebenen Signifikanzniveau α einen kritischen Bereich bestimmen und überprüfen, ob das bekannte Ergebnis des Zufallsexperiments zur Ablehnung der Nullhypothese hinreicht. Statt dessen geht man oft anders vor und bestimmt zu dem eingetretenen Stichprobenergebnis das niedrigste Signifikanzniveau, auf dem man gerade noch die Nullhypothese ablehnen könnte. Wir wollen diese andere Art eines Signifikanztests hier weiter verfolgen. Dazu legen wir uns wieder ein mathematisches Modell für dieses reale Zufallsexperiment zurecht. Das Probieren der Tassen entspricht einer *Bernoulli*-Kette der Länge 10; Treffer beim i-ten Versuch ist das Ereignis »Lady X. beurteilt die i-te Tasse richtig«. Wenn Lady X. sich aufs bloße Raten verlegte, könnte sie genausogut mit einer Laplace-Münze werfen. In diesem Fall hätte also der Parameter der *Bernoulli*-Kette den Wert $\frac{1}{2}$. Besitzt Lady X. hingegen eine Begabung der behaupteten Art, so ist die Wahrscheinlichkeit p für einen Treffer verschieden von $\frac{1}{2}$. $p < \frac{1}{2}$ würde bedeuten, daß Lady X. den Sachverhalt zwar mit gewisser Sicherheit richtig erkennen kann, ihn aber verkehrt benennt. Das hätte sie wohl bei eigenen Versuchen längst selbst bemerkt. Es ist somit sinnvoll, als zulässige Hypothese die Menge $H := \{p \mid \frac{1}{2} \leq p \leq 1\}$ zu nehmen. Der Wert p ist also ein Maß für die Begabung von Lady X.; je größer p ist, um so begabter ist sie. Wir wählen als Nullhypothese »Lady X. hat keine Begabung«, kurz »Lady X. rät blind«, also $H_0 := \{\frac{1}{2}\}$, da uns hier ein Fehler 1. Art, nämlich eine unbegabte Dame für begabt zu halten, schlimmer erscheint als ein Fehler 2. Art, nämlich einer begabten Dame die Begabung abzusprechen. Nehmen wir als Testgröße Z die Anzahl der richtig geratenen Tassen, so besagt H_0, Z besitzt die Wahrscheinlichkeitsverteilung $B(10; \frac{1}{2})$. Die Gegenhypothese lautet »Lady X. ist begabt« also $H_1 := H \setminus H_0$. Sie läßt sich nicht mehr durch endlich viele Parameterwerte beschreiben; alle Zahlen $p \in]\frac{1}{2}; 1]$ sind möglich. Es gibt somit für die Zufallsgröße Z unendlich viele Wahrscheinlichkeitsverteilungen zu dieser Hypothese, nämlich alle $B(10; p)$ mit $p > \frac{1}{2}$. Da alle p-Werte der Gegenhypothese H_1 auf derselben Seite bezüglich der Nullhypothese »$p = \frac{1}{2}$« liegen, wählt man sinnvollerweise als kritischen Bereich ein Intervall $K := [k; 10]$, so daß das Ereignis »$Z \geq k$« zur Ablehnung der Nullhypothese führt. Würde man nämlich als kritischen Bereich das Ereignis $K' := [0; k_1] \cup [k_2; 10]$ wählen, so würde man im Falle $Z \in K'$ die Nullhypothese ablehnen, also Lady X. auch dann Begabung bescheinigen, wenn sie nur wenige oder gar keine Tasse richtig benannt hat, was sicherlich nicht erwünscht ist. Da K aus einem einzigen Intervall besteht, handelt es sich also um einen einseitigen Test.

Unser Stichprobenergebnis lautet »$Z = 8$«. Wir müssen somit einen kritischen Bereich wählen, der 8 enthält. Ein möglichst niedriges Signifikanzniveau erzielt man, wenn man den kritischen Bereich möglichst klein wählt. Also entschließen wir uns zu $K := [8; 10]$. Für die Wahrscheinlichkeit α', einen Fehler 1. Art zu begehen, ergibt sich damit

$\alpha' = P_{H_0}(Z \in K) = P_{0,5}^{10}(Z \geq 8) = 1 - F_{0,5}^{10}(7) \approx 5{,}5\%$.

Beim üblichen Signifikanzniveau 5% können wir die Nullhypothese »Lady X. rät blind« nicht ablehnen. Ist man jedoch mit einem Signifikanzniveau von 5,5% oder höher zufrieden, so kann man die Nullhypothese »Lady X. rät blind« ablehnen und der Dame Begabung bescheinigen. Die statistische Sicherheit unseres Urteils »Lady X. ist begabt« beträgt dann höchstens 94,5%. Was heißt das? Wenn viele Ladies sich unserer Prüfung unterzögen, attestierten wir ca. 5,5% dieser Damen fälschlicherweise eine gewisse Begabung, falls sie 8 oder mehr Tassen richtig benennen, obwohl sie blind raten.
Was ist aber mit den begabten Damen? Dieser Frage wollen wir im nächsten Abschnitt nachgehen.

17.4.3. Die Operationscharakteristik eines Tests

Beispiel 3: Dem Teetassentest aus Beispiel 2 stellt sich eine Lady, die tatsächlich über eine gewisse Begabung verfügt und mit der Wahrscheinlichkeit $p = 0,6$ die Tassen richtig benennt. Mit welcher Wahrscheinlichkeit wird man ihre Begabung verkennen, wenn wir wie in Beispiel 2 als kritischen Bereich die Menge $K = [8; 10]$ nehmen?
Die Wahrscheinlichkeit β', einen solchen Fehler 2. Art zu begehen, ergibt sich zu

$$\beta' = P_{0,6}^{10}(Z \in \bar{K}) = P_{0,6}^{10}(Z \leq 7) = F_{0,6}^{10}(7) \approx 83,3\%.$$

Solchen schwach begabten Damen wird mit unserem Test also oft unrecht getan! Wäre die Begabung der Dame größer, z. B. $p = 0,9$, so würden wir sie auch besser erkennen; es ergäbe sich nämlich $\beta' = F_{0,9}^{10}(7) \approx 7,0\%$. Weil wir aber über die Begabung der Damen, die sich dem Test unterziehen, nichts wissen, müssen wir uns einen Überblick über alle Wahrscheinlichkeiten für einen Fehler 2. Art verschaffen. Da diese Wahrscheinlichkeiten offensichtlich von p abhängen, betrachten wir die Funktion

$$\beta' : p \mapsto P_p^{10}(Z \in \bar{K}), \quad D_{\beta'} = \,]\tfrac{1}{2}; 1].$$

Mit Hilfe einer Wertetabelle können wir den Graphen dieser Funktion zeichnen (Tabelle 353.1 und Figur 353.1).

Man erkennt, daß die Wahrscheinlichkeit β' für einen Fehler 2. Art um so größer wird, je weniger sich die Begabung vom blinden Raten ($p = \tfrac{1}{2}$) unterscheidet. Da die Definitionsmenge $D_{\beta'}$ links offen ist, gibt es keine größte Irrtumswahrscheinlichkeit 2. Art. Als Ersatz dafür nimmt man das Supremum aller Irrtumswahrscheinlichkeiten 2. Art, also den Wert $1 - \alpha'$. Er ist in unserem Fall etwa 94,5%. Man riskiert also, mit einer Wahrscheinlichkeit bis zu 94,5% begabte – wenn auch sehr schwach begabte – Damen zu Unrecht für unbegabt zu halten. Wir können trotzdem zufrieden sein: Der unangenehme Fall, daß eine Dame nur flunkert und wir ihr dennoch hohe Sensibilität bescheinigen, tritt nur mit 5,5% Wahrscheinlichkeit ein. Daß wir andererseits u. U. einer wirklich begabten Dame ein Unrecht antun, nehmen wir in Kauf in der Gewißheit, daß sich das Genie so oder so eines Tages durchsetzen wird.

17.4. Signifikanztest

p	$\beta' = P_p^{10}(Z \leqq 7)$
0,51	0,94
55	90
60	83
65	74
70	62
75	47
80	32
85	18
90	07
95	01
99	0001
1	0

Tab. 353.1 Wahrscheinlichkeit β' für einen Fehler 2. Art beim kritischen Bereich $K = [8; 10]$

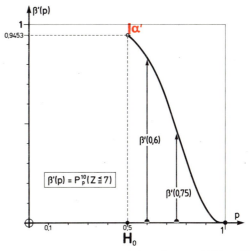

Fig. 353.1 Graph der Funktion $\beta': p \mapsto P_p^{10}(Z \in \overline{K})$

Setzt sich die Gegenhypothese nur aus endlich vielen einfachen Hypothesen zusammen wie bei Theodors Urne in Beispiel 1 von Seite 346, dann besteht der Graph von β' nur aus diskreten Punkten, so wie ihn Figur 347.1 zeigt. In einem solchen Fall gibt es natürlich eine größte Irrtumswahrscheinlichkeit 2. Art.
Es hat sich in der Statistik eingebürgert, die auf der Gegenhypothese H_1 definierte Funktion $p \mapsto \beta'(p)$ auf die Menge *aller* beim Test betrachteten Hypothesen, d. h. auf die zulässige Hypothese $H := H_0 \cup H_1$ fortzusetzen. Diese Funktion heißt dann Operationscharakteristik des Tests, kurz OC des Tests.

Definition 353.1: Es sei auf dem Ergebnisraum Ω der Testgröße Z eine Menge von Wahrscheinlichkeitsverteilungen als zulässige Hypothese H gegeben. Diese Verteilungen lassen sich durch einen Parameter p kennzeichnen. $A \subset \Omega$ sei ein Ereignis. Dann heißt die Funktion

$$\text{OC}: p \mapsto P_p(A), \quad D_{\text{OC}} = H$$

die **Operationscharakteristik des Ereignisses A bezüglich H**. Ihr Graph heißt **OC-Kurve**.*

Bemerkung: Der Parameter p muß nicht unbedingt eine Wahrscheinlichkeit sein. So werden z. B. *Poisson*-Verteilungen durch den Parameter »Erwartungswert μ«, Normalverteilungen durch die Parameter μ und σ^2 gekennzeichnet.
Figur 354.1 veranschaulicht am Beispiel des Ereignisses $A := [4; 7]$ und an der Schar $B(16; p)$, $p \in [0; 1]$, als zulässiger Hypothese das Zustandekommen der

---

* In der Literatur verwendet man vielfach noch die ursprünglich von *Jerzy Neyman* und *E. S. Pearson* zur Kennzeichnung der Güte oder Macht eines Tests eingeführte *power function* = **Gütefunktion g**. Für sie gilt $g(p) := 1 - \text{OC}(p)$.

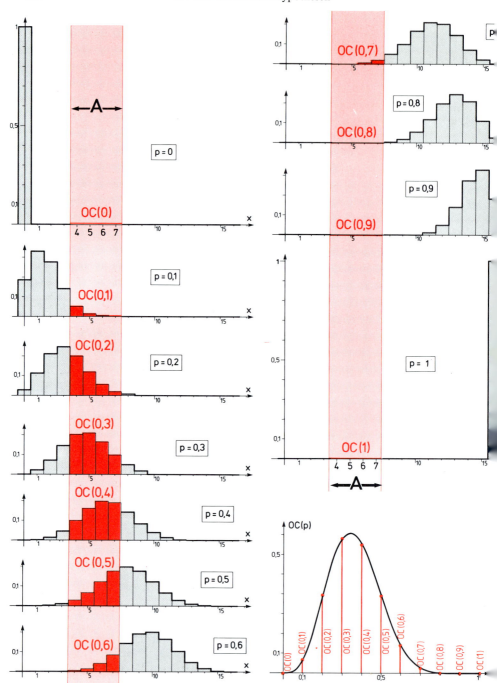

Fig. 354.1 Veranschaulichung der Entstehung der OC des Ereignisses $A := [4; 7]$ bezüglich der zulässigen Hypothese $H := \{\mathrm{B}(16; p) \,|\, p \in [0; 1]\}$. Bedeutet f_p die Dichtefunktion der Binomialverteilung $\mathrm{B}(16; p)$, so läßt sich die Operationscharakteristik mittels eines Integrals schreiben, nämlich OC: $p \mapsto \int_{3,5}^{7,5} f_p(t)\,\mathrm{d}t$.

Operationscharakteristik: Zu jedem p gehört als Funktionswert
$$\mathrm{OC}(p) = P_p^{16}(Z \in A) = \sum_{i=4}^{7} \mathrm{B}(16; p; i).$$

Bei einem Signifikanztest spricht man von der Operationscharakteristik der Entscheidungsregel δ mit dem kritischen Bereich K, wenn man $A = \bar{K}$ wählt. Ihre Funktionswerte $\mathrm{OC}(p) = P_p(\bar{K})$ sind dann, grob gesprochen, in Abhängigkeit von p die Wahrscheinlichkeiten, mit denen man die Nullhypothese beibehält, gleich ob diese Entscheidung die richtige ist oder nicht. Für $p \in H_1$ ist der Funktionswert $P_p(\bar{K})$ jeweils die Irrtumswahrscheinlichkeit 2. Art, daß man nämlich die Nullhypothese nicht ablehnt, obwohl sie nicht zutrifft. Für $p \in H_0$ ist der Funktionswert $P_p(\bar{K})$ jeweils gleich der Sicherheit $1 - \alpha'(p)$, mit der die zutreffende Nullhypothese nicht abgelehnt wird. Dabei ist $\alpha'(p)$ die zu $p \in H_0$ gehörende Irrtumswahrscheinlichkeit 1. Art.

Übrigens kann auch die Nullhypothese H_0 selbst zusammengesetzt sein. Nehmen wir etwa im Teetassentest von Beispiel 2 (**17.4.2.**) als zulässige Hypothese $H := [0; 1]$ und als Nullhypothese $H_0 := [0; \frac{1}{2}]$, dann ergäbe sich als Operationscharakteristik des Ereignisses »$Z \leq 7$« die Funktion $\mathrm{OC}: p \mapsto F_p^{10}(7)$, $D_{\mathrm{OC}} = [0; 1]$, deren Graph Figur 355.1 wiedergibt. Nun gibt es auch unendlich viele Irrtumswahrscheinlichkeiten 1. Art. Zur Charakterisierung des Tests genügt es offenbar, die größte dieser Wahrscheinlichkeiten anzugeben.

Je nach Lage des kritischen Bereichs K haben die Graphen der Operationscharakteristik, kurz OC-Kurven genannt, eine typische Gestalt. Nehmen wir als zulässige Hypothese die Menge aller Binomialverteilungen $\mathrm{B}(n; p)$ mit $p \in [0; 1]$, so gibt es 4 besonders wichtige Typen. Der Nachweis der aufgeführten Eigenschaften wird Aufgabe 372/**48** vorbehalten.

1) $K := [0; k] \Rightarrow \mathrm{OC}: p \mapsto 1 - F_p^n(k)$
   Ist K linksbündig, so ist die OC-Kurve echt monoton steigend.

2) $K := [k; n] \Rightarrow \mathrm{OC}: p \mapsto F_p^n(k-1)$
   Ist K rechtsbündig, so ist die OC-Kurve echt monoton fallend.

3) $K := [0; k_1] \cup [k_2; n] \Rightarrow$
   $\mathrm{OC}: p \mapsto F_p^n(k_2 - 1) - F_p^n(k_1)$
   Ist K getrennt, so hat die OC-Kurve einen inneren Hochpunkt.

4) $K := [k_1; k_2] \Rightarrow$
   $\mathrm{OC}: p \mapsto F_p^n(k_1 - 1) + 1 - F_p^n(k_2)$
   Ist K ein inneres Intervall, so hat die OC-Kurve einen inneren Tiefpunkt.

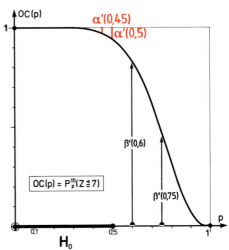

Fig. 355.1 Operationscharakteristik des Ereignisses »$Z \leq 7$« bezüglich $H = [0; 1]$. Vgl. Fig. 353.1

356   17. Das Testen von Hypothesen

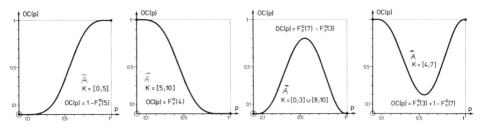

Fig. 356.1 Die 4 wichtigen Typen von OC-Kurven bezüglich $H = \{B(n;p) | p \in [0;1]\}$, veranschaulicht mittels Binomialverteilungen $B(10;p)$

Wie man sich leicht überlegt, sind diese 4 Operationscharakteristiken Polynome n-ten Grades in p. Figur 356.1 veranschaulicht sie für $n = 10$.

Die OC-Kurve gibt uns einen Hinweis auf die Güte des Tests. Je steiler sie nämlich in ihren Flanken ist, desto schneller werden die Irrtumswahrscheinlichkeiten 2. Art klein. Im Idealfall wären für jedes $p \in H_0$ die Irrtumswahrscheinlichkeit $\alpha'(p) = 0$ und für jedes $p \in H_1$ die Irrtumswahrscheinlichkeit $\beta'(p) = 0$. Dann würde man nur richtige Urteile abgeben! Die zugehörige OC-Kurve hätte über H_0 konstant den Wert 1 und über H_1 konstant den Wert 0. Figur 356.2 zeigt die ideale OC-Kurve für eine einfache Nullhypothese, Figur 356.3 für eine zusammengesetzte Nullhypothese.

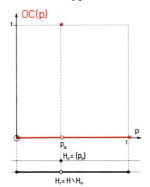 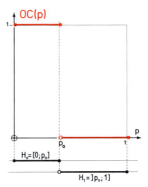

Fig. 356.2 Ideale OC-Kurve für eine einfache Nullhypothese H_0

Fig. 356.3 Ideale OC-Kurve für eine zusammengesetzte Nullhypothese H_0

Die OC-Kurven erweisen sich daher als praktisches Hilfsmittel, bei gegebener Stichprobenlänge optimale Annahmebereiche zu finden. Figur 357.1 zeigt die OC-Kurven der Ereignisse »$Z = 0$«, »$Z \leq 1$«,…,»$Z \leq 5$« bezüglich der Schar der Binomialverteilungen $B(5;p)$, $p \in [0;1]$, als zulässiger Hypothese H. Man entnimmt ihr z.B., daß man für die Entscheidung zwischen den Hypothesen $H_0 = \{0,15\}$ und $H_1 = \{0,4\}$ am besten das Ereignis »$Z \leq 2$« heranzieht, wenn die Wahrscheinlichkeit für einen Fehler 1. Art unter 5% liegen soll. Ohne diese Bedingung würde man sich für »$Z \leq 1$« entscheiden, weil dann $\alpha' + \beta'$ minimal

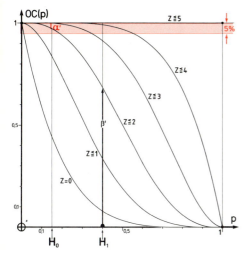 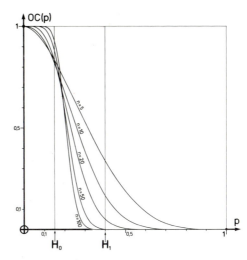

Fig. 357.1 Alternativtest für $H_0 = \{0,15\}$, $H_1 = \{0,4\}$ und $A = [0;k]$ mit $k \in \{0, 1, 2, 3, 4, 5\}$. Auswahl des optimalen Tests für die Schranke $\alpha = 5\%$

Fig. 357.2 Illustration des Einflusses der Stichprobenlänge n auf die Trennschärfe. $H_0 = \{0,15\}$; $H_1 = \{0,4\}$; $A = [0; 0,2n]$; $n \in \{5; 10; 20; 50; 100\}$.

wird. Ein Ereignis ist desto besser für eine Entscheidungsregel geeignet, je stärker die OC-Kurve von dem einen der beiden in Frage kommenden p-Werte bis zum anderen abfällt. Andererseits läßt sich der Einfluß der Stichprobenlänge n auf die **Trennschärfe** des Tests an Hand der zugehörigen OC-Kurven beobachten (Figur 357.2). Wie erwartet fallen die OC-Kurven für größere n steiler von 1 auf 0 ab und trennen daher die Hypothesen besser. Für $n \to \infty$ hätte man einen idealen Test mit senkrecht abfallender OC-Kurve. Die Trennung ist perfekt, die Fehler haben die Wahrscheinlichkeit 0.

17.5. Überblick über die behandelten Testtypen
Siehe Seite 358 f.

17.6. Verfälschte Tests

Bei einem Signifikanztest hat die Sicherheit des Urteils »Ablehnung der Nullhypothese« mindestens den Wert $1 - \alpha$, wobei α das Signifikanzniveau des Tests ist. Da man natürlich gern möglichst sichere Urteile abgibt, wird man bestrebt sein, das Signifikanzniveau α möglichst klein zu halten. Wählt man nun α und damit auch den kritischen Bereich K sehr klein, dann muß man leider in Kauf nehmen, daß nur noch in seltenen Fällen die Nullhypothese abgelehnt werden kann; d.h., der Test wird sehr häufig kein brauchbares Ergebnis liefern. Dieser Sachverhalt könnte einen Tester nun in die Versuchung bringen, erst einmal den Ausfall der Stichprobe abzuwarten und dann den kritischen Bereich K möglichst eng um das Stichprobenergebnis herumzulegen und damit das Signifikanzniveau recht klein zu machen. Der Versuchsausgang erschiene dann in einem besonders

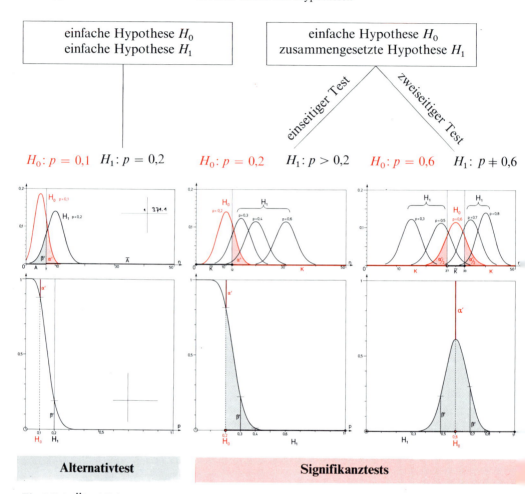

Fig. 358.1 Überblick über die behandelten Testtypen

günstigen Licht! Allerdings ist die Auswahl des Tests nach dem Ausgang der zufallsbedingten Stichprobe sehr gefährlich. Wählt man nämlich den Test nach Bedarf, also letzten Endes zufallsbestimmt, so verlieren die errechneten Wahrscheinlichkeiten jeden Sinn, und man kann sie dann auch nicht mehr als Beleg für irgendwelche Behauptungen anführen. Bei der Vielzahl verschiedener Tests, die man in einem Handbuch der mathematischen Statistik finden kann, ist natürlich die Versuchung groß, sich einen solchen auszusuchen, der irgendeine erwünschte Aussage am besten »bestätigt«. Vor einem derartigen Mißbrauch der Statistik muß daher ganz besonders gewarnt werden. Wir betrachten ein abschreckendes

17.6. Verfälschte Tests

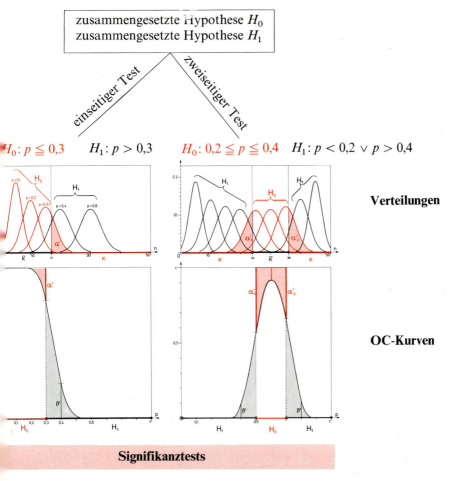

Beispiel: Im Teetassentest (Seite 350) möchte Sir Y., ein leidenschaftlicher Verehrer von Lady X., ihr mit möglichst großer Sicherheit Begabung bescheinigen. Weil er weiß, daß Lady X. 8 Tassen richtig benannt hat, nimmt er einen kleinstmöglichen kritischen Bereich, bei dem er ihr noch Begabung attestieren kann, also $K = \{8\}$. Für den Fehler 1. Art ergibt sich die Wahrscheinlichkeit $\alpha' = P_{0,5}^{10}(Z = 8) \approx 4{,}4\%$. Sir Y. wird erläutern, daß nach seinem sehr scharfen Test nur in 4,4% der Fälle, in denen in Wirklichkeit $p = \frac{1}{2}$ vorliegt, auf »$p > \frac{1}{2}$« erkannt wird. Damit hat er zweifellos recht. Aber sehen wir uns die OC-Kurve des Ereignisses $\bar{K}$ an (Figur 360.1). Sie zeigt, daß für kleine Begabungen (d.h. p wenig größer als $\frac{1}{2}$) der Test durchaus brauchbar ist. Denn für solche Begabungen gilt: Je größer die Begabung ist, desto kleiner ist die Irrtumswahrscheinlichkeit 2. Art. Dies ist richtig bis zum Tiefpunkt der OC-Kurve bei $p = 0{,}8$. Für $p > 0{,}8$, d. h. für große Begabungen, werden die Urteile aber immer absurder. Jetzt gilt nämlich: Je begabter die Dame ist, desto größer ist die Wahrscheinlichkeit β', ihr diese Begabung nicht anzuerkennen. Ist ihre Begabung extrem gut, d. h., liegt p sehr nahe bei 1, dann wird diese Begabung sogar mit größerer Wahrscheinlichkeit bestritten, als wenn sie überhaupt nicht vorhanden wäre, d. h., wenn $p = \frac{1}{2}$ wäre. Solche Tests, bei denen eine Hypothese mit größter Wahrscheinlichkeit dann angenommen wird,

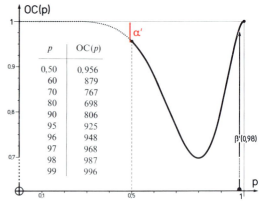

p	OC(p)
0,50	0,956
60	879
70	767
80	698
90	806
95	925
96	948
97	968
98	987
99	996

Fig. 360.1 Operationscharakteristik
$p \mapsto P_p^{10}(Z \neq 8) = 1 - \binom{10}{8}p^8(1-p)^2$
über der zulässigen Hypothese $[\frac{1}{2}; 1]$, punktiert fortgesetzt auf $[0; 1]$. (Man beachte, daß auf der Hochwertachse nur ein Ausschnitt dargestellt ist.)

wenn sie nicht zutrifft, nennt man **verfälscht** oder **verzerrt**. Verfälschte Tests erkennt man offenbar daran, daß der Hochpunkt der zugehörigen OC-Kurve nicht über der Nullhypothese liegt.

Im übrigen wünscht man sich natürlich für einen guten Test, daß die OC-Kurve außerhalb der Nullhypothese mit zunehmender Entfernung von ihr monoton abnimmt und möglichst tief liegt, was ja eine geringe Irrtumswahrscheinlichkeit 2. Art bedeutet.

Ein besonders einfaches Kennzeichen, verfälschte Tests zu erkennen, bietet

> **Definition 360.1:** Ein Signifikanztest mit der zulässigen Hypothese H und der Nullhypothese H_0 heißt **unverfälscht**, wenn für jedes $p \in H_0$ und jedes $p_1 \in H \setminus H_0$
> $$\alpha'(p) + \beta'(p_1) \leq 1$$
> gilt. Andernfalls heißt der Test **verfälscht**.

In dieser Definition kommt zum Ausdruck, daß bei einem unverfälschten Test das Maximum der Operationscharakteristik über der Nullhypothese H_0 angenommen werden muß. Die Figuren 361.1 und 361.2 veranschaulichen Definition 360.1.

Was bedeutet eigentlich die Bedingung $\alpha'(p) + \beta'(p_1) > 1$, die einen verfälschten Test kennzeichnet? Sie besagt, daß

$$\alpha'(p) > 1 - \beta'(p_1),$$

d. h.: Die Wahrscheinlichkeit, die Nullhypothese abzulehnen, falls sie zutrifft, ist größer als die Wahrscheinlichkeit, die Nullhypothese abzulehnen, wenn sie nicht zutrifft.

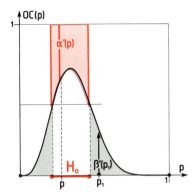
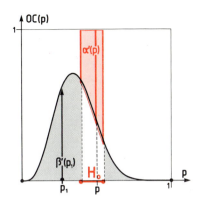

Fig. 361.1 OC-Kurve eines unverfälschten Tests. Nullhypothese und Gegenhypothese zusammengesetzt. Für alle $p \in H_0$ und alle $p_1 \in H \setminus H_0$ gilt: $\alpha'(p) + \beta'(p_1) \leq 1$.

Fig. 361.2 OC-Kurve eines verfälschten Tests. Nullhypothese und Gegenhypothese zusammengesetzt. Es gibt $p \in H_0$ und $p_1 \in H \setminus H_0$, so daß $\alpha'(p) + \beta'(p_1) > 1$.

17.7. Signifikanztests bei normalverteilten Zufallsgrößen

In der Praxis hat man es oft mit Zufallsgrößen zu tun, von denen man auf Grund des zentralen Grenzwertsatzes mit gutem Grund annehmen kann, daß sie annähernd normalverteilt sind. Je nachdem, ob der Erwartungswert μ oder die Standardabweichung σ unbekannt sind, werden sich Hypothesen über diese Parameter ergeben.

Wir wollen nur den einfachen Fall besprechen, daß eine Hypothese über den unbekannten Erwartungswert μ einer angenähert normalverteilten Zufallsgröße zu testen ist, wobei die Standardabweichung σ bekannt ist. Ein solcher Test heißt *Gaußtest*.

Beispiel: Die Untersuchung von Drähten einer bestimmten Legierung ergab für die Zugfestigkeit den Mittelwert $41{,}62\,\text{N/mm}^2$ und die Standardabweichung $0{,}60\,\text{N/mm}^2$. Wir dürfen annehmen, daß die Zufallsgröße »Zugfestigkeit eines Drahtes« angenähert normalverteilt ist mit $\mu_0 = 41{,}62\,\text{N/mm}^2$ und $\sigma_0 = 0{,}60\,\text{N/mm}^2$. Eine Versuchsserie an 80 Drähten mit einer etwas veränderten Legierung ergab eine mittlere Zugfestigkeit von $41{,}50\,\text{N/mm}^2$ bei gleicher Standardabweichung. Kann man auf dem 5%-Niveau die Hypothese »Die mittlere Zugfestigkeit hat sich nicht verändert« ablehnen?

Ob man einseitig oder zweiseitig testen wird, hängt davon ab, welche Alternativen man in Betracht ziehen will. Man kann sich auf den Standpunkt stellen, daß die Zugfestigkeit sowohl größer als auch kleiner geworden ist, und dann zweiseitig testen, oder man nimmt auf Grund des Stichprobenergebnisses an, daß die Zugfestigkeit höchstens kleiner geworden sein kann, und dann einseitig testen.

Lösung: Die neue Legierung besitze die mittlere Zugfestigkeit μ, die unbekannt ist. Die Zugfestigkeit eines Drahtes ist dann angenähert normalverteilt mit μ und σ_0^2. Im Zufallsexperiment wurde die Stichprobe $(X_1 | X_2 | \ldots | X_{80})$ bestimmt;

dabei ist X_i die Zufallsgröße »Zugfestigkeit des Drahtes Nr. i«. Als Testgröße wählen wir das arithmetische Mittel $\bar{X} = \frac{1}{80} \sum_{i=1}^{80} X_i$. Nach Satz 212.1 ist $\mathscr{E}\bar{X} = \mu$, und nach Satz 212.2 ist $\sigma(\bar{X}) = \frac{1}{\sqrt{80}} \sigma_0$. Ohne Beweis verwenden wir den **Satz:** Auf Grund der gemachten Voraussetzungen über die X_i gilt, daß $\bar{X}$ ebenfalls angenähert normalverteilt ist, und zwar mit den Parametern μ und $\frac{1}{\sqrt{80}} \sigma_0$.

a) Zweiseitiger Test. Zur Nullhypothese H_0: »$\mu = \mu_0$« und der Gegenhypothese H_1: »$\mu \neq \mu_0$« ist nun derjenige möglichst große kritische Bereich K zu bestimmen, so daß $\alpha' = P_{\mu_0}(\bar{X} \in K) \leq \alpha$ wird, wobei α das vorgegebene Signifikanzniveau ist. Dabei wählen wir auf Grund der Symmetrie der Normalverteilung K so, daß $\bar{K} =]\mu_0 - t\sigma; \mu_0 + t\sigma[$ ist. Somit erhalten wir mit den vorgegebenen Werten die Bedingung $P\left(|\bar{X} - \mu_0| < t\frac{0{,}60}{\sqrt{80}}\right) \geq 95\%$. (Siehe Figur 362.1.)

Wir entnehmen der Tabelle »σ-Bereiche bei normalverteilten Zufallsgrößen«, daß $t \geq 1{,}96$ sein muß. Für $t = 1{,}96$ wird K am größten und $\bar{K}$ am kleinsten. Wir erhalten

$$\bar{K} = \left]41{,}62 - 1{,}96 \cdot \frac{0{,}60}{\sqrt{80}}; \; 41{,}62 + 1{,}96 \cdot \frac{0{,}60}{\sqrt{80}}\right[=]41{,}49; 41{,}75[.$$

Da der Meßwert 41,50 nicht in den kritischen Bereich K fällt, kann man die Nullhypothese H_0 auf dem 5%-Niveau nicht ablehnen. Man wird also bei weiteren Überlegungen mit einer Sicherheit von 95% davon ausgehen, daß sich die Zugfestigkeit nicht verändert hat.

b) Einseitiger Test. Zur Nullhypothese H_0: »$\mu = \mu_0$« gehört nun die Gegenhypothese H_2: »$\mu < \mu_0$«. Der kritische Bereich K ist nun möglichst groß so zu bestimmen, daß $P_{\mu_0}(\bar{X} \in K) = P(\bar{X} \leq \mu_0 - t\sigma) = P\left(\frac{\bar{X} - \mu_0}{\sigma} \leq -t\right) = \Phi(-t) \leq \alpha$

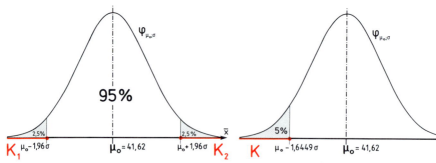

Fig. 362.1 Kritischer Bereich $K = K_1 \cup K_2$ des zweiseitigen Tests

Fig. 362.2 Kritischer Bereich K des einseitigen Tests

wird. (Siehe Figur 362.2.) Mit unseren Werten erhalten wir aus der Tabelle »Quantile der Standardnormalverteilung« $-t \leq -1{,}6449$ oder $t \geq 1{,}6449$. Für $t = 1{,}6449$ wird K am größten, nämlich $\left]-\infty;\, 41{,}62 - 1{,}6449 \cdot \dfrac{0{,}60}{\sqrt{80}}\right] = \left]-\infty;\, 41{,}51\right]$. Da jetzt der Meßwert 41,50 in K liegt, kann man die Nullhypothese auf dem 5%-Signifikanzniveau ablehnen. Man wird also mit einer statistischen Sicherheit von 95% behaupten können, daß die Zugfestigkeit kleiner geworden ist. (Übrigens hätte man wegen der Symmetrie der Normalverteilungen auch die Tabelle der σ-Bereiche benützen können, wenn man die obige Bedingung umgeformt hätte zu $P(|\bar{X} - \mu_0| < t\sigma) \leq 2\alpha = 10\%$.)

Die Ergebnisse von **a)** und **b)** scheinen sich zu widersprechen! Dem ist jedoch nicht so. Es handelt sich nämlich um Antworten auf verschiedene Fragestellungen. Bei der Hypothese H_2 wird nämlich schon berücksichtigt, daß auf Grund der physikalischen Versuchsergebnisse nur mit einer Verkleinerung der Zugfestigkeit gerechnet werden kann, während bei H_1 das physikalische Ergebnis nicht berücksichtigt wird, weil der Experimentator trotz der Verkleinerung des Mittelwerts eine Vergrößerung der Zugfestigkeit für möglich hält.

Wir merken uns: Man kann bei einem *Gauß*test bei angenähert normalverteilten Zufallsgrößen kritische Bereiche K zu vorgegebenem Signifikanzniveau α bei zweiseitigem Test der Tabelle »σ-Bereiche bei normalverteilten Zufallsgrößen«, bei einseitigem Test der Tabelle »Quantile der Standardnormalverteilung« leicht entnehmen. (Siehe *Stochastik-Tabellen*, Seite 44 und 45.)

Natürlich kann man auch zu einem *Gauß*test über den Erwartungswert μ einer Verteilung die Operationscharakteristik bestimmen. Wir erhalten für unser

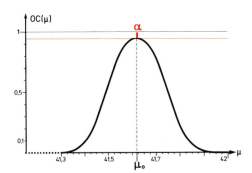

Fig. 363.1 Operationscharakteristik des Ereignisses $\bar{X} \in\,]41{,}49;\, 41{,}75[$ bezüglich $H = \mathbb{R}$

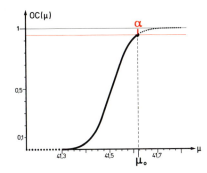

Fig. 363.2 Operationscharakteristik des Ereignisses $\bar{X} \in\,]41{,}51;\, \mu_0]$ bezüglich $H = \,]-\infty;\, \mu_0]$. Die Fortsetzung auf $H = \mathbb{R}$ ist punktiert gezeichnet.

364 17. Das Testen von Hypothesen

Beispiel im

Fall a): OC: $\mu \mapsto P_\mu(\bar{X} \in \bar{K}) = \Phi\left(\dfrac{41{,}75 - \mu}{\dfrac{0{,}60}{\sqrt{80}}}\right) - \Phi\left(\dfrac{41{,}49 - \mu}{\dfrac{0{,}60}{\sqrt{80}}}\right), \quad \mu \in \mathbb{R}$

Fall b): OC: $\mu \mapsto P_\mu(\bar{X} \in \bar{K}) = 1 - \Phi\left(\dfrac{41{,}51 - \mu}{\dfrac{0{,}60}{\sqrt{80}}}\right), \quad \mu \leq \mu_0.$

Die Figuren 363.1 und 363.2 zeigen die zugehörigen OC-Kurven.

Aufgaben

Zu 17.1.

Joseph Bertrand (1822–1900) wendet sich in seinem *Calcul des Probabilités* (1889) gegen den Begriff des *homme moyen* von *Quetelet*. Um zu zeigen, daß es keinen Menschen mit gleichzeitig durchschnittlicher Höhe, durchschnittlichem Gewicht usw. geben kann, betrachtet er 2 Kugeln aus gleichem Material vom Radius 1 bzw. Radius 3. Die Durchschnittskugel hat dann den Radius 2. Welche durchschnittliche Oberfläche, welches durchschnittliche Gewicht würde sie besitzen? Sind das ihre wirklichen Größen?

Zu 17.2.

In Bild 335.1 ist von einer Stichprobe die Rede. Das Titelbild zu Kapitel 18 (Seite 375) zeigt das Ergebnis einer Stichprobe aus dieser Stichprobe. Aus welcher Zufallsgröße X wurde die Stichprobe gezogen? Welche Länge hat sie? Was bedeuten die X_i? Sind sie unabhängig?

Zu 17.3.

1. Erläutere die Begriffe »Fehler 1. Art« und »Fehler 2. Art« an folgender Zeitungsüberschrift: »Sheriff hält Schnupftabak für Rauschgift«.
2. Von einer Urne mit 20 Kugeln ist bekannt, daß sie entweder genau 2 oder genau 6 rote Kugeln enthält. Durch einen Test soll entschieden werden, welcher Fall zutrifft.
   a) Theodor zieht 10 Kugeln mit Zurücklegen und entscheidet sich für »2 rote Kugeln«, falls er in der Stichprobe weniger als 2 rote Kugeln findet. Berechne die Fehlerwahrscheinlichkeiten und die Sicherheit seines Urteils.
   b) Dorothea zieht 10 Kugeln ohne Zurücklegen, entscheidet sich aber wie Theodor. Berechne die Sicherheit ihres Urteils.
3. Die Urne aus Aufgabe **2** soll mit Hilfe einer Stichprobe der Länge 20 mit Zurücklegen getestet werden.
   a) Wie muß der kritische Wert k gewählt werden, damit die Wahrscheinlichkeit für einen Fehler 1. Art höchstens 5% beträgt?
   b) Wie muß der kritische Wert gewählt werden, damit die Wahrscheinlichkeit für einen Fehler 2. Art höchstens 1% beträgt?
   c) Wie muß der kritische Wert gewählt werden, damit die Summe der beiden Fehlerwahrscheinlichkeiten minimal wird?
   d) Veranschauliche die Aufgaben in einem α'-β'-Diagramm ($1 \triangleq 10\,\text{cm}$).

4. a) Bestimme mit Hilfe der *Stochastik-Tabellen* für die Urne aus Aufgabe 2 eine möglichst kleine Stichprobenlänge n und einen dazu passenden kritischen Wert k so, daß die Wahrscheinlichkeit für einen Fehler 1. Art höchstens 5% und die für einen Fehler 2. Art höchstens 10% wird.

•b) Der in a) gefundene Wert für n ist vermutlich zu groß. Bestimme daher mit Hilfe der Normalverteilung ein besseres n und ein dazugehöriges k. Überprüfe, falls du Zugang zu einem programmierbaren Rechner besitzt, ob die so gefundenen Werte für n und k tatsächlich die gestellten Bedingungen erfüllen.

5. Die Wahrscheinlichkeit, daß die Urne aus Aufgabe 2 tatsächlich genau 2 rote Kugeln enthält, sei 10%. Wer diese Urne richtig erkennt, erhält eine Belohnung von 100 DM. Liegt aber die andere Urne vor und erkennt man diese, so erhält man 10 DM. Bestimme für eine Stichprobe der Länge 25 mit Zurücklegen einen kritischen Wert, so daß der Erwartungswert der Belohnung maximal wird.

6. a) Der Urne der Aufgabe 2 werde eine Stichprobe der Länge 10 mit Zurücklegen entnommen. Zeichne ein α'-β'-Diagramm zu den Annahmebereichen

   $A(k) := \text{»}Z \leq k\text{«}$ für $k \in \{-1, 0, 1, \ldots, 10\}$; $1 \mathrel{\widehat{=}} 10\,\text{cm}$.

   b) Zeichne in das Diagramm von a) die Geraden $\alpha' = 10\%$ und $\beta' = 20\%$ ein und suche diejenigen Tests, für die
   1) $\alpha' \leq 10\%$, **2)** $\beta' \leq 20\%$, **3)** $\alpha' \leq 10\%$ und $\beta' \leq 20\%$ gilt.

   c) Bestimme aus dem Diagramm von a) denjenigen Test, für den die Summe der Fehlerwahrscheinlichkeiten minimal wird.

   d) Bestimme aus dem Diagramm von a) denjenigen Test, für den $5\alpha' + 3\beta'$ minimal wird.

   e) Zeichne in das α'-β'-Diagramm von a) denjenigen Punkt ein, der zum Annahmebereich $A := \{1, 2, 3\}$ gehört.

7. Bei einer Urne soll ermittelt werden, ob sie 6 rote und 4 grüne Kugeln oder umgekehrt 4 rote und 6 grüne Kugeln enthält. Es ist eine Stichprobe der Länge 5 mit Zurücklegen erlaubt.
   a) Welches Entscheidungsverfahren erscheint als einziges vernünftig? Zu welchen Irrtumswahrscheinlichkeiten führt es?
   b) 10 Personen haben den Test gemäß a) ausgeführt, und 6 haben falsch geurteilt. Kann man diese Abweichung vom »Ideal« noch als zufällig bezeichnen?

8. Jemand wählt beim Problem der vorigen Aufgabe das folgende Entscheidungsverfahren: Entscheidung für »6 rote Kugeln in der Urne« genau dann, wenn die ersten 3 gezogenen Kugeln rot sind. Berechne die Irrtumswahrscheinlichkeiten.

•9. Durch eine Stichprobe mit Zurücklegen der Länge n soll bei einer Urne zwischen den beiden Möglichkeiten der Aufgabe 7 entschieden werden. n sei ungerade, und beide Irrtumswahrscheinlichkeiten sollen gleich groß gemacht werden. Wie ist der Annahmebereich A zu wählen? Berechne die Irrtumswahrscheinlichkeiten für $n = 1, 3, \ldots$, soweit dies mit der zur Verfügung stehenden Tabelle möglich ist.

10. Beim Test von Aufgabe 7 seien nur 4 Ziehungen erlaubt. Jemand ist in Verlegenheit wegen des Annahmebereichs und hilft sich wie folgt: Wenn genau 2 rote Kugeln gezogen werden, wirft er eine Laplace-Münze und entscheidet sich für »4 grüne Kugeln in der Urne«, wenn Adler erscheint. Bei mehr oder weniger als 2 roten Kugeln in der Stichprobe wird entsprechend wie in Aufgabe 7 entschieden. Berechne die Fehlerwahrscheinlichkeiten.

11. Bei der Züchtung einer gewissen Blumensorte erhält man rote und weiße Exemplare. Eine der beiden Farben ist ein »dominantes« Merkmal und muß nach den Vererbungsgesetzen mit der Wahrscheinlichkeit $\frac{3}{4}$ auftreten. In einem Kreuzungsversuch ergeben sich 15 Nachkommen. Mit welcher Wahrscheinlichkeit irrt man sich, wenn man die dabei häufiger auftretende Farbe für dominant hält?

12. Aus einer Urne mit 7 Kugeln werden 3 Stück *ohne* Zurücklegen entnommen. Nach der

Zahl Z schwarzer Kugeln in dieser Stichprobe wird entschieden, ob in der Urne 2 oder 4 schwarze Kugeln sind.

a) Ermittle die beiden Wahrscheinlichkeitsverteilungen und stelle sie graphisch dar.

•**b)** Suche unter allen denkbaren Annahmebereichen für die Hypothese »2 schwarze Kugeln«, d.h. unter allen Teilmengen von $\{0, 1, 2, 3\}$, denjenigen aus, bei dem die Summe der Fehlerwahrscheinlichkeiten am kleinsten ist.

13. An eine Werkstatt werden Schachteln mit Schrauben geliefert. Ein Teil davon enthält Erste Qualität, das sind Schrauben, von denen nur 10% die vorgeschriebenen Maßtoleranzen nicht einhalten. Die restlichen Schachteln enthalten Zweite Qualität, mit einem Ausschußanteil von 40%. Die Lieferfirma hat vergessen, die Schachteln nach ihrem Inhalt zu kennzeichnen. Man entnimmt jeder Schachtel mit Zurücklegen 5 Schrauben. Sind alle Schrauben bis auf höchstens eine in Ordnung, so soll der Schachtelinhalt als Erste Qualität behandelt werden, andernfalls als Zweite Qualität. Bestimme die beiden Fehlerwahrscheinlichkeiten.

14. Für das Entscheidungsverfahren in Aufgabe 13 macht ein Mitarbeiter der Werkstatt folgenden Vorschlag: Es werden nacheinander Schrauben aus der gewählten Schachtel geprüft. Sind die ersten 3 Stück in Ordnung, so entscheidet man »$p = 0{,}1$«, andernfalls »$p = 0{,}4$«.

a) Wie groß sind die Fehlerwahrscheinlichkeiten α' und β' dieses Tests?

•**b)** Zeichne das α'-β'-Diagramm für die Regeln »Entscheidung für $p = 0{,}1$, wenn die ersten k Schrauben in Ordnung sind«, $k = 1, 2, \ldots, 5$.

•**c)** Trage in das Diagramm von **b)** auch die Regeln »Entscheidung für $p = 0{,}4$ genau dann, wenn die ersten k Schrauben Ausschuß sind« ein ($k = 1, 2, 3$).

15. In einer Schießbude gibt es sehr gute und mittelmäßige Gewehre (Treffwahrscheinlichkeiten 0,9 bzw. 0,7). Weil bei einem davon die geheime Kennzeichnung unleserlich geworden ist, macht der Besitzer mit ihm 20 Probeschüsse. Er weiß, daß ihm der Fehler, ein schlechtes Gewehr fälschlich für ein gutes zu halten, mehr Schaden bringt als der umgekehrte Irrtum (Verärgerung anspruchsvoller Kunden!). Er möchte daher die Wahrscheinlichkeit für diesen Fehler nur etwa halb so groß machen wie die für den zweiten Fehler. Welche Entscheidungsregel muß er aufstellen?

16. Bei einer Prüfung werden n Fragen gestellt. Wir nehmen an, daß ein Prüfling alle Fragen unabhängig voneinander je mit der Wahrscheinlichkeit p richtig bearbeitet. Die geforderte Mindestzahl richtiger Antworten soll nun so gewählt werden, daß ein sehr gut vorbereiteter Prüfling ($p = 97\%$) mit einer Wahrscheinlichkeit von mindestens 97,5% die Prüfung besteht, ein schlecht vorbereiteter ($p = 75\%$) aber mit mindestens 90% Sicherheit durchfällt. Zeige, daß diese Bedingungen bei $n = 15$ nicht, bei $n = 20$ und $n = 50$ jedoch erfüllt werden können, und gib jeweils die möglichen Grenzen zwischen »bestanden« und »nicht bestanden« an.

17. Zu einem Ergebnisraum von 6 Elementen sind zwei Wahrscheinlichkeitsverteilungen gegeben:

ω	1	2	3	4	5	6
$P_1(\{\omega\})$	0,1	0,2	0	0,3	0,3	0,1
$P_2(\{\omega\})$	0,4	0,15	0,3	0,05	0,1	0

a) Stelle P_1 und P_2 analog zu Figur 342.1 graphisch dar. Jemand wählt als Annahmebereich für P_1 das Ereignis $\{4; 5\}$. Mit welchen Wahrscheinlichkeiten sind seine Urteile richtig?

b) Wähle einen Annahmebereich A für die Hypothese »P_1 liegt vor« so, daß das Vorliegen von P_1 mit 80% Sicherheit und das Vorliegen von P_2 mit möglichst großer Sicherheit erkannt wird.

●c) Ein Statistiker konstruiert den Annahmebereich A für P_1 nach folgendem Prinzip:
$\omega \in A \Leftrightarrow P_1(\{\omega\}) > P_2(\{\omega\})$.
Welches A und welche Irrtumswahrscheinlichkeiten erhält er?

●d) Begründe, daß man nach dem Prinzip der Aufgabe c) den Test mit der kleinstmöglichen Summe $\alpha' + \beta'$ der Irrtumswahrscheinlichkeiten erhält! Zeige, daß der in Figur 342.1 dargestellte Test nicht das Minimum von $\alpha' + \beta'$ erreicht.

18. Ein Glücksspieler besitzt einen Laplace-Würfel und einen Würfel, bei dem die Sechs mit der Wahrscheinlichkeit 20% erscheint. Bei einer Razzia testet die Polizei die äußerlich ununterscheidbaren Würfel. Sie entscheidet sich nach 600 Würfen für die Hypothese »Laplace-Würfel«, falls höchstens 110 Sechser fallen.
    a) Berechne die Fehlerwahrscheinlichkeiten mit Hilfe der Normalverteilung.
    b) Bestimme mit Hilfe der Normalverteilung einen möglichst kleinen kritischen Wert k so, daß die Wahrscheinlichkeit für einen Fehler 1. Art höchstens 5% wird. Wie groß ist dann die Wahrscheinlichkeit für einen Fehler 2. Art?
    ●c) Bestimme mit Hilfe der Normalverteilung eine möglichst kleine Wurfzahl n und einen dazu passenden möglichst kleinen kritischen Wert k, so daß die beiden Fehlerwahrscheinlichkeiten jeweils unter 1% liegen.

19. Wie groß sind die Fehlerwahrscheinlichkeiten für einen Test zu Beispiel 1 (Seite 336) bei der Stichprobenlänge $n = 300$ und dem kritischen Wert $k = 82$
    a) mit der *Tschebyschow*-Ungleichung abgeschätzt,
    b) mit der Normalverteilung näherungsweise berechnet?

20. Bei dem einen von zwei Spielautomaten ist die Gewinnwahrscheinlichkeit auf 0,49 eingestellt, bei dem anderen versehentlich auf 0,51. Wie oft muß man spielen, bis man mit mindestens 90% Sicherheit den für den Spieler günstigeren Automaten benennen kann? Die Entscheidung wird danach getroffen, ob man mehr als die Hälfte der Spiele gewinnt oder nicht. Man verwende die Normalverteilung als Näherung für die Binomialverteilung.

21. Eine Lieferung besteht aus 70 Schachteln mit Schrauben Erster Qualität (10% Ausschuß) und 30 Schachteln mit Schrauben Zweiter Qualität (40% Ausschuß). Durch eine Stichprobe von 20 Stück soll bei einer beliebig ausgewählten Schachtel entschieden werden, zu welcher Sorte sie gehört. Urteilt man richtig, so entsteht kein Verlust. Werden die besseren Schrauben irrtümlich dort verwendet, wo es auch die schlechteren getan hätten, so verliert man pro Schachtel 10 DM wegen des höheren Preises der guten Ware. Werden umgekehrt schlechtere Schrauben dort verwendet, wo man gute braucht, so entstehen pro Schachtel 5 DM Kosten für die Nachbearbeitung von Werkstücken.
Wie muß der Annahmebereich für die Hypothese »Es liegt Erste Qualität vor« gewählt werden, um den mittleren Schaden pro Schachtel möglichst gering zu halten?

22. Berechne zu Aufgabe 21 die mittleren Kosten für die Stichprobenlängen 1 und 2 und alle jeweils möglichen Annahmegrenzen k.

23. Eine Lieferung enthält 70 Schachteln mit 10% Ausschuß und 30 Schachteln mit 40% Ausschuß. Eine gute Schachtel für schlecht zu halten kostet 10 DM, der entgegengesetzte Fehler kostet 5 DM.
    a) Der Abnehmer verzichtet ganz auf den Test, weil die Prüfkosten zu hoch sind. Er wirft statt dessen vor der Verwendung einer Schachtel eine Münze und entscheidet für »schlechte Schachtel«, wenn der Adler oben liegt. Wie groß ist der mittlere Verlust pro Schachtel, wenn bei der Münze $P(\text{»Adler«}) = \gamma$ ist? Man optimiere dieses Entscheidungsverfahren durch geeignete Wahl von γ.
    b) Von welchem Preis pro Prüfung an ist das Verfahren a) auf jeden Fall sparsamer als irgendein Prüfverfahren?

24. Eine Warenlieferung von 100 Stück enthält den Ausschußanteil p. Nimmt man die Lieferung an, so bringt jedes unbrauchbare Stück 0,5 DM Verlust. Lehnt man sie ab, so ent-

stehen 20 DM Spesen für die Rücksendung und für jedes brauchbare Stück noch 0,3 DM weitere Kosten.

a) Es werden alle Stücke geprüft. p ist also bekannt. Für welche p-Werte wird man die Lieferung annehmen bzw. ablehnen? Man zeichne den Verlust als Funktion von p für Annahme bzw. Ablehnung (RW: $1 \triangleq 10$ cm; HW: 5 DM $\triangleq 1$ cm). Welcher p-Wert ist für den Abnehmer am ungünstigsten? Wie groß wäre in diesem Fall der Verlust?

•b) Die Totalprüfung dauert zu lange. Daher werden nur 15 Stücke geprüft (Stichprobe mit Zurücklegen). Die Entscheidungsregel lautet: Annahme der Lieferung, wenn höchstens k Stücke schlecht sind, sonst Ablehnung. Berechne den Erwartungswert $\mathscr{E}V$ der Zufallsgröße Verlust V allgemein. Zeichne $\mathscr{E}V$ für $k = 5$ und $k = 11$ in Abhängigkeit von p in das Bild von a) ein. Bestimme graphisch das Maximum von $\mathscr{E}V$. (Durch geeignete Wahl von k kann man dieses Maximum möglichst klein machen – sog. **Minimax-Verfahren**.)

c) Begründe, warum die Kurve für $\mathscr{E}V$ stets zwischen den in a) gezeichneten Verlustkurven der unbedingten Annahme bzw. Ablehnung liegt.

25. Eine Lieferung von 100 Elektrogeräten enthalte d defekte Stücke. Über die Annahme entscheidet folgende Regel: Sobald im Laufe der Prüfung zwei gute Stücke aufgetreten sind – Annahme; sobald zwei schlechte Stücke aufgetreten sind – Ablehnung.
Ein Test dieser Art heißt **Sequentialtest** oder **Folgetest***.
Wie viele Stücke müssen höchstens geprüft werden? Berechne und zeichne die Ablehnungswahrscheinlichkeit und den Erwartungswert der Zufallsgröße Stichprobenlänge N in Abhängigkeit von d für eine Stichprobe mit Zurücklegen.

26. Löse die vorhergehende Aufgabe für Stichproben *ohne* Zurücklegen.

27. Ein Elektrohändler wendet bei allen Lieferungen, die er erhält, den Test von Aufgabe **25** an. Die Lieferungen enthalten 10% oder 30% Ausschuß, je mit der Wahrscheinlichkeit $\frac{1}{2}$. Bei Ablehnung einer guten Lieferung entstehen 200 DM, bei Annahme einer schlechten Lieferung 100 DM Schaden.

a) Wie hoch ist der mittlere Schaden infolge von Irrtümern beim Testen?

b) Auch das Prüfen der Geräte kommt teuer. Wie hoch darf der Preis für die Prüfung eines Geräts höchstens sein, damit sich das Testen überhaupt lohnt und der Händler nicht besser daran ist, die Lieferungen ungeprüft anzunehmen?

Zu 17.4.

28. Ein Würfel soll getestet werden, ob er die Sechs mit der Wahrscheinlichkeit $\frac{1}{6}$ bringt. Dazu wird er 30mal geworfen und die Anzahl der Sechser als Testgröße gewählt. Kritischer Bereich sei die Menge $K := [0; 2] \cup [8; 30]$.

a) Formuliere die zulässige Hypothese, die Nullhypothese und die Entscheidungsregel.

b) Berechne die Irrtumswahrscheinlichkeit 1. Art.

c) Berechne die Irrtumswahrscheinlichkeiten 2. Art, wenn der Würfel sie Sechs tatsächlich mit 15% bzw. 20% Wahrscheinlichkeit bringt.

d) Fasse die 1200 Würfe von Tabelle 10.1 als 40 Tests auf und gib jedesmal das Urteil an. (Tabelle 32.1 erleichtert die Arbeit!)

e) Bestimme einen möglichst großen kritischen Bereich zum Signifikanzniveau 10%. Wie lauten nun die Urteile über den Würfel von Tabelle 10.1, wenn man wie in d) vorgeht?

29. a) Es gibt Lego-Steinchen, die auf einer von 4 gleichberechtigten Seitenflächen einen Buchstaben tragen. Sie bleiben immer auf einer dieser Seiten liegen. 50 Steinchen sind

---

* Sequentialtests gehören zu den modernsten statistischen Verfahren. Vor allem in der industriellen Qualitätskontrolle und in der Medizin haben sie große Bedeutung. Die USA hüteten sie während des 2. Weltkriegs, als *Abraham Wald* (1902–1950) sie entwickelt hatte, als wichtiges militärisches Geheimnis.

auf eine solche Fläche gefallen; 15 haben den Buchstaben oben liegen. Ist die Annahme der Symmetrie gerechtfertigt? Entscheide auf dem Signifikanzniveau 10%.

b) Was ergibt sich, wenn 500 Steinchen auf eine solche Fläche fallen und bei 150 der Buchstabe oben liegt? (Rechne mit Hilfe der Normalverteilung!)

30. a) Entwirf einen Test der Nullhypothese »Eine Münze ist symmetrisch«, der 50 (100, 200) Münzenwürfe benützt und ein Signifikanzniveau von 10% hat. Welche Wahrscheinlichkeit hat jeweils ein Fehler 2.Art bei einer Münze mit $P(\text{»Adler«}) = 0{,}6$? Zu welchen Entscheidungen führen die 3 Tests bei Tabelle 11.1, aufgefaßt als sechzehn 50fach-Würfe bzw. acht 100fach-Würfe bzw. vier 200fach-Würfe?

b) Als *Buffon* (1707–1788) das Petersburger Problem experimentell untersuchte, erhielt er bei 4040 Würfen 2048mal Adler. (Vgl. Aufgabe 226/22.b.) *Poisson* (1781–1840) berechnete die Wahrscheinlichkeit dafür, daß *Buffons* Münze »Adler« mit größerer Wahrscheinlichkeit produzierte als »Zahl«. Auf welchem Signifikanzniveau konnte er die Hypothese »*Buffons* Münze war symmetrisch« ablehnen? Mit welcher Wahrscheinlichkeit hätte er die Münze für eine Laplace-Münze gehalten, obwohl sie »Adler« mit $p = 0{,}52$ brachte?

31. *Laplace* (1749–1827) behandelte 1780 in seinem *Mémoire sur les probabilités* die Frage, ob die Wahrscheinlichkeiten für eine Knaben- bzw. eine Mädchengeburt gleich groß sind. Als Material verwendete er

1) das Geburtsregister von Paris für die Jahre 1745–1770, das 251 527 Knaben- und 241 945 Mädchengeburten auswies,

2) das Geburtsregister von London für die Jahre 1664–1757, das 737 629 Knaben- und 698 958 Mädchengeburten auswies.*

a) Es sei $p := P(\text{»Knabengeburt«})$. Zeige, daß man in beiden Fällen die Hypothese »$p = \frac{1}{2}$« praktisch auf jedem Signifikanzniveau ablehnen kann.

b) Langjährige statistische Beobachtungen legen für p den Wert 0,514 nahe. Untersuche, ob auf dem 10%-Niveau bzw. auf dem 5%-Niveau die Hypothese »$p = 0{,}514$« mit den obigen Daten abgelehnt werden kann. Führe sowohl einen einseitigen wie auch einen zweiseitigen Test durch.

32. Bei der Untersuchung der Frage, ob Knabengeburten häufiger sind als Mädchengeburten, kann man nach *John Arbuthnot* (1667–1735) folgendermaßen vorgehen. Man vergleicht über einen längeren Zeitraum hinweg die jährliche Anzahl der Knabengeburten mit der der Mädchengeburten. Wäre die Wahrscheinlichkeit für die Geburt eines Knaben genausogroß wie die für die Geburt eines Mädchens, so müßte es auf lange Sicht gleich viele Jahre mit mehr Knaben wie Jahre mit mehr Mädchen geben. (Die Wahrscheinlichkeit, daß in einem Jahr genau gleich viel Knaben wie Mädchen auf die Welt kommen, ist praktisch Null.) Wir wählen somit als Nullhypothese »$P(\text{»Pro Jahr werden mehr Knaben als Mädchen geboren«}) = \frac{1}{2}$«. Bezeichnen wir diese Wahrscheinlichkeit mit p, so lautet die Gegenhypothese »$p > \frac{1}{2}$«. Gib einen kritischen Bereich für einen Test dieser

---

* In Paris begann man erst 1745 damit, die Taufregister getrennt nach Geschlechtern zu führen. – Den geringeren Anteil an Knaben in Paris gegenüber London (auch Neapel und Petersburg) konnte *Laplace* in seinem *Essai philosophique sur les Probabilités* (1814) klären: In den Archiven des »Hospice des Enfants-Trouvés« wurden für die Jahre 1745 bis 1809 als Findelkinder 163 499 Knaben und 159 405 Mädchen registriert. Der Anteil der Knabengeburten war also noch kleiner als der für Paris. *Laplace* schloß daraus, daß die Bevölkerung der Umgebung mehr Mädchen als Knaben in Paris aussetzte. Nach Bereinigung der Pariser Zahlen durch die Findelkinder ergab sich schließlich für Paris derselbe Anteil von Knaben wie in den anderen Städten.

Nullhypothese auf dem 1‰-Niveau an, wenn man über 50 Jahre hinweg die Geburten verfolgt. Was besagt das für *Arbuthnot*s Folgerung,

»that it is Art, not Chance, that governs«,

aus seiner Feststellung, daß in den 82 Jahren von 1629 bis 1710 in London stets mehr Knaben als Mädchen zur Welt kamen?*

33. **a)** Theodor stellt nach 100 Würfen seiner 4 Astragali fest, daß 6mal »Aphrodite« erschienen ist. Die Erfahrungswahrscheinlichkeit für einen Aphrodite-Wurf ist 0,03. Kann er auf dem Signifikanzniveau von 5% annehmen, daß unter seinen Astragalen mindestens ein präparierter ist?**

    b) Theodor hat einen Astragalus im Verdacht, daß die Seite mit dem Wert 6 mit einer Wahrscheinlichkeit fällt, die
    1) von 7% verschieden ist, **2)** größer als 7% ist, **3)** kleiner als 7% ist.
    Konstruiere jeweils einen Signifikanztest, damit Theodor mit 500 Würfen eine Entscheidung auf dem 1%-Niveau herbeiführen kann. Rechne sowohl mit der Normal- als auch mit der *Poisson*-Verteilung.

34. Lady X. konnte auf dem 5%-Niveau keine Begabung attestiert werden (Seite 352). Daraufhin wird der Test abgeändert: Lady X. bekommt 20 Tassen vorgesetzt. Sie beurteilt 16 davon richtig. Auf welchem Signifikanzniveau kann ihr nun eine Begabung attestiert werden?

35. Bei einer Prüfung werden einem Schüler 20 Aufgaben gestellt. Zu jeder Aufgabe werden 4 Lösungen angeboten, von denen genau eine richtig ist.

    a) Angenommen, man wendet folgenden Notenschlüssel an:

Zahl der richtig angekreuzten Antworten	0 1 2 3 4	5 6 7 8	9 10 11	12 13 14	15 16 17	18 19 20
Note	6	5	4	3	2	1

    Mit welcher Wahrscheinlichkeit erhält dann ein Schüler, der sich völlig aufs Raten verlegt, die Note 1 (2, ..., 6)?

    b) Von welcher Anzahl richtig gelöster Aufgaben an können wir die Hypothese »Der Schüler rät blindlings« verwerfen, wenn wir höchstens 5% Wahrscheinlichkeit dafür riskieren wollen, daß wir ihm irrtümlich Wissen bescheinigen?

36. Um zu prüfen, ob ein eben ausgeschlüpftes Küken Formen unterscheiden kann, legt man ihm »Körner« aus Papier vor. Es sind zur Hälfte Dreiecke, zur Hälfte Kreise mit gleicher Fläche wie die Dreiecke. Man läßt es 20mal picken. Ergebnis: 10111001111011011111 (Dreieck 0, Kreis 1). Das Ergebnis scheint für angeborenen Formensinn zu sprechen. Welche Wahrscheinlichkeit hätte dieses oder ein noch »besseres« Ergebnis unter der Voraussetzung, daß das Küken keine Formen unterscheiden kann? – Gleiche Frage für das Ergebnis 111011101.

37. Vor der Wahl zum 10. Deutschen Bundestag am 6. März 1983 behauptete das »Institut für Demoskopie Allensbach« auf Grund einer Umfrage unter 2000 Bürgern, daß die Unionsparteien 47,0%, die Grünen 6,5% der abgegebenen Stimmen erhalten werden.
    Theodor ist der Meinung, daß beide Schätzungen nicht zutreffen; Dorothea hingegen meint, daß beide Prozentzahlen zu hoch seien. Sie starten daher eine neue Umfrage unter 2000 Bürgern. Welche kritischen Bereiche müssen sie für das 5%-Signifikanz-Niveau verwenden?

---

* In heutiger Sprechweise wählte *Arbuthnot* als kritischen Bereich $K = \{82\}$ und berechnete $\alpha' = P^{82}_{0,5}(\{82\}) = 2^{-82}$ zu 1 : 4836000000000000000000000.

** Von solchen mit Blei beschwerten Astragali berichtet *Aristoteles* (384–322) in *Problemata*, XVI.

38. Zwei verschiedene Düngemittel X und Y sollen verglichen werden. 20 Versuchsfelder werden je zur Hälfte mit X und Y gedüngt. Auf 13 Feldern bringt X einen größeren Ertrag als Y, auf den übrigen ist es umgekehrt. Da weitere Anhaltspunkte fehlen, ist eine plausible Nullhypothese: »X und Y sind gleich wirksam«. Wenn sie richtig ist, sind Abweichungen der Erträge in der einen oder anderen Richtung gleich wahrscheinlich. Entscheide auf dem Signifikanzniveau von 15%, ob man die Nullhypothese »Beide Düngemittel sind gleichwertig« ablehnen kann? Auf welchem Niveau könnte man gerade noch ablehnen? Wie groß wäre die Wahrscheinlichkeit für einen Fehler zweiter Art, wenn tatsächlich die Wahrscheinlichkeit dafür, daß der X-Ertrag größer ist als der Y-Ertrag, 70% wäre?

39. Der Hersteller behauptet, Dünger X sei besser als Dünger Y (vgl. Aufgabe **38**). Entscheide mit Hilfe eines einseitigen Tests, ob diese Nullhypothese auf dem Signifikanzniveau von 15% abgelehnt werden kann. Auf welchem Niveau kann sie nach den Daten der Aufgabe **38** gerade noch abgelehnt werden?

40. Eine Firma behauptet, das von ihr hergestellte Haarwasser heile in mehr als 70% aller Fälle Kahlköpfigkeit. Man stelle für die Stichprobenlänge 20 eine Entscheidungsvorschrift für das Testen dieser Hypothese auf, und zwar so, daß die Wahrscheinlichkeit für den Fehler 1. Art, die Behauptung zu glauben, obwohl sie nicht stimmt, höchstens 5% ist. Warum muß unbedingt ein einseitiger Test gewählt werden?

41. Das neue Waschmittel Albil soll durch eine große Werbeaktion eingeführt werden. Wenn es der Werbeagentur gelingt, Albil bei mehr als 45% der Bevölkerung bekannt zu machen, erhält sie von den Albil-Werken eine besondere Prämie. Die Entscheidung soll auf Grund einer Befragung von 200 bzw. 2000 Personen getroffen werden. Wie muß die Entscheidungsregel lauten, wenn die Albil-Werke nur 0,5% Risiko dafür eingehen wollen, daß die Agentur zu unrecht die Prämie erhält? Wie hoch ist dann das Risiko für die Agentur, die Prämie nicht zu erhalten, obwohl 60% der Bevölkerung von Albil erfahren haben?

42. Der Kaufpreis für eine Sendung Äpfel wird unter der Annahme vereinbart, daß 15% des Obstes unbrauchbar sind. Sollte die Qualität wider Erwarten besser sein, so ist ein gewisser Preisaufschlag zu zahlen; ist sie schlechter, so wird ein Preisnachlaß gewährt. Die Entscheidung wird nach folgender Regel getroffen: Sind von 50 zufällig ausgewählten Äpfeln mehr als 11 faul oder wurmbefallen, dann Preisnachlaß. Sind weniger als 5 Stück unbrauchbar, dann Preisaufschlag. In allen anderen Fällen gilt der vereinbarte Preis.
 a) Wie groß ist das Risiko des Verkäufers, einen ungerechtfertigten Preisnachlaß hinnehmen zu müssen, im ungünstigsten Fall?
 b) Wie groß ist das Risiko des Käufers, einen ungerechtfertigten Preisaufschlag hinnehmen zu müssen, im ungünstigsten Fall?
 c) Bei gleicher Stichprobenlänge sollen die beiden Risiken aus a) und b) unter 5% gedrückt werden. Welches Entscheidungsverfahren kann man wählen?
 d) Der wahre Gehalt der Sendung an unbrauchbarem Obst sei 25%. Mit welcher Wahrscheinlichkeit wird beim ursprünglichen Entscheidungsverfahren Preisnachlaß bzw. Preisaufschlag erzielt?

43. In der Zeitung steht: »Die Hälfte unserer Erwerbspersonen verdient weniger als 1600 DM monatlich.« Wir wählen daraufhin 100 Personen mit Einkommen zufallsbestimmt aus und finden, daß nur 42 davon ein Monatseinkommen unter 1600 DM haben. Auf welchem Signifikanzniveau können wir die Zeitungsbehauptung ablehnen? (Zweiseitiger Test)

44. Die Glühlampen einer bestimmten Marke haben zu 25% eine Brenndauer unter 1000 Stunden. Die Konkurrenz bringt einen neuen Typ auf den Markt, bei dem dieser Anteil angeblich kleiner ist. Wie viele von 100 Lampen der neuen Sorte müssen mindestens 1000 Stunden brennen, wenn man der Behauptung bei nur 5% Fehlerrisiko glauben soll?

45. Ein Präparat zur Steigerung der Konzentrationsfähigkeit wird an 15 Personen ausprobiert. Sie lösen an einem Tag Denkaufgaben ohne vorherige Stärkung, an einem andern

Tag verwandte Aufgaben nach Einnahme des Mittels. Bei 10 von ihnen zeigt sich eine Leistungssteigerung, bei 5 ist es umgekehrt. Wie ist auf dem 30%-Niveau zu testen, wenn
a) eine Leistungsminderung durch das Präparat ausgeschlossen ist,
b) eine solche Leistungsminderung in Betracht gezogen wird?
Welche Entscheidung wird in jedem der Fälle getroffen?

46. Wir nennen beim Zahlenlotto eine Zahl »selten« bzw. »häufig«, wenn ihre Ziehungshäufigkeit (ohne Berücksichtigung als Zusatzzahl) im jeweiligen kritischen Bereich zum 1%-Signifikanz-Niveau liegt. Bestimme diese kritischen Bereiche für 1225 Ziehungen bei »6 aus 49« und entnimm dann der Tabelle von Seite 38 die seltenen und häufigen Zahlen. Überlege vorher, ob einseitig oder zweiseitig getestet werden soll.

47. Lady X. behauptet, Teebeuteltee von richtig frei gebrühtem Tee unterscheiden zu können. Bestimme bei folgenden Tests jeweils das niedrigste Signifikanzniveau, bei dem man Lady X. noch eine solche Begabung attestieren könnte.
Für alle Aufgaben gelte, daß Lady X. die Bedingungen, unter denen sie getestet wird, kennt.
a) Es werden je eine Tasse vorgesetzt. Sie benennt beide richtig.
b) Zwei zufällig gefüllte Tassen werden beide richtig benannt.
c) 5 Paare mit je zwei verschieden gebrühtem Tee werden alle richtig benannt.
d) 10 zufällig gefüllte Tassen werden alle richtig benannt.
e) 5 Teebeuteltassen und 5 andere werden in zufälliger Reihenfolge alle richtig benannt.
f) 5 Teebeuteltassen und 5 andere werden von Lady X. in zwei Gruppen auseinandersortiert, ohne daß sie aber sagen kann, welche Gruppe die Teebeuteltassen sind.

●**48. a)** Man beweise folgende Formeln über die Binomialverteilung:

1) $$\frac{dF_p^n(k)}{dp} = -n\binom{n-1}{k}p^k(1-p)^{n-1-k}$$

2) Für $l > k$ gilt:
$$\frac{d}{dp}\sum_{i=k+1}^{l} B(n;p;i) = np^k(1-p)^{n-1-l} \cdot \left[\binom{n-1}{k}(1-p)^{l-k} - \binom{n-1}{l}p^{l-k}\right].$$

b) Man beweise die auf Seite 355 aufgestellten Behauptungen über die 4 verschiedenen Typen von OC-Kurven.

49. Zeichne die OC-Kurve zum Test von **a)** Aufgabe 368/28, **b)** Aufgabe 370/33, **c)** Aufgabe 371/41. Gib den Term der zugehörigen Polynomfunktion an und bestimme ihre Maximumstelle.

50. Eine Urne enthält 10 Kugeln; mindestens drei davon sind schwarz. Die Nullhypothese sei »Genau drei der Kugeln sind schwarz«. Man zieht sechs Kugeln mit Zurücklegen und verwendet als Testgröße die Anzahl Z der schwarzen Kugeln in der Stichprobe. Die Entscheidung falle gemäß

$$\delta_k: \begin{cases} Z \geq k \Rightarrow \text{Ablehnung von } H_0 \\ Z < k \Rightarrow \text{Keine Ablehnung von } H_0. \end{cases}$$

Bestimme die Irrtumswahrscheinlichkeiten $\alpha'(\delta_k)$. Zeichne die OC-Kurven für alle möglichen Entscheidungsregeln δ_k. Gib auch jeweils den Term der zugehörigen Polynomfunktion an.

51. Ein Hersteller liefert Glühbirnen mit einem Ausschußanteil von 10%. Der Empfänger testet die Lieferung, indem er 100 herausgreift und prüft. Er akzeptiert die Lieferung, falls 14 oder weniger defekt sind. Zeichne die OC-Kurve des Ereignisses »Annahme der Lieferung« in Abhängigkeit von der tatsächlichen Ausschußquote. Wie groß ist die Wahrscheinlichkeit für einen Fehler erster Art, falls die Ausschußquote wirklich 10% ist? Wie groß ist die Wahrscheinlichkeit für einen Fehler zweiter Art, falls die Ausschußquote wegen eines Maschinenschadens auf 15% gestiegen ist? Wie ist es bei 25%?

52. Die Nullhypothese, eine Binomialverteilung habe den Parameter $p = 0,5$, soll auf dem Signifikanzniveau 5% zweiseitig getestet werden. Der Annahmebereich $\bar{K}$ sei möglichst schmal. Bestimme $\bar{K}$, zeichne die OC-Kurven von $\bar{K}$ für $n = 15, 20, 50, 100$ und gib den zugehörigen OC-Term an.

53. Die CSP wünscht ihren Kandidaten Meier auf jeden Fall bei der nächsten Wahl durchzubringen. Sie beschließt, den Wahlkampf auf die augenblickliche Stimmung des Publikums einzustellen. Sind mindestens 60% der Wähler zur Zeit für Meier, so genügt ein normaler Wahlkampf. Sind es weniger als 60%, so muß die sehr harte und kostspielige Variante des Wahlkampfes geführt werden.

a) Eine Umfrage bei 20 zufällig ausgesuchten Wählern soll die Entscheidung bringen. Gib ein Entscheidungsverfahren an, mit dem auf dem 10%-Niveau entschieden werden kann, ob ein normaler Wahlkampf genügt. Zeichne die OC-Kurve.

b) Wie lautet die Entscheidungsregel, falls 2000 Personen befragt werden? (Normalverteilung!) Zeichne die zugehörige OC-Kurve. (Die interessanten Werte liegen im Intervall $[0,55; 0,65]$.)

54. Z sei nach $B(5;p)$ verteilt. Es soll die Nullhypothese »$p \leq 0,4$« gegen die Alternative »$p > 0,4$« getestet werden. Gibt es einen Annahmebereich $\bar{K} = »Z \leq k«$, bei dem die Wahrscheinlichkeit für einen Fehler 1. Art stets $\leq 1\%$ ist? Benütze Figur 357.1.

55. X sei nach $B(10;p)$ verteilt. Zeichne jeweils die OC-Kurve für das angegebene Ereignis, gib den Funktionsterm und die Monotoniebereiche an.

a) $[0; 6]$ **b)** $[4; 10]$ **c)** $[0; 4] \cup [7; 10]$ **d)** $[5; 6]$ **e)** $[0; 10]$ **f)** $\emptyset$

•56. a) Die Qualitätskontrolle klinisch-chemischer Analysen dient zur Überwachung der verwendeten Methode. Man analysiert dabei Proben, bei denen die Konzentration des zu bestimmenden Stoffes bekannt ist. Man sagt, »die Methode ist außer Kontrolle«, wenn eines der folgenden Kriterien zutrifft.

1) 7 aufeinanderfolgende Meßwerte liegen auf derselben Seite des Mittelwerts μ.

2) 7 aufeinanderfolgende Werte zeigen eine ansteigende oder eine abfallende Tendenz. Man kann diese beiden Kriterien als 2 verschiedene Tests betrachten. Formuliere jeweils die zulässige Hypothese und die Nullhypothese. Gib den kritischen Bereich an und berechne die Wahrscheinlichkeit für einen Fehler 1. Art. Zeichne jeweils die OC-Kurve. – Hinweis zu **2)**: Wähle als Testgröße die Maximalzahl der monoton liegenden Werte.

b) Bestimme unabhängig vom Testproblem die Wahrscheinlichkeitsverteilung der im *Hinweis* angesprochenen Zufallsgröße in Abhängigkeit von $p := P(»\text{Meßwert ist größer als der vorhergehende}«)$; dabei wird angenommen, daß die Wahrscheinlichkeit für einen mit dem vorhergehenden Meßwert übereinstimmenden Meßwert Null ist. Bestimme ihren Erwartungswert und ihre Varianz.

57. »Bomber« Huber, der Fußballstar, schießt in einem Spiel Z Tore. Die Zufallsgröße Z sei *Poisson*-verteilt mit dem Erwartungswert μ. Der FC.X. will Huber anwerben, wenn er auf lange Sicht pro Spiel im Mittel mehr als 1,5 Tore schießt. Das nächste Spiel soll die Entscheidung bringen. Schießt Huber mindestens 3 Tore, dann wird man ihm eine passende Geldsumme anbieten. Wie groß ist die Wahrscheinlichkeit, daß der FC.X. Huber irrtümlich einkauft? Zeichne die OC-Kurve.

Zu 17.6.

58. Zeige: Der Test der Nullhypothese »$p = \frac{1}{2}$« über den Parameter p einer *Bernoulli*-Kette der Länge 10 ist verfälscht, wenn man als kritischen Bereich $K := [0; 3] \cup [8; 10]$ wählt. – Zeichne auch die OC-Kurve und bestimme ihren Hochpunkt.

59. a) Eine Urne enthält 10 Kugeln, darunter womöglich rote. Man testet die Nullhypothese »Die Urne enthält genau 3 rote Kugeln«, indem man 6 Kugeln mit Zurücklegen entnimmt und die Anzahl Z der roten Kugeln in der Stichprobe bestimmt.
Gib einen kritischen Bereich zum Signifikanzniveau 25% an und zeichne die OC-Kurve des Tests. Ist er verfälscht?
●**b)** Löse **a)** durch Ziehen ohne Zurücklegen.
c) Löse **a)** für die Nullhypothese »Die Urne enthält mindestens 3 rote Kugeln«.
●**d)** Löse **a)** für die Nullhypothese »Die Urne enthält mindestens 3 rote Kugeln« durch Ziehen ohne Zurücklegen.

60. a) Z sei nach $B(12;p)$ verteilt. Zeige, daß der Annahmebereich »$1 \leq Z \leq 3$« zur Nullhypothese »$p = \frac{1}{6}$« bezüglich der zulässigen Hypothese $[0;1]$ einen verfälschten Test liefert. Für welche Nullhypothese ist der Test unverfälscht?
b) Z sei nach $B(20;p)$ verteilt. Zur Nullhypothese »$p = \frac{1}{5}$« werde der Annahmebereich »$1 \leq Z \leq 7$« festgesetzt. Zeige, daß dieser Test bezüglich $H = [0;1]$ verfälscht ist. Zeichne die OC-Kurve des Annahmebereichs.

61. Untersuche, welche der Tests von Aufgabe **52** verfälscht sind.

62. Bei einem Blutalkoholgehalt von mehr als 0,8 Promille ist Autofahren strafbar. Das Gesetz zieht rigoros diese Grenze. In einer Klinik kann der Blutalkohol praktisch zweifelsfrei gemessen werden; der Schnelltest auf der Straße ist nicht so zuverlässig. Das Testergebnis – es lautet »Alkoholgehalt größer bzw. kleiner als 0,8‰« – kann in zweifacher Weise falsch sein. Erläutere die beiden Fehlermöglichkeiten und ihre Folgen! Welche Wahl der Fehlerwahrscheinlichkeiten entspricht unserem Rechtsgrundsatz »in dubio pro reo«? Welche Konsequenzen ergäben sich, wenn der Test verfälscht wäre? Welche besondere Problematik ergibt sich daraus, daß der Blutalkoholgehalt eines Fahrers auch beliebig genau bei 0,8‰ liegen kann?

Zu 17.7.

63. Eine Abfüllanlage soll Zuckerpakete zu je 1000g abfüllen. Die Zufallsgröße X gebe den wirklichen Inhalt in g an. Aus Erfahrung weiß man, daß $\text{Var}\,X = 25$ gilt. Eine Messung von 50 Paketen soll darüber entscheiden, ob die Anlage neu eingestellt werden muß. Man wählt als Testgröße das arithmetische Mittel $\bar{X}$ der 50 Messungen und nimmt an, daß es normalverteilt ist. Bestimme für das Signifikanzniveau 5% den kritischen Bereich
a) für einen einseitigen Test, wo man sich nur für zuviel Zucker im Paket interessiert,
b) für einen zweiseitigen Test.

64. Eine Lehrmittelfirma liefert Widerstände und behauptet, ihr Nennwert 50 Ω sei bei einer Varianz von 25 Ω² gesichert. Bestimme zu einem Signifikanzniveau von 5% den kritischen Bereich für einen zweiseitigen Test, wenn 10 Widerstände gemessen werden und als Testgröße das arithmetische Mittel der gemessenen Widerstände genommen wird. Wie wird man sich entscheiden, wenn die Messung der 10 Widerstände folgende Werte in Ω ergab: 49,0 46,9 50,0 46,8 53,1 50,6 50,2 47,7 49,0 48,5.

65. Bei Werkzeugmaschinen kennt man oft die Streuung für die Maße der Produkte aus Erfahrung, während der Mittelwert von der jeweiligen Einstellung der Maschine abhängt. Eine Maschine produziert Bolzen der Länge L mm. Die Zufallsgröße L sei normalverteilt mit der Standardabweichung $\sigma = 0,5$. Wenn der Erwartungswert $\mathscr{E}L = \mu$ außerhalb des Intervalls $[97;103]$ liegt, muß die Maschine neu eingestellt werden. Ein solcher Fall soll mit mindestens 98% Sicherheit erkannt werden. Es wird 1 beliebig herausgegriffener Bolzen genau gemessen. In welchem Intervall muß seine Länge liegen, wenn die Maschine weiterlaufen darf? Wie groß ist die Mindestwahrscheinlichkeit dafür, daß die Maschine auf Grund des Tests unnötigerweise neu eingestellt wird? Zeichne die OC-Kurve.

18. Parameterschätzung

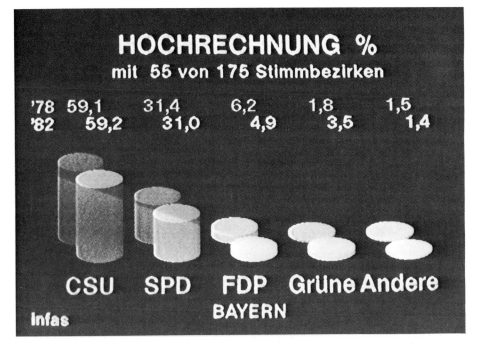

Landtagswahl in Bayern am 10. Oktober 1982 – Sendung der ARD

18. Parameterschätzung

18.1. Problemstellung

Im vorausgegangenen Kapitel haben wir dargestellt, wie man Testprobleme lösen kann. Wir wenden uns nun der anderen typischen Fragestellung der Mathematischen Statistik zu, dem Schätzproblem, das wir auch nur für einfache Fälle angehen wollen.

Im einfachsten Fall handelt es sich darum, auf Grund eines Stichprobenergebnisses die Wahrscheinlichkeit p eines Ereignisses zu schätzen. Im Urnenmodell bedeutet dies, den Anteil p einer Kugelsorte zu schätzen. Als erster hat *Thomas Bayes* (1702–1761) diese Aufgabe in seiner erst 1763 erschienenen berühmten Schrift *An Essay towards solving a problem in the Doctrine of Chances* gestellt und unter der Voraussetzung, daß alle Werte von p aus $[0;1]$ gleichwahrscheinlich in Frage kommen, durch eine **Intervallschätzung** für p gelöst. Erst 1934 gelang es *Jerzy Neyman* (1894–1981), das Problem allgemein durch Einführung der Konfidenzintervalle, wie wir sie in **14.8.** beschrieben haben, zu lösen.

Allgemeiner geht es darum, auf Grund von Stichprobenergebnissen gewisse Parameter der Wahrscheinlichkeitsverteilung einer Zufallsgröße zu schätzen. Solche Parameter sind beispielsweise der Parameter p einer Binomialverteilung, der Erwartungswert μ, der Median und die Quantile, die Standardabweichung und die Schiefe einer irgendwie gearteten Verteilung, ja sogar der Umfang der Grundgesamtheit.

Sei nun ϑ ein solcher zu schätzender Parameter der Wahrscheinlichkeitsverteilung einer Zufallsgröße X. Zu seiner Schätzung ziehen wir aus X eine Zufallsstichprobe $(X_1 | X_2 | \ldots | X_n)$. Sie liefere das Stichprobenergebnis $(a_1 | a_2 | \ldots | a_n)$. Aus diesen Stichprobenwerten a_i soll nun kein Intervall für ϑ, sondern durch eine geeignete Formel ein Näherungswert $\hat{\vartheta}$, eben ein Schätzwert, für den unbekannten Parameter ϑ errechnet werden. Man spricht dann von einer **Punktschätzung** für ϑ. Dieser Schätzwert ist somit eine Funktion der a_i; es gilt also $\hat{\vartheta} = T_n(a_1, a_2, \ldots, a_n)$. Dabei soll der Index n anzeigen, daß eine Stichprobe der Länge n gezogen wurde. Der auf diese Weise errechnete Schätzwert $\hat{\vartheta}$ hängt natürlich vom Zufall ab; denn a_i ist ja der zufällige Wert aus der Wertemenge $\mathfrak{S} = \{x_1, x_2, \ldots, x_s\}$ von X, den die Zufallsgröße X_i angenommen hat. $\hat{\vartheta}$ ist also aufzufassen als ein beobachteter Wert der aus den n Zufallsgrößen X_i gebildeten Stichprobenfunktion $T_n(X_1, X_2, \ldots, X_n)$, die als Funktion von Zufallsgrößen selbst wieder eine Zufallsgröße ist. Sie heißt im Zusammenhang mit dem Schätzproblem daher »Schätzgröße« oder auch »Schätzfunktion«. Wir merken uns

> **Definition 376.1:** Ist $(X_1 | X_2 | \ldots | X_n)$ eine Stichprobe aus der Zufallsgröße X, dann heißt jede reellwertige Funktion
> $$T_n: \quad (X_1 | X_2 | \ldots | X_n) \mapsto T_n(X_1, X_2, \ldots, X_n)$$
> **Schätzfunktion** oder auch **Schätzgröße** für den reellen Parameter ϑ der Wahrscheinlichkeitsverteilung der Zufallsgröße X.

Eine so weit gefaßte Definition gibt uns keine Hilfe, wie man zu zweckmäßigen Schätzfunktionen gelangt. Und sie sagt uns erst recht nicht, welcher Schätzfunktion wir den Vorzug geben sollen, falls wir gar mehrere Schätzfunktionen gefunden haben.

18.2. Das Maximum-Likelihood-Prinzip

Ein besonders brauchbares Verfahren zur Gewinnung von Schätzgrößen führte 1760 *Johann Heinrich Lambert* (1728–1777) und unabhängig davon 1777 *Daniel Bernoulli* (1700–1782) in die Wahrscheinlichkeitsrechnung ein. *Carl Friedrich Gauß* (1777–1855) benützte es mehrfach, so z. B. 1798 zu seinem ersten Beweis der Methode der kleinsten Quadrate. Verallgemeinert hat das Verfahren aber erst 1912 *Ronald Aylmer Fisher* (1890–1962) zum

> **Maximum-Likelihood-Prinzip** oder **Prinzip der maximalen Mutmaßlichkeit**:
> Eine Zufallsstichprobe $(X_1 | X_2 | \ldots | X_n)$ aus der Zufallsgröße X, deren Verteilung vom Parameter ϑ abhängt, zeitigte das Stichprobenergebnis $(a_1 | a_2 | \ldots | a_n)$. Als Schätzwert für den Parameter ϑ dient dann jeder Wert $\hat{\vartheta}$, für den die Wahrscheinlichkeit
> $$P_\vartheta(X_1 = a_1 \wedge X_2 = a_2 \wedge \ldots \wedge X_n = a_n)$$
> des tatsächlich eingetretenen Stichprobenergebnisses maximal wird.

Jedem möglichen Wert des Parameters ϑ wird also bei bekanntem Stichprobenergebnis eine Wahrscheinlichkeit zugeordnet. Diese Zuordnung

$$L: \vartheta \mapsto P(X_1 = a_1 \wedge X_2 = a_2 \wedge \ldots \wedge X_n = a_n)$$

heißt **Likelihood-Funktion** L. Eine Maximumstelle dieser Funktion L muß nicht notwendig existieren; andererseits kann es auch mehrere solcher Stellen geben. Ein nach dem Maximum-Likelihood-Prinzip bestimmter Schätzwert $\hat{\vartheta}(a_1, a_2, \ldots, a_n)$ heißt **Maximum-Likelihood-Schätzwert**, die zugehörige Zufallsgröße $\hat{\vartheta}(X_1, X_2, \ldots, X_n)$ dann **Maximum-Likelihood-Schätzgröße**.
Betrachten wir zum besseren Verständnis den besonders einfachen Fall, daß wir als Parameter ϑ den Anteil p einer Kugelsorte in einer Urne schätzen wollen. (Es sei $0 < p < 1$.) Wir entnehmen der Urne eine Kugel und betrachten die Zufallsgröße

$$X := \begin{cases} 1, & \text{falls die Kugel der Sorte angehört,} \\ 0 & \text{sonst.} \end{cases}$$

X ist nach $B(1; p)$ verteilt. Eine Stichprobe $(X_1 | X_2 | \ldots | X_n)$ der Länge n aus der Zufallsgröße X besteht im n-maligen Ziehen einer Kugel aus der Urne mit Zurücklegen. Die Wahrscheinlichkeit, daß bei einem gegebenen Kugelanteil p sich das Stichprobenergebnis $(a_1 | a_2 | \ldots | a_n)$, $a_i \in \{0; 1\}$, einstellt, wird durch die Likelihood-Funktion L in Abhängigkeit von p ausgedrückt:

$L(p) := P_p(X_1 = a_1 \wedge X_2 = a_2 \wedge \ldots \wedge X_n = a_n)$.

Da in der Stichprobe die X_i stochastisch unabhängig sind, erhält man

$L(p) = P_p(X_1 = a_1) \cdot P_p(X_2 = a_2) \cdot \ldots \cdot P_p(X_n = a_n)$.

Betrachten wir nun ein spezielles Stichprobenergebnis mit genau k Einsen, dann gilt

$L(p) = p^k (1-p)^{n-k}$.

Das Maximum dieser Wahrscheinlichkeit finden wir durch Differenzieren von $L(p)$ nach p. Für $0 < k < n$ erhalten wir – die Fälle $k = 0$ und $k = n$ erledigt man analog –

$$\frac{dL(p)}{dp} = kp^{k-1}(1-p)^{n-k} - (n-k)p^k(1-p)^{n-k-1} =$$
$$= -p^{k-1}(1-p)^{n-k-1}(np - k).$$

Als Nullstelle ergibt sich $p = \dfrac{k}{n}$; der Vorzeichenwechsel von $\dfrac{dL(p)}{dp}$ zeigt, daß es sich um eine Maximumstelle handelt.

$\hat{p}(a_1, a_2, \ldots, a_n) = \dfrac{k}{n} = \dfrac{1}{n} \sum\limits_{i=1}^{n} a_i$ ist der Maximum-Likelihood-Schätzwert für den Kugelanteil p in der Urne. Die zugehörige Maximum-Likelihood-Schätzgröße $\hat{p}(X_1, X_2, \ldots, X_n) = \dfrac{1}{n} \sum\limits_{i=1}^{n} X_i$ ist aber nichts anderes als die uns längst bekannte Zufallsgröße relative Häufigkeit H_n.

Es ist erfreulich, daß auch das Maximum-Likelihood-Prinzip die relative Häufigkeit eines Ereignisses als brauchbare Schätzgröße für die Wahrscheinlichkeit eines Ereignisses liefert. Auf Grund der Interpretationsregel für Wahrscheinlichkeiten, die durch die Gesetze der großen Zahlen wissenschaftlich abgesichert ist, war die relative Häufigkeit immer schon ein brauchbarer »Meßwert« für die Wahrscheinlichkeit eines Ereignisses.

18.3. Beurteilungskriterien für Schätzfunktionen

Das Maximum-Likelihood-Prinzip ist ein Verfahren zur Gewinnung von Schätzfunktionen. Wie sollen wir uns aber entscheiden, wenn wir uns durch verschiedene Betrachtungsweisen mehrere Schätzfunktionen verschafft haben? Eine Festlegung auf eine Schätzfunktion ist nicht eindeutig möglich, da die Eignung einer Stichprobenfunktion zur Schätzung eines Parameters nach sehr unterschiedlichen Gesichtspunkten beurteilt werden kann. In den Jahren 1921 und 1925 hat *Ronald Aylmer Fisher* (1890–1962) vier Kriterien zur Beurteilung von Schätzfunktionen entwickelt.

1. Von einer Schätzgröße T_n für den Parameter ϑ wird man erwarten, daß ihre Werte, d.h. also die Schätzwerte, nach beiden Seiten um den unbekannten Wert

ϑ streuen, und zwar so, daß der Erwartungswert $\mathscr{E}T_n$ der Zufallsgröße Schätzgröße T_n gleich dem unbekannten Parameter ϑ ist. Schätzfunktionen, die diese Bedingung nicht erfüllen, weisen im Mittel einen systematischen Fehler, eine Tendenz nach einer Seite auf. Es lohnt sich daher

> **Definition 379.1:** Eine Schätzgröße T_n für den Parameter ϑ einer Wahrscheinlichkeitsverteilung einer Zufallsgröße X heißt **erwartungstreu**, wenn $\mathscr{E}T_n = \vartheta$ ist.

Statt erwartungstreu findet man auch die Termini **unverzerrt**, **biasfrei** oder **unbias(s)ed**.*
2. Der allgemeine Wunsch, daß mit wachsendem Stichprobenumfang n die Wahrscheinlichkeit dafür, daß der aus der Stichprobe gewonnene Schätzwert in der unmittelbaren Umgebung des zu schätzenden Parameters ϑ liegt, schlägt sich nieder in

> **Definition 379.2:** Eine Schätzgröße T_n für den Parameter ϑ heißt **konsistent**** oder **asymptotisch zutreffend** bezüglich ϑ, wenn für jedes $\varepsilon > 0$ gilt:
> $$\lim_{n \to \infty} P(|T_n - \vartheta| \geq \varepsilon) = 0$$

3. Bekanntlich ist die Varianz einer Zufallsgröße ein Maß dafür, wie stark die Werte der Zufallsgröße um ihren Erwartungswert streuen. Man wird daher unter den erwartungstreuen Schätzgrößen diejenigen bevorzugen, die eine kleine Varianz besitzen. Mit ihnen wird man den gesuchten Parameter »genauer« treffen. *Fisher* nannte eine erwartungstreue Schätzfunktion **effizient** oder **wirksamst**, wenn es keine andere erwartungstreue Schätzfunktion gibt, deren Varianz noch kleiner ist.
In der Praxis nimmt man oft in Kauf, daß eine Schätzgröße nicht erwartungstreu ist, wenn sie dafür eine sehr kleine Varianz besitzt und ihr Erwartungswert nahe genug beim zu schätzenden Parameter liegt; dann kann nämlich der mittlere Fehler kleiner sein als der bei einer erwartungstreuen, aber sehr weit gestreuten Schätzfunktion.
4. Auf den Begriff der **Suffizienz** wollen wir nicht eingehen.

In den folgenden Abschnitten wenden wir die gewonnenen Kriterien auf Schätzgrößen für die Parameter p, μ und σ^2 an.

18.4. Die relative Häufigkeit H_n als Schätzgröße

Nach dem Maximum-Likelihood-Prinzip ist die relative Häufigkeit H_n eine brauchbare Schätzgröße für den Parameter Wahrscheinlichkeit p eines Ereignisses. Ist H_n erwartungstreu und konsistent?

---
* Das englische *bias* [gesprochen: baiəs] = *Neigung, Schräge, Tendenz* stammt vermutlich vom lateinischen *bifax* = *doppelblickend, schielend* ab, das aus *bis* (= *zweierlei*) und *facies* (= *Gesicht*) entstanden sein soll.

** *consistere* = sich hinstellen, an einer Stelle zum Stehen kommen.

1. Die Schätzgröße H_n hat als Stichprobenfunktion die Gestalt

$$H_n = H_n(X_1, X_2, \ldots, X_n) = \frac{1}{n} \sum_{i=1}^{n} X_i.$$

Sie ist also ein spezielles arithmetisches Mittel, nämlich das der sämtlich nach B(1; p) verteilten Zufallsgrößen X_i, die den Erwartungswert $\mathscr{E} X_i = p$ und Varianz $\operatorname{Var} X_i = pq$ besitzen, wie in **14.5.** gezeigt wurde. Damit erhalten wir nach Satz 212.1

$$\mathscr{E} H_n = p.$$

Da wir p schätzen, ist also H_n erwartungstreu bezüglich p.

2. Zum Nachweis der Konsistenz von H_n schätzen wir den zu untersuchenden Grenzwert mit Hilfe der *Bienaymé-Tschebyschow*-Ungleichung ab. Für die in dieser Ungleichung auftretende $\operatorname{Var} H_n$ gilt nach Satz 212.2: $\operatorname{Var} H_n = \dfrac{pq}{n}$. Damit erhalten wir

$$0 \leq \lim_{n \to \infty} P(|H_n - p| \geq \varepsilon) \leq \lim_{n \to \infty} \frac{pq}{n \varepsilon^2} = 0,$$

was zu zeigen war.

Ohne Beweis teilen wir mit, daß H_n auch effizient ist.

18.5. Das Stichprobenmittel

Eine Zufallsgröße X besitze den Erwartungswert μ. Zu seiner Schätzung zieht man aus X eine Stichprobe $(X_1 | X_2 | \ldots | X_n)$ und bildet als Stichprobenfunktion das arithmetische Mittel $\bar{X}_n = \bar{X}_n(X_1, X_2, \ldots, X_n) = \dfrac{1}{n} \sum_{i=1}^{n} X_i$, das in diesem Zusammenhang auch »Stichprobenmittel« heißt. Da die X_i die gleiche Verteilung wie X haben, lassen sich wieder die Sätze 212.1 und 212.2 anwenden, und wir erhalten $\mathscr{E} \bar{X}_n = \mu$ und

$$0 \leq \lim_{n \to \infty} P(|\bar{X}_n - \mu| \geq \varepsilon) \leq \lim_{n \to \infty} \frac{\operatorname{Var} \bar{X}_n}{\varepsilon^2} = \lim_{n \to \infty} \frac{\operatorname{Var} X}{n \varepsilon^2} = 0.$$

Ohne Beweis teilen wir mit, daß das Stichprobenmittel auch effizient ist, und halten fest

> **Satz 380.1:** Ist $(X_1 | X_2 | \ldots | X_n)$ eine Stichprobe aus der Zufallsgröße X, dann ist das **Stichprobenmittel** $\bar{X}_n := \dfrac{1}{n} \sum_{i=1}^{n} X_i$ eine erwartungstreue, konsistente und effiziente Schätzgröße für den Erwartungswert μ der Verteilung von X.

Satz 380.1 beinhaltet auch die Erkenntnisse aus **18.4.**; denn die relative Häufigkeit H_n ist ein spezielles Stichprobenmittel und schätzt den Erwartungswert p der nach B(1; p) verteilten Zufallsgröße X.

Auf Grund der bei den Beweisen verwendeten Sätze 212.1 und 212.2 gilt die Erwartungstreue von $\bar{X}_n$ auch für Stichproben, bei denen die X_i nicht unabhängig sind, und die Konsistenz von $\bar{X}_n$ für Stichproben, bei denen die X_i nur paarweise unabhängig sind.

18.6. Die Stichprobenvarianz

Wir wollen nun eine Schätzgröße für die Varianz σ^2 einer Zufallsgröße X ausfindig machen. Wenn möglich, soll sie erwartungstreu sein. Dazu ziehen wir aus X eine Stichprobe $(X_1 | X_2 | \ldots | X_n)$. Die X_i sind Kopien von X; also ist $\mathscr{E} X_i = \mathscr{E} X = \mu$ und $\sigma^2 = \operatorname{Var} X = \operatorname{Var} X_i = \mathscr{E}[(X_i - \mu)^2]$.
Da wir in **18.5.** unbekannte Erwartungswerte durch das Stichprobenmittel geschätzt haben, ist es naheliegend, als Schätzfunktion für σ^2 das Stichprobenmittel $V := \dfrac{1}{n} \sum\limits_{i=1}^{n} (X_i - \mu)^2$ der Zufallsgrößen $(X_i - \mu)^2$ zu verwenden. Wie in Aufgabe 384/4 gezeigt werden soll, ist V eine erwartungstreue Schätzgröße für σ^2. Darüber hinaus ist sie konsistent und effizient.
In den meisten Fällen ist aber auch μ nicht bekannt. Wir schätzen dann μ gemäß **18.5.** durch das Stichprobenmittel $\bar{X}_n$, das wir an Stelle von μ in den Ausdruck für V einführen. Wir erhalten somit als Schätzfunktion für σ^2 die Stichprobenfunktion

$$\tilde{S}^2 := \frac{1}{n} [(X_1 - \bar{X}_n)^2 + \ldots + (X_n - \bar{X}_n)^2] = \frac{1}{n} \sum_{i=1}^{n} (X_i - \bar{X}_n)^2.$$

Zur Vereinfachung der Schreibweise läßt man üblicherweise beim Stichprobenmittel $\bar{X}_n$ den Index n weg und schreibt

$$\tilde{S}^2 = \frac{1}{n} \sum_{i=1}^{n} (X_i - \bar{X})^2.$$

Um zu prüfen, ob $\tilde{S}^2$ eine erwartungstreue Schätzgröße ist, formen wir die Summe um. Wir gehen dabei genauso vor wie bei der Herleitung des Verschiebungssatzes 207.1:

$$\tilde{S}^2 = \frac{1}{n} \sum_{i=1}^{n} [(X_i - \mu) - (\bar{X} - \mu)]^2 =$$

$$= \frac{1}{n} \sum_{i=1}^{n} [(X_i - \mu)^2 + (\bar{X} - \mu)^2 - 2(\bar{X} - \mu)(X_i - \mu)] =$$

$$= \frac{1}{n} \left[\sum_{i=1}^{n} (X_i - \mu)^2 + \sum_{i=1}^{n} (\bar{X} - \mu)^2 - 2(\bar{X} - \mu) \sum_{i=1}^{n} (X_i - \mu) \right] =$$

$$= \frac{1}{n} \sum_{i=1}^{n} (X_i - \mu)^2 + \frac{1}{n} \cdot n(\bar{X} - \mu)^2 - \frac{2}{n} \cdot (\bar{X} - \mu)(n\bar{X} - n\mu) =$$

$$= \frac{1}{n} \sum_{i=1}^{n} (X_i - \mu)^2 + (\bar{X} - \mu)^2 - 2(\bar{X} - \mu)^2 =$$

$$= \frac{1}{n} \sum_{i=1}^{n} (X_i - \mu)^2 - (\bar{X} - \mu)^2.$$

Wir prüfen $\tilde{S}^2$ auf Erwartungstreue:

$$\mathscr{E}(\tilde{S}^2) = \mathscr{E}\left[\frac{1}{n} \sum_{i=1}^{n} (X_i - \mu)^2 - (\bar{X} - \mu)^2\right] =$$

$$= \frac{1}{n} \cdot \mathscr{E}\left[\sum_{i=1}^{n} (X_i - \mu)^2\right] - \mathscr{E}[(\bar{X} - \mu)^2] =$$

$$= \frac{1}{n} \cdot \sum_{i=1}^{n} \mathscr{E}[(X_i - \mu)^2] - \mathscr{E}[(\bar{X} - \mu)^2] =$$

$$= \frac{1}{n} \sum_{i=1}^{n} \operatorname{Var} X_i - \mathscr{E}[(\bar{X} - \mu)^2] =$$

$$= \frac{1}{n} \sum_{i=1}^{n} \sigma^2 - \mathscr{E}[(\bar{X} - \mu)^2] =$$

$$= \sigma^2 - \mathscr{E}[(\bar{X} - \mu)^2].$$

Da $\mu = \mathscr{E}\bar{X}$, ist der Subtrahend nichts anderes als $\operatorname{Var}\bar{X}$, wofür nach Satz 212.2 gilt $\operatorname{Var}\bar{X} = \frac{1}{n} \operatorname{Var} X = \frac{1}{n} \sigma^2$. Damit wird

$$\mathscr{E}(\tilde{S}^2) = \sigma^2 - \frac{1}{n} \sigma^2 =$$

$$= \frac{n-1}{n} \sigma^2.$$

Wegen des Faktors $\frac{n-1}{n}$ ist $\tilde{S}^2$ keine erwartungstreue Schätzgröße für σ^2. Man würde σ^2 stets zu klein schätzen, und dies um so mehr, je kleiner die Länge n der Stichprobe ist. Der Mangel läßt sich aber für $n > 1$ leicht beheben: Wir multiplizieren $\tilde{S}^2$ mit $\frac{n}{n-1}$ und erhalten eine erwartungstreue Schätzgröße für σ^2, die sogenannte Stichprobenvarianz S^2.
Wir halten fest

> **Satz 382.1** Ist $(X_1 | X_2 | \ldots | X_n)$ eine Stichprobe aus der Zufallsgröße X mit $\bar{X} := \sum_{i=1}^{n} X_i$, dann ist für $n \geqq 2$ die **Stichprobenvarianz**
> $$S^2 := \frac{1}{n-1} \cdot \sum_{i=1}^{n} (X_i - \bar{X})^2$$
> eine erwartungstreue Schätzgröße für die Varianz σ^2 der Verteilung von X.

Für große n ist der Unterschied zwischen S^2 und $\tilde{S}^2$ natürlich unerheblich. Sowohl die Stichprobenvarianz S^2 wie auch $\tilde{S}^2$ sind konsistent (vgl. Aufgabe 385/**14**), aber nicht effizient, was wir ohne Beweis mitteilen.
Es liegt nun die Vermutung nahe, man könne die **Stichprobenstreuung** $S := \sqrt{S^2}$

als erwartungstreue Schätzgröße für die Standardabweichung σ benützen. *Dies ist leider falsch*, wie wir an einem Beispiel zeigen:
Es sei $X :=$ »Zahl der Adler beim Wurf einer evtl. unsymmetrischen Münze«. X ist nach $B(1; p)$ verteilt. $(X_1 | X_2)$ sei eine Stichprobe der Länge 2 aus X. Mit $\bar{X} = \frac{1}{2}(X_1 + X_2)$ erhält man

$$S^2 = (X_1 - \bar{X})^2 + (X_2 - \bar{X})^2 = \frac{1}{2}(X_1 - X_2)^2,$$
$$S = \frac{1}{2}\sqrt{2}\,|X_1 - X_2|.$$

S nimmt offensichtlich nur die Werte 0 und 1 an. Damit errechnet man

$$\mathscr{E}S = \frac{1}{2}\sqrt{2}\,[P(X_1 = 1 \wedge X_2 = 0) + P(X_1 = 0 \wedge X_2 = 1)] =$$
$$= p(1-p)\sqrt{2}.$$

Dagegen ist $\sigma(X) = \sqrt{p(1-p)}$.
Die Verschiedenheit von $\mathscr{E}S$ und σ läßt sich nicht so wie die von $\mathscr{E}\tilde{S}^2$ und σ^2 durch einen für alle p gültigen Faktor beseitigen.

Die Berechnung des Wertes von S^2. Bei mehrfacher Messung einer (z. B. physikalischen) Größe unter gleichen Bedingungen ist es üblich, aus der Meßreihe die Werte $\bar{x}$ und s von $\bar{X}$ bzw. S zu bestimmen und das Meßresultat in der Form $\bar{x} \pm s$ zu schreiben.

So findet man z. B. für das Wirkungsquantum h die Angabe

$$\frac{h}{2\pi} = (1{,}05443 \pm 0{,}00004) \cdot 10^{-34}\,\text{Js}.$$

s ist meist sehr mühsam zu berechnen, wenn man die in Satz 382.1 enthaltene Definition von S^2 direkt benützt, da $\bar{x}$ im allgemeinen keine glatte Zahl ist. Man hat viele unbequeme Subtraktionen auszuführen. Die folgende Umformung erleichtert die Arbeit. Sie entspricht genau der oben vorgeführten Umformung von $\tilde{S}^2$.

$$(n-1)\cdot s^2 = \sum_{i=1}^{n}(x_i - \bar{x})^2 =$$
$$= \sum_{i=1}^{n}(x_i - a)^2 + 2\sum_{i=1}^{n}(x_i - a)(a - \bar{x}) + n(a - \bar{x})^2.$$

Der zweite Term ist gleich

$$2(a - \bar{x})\sum_{i=1}^{n}(x_i - a) = 2(a - \bar{x})(n\bar{x} - na) = -2n(a - \bar{x})^2.$$

Also erhält man schließlich mit $\bar{x} = \dfrac{1}{n}\sum_{i=1}^{n} x_i$

$$\boxed{\,s^2 = \frac{1}{n-1}\cdot\sum_{i=1}^{n}(x_i - \bar{x})^2 = \frac{1}{n-1}\left(\sum_{i=1}^{n}(x_i - a)^2 - n(\bar{x} - a)^2\right)\,}$$

Diese Formel gilt für eine beliebige Zahl a. Man wählt a als glatte Zahl in der Nähe von $\bar{x}$ und kann damit die rechte Seite verhältnismäßig einfach ausrechnen. Ein Beispiel zeigt Tabelle 384.1.

Tab. 384.1 Punktbewertungen x_i von 10 Personen bei einem Gedächtnistest. Die Hilfszahl $a = 35$ wird bereits zur Berechnung von $\bar{x}$ mit Vorteil verwendet. (Vgl. Aufgabe 215/**20**)

$\bar{x} = 35 - \frac{5}{10} = 34{,}5$;
$s^2 = \frac{1}{9}(1473 - 10 \cdot 0{,}5^2)$;
$s = 12{,}8$.

x_i	$x_i - a$	$(x_i - a)^2$
12	-23	529
21	-14	196
28	$-\ 7$	49
30	$-\ 5$	25
34	$-\ 1$	1
37	$+\ 2$	4
39	$+\ 4$	16
39	$+\ 4$	16
49	$+14$	196
56	$+21$	441
Summe:	$-\ 5$	1473

Aufgaben

Zu 18.3. – 18.6.

1. Bestimme bei folgenden Stichproben aus einer Zufallsgröße Schätzwerte für den Erwartungswert und die Varianz:
   a) 3; 5; 3; 6; 9.
   b) 0,3; 0,7; $-0{,}4$; 0,8; $-0{,}2$.
   c) 300; 700; -400; 800; -200
   d) 1; 1; 1; 1; 1.

2. Bestimme Schätzwerte für Erwartungswert und Varianz der Zufallsgröße »Bremsweg bei einer Geschwindigkeit von 50 km/h«, wenn sich folgende Meßwerte in m ergaben:
   15,5   14,0   14,1   14,9   13,4   15,0   14,4   14,4   15,8   15,9.

3. Welchen Erwartungswert und welche Varianz erhält man bei n Messungen für das Stichprobenmittel $\bar{X}$, wenn für die Zufallsgröße X gilt:
   a) $\mathscr{E}X = 2{,}71$; $\text{Var}\,X = 1{,}5$; $n = 10$.
   b) $\mathscr{E}X = 1$; $\text{Var}\,X = 1$; $n = 100$.
   c) $\mathscr{E}X = 1$; $\text{Var}\,X = 1$; $n = 1000$.
   d) $\mathscr{E}X = 0$; $\text{Var}\,X = 1$; $n = 1000$.

4. Zeige, daß $V := \frac{1}{n}\sum_{i=1}^{n}(X_i - \mu)^2$ eine erwartungstreue Schätzfunktion für σ_X^2 ist.

5. a) Eine Zufallsgröße X ist binomial nach $B(1; 0{,}25)$ verteilt. Bestimme Erwartungswert, Varianz und Standardabweichung von X. Berechne für eine Stichprobe der Länge 3 die Wahrscheinlichkeitsverteilungen und die Erwartungswerte des Stichprobenmittels $\bar{X}_3$, der Stichprobenvarianz S^2 und der Stichprobenstreuung S.
   b) Löse a) für eine Stichprobe der Länge 2, wenn X nach $B(2; 0{,}25)$ verteilt ist.

6. Eine Zufallsgröße X besitze die Verteilung $P(X = x_j) =: p_j$ für $j = 1, \ldots, s$. $(X_1|X_2|\ldots|X_n)$ sei eine Stichprobe der Länge n, ferner sei $N_j :=$ Anzahl der X_i, welche den Wert x_j annehmen. A_j bedeute das Ereignis $\left|\frac{1}{n}N_j - p_j\right| \geq a$«.
   a) Formuliere für $P(A_j)$ die *Tschebyschow*-Ungleichung.
   b) Formuliere mit den A_j das Ereignis $A :=$ »Die Stichprobenverteilung weicht nirgends um a oder mehr von der Wahrscheinlichkeitsverteilung ab«.
   •c) Finde für $P(\bar{A})$ eine Abschätzung, die zeigt, daß das Ereignis A für genügend große n eine beliebig nahe an 1 gelegene Wahrscheinlichkeit hat. *Die Stichprobenverteilung konvergiert »in Wahrscheinlichkeit« gegen die Wahrscheinlichkeitsverteilung.*

7. Eine Zufallsgröße sei nach $B(100; 0{,}4)$ verteilt. Wie lang muß eine Stichprobe mindestens sein, damit die Varianz des Stichprobenmittels kleiner als 0,01 ist?

8. Die Wahrscheinlichkeit für eine Knabengeburt ist 0,514. Die Zufallsgröße X nehme den Wert 1 an, wenn ein Knabe geboren wird, sonst habe sie den Wert 0.

Berechne Erwartungswert und Standardabweichung des Stichprobenmittels für eine Stichprobe der Länge 100.

9. a) Man wirft eine Münze 1mal und nimmt $Z :=$ »Anzahl der Adler« als Schätzgröße für den Parameter $p := P(\text{»Adler«})$. Welche Werte kommen bei der Schätzung also stets heraus? Z scheint keine sehr gute Schätzgröße zu sein. Man zeige, daß sie aber erwartungstreu ist!

b) Untersuche, ob $T := tX_1 + (1-t)X_2$ eine erwartungstreue Schätzfunktion für $\mathscr{E}X$ ist, wenn $(X_1|X_2)$ eine Stichprobe der Länge 2 aus der Zufallsgröße X ist.

10. Eine Schätzgröße Y sei nicht erwartungstreu bezüglich des Parameters ϑ. Warum kann man nicht einfach $Y^* := Y - \mathscr{E}Y + \vartheta$ als neue, und zwar erwartungstreue Schätzgröße benützen, oder auch $Y^{**} := \dfrac{Y \cdot \vartheta}{\mathscr{E}Y}$?

11. Der »Idealwert« np für die Anzahl des Eintretens eines Ereignisses der Wahrscheinlichkeit p bei n unabhängigen Versuchen wird durch die Anzahl Z des wirklichen Eintretens geschätzt. Ist diese Schätzung erwartungstreu?

•12. Die Kugeln in einer Urne sind von 1 an fortlaufend numeriert. Es werden n Kugeln *ohne* Zurücklegen gezogen und ihre Nummern aufgeschrieben. Es soll die unbekannte Anzahl τ aller Kugeln in der Urne geschätzt werden.*

a) Als Schätzgröße bietet sich $G :=$ »Größte gezogene Kugelnummer« an. Es gilt nach Aufgabe 192/31 $\mathscr{E}G = \dfrac{n(\tau + 1)}{n + 1}$.

G ist also nicht erwartungstreu. Konstruiere aus G eine erwartungstreue Schätzgröße $\tilde{G}$.

b) Es gilt: $\operatorname{Var} G = \dfrac{n(\tau + 1)(\tau - n)}{(n + 1)^2 (n + 2)}$.

Berechne $\operatorname{Var} \tilde{G}$.

c) Eine andere plausible Schätzgröße für τ ist das doppelte arithmetische Mittel $2\bar{X}$ aus allen gezogenen Kugelnummern. Zeige durch Berechnung des Erwartungswertes, daß auch diese Schätzgröße erst nach einer kleinen Abänderung erwartungstreu ist.

d) Eine längere Rechnung (Durchführung nicht verlangt) ergibt:

$$\operatorname{Var} \bar{X} = \dfrac{(\tau + 1)(\tau - n)}{12n}.$$

Berechne hieraus die Varianz der erwartungstreuen Schätzgröße aus **c)** und vergleiche sie mit $\operatorname{Var} \tilde{G}$ aus **b)**. Sind die beiden Schätzgrößen für τ gleichwertig?

•13. Aus der Urne der vorigen Aufgabe wird die Stichprobe *mit* Zurücklegen gezogen. Zeige, daß $\operatorname{Var} \bar{X} = \dfrac{\tau^2 - 1}{12n}$ gilt und daß die mit $\bar{X}$ gebildete erwartungstreue Schätzgröße stärker streut als die von Aufgabe **12. c)**.

•14. Zeige, daß S^2 und $\tilde{S}^2$ konsistente Schätzgrößen für σ^2 sind.
Hinweis: Zerlege die in der *Tschebyschow*-Ungleichung auftretende $\operatorname{Var} S^2$ in zwei Teile, so daß in einem dieser Teile nur über lauter verschiedene Indizes summiert wird.

---

* Dieses Schätzproblem spielte im 2. Weltkrieg eine Rolle, als man aus den Seriennummern von erbeuteten Waffen auf den Umfang der Waffenproduktion schließen wollte.

Anhang I

Experimentelle Bestimmung der Zahl π nach *Buffon* (1707–1788)

Man denke sich die Ebene überdeckt von einer Parallelenschar mit Abstand d. Eine Nadel der Länge a ($a < d$) werde willkürlich auf die Parallelenschar geworfen. Wie groß ist die Wahrscheinlichkeit, daß die Nadel eine der Parallelen schneidet?

Lösung: x sei der Abstand des tiefsten Punkts der Nadel von der nächsten höheren Parallelen. (Siehe Figur 386.1 und 386.2.)

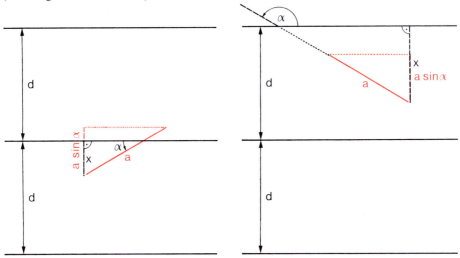

Fig. 386.1 Die Nadel schneidet eine Parallele der Schar.

Fig. 386.2 Die Nadel schneidet keine Parallele der Schar.

α ist der Winkel, um den man eine Parallele gegen den Uhrzeigersinn drehen muß, damit sie parallel zur Nadel zu liegen kommt. Offensichtlich gilt $0 \leq \alpha < \pi$. Man erkennt, daß die Nadel eine Parallele der Schar genau dann schneidet, wenn $x \leq a \cdot \sin \alpha$ ist. Jede mögliche Lage der Nadel zur Parallelenschar ist durch die Angabe der Werte x und α eindeutig bestimmt. In einem rechtwinkligen α-x-Koordinatensystem lassen sich die möglichen Lagen als Punktmenge $\{(\alpha|x)|0 \leq \alpha < \pi \wedge 0 \leq x < d\}$ darstellen. Diese Punktmenge erfüllt ein Rechteck mit den Seiten π und d.

Genau diese Punktmenge wollen wir nun als unendlichen Ergebnisraum Ω für das Werfen der Nadel verwenden. Das uns interessierende Ereignis $A :=$ »Die Nadel schneidet eine Parallele« wird dann durch die »günstigen Punkte« dieses Rechtecks gebildet. Das sind aber die Punkte, die der Bedingung $x \leq a \cdot \sin \alpha$ genügen. Sie liegen im Rechteck auf und unterhalb des Graphen der Funktion mit der Gleichung $x = a \cdot \sin \alpha$. (Figur 387.1) Die Laplace-Annahme bedeutet hier, daß sich die Wahrscheinlichkeiten von Ereignissen wie die Flächenmaßzahlen von Figuren verhalten, die von den jeweils günstigen Punkten gebildet werden. Damit erhalten wir $P(A) = \dfrac{P(A)}{P(\Omega)} = \dfrac{\text{Flächeninhalt von } A}{\text{Flächeninhalt von } \Omega}$. Der Flächeninhalt von Ω ergibt sich als Inhalt des Rechtecks zu πd. Der Flächeninhalt von A ergibt sich durch Integration zu $\int_0^\pi a \cdot \sin \alpha \, d\alpha = [-a \cdot \cos \alpha]_0^\pi = 2a$. Damit erhalten wir schließlich $P(A) = \dfrac{2a}{\pi d}$. Aufgelöst nach

Anhang I: Experimentelle Bestimmung der Zahl π nach Buffon (1707–1788)

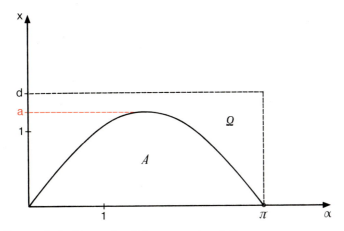

Fig. 387.1 Geometrische Veranschaulichung von A und Ω

π ergibt dies $\pi = \dfrac{2a}{d \cdot P(A)}$. Für eine große Anzahl n von Versuchen ersetzen wir $P(A)$ durch $h_n(A) = \dfrac{k}{n}$, wobei k die Anzahl derjenigen der n Würfe angibt, bei denen die Nadel eine Parallele schneidet; also $\pi \approx \dfrac{2an}{kd}$. Mit Hilfe dieser Formel wurden experimentell Näherungswerte für π bestimmt*:

Experimentator	Jahr	Anzahl der Nadelwürfe	gefundener Näherungswert
Wolf	1850	5000	3,1596
*Smith***	1855	3204	3,1553
Fox	1894	1120	3,1419
Lazzarini	1901	3408	3,1415929

Der Wert von *Lazzarini* sollte mit Mißtrauen betrachtet werden. Die »krumme« Wurfzahl 3408 läßt vermuten, daß *Lazzarini* genau dann aufhörte, Nadeln zu werfen, als er einen sehr guten Näherungswert für π erworfen hatte. Den Verdacht erhärtet folgende Abschätzung. Nehmen wir an, daß *Lazzarini* noch einmal geworfen hätte. Er könnte dabei einen Schnitt oder auch keinen Schnitt erzielt haben. Bringt der nächste Wurf keinen Schnitt, so erhält man als neuen Näherungswert für π den Ausdruck $\dfrac{2a(n+1)}{kd} = \dfrac{2an}{kd} + \dfrac{2a}{kd} = \dfrac{2an}{kd} + \dfrac{2an}{kd} \cdot \dfrac{1}{n}$. Setzt man für $\dfrac{2an}{kd}$ den Näherungswert von *Lazzarini* ein, so lautet der neue Näherungswert $3{,}1415929 + \dfrac{3{,}1415929}{3408} = 3{,}1415929 + 0{,}0009\ldots$ Der 7stellige »gute« Wert von *Lazzarini* würde bereits an der 4. Stelle zerstört.

---

* Zitiert nach *Gnedenko, Lehrbuch der Wahrscheinlichkeitsrechnung* (1968), S. 32. – Den Buchstaben π zur Bezeichnung der Verhältniszahl des Kreisumfangs zum Kreisdurchmesser verwendet wohl zum erstenmal *William Jones* (1675–1749) in der *Synopsis palmariorum matheseos* von 1706 (S. 243), was ohne Nachahmung blieb. *Leonhard Euler* (1707–1783) benützte ihn zum erstenmal 1737 in der erst 1744 erschienenen Abhandlung *Variae observationes circa series infinitas*.

** *Ambrose Smith* aus Aberdeen wählte $a = \tfrac{3}{5} d$.

Anhang II

Paradoxa der Wahrscheinlichkeitsrechnung

Auf Seite 42 f. wurde das stochastische Modell für ein reales Zufallsexperiment mathematisch definiert. Im folgenden wollen wir zeigen, daß die naive Beschreibung eines Experiments oft nicht ausreicht, um aus ihm in eindeutiger Weise ein Experiment im wahrscheinlichkeitstheoretischen Sinn zu machen.

Beispiel 1: Problème du bâton brisé von *Henri Poincaré* (1854–1912)*
Eine Strecke der Länge a soll »auf gut Glück« in 3 Teilstrecken zerlegt werden. Wie groß ist die Wahrscheinlichkeit dafür, daß sich aus den 3 Teilstrecken ein Dreieck bilden läßt?

Lösung A:
Die beiden Teilpunkte $T_1 \neq T_2$ werden »willkürlich« auf die Strecke gesetzt; es entstehen dabei die Teilstrecken a_1, a_2 und a_3. In jedem Fall gilt $a_1 + a_2 + a_3 = a$. (Siehe Figur 388.1.)

Fig. 388.1 Dreiteilung einer Strecke durch 2 Teilpunkte

Nach einem Satz der Elementargeometrie ist die Summe der Abstände eines beliebigen Punkts der Fläche eines gleichseitigen Dreiecks von den Dreiecksseiten gleich der Höhe des Dreiecks**. Wir können daher jeder Zerlegung der Strecke a eindeutig einen Punkt P der Fläche des gleichseitigen Dreiecks mit der Höhe a zuordnen (Figur 388.2). $\triangle M_1 M_2 M_3$ sei das Mittendreieck dieses Dreiecks. Aus den a_i läßt sich ein Dreieck genau dann bilden, wenn die Dreiecksungleichungen erfüllt sind. Dies ist genau dann der Fall, wenn für alle a_i gilt: $a_i < \frac{a}{2}$. Das wiederum bedeutet, daß der zugeordnete Punkt P im Mittendreieck liegt. Unter der plausiblen Annahme, daß jedes Teilungstripel a_1, a_2, a_3 gleichwahrscheinlich ist, trifft P mit gleicher Wahrscheinlichkeit in jedes der 4 kongruenten Teildreiecke von Figur 388.2. Man erhält somit für die gesuchte Wahrscheinlichkeit den Wert $\frac{1}{4}$.

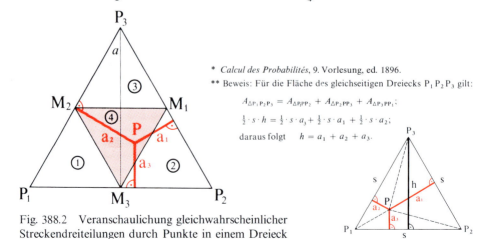

* *Calcul des Probabilités*, 9. Vorlesung, ed. 1896.
** Beweis: Für die Fläche des gleichseitigen Dreiecks $P_1 P_2 P_3$ gilt:
$A_{\triangle P_1 P_2 P_3} = A_{\triangle P_1 P P_2} + A_{\triangle P_2 P P_3} + A_{\triangle P_3 P P_1}$;
$\frac{1}{2} \cdot s \cdot h = \frac{1}{2} \cdot s \cdot a_3 + \frac{1}{2} \cdot s \cdot a_1 + \frac{1}{2} \cdot s \cdot a_2$;
daraus folgt $h = a_1 + a_2 + a_3$.

Fig. 388.2 Veranschaulichung gleichwahrscheinlicher Streckendreiteilungen durch Punkte in einem Dreieck

Anhang II: Paradoxa der Wahrscheinlichkeitsrechnung   389

Neben der von *Poincaré* als Beispiel für eine geometrische Wahrscheinlichkeit angegebenen Lösung **A** gibt es noch

Lösung B:
Der Teilpunkt T_1 werde »willkürlich« gesetzt. Dann wählt man wiederum »willkürlich« (etwa durch Münzenwurf) eine der beiden Teilstrecken aus und teilt diese »willkürlich« durch Setzen von T_2.
In der Hälfte aller Fälle wird T_2 auf den kleineren Teil fallen; dann gibt es kein Dreieck.

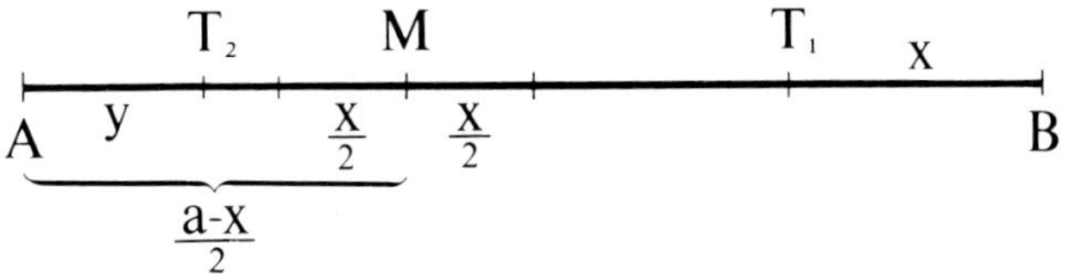

Fig. 389.1
Hilfsfigur zu Lösung B

Wir bezeichnen das kleinere Stück mit $x \left(< \dfrac{a}{2}\right)$ und betrachten also nur noch die Fälle, bei denen T_2 auf dem größeren Teilstück liegt. y sei das kleinere Teilstück bei der Teilung durch T_2 (vgl. Figur 389.1), d.h. $y \leqq \dfrac{a-x}{2}$. Damit nun ein Dreieck konstruiert werden kann, muß $y + x > \dfrac{a}{2}$ sein. Daraus folgt $y > \dfrac{a}{2} - x$ oder $y > \dfrac{a-x}{2} - \dfrac{x}{2}$, d.h., T_2 muß von der Mitte M des längeren Stücks weniger als $\dfrac{x}{2}$ entfernt sein. Günstig sind also alle Fälle, wo T_2 auf die Strecke der Länge x um die Mitte M des längeren Stücks fällt. Nehmen wir an, daß alle Punkte des längeren Stücks als Teilpunkte T_2 gleichwahrscheinlich sind, dann erhalten wir als Wahrscheinlichkeit für die Konstruierbarkeit des Dreiecks $p(x) := \dfrac{x}{a-x}$. Nachdem nun noch jeder x-Wert aus $]0; \tfrac{1}{2}a[$ als gleichmöglich angenommen werden darf, müssen wir noch über alle möglichen x-Werte mitteln und erhalten daher

$$p = \frac{1}{\tfrac{1}{2}a} \int_0^{\tfrac{1}{2}a} \frac{x}{a-x} \, dx =$$

$$= \frac{2}{a} \left[-x - a \ln|a-x| \right]_0^{\tfrac{1}{2}a} =$$

$$= \frac{2}{a} \left(-\frac{a}{2} - a \ln \frac{a}{2} + a \ln a \right) =$$

$$= -1 + 2 \ln 2 .$$

Berücksichtigen wir nun noch, daß T_2 nur in der Hälfte aller Fälle auf das größere Stück fällt, so erhält man für die gesuchte Gesamtwahrscheinlichkeit den Wert $\ln 2 - \tfrac{1}{2} \approx 0{,}193$.

Die verschiedenen Ergebnisse für die gesuchte Gesamtwahrscheinlichkeit sind darauf zurückzuführen, daß das Experiment nicht genau genug beschrieben war.

Beispiel 2: Paradoxon von *Joseph Bertrand* (1822–1900)
In einem Kreis werde »auf gut Glück« eine Sehne gezogen. Wie groß ist die Wahrscheinlichkeit dafür, daß diese Sehne länger ist als die Seite des dem Kreis einbeschriebenen gleichseitigen Dreiecks?

Joseph Bertrand schlägt in seinem *Calcul des Probabilités* (1889) die folgenden 3 Lösungen vor.

Lösung A:

Die Sehne werde so gezogen, daß man bei einem beliebigen Kreispunkt A beginnt (Figur 390.1). Die Sehne ist genau dann länger als die Seite, wenn sie in Bereich ② fällt. Nimmt man nun an, daß jeder Winkel zwischen der Sehne und der Tangente in A gleichwahrscheinlich ist, dann erhält man für die gesuchte Wahrscheinlichkeit den Wert $\frac{60°}{180°} = \frac{1}{3}$.

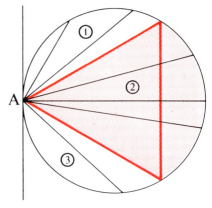

Fig. 390.1 Willkürliche Sehnen von einem Kreispunkt aus

Lösung B:

Auf einem Durchmesser werde auf gut Glück ein Punkt ausgewählt. Durch ihn werde senkrecht zum Durchmesser die Sehne gezogen (Figur 390.2). Die Sehne ist genau dann länger, wenn der Punkt näher als $\frac{r}{2}$ beim Mittelpunkt liegt.

Nehmen wir an, daß jeder Punkt auf dem Durchmesser mit gleicher Wahrscheinlichkeit ausgewählt wird (was der Auswahl »auf gut Glück« entspricht), dann erhalten wir für die gesuchte Wahrscheinlichkeit den Wert $\frac{r}{2r} = \frac{1}{2}$.

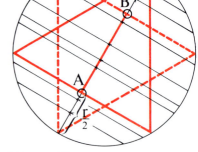

Fig. 390.2 Willkürliche Sehnen senkrecht zu einem Durchmesser

Lösung C:

Ein Punkt der Kreisfläche werde willkürlich ausgewählt. Durch ihn werde die Sehne so gezogen, daß er Sehnenmittelpunkt wird (Figur 390.3). Damit die Sehne länger wird als die Seite, muß ihr Mittelpunkt im Inneren des konzentrischen Kreises mit Radius $\frac{r}{2}$ liegen. Da nach der Vorschrift jeder Punkt der gegebenen Kreisfläche mit gleicher Wahrscheinlichkeit genommen werden kann, ergibt sich für die gesuchte Wahrscheinlichkeit der Wert $\frac{\left(\frac{r}{2}\right)^2 \pi}{r^2 \pi} = \frac{1}{4}$.

Neben den von *Bertrand* angegebenen Lösungen kann man aber auch wie folgt vorgehen:

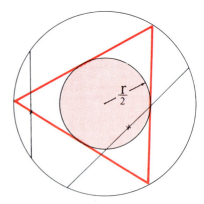

Fig. 390.3 Ein willkürlicher Punkt der Kreisfläche wird Sehnenmittelpunkt

Lösung D:

Ein Punkt P der Kreisfläche und eine Richtung α werden willkürlich ausgewählt; durch P werde dann in Richtung α die Sehne gezogen (Figur 391.1). Damit diese länger wird als die Seite, muß P zwischen die beiden durch die Seitenlänge $r\sqrt{3}$ bestimmten Segmente fallen. Da alle Punkte der Kreisfläche gleichwahrscheinlich sind, erhält man für die Wahrscheinlichkeit in der Richtung α den Wert $p = \dfrac{r^2\pi - 2 \cdot \text{Segmentfläche}}{r^2\pi}$. Da alle Richtungen gleichwahrscheinlich sind, ist p zugleich der Wert der gesuchten

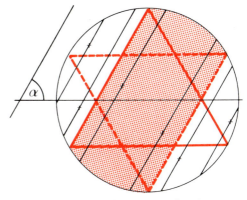

Fig. 391.1 Willkürliche Sehnen in Richtung α

Wahrscheinlichkeit. Für die Segmentfläche gilt $\dfrac{r^2}{2}\left(\dfrac{2\pi}{3} - \sin\dfrac{2\pi}{3}\right) = \dfrac{r^2}{2}\left(\dfrac{2\pi}{3} - \dfrac{1}{2}\sqrt{3}\right)$, womit man schließlich $p = 1 - \dfrac{1}{\pi}\left(\dfrac{2\pi}{3} - \dfrac{1}{2}\sqrt{3}\right) = \dfrac{1}{3} + \dfrac{1}{2\pi}\sqrt{3} = \dfrac{2\pi + 3\sqrt{3}}{6\pi} \approx 0{,}609$ erhält.

Die verschiedenen Werte für die Wahrscheinlichkeit sind dadurch bedingt, daß in jedem der 4 Fälle durch die exakte Anweisung eine andere Wahrscheinlichkeitsbelegung vorgenommen wurde. Bei (A) waren alle Winkel gleichwahrscheinlich, bei (B) alle Punkte auf einem Durchmesser, bei (C) und (D) alle Punkte der Kreisfläche; bei (C) ist durch die Wahl des Punktes die Richtung der Sehne festgelegt, bei (D) sind noch alle Richtungen gleichwahrscheinlich.
Bei geeigneter Betrachtungsweise erscheint (B) als Grenzfall von (D). Zur Realisierung von (B) werde eine Gerade unter vorgegebener Richtung auf den Kreis geworfen. Dabei werden alle Würfe, bei denen kein Schnitt mit dem Kreis stattfindet, außer Betracht gelassen. (D) läßt sich hingegen folgendermaßen realisieren: Auf der Geraden werde ein Punkt markiert und diese dann unter der vorgegebenen Richtung auf den Kreis geworfen. Als Ergebnis zählen jetzt nur noch solche Würfe, bei denen der markierte Punkt auf die Kreisfläche fällt. Einen Übergang von (D) nach (B) kann man sich nun folgendermaßen konstruieren. Zum gegebenen Kreis werde ein konzentrischer Kreis vom Radius R gezogen. Gezählt werden alle Würfe der markierten Geraden, bei denen der markierte Punkt auf die Fläche des großen Kreises fällt. Läßt man dann R über alle Grenzen wachsen, so bedeutet dies, daß man auf die Markierung des Punktes auf der Geraden verzichtet, d. h., man erhält (B). Wir wollen nun die Wahrscheinlichkeit in einem solchen zwischen (D) und (B) gelegenen Fall berechnen (Figur 391.2). Gezählt werden als Ergebnisse nur die Fälle, bei denen der markierte Punkt in den Streifen zwischen X und V fällt. Davon sind günstig diejenigen Ergebnisse, bei denen der markierte Punkt in den Streifen zwischen Y und U fällt. Damit hat die Wahrscheinlichkeit dafür, daß die Kreissehne größer

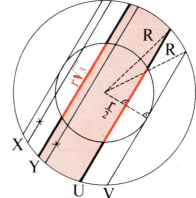

Fig. 391.2 Übergang von (D) zu (B) für $R \to +\infty$

als die Seite des einbeschriebenen gleichseitigen Dreiecks ist, den Wert

$$p = \frac{\text{Streifenfläche } \overline{YU}}{\text{Streifenfläche } \overline{XV}}, \text{ also}$$

$$p = \frac{R^2\pi - 2\left(\frac{1}{2}R^2 \cdot 2\arccos\frac{r}{2R} - \frac{1}{2} \cdot \frac{r}{2} \cdot 2 \cdot \sqrt{R^2 - \frac{1}{4}r^2}\right)}{R^2\pi - 2\left(\frac{1}{2}R^2 \cdot 2\arccos\frac{r}{R} - \frac{1}{2}r \cdot 2 \cdot \sqrt{R^2 - r^2}\right)} =$$

$$= \frac{2R^2\left(\frac{\pi}{2} - \arccos\frac{r}{2R} + \frac{r}{2R^2}\sqrt{R^2 - \frac{1}{4}r^2}\right)}{2R^2\left(\frac{\pi}{2} - \arccos\frac{r}{R} + \frac{r}{R^2}\sqrt{R^2 - r^2}\right)} =$$

$$= \frac{\arcsin\frac{r}{2R} + \frac{r}{4R}\sqrt{4 - \frac{r^2}{R^2}}}{\arcsin\frac{r}{R} + \frac{r}{R}\sqrt{1 - \frac{r^2}{R^2}}}.$$

Lassen wir nun R über alle Grenzen wachsen und verwenden dabei

$1 = \lim\limits_{x \to 0}\frac{\sin x}{x} = \lim\limits_{y \to 0}\frac{y}{\arcsin y}$, so erhalten wir nach Kürzen des obigen Bruchs mit $\frac{r}{2R}$

$$\lim_{R \to +\infty} p = \lim_{R \to +\infty} \frac{\dfrac{\arcsin\dfrac{r}{2R}}{\dfrac{r}{2R}} + \frac{1}{2}\sqrt{4 - \dfrac{r^2}{R^2}}}{2 \cdot \dfrac{\arcsin\dfrac{r}{R}}{\dfrac{r}{R}} + 2\sqrt{1 - \dfrac{r^2}{R^2}}} = \frac{1 + \frac{1}{2} \cdot 2}{2 + 2} = \frac{1}{2}.$$

Aufgaben

1. Ein Punkt wird beliebig auf eine Strecke der Länge a gesetzt. Wie groß ist die Wahrscheinlichkeit p, daß er vom Mittelpunkt der Strecke nicht weiter entfernt ist als b? Zeichne p in Abhängigkeit von b.
2. Zwei beliebige Punkte P und Q werden willkürlich auf eine Strecke der Länge a gesetzt. Wie groß ist die Wahrscheinlichkeit p für $\overline{PQ} \leq b$? Stelle p in Abhängigkeit von b graphisch dar.
3. Jeder Schüler der Klasse führe die Aufgabe von Beispiel 1 an einer Strecke der Länge 10 cm auf irgendeinem Wege 10mal aus. Bestimme die Häufigkeit für die Konstruierbarkeit eines Dreiecks aus den jeweils erhaltenen Stücken mit den in der Klasse ermittelten Werten.
4. (Vgl. Beispiel 2).
   a) Überlege für jeden der 4 Fälle ein physikalisches Experiment, wodurch sie realisiert werden können.
   b) Zeichne selbst auf gut Glück in einem Kreis von 5 cm Radius nach Lösung **A (B, C, D)** beliebige Sehnen und bestimme mit den in der Klasse ermittelten Werten die Häufigkeit für Sehnen, deren Länge größer als die Seite des einbeschriebenen gleichseitigen Dreiecks ist. Vergleiche mit den angeführten Ergebnissen und begründe die Abweichungen.

5. In den Lösungen **A, B, C, D** des *Bertrand*schen Paradoxons soll nun allgemein die Wahrscheinlichkeit für das Auftreten einer Sehne, deren Länge höchstens s beträgt, untersucht werden. Stelle die Abhängigkeit der Wahrscheinlichkeit p von s graphisch dar ($0 \leq s \leq 2r$). Wähle dazu $r = 5$ cm; die Einheit für p betrage 10 cm.

6. Führe einen der Versuche an einem Kreis mit Radius $r = 5$ nach Lösung **A, B, C, D** 200mal durch und notiere dabei die entstandenen Sehnenlängen. Bestimme die Häufigkeiten »Sehnenlänge $\leq s$« für $s = 1, 2, \ldots, 10$. Zeichne die Punkte in das entsprechende Diagramm der Aufgabe **5** ein.

7. Aufgabe **5, D** kann auch durch eine andere Betrachtungsweise gelöst werden: Ein Punkt P einer Kreisfläche (Radius r) werde willkürlich ausgewählt und dann durch ihn willkürlich eine Sehne gezogen.

Hinweise zur Lösung:

P habe vom Kreismittelpunkt die Entfernung ϱ. Durch P werden die beiden Sehnen der Länge s gezogen und auf eine von beiden das Lot l gefällt. Damit die Sehne höchstens die Länge s hat, muß sie in den Winkel APB fallen (siehe Figur 393.1).

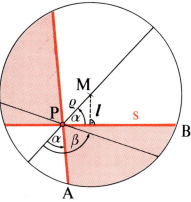

Fig. 393.1 Willkürliche Sehnen durch einen beliebigen Punkt der Kreisfläche

Mißt man die Richtungen als Winkel β gegen den Durchmesser PM, so bedeutet dies, daß für β gelten muß $\alpha \leq \beta \leq \pi - \alpha$. Unter der Annahme, daß jeder Winkel gleichwahrscheinlich ist, erhalten wir für die Wahrscheinlichkeit der kürzeren Sehne den Wert $\frac{\pi - 2\alpha}{\pi} = 1 - \frac{2\alpha}{\pi}$. Die Konstruktion der beiden Sehnen der Länge s ist nur möglich, solange $r \geq \varrho \geq \sqrt{r^2 - (\tfrac{1}{2}s)^2}$ gilt. Wir bezeichnen die kürzeste noch mögliche Entfernung des Punktes P von M mit ϱ_0, also $\varrho_0 := \sqrt{r^2 - (\tfrac{1}{2}s)^2}$. Damit gilt auch $l = \varrho_0$. Die Wahrscheinlichkeit, einen Punkt P in einer Entfernung zwischen ϱ und $\varrho + d\varrho$ zu treffen, ist das Verhältnis des Kreisrings zur Kreisfläche, also (Figur 393.2)

$$\frac{(\varrho + d\varrho)^2 \pi - \varrho^2 \pi}{r^2 \pi} = \frac{2\varrho \, d\varrho - (d\varrho)^2}{r^2} \approx \frac{2\varrho \, d\varrho}{r^2}.$$

Damit erhält man für die Wahrscheinlichkeit, aus einem solchen Kreisring eine Sehne der Länge $\leq s$ zu ziehen, den Wert $\frac{1}{r^2} \cdot 2\varrho \left(1 - \frac{2\alpha}{\pi}\right) d\varrho$. Um die Gesamtwahrscheinlichkeit p zu erhalten, müssen wir noch über alle ϱ zwischen ϱ_0 und r integrieren.

$p = \int_{\varrho_0}^{r} \frac{2\varrho}{r^2} \left(1 - \frac{2\alpha}{\pi}\right) d\varrho$. Aus Figur 393.2 ersieht man $\sin \alpha = \frac{\varrho_0}{\varrho}$, d.h., $\alpha = \arcsin \frac{\varrho_0}{\varrho}$.

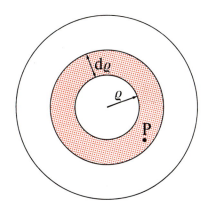

Fig. 393.2 Zur Berechnung der differentiellen Kreisringfläche

Damit gilt $p = \frac{2}{r^2} \int_{\varrho_0}^{r} \varrho \left(1 - \frac{2}{\pi} \arcsin \frac{\varrho_0}{\varrho}\right) d\varrho$.

Anhang III

Biographische Notizen

ARBUTHNOT, *John*
*29. 4. 1667 Arbuthnot
(Kincardineshire)
†27. 2. 1735 London

vor 1912

BERNSCHTEIN, *Sergei Natanowitsch*
*5. 3. 1880 Odessa
†26. 10. 1968 Moskau

ALEMBERT, *Jean le Ronde d'*
*16. 11. 1717 Paris
†29. 10. 1783 Paris

BOREL, *Emile Félix Édouard Justin*
*7. 1. 1871 Saint-Affrique
(Aveyron)
†3. 2. 1956 Paris

1876   1886

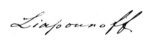

LAGRANGE, *Joseph Louis de*
*25. 1. 1736 Turin
†10. 4. 1813 Paris

LJAPUNOW, *Alexandr Michailowitsch*
*6. 6. 1857 Jaroslawl
†3. 11. 1918 Odessa

MARKOW, *Andrei Andrejewitsch*
*14. 6. 1856 Rjasan
†20. 7. 1922 Petrograd

POINCARÉ, *Jules Henri*
*29. 4. 1854 Nancy
†17. 7. 1912 Paris

TIPPETT, *Leonard Henry Caleb*
*1902 London

ULAM, *Stanisław Marcin*
*3. 4. 1909 Lemberg

BAYES*, Thomas, 1702 London – 17.4.1761 Royal Tunbridge Wells (Kent). Dort bis 1752 Geistlicher der Presbyterianer. Seine mathematischen Werke *An Essay towards solving a problem in the doctrine of chances* und *A Letter on Asymptotic Series* wurden erst 1763 posthum veröffentlicht. 1731 erschien die religiöse Schrift *Divine Benevolence or an Attempt to Prove that the Principle End of Divine Providence and Government Is the Happiness of His Creatures*. Die 1736 anonym erschienene *Introduction to the Doctrine of Fluxions*, eine Verteidigung der *Newton*schen Differential- und Integralrechnung gegen die Angriffe des Bischofs *Berkeley*, mag 1742 zur Aufnahme in die Royal Society geführt haben. *Bayes* untersuchte erstmals, wie aus empirisch gewonnenen Daten auf eine zugrundeliegende »Wahrscheinlichkeit von Ursachen« zurückgeschlossen werden kann; er bewies, daß, wenn $m:n$ die Häufigkeit eines Ereignisses bei n unabhängigen Versuchen ist, $m:n$ dann auch der wahrscheinlichste Wert für die Wahrscheinlichkeit dieses Ereignisses ist, vorausgesetzt, daß irgendein Wert für diese Wahrscheinlichkeit von Anfang an (a priori) genauso wahrscheinlich ist wie jeder andere Wert. Dieser Satz ist die Umkehrung des *Gesetzes der großen Zahlen* von *Jakob Bernoulli*. Unabhängig von *Bayes* hat *Laplace* diesen Satz 1774 nochmals bewiesen.

BERNOULLI, Daniel I., 8.2.1700 Groningen – 17.3.1782 Basel. Sein Vater *Johann I. Bernoulli* bestimmte ihn zum Kaufmann, gestattete ihm dann aber das Medizinstudium (Basel, Straßburg, Heidelberg). Praktischer Arzt in Venedig. 1725 erhält er wegen seiner Aufsehen erregenden Integration der später nach *Riccati* (1676–1754) benannten Differentialgleichung durch Vermittlung des Zahlentheoretikers *Goldbach* (1690–1764) zusammen mit seinem Bruder *Nikolaus II.* (1695 bis 1726) einen Ruf an die neugegründete Akademie der Wissenschaften in St. Petersburg, und zwar auf den Lehrstuhl für Mechanik. 1733 Rückkehr nach Basel auf den Lehrstuhl für Anatomie und Botanik. 1748 wurde sein Bruder *Johann II.* (1710–90) Nachfolger ihres Vaters auf dem Lehrstuhl für Mathematik, aber 1750 übertrug man *Daniel* den Lehrstuhl für Physik. Als bedeutendste Leistung *Daniel*s gilt sein umfangreiches Werk *Hydrodynamica sive de viribus et motibus fluidorum* (1738), das sowohl die Grundgleichung der kinetischen Gastheorie ($p = \frac{1}{3}\varrho\overline{v^2}$) wie auch die *Bernoulli*sche Gleichung für strömende Flüssigkeiten enthält. Zehnmal erhielt er einen Preis der Pariser Akademie. *Daniel*s Beiträge zur Wahrscheinlichkeitsrechnung (8 Abhandlungen, 1738–1780 erschienen) bieten Lösungen von wichtigen Problemen der Bevölkerungsstatistik, der Astronomie und der Fehlerrechnung. Zur Lösung des Petersburger Problems führt er, ohne *Cramers* (1704–1752) Ideen zu kennen, 1730 in *Specimen theo-*

1760

---

* gesprochen bɛɪz

riae novae de mensura sortis einen vom mathematischen verschiedenen Erwartungswert ein, die sog. moralische Erwartung*. In derselben Abhandlung verwendet er als erster die Differentialrechnung zur Lösung wahrscheinlichkeitstheoretischer Aufgaben, worüber er 1766/67 *De usu algorithmi infinitesimalis in arte coniectandi specimen* schrieb. Der Integralgrenzwertsatz könnte seinen Namen tragen (1769/70). 1777 begründet er, unabhängig von *Johann Heinrich Lambert* (1728 bis 1777), in *Dijudicatio maxime probabilis plurium observationum discrepantium atque verisimillima inductio inde formanda* das Maximum-Likelihood-Prinzip. – *Daniels* Einfluß auf *Laplace*, insbesondere hinsichtlich der Anwendungen der Wahrscheinlichkeitstheorie, ist vergleichbar mit dem von *de Moivre*.

BERNOULLI, *Jakob I.*, 27.12.1654 (= 6.1.1655) Basel – 16.8. 1705 Basel. 1671 Magister der Philosophie, 1676 Lizentiat der Theologie. Anschließend bringt er in Genf der 16jährigen, im Alter von 2 Monaten erblindeten *Elisabeth v. Waldkirch*, die bereits Latein, Französisch und Deutsch, Cello, Flöte und Orgel beherrscht, nach seinem neuen, von *Cardano*s Methode abweichenden Verfahren das Lesen und Rechnen bei. 1677 bis 1680 hält er sich in Frankreich auf. Er widmet sich der Gnomonik, der Lehre von den Sonnenuhren, und verfaßt die *Tabulae gnomonicae universales*. Schon während seines Studiums gehörte sein Interesse der Astronomie. So wählte er den Wagen des Phaethon als sein Wappen und versah ihn mit der Inschrift *Invito patre, sidera verso*. Auf Grund der Daten des ptolemäischen Weltsystems errechnete er 1677 die Geschwindigkeit der Himmelfahrt Christi zu 1132 dt. Meilen/Pulsschlag. 1681 erste wissenschaftliche Veröffentlichung auf Grund des *Kirch*schen Kometen von 1680, die *Anleitung zur Berechnung von Kometenbahnen*. *Bernoulli* führt die Idee des *Père Anthelme* (2. H. 17. Jh.) konsequent weiter, daß Kometen die Satelliten eines transsaturnischen Planeten seien. 1681–82 Studienaufenthalt in den Niederlanden und England, 1682 *Dissertatio de gravitate Aetheris* (publ. 1683). Ab 1683 in Basel private Vorlesungen über Experimentalphysik. 1685 veröffentlicht er ein erstes Problem zur Wahrscheinlichkeitsrechnung, 1687 wird er Professor für Mathematik an der Universität zu Basel. Er und sein Bruder *Johann I.* sind eifrige Verfechter des *Leibniz*schen Infinitesimalkalküls. *Jakob* unterrichtete zunächst seinen Bruder in den neuen Wissenschaften, wurde dann aber aus wissenschaftlichem Streit heraus sein erbitterter Feind. 1690 stellte und löste *Jakob* die Aufgabe der stetigen Verzinsung und gab die Differentialgleichung für das *Leibniz*sche Isochronenproblem an, wobei er zum ersten Mal das Wort »Integral« in unserem Sinn verwendete. Anschließend stellt er das Problem der Kettenlinie neu, das *Leibniz*, *Huygens* und

1687 (?)

---

* Dieser Ausdruck taucht zum ersten Mal im Brief *Gabriel Cramer*s vom 21.5.1728 an *Nikolaus I. Bernoulli* auf.

Johann lösen. 1691 Beschäftigung mit der parabolischen und der logarithmischen Spirale, der spira mirabilis von 1692*, der Elastica (= neutrale Faser eines am freien Ende belasteten Stabes), Erfindung der Lemniskate. Entdeckung, daß die Kontur geblähter Segel eine Kettenlinie ist. 1694 Veröffentlichung des theorema aureum: Krümmungsradius =
$= \left(\frac{ds}{dx}\right)^3 : \frac{d^2 y}{dx^2}$. Arbeiten aus der Reihenlehre; 1695 legt er die *Bernoulli*sche Differentialgleichung vor, die sein Bruder *Johann* löst. Aus *Jakob*s verallgemeinerungsfähiger Lösung von *Johann*s Brachistochronenproblem (Kurven kürzester Fallzeit, 1696) entstand die Variationsrechnung. 1697 stellt *Jakob* das isoperimetrische Problem. Die nach ihm benannte *Bernoulli*sche Ungleichung findet sich bereits in den *Lectiones geometricae* (1670) von *Isaac Barrow* (1630–1677). 1699 werden beide Brüder in die Académie Royale de Sciences von Paris, 1701 in die Societät der Wissenschaften von Berlin aufgenommen. Ein Briefwechsel mit *Leibniz* in den Jahren 1703–04 über die Wahrscheinlichkeitsrechnung enthält Grundgedanken der Fehlertheorie. Zwischen 1687 und 1689 fand er das Gesetz der großen Zahlen (so benannt von *Poisson* 1837), der wichtigste Satz seiner erst 1713 posthum veröffentlichten *Ars conjectandi***, wodurch er zum Begründer der modernen Statistik wurde. *Pascal*s Arbeiten kannte er nicht.

BERNOULLI, *Johann I.*, 6. 8. 1667 Basel – 1. 1. 1748 Basel. Der Vater bestimmte ihn zum Kaufmann. Nach einem Lehrjahr, erneut dem Vater gehorchend, studierte er Medizin (Approbation 1690) und unter Anleitung seines Bruders *Jakob I.* Mathematik. 1691/92 Privatlehrer des Marquis *de l'Hospital* (1661 bis 1704), 1694 Doktor der Medizin. 1695 wurde er in Groningen Professor für Mathematik, 1705 wurde er auf den Lehrstuhl seines verstorbenen Bruders nach Basel berufen. 1696 stellte er das Brachistochronen-Problem, das von ihm, seinem Bruder *Jakob*, aber auch von *Leibniz*, von *Newton* und von *l'Hospital* gelöst wurde. Die von *Jakob* gefundene Lösung gab den Anstoß zur Entwicklung der Variationsrechnung, über die sich *Johann* dann mit *Jakob* entzweite. Das Problem der geodätischen Linie geht auf *Johann* zurück (1697). 1706 führt er das Symbol Δ ein, wenngleich noch nicht im heutigen Sinne; 1718 verwendet er das 1692 von *Leibniz* erfundene Wort »Funktion« in der heutigen Bedeutung. Ab 1710 wandte er sich der Mechanik zu, brachte das *d'Alembert*-Prinzip in mathematische Form, verwendete den Energiesatz und schrieb auch ein Buch über das Manövrieren von Schiffen. 1742 erschien *Hydraulica*, eine umfangreiche Arbeit über Hydrodynamik. Sein bedeutendster Schüler war *Leonhard Euler*.

1747

* Sie schmückt seinen Grabstein mit der Umschrift *Eadem mutata resurgo* – »Als dieselbe stehe ich verwandelt wieder auf«.
** Ars conjectandi, opus posthumum. Accedit tractatus de seriebus infinitis, et epistola Gallice scripta de ludo pilae reticularis. Basileae MDCCXIII.

BERNOULLI, *Nikolaus I.*, 20.10.1687 Basel–29.11.1759 Basel. Neffe von *Jakob I.* und *Johann I.* Er lehrt von 1716 bis 1719 Mathematik an der Universität zu Padua, wird 1722 Professor für Logik in Basel und erhält 1731 den Lehrstuhl für Codex und Lehensrecht in Basel. Bereits 1709 wendet er in seiner Dissertation *De usu artis conjectandi in jure* die Wahrscheinlichkeitsrechnung auf Fragen des Rechts an; dabei verwendet er als erster die stetige gleichmäßige Wahrscheinlichkeitsverteilung. 1713 gibt er die *Ars conjectandi* seines Onkels heraus, 1744 verfaßt er Bemerkungen zu den nachgelassenen Schriften *Jakobs I.* Intensiver Briefwechsel mit *Montmort*, dessen interessantester Teil sich mit dem Spiel Le Her beschäftigt, das nur mit Hilfe spieltheoretischer Sätze gelöst werden kann, die *Nikolaus* keine Schwierigkeit zu bereiten scheinen. Im Gegensatz zu *Montmort* akzeptiert er die optimale Strategienmischung nicht voll. – Kein Bildnis überliefert.

BERTRAND, *Joseph Louis François*, 11.3.1822 Paris–3.4.1900 Paris. Darf als 11jähriger am Unterricht in der École Polytechnique teilnehmen. 1839 Promotion in Thermodynamik, Lehrer an der École Polytechnique und erste Arbeiten über die *Poisson*-Gleichung $\Delta V = -4\pi\varrho$ sowie über das *Coulomb*sche Gesetz, 1841 Ingénieur des Mines. 1841–1848 lehrte er Elementarmathematik am Lycée St. Louis, 1856 wird er Nachfolger von *Jacques Sturm* (1803–1855) an der École Polytechnique, 1862 als Nachfolger von *Jean-Baptiste Biot* (1774–1862) Professor für Allgemeine Physik und Mathematik am Collège de France. Während der Kommune (1871) brannte sein Pariser Haus nieder. 1884 Aufnahme in die Académie française. Er beschäftigte sich u. a. mit Kurven doppelter Krümmung (1850), schrieb wissenschaftsgeschichtliche Werke und Lehrbücher, die weit verbreitet waren. 1889 erschien sein *Calcul des Probabilités* mit dem nach ihm benannten Paradoxon. – Sein bedeutendster Schüler ist *Gaston Darboux* (1842–1917).

BIENAYMÉ, *Irénée-Jules*, 28.8.1796 Paris – 20.10.1878 Paris. 1814 nahm er an der Verteidigung von Paris teil, 1818 wurde er Dozent für Mathematik an der Kriegsakademie von St. Cyr, wechselte aber 1820 in den Finanzdienst über. 1834 wurde er Inspecteur général des finances. Die Revolution von 1848 führte zu seiner Zwangspensionierung. Vertretungsweise lehrte er dann an der Sorbonne Wahrscheinlichkeitsrechnung. Am 5.7.1852 wurde er Mitglied der Pariser Akademie der Wissenschaften. Als Fachmann für Statistik hatte er erheblichen Einfluß auf die Regierung *Napoleons III.* 1864 erntete er hohes Lob für seine versicherungstechnischen Arbeiten zur Schaffung einer Pensionskasse. Er war Gründungsmitglied und 1875 Präsident der Société Mathématique de France. Seine weitreichenden Sprachkenntnisse zeigten sich u. a. darin, daß er eine Arbeit *Tschebyschow*s aus dem Russischen übersetzte; eine kommentierte *Aristoteles*-Übersetzung aus dem Griechischen konnte er nicht mehr vollenden. – *Bienaymé*s frühe Arbeiten beschäftigen sich mit demographischen und sozialstatistischen Problemen (*De la durée de la vie en France*, 1837). Er verteidigte die wahrscheinlichkeitstheoretischen Anschauungen von *Laplace* über die Zusammensetzung von Gerichtshöfen gegenüber den Angriffen von *Poisson*. Überhaupt hatte *Laplace*ns *Théorie Analytique des Probabilités* größten Einfluß auf ihn. So kritisierte er 1852 *Liouville*s (1809–1882) Arbeiten über die Methode der kleinsten Quadrate und verteidigte 1853 den *Laplace*schen Weg gegen *Cauchy* (1789–1857) in seinen *Considérations à l'appui de la découverte de Laplace sur la loi de probabilité dans la méthode des moindres carrés*, worin die berühmte Ungleichung von *Bienaymé–Tschebyschow* hergeleitet wurde. *Bienaymé*s statistische Erkenntnisse waren in ihrer Tiefe seiner Zeit weit voraus, wurden daher nicht verstanden und gerieten in Vergessenheit. So erfaßte er 1840 den wichtigen Begriff der Suffizienz, den *R. A. Fisher* 1922 in die Statistik einführte, und in seiner Arbeit *De la loi de la multiplication et de la durée des familles* von 1845 nahm er die Erkenntnisse von *Galton* (1822–1911) und *Watson* (1827–1903) über das Aussterben von Familien vorweg und stellte korrekt das Kritizitätstheorem für einfache Verzweigungsprozesse auf, das heute *John Burdon Sanderson Haldane* (5.11.1892–1.12. 1964) zugeschrieben wird. Auch ein einfacher Test über die Zufälligkeit von Beobachtungswerten einer stetigen Zufallsgröße geht auf ihn zurück (1874).

BORTKIEWICZ*, *Ladislaus von*, 7.8.1868 Petersburg – 15.7. 1931 Berlin. Aus einer polnischen Familie stammend, wuchs er im russischen Kulturkreis auf. Nach einem 8semestrigen Studium der Jurisprudenz legte er 21jährig eine Untersuchung über *Sterblichkeit und Lebensdauer der griechisch-orthodoxen Bevölkerung des europäischen Rußlands* vor, über die *A. A. Markow* (1856–1922) referierte. Das russische Unterrichtsministerium sandte ihn daraufhin zur Weiterbildung ins Ausland. Er studierte in Straßburg und Göttingen Nationalökonomie und mathematische Statistik, in Wien und Leipzig Staatswissenschaften. 1895 Habilitation in Straßburg, Vorlesungen über Arbeiterversicherung und theoretische Statistik. 1897 wurde er Beamter im russischen Verkehrsministerium, 1901 a. o., 1920 o. Professor für Staatswissenschaften in Berlin. Als Schüler von *Wilhelm Lexis* (1837–1914) beschäftigte sich *v. Bortkiewicz* mit Problemen der statistischen Bevölkerungstheorie – »Nicht das Kausalitätsprinzip, sondern das Wahrscheinlichkeitsprinzip mache die Massenerscheinungen der menschlichen Gesellschaft verständlich« – und mit der Anwendung der Wahrscheinlichkeitstheorie auf die Statistik. So

* betont auf dem e

brachte er *Lexis'* Theorie der Dispersion zum Abschluß, stellte den Begriff der mathematischen Erwartung in den Vordergrund und erkannte die große Bedeutung der *Poisson*schen Fassung des *Bernoulli*schen schwachen Gesetzes der großen Zahlen für die Statistik. Bereits 1893 erschien *Die mittlere Lebensdauer*. 1898 entriß er die *Poisson*-Verteilung der Vergessenheit und nannte sie, ihre Bedeutung erkennend, stolz *Das Gesetz der kleinen Zahlen*, was ihm viel Feindschaft eintrug. Viele seiner Arbeiten gehören der Versicherungsmathematik und der Volkswirtschaftslehre an, z. B. über Preisindexzahlen. 1913 veröffentlichte er *Die radioaktive Strahlung als Gegenstand wahrscheinlichkeitstheoretischer Untersuchungen*. Die antimathematischen deutschen Statistiker lehnten *v. Bortkiewicz* ab; er selbst fand erst kurz vor seinem Tode Zugang zur angelsächsischen Richtung der Statistik. – Das von *Jakob Bernoulli* geprägte Wort »Stochastik« erfuhr erst durch *v. Bortkiewicz* seine Verbreitung.

BUFFON, *George-Louis Leclerc*, Comte de, 7.9.1707 Montbard (Burgund)–16.4.1788 Paris. Er studierte Jurisprudenz in Dijon, reiste nach England, übersetzte *Hales' Pflanzenstatik* 1735 und 1740 *Newton*s *Fluxionsrechnung*. Als er 25jährig ein großes mütterliches Vermögen erbt, kann er sich ganz den Naturwissenschaften widmen. Er wird Intendant des Jardin du Roi und des Musée Royal (heute: Jardin des Plantes und Naturhistorisches Museum). Sein Lebenswerk ist die von 1749 bis 1788 in 36 Bänden erschienene *Histoire naturelle générale et particulière*, das nur durch *Linné*s noch bedeutenderes Werk in den Schatten gestellt wird. *Buffon*s System ist jedoch natürlicher; aber die Zeit war für diese Betrachtungsweise noch nicht reif. Außerdem ist sein Werk im Gegensatz zu dem *Linné*s philosophisch fundiert. Seine allgemeine Naturphilosophie veröffentlicht er 1788 in den *Époques de la Nature*. Wegen der meisterhaften sprachlichen Diktion gehört seine *Histoire naturelle* zu den großen Werken der französischen Literatur. Das Nadelproblem trug er zusammen mit ähnlichen Problemen 1733 der Académie Royale des Sciences vor; eine ausführliche und weiter gehende Behandlung erfolgte 1777 im *Essai d'arithmétique morale* (23). Von der intensiven Beschäftigung *Buffon*s mit Fragen der Lebensdauer legen die über 100 Seiten Sterblichkeitstafeln beredtes Zeugnis ab.

CARDANO, *Geronimo*, auch *Girolamo*, 24.9.1501 Pavia – 20.9.1576 Rom, kam trotz mehrerer Abtreibungsversuche – wie er selbst in *De vita propria* erzählt – als unehelicher Sohn des Juristen *Fazio C.*, eines Freundes von *Leonardo da Vinci*, zur Welt. Seine Eltern legalisierten ihre Verbindung erst viel später. Studium der Medizin in Pavia und Padua, dort angeblich auch Rektor der Universität*. Wegen seiner unehelichen

---
* Die Universitätsakten weisen *Cardano* nicht in der Rektorenliste aus.

Geburt 1526 keine Aufnahme in das Ärztekollegium von Mailand. Um diese Zeit erstes Sammeln seiner Erfahrungen als leidenschaftlicher Spieler, die er 1564 in *De ludo aleae* niederlegt. Landarzt in Sacco, 1532 Übersiedlung nach Mailand, wo er mit seiner Familie im Armenhaus landete. 1534 öffentlicher Lehrer für Mathematik an der *Piatti*-Schule. Seine beachtlichen medizinischen Kenntnisse und sein scharfer Angriff auf die Prunksucht der Ärzteschaft (*De malo recentiorum medicorum medendi usu libellus*, 1536) führten 1539 zur Aufnahme in das Mailänder Ärztekollegium. Im selben Jahre erschien seine *Practica arithmeticae generalis*, eine Summa in der Art des *Pacioli*. 1543 Professor für Medizin in Pavia. 1545 veröffentlicht er in seinem *Artis magnae sive de regulis algebraicis liber unus* die Lösung der kubischen Gleichung. Nachdem er 1542 im Nachlaß des *Scipione del Ferro* (1465?–1526) die Lösung entdeckt hatte, fühlte er sich nicht mehr an den Eid der Verschwiegenheit (1539) *Tartaglia* gegenüber gebunden, der 1535 unabhängig (?) die Lösung von $x^3 + ax = b$ gefunden hatte. *Cardano* zeigt sich als Vertreter der modernen Wissenschaft, daß Erkenntnisse der Allgemeinheit zugänglich gemacht werden müßten und nicht als Geheimnis einem einzelnen zur Machtmehrung dienen dürften. Auch übt er wissenschaftliche Fairneß durch genaue Nennung seiner Quellen. Ihm selbst gelingt die Lösung der allgemeinen Gleichung 3. Grades, wobei er die Entdeckung macht, daß eine solche Gleichung 3 Lösungen haben kann. Negativen Zahlen legt er einen Sinn bei, mit Wurzeln aus negativen Zahlen versteht er zu rechnen, und 1570 stößt er auf den Casus irreducibilis. Dem Satz von *Vieta* und der kartesischen Zeichenregel kommt er sehr nahe; seine regula aurea ist das erste Verfahren zur näherungsweisen Ermittlung von Lösungen. – Nach dem Flamen *Andreas Vesal* (1514–64) war *Cardano* der berühmteste Arzt Europas. Rufe an Höfe lehnte er ab, aber 1552 reist er nach Schottland, um den Erzbischof *John Hamilton* vom Asthma zu kurieren. Diese Reise ist ein einzigartiger Triumphzug durch Frankreich, England und Deutschland. 1560 Verzicht auf den Lehrstuhl in Pavia, nachdem sein ältester Sohn als Gattenmörder hingerichtet worden war. 1562 Professur für Medizin in Bologna, wo sein jüngerer Sohn sein Haus ausraubt. 1570 Einkerkerung, da er eine Schuld von 1800 scudi (ca. 9000 DM) nicht bezahlen kann. Am 6.10.1570 erneut inhaftiert: Die Inquisition klagt ihn der Häresie an, da er das Horoskop Jesu erstellt und sein eigenes Leben dem Einfluß der Gestirne zugeschrieben habe. Keine Folter, Hausarrest, Verlust aller Ämter und Publikationsverbot. Über den Verlauf des Häresieprozesses schweigt sich *Cardano* in seiner Autobiographie aus. 1571 Übersiedlung nach Rom, wo ihm Papst *Pius V.* eine Pension gewährt. – *Cardano* hatte während seines Lebens 131 Bücher veröffentlicht, 170 Manuskripte als wertlos verbrannt und 111 unveröffentlicht hinterlassen. Er schrieb über Medizin, Astro-

1572

Wahlspruch:
Tempus mea possessio,
tempus ager meus

nomie und Astrologie, Mathematik, Musik, Physik, Staatslehre, Theologie und Ethik. Seine populärwissenschaftlichen Schriften wie *De subtilitate* (1550) waren Bestseller; sie erlebten viele Auflagen, wurden übersetzt und auch durch Raubdrucke verbreitet. Die Kardanwelle ist seine Erfindung, wohingegen er die kardanische Aufhängung einem *Jannello Turriano* aus Cremona (12. Jh.) zuschreibt. Auch viele Erkenntnisse der Hydrodynamik gehen auf *Cardano* zurück; erste Dichtebestimmung der Luft; Zurückführung der Erosion auf Wasserkräfte; Aufdeckung des Wasserkreislaufs in der Natur; Erkenntnis der Wurfparabel. Sein *De ludo aleae* ist der erste Versuch einer Theorie der Wahrscheinlichkeit, die von der Überzeugung ausgeht, daß neben dem Glück Gesetze und Regeln das Zufallsgeschehen bestimmen. *Leibniz* sagte, *Cardano* sei mit all seinen Fehlern ein großer Mensch gewesen; ohne sie wäre er unvergleichlich gewesen.*

DE MORGAN, *Augustus*, 27. 6. 1806 Madura/Indien – 18. 3. 1871 London. Seine Mutter ist die Tochter eines Schülers und Freundes von *de Moivre*. Erzogen am Trinity College in Cambridge. 1829–1866 Professor am University College London, wo *Todhunter* und *Sylvester* seine Schüler waren. Er versuchte, die Mathematik seiner Zeit auf exakte Grundlagen zu stellen. Er erkannte, daß es neben der gewöhnlichen Algebra noch andere Algebren gibt. Zusammen mit *Boole* (1815–1864) leitete er eine Renaissance der Logik ein. Der Ausdruck »Mathematische Induktion« wurde 1838 von ihm geprägt. Aus demselben Jahr stammt auch *An Essay on Probabilities, and their Application to Life contingencies and Insurance offices*.

EULER, *Leonhard*, 15. 4. 1707 Basel–18. 9. 1783 St. Petersburg. Sein Vater, ein Geistlicher, bestimmte ihn dazu, Geistlicher zu werden. Er erhält Privatunterricht durch *Johann I. Bernoulli*. 1727 reist er nach St. Petersburg, wird dort 1730 Professor für Physik, 1733 für Mathematik (an der Akademie der Wissenschaften). 1741 wird er von *Friedrich dem Großen* an die Berliner Akademie berufen. 1766 kehrt er jedoch endgültig nach St. Petersburg zurück. 1767 tritt bei ihm völlige Erblindung ein; die nun folgenden Jahre gehören jedoch zu seinen fruchtbarsten. (Die 1911 begonnene Gesamtausgabe seiner Werke umfaßt bis heute 70 Bände.) Die Vielfalt seiner Beschäftigungen zeigt sich in seinen mustergültigen Lehrbüchern: 1748 *Introductio in Analysin infinitorum*, 1755 *Institutiones calculi differentialis*, 1768–70 *Institutiones calculi integralis* (behandelt auch Differentialgleichungen und Variationsrechnung), 1770 *Vollständige Anleitung zur Algebra*, 1734–36 *Mechanica* (2 Bde.),

1753

---

* »Il paroit que le savoir a des charmes, qui ne sauroient être conçus par ceux qui ne les ont goutés. Je n'entends pas un simple savoir des faits, sans celuy des raisons, mais tel que celuy de Cardan, qui était effectivement un grand homme, avec tous ses defauts, et auroit été incomparable sans ces defauts.« (Essais de Théodicée, III, 253)

1739 *Musiktheorie*, 1744 *Theorie der Planetenbewegungen*, 1745 *Neue Grundgesetze der Artillerie*, 1749 *Theorie des Schiffsbaus*, 1769–71 *Dioptrica* (3 Bde.). Weitere Arbeiten von ihm beschäftigen sich mit Zahlentheorie und Geometrie. Die Symbole $f(x)$, i, e und Σ gehen auf ihn zurück. In der Wahrscheinlichkeitsrechnung beschränkte sich *Euler* auf die Lösung besonderer Probleme, wobei sich sein großes Können offenbarte. Von großer Bedeutung wurde *Eulers* Anwendung der Stochastik auf die Demographie, wo er grundlegende Begriffe und weitreichende Methoden erarbeitete.

FERMAT, *Pierre de*, 17.(?)8.1601 Beaumont de Lomagne/Montauban–12.1.1665 Castres (Toulouse). Sohn eines begüterten Lederhändlers, später geadelt. Studierte Jurisprudenz, seit 1634 Rat am Gericht von Toulouse. Sehr gute Kenntnisse in den alten Sprachen, wodurch er Fehler in Handschriften verbessern konnte. Er ist einer der bedeutendsten Mathematiker des 17. Jahrhunderts; seine beruflichen Pflichten ließen ihm jedoch keine Zeit, ein zusammenfassendes Werk zu schreiben. Seine Entdeckungen teilte er Freunden, oft nur in Andeutungen und ohne Beweis, mit. Noch vor *Descartes* (1596–1650) begründet er die Achsengeometrie, aus der die Analytische Geometrie entstand; sein *Ad locos planos et solidos isagoge* (um 1635) geht in wesentlichen Dingen über *Descartes*' *Géometrie* im *Discours de la méthode* (1637) hinaus. Seine infinitesimalen Methoden sind streng. In *De Maximis et minimis* (1629) löst er Extremwertaufgaben, Tangentenprobleme und die Schwerpunktbestimmung von Rotationsparaboloiden. Diese Schrift enthält auch das *Fermat*sche Prinzip, daß das Licht immer den Weg läuft, der am schnellsten zum Ziel führt. Vor 1644 kann er Flächen und Volumina berechnen und Kurven rektifizieren. Sein Lieblingsgebiet ist jedoch die Zahlentheorie: Kleiner *Fermat*scher Satz: (p prim $\wedge$ $a \in \mathbb{N}$ $\wedge$ p teilt a nicht) $\Rightarrow p$ teilt $(a^{p-1} - 1)$. *Fermat*sche Vermutung: $a^n + b^n = c^n$ ist für natürliche a, b, c und natürliches $n > 2$ nicht lösbar. *Fermat*s Vermutung, daß die Zahlen $2^{2^k} + 1$ prim sind, widerlegt *Euler* 1732, indem er zeigt, daß bei $k = 5$ der Teiler 641 auftritt.

FISHER, *Ronald Aylmer*, Sir (seit 1952), 17.2.1890 East Finchley (Middlesex)–29.7.1962 Adelaide (Australien). Nach mathematischem und naturwissenschaftlichem Studium (1909 bis 1912) arbeitete er 1913–1915 als Büroangestellter auf einer Farm in Kanada und unterrichtete von 1915 bis 1919 an Privatschulen. Seine wenigen wissenschaftlichen Veröffentlichungen waren aber so bedeutsam, daß ihn 1919 *Karl Pearson* nach London und *John Russell* nach Rothamsted berufen wollten. *Fisher* entschied sich für das letztere und baute die Rothamsted Experimental Station zu einem Mekka der Statistik aus. 1933 wurde er Nachfolger *Karl Pearsons*, mit dem er sich inzwischen verfeindet hatte, auf dessen Lehrstuhl für

Eugenik in London. (Nachfolger in Rothamsted: *Frank Yates* [1902–   ].) Von 1943 bis 1957 lehrte er Genetik in Cambridge. Er gilt als Begründer der modernen mathematisch orientierten Statistik, die er auch erfolgreich auf biologische und medizinische Probleme anwandte. Kurioserweise wurde er nie auf einen Lehrstuhl für Statistik berufen! Durch seine zahlreichen Arbeiten wurde die mathematische Statistik in der 1. Hälfte des 20. Jahrhunderts praktisch zu einer Domäne der Briten und Amerikaner. 1912 veröffentlichte er die maximum-likelihood-Methode, die *Richard von Mises* völlig ablehnte. Viele weitere Verfahren der modernen Statistik gehen auf *Fisher* zurück; auch die 1908 von *Gosset* (1876–1937) eingeführte und 1917 tabellarisierte *t*-Verteilung wurde von ihm 1922 überarbeitet und ergänzt. *Fisher* gilt zwar manchen als »der Riese in der Entwicklung der theoretischen Statistik«, aber die *Neyman-Pearson*-Theorie lehnte er noch in den späten 50er Jahren ab. Die großen Steigerungen in der Agrarproduktion in vielen Teilen der Welt gehen weitgehend auf die konsequente Anwendung seiner Forschungen über praktische Statistik zurück, die ihren Niederschlag in *Statistical methods for research workers* (1925) und in *The design of experiments* (1935) fanden.

GALILEI, *Galileo*, 15. 2. 1564 Pisa – 8. 1. 1642 Arcetri bei Florenz. Florentinischer Patrizier, 1581–85 Studium der Medizin in Pisa, ab 1584 auch der Mathematik und Physik. Beeinflußt durch *Archimedes'*, *Tartaglia*s und *Cardano*s Schriften zum Ingenieurwesen. 1586 Konstruktion einer hydrostat. Waage zur Bestimmung des spez. Gewichts (*La bilancetta*). 1587/88 Vortrag zur Topographie der Hölle *Dante*s. Untersuchungen über den Schwerpunkt von Körpern. 1589 Professor für Mathematik in Pisa. *De motu* wendet sich gegen die aristotelische Bewegungslehre. Entdeckung der Isochronie des Pendels. 1592 Lehrstuhl für Mathematik in Padua; an der zur Republik Venedig gehörenden Universität herrscht absolute Geistesfreiheit. 1593 *Trattato di Meccaniche* mit der Goldenen Regel der Mechanik. 1597 (oder 1606) Konstruktion eines Weingeist-Thermometers. 1598 gibt er der Zykloide ihren Namen*. 1606 Herstellung und Verkauf des von ihm verbesserten Proportionalzirkels, dessen Gebrauchsanweisung *Le operazioni del Compasso geometrico e militare* seine erste Veröffentlichung ist. Arbeiten zur Festungsbaukunst. 1604–1609 rein gedankliche Herleitung des Fallgesetzes, Bestätigung durch Bau einer Fallrinne**. Erkenntnis vom Auftrieb in Luft. Am 21. 8. 1609 führt er das von ihm verbesserte holländische Fernrohr vor und schenkt es dem Staat: Verdopplung des Jahres-

1624

---
* *Marin Mersenne* (1588–1648) nennt sie 1615 Roulette, *Gilles Personne de Roberval* (1602–1675) 1634 Trochoide.
** Fallversuche am schiefen Turm von Pisa sind Legende. Sie wurden erstmals 1642 in Bologna von den Jesuiten *Giovanni Battista Riccioli* (1598–1671) und *Francesco Maria Grimaldi* (1618–1663) ausgeführt.

gehalts und Professor auf Lebenszeit. Himmelsbeobachtungen mit dem bis auf 30fache Vergrößerung verbesserten Fernrohr: Milchstraße und Nebel als Ansammlung von Sternen, Oberflächenstruktur des Mondes erkannt. Am 7.1.1610 Entdeckung von 3 und bald darauf des 4. Jupitermondes, die er im *Sidereus Nuncius* (März 1610) mediceische Gestirne nennt. (Erste Himmelskörper, die nicht um die Erde kreisen.) Am 10.7.1610 geht sein Wunsch in Erfüllung, in seiner toskanischen Heimat Hofmathematiker der *Medici* in Florenz und Professor für Mathematik ohne Vorlesungsverpflichtung in Pisa zu werden. Entgegen dem Rat seiner Freunde begibt er sich aus dem Schutz der starken Republik in die Hände eines schwachen, von Rom abhängigen Fürsten! Am 11.12.1610 Mitteilung an *Johannes Kepler* (1571–1630) über die Entdeckung der Venusphasen. 1611 Mitglied Nr. 6 der 1603 in Rom vom Fürsten *Federico Cesi* († 1630) gegründeten Accademia dei Lincei (= Luchse), die sich der Erforschung der Natur widmet*. *Galilei* führt ein Vergrößerungsgerät vor, das *Cesi* auf den Namen Mikroskop tauft. Sein *Discorso intorno alle cose che stanno in su l'acqua, o che in quella si muovono* (1612) verteidigt die Auffassung des *Archimedes* (um 285–212) über schwimmende Körper gegen die peripatetische Schule des *Aristoteles* (384–322). 1613 richtige Deutung der Sonnenflecken, erstes Bekenntnis zum Kopernikanismus. Der Versuch *Galileis*, dessen Verbot zu verhindern, scheitert. Am 26.2.1616 wird er von Kardinal *Bellarmino* ermahnt, die kopernikan. Lehre nicht für wahr zu halten und sie zu verteidigen. Am 5.3. wird sie philosophisch für töricht und absurd, theologisch für ketzerisch erklärt. Im *Dialogo di Galileo Galilei Linceo Dove si discorre sopra i due Massimi Sistemi Del Mondo Tolemaico E Copernicano* (1632) unterläuft er satirisch das Dekret, den Kopernikanismus nur als Hypothese zu behandeln. Angesichts der drohenden Gefahr bietet Venedig erneut eine Professur in Padua an. Die Verurteilung *Galileis* am 22.6.1633 beruht auf einem vermutlich nachträglich in die Akten von 1616 aufgenommenen Lehrverbot durch den Generalkommissar der Inquisition, das *Galilei* bei der Bitte um das Imprimatur für den *Dialogo* 1630 verschwiegen habe. Hausarrest zunächst in Siena**, dann in seiner Villa Il Gioiello bei Florenz. Trotz einsetzender Erblindung Verbot eines Arztbesuchs in Florenz. 1635 Angebot eines Lehrstuhls in Amsterdam. 1638 – *Galilei* ist jetzt völlig erblindet – erscheinen in Holland die *Discorsi e dimonstrazioni matematiche intorno a due nuove scienze*, der Festigkeitslehre und der Kinematik. Bis dahin war Mechanik nur Statik. Sie enthalten die Gesetze des freien Falls, der schiefen Ebene, das Parallelogramm der

---
* 1671 aufgelöst, 1872 als italienische Nationalakademie wiederbegründet.
** Bei der Abreise 1634 hat er vermutlich sein *Eppur si muove – Und sie bewegt sich doch* gesprochen; denn ein jüngst aufgefundenes Bild, um 1640 von *Murillo* oder Schüler gemalt, zeigt *Galilei* im Kerker und enthält diesen Spruch. Damals war der Bruder des Erzbischofs von Siena als Militär in Madrid stationiert.

Bewegungen mit der Wurfparabel, die Pendelgesetze und eine Andeutung des Trägheitsgesetzes. *Galilei* fragt immer nur nach dem Wie, nicht nach dem Wodurch eines physikalischen Vorgangs. Das Experiment selbst dient bestenfalls zur Bestätigung einer logisch-mathematischen Herleitung; denn er war überzeugt, daß das Buch der Natur in der Sprache der Mathematik geschrieben ist (*Il Saggiatore*, 1623). *Galilei* erkennt dabei, daß man bei Messungen zwischen systematischen und zufälligen Fehlern unterscheiden müsse. Über die Verteilung der letzteren kommt er zu Erkenntnissen, die im wesentlichen das *Gauß*sche Fehlergesetz darstellen. – Nach 1610 schrieb *Galilei* in der Volkssprache. Sein Italienisch hat hohen Rang.

GALTON, *Francis*, Sir (seit 1909), 18. 2. 1822 bei Sparkbrook/ Birmingham – 17. 1. 1911 Haslemere/London. Er bereiste u. a. den Balkan, Ägypten, den Sudan und 1850–51 den Südwesten Afrikas, wofür er 1853 die Goldmedaille der Königl. Geographischen Gesellschaft erhielt. 1857 ließ er sich in London nieder. 1863 erkannte er die Bedeutung der von ihm so benannten Antizyklonen für die Meteorologie. Angeregt durch seinen Vetter *Charles Darwin* (1809–1882) schuf *Galton* wichtige Grundlagen der Vererbungslehre. Sein bekanntestes Werk *Hereditary Genius, its Laws and Consequences* (1869) enthält das *Galton*sche Vererbungsgesetz. Es besagt, daß Eltern, die vom Mittel abweichen, Nachkommen erzeugen, die im Durchschnitt in derselben Richtung vom Mittel abweichen; die Nachkommen zeigen im Durchschnitt einen »Rückschlag« hin zum Mittel. Wenn man nun die Häufigkeit der Abweichung vom Mittelmaß über den Abweichungen aufträgt, entsteht die *Galton*sche Kurve, die im Grenzfall die *Gauß*sche Kurve ist. 1883 begründete er die Eugenik (= Erbhygiene) und schuf deren erstes Institut in London. Zur Auswertung seines großen statistischen Materials schuf er die Korrelationsrechnung. Zur Demonstration der Binomialverteilung konstruierte er das Galtonsche Brett. Auch die Galtonpfeife geht auf ihn zurück. Die Methode der Fingerabdrücke zur Personenidentifikation wurde von ihm eingeführt.

GAUSS, *Carl Friedrich*, 30. 4. 1777 Braunschweig – 23. 2. 1855 Göttingen. Sohn einfacher Leute; seine Mutter konnte weder lesen noch schreiben. Herzog *Carl Wilhelm Ferdinand* von Hannover war sein Gönner und Förderer. 1792 vermutet *Gauß*, daß die Anzahl $\pi(x)$ der Primzahlen unterhalb von x asymptotisch gleich $(x : \ln x)$ ist, was erst *Jacques Hadamard* (1865 bis 1963) und *Charles de la Vallée-Poussin* (1866–1962) um 1900 beweisen konnten. Seit 1794 verwendet *Gauß* (der erst 17 Jahre alt ist!) das nach ihm benannte Fehlergesetz und die Methode der kleinsten Quadrate zum Ausgleich überschüssiger Beobachtungen. Im Juni 1798 gelingt ihm eine logische Begründung mit Hilfe der Wahrscheinlichkeitsrechnung.* Als er am 29. 3. 1796, noch vor dem Aufstehen, die Konstruierbarkeit des 17-Ecks mit Zirkel und Lineal entdeckt, beschließt er, Mathematik zu studieren. Für seine tiefgehenden mathematischen Ideen findet er nur bei seinem Kommilitonen, dem Ungarn *Farkas Bolyai* (1775–1856) Verständnis, mit dem er »Brüderschaft unter der Fahne der Wahrheit« schließt. 1799 legt *Gauß* in seiner Dissertation den Beweis des Fundamentalsatzes der Algebra vor. *Gauß* hat mit ungeheurem Fleiß umfangreichste numerische Rechnungen selbst bewerkstelligt, so u.a. die Reziproken der Primzahlen bis 1000 berechnet, um seine Vermutungen klarer zu erkennen. 1801 erschienen seine *Disquisitiones Arithmeticae* (deutsch erst 1889), die Grundlagen der Zahlentheorie. (Der Begriff »kongruent« und das Zeichen ≡ gehen auf ihn zurück.) Wenngleich *Gauß* zutiefst der Arithmetik und der Algebra zuneigte, so nehmen doch seine in den Naturwissenschaften wurzelnden Arbeiten den breitesten Raum in seinem Lebenswerk ein. Einen ungeheuren Erfolg erzielte *Gauß* durch die von ihm mittels der Methode der kleinsten Quadrate ermöglichte Wiederentdeckung des Planetoiden Ceres, der am 1. 1. 1801 von *Giuseppe Piazzi* (1746–1826) entdeckt und bis zum 11. 2. beobachtet worden war. Als man ihn nach dem Durchgang durch die Sonne nicht mehr lokalisieren konnte, berechnete *Gauß* im Oktober aus den wenigen Daten *Piazzi*s eine elliptische Bahn, und Ceres wurde am 31. 12. 1801 von *Zach* (Gotha) und am 1. 1. 1802 von *Olbers* (Bremen) wiedergefunden. Derselbe Erfolg wiederholte sich mit dem von *Olbers* im April 1802 entdeckten Planetoiden Pallas und bis 1807 mit den Planetoiden Juno und Vesta. 1807 wird *Gauß* Professor in Göttingen und Direktor der dortigen Sternwarte. 1809 legt er seine *Theoria motus corporum coelestium in sectionibus conicis solem ambientium* vor, die für lange Zeit *das* Lehrbuch der Himmelsmechanik bleibt.** 1816 wird er mit der Vermessung des Königreichs Hannover beauftragt. Dies führt einerseits zur Erfindung des Heliotrops, eines mit Sonnenspiegeln ausgestatteten Meßinstruments, andererseits zu grundlegenden Arbeiten über die optische Abbildung, über Geodäsie und über Differentialgeometrie.

Bis zur Mitte des Jahres 1800 hatte *Gauß* im wesentlichen die Theorie der elliptischen Funktionen und der Modulfunktionen aufgebaut, sie aber nicht veröffentlicht, da er nach der Devise »Pauca, sed matura« nur publizierte, was ihm reif und

1803

---
* Veröffentlicht hat *Gauß* das Gesetz erst 1809 in seiner *Theoria motus corporum coelestium*; 1821 und 1826 gab er eine neue Begründung der Methode. Unabhängig von *Gauß* erfand die Methode der kleinsten Quadrate *Adrien Marie Legendre* (1752–1833) im Jahre 1805, veröffentlicht 1806: *Sur la Méthode des moindres quarrés*. Wiederum unabhängig davon entdeckte der Amerikaner *Robert Adrain* (1775–1843) das Fehlergesetz und die Methode der kleinsten Quadrate, veröffentlicht 1808: *Research concerning the probability of errors which happen in making observations.*
** Das Werk war 1806 abgeschlossen. Wegen der vernichtenden Niederlage Preußens und Sachsens in der Schlacht von Jena und Auerstedt am 14. 10. 1806 sieht der Verlag 1807 keine Chance für ein solches Werk in deutscher Sprache und verlangt von *Gauß* die Übersetzung ins Lateinische.

vollkommen erschien. Seine sehr weit fortgeschrittenen Arbeiten zur nichteuklidischen Geometrie, mit der er sich seit 1792 beschäftigte, hielt er streng geheim. Es war seine »Überzeugung, daß wir die Geometrie nicht vollständig a priori begründen können«. Und weiter heißt es in dem Brief an *Bessel* (1784 bis 1846), daß er wohl nicht die Zeit habe, die ausgedehnten Untersuchungen darüber auszuarbeiten und zu veröffentlichen, »und vielleicht wird es auch nicht zu meinen Lebzeiten geschehen, weil ich das Geschrei der Böoter scheue, wenn ich meine Ansicht ganz aussprechen wollte«. Die Natur hatte ihm die Existenz gekrümmter Räume nicht geoffenbart, und so schwieg er, getreu seinem Wahlspruch »Thou nature art my goddess; to thy laws my services are bound«. Warum er auch noch schwieg, als ihm 1832 *Farkas Bolyai* die Schrift über die Entdeckung der nichteuklidischen Geometrie (seit 1823) durch seinen Sohn *János Bolyai* (1802–1860) zusandte, bleibt unverständlich. Unabhängig von *Bolyai* hatte in den Jahren 1823 bis 1825 *Nikolai Iwanowitsch Lobatschewski* (1792–1856) die nichteuklidische Geometrie entdeckt. Um dessen Arbeiten verstehen zu können, lernte *Gauß* in seinem 7. Lebensjahrzehnt noch Russisch. 1831 Ausbau der komplexen Zahlen; *Wilhelm E. Weber* (1804–1891) wird nach Göttingen berufen. Die Messung magnetischer Kräfte wird begründet (1832), 1833 wird der erste elektromagnetische Telegraph eingerichtet, der die Sternwarte mit dem Physikalischen Kabinett verbindet, und das Studium des Erdmagnetismus beginnt (1838). Das absolute Maßsystem der Physik wird geschaffen: Länge, Zeit und Masse sind die Grundgrößen (1832).

Mathematicorum princeps stand auf der Medaille, die der König von Hannover 1855 zum Gedenken an *Gauß* prägen ließ. Die alles überragende und einzigartige Geisteskraft *Gauß*ens hat *Felix Klein* (1849–1925) wie folgt beschrieben: »Es ist die Verbindung der größten Einzelleistung in jedem ergriffenen Gebiet mit größter Vielseitigkeit; es ist das vollkommene Gleichgewicht zwischen mathematischer Erfindungskraft, Strenge der Durchführung und praktischem Sinn für die Anwendung bis zur sorgfältig ausgeführten Beobachtung und Messung einschließlich; und endlich, es ist die Darbietung des großen selbstgeschaffenen Reichtums in der vollendetsten Form.«

HUYGENS, *Christiaan*, Herr auf Zelem und Zuylichem, 14.4.1629 Den Haag – 8.7.1695 Den Haag. Seine Familie steht im diplomatischen Dienst des Hauses Oranien. Er studierte zuerst Jurisprudenz. Dann schult er sich an *Archimedes* und *Pappos*, deren Werke in Mechanik und Mathematik er ab etwa 1650 fortsetzte. Hydrostatik (1650), Quadratur der Kegelschnitte und Oberfläche parabolischer Drehkörper (1651). Er reiste nach Dänemark (1649), mehrmals nach England und Frankreich, wo er von 1666 bis 1681 lebt (1666 Mitglied der in diesem

um 1685

Jahr gegründeten Académie des Sciences in Paris), kehrt nach einer schweren Erkrankung nach Den Haag zurück. Er galt als der führende Mathematiker und Physiker, bis ihm *Newton* den Rang ablief. Der Briefwechsel *Pascal–Fermat* regt ihn 1655–57 zu einer Theorie von Glücksspielen an. Dabei schuf er den Begriff der mathematischen Erwartung. 1669 lösten er und sein Bruder *Lodewijk* (†1699) wahrscheinlichkeitstheoretische Fragen über die Lebenserwartung. – Er entwickelte ferner eine allgemeine Evolutentheorie; dabei Behandlung der Zykloide (Thema eines 1658 von *Pascal* verbreiteten Preisausschreibens), Nachweis der Tautochronie (1659). Sein Können verbindet Mathematik, Physik, Astronomie und Technik und führt zur Erfindung der Pendeluhr (1656). Für Schiffsuhren ersetzt er das Pendel durch die Feder-Unruhe (1675; Prioritätsstreit mit *Robert Hooke* [1635–1703]). Mit Hilfe des *Snellius*schen Brechungsgesetzes verbessert er Linsensysteme in Mikroskop (*Huygens*-Okular, 1677) und Fernrohren und entdeckt 1655 den ersten Saturnmond Titan, 1656 den Ring des Saturn und den Orionnebel. Ferner zeigt er, daß *Descartes*' Stoßgesetze falsch sind (*De motu corporum ex percussione*, 1667, ed. 1703; enthält auch das Relativitätsprinzip der klassischen Mechanik). Schöpfer der Wellentheorie des Lichts (*Traité de la lumière*, 1678, ed. 1690), wodurch er die Doppelbrechung in Kristallen erklären kann. Entdeckung der Polarisation des Lichts beim Durchgang durch einen Kalkspatkristall. Er teilt *Descartes*' Auffassung von der mechanischen Erklärbarkeit der Natur und entwickelt einen Erhaltungssatz der Energie. 1687 löst er die Isochronenaufgabe von *Leibniz*, 1690 ebenso wie *Leibniz* und *Johann I. Bernoulli* die Aufgabe *Jakob Bernoullis* und widerlegt damit *Galileis* Ansicht, daß eine Kette in Form einer Parabel durchhängt. Herleitung der Zentrifugalkraft in *De Vi Centrifuga* (ed. 1703).

KOLMOGOROW, *Andrei Nikolajewitsch*, 25.4.1903 Tombow. Graduierte 1925 an der Universität von Moskau. Lehrte vorübergehend in Paris. 1931 Professor für Mathematik in Moskau. 1941 wird ihm der Stalinpreis verliehen. 1963 erhält er den Balzanpreis* für Mathematik und wird Held der sozialistischen Arbeit**. Träger des Leninordens und des Hammer- und-Sichel-Ordens. – Sein Spezialgebiet ist die Theorie reeller Funktionen, die er ab 1925 zusammen mit *A. J. Chintschin* (1894–1959) auf die Wahrscheinlichkeitsrechnung anwendet. Später entwickelte er die Theorie stationärer zufälliger Prozesse, woraus Erkenntnisse zur automatischen Regelung und

---

* *Eugenio Balzan* (1874–1953), Journalist und Zeitungsverleger, floh 1932 aus dem faschistischen Italien in die Schweiz. Sein großes Vermögen hinterließ er der Eugenio-Balzan-Stiftung. – 1982 wurde die Auszeichnung mit 250000 Schweizer Franken dotiert.
** Sowjetischer Ehrentitel, verliehen seit 1938 als höchste Stufe der Auszeichnungen für hervorragende Leistungen in Wirtschaft, Technik und Wissenschaft.

die Theorie über verzweigte Zufallsprozesse entstanden. Darüber hinaus arbeitete er an einer statistischen Theorie der Turbulenz und an statistischen Kontrollmethoden bei der Massenproduktion.

LAMBERT, *Johann Heinrich*, 26.8.1728 Mühlhausen/Elsaß bis 25.9.1777 Berlin. Sollte eigentlich Geistlicher werden, erlernte wegen mangelnder Stipendien das väterliche Schneiderhandwerk; Autodidakt durch ständige Lektüre. Sekretär des Stadtschreibers, 17jährig Hauslehrer in der Baseler Juristenfamilie *Iselin*, 1748–56 beim Reichsgrafen *Peter von Salis* in Chur; dann zweijährige Bildungsreise mit seinen Zöglingen durch Westeuropa. Endlich 1765 Aufnahme in die Preußische Akademie der Wissenschaften, wo er als einziger auf Grund seines universalen Wissens das Recht hatte, in allen 4 Klassen zu lesen. – 1744 formulierte er den *Lambert*schen Satz über die Krümmung der scheinbaren Bahnen von Himmelskörpern, 1759 erschien die *Freie Perspektive*. 1760 begründete er die Photometrie (*Lambert*sche Kosinusgesetze) mit *Photometria sive de mensura et gradibus luminis, colorum et umbrae*; in ihr wird erstmalig das Maximum-Likelihood-Prinzip verwendet (§ 303). Seine Abhandlungen *Hygrometrie* (1774) und *Pyrometrie* (1779) begründen die entsprechenden Fachgebiete. Für Kartennetzentwürfe verwendet er als erster die nach ihm benannte flächentreue Azimutalabbildung. Mit seinem *Neues Organon oder Gedanken über die Erforschung und Bezeichnung des Wahren und dessen Unterscheidung vom Irrtum und Schein* (1764) ist er der bedeutendste Vertreter des deutschen Rationalismus vor *Immanuel Kant* (1724–1804). In den 4bändigen *Beyträgen zum Gebrauche der Mathematik und deren Anwendungen* (1765–1772) verwendet er 1765 eine stetige Wahrscheinlichkeitsverteilung für die Meßfehler, prägt die Ausdrücke »Theorie der Fehler« und »Zuverlässigkeit« von Beobachtungen, stellt einen interessanten Zusammenhang zwischen Kreis- und Hyperbelfunktionen her und beweist 1767 die Irrationalität von π, fördert die sphärische Trigonometrie, begründet die Tetragonometrie und untersucht 1772 Fragen der demographischen Statistik, u.a. Absterbeordnungen. Durch seine *Theorie der Parallellinien* (1786) wird er zu einem Wegbereiter der nichteuklidischen Geometrie. Der Philosophie der Mathematik ist die *Architectonic oder Theorie des Einfachen und Ersten in der philosophischen und mathematischen Erkenntnis* (1771) gewidmet.

LAPLACE, *Pierre Simon*, seit 1817 Marquis de, 28.3.1749 Beaumont-en-Auge – 5.3.1827 Paris. Der Sohn armer normannischer Landleute*, zum Geistlichen bestimmt, wird ab 1768 von *d'Alembert* (1717–1783) gefördert. 1771–76 Lehrer für

* Nach einer Mitteilung von Prof. Dr. *Hans Richter* ist diese Herkunftsangabe nicht zutreffend. *Laplace* benutzte diese Legende nur während der Französischen Revolution.

Mathematik an der École Militaire, 1783 Prüfer, 1785 Mitglied der Académie wegen seiner astronomischen Arbeiten. 1794 Professor für Mathematik an der neugegründeten École Polytechnique und Assistent von *Joseph Louis Lagrange* (1736 bis 1813) an der École Normale. Gleichzeitig Vorsitzender der Kommission für Maße und Gewichte zur Einführung des metrischen Systems. 1799 glückloser Innenminister unter *Napoléon*, nach 6 Wochen in den Senat abgeschoben**, 1803 dessen Kanzler. Marquis und Pair von Frankreich unter *Ludwig XVIII.* 1799–1825 erscheint sein 5bändiger *Traité de Mécanique Céleste*. Zusammen mit *Gauß* (1777–1855) Begründer der Potentialtheorie (Vorarbeiten dazu von *Euler*). *Herschels* Entdeckung zahlreicher Nebelflecke in verschiedenen Stadien läßt ihn die Nebularhypothese aufstellen (*Exposition du système du monde* 1796). Rein theoretisch leitet er die longitudinalen Schwingungsvorgänge an Stäben her. Die Wellentheorie des Lichts lehnt er ab. Zusammen mit *Biot* (1774–1862) versucht er, Doppelbrechung und Polarisation durch die Emissionstheorie zu erklären. 1784 veröffentlicht er zusammen mit *Lavoisier* (1743–1794) ein großes Werk, das den damaligen Stand der Wärmetheorie zeigt. Erste exakte Untersuchungen zur Ausdehnung fester Körper. Bestimmung der spezifischen Wärmen verschiedener Stoffe. 1816 verbessert er *Newtons* Formel für die Schallgeschwindigkeit. Durch eine Unterscheidung von Adhäsion und Kohäsion glückt ihm 1806 die mathematische Erfassung der Kapillarität. Der Weiterentwicklung der Wahrscheinlichkeitsrechnung ist seine *Théorie analytique des probabilités* (1812) gewidmet, in der auch die Ergebnisse aller früheren Untersuchungen zusammengefaßt sind. *Laplace* entwickelte darin als erster systematisch die Hauptsätze der Wahrscheinlichkeitstheorie und bewies auch die Sätze, die heute nach *de Moivre* und *Laplace* benannt werden. – Leider gab *Laplace* Erkenntnisse, die er von anderen hatte, als seine eigenen aus; so manches Mal wußte er zu verhindern, daß fremde Arbeiten, auf die er dann aufbaute, vor den eigenen erschienen.

LEIBNIZ, *Gottfried Wilhelm*, 1.7.1646 Leipzig–14.11.1716 Hannover. 1666 *Dissertatio de arte combinatoria*. 1667 Doktor der Jurisprudenz. 1672–76 wird er als kurmainzischer Diplomat nach Paris gesandt; er soll – seinem Plan zufolge – *Ludwig XIV.* überreden, Ägypten zu erobern. (Dadurch soll der französische Druck auf die Westflanke des Reichs nachlassen, und dieses könnte sich dann der Bekämpfung der Türken widmen.) In Paris konstruierte er 1672 eine 4-Spezies-Rechenmaschine. 1673 wird er anläßlich einer Reise nach

** *Laplace* empfahl den 14. Juli als Nationalfeiertag. – *Napoléons* Urteil über *Laplace*: »Schon bei seiner ersten Arbeit bemerkten die Konsuln, daß sie sich in ihm getäuscht hatten; *Laplace* erfaßte keine Frage unter ihrem wahren Gesichtspunkt; er suchte überall Spitzfindigkeiten, hatte nur problematische Ideen und trug schließlich den Geist des unendlich Kleinen bis in die Verwaltung hinein.«

um 1700

London Mitglied der Royal Society. Wieder in Paris, studierte er bei *Huygens* Mathematik. Dieser wies ihn auf *Pascals* »Zusammenzählung« kleinster Flächenstücke hin, erschienen 1659 in den *Lettres de A. Dettonville*, ein Pseudonym *Pascals*. Durch dessen *Traité des sinus du quart de cercle* angeregt, schuf *Leibniz* im Oktober 1675, 10 Jahre nach *Newton* (1643–1727), aber unabhängig, die Infinitesimalrechnung. *Leibniz*ens glücklichere Symbolik setzte sich durch*. 1679 erfindet er die Dyadik (= Binärsystem), veröffentlicht sie aber erst 1703. 1686, ein Jahr vor dem Erscheinen von *Newtons Principia*, erklärt er, *Huygens* folgend, die »lebendige Kraft« mv^2 als Maß für die Bewegung und fordert die Konstanz von Σmv^2 bei mechanischen Prozessen; damit stellt er sich gegen *Descartes*, der die Konstanz der gesamten vis motus Σmv postuliert hatte. 1687 stellt und löst er das Isochronenproblem: Ein Körper muß sich auf einer *Neil*schen Parabel bewegen, damit er sich in gleichen Zeiten dem Erdboden in gleichen senkrechten Stücken nähert. Als Hofrat und Bibliothekar in Hannover (seit 1676) muß er die Geschichte des welfischen Hauses schreiben. Er regt die Gründung der Berliner Akademie der Wissenschaften an und wird 1700 deren erster Präsident. Er möchte Europa mit einem Netz von Akademien überziehen. *Leibniz* war Jurist und Diplomat, Historiker, Mathematiker und Philosoph, darüber hinaus an Technik interessiert (Erfindung des Aneroidbarometers, Erkenntnis des Unterschieds von Roll- und Gleitreibung, Entwässerungsprobleme in Bergwerken, Seidenraupenzucht). Er versuchte einen Ausgleich zwischen der katholischen und der evangelischen Kirche herbeizuführen und weckte das kulturhistorische Interesse für den Fernen Osten, insbesondere für China.

MÉRÉ, *George Brossin, Antoine Gombaud,* Chevalier (später Marquis) de, März/April 1607 Bouëx/Charente – 29.12.1684 Château de Baussay bei Niort. 1620 in den Malteserorden eingetreten, quittierte er nach einigen Gefechten zur See 1645 den Dienst, ließ sich in Paris nieder und wurde bald zum arbiter elegantiarum der dortigen Gesellschaft. Er war schriftstellerisch tätig. *Sainte-Beuve* (1804–1869) sah in ihm den Typ des honnête homme des 17. Jahrhunderts. *Pascal* jedoch schrieb an *de Fermat* am 29.7.1654 über *de Méré* »... car il a tres bon esprit mais il n'est pas geometre (c'est, comme vous sçavez, un grand defaut)...«

MISES, *Richard Edler von*, 19.4.1883 Lemberg – 14.7.1953 Boston. Professor in Straßburg 1909, Dresden 1919, Berlin 1920, Istanbul 1933 und schließlich 1939 an der Harvard-University in Cambridge (Mass.). Seine Kenntnisse in Aero-

---

* Erst 1684 veröffentlichte er seine Gedanken unter dem Titel *Nova methodus pro maximis et minimis, itemque tangentibus, quae nec fractas nec irrationales quantitates moratur, et singulare pro illis calculi genus.*

dynamik und Aeronautik befähigten ihn zum Aufbau einer
österreichischen Luftwaffe im 1. Weltkrieg. Aus seinem 1916
erschienenen Buch über das Flugwesen entstand während des
2. Weltkriegs die *Theory of flight*. Richtungweisende Arbeiten auf fast allen Gebieten der angewandten Mathematik,
Schöpfer der Motorrechnung, Arbeiten in der theoretischen
Mechanik (Hydrodynamik, Elastizitäts- und Plastizitäts-
theorie), bedeutende Beiträge zur Geometrie, Wahrscheinlichkeitsrechnung und Statistik. Von Anfang an lehnte er die
maximum-likelihood-Methode *R. A. Fisher*s ab. 1950 wandte
er sich noch gegen die Theorie der kleinen Stichproben (small
sample theory).

1930

MOIVRE, *Abraham de*, 26. 5. 1667 Vitry-le-François – 27. 11.
1754 London. Sohn eines protestantischen Arztes. Besuch einer
kathol. Grundschule, dann einer protestant. Oberschule in
Sedan, die 1681 wegen wachsenden Glaubenshasses geschlossen wird. Studium in Paris. Nach der Aufhebung des Edikts von
Nantes am 18. 10. 1685 wurde *Moivre* als Protestant im selben
Jahr noch inhaftiert. Nach seiner Freilassung am 27. 4. 1688
flieht er nach England, wo er das *de* seinem Namen beifügt. Anhand der Algebra (1685) von *Wallis* und der *Philosophiae Natu-
ralis Principia Mathematica* (1687) von *Newton* (1643–1727) arbeitet sich *de Moivre* rasch in die entstehende Differentialrechnung ein. 1695 legt *Halley* (1656–1742) eine Arbeit *de Moivre*s
über die Differentialrechnung der Royal Society vor, die ihn
1697 zu ihrem Mitglied macht. 1735 wird er Miglied der Akademie der Wissenschaften in Berlin, aber erst im Jahre seines To-
des der von Paris. 1712 wurde er Mitglied der Großen Kommission der Royal Society, die den *Leibniz-Newton*-Disput
schlichten sollte. Trotz der großen Wertschätzung, die man
allenthalben *de Moivre* entgegenbrachte – so schickte angeblich
der alternde *Newton* Studenten weg mit »Go to Mr. de Moivre;
he knows these things better than I do« –, erhielt *de Moivre* keinen Ruf an eine Universität. Er mußte seinen Lebensunterhalt
mühsam als Privatlehrer, Autor und als Experte für praktische
Anwendungen der Wahrscheinlichkeitstheorie für Versiche-
rungen und Glücksspieler verdienen. Er beklagte sich 1707 bei
Johann Bernoulli über die sinnlose Verschwendung der Zeit, die
er zum Aufsuchen seiner Schüler benötigte. Gleich nach seiner
Ankunft in England, so erzählte er später selbst, hat er diese Zeit
dazu genutzt, *Newton*s *Principia* zu studieren, indem er die großen Blätter zerschnitt und die handlichen Zettel während des
Gehens las. Im Alter von 87 Jahren erkrankte der teilweise
blind und taub Gewordene an Schlafsucht (er schlief 20 Stunden am Tag), die auch zu seinem Tode führte. – Andeutungen
der berühmten Formel $(\cos x + i \cdot \sin x)^n = \cos nx + i \cdot \sin nx$
tauchen 1707 auf und gewinnen klarere Gestalt 1722; die moderne heutige Form entwickelte jedoch 1748 *Euler*. Sehr inten-
siv beschäftigte sich *de Moivre* mit der Wahrscheinlichkeits-

1736

rechnung, angeregt durch *Montmorts Essay* (1708). In seiner Arbeit *De Mensura Sortis, seu, De Probabilitate Eventuum in Ludis a Casu Fortuito Pendentibus* (1711) wirft er *Montmort* ungerechterweise vor, nur *Huygens' De ratiociniis in aleae ludo* verbessert zu haben. 1715 konnte er den Streit mit *Montmort* beilegen. 1718 erschien dann eine bereits 1716 abgeschlossene, erweiterte englische Fassung der *De Mensura Sortis* unter dem Titel *The Doctrine of Chances: or, a Method of Calculating the Probability of Events in Play*. Sie erlebte 1738 und posthum 1756 eine jeweils erweiterte Neuauflage. 1722 überarbeitete er *Coste*s Übersetzung ins Französische von *Newton*s *Optik*. 1730 gelang es ihm in den *Miscellanea Analytica de Seriebus et Quadraturis*, eine Näherungsformel für $n!$ zu finden, die heute nach *James Stirling* (1692–1770) benannt ist. Mit seiner *Approximatio ad Summam Terminorum Binomii $(a+b)^n$ in Seriem expansi* legte er 1733 die Grundlagen für den lokalen und integralen Grenzwertsatz. Neben *Montmort* schuf *de Moivre* die analytischen Grundlagen der Wahrscheinlichkeitstheorie. Dabei entdeckte er 1711 die rekurrenten Folgen und Reihen. Außerdem geht der Begriff der erzeugenden Funktion auf ihn zurück, die später bei *Laplace* eine bedeutende Rolle spielen wird. Angeregt durch *Halley*s Statistische Mortalitätstheorie (1693) wertet *de Moivre* zur Berechnung von Versicherungsprämien Sterbetafeln aus; 1725 erschien sein *Treatise of Annuities on Lives*. *De Moivre* ist damit schließlich der Aufforderung *Nikolaus' I. Bernoulli*s nachgekommen, dem 4. Teil der *Ars Conjectandi* einen Abschluß zu geben durch Anwendung der Wahrscheinlichkeitsrechnung auf *bürgerliche, sittliche und wirtschaftliche Verhältnisse*, wie *Jakob Bernoulli* seinen 4. Teil überschrieben hatte. 1740 veröffentlichte *Thomas Simpson* (1710–1761) mit *The Nature and Laws of Chance* ein Plagiat der *Doctrine of Chances* von 1738 und 1742 mit *The Doctrine of Annuities and Reversions* ein Plagiat der *Annuities on Lives*, was *de Moivre* schwer traf, da er ja von seinen Büchern lebte. Er gab daher 1743 seine *Annuities* erneut heraus mit einem heftigen Angriff auf *Simpson*. 1756 erschien dann die 5. Auflage dieses Werks. – Neben der Mathematik und der französischen Dichtkunst seiner Zeit beherrschte *de Moivre* die römischen und griechischen Klassiker so sehr, daß man oft seinen Rat suchte. Er war auch einer der wenigen, die *Newton*s Physik und *Newton*s kosmologisch-theologische Gedanken verstanden. Wie dieser war *de Moivre* überzeugt, daß die Gesetze, denen zufolge die Ereignisse eintreten, von außerhalb stammen: »[...], if we blind not ourselves with metaphysical dust, we shall be led, by a short and obvious way, to the acknowledgement of the great MAKER and GOVERNOUR of all; *Himself all-wise, all-powerful and good*.«

MONTMORT, *Pierre Rémond de*, 27.10.1678 Paris bis 7.10.1719 Paris. Da er das von seinem Vater gewünschte Rechtsstudium nicht aufnehmen will, flieht er nach England, Holland und schließlich zu seinen Verwandten nach Regensburg. 1699 kehrt er nach Frankreich zurück, reist 1700 nochmals nach England und wird dann als Nachfolger seines Bruders Kanoniker von Notre-Dame zu Paris. 1706 zieht er sich auf das 1704 gekaufte Gut Montmort zurück und läßt auf eigene Kosten mathematische Arbeiten drucken. 1708 erscheint in Paris anonym sein Werk *Essay d'Analyse sur les Jeux de Hazard*, das *de Moivre* 1711 in seiner *De Mensura Sortis* geringschätzig abtut und das 1713 unter dem Einfluß der *Ars conjectandi Jakob Bernoullis* (Jan.–Apr. 1713 war *Nikolaus Bernoulli* zu Gast bei *Montmort*) eine 2., erweiterte Auflage erfährt. Es enthält die Lösungen für viele Spielprobleme, darunter auch eine Verallgemeinerung des problème des partis. Als erster stellt er explizit das Problem der Spieldauer und löst es zusammen mit *Nikolaus Bernoulli*. 1711–1715 diskutieren beide das Spiel Le Her, wo neben dem Zufall noch die Strategie der Spieler eine Rolle spielt. *Montmorts* Idee der Strategienmischung wird nicht weiter verfolgt. Erst 1928 griff *v. Neumann* das Problem mit der Spieltheorie wieder auf. *De Moivre* diente *Montmort* – nach Beilegung ihres Streits – als Dolmetscher, als dieser nach London kam, »mehr um die Gelehrten zu sehen als die berühmte Sonnenfinsternis« vom 3.5.1715. Anläßlich seines Aufenthalts wurde er Mitglied der Royal Society und 1716 der Académie des Sciences in Paris. Im heftigen Prioritätenstreit zwischen *Newton* und *Leibniz* bedient sich *Leibniz* 1716 seiner als neutralen und verständnisfähigen Zeugen. Sein Werk *De seriebus infinitis* (1717) beschäftigt sich mit der Reihenlehre. Das Erscheinen von *de Moivres Doctrine of Chance* 1718 erbitterte *Montmort* sehr. Er warf *de Moivre* vor, Ergebnisse der 2. Auflage seines *Essay* einfach übernommen zu haben. *Montmorts* Tod erledigte den Disput. – Daß ein untadeliger Mann wie *Montmort* sich mit Wahrscheinlichkeitsrechnung beschäftigte, trug dazu bei, daß man sie ernst nahm.

NEUMANN, *John von*, eigentlich *János Baron von Neumann*, 28.12.1903 Budapest–8.2.1957 Washington. Er war einer der hervorragendsten Mathematiker des 20. Jahrhunderts. Seine Arbeiten umfassen eine ungeheure Breite des mathematischen Spektrums. Bereits 1923 veröffentlichte er eine Arbeit über transfinite Zahlen. 1926 promovierte er in Mathematik an der Universität Budapest, nachdem er 1925 eine Axiomatisierung der Mengenlehre gefunden hatte. Er studierte u.a. in Göttingen bei *Max Born*. Über Berlin kam er 1930 nach Princeton (USA), wo er 1933 Professor am Institute for Advanced Study wurde.

Neumanns Arbeiten auf dem Gebiet der Wahrscheinlichkeitstheorie führten ihn 1928 zur Schaffung der Theorie strategischer Spiele, kurz »Spieltheorie« genannt. Die große Bedeutung dieser Theorie für die Wirtschaftsmathematik zeigte sich erst,

1956

nachdem er und *O. Morgenstern* ihr grundlegendes Werk *Theory of games and economic behaviour* 1944 veröffentlicht hatten. *V. Neumann*s Interesse galt aber vielfach der Grundlagenforschung. So gelang es ihm 1930, ein Axiomensystem für die Funktionalanalysis aufzustellen; 1932 konnte er die Quantentheorie axiomatisieren. Im selben Jahr stellte er die Quasiergodenhypothese auf und bewies sie; sie ist Grundlage der Quantenstatistik. Die Breite seines Geistes zeigt sich an seinen Arbeitsgebieten: fastperiodische Funktionen, topologische Vektorräume, kontinuierliche Gruppen, Operatoren in Hilbert-Räumen, Maß- und Verbandstheorie. Seine Arbeiten auf den Gebieten der numerischen Analysis, der Automatentheorie und der mathematischen Logik trugen sehr zur Entwicklung der Datenverarbeitung bei. Auch an der Entwicklung der 1. Atombombe in Los Alamos hatte *v. Neumann* maßgeblichen Anteil. Und schließlich beschäftigte ihn das Problem einer Langzeitwettervorhersage. 1955 wurde er Mitglied der Atomic Energy Commission, die ihm 1956 den Enrico-Fermi-Preis (50 000 $) verlieh.*

NEYMAN, *Jerzy***, 16. 4. 1894 Bendery/UdSSR – 5. 8. 1981 Berkeley/USA. 1912–17 Studium der Mathematik (u. a. der Arbeiten von *Henri Lebesgue* [1875–1941]) in Charkow (Schüler von *S. N. Bernschtein* [1880–1968], auf dessen Rat er *Karl Pearson*s *Grammar of Science* studiert), 1920 dort Dozent. Auf Grund des Friedensvertrages von Riga (18. 3. 1921) zwischen Polen und der Sowjetunion Umsiedlung der polnischen Bevölkerung der UdSSR nach Polen; *Neyman* findet Arbeit im von Deutschland bar jeden Materials zurückgelassenen Nationalen Landwirtschaftsinstitut in Bromberg. Winter 1921/22 Fahrt nach Berlin zum Bücherkauf. Dez. 1922 Beschäftigung beim Staatlichen Wetterdienst in Warschau, Herbst 1923 Assistent der dortigen Universität und Dozent für Mathematik und Statistik an der Zentralen Landwirtschaftsschule. 1924 Promotion in Warschau, daraufhin zusätzlich einige Tage in der Woche an der Universität in Krakau tätig. In dieser Zeit fügt er seinem Namen ein seiner Familie zustehendes Adelsprädikat bei: *Spława-Neyman*. Als Stipendiat der polnischen Regierung und – nach Ablauf – der Rockefeller Foundation setzte er seine Studien 1925–26 in London und 1926–27 in Paris fort. Nach der Rückkehr nach Polen Mitarbeiter in einer Zuckerrübensamenzuchtanstalt in Krakau. 1928 Habilitation und Dozent in Warschau. Bis 1934 arbeitete er eng mit den englischen Statistikern, insbesondere mit *Egon Sharpe Pearson*, zusammen. Ab 1930 entwickelte er in Warschau die Theorie der Konfidenzintervalle. 1934 Assistent, 1935 a. o. Professor für Statistik in London. Gastdozent in Paris, 1937 in den USA,

um 1935

---

* Der Enrico-Fermi-Preis wird seit 1954 nahezu alljährlich vergeben (meist mit 25 000 $ dotiert) für außergewöhnliche Verdienste um die Entwicklung der Kernphysik und ihrer Anwendungen. Erster Preisträger war *Enrico Fermi* (1901–1954).

** = *Georg*

1938 Ruf an die University of California in Berkeley. 1941 wurde er Direktor des dortigen Statistical Laboratory, das er auch nach seiner Emeritierung (1961) bis zu seinem Tode weiter leitete. Durch ihn wurde Berkeley zu einem weltberühmten Zentrum der Statistik. Während des Krieges statistische Arbeiten über die Effizienz von Bombardierungsstrategien, Vorbereitung der Landung in der Normandie. 1944 eingebürgert. 1946 gehörte er als Experte der US-Mission zur Überwachung der Wahlen in Griechenland an. 1951–63 zusammen mit *Elizabeth Scott* (1917–   ) Arbeiten über die statistische Verteilung von Galaxien. Ab 1950 beteiligt an Programmen zur Erzeugung künstlichen Regens, Entwicklung eines stochastischen Epidemie-Modells, Arbeiten zur Karzinogenese, Probleme der Luftverschmutzung. – *Neyman* unterstützte die Bürgerrechtsbewegung von *Martin Luther King* (1929–1968) und gehörte der Anti-Vietnam-Kriegsbewegung an. 1968 erhielt er die Medal of Science, die höchste wissenschaftliche Auszeichnung der USA. – Sein Schüler *Lucien Le Cam* (1924–   ): »*Fisher* verdanken wir eine große Anzahl statistischer Methoden, *Neyman* hingegen die Basis des statistischen Denkens.«

PACIOLI (auch *Paciuolo*), *Luca*, um 1445 Borgo Sansepolcro (Umbrien) – kurz nach dem 30.8.1514 wahrscheinlich Rom. Von 1464 bis 1470 war er Hauslehrer bei den *Rompiasi* in Venedig, trat dann aber in den franziskanischen Minoriten-Orden ein und nannte sich *Frater Lucas de Burgo Sancti Sepulcri*. 1477 wurde er Professor an der Universität von Perugia, 1481 finden wir ihn im kroatischen Zadar. 1487 kommt er, seit 1486 Magister der Theologie, wieder nach Perugia, wo er eine Modellsammlung der regulären Polyeder herstellt. Von dort wechselt er 1489 nach Rom, für 3 Jahre nach Neapel, 1494 nach Venedig, 1496 nach Mailand und 1500 nach Florenz. Bis 1506 lehrte er außerdem in Pisa, Bologna und Perugia Mathematik. 1508 ist er wieder in Venedig, 1510 wieder in Perugia. 1514 ernennt ihn Papst *Leo X.* zum Professor an der Sapienza in Rom. In seiner 1487 in Italienisch geschriebenen *Summa de Arithmetica Geometria Proportioni et Proportionalita*, die 1494 erschien und die u.a. das erste zusammenfassende Werk über Angewandte Mathematik ist, beschrieb er als erster die doppelte Buchführung. Es enthält auch erste Beispiele zur Wahrscheinlichkeitsrechnung. *De divina proportione*, 1496 vollendet, aber erst 1509 veröffentlicht, wurde von *Leonardo da Vinci* (1452–1519), einem seiner Freunde, illustriert. Sein 1498 verfaßtes Werk *De viribus quantitatis* enthält magische Quadrate, also noch vor *Albrecht Dürers* (1471–1528) berühmtem magischen Quadrat in der Melencolia 1 von 1514.

1491

PASCAL, *Blaise*, 19.7.1623 Clermont-Ferrand–19.8.1662 Paris. Die Mutter starb bereits 1626; 1631 ging die Familie nach Paris. Der Vater, *Étienne Pascal* (1588–1651), Entdecker bestimmter Kurven 4. Ordnung, der *Pascal*schen Schnecken, unterrichtete *Blaise* selbst, legte dabei aber zunächst nur Wert auf eine sprachliche Ausbildung. Die Elemente des *Euklid* studierte der Knabe ohne Schwierigkeit; als 11jähriger schrieb er eine verlorengegangene Arbeit über Töne. 1640 veröffentlicht er eine Abhandlung über Kegelschnitte auf projektiver Grundlage, den *Essay pour les coniques*, in Form eines Flugblatts. Von den weiteren Arbeiten über Kegelschnitte aus den Jahren 1644–48 ist nur die erhalten, von der *Leibniz* aus dem Nachlaß eine Kopie anfertigte; sie enthält den berühmten *Pascal*schen Satz über das hexagramme mystique. Die umfangreichen Rechenaufgaben seines Vaters, der Steuerinspektor in Rouen wurde, regen ihn zum Bau einer Rechenmaschine an (1642). Innerhalb von 2 Jahren baut er 50 Modelle. 1652 geht ein verbessertes Modell an Königin *Christine* von Schweden. 1646 beginnt er mit seinen hydrostatischen Untersuchungen. 1648 veranlaßt er seinen Schwager, *Torricellis* Versuch von 1644 am Fuß und auf dem Gipfel des 1495 m hohen Puy de Dôme zu wiederholen, wodurch es ihm gelingt, den Luftdruck als Ursache der Erscheinung nachzuweisen; die Theorie vom »horror vacui« der Materie ist widerlegt. – 1646 wurde *Pascal* zum Jansenismus bekehrt, unternahm aber 1652–53 mehrere Reisen, vielleicht auch mit *de Méré*, der ihm u. a. das problème des partis (Verteilung des Einsatzes bei vorzeitigem Spielabbruch) vorlegte. *Pascal* löste es im *Traité du Triangle Arithmétique* (gedruckt 1654, veröffentlicht erst 1665), wo er in der Conséquence douzième das Beweisverfahren der vollständigen Induktion erfand. Ab 1655 zieht sich *Pascal*, der seit seinem 18. Lebensjahr keinen Tag ohne Schmerzen verbracht hat, zeitweise in das Kloster Port-Royal zurück und widmet sich religiösen Meditationen und theologischen Studien. Seine *Pensées*, eine Schrift zur Verteidigung des Christentums, werden 8 Jahre nach seinem Tode veröffentlicht. *Pascal* gilt als das größte religiöse Genie des modernen Frankreich. 1658 beschäftigt sich *Pascal* wieder mit der Mathematik; es entstehen Arbeiten über Rollkurven (Zykloiden). 1662 erhält *Pascal* ein Patent für die carrosses à cinq sols, die erste Pariser Omnibuslinie, die am 18. 3. 1662 ihren Betrieb aufnimmt. – Das klassische Ideal der Universalität, sich nicht in eine Aufgabe zu verbohren, kam dem sprunghaften Temperament *Pascal*s sehr entgegen. – Siehe auch unter **LEIBNIZ**.

PEARSON, *Egon Sharpe* 11. 8. 1895 London – 12. 6. 1980 Midhurst (Sussex), Sohn von *Karl Pearson* und *Maria Sharpe*. Studium der Mathematik am Trinity College in Cambridge, 1921 Dozent. Unter Anleitung seines Vaters widmete er sich der Statistik und wurde 1924 Mitherausgeber der *Biometrika*, 1936–1966 deren Herausgeber. Angeregt durch einen Brief (11. 5. 1926) *William Gosset*s (1876–1937), der starken Einfluß auf ihn hatte, schufen er und *Jerzy Neyman* in den Jahren

um 1966

1928–1933 Grundlagen der statistischen Testtheorie, indem sie über *R. A. Fisher*s Idee des Signifikanztests mit seiner Nullhypothese hinausgingen und die Vielfalt der Alternativen in Betracht zogen. Aus einem Kontakt (1931, USA) mit *W. H. Shewhart* von den Bell Telephone Laboratories entstanden wichtige Gedanken zur Qualitätskontrolle in der Industrie, die *Pearson* zeit seines Lebens weiter verfolgte, so während des 2. Weltkriegs bei der Herstellung von Geschossen und Fluggeräten. Anläßlich der Emeritierung (1933) seines Vaters wurde dessen Galton-Lehrstuhl aufgeteilt in einen für Eugenik, den *R. A. Fisher* erhielt, und in einen für Statistik, auf den *E. S. Pearson* zunächst als a. o., 1935 als o. Prof. berufen wurde (Emeritierung 1960). Diese Aufteilung fand weder die Zustimmung *Fisher*s noch die *Karl Pearson*s! – Neben der Theorie des statistischen Schließens und der industriellen Qualitätskontrolle widmete sich *Pearson* Fragen der geschichtlichen Entwicklung statistischer Methoden.

PEARSON, *Karl*, 27.3.1857 London – 27.4.1936 London, einer der Väter der modernen Statistik. Er studierte zunächst Mathematik, dann während eines Studienjahrs in Heidelberg und Berlin Philosophie, Römisches Recht, Physik und Biologie. Seitdem schrieb er seinen Vornamen *Carl* mit *K*, wohl auch in Verehrung für *Karl Marx*. 1880 Studium der Jurisprudenz in London, 1881 bis 1884 als Jurist tätig. Seine ersten beiden Werke, *The New Werther* und *The Trinity, a Nineteenth Century Passion Play*, erschienen anonym – beide ein Angriff auf die christliche Orthodoxie. 1884 wurde er von der Universität London auf den Lehrstuhl für Angewandte Mathematik und Mechanik berufen; dort lehrte er bis zu seiner Emeritierung im Jahre 1933. Bald nach seiner Berufung auf diesen Lehrstuhl erschien auf deutsch eine kunstgeschichtliche Studie, *Die Fronica: Ein Beitrag zur Geschichte des Christusbildes im Mittelalter*. Dann gab er *Saint-Venant*s *Elastizitätstheorie* heraus und schrieb den 2. Teil von *Todhunter*s *Geschichte der Elastizitätstheorie*. Seine radikalen Ansichten, auch bezüglich der Frauenemanzipation, veröffentlichte er in *The Ethic of Freethought*, wobei er die Mystik *Meister Eckhart*s zum ersten Mal dem britischen Publikum vorführte. In jener Zeit hielt er auch Vorträge über *Karl Marx*. Sein Werk *Grammar of Science* (1892) wurde zu einem Klassiker der Naturphilosophie. Auf Grund dieses Werkes hielt ihn *Lenin* für einen überzeugten Feind des Materialismus. Ab 1890 widmete sich *Pearson* immer mehr den Anwendungen der Statistik auf Probleme der Biologie und Erblehre. Sie führten ihn 1901 zusammen mit *Francis Galton* und *Walter Frank Raphael Weldon* (1860–1906) zur Gründung der Zeitschrift »Biometrika«, wodurch die »Biometrie« – eine Wortschöpfung *Karl Pearson*s – als selbständiger Zweig der Wissenschaft begründet wurde. In den Jahren 1893 bis 1912 entstanden dann seine 18 Arbeiten *Mathematical Contributions*

to the Theory of Evolution, in denen 1900 auch die Chi-Quadrat-Verteilung neu entdeckt wurde, die bereits 1876 von dem deutschen Mathematiker und Physiker *Robert Friedrich Helmert* (1843–1917) aufgestellt worden war. Auch der Korrelationskoeffizient ϱ ist eine Erfindung *Pearsons*. 1911 wurde er Professor für Eugenik und erster Direktor des »Francis Galton Laboratory for National Eugenics« an der Universität London. Ab 1923 kombinierte er biometrische und historische Untersuchungsmethoden und rekonstruierte so den Mord an *Lord Darnley*, dem zweiten Gemahl der *Maria Stuart*.

POISSON, *Siméon-Denis*, 21.6.1781 Pithiviers – 25.4.1840 Sceaux. Aus einfachen Verhältnissen stammend, zum Chirurgen bestimmt, aber manuell zu ungeschickt. Jahrgangsbester 1798 bei der Aufnahme in die École Polytechnique – seine Lehrer sind *Lagrange* (1736–1813) und *Laplace* (1749–1827) –, dort 1800 Repetitor, 1806 Professor für Physik als Nachfolger von *Fourier* (1768–1830). 1808 Astronom am Bureau des Longitudes, 1812 Mitglied des Institut de France, Abteilung Physik, 1815 Prüfer an der École militaire, 1816 an der École Polytechnique, 1820 Berufung in den Conseil Royal de l'Université, wo er zusammen mit *Ampère* (1775–1836) die Freiheit der Wissenschaft gegen die restaurativen Tendenzen verteidigt. 1825 Baron, 1827 Nachfolger von *Laplace* am Bureau des Longitudes. Nachdem 1830 *Cauchy* (1789–1857) ins Exil gegangen war, fühlte er sich als Haupt der französischen Mathematiker. Ab 1837 überwachte er den gesamten Mathematikunterricht an den französischen höheren Lehranstalten. Im selben Jahr wurde er Pair. *Poisson* arbeitete über *Fourier*-Reihen und Differentialgleichungen und auf vielen Gebieten der theoretischen Physik: 1804–1808 Astronomie und Mechanik, 1813 Entdeckung der Gleichung $\Delta V = -4\pi\varrho$ für das Gravitationspotential im Inneren der Masse, 1824 durch $\Delta V = -2\pi\varrho$ ergänzt für die Oberfläche. (Den von *Gauß* 1839 geforderten Beweis lieferte erst *Bernhard Riemann* [1826–66].) *Poissons* Arbeiten beeinflußten *George Green* (1793–1841), der 1828 den Ausdruck Potential prägte. 1822 fand *Poisson* die Adiabatengleichung pV^κ = const. Darüber hinaus beschäftigte er sich mit Fragen der Elastizität und (1831) Kapillarität. 1835 veröffentlichte er eine *Théorie mathématique de la chaleur*. Im sich seit 1820 anbahnenden Streit, ob Mathematik und insbesondere Wahrscheinlichkeitsrechnung auf die Humanwissenschaften angewendet werden könne, entwickelte sich, ausgehend vom 4. Teil der *Ars Conjectandi Jakob Bernoullis*, ein Irrweg der Wahrscheinlichkeitsrechnung. *Laplace*, *Condorcet* (1743–1794) und *Poisson* versuchten nämlich z.B. mit ihrer Hilfe die Zusammensetzung eines Gerichts so zu bestimmen, daß die Wahrscheinlichkeit von Justizirrtümern minimalisiert wird. Der Titel des wahrscheinlichkeitstheoretischen Hauptwerks von *Poisson* weist auf solche Überlegungen hin: *Re-*

um 1820

cherches sur la probabilité des jugements, en matière criminelle et en matière civile (1837). Dort findet sich zum ersten Mal der Begriff »Gesetz der großen Zahlen« für einen Grenzwertsatz, der als Spezialfall das von *Jakob Bernoulli* gefundene Gesetz enthält. *Poisson* sah darin nicht nur eine mathematische, sondern eine allgemeine philosophische Erkenntnis. *Tschebyschow* erkannte die Bedeutung dieses *Poisson*schen Gesetzes und konnte später ein noch umfassenderes Gesetz der großen Zahlen herleiten. In § 81 der *Recherches* steht der heute nach *Poisson* benannte Grenzübergang von der Binomialverteilung zur *Poisson*-Verteilung, auf deren Bedeutung erst *v. Bortkiewicz* 1898 aufmerksam machte. *Poisson* stellte nämlich lediglich fest, daß die Konvergenz der Binomialverteilung gegen die Normalverteilung schlecht ist, wenn p und q sehr unterschiedlich sind. Eine Anwendung der Wahrscheinlichkeitsrechnung auf die Ballistik gibt *Poisson* in seinen *Mémoires sur la probabilité du tir à la cible*. Die *Recherches sur le mouvement des projectiles dans l'air en ayant égard à leur figure et leur rotation, et à l'influence du mouvement diurne de la terre* (1839) sind das erste Werk, das die Erddrehung berücksichtigt. (Es regte *Foucault* [1819–68] zu seinem Pendelversuch [1850/51] an.) Darin verwendet *Poisson* die Entdeckung (1835) von *Coriolis* (1792–1843), ohne dessen Urheberschaft zu nennen, wie er es schon so manches Mal getan hatte; aber er war oft auch der erste, der die Tragweite der Ideen anderer erkannte. – Gegen Ende seines Lebens meinte er voll Enttäuschung erkennen zu müssen, daß die jungen Lehrer nur mehr eine Stellung wollten, aber keine Liebe zur Wissenschaft hegten. Eiserne Pflichterfüllung in seinen vielen Ämtern, auch auf Kosten der eigenen Forschungstätigkeit, war für den areligiösen *Poisson* zum Ideal geworden. *François Arago* (1786–1853) überlieferte uns *Poisson*s Meinung: »La vie n'est bonne qu'à deux choses: à faire des mathématiques et à les professer.«

PÓLYA, *Georg*, 13.12.1887 Budapest. Er unterrichtete von 1914 bis 1940 an der ETH Zürich (1928 dort Professor), 1942–53 an der Universität Stanford (USA), nach seiner Emeritierung in der Lehrerbildung tätig. Obwohl *Pólya*s eigentliches Fachgebiet die Analysis war, vertrat er von Zeit zu Zeit *Jerzy Neyman* im nahe gelegenen Berkeley, vor allem während dessen Tätigkeit für das Militär. So gewann er Interesse an der Statistik und löste ein entscheidendes Problem in *Wald*s Sequentialanalyse.

QUETELET, *Lambert Adolphe Jacques*, 22.2.1796 Gent bis 17.2.1874 Brüssel. 17jährig übernahm er eine Lehrerstelle, um seinen Lebensunterhalt zu verdienen. 1815 Lehrer für Mathematik am neugegründeten Collège municipal in Gent. 1819 Promotion in Mathematik an der 1817 gegründeten Universität zu Gent. Im selben Jahr Ruf an den Lehrstuhl für elementare

Mathematik am Athenäum in Brüssel, 1820 Aufnahme in die Kgl. Akademie. Er regt die Errichtung eines astronomischen Observatoriums an und kommt dadurch in Beziehung zu *Laplace*, *Poisson* und *Alexander v. Humboldt*. 1828 wurde er dessen Direktor. 1829 lebte er in Deutschland und traf *Goethe*, 1830 in Italien, Frankreich und der Schweiz. Im selben Jahr belgische Volkszählung unter seiner Mitwirkung. Seine anthropologisch-statistischen Studien fanden 1835 ihren vorläufigen Abschluß in *Sur l'homme et le développement de ses facultés ou Essai d'une physique sociale*, das die erste sinnvolle und zielgerichtete Verarbeitung statistischen Materials bietet. *Quetelet* begründet die Sozialstatistik, deren statistische Regelmäßigkeiten durch die *Quetelet*schen Kurven dargestellt werden. 1836 Professor für Astronomie und Geodäsie an der Ecole militaire in Brüssel, 1841 Präsident der statistischen Zentralkommission für Belgien. Beide Posten umschreiben seine Arbeitsbereiche, den astronomisch-meteorologischen und den sozialwissenschaftlichen. Seine Wertschätzung zeigte sich darin, daß er Präsident des ersten internationalen statistischen Kongresses (1853) wurde.

STIFEL (auch *Stiefel* und *Styfel*), *Michael*, 1487(?) Eßlingen – 19.4.1567 Jena. Augustinermönch, 1511 zum Priester geweiht, schloß er sich sehr bald *Luther* (1483–1546) an, der ihn 1527 in seine erste Pfarrstelle Lochau bei Wittenberg einführt. Seine Beschäftigung mit der »Wortrechnung« – aus den römischen Zahlzeichen werden Wörter gebildet – brachte ihn so weit, daß er 1532 den Weltuntergang für den 18.10.1533, 8 Uhr morgens, voraussagte, was ihn wegen des offensichtlichen Mißerfolgs seine Pfarre kostete. *Luther* und *Melanchthon* (1497–1560) besorgten ihm dann 1535 eine neue Pfarrstelle. 1541 promovierte *Stifel* zum magister artium in Wittenberg. Nach *Luther*s Tod ging er über Memel nach Königsberg, wo er an der 1544 gegründeten Universität Vorlesungen über Mathematik und Theologie hielt. 1554 übernahm er wieder eine Pfarre in Brück (Mitteldeutschland). Schließlich wurde er 1559 Professor an der Universität zu Jena, ohne einen Lehrauftrag zu erhalten. In seiner 1544 in Nürnberg gedruckten *Arithmetica integra* hat er u. a. das Wesen der negativen Zahlen vollständig erfaßt. Er erfindet die Binomialkoeffizienten beim Ausziehen n-ter Wurzeln und kennt bereits deren additives Bildungsgesetz. Das nach ihm und *Pascal* benannte Arithmetische Dreieck ist ihm vom Titelblatt des *Rechenbuchs* (1527) von *Peter Apian* (1495–1552) bekannt. Das Wort Exponent verwendet er in einem Sonderfall in der Bedeutung, die wir ihm heute geben. Als erster verwendet er in einer handschriftlichen Notiz Klammernpaare, um Zusammengehöriges zu kennzeichnen. Von ihm stammt auch das Verfahren, die Division durch einen Bruch durch Multiplikation mit dem reziproken Bruch vorzunehmen (*Arith. int.*, fol. 6).

Kein Bildnis überliefert

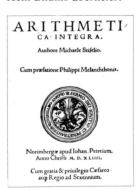

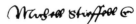

SYLVESTER, *James Joseph,* 3.9.1814 London – 15.3.1897 London. Eigentlich hieß die jüdische Familie *Joseph;* als aber der älteste Bruder nach seiner Auswanderung in die USA sich den Familiennamen *Sylvester* gab, tat dies auch die restliche Familie. Als 14jähriger studierte *Sylvester* Mathematik an der Universität London bei *De Morgan,* als 16jähriger löste er für die Lotterieverwaltung der USA ein kompliziertes Anordnungsproblem. Er studierte 2 Jahre an der Royal Institution in Liverpool, dann 1831–37 an der Universität Cambridge. Obwohl er als Zweitbester abschloß, konnte er als Jude nicht für die *Smith*'s Preise für Mathematik vorgeschlagen werden. Und da er sich als Jude weigerte, die 39 Artikel der anglikanischen Kirche von 1563 zu unterschreiben, konnten ihm in Cambridge nicht die akademischen Grade verliehen werden, die er dann in Dublin erhielt. (Als sich die Erziehung aus den Händen der Kirche löste, wurden sie ihm 1871 honoris causa verliehen!) 1838–40 war er Professor für Naturwissenschaften am University College in London, was ihn nicht befriedigte. Er ging daher 1841 als Professor für Mathematik an die Universität Virginia (USA). Nach 3 Monaten legte er sein Lehramt dort nieder, da sich die Universität weigerte, Disziplinarmaßnahmen gegen einen Studenten zu ergreifen, der ihn beleidigt hatte. In London arbeitete er darauf als Statistiker in einer Lebensversicherung, erteilte jedoch auch Privatunterricht in Mathematik. Eine seiner Schülerinnen war *Florence Nightingale* (1820–1910), die Begründerin der modernen Verwundetenfürsorge, deren statistische Arbeiten stark von *Quetelet*s Sozialstatistik beeinflußt wurden. 1846 begann er Jurisprudenz zu studieren und wurde 1850 als Anwalt zugelassen. 1855–70 war er Professor für Mathematik an der Royal Military Academy in Woolwich. 1855 gründete er das Quarterly Journal of Pure and Applied Mathematics. Nach seiner Zwangspensionierung lebte er in London und verfaßte *The Laws of Verse*, ein Werk über Dichtkunst, 1876–83 lehrte er an der 1875 gegründeten John Hopkins Universität in Baltimore (USA), wo er 1878 das American Journal of Mathematics begründete. 1883 rief ihn die Universität Oxford, wo er 1894 emeritiert wurde. – Zusammen mit seinem Freund *Arthur Cayley* (1821–1895) begründete er die Theorie der algebraischen Invarianten. Er arbeitete über Matrizen und Determinanten, über Differentialinvarianten und auch über Zahlentheorie. Auf Grund seiner hervorragenden Kenntnisse in alten Sprachen schuf er viele neue mathematische Bezeichnungen; er nannte sich selbst einen »mathematischen Adam«. *Sylvester* las auch deutsche, französische und italienische Literatur im Original. Er liebte die Musik und war auf sein »hohes C« stolzer als auf seine Invarianten.

TARTAGLIA (auch *Tartalea* und *Tartaia*), *Niccolò,* 1499 Brescia – 13.12.1557 Venedig. Sohn eines armen Posthalters.

1512 bei der Eroberung Brescias durch die Franzosen so schwer verwundet, daß er nur mehr stottert (= tartagliare). Seinen Spitznamen behält er zeitlebens bei; sein Familienname ist vermutlich *Fontana*. Die entstellenden Narben bedeckt er später durch einen mächtigen Bart. Da seine Mutter das Schulgeld nicht mehr zahlen konnte, mußte er nach dem Erlernen des Buchstaben K die Schule verlassen. Er bildet sich allein »über die Werke toter Männer weiter, begleitet von der Tochter der Armut, deren Name Fleiß ist«, wie er selbst schreibt. 1516/18 Rechenmeister in Verona, 1534 Mathematiklehrer in Venedig, wo er auch öffentliche Vorlesungen in einer Kirche abhält. – *Antonio Maria Fiore* (1. H. 16. Jh.), ein Schüler des *Scipione del Ferro* (1465?–1526), des Entdeckers der Lösung von $x^3 + ax = b$, fordert 1535 *Tartaglia* zu einem öffentlichen Wettstreit über 30 kubische Gleichungen heraus. *Tartaglia* behauptet, in der Nacht vom 12. auf den 13. Februar einen Lösungsweg gefunden zu haben, den er *Cardano* am 25. 3. 1539 unter dem Eid der Verschwiegenheit in dunklen Versen mitteilt. Wissenschaftliche Erkenntnisse werden verheimlicht, weil sie bei Streitgesprächen Geld einbringen und deren Ausgang über die Verlängerung von Universitätsstellungen entscheiden kann! Auf den Eidbruch *Cardanos* (siehe dort) reagiert *Tartaglia* 1546 mit seinen *Quesiti et inventioni diverse*, die algebraisch nichts Neues bringen. Bereits 1537 war die *Nuova scienza* erschienen, eines der frühesten Bücher über Ballistik (Maximalwurfweite bei 45° erkannt). Seine Werke über Festungsbau und Kriegskunst werden ins Deutsche und Französische übersetzt. Lösung des Berührproblems, das später nach *Malfatti* (1731–1807) benannt wird. 1543 gibt er die lateinische Archimedesübersetzung des *Wilhelm von Moerbecke* (1215?–1286) als seine eigene Tat heraus! Seine Euklidübertragung ins Italienische (1543), basierend auf 2 lateinischen(!) Quellen, ist die erste gedruckte Euklidübersetzung in eine moderne Sprache; sie wird ein großer Erfolg. 1551 Archimedesübertragung ins Italienische. 1556 erscheinen Teil I und II, 1560 posthum die Teile III–VI des *General trattato di numeri et misure*, das auf lange Zeit unerreicht beste Handbuch der Mathematik, das die *Summa* des *Luca Pacioli* ablöst. Er zeigt das systematische Rationalmachen von Nennern und enthält die wohl älteste Extremwertaufgabe, aber auch die Unverfrorenheit, sich als Erfinder der Binomialkoeffizienten auszugeben.

um 1546

Nicolo Tartalea

Wahlspruch:
Le inventioni sono difficili, ma lo aggongervi è facile

Die Erfindungen sind schwierig, aber ihnen etwas hinzuzufügen ist leicht.

TSCHEBYSCHOW, *Pafnuti Lwowitsch*, 16. 5. 1821 Okatowo (Gouv. Kaluga) – 8. 12. 1894 St. Petersburg. Die dem Landadel angehörende Familie zog 1832 nach Moskau. 1837 Beginn des Mathematik- und Physikstudiums. 1841 Silbermedaille für eine Arbeit aus der Gleichungslehre. 1845 Magister mit *Versuch einer elementaren Darstellung der Wahrscheinlichkeitstheorie*. 1846 in *Démonstration élémentaire d'une proposition générale de la théorie des probabilités* Abschätzung des Fehlers beim *Poisson*schen Gesetz der großen Zahlen. Hier zeigt sich bereits das Streben *Tschebyschows*, eine Näherungsformel nur dann als völlig bewiesen zu betrachten, wenn auch eine Fehlerabschätzung geliefert wird. 1847 venia legendi für seine *Integration mit Hilfe von Logarithmen* an der Universität von St. Petersburg, der er (1850 a. o., 1860 o. Professor) bis zu seiner Emeritierung 1882 angehörte. *Bunjakowski* (1804–1889) gewann ihn als Mitherausgeber der zahlentheoretischen Arbeiten *Eulers*, was zu *Tschebyschows* Doktorarbeit *Theorie der Kongruenzen* (1849) führte. Er wies ferner nach, daß für die Anzahl $\pi(x)$ von Primzahlen $\leq x$ näherungsweise $\int_2^x \frac{dt}{\ln t}$ gilt. Außerdem gewann er die Abschätzung $0{,}92129 \frac{x}{\ln x} < \pi(x) <$

$< 1{,}10555 \frac{x}{\ln x}$ und bewies die 1845 von *Bertrand* aufgestellte Vermutung, daß für $n > 3$ im Intervall $]n; 2n-2[$ mindestens eine Primzahl liegt. – *Tschebyschows* Interesse galt auch vielen mechanischen Problemen; so entwickelte er u.a. eine Theorie der Gelenkmechanismen. Bei der Umsetzung einer Kreisbewegung in eine Geradführung entstand das Problem, zu einer gegebenen Funktion f unter allen Polynomen vom Grad n dasjenige zu finden, für das $\max_{a \leq x \leq b} |f(x) - P_n(x)|$ minimal wird. Lösungen sind die *Tschebyschow*-Polynome. Weitere Arbeiten auf dem Gebiet der Kartographie, der Ballistik, der Kettenbrüche, der orthogonalen Polynome und der elliptischen Integrale. Konstruktion einer Rechenmaschine. Mit der Methode der Momente aus der Integralrechnung bewies er 1866 ein allgemeines Gesetz der großen Zahlen, nämlich $\lim_{n \to \infty} P\left(\left|\frac{1}{n}\sum_{i=1}^n X_i - \frac{1}{n}\sum_{i=1}^n \mathcal{E} X_i\right| \leq \varepsilon\right) = 1$, das das *Poisson*sche und *Bernoulli*sche als Sonderfall einschließt. 1887 schließlich bewies er einen zentralen Grenzwertsatz, den seine Schüler *Andrei Andrejewitsch Markow* (1856–1922) und *Alexandr Michailowitsch Ljapunow* (1857–1918) verallgemeinern konnten. Neben der *Bienaymé-Tschebyschow*-Ungleichung trägt eine weitere Ungleichung in der Analysis seinen Namen. – *Tschebyschow* war ein hervorragender Lehrer. Seine Schülerschar bildete die St. Petersburger Schule. *Kolmogorow* zufolge war *Tschebyschow* der erste, der beim Beweis der Grenzwertsätze auf absolute logische Richtigkeit bedacht war, der den Fehler in Form von Ungleichungen exakt abschätzte und der eine genaue Vorstellung vom Begriff der Zufallsgröße und ihres Erwartungswertes hatte.

WALLIS, *John*, 3.12.1616 Ashford/Kent – 8.11.1703 Oxford. Er lernt Latein, Griechisch und etwas Hebräisch und studiert in Cambridge Physik, Anatomie, Geographie und Theologie. 1640 wird er Prediger in London. 1642 oder 1643 wurde er bekannt durch die Entzifferung geheimer Botschaften der Royalisten. 1647 gelangte *William Oughtreds* (1574 bis 1660) *Clavis Mathematicae* (1631) in seine Hände. Er begann ein Selbststudium der Mathematik und wurde bereits 1649 auf die *Savile*-Professur für Geometrie in Oxford berufen. 1654 Doktor der Theologie, 1657/58 bis zu seinem Lebensende custos archivarum der Universität Oxford. Der von ihm erarbeitete Katalog wurde erst im 20. Jh. durch einen moderneren ersetzt. 1660 behält er bei der Wiederherstellung der Monarchie seine Ämter, da er 1649 den Mut hatte, den Protest gegen die Hinrichtung *Karls I.* zu unterzeichnen, und wird dazu noch Kaplan König *Karls II.* – Aus seinen Pflichtvorlesungen in Oxford ging sein Werk *Mathesis universalis* (1657) hervor. In *De sectionibus conicis* (1655) behandelte er dieses klassische Thema auf neue Art: Er betrachtet die Kegelschnitte als ebene Kurven, auf die er *Descartes*' analytische Methode anwendet. Dabei

1698

erfindet er das Zeichen ∞. Im selben Jahr erschien noch – die Titelseite trägt zwar die Zahl 1656 – das Werk, auf das sich sein Ruhm gründete und das *Newton* im Winter 1664/65 inspirierte, die *Arithmetica infinitorum*. Es enthält das unendliche Produkt für $\frac{4}{\pi} = \frac{3}{2} \cdot \frac{3}{4} \cdot \frac{5}{4} \cdot \frac{5}{6} \ldots$, das er durch Interpolation – ein von *Wallis* geschaffener Terminus – gefunden hatte. *Fermat* und *Huygens* lehnten das von *Wallis* benutzte Verfahren ab. *Fermat* verlangte von ihm und anderen englischen Mathematikern die Lösung zahlentheoretischer Aufgaben (1657–58), bei der *Wallis* fast völlig versagte. Dennoch veröffentlichte *Wallis* 1658 den Briefwechsel (*Commercium epistolicum*), und da *Fermat* nichts publizierte, gewann *Wallis* allen Ruhm in Europa! Die von *Huygens* gestellte Kissoidenintegration kann er lösen; *Pascals* Zykloidenaufgaben vom Sommer 1658 bewältigt er jedoch nicht vollständig. Er erfährt daher von seiten *Pascals* abfällige Kritik. Dennoch gilt *Wallis*, der 1660 die Royal Society mitbegründete, als führende mathematische Autorität Englands. 1668–69 leitet er die Gesetze des unelastischen Stoßes ab. In seiner *Mechanica sive de motu tractatus geometricus* (1669–71, 3 Bde.) gelang es ihm, Kraft und Impuls exakt zu fassen. 1676 ist sein *Treatise of Algebra* abgeschlossen (Druck 1685), der leider zu einseitig die Leistungen englischer Mathematiker betont. – *Wallis* ist ein Mann der Forschung und weniger des Beweisens; er kommt trotz seiner unpräzisen Methoden zu anregenden und neuen Ergebnissen. Neben seinen mathematischen Arbeiten schrieb er eine *Grammatica linguae anglicanae* und die Abhandlung *De loquela* über die Lautbildung (1652), auf deren Grundlage er 1661–62 zwei Taubstummen das Sprechen beibrachte. Musiktheoretische Arbeiten und Textausgaben griechischer Mathematiker und Musiker runden sein Arbeitsgebiet ab. Die Heilige Dreifaltigkeit erklärte er den Unitariern damit, daß Länge, Breite und Höhe den *einen* Würfel bildeten. Die Einführung des Gregorianischen Kalenders lehnte er als Unterwerfung unter Rom erbittert ab. (Sie erfolgte erst 1752.)

Personen- und Sachregister

abhängig 148, 160
Ablehnungsbereich 349
Abweichung 179, 182
~, mittlere quadratische 179, 207f.
~squadrat 179, 207
Achenwall 332
Additionsformel für Binomialkoeffizienten 115, 423
Additivität 44, 80
Adrain 408
Ägypter 47, 331
alea 9, 71
~torische Größe 168
Alembert 125, 251f., 394, 398, 411
Alternative 337, 420
Alternativtest 337, 344
Altersaufbau 29
Altes Testament 331
Ampère 421
Anagramm 113
Annahmebereich 338
Apian 115f., 423
Aphrodite 47, 330
Aphrodite-Wurf 28, 60, 370
Araber 115
Arago 422
Arbuthnot 332, 336, 369, 394
Aristoteles 370, 406
Arithmetisches Dreieck 115f., 228, 423
Ars Conjectandi 8, 41, 69, 74, 82, 124, 173, 191, 230, 249, 270, 277, 316, 398, 415f., 421
As 48, 86, 101
~, erstes 100
Asklepiades 46
Astragalorakel 47, 117
Astragalus 40, 46, 58, 186, 194, 370
asymptotisch zutreffend 379
Augensumme 12, 26, 76f., 111f.
Augustus 46f., 91, 331
Auswahl
~ mit Wiederholung 92
~ ohne Wiederholung 92
Auszahlung 23, 165
Autokennzeichen 114f.
Axiome von *Kolmogorow* 80, 111, 129, 251
Azteken 197

Barrow 398
Baum → Baumdiagramm
Baumdiagramm 16, 54, 56, 134, 151, 220
Bayes 137, 376, 396
~-Formel 137
bedingt 129

Benzolring 112
Bernoulli
~, *Daniel* 1, 189, 291, 294, 313, 336, 377, 396
~, *Jakob* 8, 41, 74ff., 82, 89, 94, 112, 115, 124, 137, 173, 191f., 219, 230, 249ff., 270f., 273, 277, 316, 396ff., 401, 410, 415f., 421f.
~, *Johann I.* 68, 270, 396ff., 403, 410, 414
~, *Johann II.* 396
~, *Nikolaus I.* 68, 74, 79, 172, 189, 270, 397, 399, 415f.
~, *Nikolaus II.* 396
~-*Eulersches* Problem der vertauschten Briefe → Briefe
~-Experiment 219
~-Kette 221
Bernschtein 155, 162, 293, 394, 417
Bertrand 144, 252, 364, 389f., 399, 426
~sches Drei-Kasten-Problem 144
~sches Paradoxon 389
Bevölkerungsstatistik 332
biasfrei 379
Bienaymé 183, 209, 399
~-*Tschebyschow*-Ungleichung 184, 196, 248, 252, 426
Binärcode 114
Binomialkoeffizient 94, 115, 230, 423, 425
Binomialverteilung 231
~, kumulative 231
Biometrie 332, 420
Biot 399, 412
Blutgruppe 39
Boccaccio 86
Bolyai 408f.
Boole 403
Borel 250, 394
Bortkiewicz 320, 325f., 400, 422
Bose-Einstein-Statistik 122
Bridge 86, 100f., 112, 141
Bridoye 67
Briefe 27, 68, 102, 121, 188, 216
Brustkrebs 144
Buffon 31, 52, 226, 332f., 369, 386, 401
~sches Nadelproblem 386, 401
Bunjakowski 426
Büsching 332
Buteo 71, 118

Caesar 9
Cantelli 250
Carcavy 112, 119

Cardano 18, 71, 73, 77, 94, 115, 189, 191, 216, 223, 269, 397, 401, 405, 425
Cauchy 400, 421
Cayley 424
census 331
Chaucer 86
China 46f., 331, 413
Chintschin 410
Chi-Quadrat-Verteilung 421
Chuck-a-luck 165ff.
Cicero 42, 187
Claudius 46
Condorcet 319, 421
Conring 331
Coriolis 422
Cramer 189, 396f.

Dante 77, 405
Darboux 399
Darwin 407
David 331
Δ 398
De Morgan 25, 403, 424
Descartes 404, 410, 413, 427
Diagnose 138, 144
Dichtefunktion 171
Diderot 343
Die böse Drei 188
disjunkt 25
Disraeli 186
Dispersion 180
Doppelfakultät 270
Dreiecke 89
Drei-Kasten-Problem 144
Dreiteilung einer Strecke 126, 388

e 404
effizient 379
Efron 160, 195
einfach 337
Einsame Filzlaus 123
Einsatz 21
einseitig 349
Ein- und Ausschaltformel 65f.
Elementarereignis 21
Elferwette 89
Empirisches Gesetz der großen Zahlen 31, 251
Entropie 191
Entscheidungsregel 337
Entscheidungstheorie, statistische 333
Ereignis 21
~, sicheres 21, 160
~, unmögliches 21, 160
~algebra 24, 80
~raum 21
Ergebnis 15
~, günstiges 75, 86

Personen- und Sachregister

~raum 13ff.
erster schwarzer König 101, 120, 191
Erwartung 73, 172, 400, 410
~, moralische 397
erwartungstreu 379
Erwartungswert 168, 172, 426
~ einer Binomialverteilung 241
~ einer hypergeometrischen Verteilung 264
~ einer Verkettung 178
Ettingshausen 94
Euler 68, 94, 104, 252, 398, 403f., 412, 414, 426
Exponent 423

$f(x)$ 404
fair
~es Glücksspiel 185
~e Wette 59, 62
Fakultät 90
Faltung 303
Fechner 193
Fehler
~ 1. Art 144, 338
~ 2. Art 144, 338
~kurve 295
Fermat 19, 72ff., 77f., 94, 112, 119, 270, 404, 410, 413, 427
Fermi-Dirac-Statistik 122
Ferro 402, 425
figurierte Zahlen 94
Fiori 425
Fisher 333, 345, 347f., 377ff., 400, 404, 414, 418, 420
Folgetest 368
Formel von *Sylvester* 65f.
Forster 63
Fortuna 48, 63
Foucault 422
Fourier 421
Funktion 398
~en von Zufallsgrößen 177
Fußballtoto → Toto

Galilei 12, 76f., 111, 405, 410
Galton 156, 193, 238, 285, 305, 333, 400, 407, 420
~-Brett 238f., 251, 407
Gauß 295, 337, 407, 412, 422
~klammer 244
~kurve 290, 407
~sche Fehlerkurve 290, 295
~sche Glockenkurve 290
~sche Integralfunktion 295
~sches Fehlergesetz 407
~sches Fehlerintegral 295
~test 361
Gavarret 348
Geburtstagsproblem 97, 121
Gegenereignis 24, 36, 45
Geiger 328

Gentile 39
Genueser Lotterie 38, 120
geometrische Verteilung 226
Germanen 47
Gesetz der großen Zahlen 82, 336, 378, 396, 398, 422, 425f.
~, allgemeines 426
~, empirisches 31, 251
~, schwaches 249f., 294, 401, 426
~, starkes 250
Gesetz der kleinen Zahlen 320, 323, 401
Gesetz der seltenen Ereignisse 320, 323
Gewinn 23, 165
Giradier 22
gleichmäßig 84
gleich verteilt 198
Gleichwahrscheinlichkeit 76ff., 108
Gliwenko 336
Glücksrad 12, 48
~, nicht-transitives 161, 195
Godescalc Saxo 42
Goldbach 396
Gosset 405, 419
Gottesbeweis 332, 336, 369
Gottschalk der Sachse 42
Graunt 332
Green 421
Grenzwertsatz
~, integraler 294
~, lokaler 290
~, zentraler 301f., 426
Griechen 45ff., 331
Güte des Tests 356
Gütefunktion 353

Haldane 400
Halley 332, 414f.
hasard 77
Hauber 330
Häufigkeit
~, absolute 30, 251
~, relative 30, 70, 80, 168, 248ff., 378ff.
Hauptsatz der mathematischen Statistik 336
Haydn 114
heikle Fragen 143
Helmert 421
Hérigone 94f.
Herodot 47
Hindenburg 90f.
Histogramm 166, 170
~, standardisiertes 279f.
Hochrechnung 334
homme moyen 333, 364
Hooke 410
Hudde 124
Hund 60
Hutten 9

Huygens
~, *Christiaan* 61, 73ff., 78, 112, 119, 124, 168, 172, 187, 263, 397, 409, 413, 415, 427
~, *Lodewijk* 410
Hyginus 91
hypergeometrische Verteilung 233
Hypothese 129, 137, 333f., 336
~, einfache 337
~, zulässige 346
~, zusammengesetzte 346

i 404
iactus Veneris 28, 60
Ikosaeder 46, 51
Ilias 46
Imola 77
Inder 115
Indianer 48
Induktion 403, 419
Infini-rien 73, 336, 343
Integral 397
~, näherungsweise Berechnung mit Monte-Carlo-Methode 52
~grenzwertsatz 294, 397
Interpolation 427
Interpretationsregel 44, 82, 251, 336, 378
Intervallschätzung 334, 369
Irrtumswahrscheinlichkeit
~ 1. Art 338
~ 2. Art 338
Isochronenproblem 413

Kästner 94
Kepler 406
k-Kombination 91ff., 95f.
~-Menge 92, 94
Kolmogorow 80f., 129, 251, 410, 426
~-Axiome 80, 111, 129, 251
Kombination 91f.
Komplexion 91
Konfidenzellipse 260f.
Konfidenzintervall 256ff., 376, 417
~, echtes 260, 311
~, grobes 258, 311
~, Näherungs- 259, 311
konsistent 379
Konternation 91
Konvergenz
~, fast sichere 250
~, in Wahrscheinlichkeit 250
~, stochastische 250
Kopie 198
Korrelationskoeffizient 421
k-Permutation 92
Kramp 90
kritischer Bereich 348f.
kritischer Wert 337

∼, bester 341
k-Tupel 88f., 91, 93
kumulative Verteilungsfunktion 176
k-Variation 96

Lagrange 295, 395, 412, 421
Lambert 68, 377, 397, 411
Länge der *Bernoulli*-Kette 221
Laplace 48, 75ff., 84, 137, 145f., 165, 290, 294, 313, 319, 332, 369, 396f., 400, 411f., 415, 421, 423
∼-Annahme 84
∼-Experiment 84
∼-Floh 121
∼-Münze 48
∼-Paradoxa 108
∼-Wahrscheinlichkeit 86
∼-Würfel 48
Lebenserwartung 192
Le Cam 418
Legendre 408
Le Her 399, 416
Leibniz 12, 74, 76, 78, 87, 91, 111, 397f., 403, 410, 412, 416, 419
Lenin 420
Leonardo da Vinci 401, 418
Lexis 400
l'Hospital 398
Likelihood-Funktion 377
Ljapunow 302, 395, 426
L-Münze 48
Lobatschewski 409
Logik von Port Royal 79
Lotto 18, 38, 50, 91ff., 94, 97, 120f., 139, 251
Lukas 331
Luther 423
L-Würfel 48
Lyder 47

Malfatti 425
Malthus 332
Marginalwahrscheinlichkeitsverteilung 200
Markow 302, 395, 400, 426
Marx 420
Maupertuis 212
Maximalwert der Binomialverteilung 247ff., 313
Maximum-Likelihood 405, 411, 414
∼-Prinzip 377, 397
∼-Schätzgröße 377
∼-Schätzwert 377
Maxwell-Boltzmann-Statistik 122
mediale Begabung 125
Median 193, 216, 271
Medici 12, 218, 406
Mehrfeldertafel 16

Menander 9
Mengenalgebra 24
Mensch ärgere dich nicht 127
Méré 72, 120, 263, 413, 419
Mersenne 405
Minimax-Verfahren 368
Minimierung des Schadens 342
Mises 70, 76, 248, 405, 413
Mittel 172
∼, arithmetisches 172, 211f.
∼ ∼, gewichtetes 172
mittleres Abweichungsquadrat 180
Modalwert 245, 271
Modell 14, 21, 41, 43, 58, 82, 148, 219, 388
Moivre 74, 78f., 133, 148, 229f., 269f., 277f., 290, 294f., 302, 308, 313, 321, 332, 397, 403, 412, 414, 416
Monte-Carlo-Methode 52
Montmort 31, 68, 74, 78f., 103, 189, 269f., 399, 415
Morgan → De Morgan
Morgenstern
∼, D. 161, 195
∼, O. 417
Morra 164, 187, 194
Münze 48
∼, ideale 48
Münzfernsprecher 67
Münzenwurf 11, 26
Mutmaßlichkeit
∼, maximale 377

Nadelproblem 386, 401
Näherungskonfidenzintervall 259
*Neil*sche Parabel 413
Neumann 52, 416
Newton 108, 332, 396, 398, 401, 410, 412f., 414f., 416, 427
Neyman 256, 333, 336, 338, 341, 349f., 353, 376, 405, 417, 419, 422
Niete 219
Nightingale 424
n-Menge 91
normal verteilt 305
normiert 306
Normiertheit 44, 80
n-Permutation 92
n-Tupel 17, 88
Nullhypothese 345, 349, 420

OC-Kurve 353
Oder-Ereignis 24, 36, 44, 64
Oktupel 229
Operationscharakteristik 353
Oughtred 94, 427

paarweise
∼ unabhängig 201
∼ unvereinbar 25
Pacioli 18, 72, 113, 269, 402, 418, 425
Palamedes 47
Paradoxon 108
∼ von *Bertrand* 389
∼ von *Simpson* 140, 163
Parameter 179, 219, 353
∼ eines *Bernoulli*-Experiments 219
∼ einer *Bernoulli*-Kette 221
∼ einer Zufallsgröße 179, 246
Paris-Urteil 330
Pascal 19, 61, 72ff., 77ff., 94, 115, 270, 336, 343, 398, 410, 413, 418, 423, 427
∼-*Stifel*sches Dreieck 115f., 423
∼-Verteilung 227
Pasch 12, 120
Patolli 197
Pausanias 47, 117
Pearson
∼, *Egon Sharpe* 333, 336, 338, 341, 350, 353, 405, 417, 419
∼, *Karl* 31, 333, 404, 417, 419f.
Pentagramm 188
Percentil 193
Père Anthelme 397
Permutation 89
Petersburger Problem 185, 189, 226, 369, 396
Petty 332
Peverone 270
Pfad 17
Pfadregel
∼, erste 55, 131ff.
∼, zweite 57, 132f.
π 387, 411
∼-Bestimmung 52ff., 59, 386
Platon 8, 47
Playfair 166
Plutarch 9
Poincaré 305, 318, 388, 395
Poisson 189, 249, 319, 348, 369, 398, 400, 421, 423, 425f.
∼-Näherung 320
∼-Verteilung 321, 353, 401
Poker 120
Politische Arithmetik 332
Pólya 141, 422
∼-Experiment 141
Potential 422
Potenzmenge 22
probabilitas 42
Problem der vertauschten Briefe → Briefe
problème
∼ des partis 18, 72ff, 269, 313, 416, 417

∼ du bâton brisé 126, 388
Produktregel 88f.
Produktsatz 132
∼, spezieller 152
Prozentpunkt 272
Prüffunktion 337
Pseudozufallszahlen 51
Ptolemaios Hephaistion 187
Punktschätzung 334, 376
Pythagoreer 94, 212

Qia Xsian 115
Quadrupel 89
Quantil 193, 271
Quartil 193, 271
Quetelet 305, 317, 333, 364, 422, 424
∼sche Kurven 317
Quincunx 239

Rabelais 67
radioaktiver Zerfall 226, 328
Randwahrscheinlichkeitsverteilung 200
Rekursionsformel für
∼ Binomialverteilungen 235
∼ *Poisson*-Verteilungen 322
Rencontre-Problem 68
repräsentativ 336
Riccati 396
Richard de Fournival 71f., 77
Riemann 421
Risiko 181, 333
∼, *Tschebyschow*- 184
∼, wahres 184, 308
Roberval 405
Römer 45ff.
Roulett 12, 22, 30, 49
Rutherford 328

Sansovino 331
Schafkopf 188
Schätzfunktion 376
Schätzgröße 376
Schätzproblem 334, 376
Schätzung 334, 376ff.
Schiefe 246, 271
Schlözer 332
Schluß, statistischer 333
Schooten 73f., 91, 172
Schwarzer König 101, 120, 191
Sequentialanalyse 333, 422
Sequentialtest 368
Servius Tullius 331
Sextupel 92
Shannon 191
Shewhart 333, 420
Sicherheit des Urteils 334, 338
Siebformel 65f.
Σ 404
signifikant 346
∼ auf dem Niveau α 348f.
Signifikanzniveau 348f.

Signifikanztest 345ff., 349, 420
Simpson
∼, *E. H.* 140
∼, *Thomas* 415
Simulation 51f., 59
Skatspiel 120f., 141
skewness 246
Sokrates 8, 47
Sophokles 47
Spielhölle 123
Spielkarten 86
Spinoza 73
Staatskunde 331
Stabdiagramm 166, 170
∼, standardisiert 280f.
Stabilisierung 31
Standardabweichung 181
Standardisierung 278
Standardnormalverteilung 306
Statistik 6, 331ff.
∼, amtliche 331f.,
∼, analytische 333
∼, beschreibende 336
∼, beurteilende 44, 334
∼, deskriptive 333
∼, mathematische 331
∼, Universitäts- 331
statistische Sicherheit des Urteils 338, 349
statistischer Schluß 333
Sterbetafeln 159
Stesichoros 60
stetig 305
Stetigkeits'.orrektur 306
Stichprobe 333ff.
∼ergebnis 335
∼funktion 337
∼mittel 380
∼raum 335
∼nstreuung 382
∼nvarianz 382
Stifel 94, 115f., 423
Stochastik 8, 14, 168, 331, 401
stochastisch
∼ abhängig 148
∼ konvergent 250
∼ unabhängig
∼ ∼ bei 2 Ereignissen 148
∼ ∼ bei 3 Ereignissen 153, 163
∼ ∼ bei *n* Ereignissen 156, 163
∼ ∼ bei 2 Zufallsgrößen 200
∼ ∼ bei *n* Zufallsgrößen 201
∼ ∼, ∼ paarweise 201
Streuung 179
∼squadrat 180
Sturm 399
Sueton 9, 46f., 187
Suffizienz 379, 400
Summenformel
∼ für Binomialkoeffizienten 115
∼ für Wahrscheinlichkeiten 44, 64, 152

Summensatz 152
Süßmilch 332
Sylvester 65, 403, 424
∼, Formel von 65f.
Symmetrieeigenschaft der Binomialverteilungen 236f.
Symmetriegesetz der Binomialkoeffizienten 115

Tacitus 47
talus 46
Tartaglia 19, 115f., 118, 270, 313, 402, 405, 424
Tbc 144
Teetassentest 350
tessera 39, 47, 60
Test 337
∼, Alternativ- 337
∼, einseitiger 349
∼, *Gauß*- 361
∼, Signifikanz- 345ff.
∼, unverfälschter 360
∼, verfälschter 360
∼, zweiseitiger 346, 349
∼größe 337
∼problem 334
Thot 47
Tiberius 47
Tippett 52, 395
Todhunter 403, 420
Toto 89, 92, 95, 99, 120
Treffer 219
∼ an der *i*-ten Stelle 221
Treize-Spiel 68, 215
Trend 333
Trennschärfe 357
Triell 68
Tripel 88
Trochoide 405
Tschebyschow 165, 183, 302, 400, 422, 425
∼-Risiko 184, 248
∼-Ungleichung 184, 196, 248, 252, 271, 308, 400, 426
Tupel 17, 88f.
Tyche 47f.

UEFA-Pokal 122
Ulam 52, 395
Umkehrproblem 135
unabhängig → stochastisch ∼
unbias(s)ed 379
unciae 94
Und-Ereignis 24, 36, 131
unendlich ∞ 427
Universitätsstatistik 331
unvereinbar 25, 36, 44, 64, 67, 139, 152, 160
∼, paarweise 25
unverfälscht 360
unverzerrt 379
unvollständig 82
Urne 12, 49, 104, 124

V1-Flugkörper 327
Varianz 180
~ einer Binomialverteilung 24
~ einer hypergeometrischen Verteilung 264
~wert 180
Variation 91
Venuswurf 28, 60
verfälscht 360
Verfeinerung 15
Vergröberung 15
verisimilitudo 42
Verkettung 178
Verlust 24, 165
Verschiebungssatz 207
vertauschte Briefe → Briefe
Verteilung 169
~, binomiale 231
~, geometrische 226
~, gleiche 198
~, gleichmäßige 84
~, hypergeometrische 233
~, normale 305
~, *Pascal*- 227
~sfunktion 176
~ ~, kumulative 176
Vertrauensintervall 256ff.
verzerrt 360
Vierfeldertafel 136, 150
Volkszählung 331f.
Vollerhebung 333
Vossius 113

Wahrscheinlichkeit 41ff., 70ff.
~ a posteriori 70, 138, 146, 251

~ a priori 76, 137, 146, 251, 396
~, bedingte 129
~, klassische 76, 80
~, *Laplace*- 86
~, moralische 319
~, statistische 70, 80
~, subjektive 41, 70, 80
~, totale 134
~sdichtefunktion 171
~sfunktion 166, 169
~ ~, gemeinsame 199
~spolygon 285
~sraum 43
~stheorie 8
~sverteilung 42, 80, 129, 166, 169
~ ~, binomiale 231
~ ~, gemeinsame 199
~ ~, gleichmäßige 84
~ ~, ~ stetige 399
~ ~, hypergeometrische 233
~ ~, Rand- 200
~ ~, stetige 411
wahrscheinlichster Wert 245, 271
Wald 333, 368, 422
Wallis 91, 113, 414, 426
Wartezeit-Aufgaben 225
Watson 400
Weldon 420
Wette, faire 59, 62
Wibold 118
widerspruchsfrei 82
wirksamst 379

Wunderling 54
Würfel 47
~, blinder 191, 216
~, idealer 47
~, nicht-transitiver 160, 195
Würfelwurf 11
Yang Hui 115f.
Yates 405
Zahlenlotto → Lotto
Zählprinzip 88
Zerlegung 25, 168
Zhu Shi-Jie 115, 228
Ziehen
~ mit Zurücklegen 16, 50, 104, 219, 223, 232
~ ohne Zurücklegen 16, 50, 104, 223, 232
Zufall 11
~sexperiment 11, 388
~ ~, mehrstufiges 17, 54
~sgröße 165, 168, 426
~ ~, konstante 168, 203, 207
~ ~, standardisierte 278
~ ~, stetige 305
~ ~n, gleiche 198
~sregen 54, 318
~sstichprobe 333ff.
~svariable 168
~szahlen 51
~sziffern 51
zulässig 346
zusammengesetzt 346
zweiseitig 346, 349
Zykloide 405, 410, 419, 427

Bildnachweis

Acta Mathematica, **35a** (1913): 394.4; 395.4 – Adams, W.J.: The life and times of the central limit theorem, New York, 1974: 395.2; 395.3 – Aitken, G.A.: The life and works of John Arbuthnot, Oxford 1892: 394.1 – Barth, Friedrich; München: 190 – Bayerische Staatsbibliothek, München: Titelbild; 19.1; 69.1; 69.3; 69.4; 74.1; 75.1; 78.11; 116.1; 319.1 – Bayerische Staatsgemäldesammlung München: 320 – Bayerisches Hauptstaatsarchiv München, Plansammlung 10089: 218 – Bayerisches Nationalmuseum München: 46.2; 49.1 – Becq de Fouquières: Les Jeux des Anciens, Paris 1869: 28.1 – Bergamini, D.: Die Mathematik, 1971: 395.6; 410 – Bergold, Helmut; Weßling: 247.1 – British Museum London, 69.2; 78.1r; 227.1; 277.2 – Bundeszentrale für politische Bildung, Bonn. Nach: Informationen zur Politischen Bildung, September/Oktober 1968: 29 – David, F.N.: Games, gods and gambling, London 1962: 47.1; 47.2; 72.1; 414.2 – Deutsches Museum München: 77.1; 398; 399.2; 401; 402; 403.1; 403.2; 404.1; 405; 409; 411.2; 419.1; 421; 424; 425 – Droemersche Verlagsanstalt, München: 423.1 – Gani, J.: The Making of Statisticians, New York 1982: 395.5 – Haller, Rudolf; München: 9; 11.1; 13; 26.1; 26.2; 40; 46.1; 46.3; 47.3; 48.1; 60.1; 87.1; 115; 125.1; 127; 147; 229; 239.2; 318; 327.1; 335.1; 369; 375; 399.1; 423.1 – Hessischer Rundfunk Frankfurt: 83; 92.1 – Isis **8** (1926): 277.1 – Kowalewski, G.: Große Mathematiker, Berlin 1938: 394.2; 395.1; 408,1; 411.1; 412 – Leonard, J.N.: Altes Amerika, 1970: 197 – Les OEuvres de M. le Chevalier de Méré, Amsterdam 1692: 413 – Selected Papers of Richard von Mises, Rhode Island 1962: 414.1 – Museo Nazionale, Neapel: 418 – Museum für Kunst und Gewerbe Hamburg: 63 – Needham, Josef: Science and Civilisation in China, Cambridge 1959: 116.1; 228 – A selection of the early statistical papers of J. Neyman, Cambridge, 1967: 417 – Perdrizet, Paul F.: The Game of Morra: 194.1 – Pólya, G.: Collected Papers, Cambridge (Mass.) 1974: 422 – Reichshandbuch der deutschen Gesellschaft, 1, Berlin 1930: 400 – Reid, C.: Neyman – From Life, New York 1982: 394.3; 404.2 – Royal Society, London: 419.2 – Smith, E.D.: History of Mathematics, Boston 1923/25: 396.2 – Staatliche Antikensammlungen, München: 164 – Süddeutsche Zeitung Bilderdienst: 20 – Tschebyschow, P.L.: Polnoe sobranie sotschinenij, II, Moskau 1947: 426 – Ullstein Bilderdienst: 407.1; 416.2 – Öffentliche Bibliothek der Universität Basel: 397; (400; 422) – Universitätsbibliothek Erlangen: 88.1; 91.1 – Universitätsbibliothek München: Tab. 291.1 – University College, London: 420 – Wallis, J.: Opera Mathematica, III, Oxford 1699: 427.

Für die Überlassung von **Unterschriften** danken wir
Archivio di Stato, Venedig – Bayerische Staatsbibliothek, München – Niedersächsische Landesbibliothek, Hannover – Niedersächsische Staats- und Universitätsbibliothek, Göttingen – Öffentliche Bibliothek der Universität Basel – Royal Society, London – Staatsbibliothek Preußischer Kulturbesitz, Berlin – Universitätsbibliothek Heidelberg.

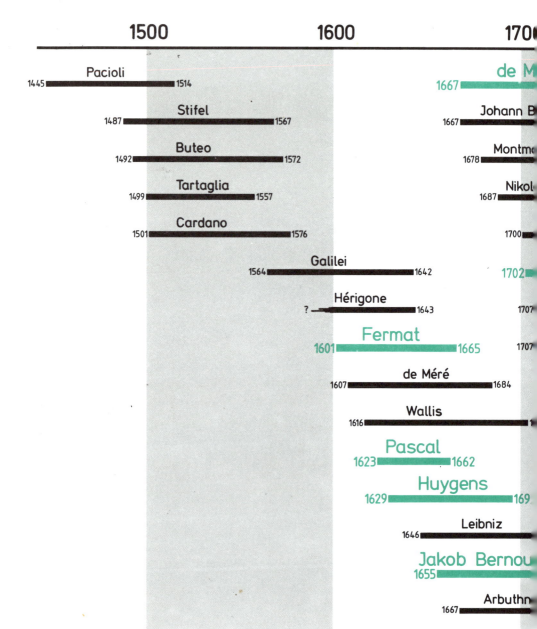